JN060333

カラー徹底図解

基本からわかる電子回路

ELECTRONIC CIRCUIT

東京都立産業技術高等専門学校
高崎 和之
【監修】

これから学習する初学者や、
知識の再確認が必要な技術者に
最適の一冊！

ナツメ社

はじめに

本書は、これから独学で電子回路を学ぼうとする人、大学や専門学校、高専などで電子回路を学んでいる人を対象にした入門書です。入門書ですが、広い範囲を網羅し、電子回路を学ぶうえで必要不可欠な部分を順を追って説明しているので、過去に学んだ電子回路の知識を再確認しようとしている人の手引書にも使っていただけます。

私たちの身の回りには電子回路があふれています。コンピュータやスマートフォンといった電子機器はもちろんですが、冷蔵庫や洗濯機といった家電製品にも電子制御を行うための電子回路が搭載されています。スマートフォンの充電に使うケーブルにも電子回路が搭載され、安全な充電に貢献しています。

こうした電子回路にはアナログ電子回路とデジタル電子回路があります。現時点で注目を集めているのは、いうまでもなくデジタル回路です。ただし、改めて本書内でも説明しますが、アナログ回路とデジタル回路の違いは、信号をどのように捉えるかということだけです。基本的な理論や構造は共通しています。デジタル回路を学びたい人も、まずはアナログ回路から学習する必要があります。

最初に述べたように、本書はこれから電子回路を学ぼうとしている人も対象にしていますので、既に電子回路を学んだ人や習得の早い人にとっては少し冗長でくどい構成ととれる部分があるかもしれません。また、教科書では省略されてしまうような式の変形、展開もなるべく省略せずに示していますので、式が多くて難しく感じるかもしれません。しかし、しっかりした土台を作らなければ高い塔が立てられないように、繰り返し学習して基礎を身につけることで、高度な知識や技術をスムーズに理解できるようになります。既に知識のある方も、確認のつもりで読んでいただけると幸いです。

なお、電子回路を学ぶうえで電気回路の知識は欠かせません。電気回路の入門書なども手近に置き、必要に応じて再確認していけば、さらに電子回路を深く理解できるようになります。最後に、本書が皆様の勉学の糧となることを願っております。

高崎和之

[CONTENTS]

目次

Chapter 02 トランジスタの増幅回路

Chapter 03 電力増幅回路

Chapter 04 FETの増幅回路

Chapter 05 さまざまな増幅回路

Chapter 06 オペアンプ

Chapter 07 発振回路

Chapter 08 変調・復調回路

Chapter 09 電源回路

Chapter 10 パルス回路

Chapter 11 デジタル回路の基礎知識

Chapter 12 デジタル回路

目次&章扉写真：Absolute_one（Freeimages）

Introduction Section 01

電気回路と電子回路

半導体素子に代表される能動素子(=非線形素子)を使う回路が電子回路だが、抵抗、コンデンサ、コイルといった受動素子(=線形素子)も重要な役割を果たす。

▶電気の役割

電気とは**エネルギー**の形態の1つだ。エネルギーにはほかにも、運動、熱、光、化学、磁気などさまざまな形態のものがある。**電気エネルギー**は、こうした他の形態のエネルギーに比較的簡単に変換することができる。電気エネルギーをモーターで**運動エネルギー**に変換して電車を走らせたり、照明器具で**光エネルギー**に変換して周囲を明るくしたり、暖房器具や調理器具では**熱エネルギー**に変換して熱源にしたりすることができる。

また、他の形態のエネルギーを変換して電気エネルギーを作り出すことも比較的容易だ。しかも、送電線などを使えば継続的に大きなエネルギーを素早く送ることができる。発電機を使えば、運動エネルギーを電気エネルギーに変換できる。火力発電所であれば燃料の**化学エネルギー**を熱エネルギーに変換し、それをさらに運動エネルギーに変換して発電しているし、水力発電所であれば水の**位置エネルギー**を運動エネルギーに変換して発電している。光エネルギーを直接電気エネルギーに変換する太陽光発電も利用が増えている。

比較的容易に作り出すことができる電気エネルギーだが、その大きな弱点は保存が難しいことだ。乾電池や、充電によって繰り返し使用できる二次電池もあるが、現状では大きなエネルギーを蓄えることは難しい。なお、電池は電気エネルギーそのものを蓄えているわけではない。化学エネルギーの形態で蓄えられていて、使う際に電気エネルギーに変換している。

電気は遠くへも素早く送ることができるのがエネルギーとしての大きなメリットだが、この伝わるという性質は**通信手段**として利用することができる。電気の流れに情報を乗せて伝えているわけだ。こうした電気信号の利用は、有線の通信や放送はもちろん、空間を伝わるエネルギーである**電波**も電気エネルギーの一種なので、無線の通信や放送も電気を通信手段として利用していることになる。

また、電気信号を一時的に蓄えるなどの技術によって、現在では**情報処理**にも電気が利用されている。情報処理はコンピュータやスマートフォンばかりではない。現在では多くの機器が電子制御されている。こうした電子制御もすべて電気を利用した情報処理だといえる。エネルギーとしてはもちろん、現代では電気は人間の生活には欠かせない存在になっている。

▶素子の種類と回路

電気を**エネルギー**として利用するにしても、**通信手段**や**情報処理**に利用するにしても、電流が流れる経路が必要だ。この経路を**電気回路**という。電気回路は**回路素子**で構成される。回路素子とは電気回路に使われる部品のことで、単に**素子**ともいう。

回路素子は、その動作によって**受動素子**と**能動素子**に大別される。受動素子は供給された電力を消費・蓄積・放出するといった受動的な動作を行う素子で、**抵抗器**、**コンデンサ**、**コイル**に代表される。能動素子は増幅や整流など能動的な動作を行う素子で、**トランジスタ**や**ダイオード**などの**半導体素子**が代表的なものだ。受動素子だけで構成される回路を**受動回路**、能動素子も含まれる回路を**能動回路**ともいう。

回路素子はその特性によって**線形素子**と**非線形素子**に大別されることもある。線形素子は電圧をかけた際に素子に流れる電流が電圧に比例するなど電圧・電流の特性をグラフにした際に直線を描く素子だ。非線形素子は電圧・電流の特性が直線を描かない素子で、電圧・電流によって素子のインピーダンスが変化する素子ともいえる。線形素子だけで構成される回路を**線形回路**、非線形素子も含まれる回路を**非線形回路**という。一部に例外はあるが、一般的には線形素子と受動素子、非線形素子と能動素子は同義として扱われる。

本書で解説するのは**電子回路**だ。一般的に電子回路は能動素子(=非線形素子)を含む回路のことで、能動回路(=非線形回路)を意味している。集合で考えれば、電子回路は電気回路に含まれているわけだが、両者を対比して捉えることも多い。こうした場合、電気回路は受動回路(=線形回路)を意味する。本書でもこのように扱う。

電子回路は能動素子を含む回路だが、同時に受動素子も含んでいて重要な役割を果たしている。そのため、電子回路を知るうえでは電気回路の知識も必要不可欠だ。

◆電気回路と電子回路の関係〈図01-01〉

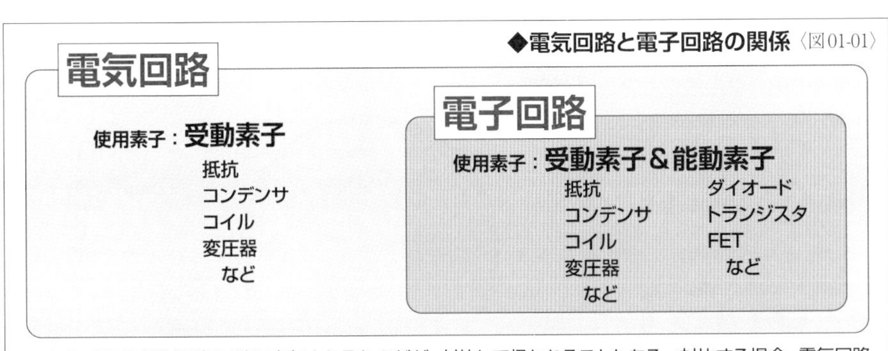

※本来、電子回路は電気回路に内包されるものだが、対比して扱われることもある。対比する場合、電気回路は受動素子だけで構成される回路（緑色の部分）、電子回路は能動素子も含む回路（紫色の部分）をさす。

Introduction
Section 02

アナログ回路とデジタル回路

電子回路にはアナログ回路とデジタル回路があり、アナログ回路は正弦波波形に代表されるアナログ信号を、デジタル回路はおもに方形パルスのデジタル信号を扱う。

▶アナログとデジタル

アナログと**デジタル**の違いを大まかに表現すると、**アナログは「連続」であり、デジタルは「離散」**だ。離散とは離ればなれという意味になる。この違いを時計で考えてみよう。針を使って時刻を示す時計は**アナログ表示**で、数字で時刻を示す時計は**デジタル表示**だ。

時と分だけを表示するデジタル表示の場合、たとえば、「9：12」が表示されていると、次の表示は「9：13」になる。この1分間の途中の時刻はわからない。9時12分1秒であっても、9時12分59秒であっても表示は「9:12」だ。つまり、デジタル表示の場合、その値は「離散」していて表示は断続している。

長針（分針）と短針（時針）が一定の速度で回転して時刻を示す時計はアナログ表示だ。その大きさや文字盤の目盛の刻み方にもよるが、9時12分25秒に時計を見たのなら、9時12分30秒ぐらいと、だいたいの秒数まで想像するかもしれない。9時12分50秒に見たのなら9時13分と思うだろう。こうしたアナログ表示の場合、表示は「連続」している。人間の目には正確には判断できないが、9時12分と9時13分の間に無限に値が存在しているわけだ。

つまり、**アナログは連続量であり、値と値の間にも必ず値が存在し、無限個数の値がある**。いっぽう、**デジタルは離散量であり、値は有限個数しか存在せず、値から値に一気に移動する**。なお、指針式の時計でも秒針が一定の速度でツーっと回転するのではなく、1秒に1回、カチカチと動くものがある。こうした秒針はデジタル表示であるといえる。

◆時計のデジタル表示とアナログ表示

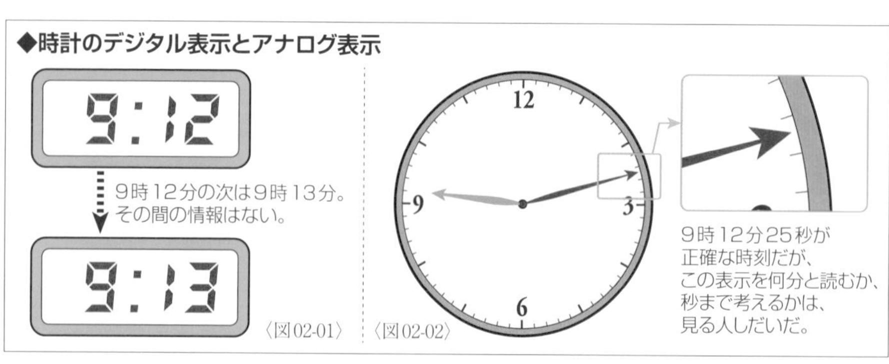

〈図02-01〉 〈図02-02〉

▶アナログ信号とデジタル信号

電子回路には**アナログ電子回路**と**デジタル電子回路**がある。**アナログ信号**を扱うのがアナログ電子回路、**デジタル信号**を扱うのがデジタル電子回路だ。こうした区別は電気回路にはないので、それぞれ単に**アナログ回路**と**デジタル回路**ということも多い。

アナログ信号はマイクから入力される音声信号のような信号で、非常に複雑な波形になっていることも多い。ただし、どんなに複雑な波形であっても、複数の異なる**正弦波交流**の重ね合わせで表現できることが証明されているので、アナログ信号の代表として正弦波交流を使用するのが一般的だ。

デジタル信号は「1」と「0」といった2つの値で表現されることを知っている人も多いだろう。こうした2つの値だけで構成された信号を**2値信号**という。実際には2つ以上の値でもデジタル信号は成立するが、2値信号には次ページで説明するようにさまざまなメリットがあるため多用されている。こうした2値のデジタル信号に最適な波形が**方形パルス**だ。方形パルスは〈図02-05〉のような波形で、高い電圧(V_H)と低い電圧(V_L)で2値を表わすことができる。低い電圧については、〈図02-06〉のように電圧0Vが使われることも多い。ある特定の電圧と電圧0Vであれば、スイッチのON/OFFで簡単に作り出すことができるからだ。

なお、アナログ信号をデジタル信号に変換する場合は、アナログ信号の波形を数値化し、その数値を2値のデータに変換してデジタル信号にしている。デジタル信号をアナログ信号に変換する場合は、デジタル信号の数値データに基づいてアナログ信号を作り出す。

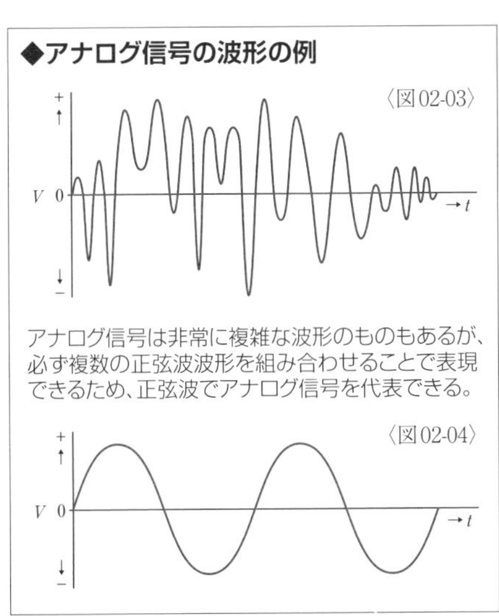

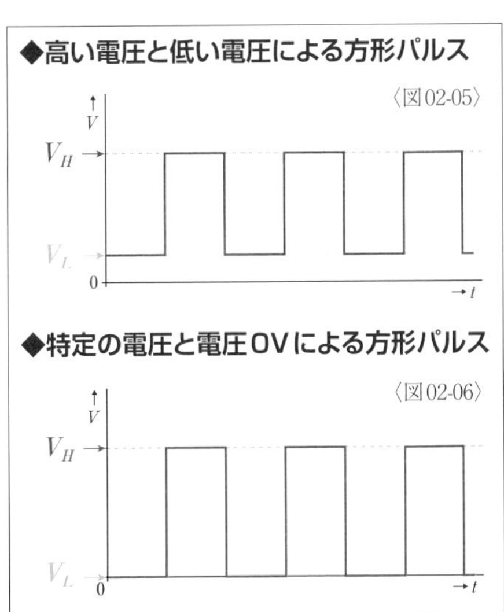

▶信号のノイズやひずみ

電子回路で信号を伝達したり処理したりすると、何らかの**ノイズ**(**雑音**)が信号に重畳したり、**ひずみ**が生じたりする。**アナログ信号**の場合、信号の振幅が取りうる値が無限にあるので、出力信号にひずみが生じたりノイズが重畳していても、どの部分がノイズやひずみであるかを判断することが難しい。よって、出力側でそのノイズなどを除去することが困難だ。そのため、**アナログ信号はノイズに弱く、信号の情報が劣化しやすい**といえる。

いっぽう、**2値信号**の**デジタル信号**の場合、ノイズが加わったりひずみが生じても、2値が取りうる値がわかっていれば、本来の値からずれていても正しい値を推定できる。その判断に基づいて波形を整形し直せば、元の信号に戻すことができる可能性が高い。

たとえば、〈図02-07〉のように電圧 V_H と V_L (=0V)を使う**方形パルス**を入力したところ、ノイズなどで出力信号が〈図02-08〉のような波形になったとする。こうした場合のもっとも簡単な判断方法は、一定の電圧を境にする方法だ。〈図02-09〉のように V_S より電圧が高い部分は V_H と推定し、それ未満の部分は V_L と推定して整形すれば、元の信号に戻すことができる。

こうした対策ができるため、**デジタル信号はノイズに強く、信号の情報が劣化しにくい**といえる。そのため、情報処理や通信手段にはデジタル信号が適している。また、こうした数値化された情報はアナログ信号より保存しやすいうえ、比較、圧縮、補正などさまざまな処理が行いやすいため、情報処理ではデジタル信号が圧倒的に有利だ。

このように説明すると、アナログ信号よりデジタル信号のほうが優れているように感じるかもし

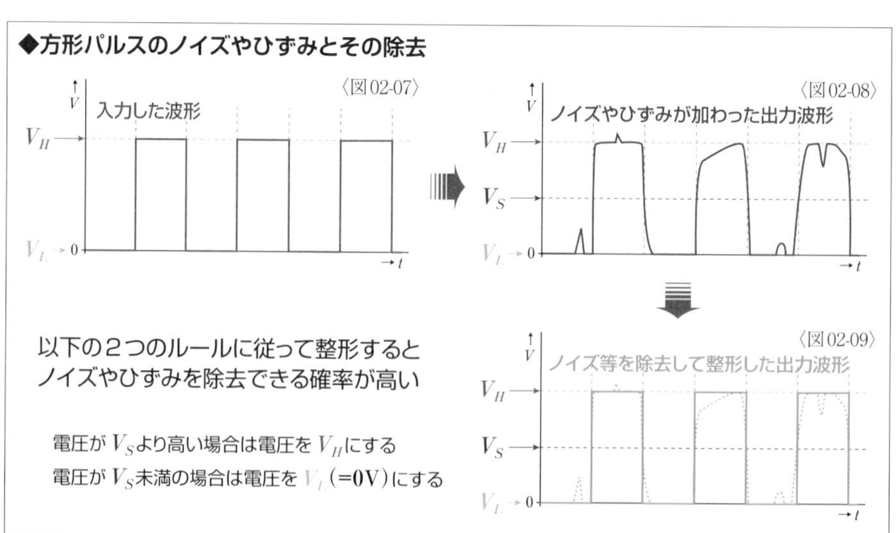

れない。確かに情報処理にはデジタル信号が最適だ。通信手段としてもデジタル信号のほうが有利な面が多い。しかし、アナログ信号をデジタル信号に変換して利用するような用途の場合、元々は無限個数の値があるアナログ信号を、値が有限個数のデジタル信号に変換することで、情報量は確実に減る。当然、そのデジタル信号をアナログ信号に変換しても、元のアナログ信号より情報量は減っている。完璧には復元できないことを覚えておこう。

▶アナログ波形のデジタル信号

アナログ信号を扱う回路が**アナログ回路**であり、**デジタル信号**を扱うのが**デジタル回路**だが、デジタル回路が扱う信号について考えてみよう。

デジタル信号の**方形パルス**は、〈図02-10〉のようなグラフで示されることが多い。本書でもこうしたグラフを使っているが、グラフの線が垂直な部分では同じ時間にさまざまな電圧が存在することになってしまう。これはあり得ないことだ。理想のデジタル信号であれば、時間0で電圧が変化するので、正しくグラフを描いた場合、〈図02-11〉のようになる。しかし、現実世界のデジタル回路では、電圧が変化するには必ず時間がかかり、間の値も存在するので、〈図02-12〉のようなグラフになる。こうした、**デジタル回路の電圧や電流は連続量であり、アナログ波形である**といえる。

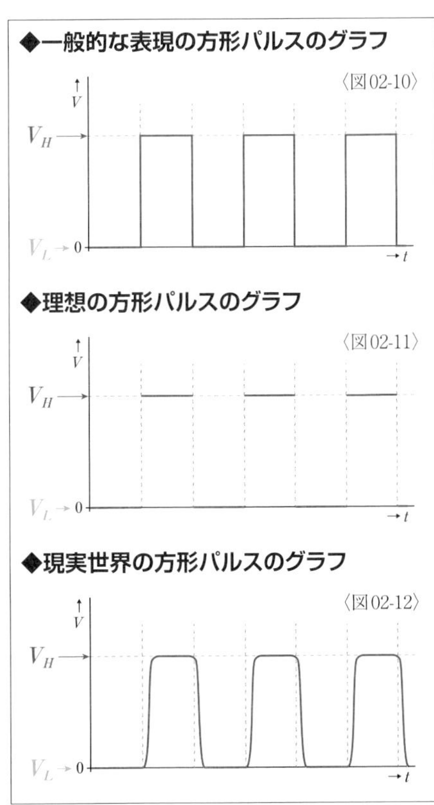

つまり、アナログ回路とデジタル回路の違いは、アナログ波形か方形パルスかの違いではなく、信号をアナログ信号として捉えているか、デジタル信号として捉えているかの違いだ。デジタル回路とは、アナログ信号の有限個数の値に意味をもたせて処理する回路であるといえる。そのため、アナログ回路とデジタル回路の基本的な理論や構造は共通している。時代はもやはデジタルなので、手っ取り早くデジタル回路だけを学びたいと思う人もいるかもしれないが、アナログ回路を知らなければ、デジタル回路を真に理解することはできないのだ。

～確認しておきたい電気回路のキーワード～

先に説明したように、電子回路は能動素子を含む回路のことだが、同時に含まれている受動素子も重要な役割を果たしているので、**電子回路**を学ぶうえでは**電気回路**の知識が不可欠だ。しかし、電気回路の知識から説明を始めたのでは、1冊の本に収めることが困難になってしまうため、本書の読者には電気回路の基礎知識が十分にあるものとして説明を進めている。ただ、ひと口に電気回路の知識といっても、その内容は多岐にわたる。本書を理解するために必要な知識のキーワードを下記にまとめたのでチェックしてみてほしい。不安な部分については電気回路の分野を解説した書籍などで再確認しておくと、本書をスムーズに読み進めることができるはずだ。

電荷	キャリア	価電子	自由電子
直流	交流	交流が重畳した直流	脈流
電流	電圧	抵抗	コンダクタンス
電位	負荷	端子電圧	電圧降下
オームの法則	合成抵抗（直列）	合成抵抗（並列）	和分の積
電力	電力量	分圧	分流
短絡	開放	接地（アース）	グランド
定電圧源	定電流源	電源の内部抵抗	最大電力の法則
等価回路	回路の変形	理想の素子	理想の回路
正弦波交流	振幅（最大値）	振幅（平均値）	周期
角速度	周波数	位相	実効値
コンデンサ	静電容量	コンデンサの充電	コンデンサの放電
コイル	インダクタンス	レンツの法則	逆起電力
インピーダンス	アドミタンス	容量性リアクタンス	誘導性リアクタンス
トランス（変圧器）	相互インダクタンス	巻数比	インピーダンス比
交流のオームの法則	複素記号法	複素インピーダンス	進相
周波数特性	共振回路	共振周波数	共振角速度
周波数選択性	*Q*値	定常状態	過渡状態
キルヒホッフの電流則	キルヒホッフの電圧則	重ねの定理	ブリッジ回路

半導体素子

Chapter
01

導体と絶縁体

電子回路の主役である半導体素子の材料が半導体だ。半導体のふるまいを理解するためには、原子の構造のレベルで導体と絶縁体を理解しておく必要がある。

原子の構造と電荷

電気の基礎を学んだ人ならば、**自由電子の連続的な移動が電流である**ことを知っているはずだ。電流の流れる方向と自由電子の移動する方向が逆になるという説明に違和感を覚えた記憶がある人も多いだろう。こうした学習の過程では、**原子**の構造も学んだと思われる。本書では電子回路の基礎を解説するが、電子回路の主役はトランジスタなどの**半導体素子**だ。その素子を構成する**半導体**のふるまいを理解するためには、やはり原子の構造を知っている必要がある。非常に重要なので、念のために再確認しよう。

すべての物質は原子で成り立っている。原子の中心には**陽子**と**中性子**で構成される**原子核**があり、その周囲の**軌道**を**電子**が回っている。これらの陽子、中性子、電子それぞれの数は原子の種類(**元素**)ごとに決まっている。陽子と電子の数は等しく、その数が原子番号になる(中性子の数は同じ元素でも各種ある)。

これらの原子を構成する粒子がもつ電気的な性質を**電荷**という。電荷には**プラス**(**正**)または**マイナス**(**負**)の極性があり、それぞれ**正電荷**(**プラスの電荷**)と**負電荷**(**マイナスの電荷**)という。電荷には、異なる極性同士は引き合い、同じ極性同士は反発し合うという性質がある。この吸引力や反発力を**静電気力**や**静電力**、**電気力**または**クーロン力**という。粒子のうち、**陽子は正電荷であり、電子は負電荷だ**。

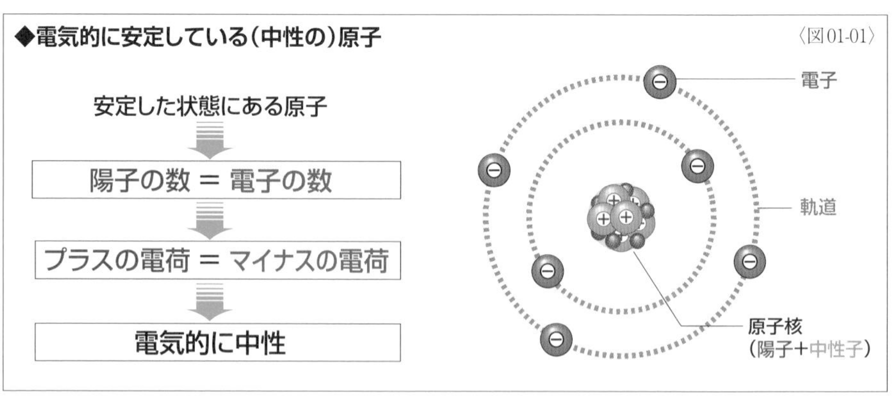

電荷という用語は、陽子や電子のように電荷をもっているものを表現することもあれば、その量を表現することもある。**プラスとマイナスの違いはあるが、陽子と電子の電荷の大きさは等しい**。通常は原子を構成する陽子と電子の数は等しいので、**正電荷と負電荷が打ち消し合って、原子は電気的に中性な状態が保たれている**。

▶自由電子とキャリア

熱、光、力、電界などの外力が刺激として原子に加えられると、一部の**電子**が軌道を外れて飛び出すことがある。こうした電子を**自由電子**といい、移動できる**負電荷**になる。

自由電子が飛び出した原子は、**正電荷**が多い状態になり、電気的な性質をもつ。このように物体が電気的な性質をもつことを**帯電**といい、**負電荷である電子が飛び出した原子はプラスに帯電する**。ただし、自由電子が原子の近くに存在していれば、物体全体では電気的なバランスが取れているため、帯電しているわけではない。物体が帯電するためには、自由電子が他の物体などに移動する必要がある。いっぽう、**自由電子が移動していった先の物体はマイナスに帯電する**。

帯電とは電気的に不安定な状態といえるため、安定した状態、つまり**中性**の状態に戻ろうとしているが、そのままでは日常的に使っている電気のようには流れない。しかし、プラスに帯電した物体とマイナスに帯電した物体を**導体**（電気を通しやすい物質）でつなぐと、**静電気力**によって負電荷である自由電子が、プラスに帯電した物体に引かれて移動する。こうした自由電子が連続的に移動する現象こそが**電流**だ。

自由電子のような電荷の運び手を**電荷キャリア**や**電荷担体**というが、単に**キャリア**ということが多い。金属などでは自由電子がキャリアになるが、半導体や液体、気体ではその他の粒子がキャリアになることもある。

導体と絶縁体

電気を通しやすい物質を導体、電気を通さない物質を絶縁体または不導体という。明確な定義があるわけではないが、一般的に導体の**電気抵抗率**は10^{-10}～10^{-6}Ω・mという低い値をもつ。いっぽう、絶縁体の**抵抗率**は10^{8}Ω・m程度以上の高い値だ。こうした導体と絶縁体の違いは**キャリア**である**自由電子**の多さや少なさによって生じる。

銅や鉄などの金属は代表的な導体だ。導体のなかには、自由電子になりやすい**電子**がたくさんあり、まるで**原子核**の隙間を自由電子が泳ぎ回っているような状態になっている。しかし、自由電子はあくまでも原子核の近くに存在しているので、導体自体は電気的に**中性**の状態だ。

いっぽう、ガラスや陶磁器は代表的な絶縁体だ。絶縁体ではほとんどの電子が原子核と強固に結びついていて、自由電子になりにくい。こうした電子を**束縛電子**という。絶縁体のなかには自由電子がほとんど存在しないため、電流がごくわずかにしか流れない。

本書の主役ともいえる**半導体素子**を構成する**半導体**とは、導体と絶縁体の中間的な物質だ。詳しくは次のSectionで説明する。

◆導体のイメージ〈図01-03〉

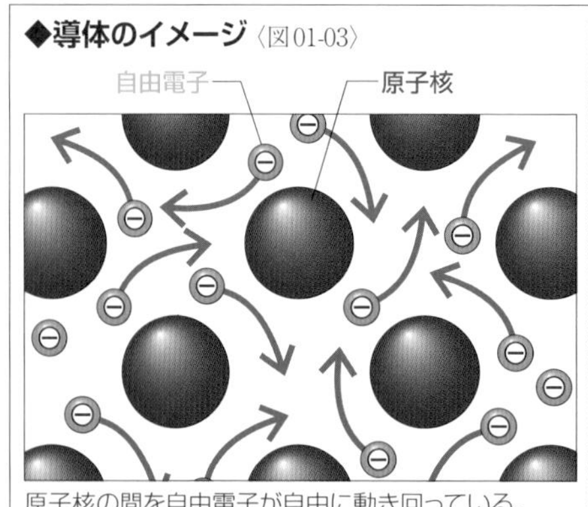

原子核の間を自由電子が自由に動き回っている。（図には描いていないが束縛電子も存在する）

◆絶縁体のイメージ〈図01-04〉

束縛電子

原子核

ほとんどの電子が原子核と強固に結びついた束縛電子になっているので、自由電子がほとんどない。

価電子

電子は**原子核**の周囲の**軌道**を回っているが、電子の数によって軌道の数が異なる。電子は原則として原子核に近い内側の軌道に収まろうとする性質があるが、1つの軌道に収容できる電子の最大数が決まっていて、電子の数が最大数を超えると、外側の軌道を使うようになる。こうした軌道を**電子殻**といい、〈図01-05〉のように内側から順に**K殻**、**L殻**、**M殻**、

◆各軌道(電子殻)に入ることができる電子の数〈図01-05〉

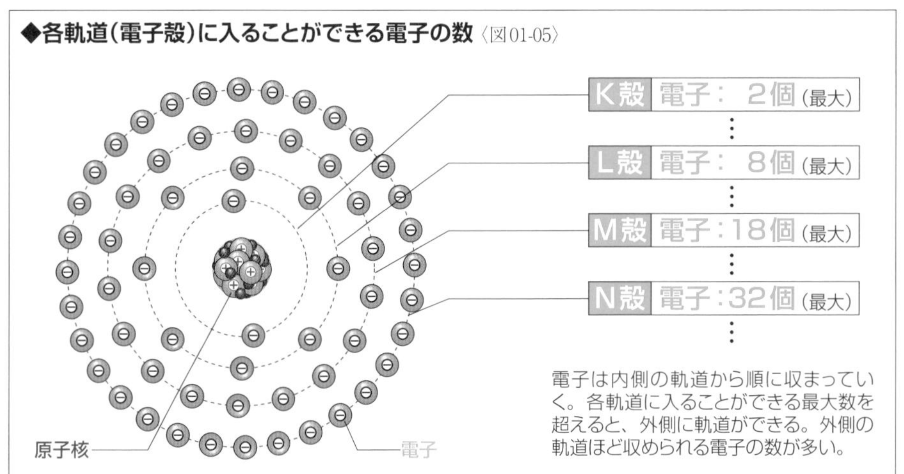

N殻……という。内側からn番目の電子殻には最大$2n^2$個の電子が入ることができる。

もっとも外側の電子殻を**最外殻**(さいがいかく)といい、その軌道にある電子を**価電子**(かでんし)という。価電子は電子殻からもっとも遠いため、原子核の束縛(そくばく)が弱い。ただし、**最外殻でも最大数の電子が入ると状態が安定しやすく、L殻より外側の電子殻では、8個の電子が入ると一応は安定する**という性質がある。

代表的な**導体**で導線にもよく使われる**銅**は、原子番号(げんしばんごう)29番なので、電子の数は29個だ。この場合、〈図01-06〉のように、N殻が最外殻になり、最外殻の価電子は1個になる。価電子は原子核の束縛が弱いうえ、それが1個しかないと外力(がいりょく)の刺激(しげき)が集中することになるので、自由電子になりやすい。そのため、銅は自由電子の数が多く、良好な導体になる。

その他の導体の**原子**(げんし)についても価電子が1個または2個のものが多いが、価電子の数だけで、その原子が導体になるか絶縁体になるかが決まるわけではない。原子や分子の結合方法(けつごうほうほう)でも違ってくる。たとえば、黒(こく)鉛(えん)とダイヤモンドはどちらも炭素原子で構成される物質だが、原子の結合の構造(結晶(けっしょう)構造(こうぞう))が異なるため、黒鉛は良質な導体だが、ダイヤモンドは絶縁体になるといったこともある。

◆銅原子〈図01-06〉

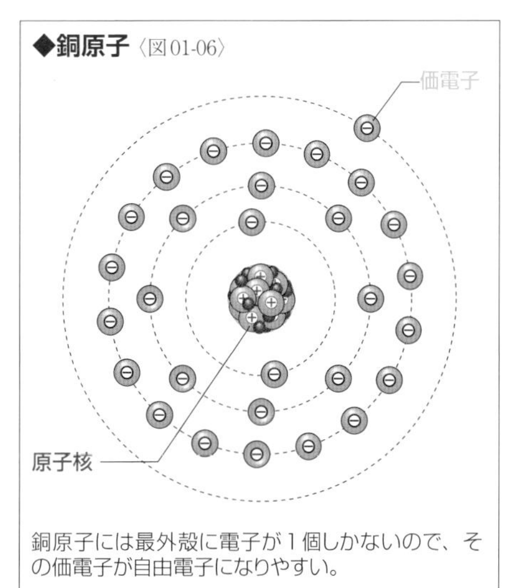

銅原子には最外殻に電子が1個しかないので、その価電子が自由電子になりやすい。

半導体

半導体は導体と絶縁体の両方の性質をあわせもっている。半導体素子にはキャリアが自由電子であるn形半導体と、キャリアが正孔であるp形半導体が使われる。

▶半導体

半導体は**導体**と**絶縁体**の中間的な**抵抗率**をもっている。単体の元素としては**シリコン**（**ケイ素**）[Si]や**ゲルマニウム**[Ge]が代表的な半導体だ。このほか、複数の元素でできた**化合物半導体**もあり、**半導体素子**では**ガリウムヒ素**[GaAs]や**インジウムリン**[InP]などが使われている。

熱、光、力、電界などの**外力が加えられると、抵抗率が大きく変化することが半導体の**特徴だ。**不純物の添加によっても半導体は抵抗率が大きく変化する**。また、温度については、金属などの導体は温度が上がると抵抗率が大きくなるが、半導体は温度が上がると抵抗率が小さくなる。これを**負の温度係数**をもつという。

なお、確かに半導体は導体と絶縁体の中間的な抵抗率だが、作り方や使い方によって抵抗率はさまざまに変化する。そのため、中間的な存在というより、**半導体は導体と絶縁体の両方の性質をあわせもつ物質**だと考えたほうがわかりやすいかもしれない。

▶真性半導体

先に説明したように**半導体**はわずかな**不純物**の存在で**抵抗率**が大きくかわる。つまり、不純物に対して非常に敏感な物質だ。こうした不純物による影響を排除するために、**純度を高めた半導体を真性半導体という**。真性半導体は**99.9999999999%**というような純度にまで精製されている。こうした純度を、9が12個並ぶのでトゥエルブナインの純度といったりする。

元素としての半導体であるシリコンは原子番号14、ゲルマニウムは原子番号32で、どちらも**価電子**は4つだ。たとえばシリコンの**単結晶**（原子がすべて規則正しく配列している結晶）は、〈図02-02〉のように**各原子が価電子を互いに共有しながら規則正しく並んでいる**。このような構造を**共有結合**という。

原子には、**L殻より外側の電子殻では、8個の電子が入ると一応は安定する**という性質がある。共有結合では価電子を共有することで、同一軌道上に価電子が8個存在する安定した状態を作りだしているわけだ。価電子の状態が安定しているので、共有結合したシリ

◆真性半導体 〈図02-02〉

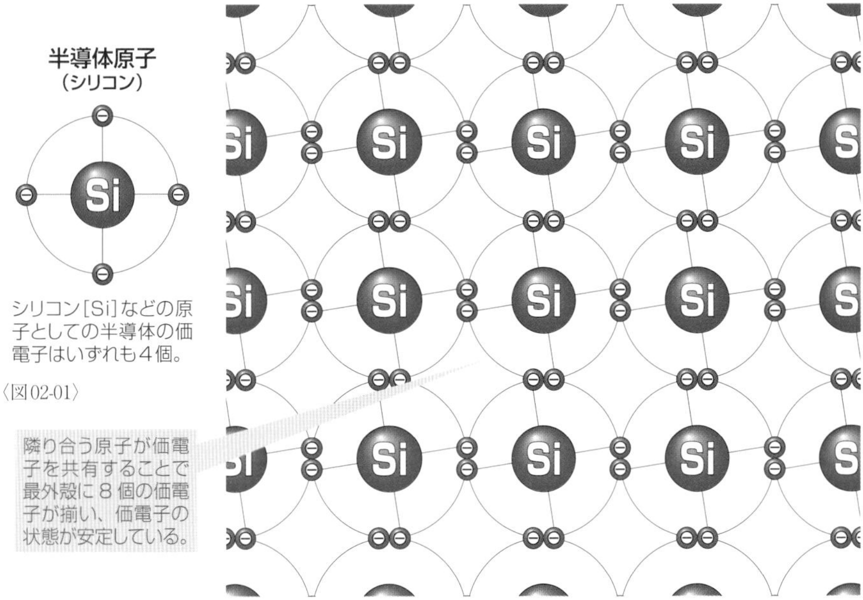

半導体原子
(シリコン)
Si
シリコン[Si]などの原子としての半導体の価電子はいずれも４個。
〈図02-01〉
隣り合う原子が価電子を共有することで最外殻に８個の価電子が揃い、価電子の状態が安定している。

コンの単結晶では自由電子ができにくい。

自由電子がほとんどない真性半導体は、ほとんど電流が流れない。しかし、熱、光、力、電界などの外力が刺激として加えられると、価電子の一部が軌道を離れて自由電子が生じ、わずかに電流が流れるが、外力がなくなるとすぐに共有結合の状態に戻ってしまう。

不純物半導体

真性半導体は電流が流れる状況が限られるので、そのままでは半導体素子に使うことが難しい。そのため**半導体素子には、真性半導体に不純物としてほかの原子をわずかに混ぜた不純物半導体が使われる**。不純物の量は100万分の1～1000万分の1程度の微量だ。混ぜ込む不純物を**ドーパント**(dopant)といい、不純物を微量添加することを**ドーピング**(doping)という。不純物半導体はドーピングする元素の種類によって、**n形半導体**と**p形半導体**に分類される。

◆半導体の分類 〈表02-03〉

真性半導体
半導体
不純物半導体
p形半導体
n形半導体

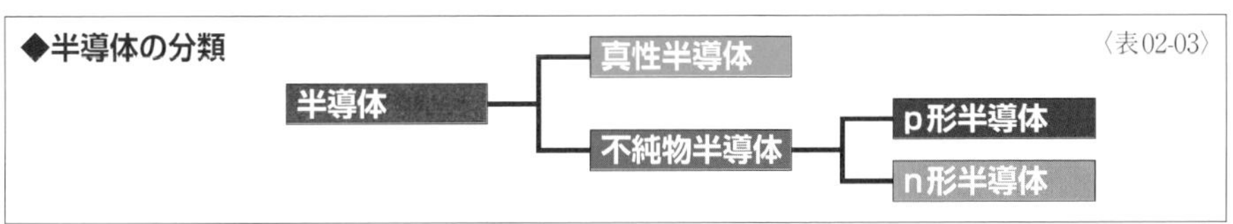

n形半導体

シリコンなど4個の**価電子**が**共有結合**する**真性半導体**に、価電子が5個の**原子**を少量**添加**したものが**n形半導体**だ。価電子が5個の原子には、**ヒ素**[As]や**リン**[P]、**アンチモン**[Sb]などがある。

共有結合は8個の価電子で安定するが、5個の価電子をもつ原子が添加されると、価電子のうち1個が共有結合に加われない。その価電子は**原子核**に束縛される力が弱い。結果、n形半導体には金属などの導体と同じように**自由電子**になりやすい電子が存在するため電流が流れる。自由電子が存在するが、n形半導体自体は電気的に中性の状態だ。

人工的に自由電子を作るために添加する物質を**ドナー**といい、物質が原子の場合は**ドナー原子**ともいう。英語の“donor”には「提供するもの」という意味がある。n形半導体を製造する際に、添加するドナーの量を調整すれば、任意の**抵抗率**にすることができる。

また、ドナーが添加された半導体では自由電子がおもな**キャリア**になる。自由電子は**負電荷**(**マイナスの電荷**)であるため、負を意味する英語の“negative”の頭文字から、こうした半導体をn形半導体というわけだ。

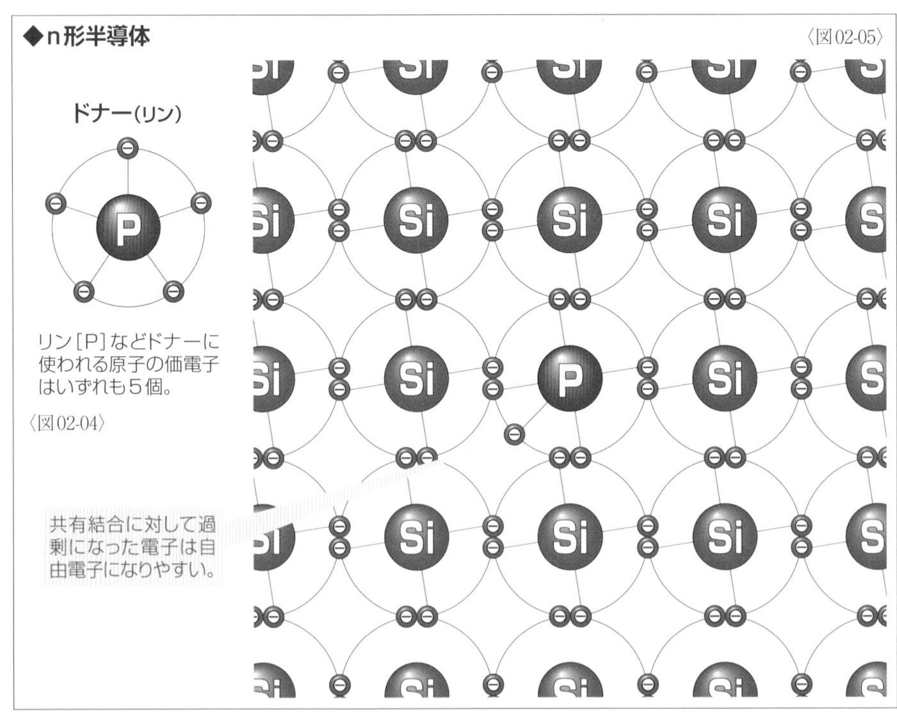

◆n形半導体 〈図02-05〉

リン[P]などドナーに使われる原子の価電子はいずれも5個。〈図02-04〉

共有結合に対して過剰になった電子は自由電子になりやすい。

p形半導体

シリコンなど4個の**価電子**が**共有結合**する**真性半導体に**、**価電子が3個の原子を少量添加したものがp形半導体**だ。価電子が3個の原子には、**ホウ素**[B]や**ガリウム**[Ga]、**インジウム**[In]などがある。

価電子が3個の原子が共有結合に加わると、結合の際に価電子の足りない部分が生じる。本来は価電子が存在して欲しいが、実際には存在しないので、穴があるているような状況だといえる。そのため、こうした部分を**正孔**や**ホール**という。正孔については次ページで詳しく説明するが、p形半導体では、この正孔がおもな**キャリア**になる。正孔は**正電荷**(**プラスの電荷**)として扱われるため、正を意味する英語の“positive”の頭文字から、こうした半導体をp形半導体というわけだ。p形半導体自体も電気的に中性の状態にある。

人工的に正孔を作るために添加する物質を**アクセプタ**といい、物質が原子の場合は**アクセプタ原子**ともいう。英語の“acceptor”には「引き受けるもの」という意味がある。p形半導体を製造する際に、添加するアクセプタの量を調整すれば、任意の**抵抗率**にすることができる。

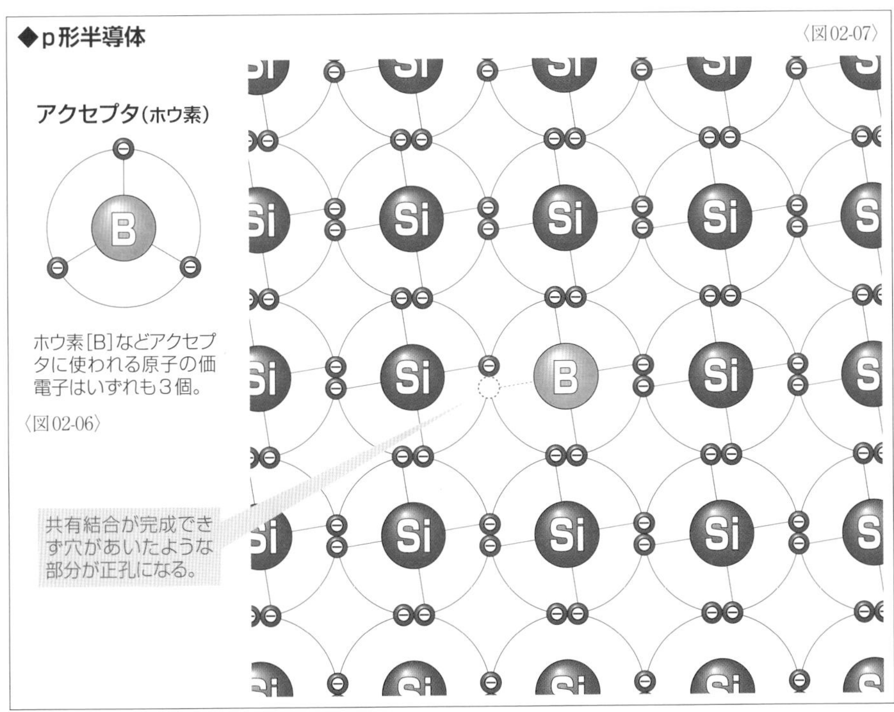

自由電子と正孔

n形半導体の**キャリア**である**自由電子**は、金属などの**導体**の自由電子と同じようにふるまう。自由電子は物質内を自由に移動することができるので、**電荷**の運び手であるキャリアになる。n形半導体に電圧をかけると電流が流れるが、自由電子は**負電荷**であるため、**自由電子が移動する方向と、電流が流れる方向が逆になる**。

いっぽう、**p形半導体**では**正孔**(**ホール**)がキャリアになると説明されるが、実際には正孔は**仮想キャリア**だ。正孔ができるしくみを考えればわかるように、正孔の位置は固定されていて動くことができないので、電荷の運び手にはなれないはずだ。しかし、p形半導体に電圧をかけると電流が流れる。その際には、マイナス側の電極から供給された自由電子が隣り合った正孔から正孔へと次々と移動していく。つまり、実際には自由電子がキャリアとして〈図02-08〉のように移動しているのだが、電子の動きを見なければ、〈図02-09〉のように正孔が移動しているように見える。

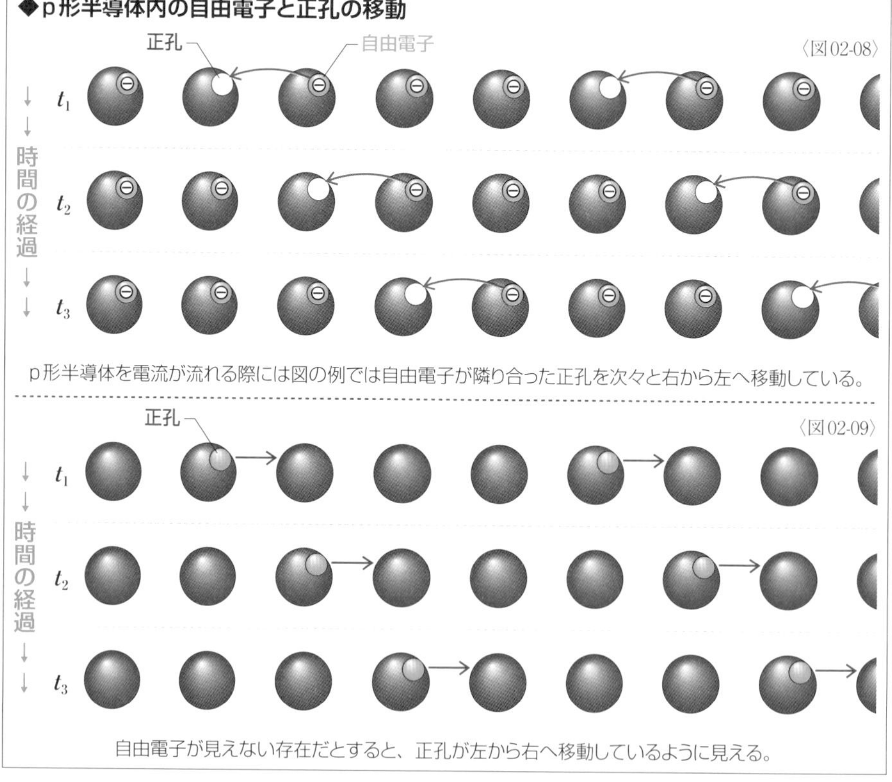

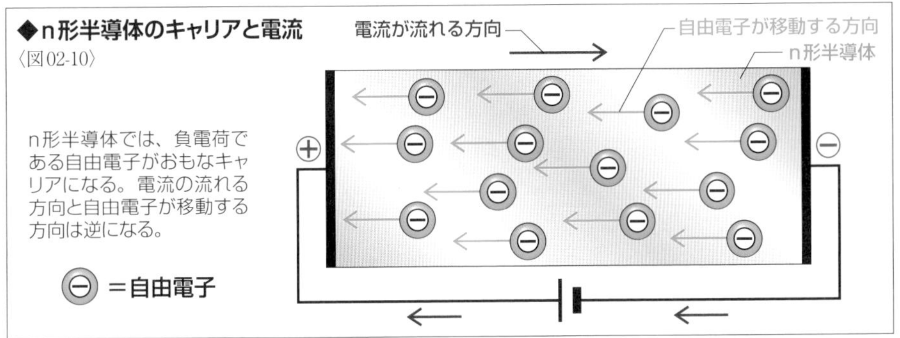

p形半導体内を自由電子が移動しているとはいっても、多数の自由電子が存在する導体内を自由に移動しているのは状況が異なる。そのため、正孔を仮想キャリアとして扱ったほうが、状況が把握しやすく、半導体のさまざまな作用もわかりやすくなる。そこで、半導体の作用などを説明する際には、正孔をキャリアとして扱うのが一般的だ。なお、正孔は移動しているように見えるだけだが、以降では正孔は移動するものとして説明する。

図を見ればわかるように、自由電子の移動する方向と、正孔の移動する方向は逆になる。つまり、**正孔の移動する方向と、電流の流れる方向は同じになる**。そのため、正孔は移動できる**正電荷**として扱う。

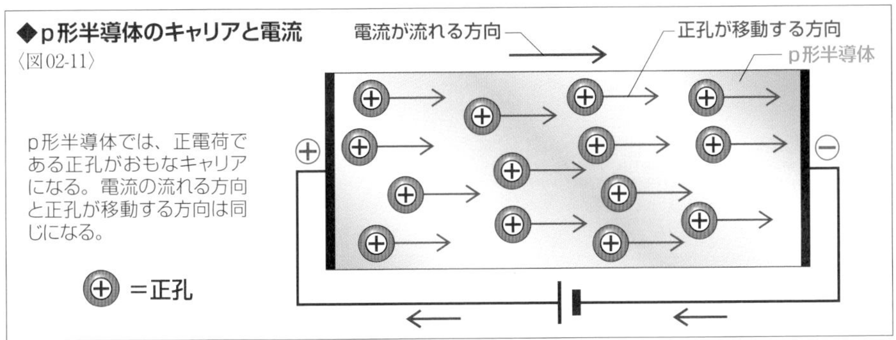

多数キャリアと少数キャリア

n形半導体のおもな**キャリア**は**自由電子**だが、半導体内に**正孔**がまったく存在しないわけではなく、わずかには存在する。n形半導体では、自由電子のように**数の多いほうのキャリアを多数キャリア**といい、正孔のように**数の少ないほうのキャリアを少数キャリア**という。**p形半導体**では正孔が多数キャリアであり、自由電子が少数キャリアだ。少数キャリアは数は極めて少ないが、重要な働きをすることもあるので無視することはできない。

Chapter 01

Section 03

pn接合

半導体素子ではp形半導体とn形半導体を組み合わせて使用する。その基本中の基本がpn接合だ。p形とn形を接合するとキャリアが存在しない空乏層ができる。

▶キャリアのふるまい

半導体に**電界**を加えると、**キャリア**である**自由電子**と**正孔**は、**電界による力を受けて、正孔は電界の向き、自由電子は電界とは逆向きに移動する**。この移動によって、電界の向きに電流が流れる。この現象を**ドリフト**という。ドリフトによって流れる電流を**ドリフト電流**という。電界とは、簡単にいってしまえば電圧のかかった空間のことだ。プラスとマイナスの電極によって電界が生じているとすれば、前ページの〈図02-11〉のように正孔はマイナスの電極に引き寄せられ、〈図02-10〉のように自由電子はプラスの電極に引き寄せられる。

また、半導体内部の**キャリアの濃度に差があると、濃度の高い部分から低い部分に向かってキャリアの移動が起こる**。この現象を**拡散**という。拡散とは物理の分野では粒子や熱などが散らばり広がる現象のことをいう。たとえば、水のなかにインクをたらすと、インクは拡散によって次第に全体に広がって水と混ざり合ってしまう。煙が空気中に広がる現象も拡散だ。拡散によってキャリアが移動することにより流れる電流を**拡散電流**という。

半導体内で**正孔と自由電子が出会うと、正電荷と負電荷が打ち消し合って両者が消滅する**。このように正孔と自由電子が消滅することを**キャリアの再結合**という。電圧を加えた半導体では、キャリアの発生と再結合が同時に行われる。その際、キャリアが再結合した分だけキャリアの発生が行われるため、半導体内のキャリアの総数はかわらない。

▶pn接合

n形半導体も**p形半導体**も、それぞれが単独では**導体**と大差ないが、n形とp形を組み合わせるといろいろな働きをするようになる。**半導体素子**にはさまざまな組み合わせ方のものがあるが、その基本となるのが**p形半導体とn形半導体を接合したpn接合**だ。接合とはいっても、すでに存在しているp形半導体とn形半導体をくっつけるわけではない。半導体の結晶をつくる際に、**アクセプタ**を添加する部分と**ドナー**を添加する部分を分けることで、p形半導体とn形半導体が接合した結晶を製造する。pn接合のうち、半導体がp形の部分を**p形領域**、n形の部分を**n形領域**といい、両者が接している面を**接合面**や**境界面**という。

Chap. 01 半導体素子

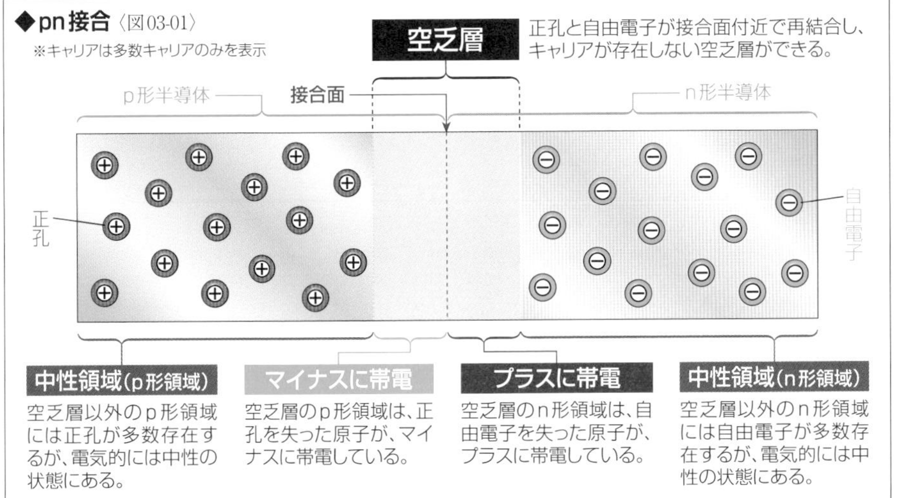

▶空乏層

pn接合ができると、p形領域の正孔はn形領域に拡散していき、n形領域の自由電子はp形領域に拡散していく。拡散によってもう一方の領域に移動したキャリアを**注入キャリア**という。拡散によって移動する正孔と自由電子が接合面付近で出会うと、**キャリアの再結合**によってキャリアが消滅し、接合面付近にはキャリアが存在しない領域ができる。この領域を**空乏層**という。**空乏層にはいずれのキャリアも存在しないため、絶縁体と同じように電流が流れにくい性質をもつ**。

空乏層のp形領域では、それまで存在していた正孔がなくなるので、マイナスに**帯電**した**原子**だけが残る。いっぽう、空乏層のn形領域では、それまで存在していた自由電子がなくなるので、プラスに帯電した原子だけが残る。電気的な正負の偏りによって、**空乏層内のp形領域とn形領域には電位差が生じる**。この電位差によって、キャリアの移動を妨げる方向の**電界**が発生する。空乏層両端の距離が長くなるほど電位差が大きくなっていき、ついにはキャリアが移動できなくなり、拡散は停止して安定する。空乏層内の電位差は、拡散によって生じたものなので**拡散電位**という。また、この電位差がキャリアの移動を妨げる壁のように働くため、**電位障壁**ともいう。

空乏層以外のp形領域には正電荷である正孔が多数あるが、元から存在しているものなので、電気的な偏りはなく中性の状態になっている。同じく、空乏層以外のn形領域には自由電子が多数あるが、電気的に中性の状態だ。これらの領域を**中性領域**という。

ダイオード

ダイオードはpn接合だけで構成される半導体素子だ。アノードからカソードの方向にしか電流を流さない性質があり、回路内を流れる電流の向きの制御に使われる。

pn接合ダイオード

pn接合をそのまま使う**半導体素子**を**pn接合ダイオード**という。**ダイオード**(diode)にはいろいろな種類のものがあるが、単にダイオードといった場合、pn接合ダイオードをさすことがほとんどだ。pn接合ダイオードはシリコン結晶で作られた**シリコンダイオード**が一般的に使われているが、ゲルマニウム結晶で作られた**ゲルマニウムダイオード**もある。

実際とは異なるが、構造を模式的に示すと〈図04-01〉のようになる。pn接合の両端にはそれぞれ**電極**が備えられているので、ダイオードには2つの端子がある。p形領域側の電極を**アノード**(anode)、n形領域側の電極を**カソード**(cathode)というが、電極ではなく端子をさす場合もある。アノードは電流が流れ込む電極を意味し、カソードは電流が流れ出す電極を意味する。どちらの用語も電気化学の分野でも使われる。

ダイオードは〈図04-02〉の**図記号**で示される。矢印のように見える記号で、根元側がアノード、矢印の向かっている側がカソードを示す。なお、欧文1文字の略字で示す場合、アノードは"A"が使われるが、カソードはドイツ語(kathode)の頭文字"K"が使われることが多い。

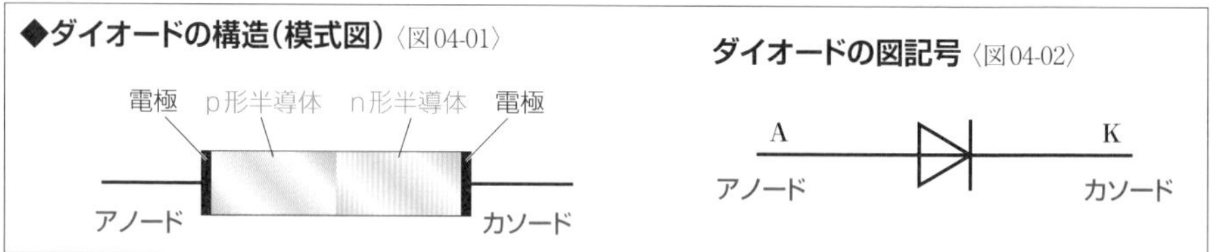

◆ダイオードの構造(模式図)〈図04-01〉

ダイオードの図記号〈図04-02〉

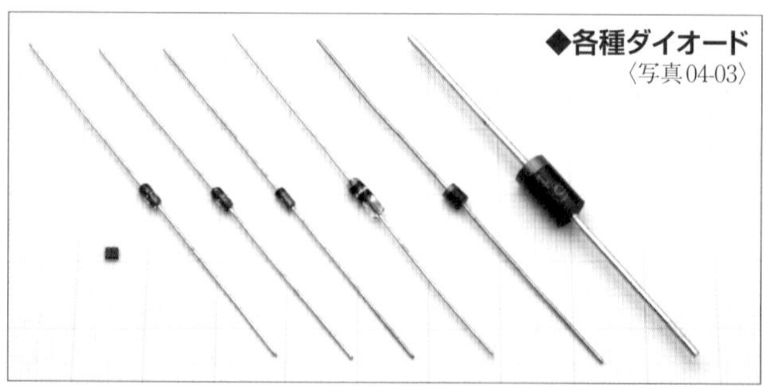

◆各種ダイオード〈写真04-03〉

⬅左端の小さな四角いものがチップ部品であるチップダイオード。その他はいずれもリード付部品で、左から順に小信号用のスイッチングダイオード1本、ツェナーダイオード2本、ゲルマニウムダイオード1本、整流用シリコンダイオード2本。リード付のダイオードの場合、カソード側を示すマークが記されているのが一般的だ。

▶順方向電圧と順方向電流

pn接合ダイオードに加えるアノード(p形領域側)が正、カソード(n形領域側)が負となるような電圧を**順方向電圧**という。ダイオードにかける順方向電圧を少しずつ高めていくと、ある一定の電圧以上でアノードからカソードの方向に電流が流れ始める。電流が流れ始める電圧を**立ち上がり電圧**や**しきい値電圧**(閾値電圧)という。さらに電圧を高めていくと、それに従い電流も増加する。また、この方向に流れる電流を**順方向電流**という。なお、順方向電圧と順方向電流をまとめて**順方向バイアス**ともいう。

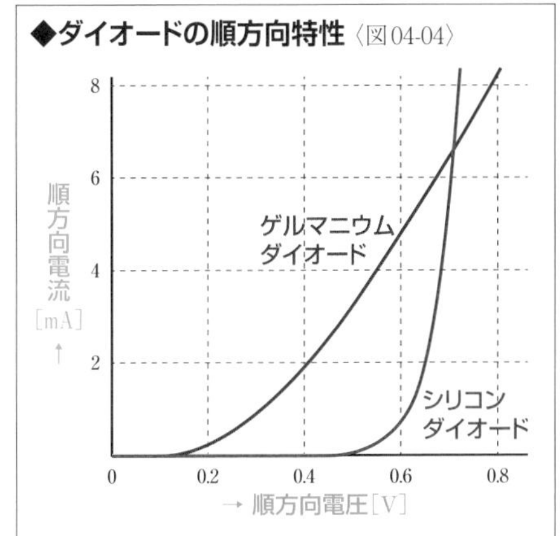

ダイオードに加えた電圧の大きさと、その際に流れる電流の大きさの関係を、**ダイオードの電圧ー電流特性**といい、単に**ダイオードの特性**ということもある。特性のうち、順方向電圧の特性である**順方向特性**をグラフすると〈図04-04〉のようになる。

順方向電流が流れ始める電圧である立ち上がり電圧は、**シリコンダイオード**で約0.6V、**ゲルマニウムダイオード**で約0.2Vだ。順方向電圧がこの大きさになると、その電界によって**拡散電位**が打ち消されて**空乏層**が消滅する。これにより、p形領域の**正孔**はカソードに引き寄せられて移動し、n形領域の**自由電子**はアノードに引き寄せられて移動し、**接合面**で出会うと**再結合**して消滅する。移動したキャリアは電源から供給されるので、キャリアの移動が連続することで電流が流れる。

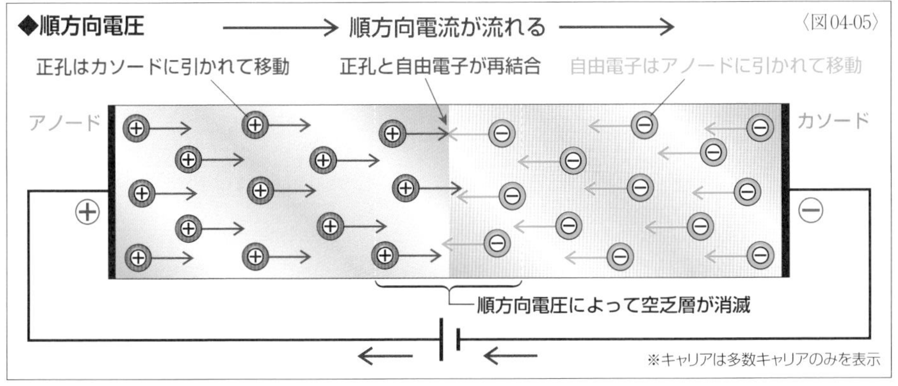

逆方向電圧と逆方向電流

pn接合ダイオードに加えるカソード（n形領域側）が正、アノード（p形領域側）が負となるような電圧を逆方向電圧という。逆方向電圧を加えると、**空乏層**以外のp形領域の**正孔**はアノードに引き寄せられて移動する。移動によって正孔が存在しなくなったp形領域は空乏層になる。n形領域でも**自由電子**はカソードに引き寄せられて移動し、自由電子が存在しなくなったn形領域は空乏層になる。このように、逆方向電圧が加えられることで空乏層が広がるため、**逆方向電圧では多数キャリアの移動による電流は流れない**。

ただし、n形、p形それぞれの領域の**少数キャリア**は逆方向電圧によって移動することになるので、極めてわずかな電流が流れる。この電流を**逆方向電流**というが、通常は無視できるほど小さな値だ。なお、逆方向電圧と逆方向電流をまとめて**逆方向バイアス**ともいう。

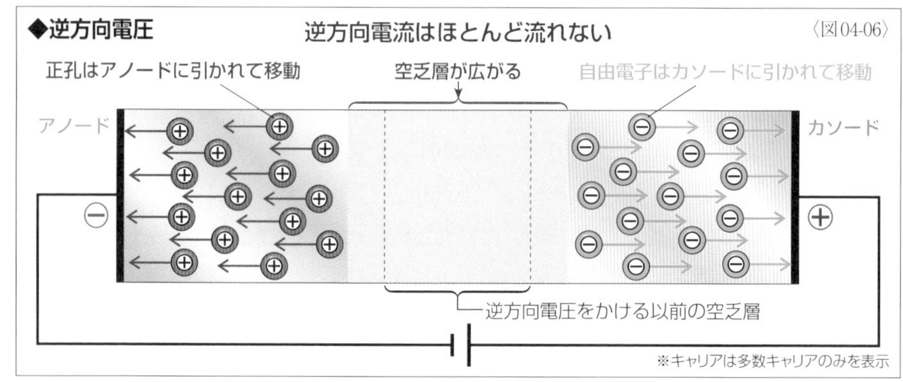

降伏現象

pn接合ダイオードは**逆方向電圧**ではほとんど電流が流れないが、電圧を高めていくと、ある電圧で急に大きな**逆方向電流**が流れはじめる。この現象を**降伏現象**や**ブレークダウン**という。降伏現象で流れる電流を**降伏電流**や**ツェナー電流**、電流が流れ始める電圧を**降伏電圧**や**ブレークダウン電圧**、または**ツェナー電圧**という。こうした**降伏状態では電流の広い範囲にわたって電圧が一定になる特性がある**。これを**降伏特性**といい、こうした領域を**降伏領域**や**ブレークダウン領域**という。

ダイオードの作り方によって降伏電圧の大きさはさまざまに設定できるが、一般的な電子回路に使われるダイオードの場合は、逆電圧をかけたときは電流が流れないと考えてほぼ問題ない。なお、半導体素子のなかには降伏現象をあえて利用しているものもある（P55参照）。

………降伏現象の原因………

降伏現象は、**アバランシェ現象**か**ツェナー効果**のどちらかによって生じる。アバランシェ現象は**なだれ降伏**ともいう。pn接合に大きな逆方向電圧がかかると、**少数キャリア**が急激に加速される。加速されたキャリアが原子にぶつかると、原子から電子をたたき出し、自由電子と正孔のペアを作る。こうしてたたき出されたキャリアが加速されて原子にぶつかって……、といった具合にねずみ算的にキャリアの数が急増し、なだれのようにキャリアが移動して電流が流れるようになる。これがアバランシェ現象だ。不純物濃度が低い半導体で起こりやすい。

ツェナー効果は**トンネル効果**ともいい、不純物濃度が高い半導体で起こりやすい。大きな逆方向電圧がかかると、その電界によってn形半導体のシリコンの価電子が空乏層を飛び越えるようにしてp形半導体に入ることができるようになる。こうした現象を**量子力学**ではトンネル効果という。この電子の移動によって電流が流れる。これがツェナー効果だ。

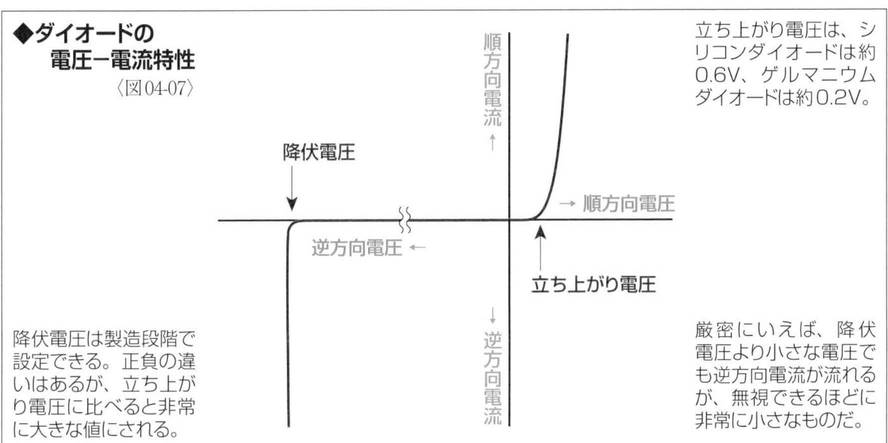

▶ダイオードの特性と定格

逆方向電圧の特性である**逆方向特性**を含めた**ダイオードの電圧ー電流特性**の**特性図**は〈図04-07〉のようになる。降伏状態を無視して簡単にまとめてしまえば、**ダイオードには順方向には電流が流れやすく、逆方向には電流が流れにくい性質がある**といえる。なお、半導体素子は特性が温度変化に対して敏感なものが多く、ダイオードも例外ではない。

また、接合部の温度が**ゲルマニウムダイオード**で75～80℃以上、**シリコンダイオード**で150～175℃以上になると焼損してしまう。そのため、実際の素子には**接合部温度**として温度定格が定められている。このほか、電圧や電流についてもさまざまな**最大定格**が定められている。最大定格を超えると、ダイオードが破損したり特性が劣化したりすることもあるので注意が必要だ。

Chapter 01 Section 05

ダイオード回路の解析

半導体素子を使った回路の設計や解析では特性曲線と負荷線を使うのが基本だが、近似特性や理想のダイオードの特性を使って解析を簡便化することも可能だ。

▶ダイオード回路の特性曲線と負荷線

ダイオードの電圧ー電流特性を使って、実際にダイオードに**順方向電圧**をかけた際に流れる**順方向電流**を解析してみよう。解析するのは、シリコンダイオードDと抵抗Rを直列接続し直流電源Eにつないだ〈図05-01〉の回路だ。この回路ではDとRがEを分圧することになる。回路を流れる電流をI_F、ダイオードの電圧降下をV_F、抵抗の電圧降下をV_Rとすると、電圧については、**キルヒホッフの電圧則**によって〈式05-02〉の関係が成り立つ。抵抗の電圧降下V_Rを、流れる電流I_Fと抵抗Rで示すと、〈式05-03〉のようになる。この式を変形してI_Fで解くと〈式05-06〉になる。

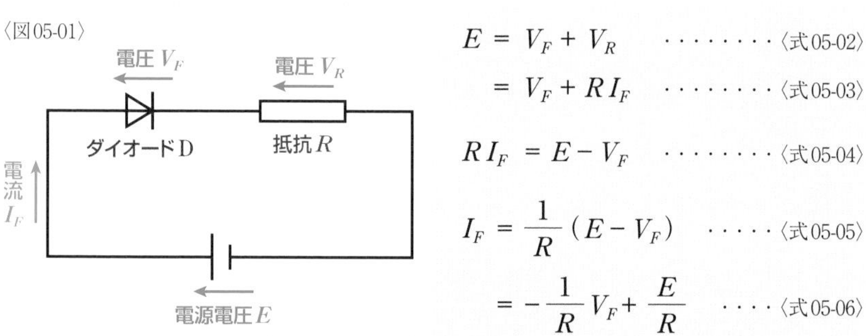

$$E = V_F + V_R \quad \cdots\cdots\langle式05\text{-}02\rangle$$

$$= V_F + RI_F \quad \cdots\cdots\langle式05\text{-}03\rangle$$

$$RI_F = E - V_F \quad \cdots\cdots\langle式05\text{-}04\rangle$$

$$I_F = \frac{1}{R}(E - V_F) \quad \cdots\cdots\langle式05\text{-}05\rangle$$

$$= -\frac{1}{R}V_F + \frac{E}{R} \quad \cdots\cdots\langle式05\text{-}06\rangle$$

〈式05-06〉をダイオードの特性図上でグラフにすると、〈図05-07〉のように傾きが$-\frac{1}{R}$で、切片が$\frac{E}{R}$の直線を示している（切片とは座標軸との交点のこと）。この直線の傾きは、負荷である抵抗Rの大きさによって決まるので、この直線を**負荷線**という。電気の基本法則であるキルヒホッフの法則から導かれたものなので、ダイオードの特性に関わらず、V_FとI_Fは必ず負荷線上になければならない。いっぽう、特性曲線はダイオードの特性を示しているので、やはりV_FとI_Fは必ず特性曲線上になければならない。両方の条件を満たすのは、負荷線と特性曲線の交わった点だ。つまり、**この回路は負荷線と特性曲線の交わった点で動作している**ことになる。そのため、この交点を**動作点**という。動作点をQとした場合、その点の電圧V_Qと電流I_Qが、この回路のダイオードの電圧降下と流れる電流になる。

◆ダイオード回路の電圧と電流〈図05-07〉

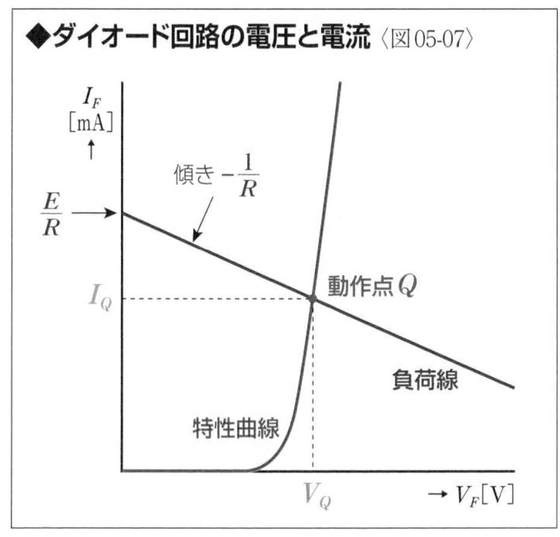

線形素子のみを使用する**電気回路**であれば、オームの法則やキルヒホッフの法則による計算での解析が容易だが、**非線形素子**を含む電子回路の場合は計算では簡単に解けないことも多い。そのため、負荷線と動作点による解析は、非線形素子を含む回路の解析では不可欠なものだ。こうした解析方法はトランジスタなどの半導体素子でも使われるので、必ず覚えておく必要がある。

▶負荷線の描き方

左ページでは**負荷線**を傾きと切片で説明したが、実際に描く際には、負荷線上の2つの点を求めて、その2点を直線でつなげばいい。2点はどこでもいいのだが、座標軸上の2点が求めやすい。つまり、V_F＝0Vのときの点と、I_F＝0Aのときの点だ。V_F＝0VのときのI_Fは、〈式05-05〉のV_Fを0にすると、$I_F=\frac{E}{R}$と求められる。いっぽう、I_F＝0AのときのV_Fは、〈式05-04〉のI_Fを0にしたうえで変形すると、$V_F=E$と求められる。よって、〈図05-08〉のようにダイオードの特性図のI_F軸上の$\frac{E}{R}$の点と、V_F軸上のEの点を結べば負荷線になる。

ただし、この方法で実際に特性図に負荷線を描こうとすると、特性図のV_F軸の目盛がEの値まで設定されていないこともある。こうした場合は、V_F軸に示されている範囲内の値を使えばいい。たとえばV_F=1Vを選んだ場合、〈式05-05〉のV_Fを1にすると、$I_F=\frac{E-1}{R}$と求められる。この点と、前例と同じV_F＝0Vのときの点を〈図05-09〉のように結べば負荷線になる。

◆負荷線の描き方①〈図05-08〉　◆負荷線の描き方②〈図05-09〉

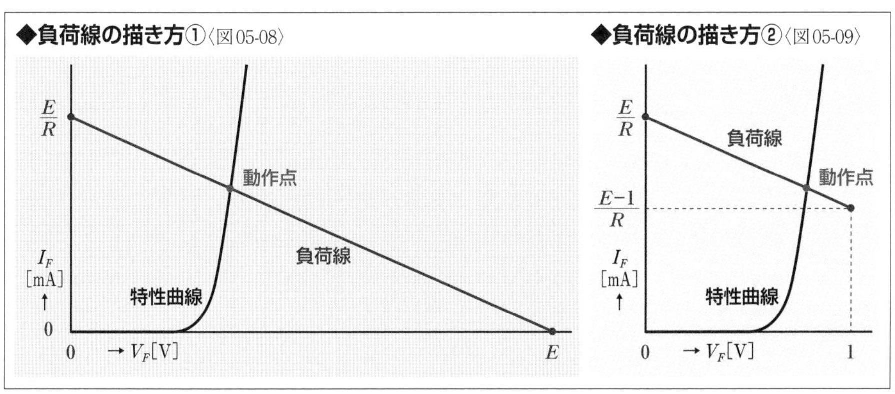

▶近似特性と理想のダイオード

ダイオードの特性曲線と**負荷線**を使った解析は正確だが、いちいち特性図上に負荷線を描かなければならないので手間がかかる。そのため、**近似特性**を使った**近似解析**が行われることもある。正確さでは劣ることになるが、解析が簡単に行えるようになる。

シリコンダイオードの近似解析でよく使われるのは、ダイオードの**順方向電圧**での電圧降下を0.6Vなどで一定とするものだ。つまり、0.6V以上の順方向電圧では**順方向電流**が流れ、それ以下の電圧では電流が流れないとする。この近似特性を特性図にすると〈図05-10〉のようになる。実際のダイオードの特性では、順方向電流が大きくなると電圧降下も少しずつ大きくなっていくが、変化の度合いはさほど大きくないため、電圧降下を0.6V一定で近似とすることができるわけだ。

◆近似特性①〈図05-10〉

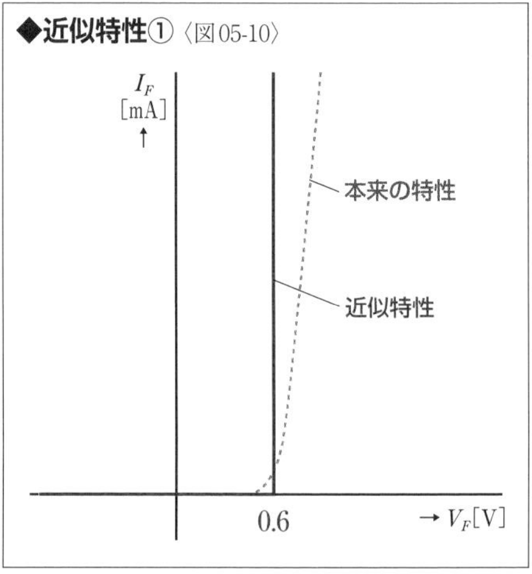

先に負荷線で解析した〈図05-01〉のダイオード回路を、この近似特性で解析してみよう。負荷線を使った解析と同じように、〈式05-02～05〉によってI_Fを求める式が導かれる。この式に、V_F=0.6Vを代入すれば、〈式05-11〉になる。非常に簡単な計算で、特性図は必要ない。

〈図05-01〉

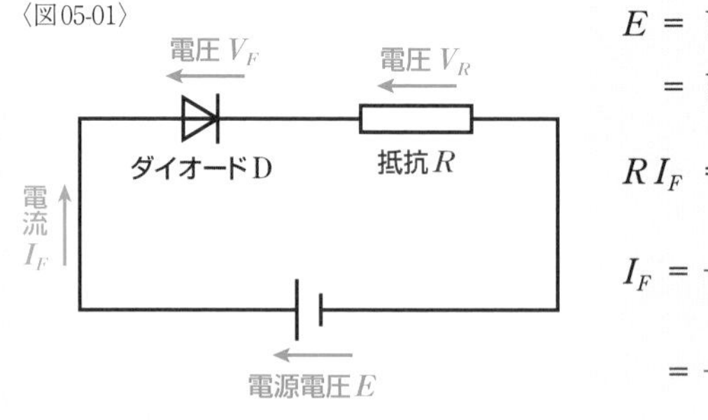

$$E = V_F + V_R \quad \cdots\cdots\cdots〈式05\text{-}02〉$$

$$= V_F + RI_F \quad \cdots\cdots\cdots〈式05\text{-}03〉$$

$$RI_F = E - V_F \quad \cdots\cdots\cdots〈式05\text{-}04〉$$

$$I_F = \frac{1}{R}(E - V_F) \quad \cdots\cdots〈式05\text{-}05〉$$

$$= \frac{1}{R}(E - 0.6) \quad \cdots\cdots〈式05\text{-}11〉$$

ただし、近似解析には成立するための条件が必ずあることを忘れてはいけない。〈図05-10〉の近似特性では、$V_F \leqq$ 0.6Vの範囲ではI_F=0Aだ。つまり、計算にV_F=0.6Vが使えるのは、ダイオードにかかる順方向電圧が0.6V以上の場合に限られる。また、本来のダイオードの特性ではダイオードの電圧降下が0.6Vより大きくなる領域もあるので、Eが0.6Vに近

………十分に大きい／十分に小さい………

半導体素子を使った電子回路の説明では、「AはBより**十分に大きい**」や「CはDより**十分に小さい**」といった表現が登場することがある。「AはBより**非常に大きい**」や「CはDより**非常に小さい**」と表現されることもある。数式では、通常の不等号を2つ重ねた「≫」や「≪」が使われ、「A≫B」や「C≪D」のように示される。

こうした表現は、両者ともに正の値の場合にのみ使われ、両者の**比**が極端に大きい場合に使われる。0に近い値で比が大きいこともあるので、**差**が大きいとは限らない。数学は理路整然としたものであるが、「十分に大きい」や「十分に小さい」について、定められた基準はない。前後の文章によって臨機応変に解釈する必要がある。

い値の場合は、実際とは異なる結果が計算で求められてしまうこともある。つまり、この近似解析には電源電圧がダイオードに生じる電圧降下より十分に大きいという条件があるわけだ。

本来は曲線である半導体の特性を部分的に直線と見なしているので、こうした近似解析を**線形近似**や**直線近似**、**折線近似**という。電圧降下を0.6Vで一定とする以外にも、〈図05-12〉のような近似特性を使ってダイオードの近似解析が行われることもある。この近似特性では電圧降下の値が一定ではないが、一次関数で示されているので、計算は簡単だ。それでも電圧降下0.6V一定の近似特性より、解析の精度が高まることになる。

整流回路の説明などでは**理想のダイオード**の**理想特性**が使われることも多い。**理想のダイオードは順方向電圧では短絡、逆方向電圧では開放と見なす**。特性図にすると〈図05-13〉のようになる。つまり、順方向電圧の電圧降下を常に0Vとしている。理想のダイオードによる近似解析の場合も、ダイオードにかかる順方向電圧が0.6Vより十分に大きいというのが絶対的な条件になる。

◆**近似特性②**〈図05-12〉

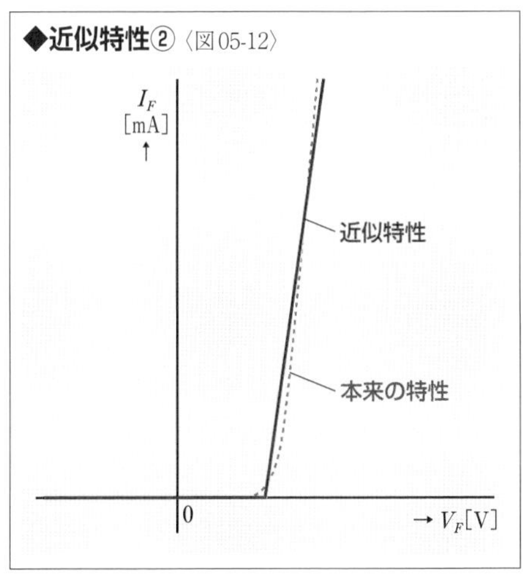

◆**理想のダイオードの特性**〈図05-13〉

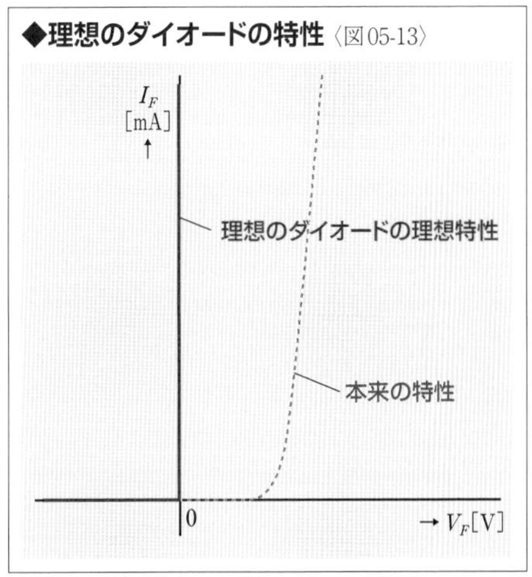

Chapter 01
Section 06

ダイオードの作用

ダイオードの性質を活かした作用には整流作用とスイッチング作用がある。整流作用を利用すると、半波整流や全波整流などさまざまな整流回路を構成できる。

ダイオードの作用

交流を直流に変換することを**整流**というが、**ダイオードの特性**を利用すると整流を行うことができる。これを**ダイオードの整流作用**という。また、電流が流れるときはスイッチがON、電流が流れないときはスイッチがOFFと考えれば、ダイオードは加える電圧の正負によって動作するスイッチとして使える。これを**ダイオードのスイッチング作用**という(P298参照)。

半波整流回路

ダイオードの**整流作用**を利用して、交流を直流に変換する回路を**整流回路**という。整流回路の基本形といえるのが、ダイオード1個で構成される〈図06-01〉のような**半波整流回路**だ。この回路に正弦波交流を入力すると、交流が正の電圧のときにはダイオードに**順方向電圧**がかかるので、**順方向電流**が流れるが、交流が負の電圧のときにはダイオードに**逆方向電圧**がかかるので電流が流れなくなる。出力される電圧の波形は、〈図06-03〉のようになる。つまり、正と負の値をとる正弦波交流の波形のうち、正の部分の半分を取り出しているため、**半波整流**というわけだ。半波整流回路から出力されるのは電圧が0Vの部分もある途切れ途切れの脈流だが、負の部分がないので、広義では直流だといえる。

半波整流回路はダイオードが1個あれば構成できる簡単な回路だが、入力の電圧が負の

◆半波整流

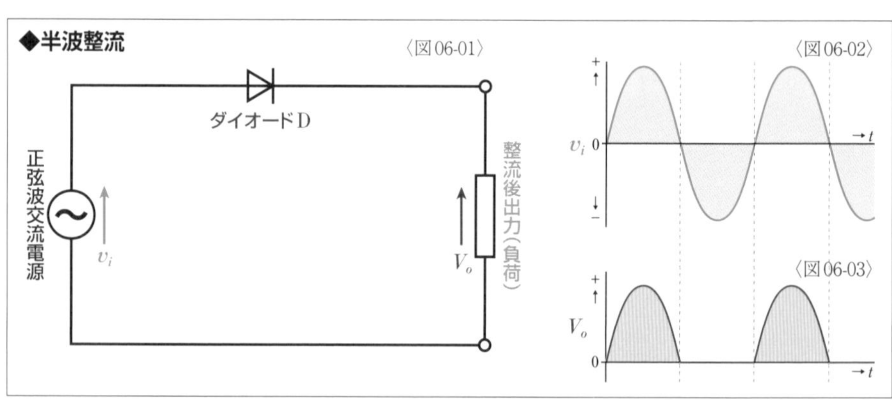

ときは電力を使えないため、効率が悪い。

なお、〈図06-03〉の出力電圧のグラフは、ダイオードを**理想特性**としたものだ。現実世界のダイオードには電圧降下が生じる。たとえば、振幅が3Vの正弦波交流を半波整流した出力波形のグラフは〈図06-04〉のようになる（電圧降下0.6V一定の**近似特性**を使用）。整流する交流の振幅が小さい場合には注意する必要がある。

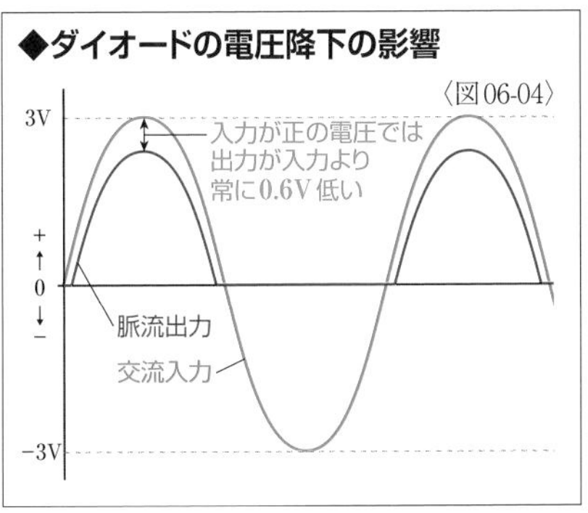

▶全波整流回路

半波整流に対して交流入力電圧の正負の全周期にわたって電力を供給する整流を**全波整流**または**両波整流**という。**全波整流回路**には各種あるが、代表的なものが**ブリッジ形全波整流回路**だ。ブリッジ形全波整流回路は4個の**ダイオード**を使用し、〈図06-05〉のような**ブリッジ回路**を構成している。このブリッジ部分を**ダイオードブリッジ**や**整流ブリッジ**という。

ダイオードを**理想特性**として説明すると、入力電圧が正の半周期では、ダイオードD_2とD_4は短絡、D_1とD_3は開放になる。負の半周期では、ダイオードD_1とD_3は短絡、D_2とD_4は開放になる。このように、ブリッジ形全波整流回路では入力電圧が正のときと負のときで、ブリッジを流れる経路がかわることで、負荷には常に一定の方向に電流が流れる。

ブリッジ形全波整流回路の出力も**脈流**だが、入力交流の全周期にわたって電力を供給できて効率がよいため、多くの**電源回路**で使用されている。電源回路についてはChapter09（P276～）で詳しく説明する。なお、実際のブリッジ形全波整流回路では常に2個のダイオードを経て電流が流れるため、ダイオードの電圧降下の出力電圧への影響は2倍になる。

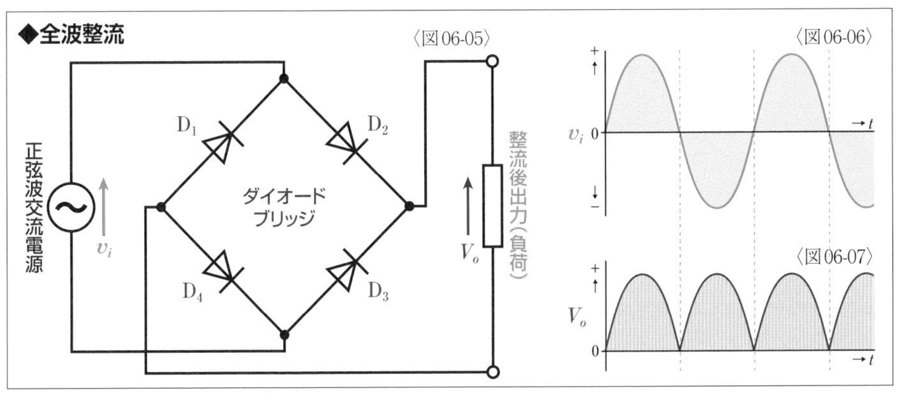

Chapter 01 Section 07

トランジスタ

もっとも代表的な半導体素子がトランジスタだ。最初に発明されたバイポーラトランジスタは半導体が3層に接合されたもので、npn形とpnp形の2種類がある。

▶トランジスタの種類

もっとも代表的な**半導体素子**(はんどうたいそし)である**トランジスタ**は、**バイポーラトランジスタ**と**ユニポーラトランジスタ**に大別される。"bipolar"(バイポーラ)とは「二極(にきょく)の」や「両極(りょうきょく)の」という意味だ。ここでいう極(きょく)とは**キャリア**の極性(きょくせい)のことで、バイポーラトランジスタは動作に**正孔**(せいこう)と**自由電子**(じゆうでんし)の両方の極のキャリアが関(かか)わるので、この名で呼ばれる。いっぽう、"unipolar"(ユニポーラ)とは「単極(たんきょく)の」という意味だ。ユニポーラトランジスタの場合、動作に正孔か自由電子かどちらのキャリアしか関わらない。このユニポーラトランジスタは、その動作原理から**電界効果トランジスタ**(でんかいこうかトランジスタ)ともいい、その英語"field effect transistor"(フィールド エフェクト トランジスタ)の頭文字からFETということが多い。FETには、**接合形**(せつごうがた)FETと**MOS形**(モスがた)FETがある(P46参照)。

なお、バイポーラトランジスタは最初に発明されたトランジスタであり、後にFETが発明されるまでは単にトランジスタと呼ばれていた。バイポーラトランジスタという名称は、FETと区別する必要が生じたために作られたものだ。そのため、現在でも**単にトランジスタといった場合は、バイポーラトランジスタをさすことがほとんど**だ。本書でも、特に明示していない場合は、バイポーラトランジスタをトランジスタと表現する。

◆トランジスタの分類 〈表07-01〉

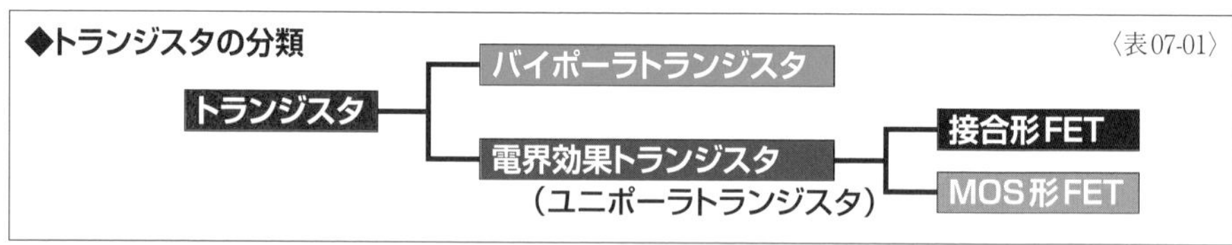

◆各種トランジスタ 〈写真07-02〉

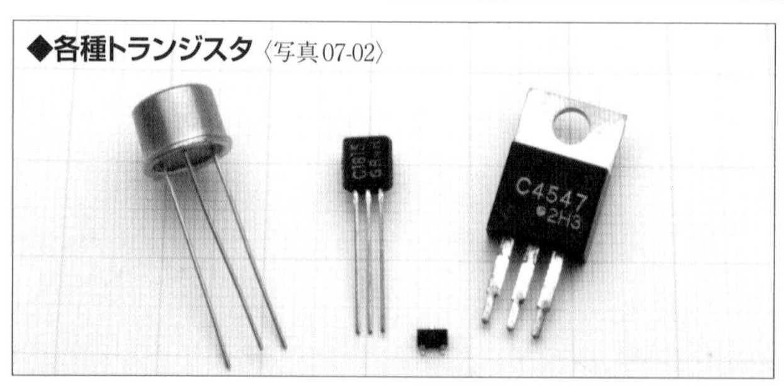

⬅左から順に、少し古いCAN型の小信号用トランジスタ、もっとも一般的な小信号用トランジスタ、チップトランジスタ、放熱板を備えたダーリントントランジスタ(P172参照)。

Chap. 01 半導体素子

トランジスタの構造と図記号

バイポーラトランジスタには、**npn形トランジスタ**と**pnp形トランジスタ**の2種類がある。実際とは異なるが、それぞれの構造を模式的に示すと〈図07-03〉と〈図07-05〉のようになる。どちらも半導体が3層構造になっていて、**非常に薄いp形半導体を両側からn形半導体で挟み込んだものがnpn形トランジスタ**であり、**非常に薄いn形半導体を両側からp形半導体で挟み込んだものがpnp形トランジスタ**だ。pn接合ダイオードと同じように、こうした構造も半導体結晶のなかに作り込まれている。**ゲルマニウムトランジスタ**というものも存在するが、現在の主流は**シリコントランジスタ**だ。

電極は両端の半導体と、中央に挟まれた半導体に備えられていて、両端の電極を**コレクタ**(collector)と**エミッタ**(emitter)、中央の電極を**ベース**(base)という。この名称は電極ではなく端子をさす場合もある。また、電極に応じてそれぞれの半導体の領域を、**コレクタ領域**、**ベース領域**、**エミッタ領域**という。英字で省略する場合は、コレクタを"C"、ベースを"B"、エミッタを"E"にするのが一般的だ。**図記号**には〈図07-04〉と〈図07-06〉が使われる。npn形とpnp形はよく似た図記号だが、エミッタ部分の矢印の方向が異なっている。

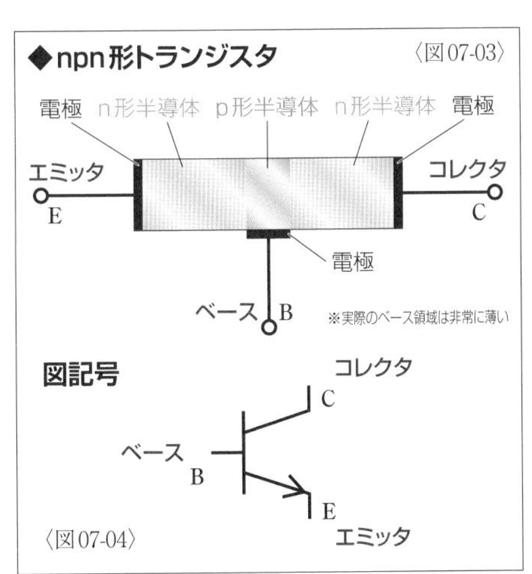

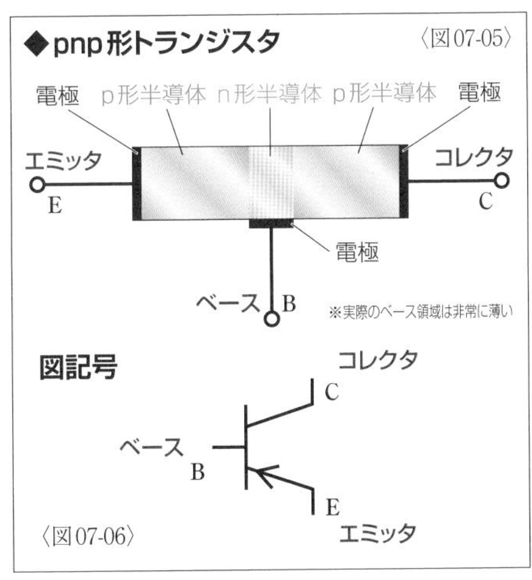

なお、npn形トランジスタの場合、コレクタ領域とエミッタ領域はどちらもn形半導体だが、エミッタ領域のほうがコレクタ領域より不純物濃度が数百倍高くされ、エミッタ領域のほうがコレクタ領域より**多数キャリア**である自由電子の数が多くなるように作られている。pnp形トランジスタの場合も、コレクタ領域とエミッタ領域は同じp形半導体だが、エミッタ領域のほうがコレクタ領域より多数キャリアである正孔が多くなるようにされている。

▶トランジスタの３つの端子の関係

npn形トランジスタのベースとコレクタは**pn接合**であり、**ベースとエミッタもpn接合**だ。そのため、トランジスタが回路につながれていない状態では、それぞれの**接合面**付近に**空乏層**が生じている。3つの端子のうち、2つの端子間に電圧をかけた場合の導通を考えてみると（少数キャリアによる微弱な電流は無視）、n形のエミッタからp形のベースへはpn接合の逆方向なので電流が流れないが、ベースからエミッタへは順方向なので約0.6V以上であれば空乏層が消滅して電流が流れる。同じく、コレクタからベースへは電流が流れないが、ベースからコレクタへは約0.6V以上であれば電流が流れる。コレクタとエミッタ間では、2つの接合面のうちどちらか一方には空乏層が残るため、どちらの方向にも電流が流れない。

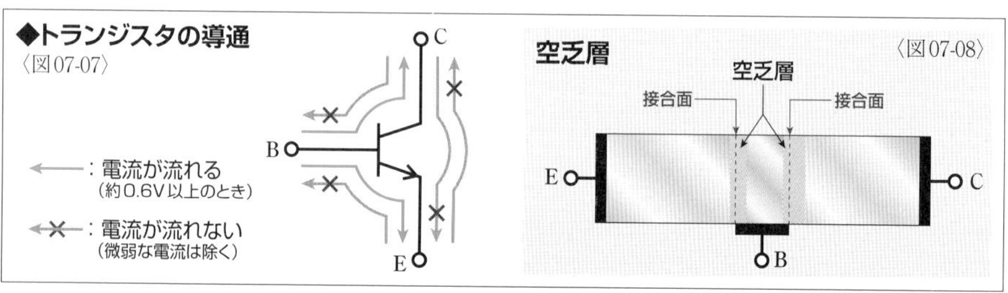

◆トランジスタの導通 〈図07-07〉

空乏層 〈図07-08〉

▶トランジスタの基本動作

コレクタと**エミッタ**間に電圧をかけても電流が流れることはないが、〈図07-09〉の回路のように、同時に**ベース**と**エミッタ**間にも電圧をかけると、トランジスタならではの現象が生じる。

ベース・エミッタ間は約0.6V以上の電圧がかかると電流が流れる。この電流を**ベース電流**といい、ベース・エミッタ間の端子電圧を**ベース・エミッタ間電圧**という。こうした**トランジスタの端子間の電圧の表現では、後に示された端子のほうを基準とした場合の先に示された端子の電位を意味する。**

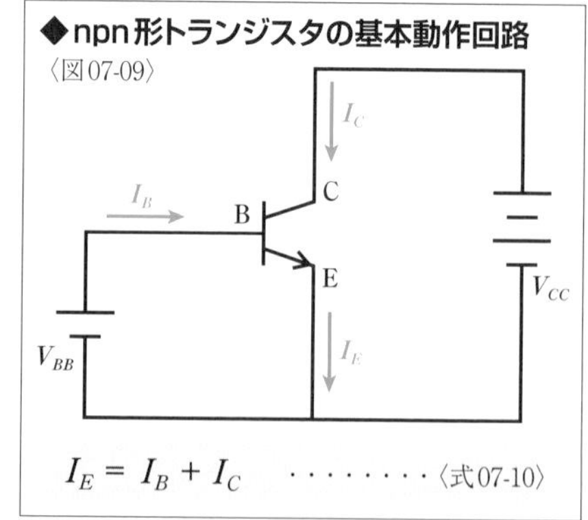

◆npn形トランジスタの基本動作回路 〈図07-09〉

$$I_E = I_B + I_C \quad \cdots\cdots\cdots \text{〈式07-10〉}$$

〈図07-11〉のように、**ベース領域**の**正孔**と**エミッタ領域**の**自由電子**が**再結合**して消滅することでベース電流が流れるが、エミッタ領域の自由電子に比べると、ベース領域の正孔は少ない。しかも、ベース領域は非常に薄いため、エミッタ領域で加速されたほとんどの自由電子はベース領域を貫通してコレクタ領域に到達し、コレクタ電極に引き寄せられていく。これにより、コレクタ・エミッタ間に電流が流れる。この電流を**コレクタ電流**といい、コレクタ・エミッタ間の電圧を**コレクタ・エミッタ間電圧**という。

コレクタ電流は移動する自由電子が多いため、ベース電流に比べて非常に大きな電流になる。一般的に**コレクタ電流はベース電流の100倍程度**だ。エミッタ電極を流れる電流は**エミッタ電流**といい、ベース電流とコレクタ電流の和になる。エミッタ電流をI_E、ベース電流をI_B、コレクタ電流をI_Cとすると〈式07-10〉のように示すことができる。

◆トランジスタ（npn形）の動作

〈図07-11〉

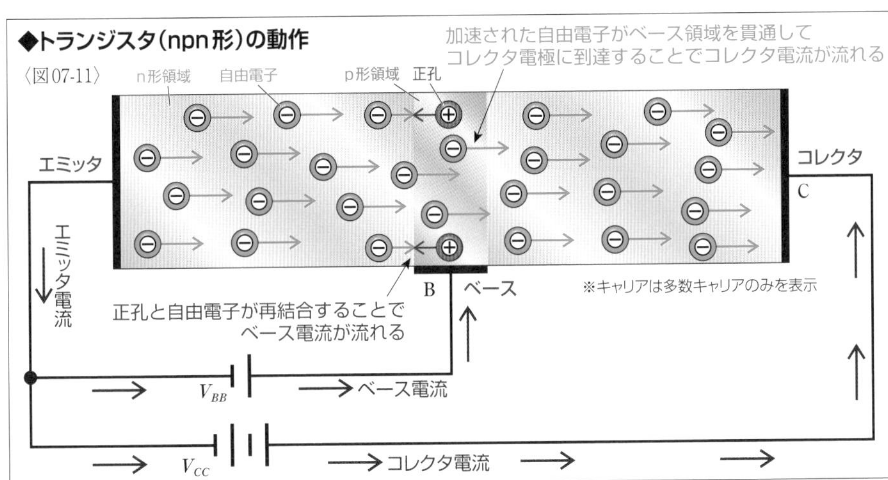

▶npn形とpnp形

pnp形トランジスタと**npn形トランジスタ**とは**pn接合**の配置が逆になる。そのため、**pnp形とnpn形では電流が流れる方向が逆になる**。たとえば、npn形トランジスタの〈図07-09〉のような回路を、pnp形トランジスタにする場合は両方の電源の正負を逆にして〈図07-12〉のような回路にすれば、電流の流れる方向が逆になるだけで、基本的には同じように動作する。

つまり、npn形トランジスタを学べば、pnp形トランジスタを理解することができる。そのため、本書では特に明示していない場合は、一般的によく使われているnpn形トランジスタでトランジスタを説明していく。

◆pnp形トランジスタの基本動作回路

〈図07-12〉

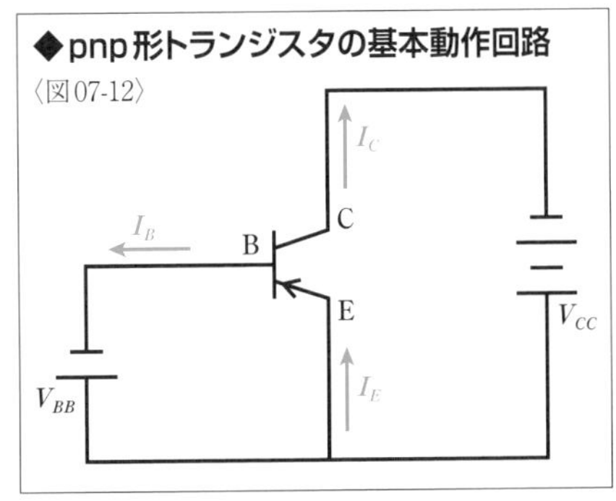

Chapter 01 Section 08

トランジスタの作用

トランジスタは小さなベース電流を流すと大きなコレクタ電流が流れる。この性質によって、トランジスタには増幅作用とスイッチング作用がある。

▶トランジスタの増幅作用

前ページで説明したように、**トランジスタは小さなベース電流を流すと、大きなコレクタ電流が流れる**ようになる。〈図08-01〉のような回路で、ベース側の電源V_{BB}の電圧を大きくしていくことによってベース電流I_Bを増加させたときのコレクタ電流I_Cの変化を示すと、〈図08-02〉のような特性を示す。トランジスタの特性についてはChapter02（P62〜）で詳しく説明するが、これを**I_B－I_C特性**という。グラフはほぼ直線なので、ほぼ比例関係(ひれいかんけい)にあることを示している。つまり、**ベース電流I_Bを大きくした比率(ひりつ)に応じて、コレクタ電流I_Cも同じ比率で大きくなる**。

小さな入力信号を電子回路に通して大きな出力信号として取り出すことを**増幅**(ぞうふく)という。ベース電流I_Bを入力、コレクタ電流I_Cを出力とすれば、トランジスタは増幅を行うことができるわけだ。これを**トランジスタの増幅作用**(ぞうふくさよう)という。小さな入力電流を大きな出力電流にしているので、より正確には、**トランジスタの電流増幅作用**(でんりゅうぞうふくさよう)という。また、入力電流の大きさによって出力電流の大きさを制御(せいぎょ)しているので、トランジスタは**電流制御素子**(でんりゅうせいぎょそし)であるという。

コレクタ電流I_Cとベース電流I_Bの比(ひ)**は直流電流増幅率**(ちょくりゅうでんりゅうぞうふくりつ)**h_{FE}**という。式で表わすと〈式08-03〉のようになる。h_{FE}は数十〜数百という値(あたい)が一般的だ。トランジスタの解析(かいせき)では、h_{FE}のようにhで始まる文字列（**定数**(ていすう)）がよく使われる。これを**hパラメータ**といい、ほかにもさまざまなものがある。トランジスタを用いた回路の解析では非常に重要なものなので、後で詳しく説明する（P92参照）。

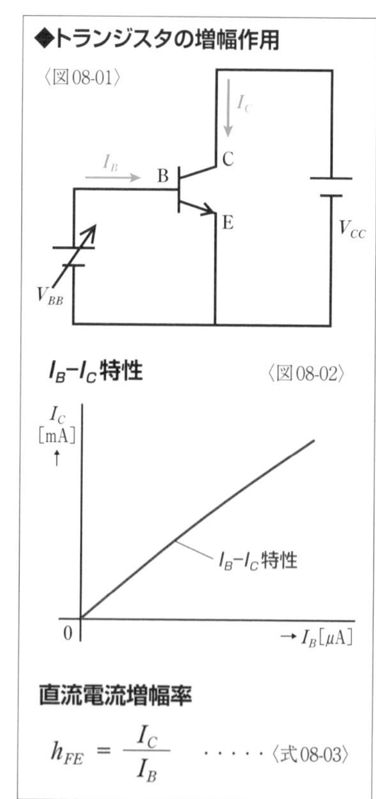

$$h_{FE} = \frac{I_C}{I_B} \quad \cdots\cdots〈式08\text{-}03〉$$

▶トランジスタのスイッチング作用

トランジスタは**ベース電流**を流さないときは**コレクタ電流**が流れないが、ベース電流を流すとコレクタ電流が流れる。この性質を利用すると、トランジスタをスイッチとして使うことができる。これを**トランジスタのスイッチング作用**という。トランジスタをスイッチとして考えれば、**ベース電流が流れていないときはコレクタ・エミッタ間がOFF状態になり、ベース電流が流れているときはコレクタ・エミッタ間がON状態になる**と考えられる。

〈図08-02〉の$I_B - I_C$**特性**では、両者がほぼ比例関係にあると説明したが、実はベース電流I_Bをさらに大きくしていくと、〈図08-04〉のようにコレクタ電流I_Cは増加せず一定の値を示すようになる。**トランジスタの増幅作用**が**飽和**(ほうわ)した(限界までいっぱいになった)ようにみえることから、このような状態を飽和といい、その領域(りょういき)を**飽和領域**(ほうわりょういき)という。これに対して、ほぼ比例関係を示し増幅作用に使われる領域を**線形領域**(せんけいりょういき)または**比例領域**(ひれいりょういき)という。線形領域でもスイッチング作用を利用することは可能だが、スイッチを流れる電流の大きさが変化してしまう。飽和領域であればベース電流の大きさが多少変動しても、スイッチを流れる電流を一定に保てる。そのため、トランジスタをスイッチとして使う場合は、飽和領域で動作させるのが一般的だ。

トランジスタのスイッチング作用を使えば、小さな電流で大きな電流を制御(ON/OFF)できる。また、金属などの接点(せってん)を使った機械式のスイッチは高速の動作に限界があり、長く使えば接点が消耗(しょうもう)する。しかし、半導体素子(はんどうたいそし)による電子式のスイッチなら、非常に高速に動作させることが可能で、寿命(じゅみょう)も長い。

◆比例領域と飽和領域 〈図08-04〉

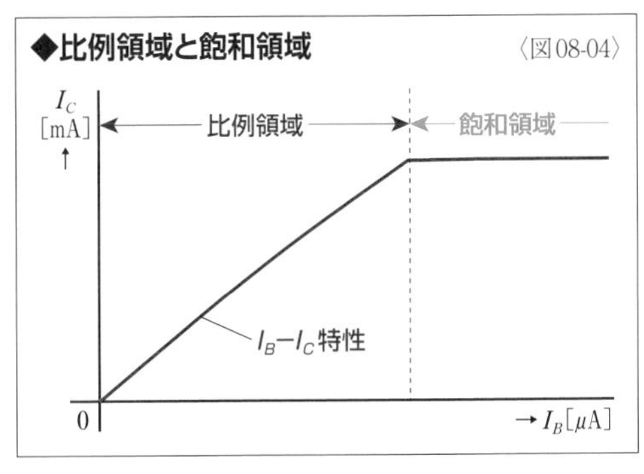

◆トランジスタのスイッチング作用 〈図08-05〉

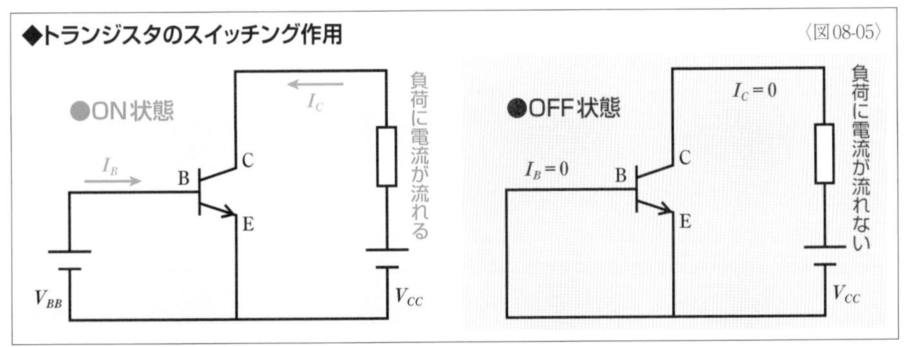

FET

バイポーラトランジスタと似た働きをする半導体素子がFETで、ユニポーラトランジスタともいう。作用は類似しているが、動作原理は大きく異なっている。

▶FET（電界効果トランジスタ）

FET（**電界効果トランジスタ**）は、電界の効果（強さ）によって**キャリア**の密度を変化させることで動作を制御する**半導体素子**だ。また、その動作に**自由電子**か**正孔**かどちらのキャリアしか関わらないため**ユニポーラトランジスタ**ともいう。**ゲルマニウム**を使ったFETも開発されているが、一般的に使われているFETは**シリコン**を材料としている。

代表的なFETが、**接合形**FET（**接合形電界効果トランジスタ**）とMOS**形**FET（MOS**形電界効果トランジスタ**）だ。接合形FETは接合を意味する英語の"junction"から、**ジャンクション形FET**や**J形FET**ともいい、表記には**J-FET**や**JFET**なども使われる。MOS形FETのMOSとは、"metal（金属）"、"oxide（酸化物）"、"semiconductor（半導体）"の頭文字で、金属、酸化物による絶縁体、半導体の順に並ぶことが重要な役割を果たしている。また、MOS形FETはゲート電極が絶縁されている（P50参照）ため、**絶縁ゲート形**FETともいう。MOS形FETの表記には**MOS-FET**や**MOSFET**なども使われる。

また、FETは動作に関わるキャリアによって**nチャネル**と**pチャネル**がある。"channel"には「水路」や「運河」といった意味があり、FETでは電流の流れる通路を示している。電流の通路である**チャネルを通るキャリアが自由電子になるものをnチャネルといい、チャネルを通るキャリアが正孔になるものをpチャネルという**。

なお、トランジスタのnpn形とpnp形のように、nチャネルを学べば、pチャネルを理解することができるため、以降の説明はnチャネルのFETを中心に行う。

◆各種FET〈写真09-01〉

⬅左から順に、小信号用の接合形FET、小信号用のMOS形FET、チップ形の小信号用接合形FET、電力増幅用のMOS形FET、チップ形の電力増幅用MOS形FET。バイポーラトランジスタとFETで外観に大きな違いはない。

接合形FETの構造と図記号

接合形FETには、n**チャネル接合形**FETとp**チャネル接合形**FETがある。実際とは異なるが、それぞれの構造を模式的に示すと〈図09-02〉と〈図09-04〉のようになる。n**形半導体**の中間部にp**形半導体**を部分的に割り込ませたような構造なのがnチャネル接合形FETであり、p形半導体の中間部にn形半導体を部分的に割り込ませたような構造なのがpチャネル接合形FETだ。それぞれの半導体の部分をn**形領域**とp**形領域**という。

電極は**チャネル**を構成する半導体の両端と、中間部に部分的に割り込ませた半導体に備えられている。両端のものを**ソース**(source)と**ドレーン**(drain)、中央のものを**ゲート**(gate)というが、電極ではなく端子をさす場合もある。ドレーンには**ドレイン**の表記もある。英字で省略する場合はソースを"S"、ゲートを"G"、ドレーンを"D"にするのが一般的だ。構造を見ればわかるように、接合形FETは左右対称なのでソースとドレーンに構造的な違いはないが、キャリアの移動方向を示すために、便宜的に異なった名称にされている。

図記号には〈図09-03〉と〈図09-05〉が使われる。nチャネルとpチャネルはよく似た図記号だが、ゲート部分の矢印の方向が異なっている。

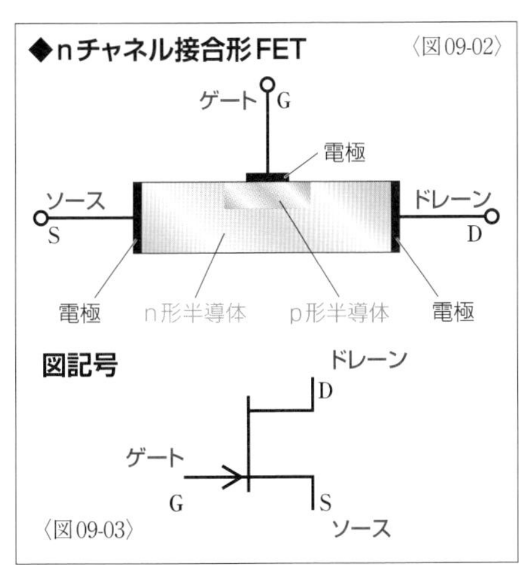

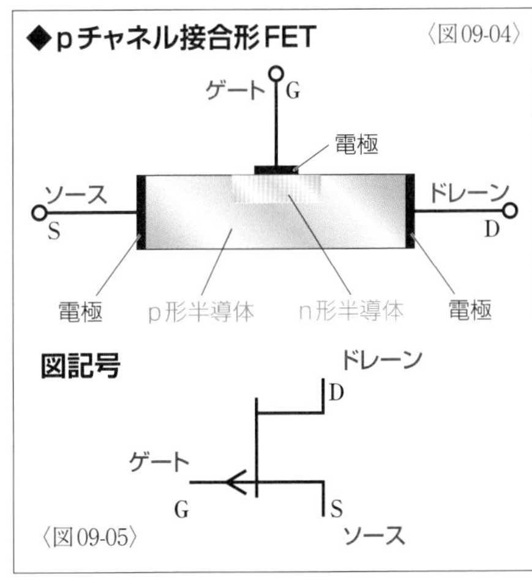

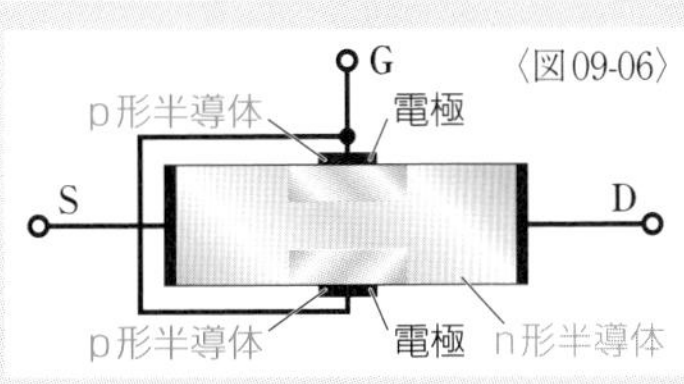

模式的に示すと〈図09-06〉のようにp形半導体の部分が2カ所あり、両側からn形半導体を挟み込むような構造の接合形FETもある(図はnチャネル)。それぞれのp形領域にはゲート電極が備えられるが、1つの端子にまとめられている。構造は多少異なっているが、動作原理はまったく同じだ。

▶接合形FETの基本動作

nチャネル**接合形**FETを例にして、接合形FETの基本動作を考えてみよう。接合形FETはpn**接合**であるため、いずれの電極にも電圧がかかっていない状態では**p形領域**と**n形領域**の**接合面**付近には**空乏層**ができている。〈図09-07〉のようにドレーン・ソース間に電圧を加えると、n**形領域**の**自由電子**が**キャリア**となって電流が流れる。この電流を**ドレーン電流I_D**といい、自由電子が移動している部分が**チャネル**だ。

しかし、〈図09-08〉のようにゲートとソース間にpn接合に対する**逆方向電圧**を加えると、空乏層がn形領域に広がっていってチャネルの幅が狭くなる。これにより自由電子が移動しにくくなるので、ドレーン電流I_Dが減少する。

さらに逆方向電圧を大きくしていくと、ドレーン電流I_Dがどんどん減少していく。最終的には〈図09-09〉のように空乏層がチャネルを完全にふさぐようになり、ドレーン電流が流れなくなってしまう。

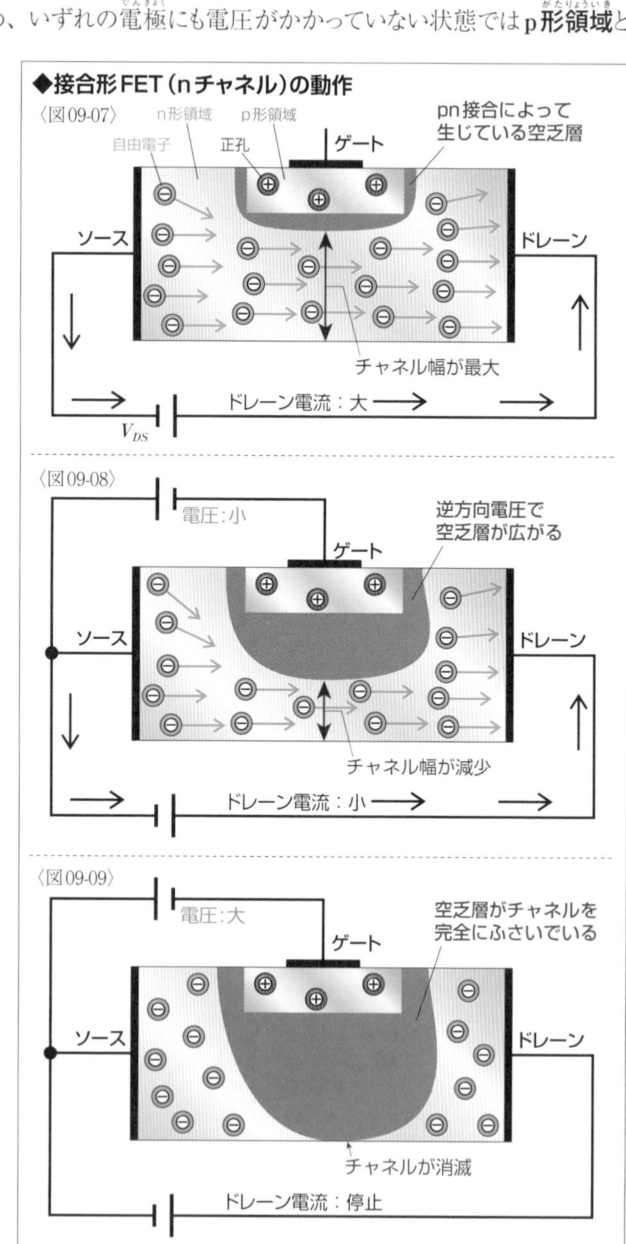

Chap. 01 半導体素子

以上のように、**接合形FETは、ゲート・ソース間電圧の大きさによって、空乏層を増減させて、電流の流れるチャネルの幅をかえることで、ドレーン電流の大きさを制御できる**わけだ。

接合形FETの特性と作用

〈図09-10〉のような回路では、ドレーン・ソース間に加える電圧を**ドレーン・ソース間電圧 V_{DS}**といい、ゲート・ソース間に加える電圧は**ゲート・ソース間電圧 V_{GS}**という。この回路で、ドレーン・ソース間電圧 V_{DS}を一定にした状態で、ゲート・ソース間電圧 V_{GS}を変化させたときの**ドレーン電流 I_D**の変化を示すと、〈図09-11〉のようになる。この特性を**接合形FETの $V_{GS}-I_D$ 特性**という。注意したいのは V_{GS}の電圧の値だ。V_{GS}はソースを基準としたゲートの電位を示している。この電圧は、pn接合に対して**逆方向電圧**にする必要があるので、V_{GS}は電圧が負の領域で使用することになる。$V_{GS}-I_D$特性では、V_{GS}の値の絶対値が大きくなるとI_Dは減少する。

ゲート・ソース間電圧 $V_{GS}=0$Vのときのドレーン電流を**飽和ドレーン電流 I_{DSS}**という。チャネルの幅が最大に確保された状態であり、これがドレーン電流の飽和値、つまり最大値になる。いっぽう、ドレーン電流 $I_D=0$Aになるゲート・ソース間電圧を**ピンチオフ電圧 V_P**という。このときチャネルは空乏層で完全にふさがれた状態になる。

なお、FETの特性には**デプレション形**と**エンハンスメント形**というものがあるが、接合形FETはデプレション形に分類される(P52参照)。デプレション形はゲートに電圧がかかっていなくても、ドレーン電流が流れるので、**ノーマリーオン形**ともいう。

トランジスタは入力電流で出力電流を制御できるが、**接合形FETは入力電圧で出力電流を制御できる**。これによって、増幅やスイッチングを行うことが可能だ。これを**接合形FETの増幅作用**や**スイッチング作用**という。また、トランジスタは電流制御素子だが、接合形FETは入力する電圧の大きさによって出力の大きさを制御しているので**電圧制御素子**であるという。

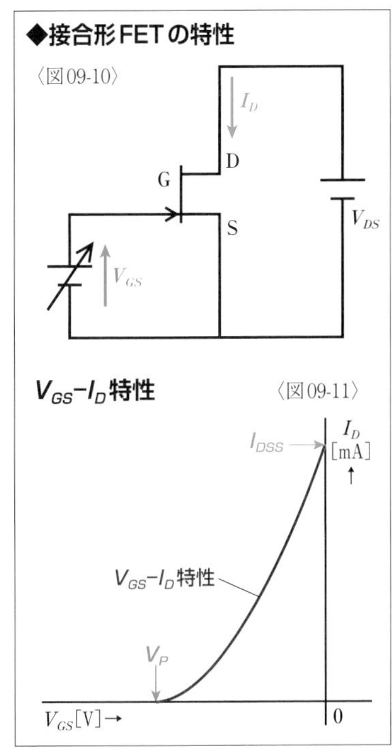

MOS形FETの構造と図記号

MOS形FETには、**nチャネルMOS形FET**と**pチャネルMOS形FET**がある。実際とは異なるが、それぞれの構造を模式的に示すと〈図09-12〉と〈図09-15〉のようになる。nチャネルMOS形FETの場合、**p形半導体**の2カ所に**n形半導体**を部分的に割り込ませたような構造になっていて、その全体を非常に薄い膜状の**金属酸化物絶縁体**(**酸化物絶縁膜**)で覆ってある。それぞれの半導体の部分を**n形領域**と**p形領域**という。

2カ所のn形領域には、それぞれ絶縁膜を貫通して**電極**が配されている。この電極を**ソース**(S)と**ドレーン**(D)という。いっぽう、2カ所のn形領域の間の部分には、絶縁膜を介してp形半導体と向かい合うように電極が配されている。この電極を**ゲート**(G)という。この部分の電極(金属)－酸化物絶縁膜－半導体の重なり順が、M－O－Sの順になっているわけだ。このほか、p形領域のゲートと向かい合う位置に**サブストレート**(Sub)という電極が備えられるが、通常はソース端子に接続されているので、端子は3つだ。

p形半導体とn形半導体を入れ替えたものはpチャネルMOS形FETになる。また、基本的な構造は同じだが、半導体内に存在する**キャリア**の量によって**エンハンスメント形**と**デプレション形**があり、特性が異なったものになる。**図記号**にはエンハンスメント形とデプレション形で異なったものが使われる。もちろん、nチャネルとpチャネルでも図記号は異なっている。

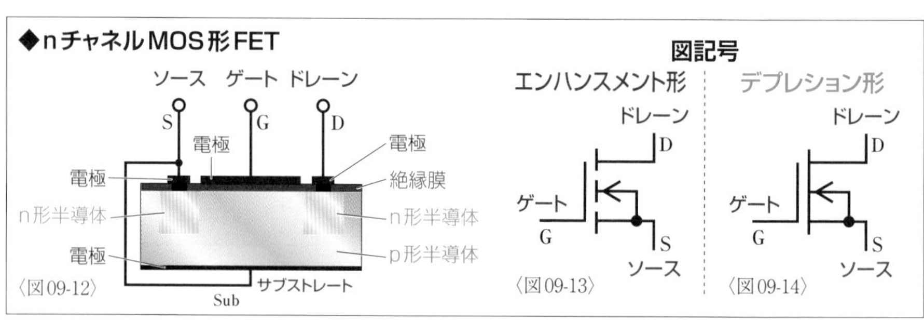

〈図09-12〉 〈図09-13〉 〈図09-14〉

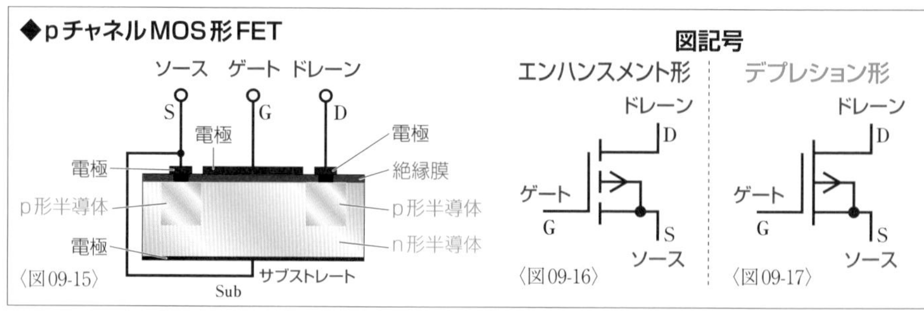

〈図09-15〉 〈図09-16〉 〈図09-17〉

▶MOS形FETの基本動作

エンハンスメント形の**nチャネルMOS形FET**を例にして、MOS形FETの基本動作を考えてみよう。MOS形FETは**pn接合**（せつごう）であるため、いずれの電極にも電圧がかかっていない状態では**p形領域**と**n形領域**の**接合面**（せつごうめん）付近には**空乏層**（くうぼうそう）ができている。そのため、**ドレーン**と**ソース**間に電圧を加えても、**逆方向電圧**（ぎゃくほうこうでんあつ）になる部分があるので、どちらの方向にも電流が流れることはない。

しかし、〈図09-18〉のようにゲート側が正、ソース側が負になるように電圧を加えると、p形領域の**少数キャリア**である**自由電子**（じゆうでんし）が正の電極に引き寄せられて、ゲート電極に向かい合うように集まってくる。この自由電子が集まった部分を**反転層**（はんてんそう）という。p形半導体の本来のキャリア（**多数キャリア**）は**正孔**（せいこう）だが、p形半導体内にある自由電子が集まっている部分は、キャリアが入れ替わっているので反転層というわけだ。

反転層はソースのn形領域とドレーンのn形領域をつないでいるので、電流が流れる通路、つまり**チャネル**になる。そのため、**ドレーン・ソース間電圧** V_{DS} を加えると、**ドレーン電流** I_D が流れる。〈図09-19〉のように、**ゲート・ソース間電圧** V_{GS} を大きくすると、集まってくる自由電子が増えて反転層が厚くなるのでチャネルが広くなり、ドレーン電流 I_D が大きくなる。

つまり、**エンハンスメント形のnチャネルMOS形FETはゲート・ソース間電圧** V_{GS} **の大きさによって、反転層を増減させて電流の流れるチャネルの幅をかえることで、ドレーン電流** I_D **の大きさを制御**（せいぎょ）**できる**わけだ。

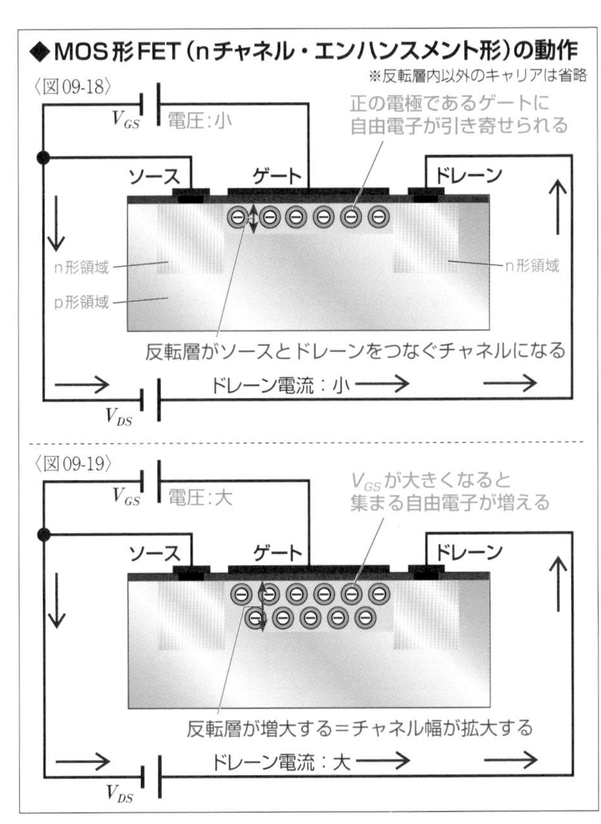

▶MOS形FETの特性と作用

前ページで動作を説明した**エンハンスメント形**の**MOS形**FETの$V_{GS}-I_D$**特性**は、〈図09-21〉のようになる。エンハンスメント形は、**ゲート・ソース間電圧**V_{GS}が正の領域で動作させていて、$V_{GS}=0$Vのときは**ドレーン電流**I_Dが流れず、V_{GS}を大きくするとI_Dが増加する。また、エンハンスメント形は、ゲートに電圧がかかっていないとドレーン電流が流れないので、**ノーマリーオフ形**ともいう。

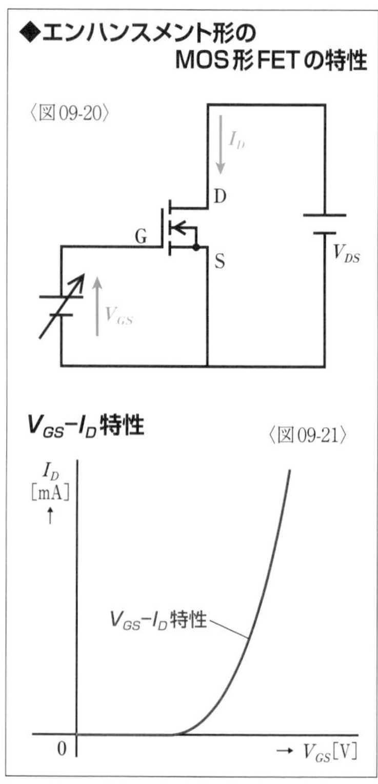

いっぽう、**デプレション形**のMOS形FETは、構造はエンハンスメント形と同じだが、〈図09-22〉のように最初から**反転層**が形成されるように作られている。反転層を形成させるために、nチャネルであればp形領域に**少数キャリア**である**自由電子**が多く注入されているわけだ。最初から反転層があるため、ゲート・ソース間電圧$V_{GS}=0$Vのときでもドレーン電流I_Dが流れる。この状態からゲート・ソース間に**逆方向電圧**を加えると、負の電圧の絶対値が大きくなるほど反転層が薄くなっていく。つまり、**チャネル**が狭くなるので、ドレーン電流が小さくなる。こうした$V_{GS}-I_D$特性は接合形FETと同じだ。

しかし、デプレション形のMOS形FETの場合、ゲート・ソース間電圧が正の領域でも使用できる。正の領域では、エンハンスメント形と同じように、V_{GS}を大きくするとI_Dが増加する。

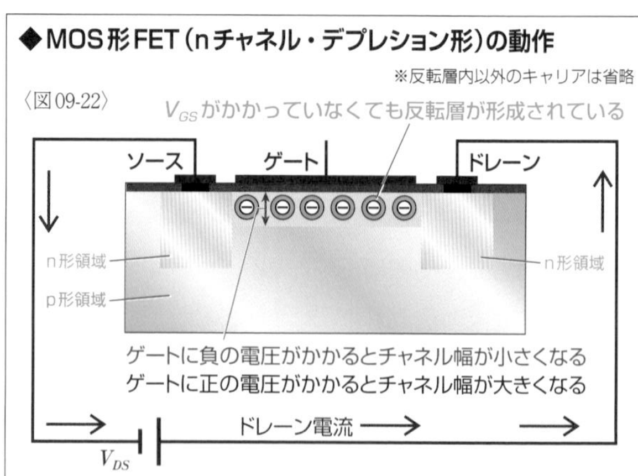

なお、こうした特性のMOS形FETは一般的にはデプレション形と呼ばれるが、

V_{GS}が負の領域ではデプレション形で、V_{GS}が正の領域ではエンハンスメント形の特性になっているので、**デプレション・エンハンスメント形**として単なるデプレション形とは区別されることもある。ちなみに、"deplection"には「減少」の意味があり、V_{GS}の値(負の値)を大きくしていくと、I_Dが減少する。いっぽう、"enhancement"には「増加」の意味があり、V_{GS}の正の値を大きくしていくと、I_Dが増加する。

エンハンスメント形とデプレション形では特性が異なるが、接合形FETと同じように**MOS形FETも入力電圧の大きさで出力電流の大きさを制御できる**。これによって、増幅やスイッチングを行うことが可能だ。これをMOS形FET**の増幅作用**や**スイッチング作用**という。また、入力する電圧の大きさによって出力の大きさを制御しているので、MOS形FETも接合形FETと同じように**電圧制御素子**であるという。

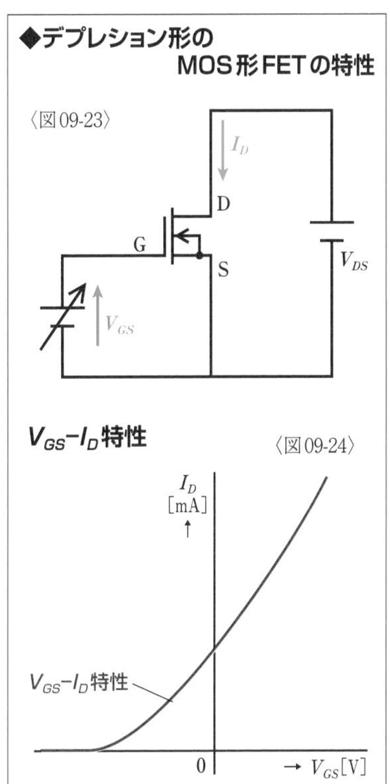

FETとトランジスタ

トランジスタ(バイポーラトランジスタ)にもFETにも**増幅作用**と**スイッチング作用**がある。両者の大きな違いは、トランジスタは**電流制御素子**であるのに対して、FETは**電圧制御素子**であることだ。しかも、**接合形FETの場合、ゲートに加えるのはpn接合の逆方向電圧であるため、入力電流となるゲート電流は非常に微弱**だ。そのため、トランジスタに比べると消費電力が小さくなり、効率も高くなる。**MOS形FETの場合は、絶縁膜が存在するため基本的にゲート電流は流れない**。これは入力電流をほとんど必要としないことを意味するので、接合形以上に消費電力が小さくなり、効率が高くなる。また、FETの増幅回路はトランジスタの増幅回路より**入力インピーダンス**が高くなることもFETのメリットだ。

このほかトランジスタよりFETのほうが有利な点としては、構造上IC化しやすいことや、ノイズが少なく、熱による問題が生じにくいことなどがある。もちろん、トランジスタよりFETのほうが不利な点もある。FETはトランジスタに比べると大きな**増幅率**が得にくく、信号もひずみやすい。こうしたメリット/デメリットなどによって、トランジスタとFETは使い分けられている。

その他の半導体素子

ダイオードにはpn接合以外の構造のものや、利用目的に応じてさまざまなバリエーションがある。それぞれに、その半導体素子ならではの機能を備えている。

▶可変容量ダイオード

p形半導体とn形半導体の**pn接合**には**空乏層**が生じる。p形領域の空乏層にはマイナスに**帯電**した原子だけが存在し、n形領域の空乏層にはプラスに帯電した原子だけが存在するので、正の**電荷**と負の電荷が向かい合っていることになり、一種の**コンデンサ**のような状態になっている。この空乏層の**静電容量**に相当するものを**接合容量**という。その容量は空乏層の幅に反比例する。空乏層の幅は、**逆方向電圧**の大きさによって変化するので、これを利用して**電圧によって静電容量が変化する素子**を作ることができる。それが**可変容量ダイオード**だ。可変容量ダイオードは、その作用から**バラクタダイオード**や**バリキャップダイオード**、また単に**バラクタ**や**バリキャップ**とも呼ばれる。“varactor”は“variable（可変の）”と“reactor（リアクタンスを生じるもの）”からの造語、“varicap”は“variable（可変の）”と“capasitance（静電容量）”からの造語だ。

可変容量ダイオードの基本的な構造は**pn接合ダイオード**と同じで、端子も**アノード**(A)と**カソード**(K)で示される。**図記号**には〈図10-01〉が使われる。可変容量ダイオードは、**発振回路**(Chapter07参照)や**変調回路**(Chapter08参照)で利用されていて、ラジオや携帯電話など身近なところでもよく使われている。

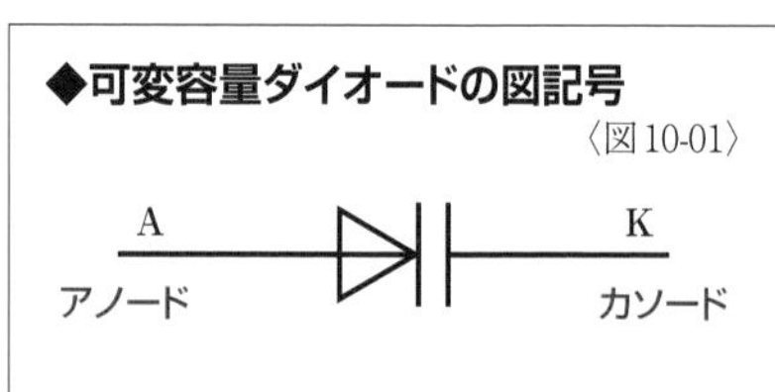

◆可変容量ダイオードの図記号
〈図10-01〉

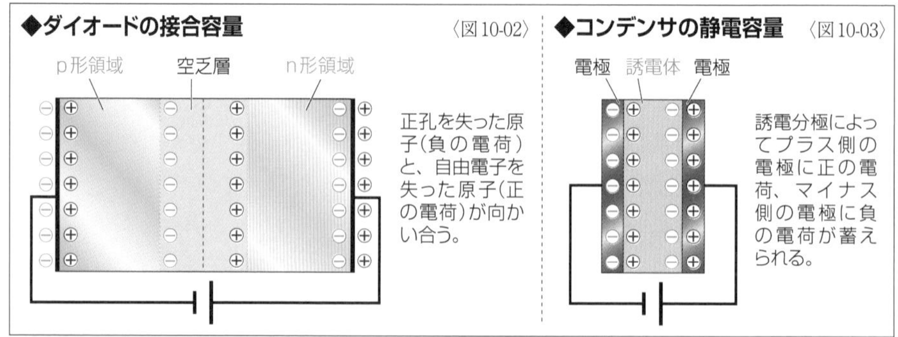

◆ダイオードの接合容量 〈図10-02〉
◆コンデンサの静電容量 〈図10-03〉

定電圧ダイオード

pn**接合ダイオード**の**逆方向特性**では、**降伏電圧**（**ツェナー電圧**）付近で電流の広い範囲にわたって電圧がほぼ一定になる。この特性を利用して、電圧を一定に保つことを目的に作られた**半導体素子**が**定電圧ダイオード**だ。**ツェナーダイオード**ともいう。定電圧ダイオードの基本的な構造はpn接合ダイオードと同じで、端子も**アノード**（A）と**カソード**（K）で示される。**図記号**には〈図10-04〉が使われる。降伏電圧の値は不純物の濃度によって決まるが、定電圧ダイオードは一般的なダイオードに比べて降伏電圧が低くなるように設計されている。

定電圧ダイオードは電源の**安定化回路**（P285参照）によく使われている。現実世界の直流電源は負荷の大きさによって負荷の端子電圧が変化するが、定電圧ダイオードを使用すれば、負荷の端子電圧を一定に保つことができる。

◆定電圧ダイオードの図記号

〈図10-04〉

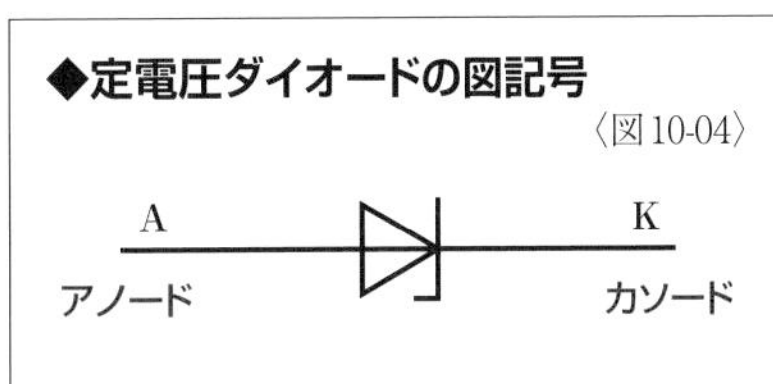

発光ダイオード

pn**接合ダイオード**に**順方向電流**を流すと、**接合面**付近で**自由電子**と**正孔**が**再結合**して消滅する。その際の**再結合エネルギー**が**光エネルギー**に変換され接合面付近から発せられるように設計されているものが**発光ダイオード**だ。光を放出するダイオードを意味する英語"light emitting diode"の頭文字からLEDということも多い。**図記号**には〈図10-05〉が使われ、端子は**アノード**（A）と**カソード**（K）で示される。LEDには、**ガリウムヒ素**［GaAs］や**ガリウムリン**［GaP］、**窒化ガリウム**［GaN］などの**化合物半導体**が使われることが多い。一般的なダイオードに比べると添加する不純物の量が多く、その種類によってさまざまな発光色が得られる。赤外線や紫外線を発するものもある。

発光ダイオードは白熱電球や蛍光灯に比べると、高効率、低電圧、小電流、長寿命、応答速度が速いなどの特徴があるため、今や照明器具の主流は発光ダイオードだ。また、各種表示装置、センサや読み取り装置の光源、光通信の送信部の光源など多方面で利用されている。なお、発光ダイオードの光の強さは電流の大きさに比例するが、許容電流を超えた電流を流すと簡単に壊れてしまう。また、一般的なダイオードに比べて順方向の電圧降下が大きいのが特徴だ。

◆発光ダイオードの図記号

〈図10-05〉

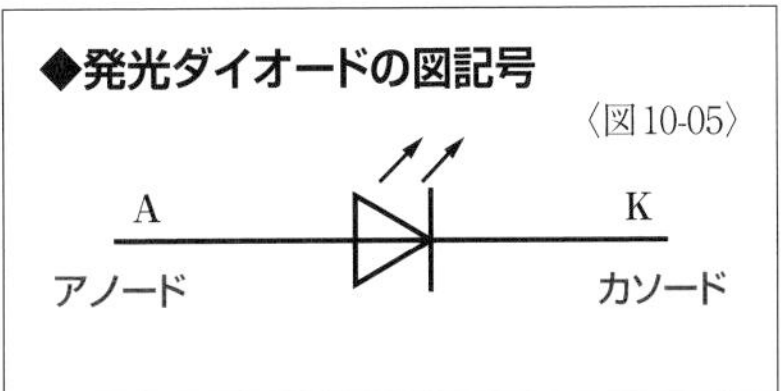

フォトダイオードとフォトトランジスタ

フォトダイオードは光を電気信号にかえる**半導体素子**だ。**ホトダイオード**と表記されることもある。光は非常に周波数の高い**電磁波**であり、電磁波には**電界**の正と負が交互に入れ替わる性質がある。**ダイオード**の**接合面**に光を当てると電界の入れ替わりによって**空乏層**が活性化され、**自由電子**と**正孔**のペアが発生する。負荷がつながれていれば、自由電子はn形領域に移動し、正孔はp形領域に移動することで電流が流れる。この**起電力**のことを**光起電力**という。フォトダイオードでは、通常のダイオードの構造に加えて検出部である接合面に光を導けるようにされている。**図記号**には〈図10-06〉が使われ、端子は**アノード**(A)と**カソード**(K)で示される。赤外線や紫外線、X線を検出できるフォトダイオードもある。

同じように光起電力を利用する半導体素子には**フォトトランジスタ**(**ホトトランジスタ**)がある。**バイポーラトランジスタ**のベースとコレクタの接合面に光が到達する構造にされていて、光起電力によってベース電流が流れる。この電流がトランジスタの増幅作用によって増幅されるので、フォトトランジスタはフォトダイオードより高感度に光を検出できるが、応答速度はフォトダイオードより劣る。光によってベース電流が生じるため、フォトトランジスタにはベース端子はなく、**コレクタ**(**C**)と**エミッタ**(E)の2端子だ。図記号には〈図10-07〉が使われる。

フォトダイオードやフォトトランジスタは、テレビなどのリモコンの受信部やCDプレーヤの読み取り部をはじめ、さまざまなセンサで活用されている。なお、光起電力をもつ**pn接合**を広い面積に分布させたものが**太陽電池**だといえる。

◆フォトダイオードの図記号

〈図10-06〉

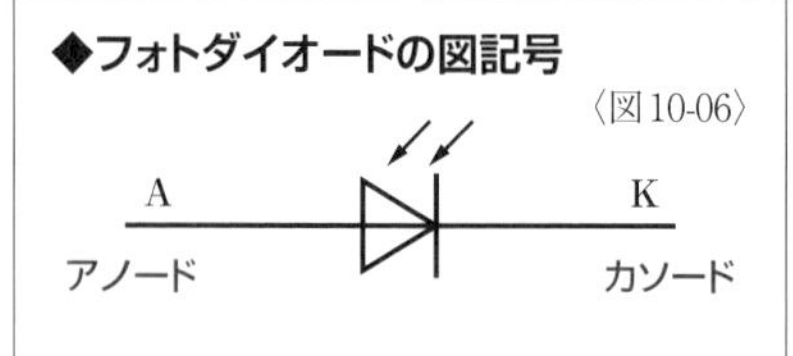

◆フォトトランジスタの図記号

〈図10-07〉

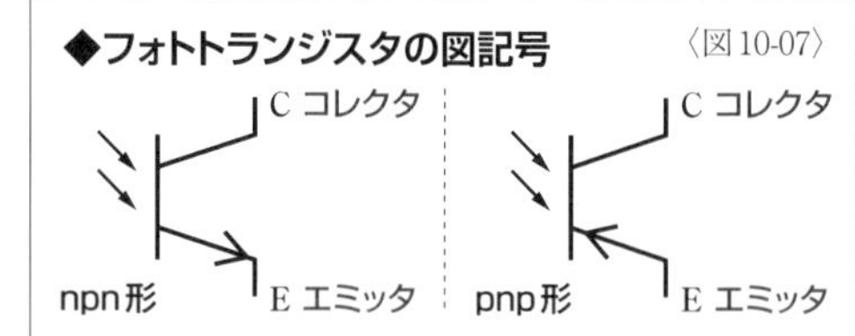

サイリスタ

スイッチング作用のある素子を**スイッチング素子**という。**サイリスタ**(thyristor)はスイッチング素子の一種で、現在ではさまざまなバリエーションが存在するが、もっとも古くから使われている**逆阻止3端子サイリスタ**が基本形といえる(n形半導体とp形半導体の組み合わせが4重以上で、端子が2つ以上ある半導体素子うち、動作原理が逆阻止3端子サイリスタに似たものは、サイリスタに分類されることが多い)。逆阻止3端子サイリスタ(以降、サ

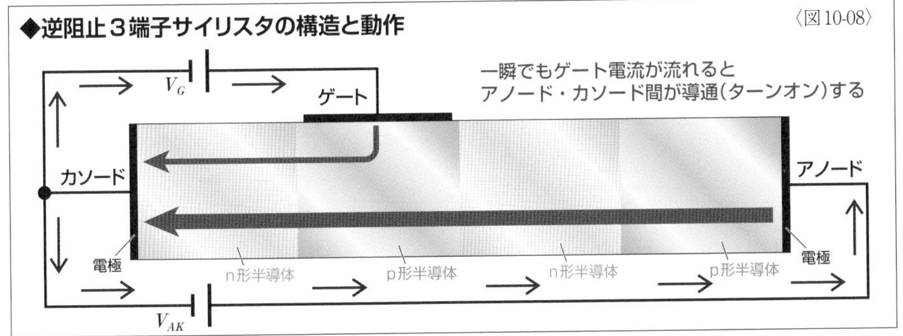

◆逆阻止3端子サイリスタの構造と動作 〈図10-08〉

イリスタと表記)は**シリコン制御整流子**の英語“silicon controlled rectifier”の頭文字からSCRともいう。p形半導体とn形半導体がpnpnの順に並んだ4重構造になっていて、〈図10-08〉のように両端の端子はダイオードと同じように**アノード**(A)と**カソード**(K)といい、カソードに隣り合うp形半導体に**ゲート**端子(G)が備えられる。**図記号**には〈図10-09〉が使われる。

サイリスタのアノード・カソード間に電圧をかけても、空乏層が存在するため電流は流れない。しかし、同時にゲート・カソード間に電圧をかけると、**ゲート電流**が流れる。ゲート・カソード間の電圧が一定の値以上になると、ゲート電流によってキャリアの移動が加速されることで、中央に存在した空乏層に**なだれ降伏**が起こり、アノード・カソード間に電流が流れるようになる。このように電流が流れ始めることを**ターンオン**または**点弧**といい、アノード・カソード間のスイッチONに相当する。いったん、ターンオンすると、ゲート電流が停止しても、なだれ降伏は継続し、アノード・カソード間に電流が流れ続ける。アノードとカソードの間に電流を流さないようにするには、アノード・カソード間電圧を0Vにすればいい。これを**ターンオフ**または**消弧**といい、アノード・カソード間のスイッチOFFに相当する。

逆阻止3端子サイリスタは、ゲートに加える電圧でターンオンができるが、ターンオフはできない。このデメリットを解消したのが**GTOサイリスタ**だ。GTOは“gate turn off”の頭文字で、その名の通り、ゲートに逆方向の電流を流すことでターンオフができる。

スイッチング素子には、トランジスタやFETをはじめさまざまなものがあり、サイリスタより高い周波数で動作できるものもある。しかし、サイリスタには大電力でも制御できるというメリットがある。また、サイリスタはスイッチングと同時に**整流**を行うことができるため、交流からスイッチングされた直流を出力させることが可能だ。そのため、サイリスタは大電力領域のスイッチングや電動機の制御などに使われている。

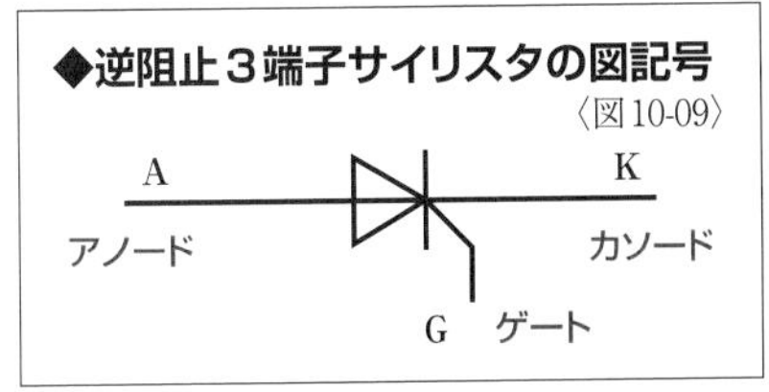

◆逆阻止3端子サイリスタの図記号 〈図10-09〉

IC

多数のトランジスタやダイオード、抵抗、コンデンサなどの素子を回路とともに一体化したものがICだ。コンピュータをはじめさまざまな電子機器で使われている。

▶IC(集積回路)

ICとは、英語の“integrated circuit”の頭文字をとったもので、日本語では**集積回路**という。シリコン結晶など半導体の基板上に多数の素子と回路を作り込んだものだ。**半導体素子**である**ダイオード**や**トランジスタ**、FETを作り込めるのはもちろん、**コンデンサ**や**抵抗**も半導体で構成することができる。単体の素子に比較すると、ICの基板上に作り込まれる素子は非常に小さくでき、同一基板上に作るのでトランジスタなどの特性も揃えやすい。また、素子間も可能な限り最短距離で接続できる。こうした特徴があるため、個別の素子を集めた回路に比べると、ICは小型軽量で、振動などにも強くて信頼性が高いうえ、消費電力が小さく、高速動作が可能になる。大量生産ができ、安価にもなる。

このように、1つの**シリコン基板**(**チップ**)にさまざまな素子を作り込んだICを**モノリシックIC**という。“mono”と“lithic”は「1つの石」という意味で、単にICといった場合はモノリシックICをさすことが多い。モノリシックICの場合、コイルをシリコン基板上に作り込むことは不可能で、コンデンサも大容量のものは難しい。そのため、シリコン基板上に作り込むことが難しい素子を組み合わせて一体化したICもある。こうしたICを**ハイブリッドIC**という。“hybrid”

◆バイポーラICの構造例(断面) 〈図11-01〉

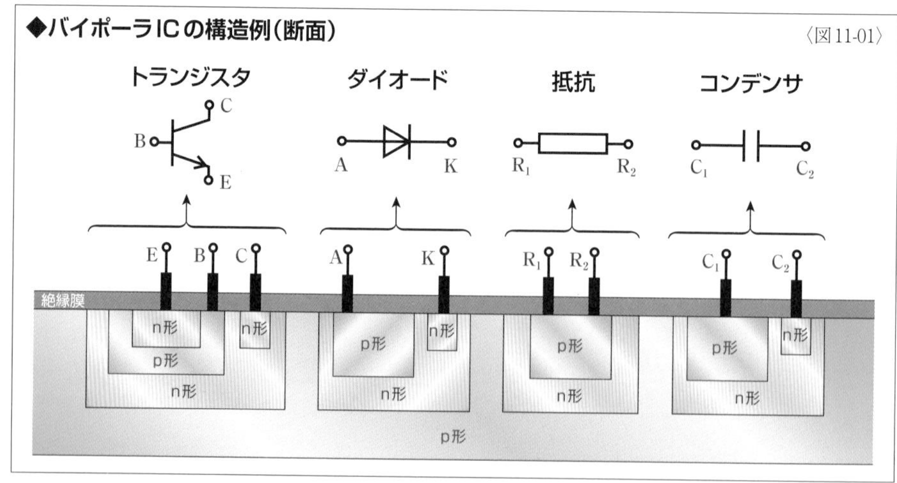

は「混成」という意味だ。ハイブリッドICでは、たとえば、セラミック基板上にモノリシックICや抵抗、コイル、コンデンサなどの素子を組み込んで樹脂で固められていたりする。ハイブリッドICはモノリシックICに比べると製造が難しく、コストもかかる。

なお、ICを使用せず個別の素子で構成した回路のことは**ディスクリート回路**という。

▶ICの種類

ICは**集積度**によって分類される。集積度とは、1つのICのなかに含まれる素子数のことで、その数によって〈表11-02〉のようにSSI、MSI、LSI、VLSI、ULSIに分類される。ただし、VLSIやULSIはLSIと総称されることも多い。また、集積度が高く比較的複雑なものをLSIと呼び、集積度が低く比較的単純なものをICと呼ぶことも多い。

ICは回路の種類で**アナログIC**と**デジタルIC**に分類される。アナログICは音響機器や通信機器、電源回路などのアナログ回路に使われるものだ。代表的なものがオペアンプ（P220参照）で、汎用増幅器としていろいろな用途に利用されているが、その他のアナログICはそれぞれが独自の用途のものが多い。また、入出力特性が直線的な特性をもつアナログICを総称して**リニアIC**ともいう。いっぽう、デジタル回路に使われるICをデジタルICという。コンピュータのCPUが代表的なものだが、汎用の**ロジックIC**（P366参照）もある。また、電子回路で制御される機器では専用のデジタルICが製造されることもある。

ICを構成する半導体素子の種類では**バイポーラIC**と**MOS-IC**などがある。バイポーラICは**バイポーラトランジスタ**を作り込んだもので、アナログICではバイポーラICが一般的だ。MOS-ICは**MOS形FET**を作り込んだものだが、現在ではnチャネルとpチャネルのMOS形FETを組み合わせた**CMOS**を作り込んだ**CMOS-IC**が主流になっている。デジタルICには、バイポーラICもMOS-ICもある。バイポーラICとMOS-ICを比較すると、バイポーラICは応答速度が速い、出力電圧を大きく取れるといった特徴がある。いっぽう、MOS-ICは消費電力が小さい、集積度を高くとりやすいなどの特徴がある。MOS-ICのなかでもCMOS-ICは、こうした特徴が顕著だ。

◆ICの集積度による分類〈表11-02〉

略号	名称	集積度
SSI	小規模集積回路（small scale integration）	～約10^2
MSI	中規模集積回路（medium scale integration）	約10^2～10^3
LSI	大規模集積回路（large scale integration）	約10^3～10^5
VSLI	超大規模集積回路（very large scale integration）	約10^5～10^7
ULSI	極超大規模集積回路（ultra large scale integration）	約10^7～

真空管

半導体素子が登場するまで、電子回路で同様の役割を果たす素子は**真空管**だった。真空管は**熱電子放出効果**という現象を利用した素子だ。ある種の金属を加熱すると、表面から盛んに自由電子が放出される。この電子を**熱電子**といい、真空中では自由に移動できるので、**キャリア**として利用できる。さまざまな真空管があるが、基本となるのは**整流作用**のある**二極真空管**と、**増幅作用**のある**三極真空管**だ。もちろん、**スイッチング作用**もある。

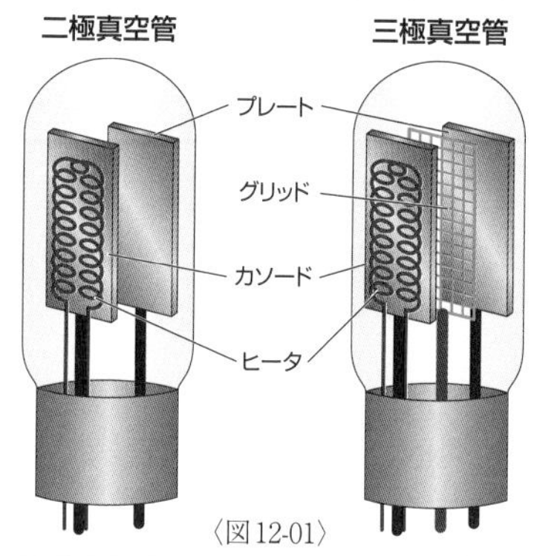

〈図 12-01〉

二極真空管は熱電子を放出する電極である**カソード**と、電子を受け取る電極である**プレート**(**アノード**ともいう)で構成され、カソードには加熱するための**ヒータ**が備えられる。カソードをヒーターで加熱し、プレートが正、カソードが負になるように電圧をかけると、熱電子がカソードから放出されてプレートに飛び込むことで、プレートからカソードへと電流が流れる。しかし、プレートを負、カソードを正にすると、電流は流れないので、二極真空管で**整流**が行える。

三極真空管では、**二極管**のカソードとプレートの間に、**グリッド**という格子状の電極が配される。グリッドが負、カソードが正になるように電圧をかけると、カソードから放出された熱電子の一部がグリッドの負の電荷によって跳ね返され、プレートに到達する熱電子が少なくなる。グリッドにかける電圧を高くするほど、プレートに到達する熱電子は減少する。つまり、グリッドにかける電圧の大きさで、プレート・カソード間の電流の大きさを制御できるので、FETと同じように増幅が行える。

こうした真空管の誕生によって電子回路技術は始まったといえる。しかし、真空管は半導体素子に比べてサイズが大きく、取り扱いに注意が必要なうえ、消費電力が大きく、温度によって動作が安定しないなどのデメリットがあった。そのため、半導体素子の登場によって、真空管は過去のものになっていった。現在ではオーディオアンプや楽器用アンプなどのほか、特殊な無線通信用など限られた分野でしか使われていない。

二極真空管の動作

〈図 12-02〉

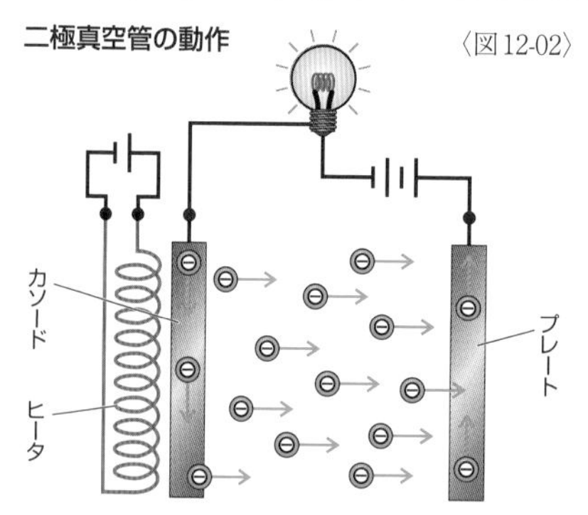

カソードから放出された熱電子がプレートに飛び込むことでプレートからカソードへと電流が流れる（逆方向は不可）。

三極真空管の動作

〈図 12-03〉

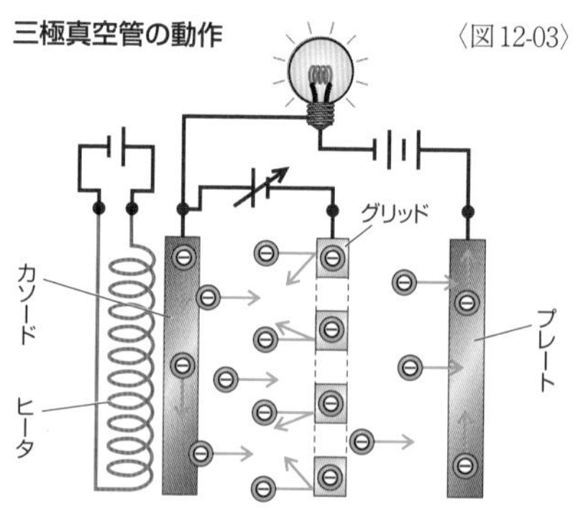

グリッドが跳ね返すことでプレートへ至る熱電子の数を制限し、プレートからカソードに流れる電流の大きさを制御する。

トランジスタの増幅回路

Chapter

02

Chapter 02

Section 01

増幅回路

トランジスタを使って構成する回路の代表的なものが増幅回路だ。増幅回路の入力と出力にはさまざまな関係がある。まずは増幅回路の基本を覚えておこう。

▶増幅回路の役割

入力信号の振幅（しんぷく）を大きくして出力信号を得ることを**増幅**（ぞうふく）といい、増幅を行う回路を**増幅回路**（ぞうふくかいろ）という。また、増幅回路をもった装置を**増幅器**（ぞうふくき）という。こうした増幅回路には、**トランジスタ**や**FET**といった**半導体素子**（はんどうたいそし）の**増幅作用**（ぞうふくさよう）が利用される。ただし、信号を増幅するとはいっても、半導体素子の増幅作用によって信号の**電気エネルギー**が大きくなるわけではない。半導体素子の増幅作用で信号の電気エネルギーを大きくするためには、電源から電気エネルギーを供給（きょうきゅう）する必要がある。

増幅回路はあらゆる電子回路の基本といえるもので、さまざまな電子機器や装置に組み込まれている。なお、出力信号が入力信号より小さくなることは**減衰**（げんすい）というが、信号が減衰する回路でも増幅回路と呼ばれることがある。

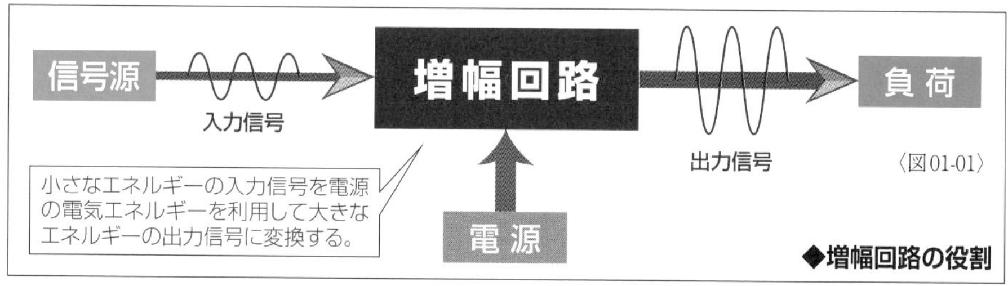

〈図01-01〉

◆増幅回路の役割

▶多段増幅回路

増幅回路は入力端子（にゅうりょくたんし）が2つと、出力端子（しゅつりょくたんし）が2つある4端子（たんし）の回路として表わすことができる。このように入力2端子と出力2端子の合計4端子を備えた回路を**4端子回路**（たんしかいろ）や**2端子対回路**（たんしついかいろ）という。図記号（ずきごう）に定めはないが、本書では〈図01-02〉のように4端子回路を示す。

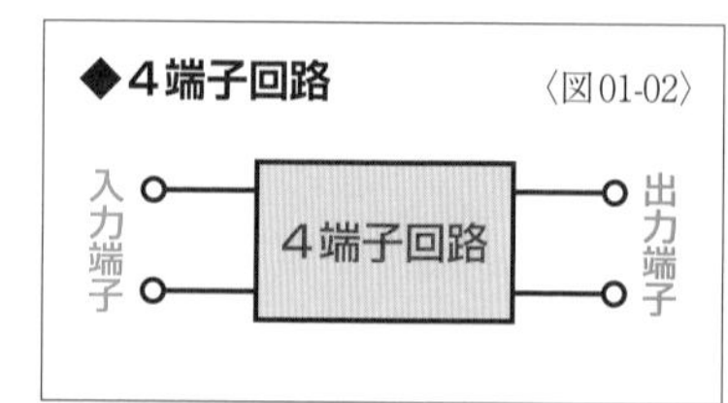

◆4端子回路 〈図01-02〉

また、1つの増幅回路だけで目的の大きさの出力信号まで増幅できない場合は、複数の増幅回路で順番に増幅できるように接続する。このように接続された回路を**多段増幅回路**という。

接続される回路がすべて増幅回路とは限らないが、複数の回路が接続されている場合、最初に信号が入力される回路を**入力段**や**初段**、最終的に負荷に信号を出力する回路を**出力段**や**最終段**といったりする。回路の前後関係を示す場合は、入力側に接続された回路を**前段**、出力側に接続された回路を**後段**といったり、次に続く回路を**次段**といったりする。

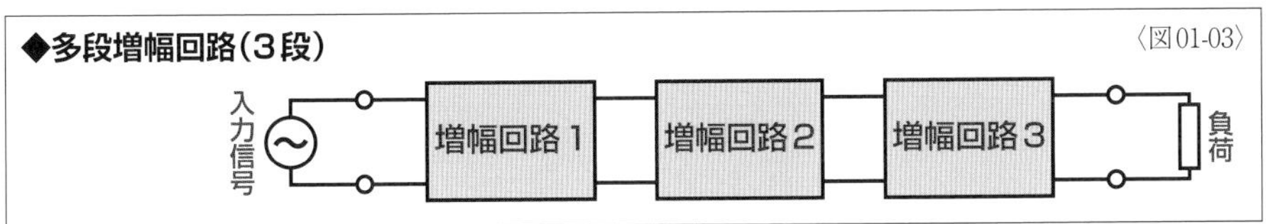

増幅回路の分類

増幅回路は取り扱う信号の振幅や出力として取り出す電力の大きさ、増幅する信号の周波数などで分類される。

入出力信号として、**振幅の小さい電圧・電流を取り扱う増幅回路を小信号増幅回路という**。いっぽう、**負荷に大きな信号電力を供給する目的の増幅回路を電力増幅回路または大信号増幅回路という**。基準が定められているわけではないが、出力電力が10mW程度までを小信号増幅回路、それ以上のものを電力増幅回路ということが多い。

たとえば、カラオケ機のマイクロフォンからスピーカーに至る音声信号を増幅する回路で考えてみると、マイクロフォンの出力は非常に小さいので、まずは小信号増幅回路で増幅する。これを**前置増幅器**や**プリアンプ**という。その信号をスピーカーを鳴らすのに必要な大きさまで増幅するのが電力増幅回路だ。これを**主増幅器**や**メインアンプ**、**パワーアンプ**という。

取り扱う信号の周波数で分類すると、**音声や音楽などの可聴周波数の信号を扱う増幅回路は低周波増幅回路という**。**音声増幅回路**ともいい、オーディオ機器や放送機器などで幅広く使われている。いっぽう、テレビやラジオなどの放送、携帯電話などの無線通信には電波が使われる。こうした電波には100kHz以上の高い周波数の信号成分が含まれていて、衛星放送などでは周波数はGHz単位になる。こうした電波のように**高い周波数の信号を扱う増幅回路は高周波増幅回路という**。なお、**低周波**と**高周波**の区分については明確な定義は定められていない。使われ方や分野によって区分が異なっている。

このほか、直流成分を含む信号や非常に低い周波数の信号を増幅する増幅回路を**直流増幅回路**といい、特殊な用途で使われている。また、特定の**周波数帯域**のみを選択して増幅する回路は**周波数選択増幅回路**という。

▶増幅度

増幅回路において、入力信号に対して出力信号がどのくらい大きくなったかを、出力信号と入力信号の比で表わしたものを**増幅度**または**増幅率**いい、文字記号Aで示すのが一般的だ。増幅度は、電圧、電流、電力それぞれについて示すことができる。〈図01-04〉のような増幅回路の入力側の電圧、電流、電力をv_i、i_i、p_i、出力側をv_o、i_o、p_oとすると、**出力電圧v_oと入力電圧v_iの比を電圧増幅度（電圧増幅率）A_v、出力電流i_oと入力電流i_iの比を電流増幅度（電流増幅率）A_i、出力電力p_oと入力電力p_iの比を電力増幅度（電力増幅率）A_pという**。式で示すと〈式01-05～07〉になる。また、電力増幅度A_pは電圧増幅度A_vと電流増幅度A_iの積で〈式01-08〉のように示すこともできる。

〈図01-04〉

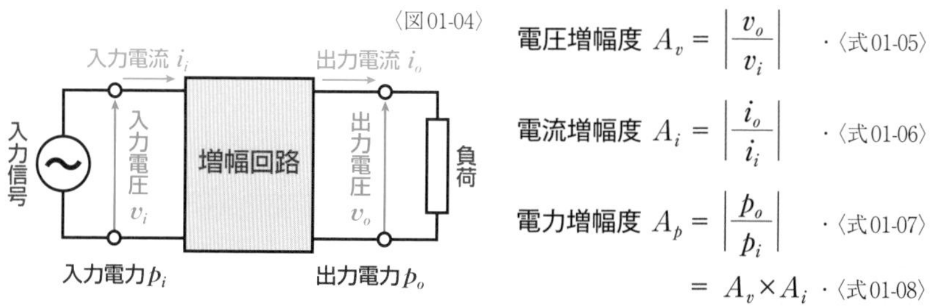

$$\text{電圧増幅度}\ A_v = \left|\frac{v_o}{v_i}\right| \quad \cdot〈式01\text{-}05〉$$

$$\text{電流増幅度}\ A_i = \left|\frac{i_o}{i_i}\right| \quad \cdot〈式01\text{-}06〉$$

$$\text{電力増幅度}\ A_p = \left|\frac{p_o}{p_i}\right| \quad \cdot〈式01\text{-}07〉$$

$$= A_v \times A_i \quad \cdot〈式01\text{-}08〉$$

増幅度は入出力の大きさの比であるため、基本的には比の絶対値を使う。しかし、増幅回路には正の入力電圧が負の電圧として出力されるような回路もあり、入出力の位相が反転することもある。こうした場合、位相の反転を明示するために、あえて負の値で増幅度を示すこともある。また、同じ単位のもの同士の比であるため増幅度に単位はないが、たとえば増幅度200を、増幅度200倍といったように[倍]を使って表現されることもある。なお、**増幅度が1より大きい場合は利得があるといい、増幅度が1未満の場合は減衰しているという**。

▶利得

増幅回路の増幅の度合いは、**利得**で表わすこともできる。利得は**ゲイン**(gain)ともいい、Gで示すのが一般的だ。利得にも**電圧利得G_v**、**電流利得G_i**、**電力利得G_p**があるが、利得とは電力を基準に考えたものなので、単に利得といった場合は電力利得をさすことがほとんどだ。**電力利得G_pとは、増幅度A_pを常用対数で表わしたもの**のことで、利得の本来の単位は[B]なので、電力利得G_pは電力増幅度A_pで〈式01-09〉のように表わすことができるが、電気の分野では単位に[B]を使うことはめったになく、その$\frac{1}{10}$を示す単位である[dB]を使用するのが一般的だ。単位が$\frac{1}{10}$なので、数値は10倍する必要がある。よって〈式01-10〉のように電力利得G_pを電力増幅度A_pで示すことができる。

$$\text{電力利得}\ G_p = \log_{10} A_p\ [\mathrm{B}] \quad \cdots\langle\text{式}01\text{-}09\rangle$$

$$= 10\log_{10} A_p\ [\mathrm{dB}] \quad \cdots\langle\text{式}01\text{-}10\rangle$$

電圧利得G_vは、電力利得G_pの式から求めることができる。ここでは計算を単純化するために入出力インピーダンスは抵抗(ていこう)のみとし、入出力ともに抵抗Rで等しいとする。〈式01-10〉の電力増幅度A_pを入力電力p_iと出力電力p_oで表わすと〈式01-11〉になる。電力は電圧と電流の積で求められるが、負荷(ふか)Rの端子電圧(たんしでんあつ)をVとすると$\frac{V^2}{R}$でも求めることができる。そこで、入出力電力p_iとp_oを入力電圧v_iと出力電圧v_o、抵抗Rで表わすと、〈式01-12〉になり、さらに変形していくと〈式01-15〉になる。常用対数の計算では、指数(しすう)の2は前に出して掛(か)け算(ざん)にすることができるので〈式01-14〉を〈式01-15〉に変形することが可能だ(次ページの対数(たいすう)の公式(こうしき)③を参照)。この式の出力電圧v_oと入力電圧v_iの比は電圧増幅度A_vを示しているので、左辺を電圧利得G_vに置き換えると、〈式01-16〉のように表わすことができる。もちろん、〈式01-17〉のように電圧利得G_vを電圧増幅度A_vで示すこともできる。

$$G_p = 10\log_{10}\frac{p_o}{p_i} \quad \cdots\langle\text{式}01\text{-}11\rangle$$

$$= 10\log_{10}\frac{\frac{v_o^2}{R}}{\frac{v_i^2}{R}} \quad \cdots\langle\text{式}01\text{-}12\rangle$$

$$= 10\log_{10}\frac{v_o^2}{v_i^2} \quad \cdots\langle\text{式}01\text{-}13\rangle$$

$$= 10\log_{10}\left(\frac{v_o}{v_i}\right)^2 \quad \cdot\langle\text{式}01\text{-}14\rangle$$

$$= 20\log_{10}\frac{v_o}{v_i} \quad \cdot\langle\text{式}01\text{-}15\rangle$$

$$\text{電圧利得}\ G_v = 20\log_{10}\frac{v_o}{v_i} \quad \cdots\langle\text{式}01\text{-}16\rangle$$

$$= 20\log_{10} A_v\ [\mathrm{dB}] \quad \cdot\langle\text{式}01\text{-}17\rangle$$

$$\text{電流利得}\ G_i = 20\log_{10}\frac{i_o}{i_i} \quad \cdots\langle\text{式}01\text{-}18\rangle$$

$$= 20\log_{10} A_i\ [\mathrm{dB}] \quad \cdot\langle\text{式}01\text{-}19\rangle$$

電流利得G_iも同じようにして電力利得G_pの式から求めることができる。計算式は省略(しょうりゃく)するが、負荷Rに流れる電流をIとすると、その電力はI^2Rで求められることを利用して、〈式01-11〉の入出力電力p_iとp_oを、入力電流i_iと出力電流i_o、抵抗Rに置き換えたうえで、式を整理すれば、出力電流i_oと入力電流i_iの比を示す式を導(みちび)くことができ、〈式01-18〉と〈式01-19〉のように電流利得G_iを求めることができる。

増幅度と利得

増幅回路の増幅の度合いは、**増幅度**でも**利得**でも示すことができるが、利得が使われることのほうが多い。まず、利得は大きな値であっても、増幅度より少ない桁数で表示できるという利点がある。たとえば、電圧増幅度が100万倍という7桁であっても、電圧利得であれば120dBと3桁で表示できる。

また、利得は**対数の公式**を使うと計算が容易になるという利点がある。公式といっても簡単だ。代表的な公式は〈式01-20～22〉の3つの式だ（公式③は前ページで電圧利得を導く際に使っている）。たとえば、〈図01-23〉のような**多段増幅回路**の場合、全体の電圧増幅度を求める際には、〈式01-24〉のようにそれぞれの増幅回路の電圧増幅度を順次掛け合わせていく必要がある。いっぽう、全体の電圧利得を求める際には、〈式01-27〉のようにそれぞれの増幅回路の電圧利得を足していくだけでよい。これは公式①を使った計算だ。この例の場合、計算しやすい数値の電圧増幅度を選んでいるので、暗算でも1000倍と求められるが、数値によっては掛け算が面倒になる。足し算のほうが計算は容易だ。

◆対数の公式

公式① $\log_a M \times N = \log_a M + \log_a N$ ・・・〈式01-20〉

公式② $\log_a \dfrac{M}{N} = \log_a M - \log_a N$ ・・・〈式01-21〉

公式③ $\log_a M^N = N \log_a M$ ・・・・・・・〈式01-22〉

〈図01-23〉

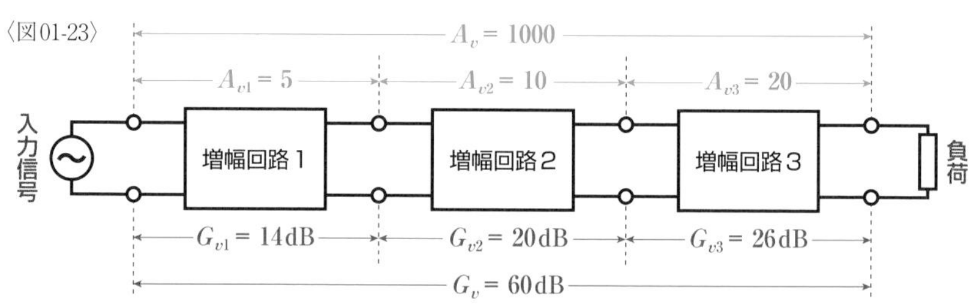

$A_v = A_{v1} \times A_{v2} \times A_{v3}$ ・・・〈式01-24〉

$= 5 \times 10 \times 20$ ・・・・・・〈式01-25〉

$= 1000$ ・・・・・・・・・・・〈式01-26〉

$G_v = G_{v1} + G_{v2} + G_{v3}$ ・・・〈式01-27〉

$= 14 + 20 + 26$ ・・・・・〈式01-28〉

$= 60$［dB］ ・・・・・・・・・・〈式01-29〉

加えて、〈表01-30〉のような増幅度と利得の関係の代表的な数値をいくつか覚えておくと、さまざまな場面で計算を簡単に行うことができる。たとえば、〈図01-23〉の電圧増幅度A_{v3}＝20を電圧利得G_{v3}にするのであれば、公式①を使うことで、〈式01-31～36〉のようにしてG_{v3}

◆増幅度と利得の関係 〈表01-30〉

増幅度	電圧増幅度 A_v 電流増幅度 A_i	$\frac{1}{100}$	$\frac{1}{10}$	$\frac{1}{\sqrt{10}}$	$\frac{1}{2}$	$\frac{1}{\sqrt{2}}$	1	$\sqrt{2}$	2	$\sqrt{10}$	10	100
	電力増幅度 A_p	$\frac{1}{10000}$	$\frac{1}{100}$	$\frac{1}{10}$	$\frac{1}{4}$	$\frac{1}{2}$	1	2	4	10	100	10000
利得	G_p, G_v, G_i	−40	−20	−10	−6	−3	0	3	6	10	20	40

を求めることができる。逆に電圧利得G_{v1}＝14dBを電圧増幅度A_{v1}にするのであれば、14＝20−6と考えると、公式②を使うことで、〈式01-37～41〉のように計算できる。

$$G_{v3} = 20\log_{10} A_{v3} \quad \cdots〈式01\text{-}31〉$$
$$= 20\log_{10} 20 \quad \cdots〈式01\text{-}32〉$$
$$= 20\log_{10}(2\times 10) \quad \cdots〈式01\text{-}33〉$$
$$= 20\log_{10} 2 + 20\log_{10} 10 \quad \cdots〈式01\text{-}34〉$$
$$= 6+20 \quad \cdots〈式01\text{-}35〉$$
$$= 26\,[\mathrm{dB}] \quad \cdots〈式01\text{-}36〉$$

$$G_{v1} = 20-6 \quad \cdots〈式01\text{-}37〉$$
$$= 20\log_{10} 10 - 20\log_{10} 2 \quad \cdots〈式01\text{-}38〉$$
$$= 20\log_{10}\left(\frac{10}{2}\right) \quad \cdots〈式01\text{-}39〉$$
$$= 20\log_{10} 5 \quad \cdots〈式01\text{-}40〉$$
$$A_{v1} = 5 \quad \cdots〈式01\text{-}41〉$$

このほか、対数のほうが人間の感覚にあっているので増幅度より利得がよく使われるともいう。これは「人間にある刺激(しげき)を与えた場合、その絶対値(ぜったいち)に比例(ひれい)した感覚を生ずるのではなく、与えられた刺激の対数に比例する感覚を生ずる」という**ウェーバ・フェヒナの法則**に基づいた考え方だ。そのため、スピーカーの音量など音の大きさにも単位に[dB]が採用されている。

▶入力インピーダンスと出力インピーダンス

交流回路において交流電流を妨(さまた)げる物理量を**インピーダンス**といい、単位には[Ω]が使われる。増幅回路のインピーダンスには**入力インピーダンス**と**出力インピーダンス**があり、抵抗成分(ていこうせいぶん)だけの場合は**入力抵抗**と**出力抵抗**ともいう。入出力の電圧をv_iとv_o、電流をi_iとi_oとすると、入力インピーダンスZ_iと出力インピーダンスZ_oは以下のように示すことができる。

〈図01-42〉

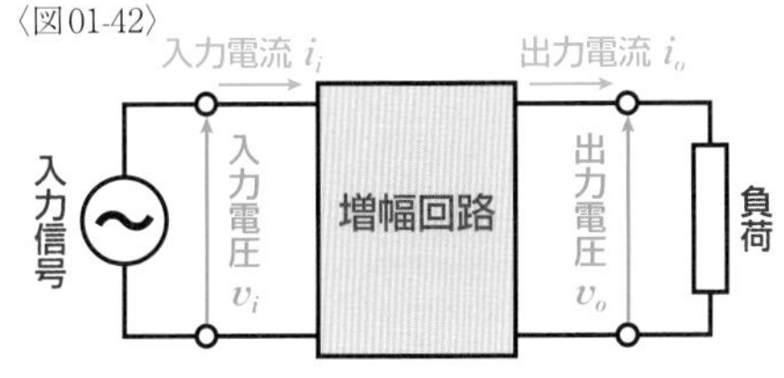

入力インピーダンス $Z_i = \dfrac{v_i}{i_i}\,[\Omega]$ ・・・〈式01-43〉

出力インピーダンス $Z_o = \dfrac{v_o}{i_o}\,[\Omega]$ ・・・〈式01-44〉

ロー出し、ハイ受け

多段増幅回路に使われているある段の増幅回路の**入力インピーダンス**Z_iが大きいと、入力電圧v_iをかけたときに、入力電流i_iがあまり流れないことになる。これを前段の増幅回路の側から考えてみると、送るべき電流が非常に小さくて済むということになる。逆に増幅回路の入力インピーダンスZ_iが小さいと、前段の増幅回路は大きな電流を送る必要があり、前段の増幅回路の負担が大きくなる。いっぽう、増幅回路の**出力インピーダンス**Z_oが小さいと、出力電流i_oを大きくでき、次段の増幅回路に大きな電流を流すことができる。逆に、増幅回路の出力インピーダンスZ_oが大きいと、出力電流i_oがあまり流れないことになるので、次段の増幅回路に求められる増幅度が大きくなる。入出力インピーダンスにはこうした関係があるので、一般的には**高入力インピーダンスで低出力インピーダンスが理想の増幅回路だ**という。

〈図01-45〉のような回路で考えてみよう。単純化するために、ここでは増幅回路Aは信号電圧vと出力インピーダンスZ_oで構成され、増幅回路Bは入力インピーダンスZ_iだけとする。〈式01-46〉で示すように、信号電圧vは回路Aの出力インピーダンスZ_oと回路Bの入力インピーダンスZ_iで分圧され、回路Bの入力電圧v_iになる。この式において、入力インピーダンスZ_iが出力インピーダンスZ_oに対して十分に大きければ、〈式01-47〉のように信号電圧vと回路Bの入力電圧v_iがほぼ等しくなる。ここから、信号電圧vは前段の出力インピーダンスZ_oが低いほど有効に伝わり、次段の入力インピーダンスZ_iが高いほど有効に伝わることがわかる。こうした入出力の関係を「**ロー出し、ハイ受け**」といったりする。ローインピーダンス（低いインピーダンス）で送り出しハイインピーダンス（高いインピーダンス）で受け取るという意味だ。

〈図01-45〉

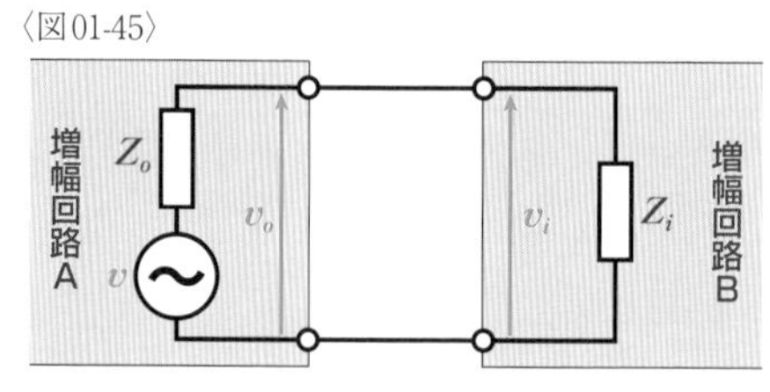

$$v_i = \frac{Z_i}{Z_o + Z_i} v \quad \cdots\cdots\cdot 〈式01\text{-}46〉$$

$Z_o \ll Z_i$ ならば

$$v_i \fallingdotseq v \quad \cdots\cdots\cdots\cdots\cdots 〈式01\text{-}47〉$$

インピーダンス整合

上で説明した「ロー出し、ハイ受け」という入出力インピーダンスの関係は、信号電圧を有効に伝えることを目的としたものだ。こうすることで、電流の大きさを抑えることができ、無駄に電力を消費しないようにすることができる。しかし、**入出力インピーダンスの関係は何を有効**

に伝えたいかによって異なったものになる。たとえば、音声増幅回路で最終的な出力をスピーカに伝える場合、電圧だけを有効に伝えても意味がない。無駄なく大音量を得るためには、電力を有効に伝える必要がある。

電気回路で学んだ電圧源の**最大電力の法則**を思い出してほしい。最大電力の法則は**最大電力供給の定理**ともいい、電圧源の**内部抵抗**の大きさと負荷抵抗の大きさが等しいときに、回路に**最大利用電力**が供給されるというものだ。最大電力の法則における〈図01-48〉のような電源E、内部抵抗r、負荷抵抗Rの関係は、〈図01-49〉のような増幅回路の信号電圧v、出力インピーダンスZ_o、負荷のインピーダンスZiの関係はまったく同じだと考えることができる。そのため、増幅回路でも$Z_o = Z_i$のときに、負荷に最大利用電力を供給することができる。このように**出力側のインピーダンスと入力側のインピーダンスを揃えることをインピーダンス整合やインピーダンスマッチング**という。

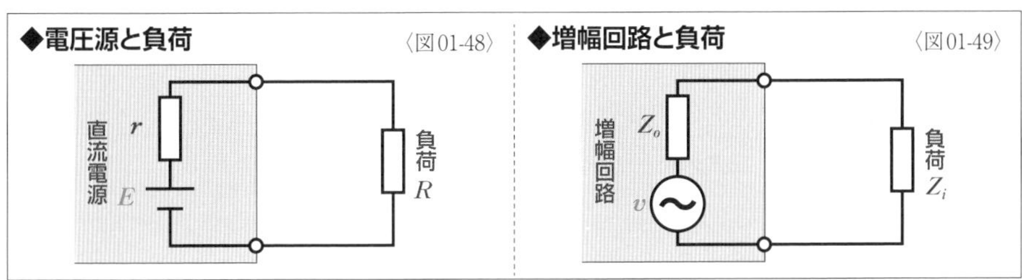

◆電圧源と負荷 〈図01-48〉
◆増幅回路と負荷 〈図01-49〉

〈図01-50〉のように増幅回路に負荷Z_iが接続された状態で、負荷を流れる電流をi、負荷が消費する電力p_iとすると、電流iは〈式01-51〉のように表わすことができる。いっぽう、電力p_iは電流iとインピーダンスZ_iで〈式01-52〉ように示すことができ、ここに〈式01-51〉を代入すると、〈式01-53〉のようになる。最大利用電力をp_{max}とすると、供給されるのは$Z_o = Z_i$のときなので、この式を〈式01-53〉に代入すると〈式01-54〉のようになる。これがインピーダンス整合がとれた状態で負荷Z_iが消費する電力になる。

〈図01-50〉

増幅回路　Z_o　v　→ i　負荷 Z_i　消費電力p_i

$$i = \frac{v}{Z_o + Z_i} \quad \cdots\cdots\langle式01\text{-}51\rangle$$

$$p_i = i^2 Z_i \quad \cdots\cdots\langle式01\text{-}52\rangle$$

$$= \left(\frac{v}{Z_o + Z_i}\right)^2 Z_i = \frac{Z_i v^2}{(Z_o + Z_i)^2} \quad \cdot\langle式01\text{-}53\rangle$$

$$p_{max} = \frac{Z_o v^2}{(Z_o + Z_o)^2} = \frac{v^2}{4Z_o} \quad \cdot\cdot\langle式01\text{-}54\rangle$$

Chapter 02 Section 02

トランジスタの静特性

トランジスタで増幅を行う際は静特性を基本にして動作を考える必要がある。また、静特性以外にもトランジスタを使ううえで知っておくべき最大定格や特性がある。

▶トランジスタの静特性

トランジスタの各端子間の直流電圧と直流電流の関係を示したものをトランジスタの静特性という。静特性とは入出力のいずれかを一定にした状態で調べた際の特性だ。

増幅回路は2つの入力端子と2つの出力端子で構成される**4端子回路**だが、トランジスタの端子は3つしかない。Chapter01で**トランジスタの増幅作用**を説明したが、その際の回路では**エミッタ端子**が入力端子と出力端子の共用とされている。共用の端子は**接地**(**基準電位**の0V)として使用するのが一般的なため、こうした構成の増幅回路を**エミッタ接地増幅回路**という。トランジスタの増幅回路の**接地方式**はほかにもあるが(P90参照)、エミッタ接地がもっとも多用される。トランジスタのデータシート(特性が示された資料)では、エミッタ接地の特性が示されるのが一般的だ。なお、電子回路では基準電位を**グランド**ということが多い。

エミッタ接地増幅回路の場合、**$V_{BE}-I_B$特性**、**I_B-I_C特性**、**$V_{CE}-I_C$特性**、**$V_{CE}-V_{BE}$特性**の4種類が代表的な**静特性**だ。電圧については、V_{BE}は**ベース・エミッタ間電圧**であり**入力電圧**を意味し、V_{CE}は**コレクタ・エミッタ間電圧**であり**出力電圧**を意味し、電流については、I_Bがベースを流れる**ベース電流**であり**入力電流**を意味し、I_Cはコレクタを流れる**コレクタ電流**であり**出力電流**を意味する。つまり、$V_{BE}-I_B$特性は入力の電圧と電流の関係、I_B-I_C特性は入力と出力の電流の関係、$V_{CE}-I_C$特性は出力の電圧と電流の関係、$V_{CE}-V_{BE}$特性は出力と入力の電圧の関係を示している。

◆エミッタ接地増幅回路の入出力端子間の電圧と電流　〈図02-01〉

V_{BE} ：ベース・エミッタ間電圧 = 入力電圧

I_B ：ベース電流 = 入力電流

V_{CE} ：コレクタ・エミッタ間電圧 = 出力電圧

I_C ：コレクタ電流 = 出力電流

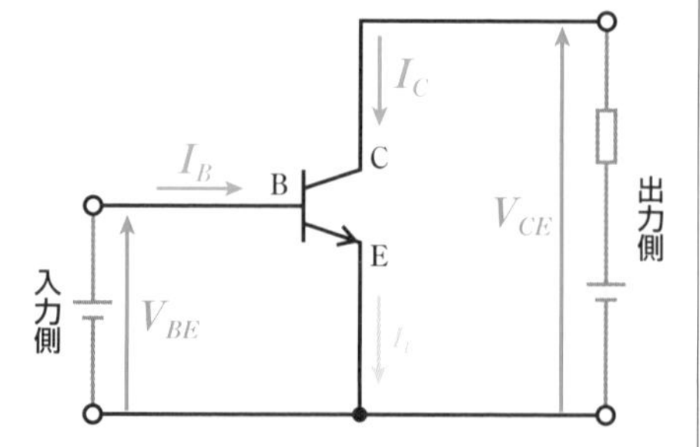

◆トランジスタ(エミッタ接地)の静特性 〈図02-02〉

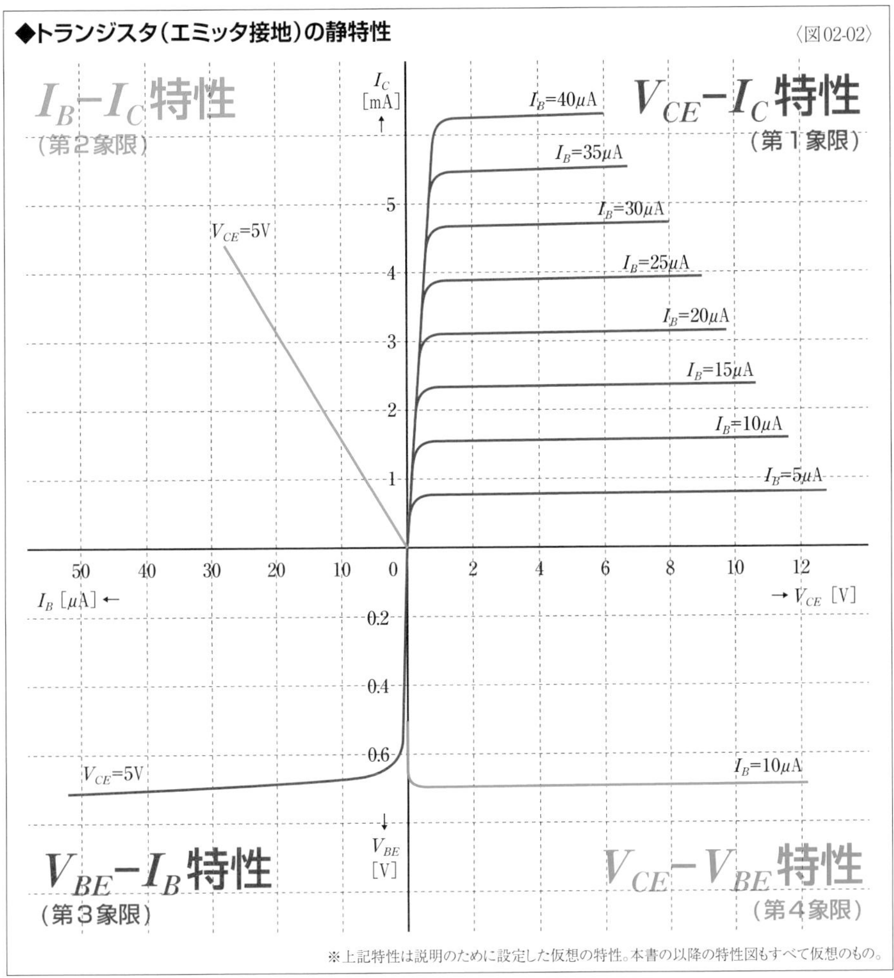

※上記特性は説明のために設定した仮想の特性。本書の以降の特性図もすべて仮想のもの。

エミッタ接地の代表的な4種類の静特性は、〈図02-02〉のように1つの特性図にまとめて示されることが多い。こうすることで、それぞれの特性が座標軸を共有でき、特性間の関係が見やすくなる。ただし、1つにまとめると通常は負となる軸を正の軸として使っている部分もあるので、注意して見る必要がある。

通常、**第1象限**に$V_{CE}-I_C$**特性**、**第2象限**にI_B-I_C**特性**、**第3象限**に$V_{BE}-I_B$**特性**、**第4象限**に$V_{CE}-V_{BE}$**特性**が示されるが、$V_{CE}-V_{BE}$特性は増幅回路の設計の際に必要とされることが少ないため、実際のトランジスタのデータシートでは省略されていることが多い。なお、1つにまとめた特性図の場合、第3象限を$V_{BE}-I_B$特性ではなくI_B-V_{BE}**特性**ということもある。

▶V_{BE}−I_B特性（入力特性）

$V_{BE}-I_B$特性は、コレクタ・エミッタ間電圧V_{CE}を一定にした状態で、ベース・エミッタ間電圧V_{BE}の変化に対するベース電流I_Bの変化を示したものだ。入力電圧であるV_{BE}と**入力電流**であるI_Bの関係を示しているので$V_{BE}-I_B$特性は**入力特性**ともいう。V_{CE}を変化させても特性はあまり変化しないので、代表的なV_{CE}の電圧1種類だけの特性曲線が示されるのが一般的だ。まとめて示された特性図の**第3象限**（だいしょうげん）にある$V_{BE}-I_B$特性を、一般的な第1象限にすると〈図02-04〉のようになる。

トランジスタのベース・エミッタ間は**pn接合**（せつごう）になっているので、$V_{BE}-I_B$特性は**ダイオードの電圧−電流特性**に類似（るいじ）した特性になる。V_{BE}を少しずつ高めていくと、約0.6V（ゲルマニウムトランジスタの場合は約0.2V）付近から急激にI_Bが流れ始める。ここからV_{BE}を高めていくほど、I_Bの変化（グラフの傾き（かたむ））は急峻（きゅうしゅん）になる。

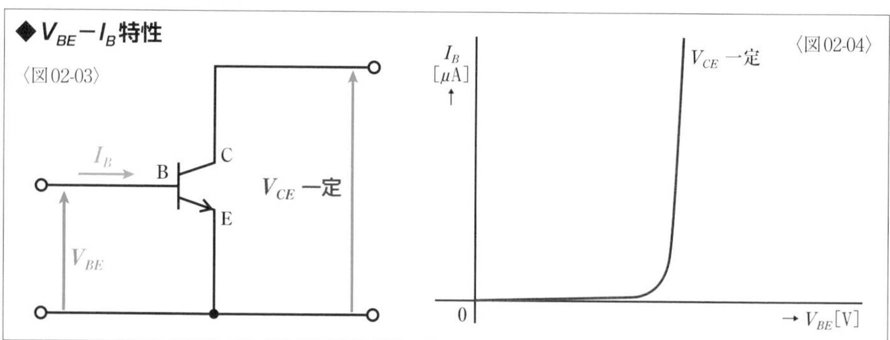

▶I_B−I_C特性（電流伝達特性）

I_B-I_C特性は、コレクタ・エミッタ間電圧V_{CE}を一定にした状態で、ベース電流I_Bの変化に対するコレクタ電流I_Cの変化を示したものだ。I_Bは**入力電流**、I_Cは**出力電流**なので、I_B-I_C特性は入力した電流が出力としてどれだけ伝わったかを示している。そのため**電流伝達特性**（でんりゅうでんたつとくせい）ともいう。V_{CE}を変化させても特性はあまり変化しないので、代表的なV_{CE}の電圧1種類だけの特性曲線が示されるのが一般的だ。まとめて示された特性図の**第2象限**にあるI_B-I_C特性を、一般的な第1象限にすると〈図02-06〉のようになる。

Chapter01で説明したように（P44参照）、I_B-I_C特性は**トランジスタの電流増幅作用**（でんりゅうぞうふくさよう）を示す特性だ。特性曲線はほぼ直線だと見なすことができるので（厳密（げんみつ）には直線ではない）、I_BとI_Cが比例関係（ひれいかんけい）にあることを示している。特性曲線上の特定の点におけるI_CとI_Bの比（ひ）を直流電流増幅率h_{FE}という。なお、増幅回路に使用するトランジスタの場合、特性図には**線形領域**（**比例領域**）だけが示されることが多く、**飽和領域**が示されることは少ない。

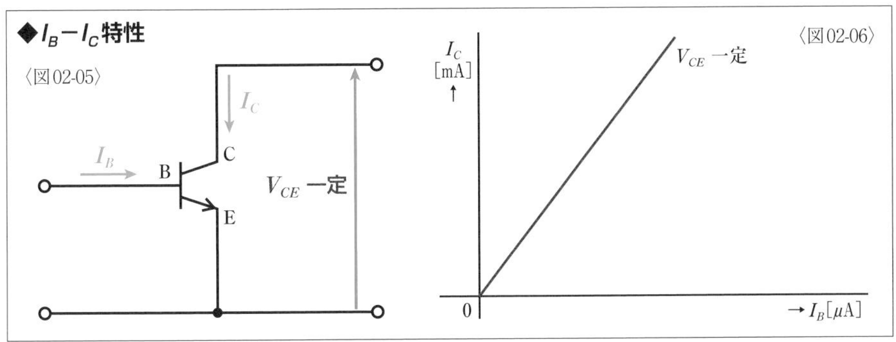

V_{CE}－I_C特性（出力特性）

$V_{CE}-I_C$**特性は、ベース電流**I_B**を一定にした状態で、コレクタ・エミッタ間電圧**V_{CE}**の変化に対するコレクタ電流**I_C**の変化を示したものだ。出力電圧**であるV_{CE}と**出力電流**であるI_Cの関係を示しているので**出力特性**ともいう。$V_{CE}-I_C$特性はベース電流I_Bの大きさで特性曲線が異なる。そのため、$V_{CE}-I_C$特性では複数のI_Bについて特性曲線を示すのが一般的だ。まとめて示された特性図では$V_{CE}-I_C$特性は**第1象限**に置かれる。

ベース端子を開放してI_B＝0Aにしたとき、V_{CE}を大きくしていってもI_Cはほとんど流れない（ゲルマニウムトランジスタではI_B=0AでもわずかにI_Cが流れる）。この領域を**遮断領域**という。I_B>0Aのときは、V_{CE}がある値まではI_Cが急激に増加するが、ある程度の電圧を超えると増加は非常にゆるやかな傾きになりほぼ一定となる。このことは、I_Bの値が決まれば、V_{CE}が変化してもI_Cはほぼ一定であることを意味している。I_Cが急激に増加する領域を**飽和領域**といい、その後の領域を**能動領域**や**活性領域**という。増幅回路では能動領域を使用する。

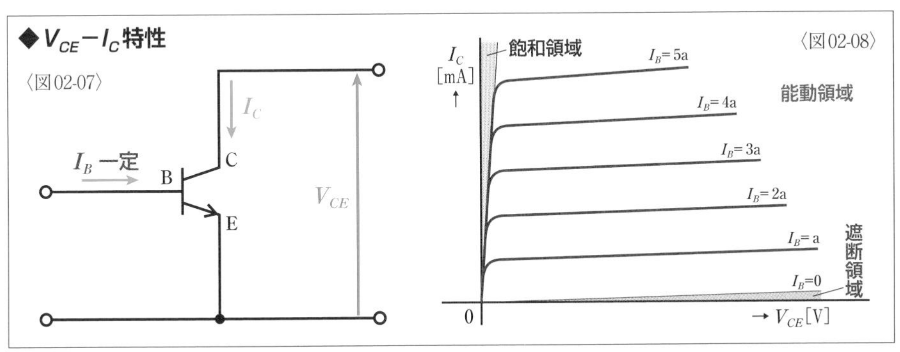

Sec. 02 トランジスタの静特性

▶V_{CE}－V_{BE}特性（電圧帰還特性）

V_{CE}－V_{BE}**特性は、ベース電流I_Bを一定にした状態で、コレクタ・エミッタ間電圧V_{CE}の変化に対するベース・エミッタ間電圧V_{BE}の変化を示したものだ**。**出力電圧**であるV_{CE}と**入力電圧**であるV_{BE}の関係を示しているので、V_{CE}－V_{BE}特性は**電圧帰還特性**(でんあつきかんとくせい)ともいう。I_Bを変化させても特性はあまり変化しないので、代表的なI_Bの電流1種類だけの特性曲線が示されるのが一般的だ。まとめて示された特性図の**第4象限**(だいしょうげん)にあるV_{CE}－V_{BE}特性を、一般的な第1象限にすると〈図02-10〉のようになる。

V_{CE}－V_{BE}特性では、V_{CE}＝0V付近ではV_{BE}がわずかに増加するが、すぐにV_{BE}はほぼ一定の値(あたい)を示すようになる。つまり、出力電圧を変化させても、入力電圧はほとんど変化しないことになる。

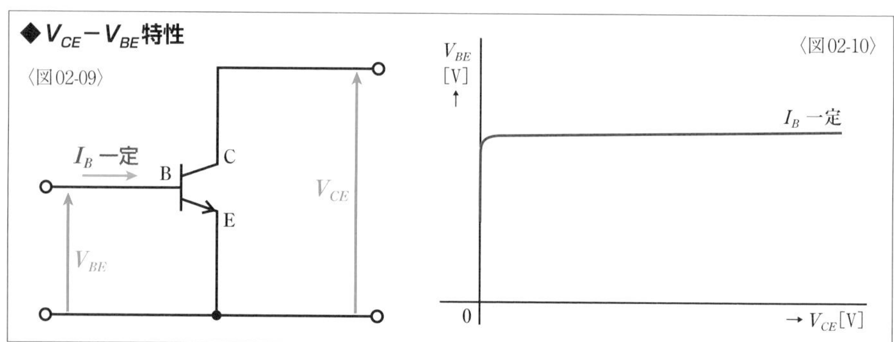

▶トランジスタの最大定格

トランジスタには電流、電圧、電力、温度などに対する**最大定格**(さいだいていかく)がある。最大定格を超えると、トランジスタが破損(はそん)したり特性が劣化(れっか)したりするので、最大定格の範囲内(はんいない)で使うようにしなければならない。

最大定格のなかでも特に注意しなければならないのがトランジスタの発熱(はつねつ)によって生じる問題だ。発熱が大きくなると、接合部(せつごう)が高温になってトランジスタが破壊されてしまう。トランジスタを正常に動作させることができる**接合部温度**(せつごうぶおんど)の上限は、シリコントランジスタで125～175℃程度、ゲルマニウムトランジスタで75～85℃程度だ。

トランジスタの発熱は出力電流であるコレクタ電流I_Cと出力電圧であるコレクタ・エミッタ間電圧V_{CE}の積(せき)**で表わすことができる**。この積を**コレクタ損失**(そんしつ)または**コレクタ損失電力**(そんしつでんりょく)といい、P_Cで示す。I_C、V_{CE}、P_Cにはそれぞれ最大定格が定められていて、**最大コレ**

クタ電流I_{Cmax}、最大コレクタ・エミッタ間電圧V_{CEmax}、**最大**(さいだい)コレクタ**損失**(そんしつ)P_{Cmax}という。P_{Cmax}は**許容**(きょよう)**コレクタ損失**(そんしつ)ともいう。

$V_{CE}-I_C$特性に3つの最大定格を重(かさ)ねて示すと〈図02-11〉のようになる。トランジスタはこの3本の線に囲まれた赤く着色された範囲内で使用しなければならない。特に電力増幅回路(でんりょくぞうふくかいろ)では注意が必要だ。なお、最大コレクタ損失は周囲温度や**放熱板**(ほうねつばん)の大小によって変化する。

◆トランジスタの使用範囲 〈図02-11〉

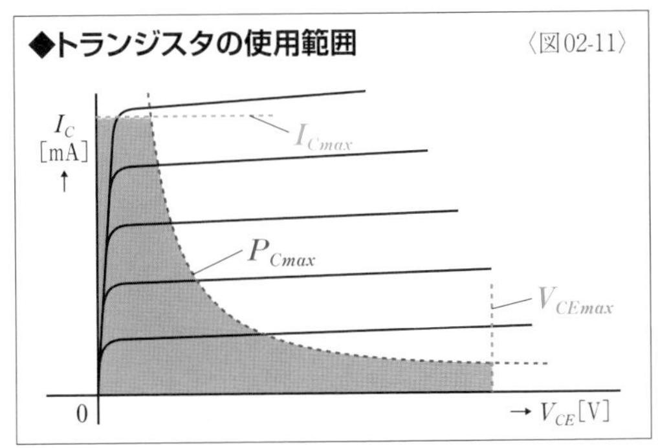

その他のトランジスタの特性

トランジスタの特性は、ほかにも**コレクタ遮断電流**(しゃだんでんりゅう)I_{CBO}や**エミッタ遮断電流**I_{EBO}、**トランジション周波数**(しゅうはすう)f_T、**コレクタ出力容量**(しゅつりょくようりょう)C_{ob}などがデータシートに示されている。

エミッタを開放(かいほう)した状態でコレクタ・ベース間に電圧をかけると、pn接合の**逆方向電圧**(ぎゃくほうこうでんあつ)になるが、わずかに電流が流れる。この電流を**コレクタ遮断電流**I_{CBO}という。正式にはベース接地(せっち)のコレクタ遮断電流という。この電流は漏(も)れ電流(でんりゅう)といえるもので、回路の目的である増幅作用(ぞうふくさよう)に悪影響(あくえいきょう)を及(およ)ぼす。I_{CBO}が小さいほど、優れたトランジスタであるといえるが、温度変化やコレクタ・ベース間電圧によってその値が大きく変化する。

エミッタ遮断電流I_{EBO}は、コレクタを開放した状態でエミッタ・ベース間に電圧をかけた際に流れる電流のことだ。この電流も増幅回路(ぞうふくかいろ)にとっては漏れ電流といえるものなので、小さいほど優れたトランジスタであるといえる。

トランジスタの**高域特性**(こういきとくせい)を示すのが**トランジション周波数**f_Tだ。詳しくは後で説明するが(P138参照)、この値が高いほど周波数(しゅうはすう)の高い信号を増幅することができる。増幅したい信号の上限の周波数の10倍程度のf_Tのトランジスタを使うのが一般的だ。

コレクタ出力容量C_{ob}とはコレクタ・ベース間の**接合容量**(せつごうようりょう)、つまり**静電容量**(せいでんようりょう)のことだ。**コレクタ接合容量**ともいい、低周波(ていしゅうは)を扱(あつか)う回路ではあまり問題にならないが周波数が高くなるとC_{ob}の影響(えいきょう)で増幅度(ぞうふくど)が低下するので、C_{ob}が大きなトランジスタは高周波(こうしゅうは)には適さない(P139参照)。

なお、すでに説明したように**直流電流増幅率**(ちょくりゅうでんりゅうぞうふくりつ)h_{FE}はコレクタ電流とベース電流の比(ひ)のことだ。h_{FE}はコレクタ電流や周囲温度によって変化するので、データシートには電圧や電流の測定条件が示されている。

Chapter 02

Section 03

トランジスタによる増幅回路

エミッタ接地増幅回路で増幅を行うためには、回路の各部を最適な状態にしたうえで信号を入力し、増幅された信号を出力として取り出す必要がある。

▶バイアス電圧とバイアス電流

トランジスタは直流電流を増幅できる。では、〈図03-01〉のようにエミッタ接地増幅回路に小信号として正弦波交流電圧v_iを入力したらどうなるだろうか。

トランジスタのベース・エミッタ間は**pn接合**になっている。正弦波交流v_iの正の半周期では、ベース・エミッタ間電圧v_{be}がpn接合の**順方向電圧**になるので、コレクタ電流としてどのような波形が出力されるかはわからないが、少なくともベース電流i_bが流れる。しかし、v_iの負の半周期では、ベース・エミッタ間電圧v_{be}が**逆方向電圧**になるので、ベース電流i_bが流れない。トランジスタへの入力がなければ、それに応じた出力は当然のごとくない。つまり、入力が交流電圧だと、〈図03-02～03〉のようにベース・エミッタ間で**半波整流**されてしまうわけだ。ここから、**トランジスタは交流を扱えない**ことがわかる。

目的があって入力波形の一部だけを増幅する回路もあるが、一般的な**小信号増幅回路では、信号の交流電圧に直流電圧を加えて、交流が重畳した直流にしたうえで入力しないと増幅が行えない**。交流を重畳させる直流は、その電圧を**ベースバイアス電圧**、電流を**ベースバイアス電流**というが、単に**バイアス電圧**と**バイアス電流**ということが多く、2つを合わせて**バイアス**ともいう。また、**ベースバイアス**のために使用する電源である**ベース電源**はV_{BB}で示されることが多い。回路図上では、〈図03-04〉のようにベース電源を直流電源の図記号で、入力信号を交流電源の図記号で示すのが一般的だ。

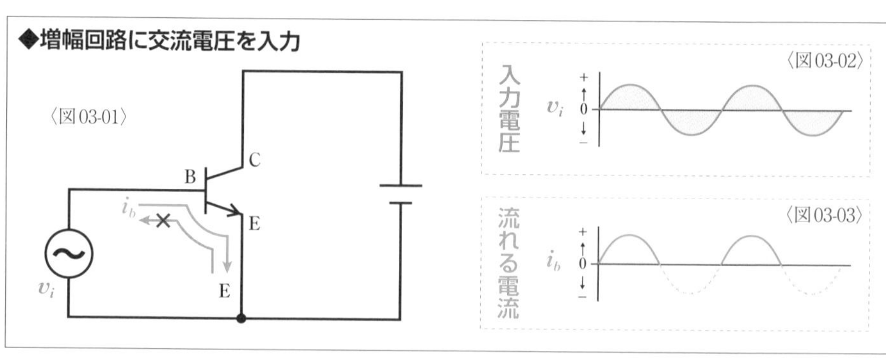

………直流成分と交流成分の表わし方………

電気回路の量記号では、直流を大文字で示し、交流を小文字で示すのが一般的だ。トランジスタの増幅回路では、交流が重畳した直流を扱うが、その際には直流成分と交流成分を分けて考えなければならないことも多い。こうした成分の違いをわかりやすくするために、以下のように大文字と小文字を組み合わせた表記方法が使われることがある。本書でも基本的にこの方式で成分の違いを表わしている。

成分の違い	表記方法	表記の例
直流成分のみの場合	大文字 + 大文字添字	V_{BE}, V_{CE}, I_B, I_C
交流成分のみの場合	小文字 + 小文字添字	v_{be}, v_{ce}, i_b, i_c
両方の成分を含む場合	小文字 + 大文字添字	v_{BE}, v_{CE}, i_B, i_C

バイアスを加えた際のトランジスタへの入力側の電圧と電流の波形は〈図03-05〉と〈図03-06〉のように示すことができる。**ベース・エミッタ間電圧**v_{BE}は**入力信号電圧**v_iに**バイアス電圧**V_{BB}を加えたものなので、〈式03-07〉のように示すことができる。この入力電圧によって流れる**ベース電流**i_Bは、**交流成分（信号成分）**i_bと**直流成分（バイアス成分）**I_Bに分けて考えることができるので、〈式03-08〉のように示すことができる。なお、端子電圧は矢印のついた直線で示すのが普通だが、トランジスタの場合は〈式03-04〉のように円弧で示すこともある。

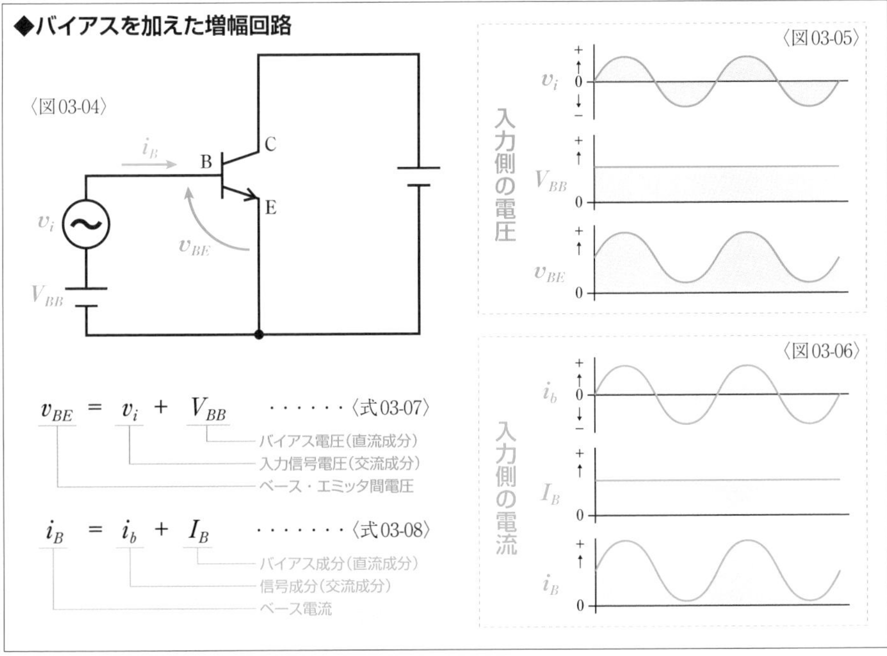

$$v_{BE} = v_i + V_{BB} \quad \cdots\cdots〈式03\text{-}07〉$$

V_{BB}：バイアス電圧（直流成分）、v_i：入力信号電圧（交流成分）、v_{BE}：ベース・エミッタ間電圧

$$i_B = i_b + I_B \quad \cdots\cdots〈式03\text{-}08〉$$

I_B：バイアス成分（直流成分）、i_b：信号成分（交流成分）、i_B：ベース電流

▶バイアス電圧の大きさ

入力信号電圧 v_i **にバイアス電圧** V_{BB} を加えた場合、v_i の**振幅**（**最大電圧**）を $\boldsymbol{v_{im}}$ とすると、**ベース・エミッタ間電圧** $\boldsymbol{v_{BE}}$ は $\boldsymbol{V_{BB} \pm v_{im}}$ の範囲で変動する。小信号増幅回路では v_{im} は V_{BB} に対して非常に小さいものにする。たとえば、V_{BB} を0.7V、v_{im} を50mVとすると〈図03-09〉のようになる。

〈図03-09〉

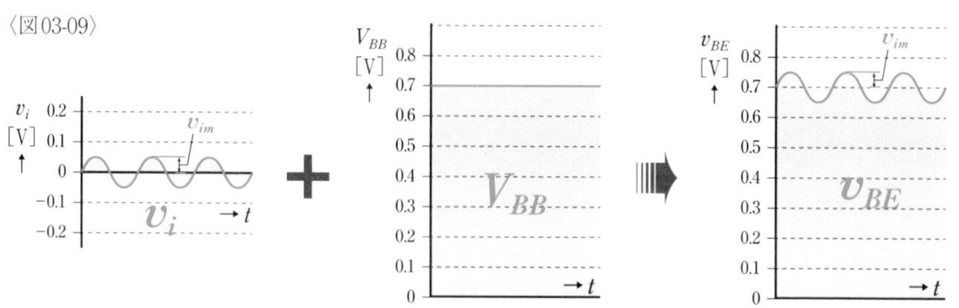

こうしたバイアス電圧 V_{BB} の大きさは、どんな大きさでもいいというわけではない。前ページのバイアスについての説明は、ベース・エミッタ間のpn接合を理想のダイオードの特性で説明したといえるが、トランジスタの $\boldsymbol{V_{BE}-I_B}$ **特性**からわかるように、ベース電流はベース・エミッタ間電圧が約0.6V以上にならないとほとんど流れない。そのため、入力に使用する交流が重畳した直流は、最低電圧が約0.6V以上でなければならない。これを式にすると、$\boldsymbol{V_{BB}-v_{im}>0.6}$ と表わすことができる。

なお、$V_{BE}-I_B$ 特性の特性図からベース・エミッタ間電圧 v_{BE} とベース電流 i_B の波形を導くと、〈図03-11〉と〈図03-12〉のように描くことができる。

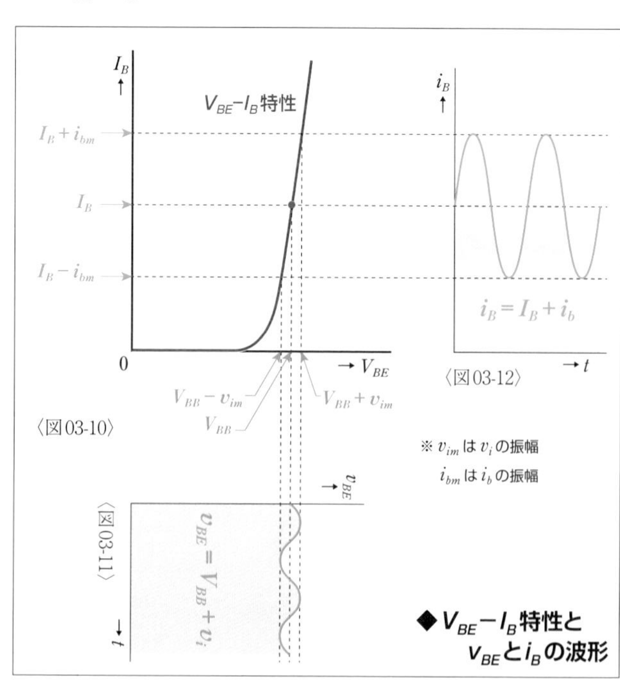

〈図03-10〉 〈図03-11〉 〈図03-12〉

◆ $V_{BE}-I_B$ 特性と v_{BE} と i_B の波形

▶小信号電流増幅率

〈図03-13〉のようなエミッタ接地増幅回路の**直流電流増幅率h_{FE}**は、**コレクタ電流I_C**と**ベース電流I_B**の比で〈式03-14〉のように表わせる。では、ベース電流の大きさが変化したらどうなるだろうか。〈図03-15〉のようにベース電源V_{BB}に**微小電圧ΔV_B**を加えると、ベース電流が微小な量ΔI_Bだけ変化し、コレクタ電流も微小な量ΔI_Cだけ変化する。この**ΔI_CとΔI_Bの比は、電流の微小変化分に対する増幅率を表わしたもので小信号電流増幅率h_{fe}という**。h_{fe}は〈式03-16〉のように示すことができる。

〈図03-13〉

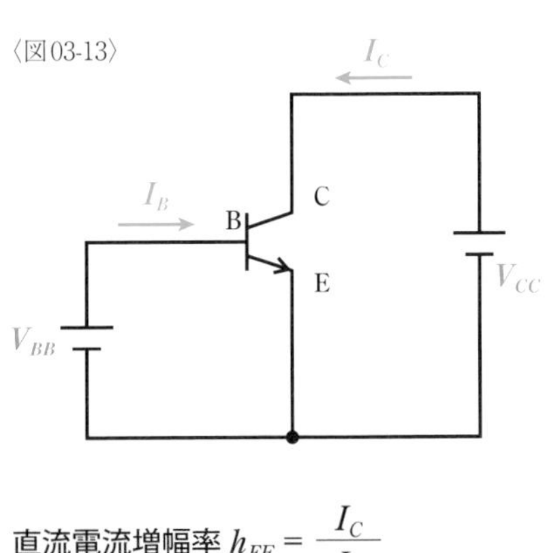

直流電流増幅率 $h_{FE} = \dfrac{I_C}{I_B}$ ・・・〈式03-14〉

〈図03-15〉

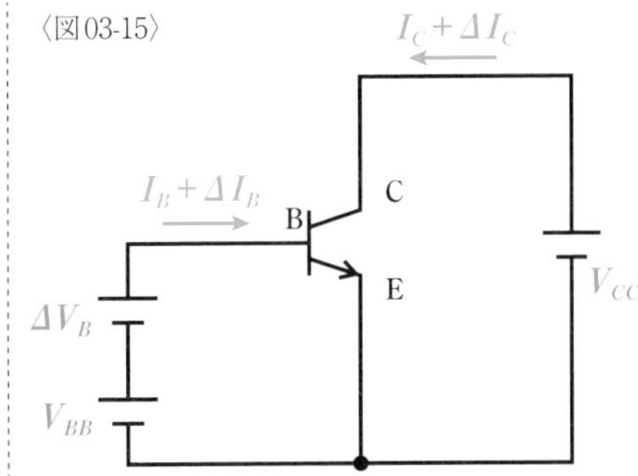

小信号電流増幅率 $h_{fe} = \dfrac{\Delta I_C}{\Delta I_B}$ ・・〈式03-16〉

トランジスタの電流増幅作用を示している特性は**I_B－I_C特性**だ。この特性の**線形領域**（**比例領域**）の範囲を使って増幅を行う。**直流電流増幅率h_{FE}**はこの特性曲線上のある一点におけるコレクタ電流I_Cとベース電流I_Bの比を示したものであるのに対して、**小信号電流増幅率h_{fe}**はI_Bのある値におけるI_Cの微小変化ΔI_Cと、I_Bの微小変化ΔI_Bの比を示しているといえる。線形領域において、I_BとI_Cが正確に比例関係にあれば、h_{FE}とh_{fe}は等しくなる。確かに近似的には比例関係にあるといえるレベルだが、完全な比例関係ではない。特性曲線も直線に見えることが多いが、厳密には直線ではない。そのため、**h_{fe}はh_{FE}と近い値になるが、一致するとは限らない。**

◆I_B－I_C特性とh_{fe} 〈図03-17〉

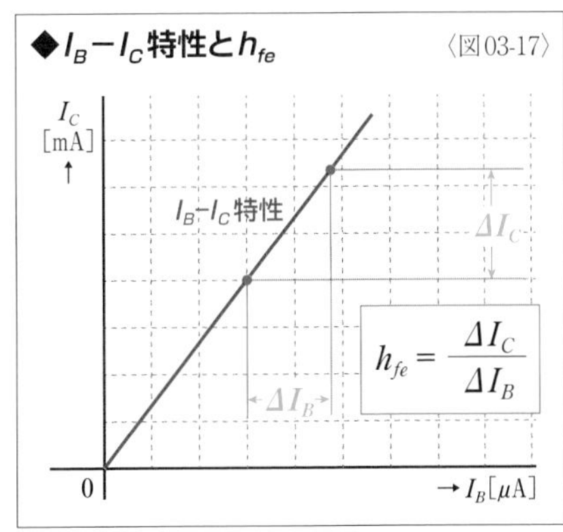

小信号増幅回路のh_{fe}

小信号電流増幅率h_{fe}はベース電流の微小変化ΔI_Bに対するコレクタ電流の微小変化ΔI_Cの割合だ。いっぽう、**小信号増幅回路**で扱うベース電流i_Bは、バイアス電流I_Bが信号成分であるi_bによって微小変化していると考えることができる。そのため、**h_{fe}は小信号増幅回路の信号成分にも適用できる**といえる。

前ページの〈図03-15〉の回路と〈図03-18〉の回路の比較した場合、ベース電流の微小変化ΔI_Bはベース電流の信号成分i_bに置き換えることができ、コレクタ電流の微小変化ΔI_Cはコレクタ電流の信号成分i_cに置き換えることができる。これにより、〈式03-19〉のように、小信号増幅回路の電流の信号成分の大きさで小信号電流増幅率h_{fe}を表わすことができる。この式を変形すると、〈式03-20〉のようにi_cの大きさをh_{fe}とi_bによって示すことができる。

◆小信号増幅回路のh_{fe}

〈図03-18〉

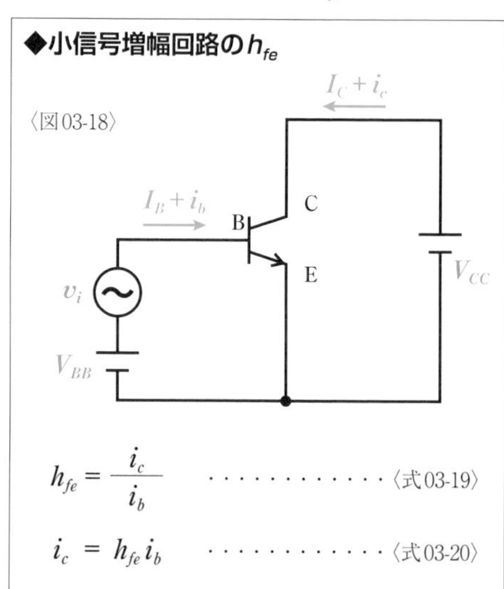

$$h_{fe} = \frac{i_c}{i_b}$$ ……………〈式03-19〉

$$i_c = h_{fe} i_b$$ ……………〈式03-20〉

コレクタ抵抗と結合コンデンサ

増幅回路では信号電圧の増幅を目的とするが、トランジスタがもつのは**電流増幅作用**だ。〈図03-18〉のような回路の場合、入力信号電圧v_iにバイアス電圧V_{BB}を加えてv_{BE}としてベース・エミッタ間に入力すると、ベース電流i_Bが流れ、トランジスタによって電流増幅され、増幅されたコレクタ電流i_Cが流れる。確かに電流は増幅されているが、コレクタ・エミッタ間の電圧はV_{CC}で一定で、電圧に信号成分は含まれていない。また、そもそもこの回路には出力信号を取り出す部分がない。こうした**エミッタ接地増幅回路**では、出力信号電圧v_oを取り出すために、抵抗とコンデンサを使用する。

〈図03-21〉のように出力側の回路に抵抗を加えると、その抵抗に電圧降下が生じる。こうした抵抗を**コレクタ抵抗R_C**という。電圧降下は流れる電流の大きさで変化するので、**コレクタ電流i_Cの変化をコレクタ抵抗R_Cの電圧降下の変化としてR_Cの両端から取り出せる。**

コレクタ抵抗R_Cに生じる電圧降下には信号成分(交流成分)に加えて直流成分も含まれているが、出力として必要なのは信号成分だけだ。**コンデンサには交流を流し、直流を流さ**

ないという性質があるため、〈図03-21〉のコンデンサCを使って直流成分を阻止すれば、端子a－b間から信号成分だけを出力信号電圧v_oとして取り出せる。こうしたコンデンサを**結合コンデンサ**や**カップリングコンデンサ**という。**結合コンデンサは、増幅する信号の周波数で十分にリアクタンスが小さくなるようにする必要がある。**

端子a－b間から出力信号電圧を取り出せるわけだが、実際のエミッタ接地増幅回路でこの位置から出力を取り出すことは少ない。〈図03-22〉のように端子a－c間から出力を取り出すのが一般的だ。端子間にコレクタ電源の電圧V_{CC}が加わりそうだが、直流成分は結合コンデンサで阻止されるので、出力信号を問題なく取り出すことができる。こうした回路構成にすると、接地されているエミッタを入力と出力の共通端子として使用できるので、回路を設計するうえで都合がよい。

また、〈図03-22〉の回路と内容はまったく同じだが、実際のエミッタ接地増幅回路では、〈図03-23〉のように回路図を描くことが多い。このように描くと、出力信号をコレクタ・エミッタ間から取り出しているのがわかりやすい。**コレクタ・エミッタ間電圧v_{CE}から、直流成分であるV_{CE}を取り除いたv_{ce}が出力信号電圧v_oになる**わけだ。

◆出力信号電圧の取り出し方①

〈図03-21〉

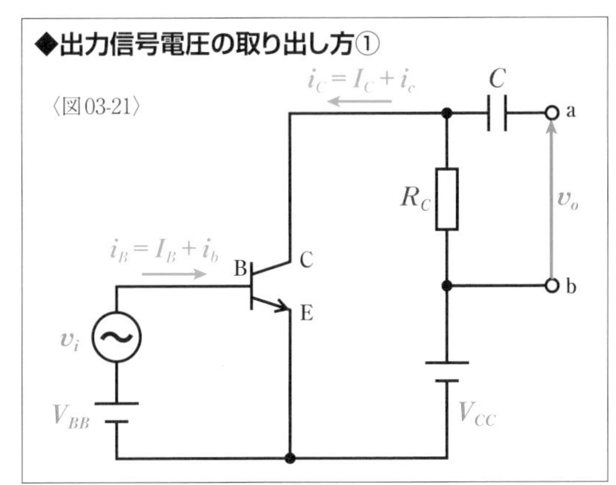

◆出力信号電圧の取り出し方②

〈図03-22〉

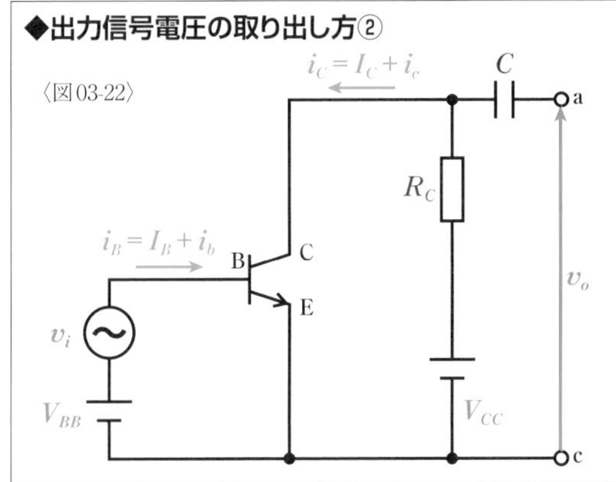

◆出力信号電圧の取り出し方③

〈図03-23〉

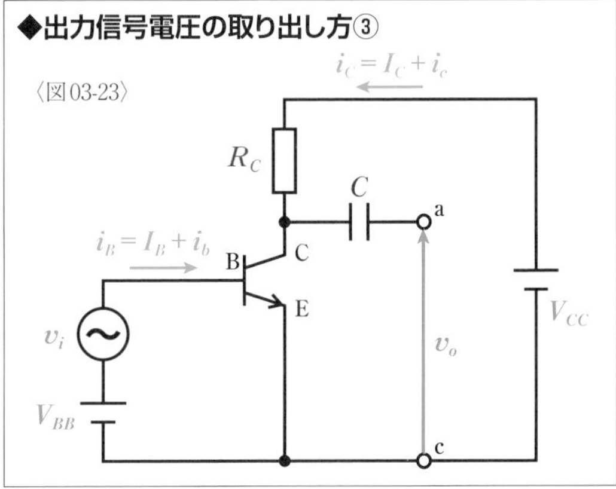

▶電圧増幅と位相

〈図03-24〉のような**エミッタ接地増幅回路**では、**コレクタ抵抗**R_Cの電圧降下v_{RC}を利用して、コレクタ・エミッタ間電圧v_{CE}から、直流成分であるV_{CE}を取り除いたv_{ce}を出力信号電圧v_oとして取り出すことができる。では、出力信号電圧v_oの大きさはどうなるかを考えてみよう。

◆エミッタ接地増幅回路

〈図03-24〉

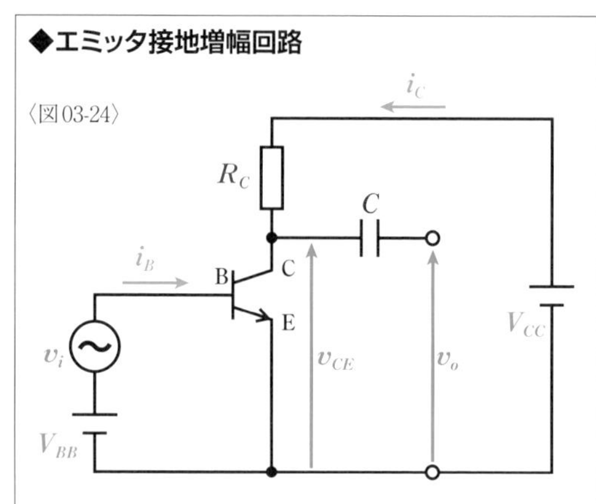

まずは、直流成分だけを考えてみる。直流成分だけにすると、〈図03-25〉の回路になる。コレクタ抵抗R_Cによる電圧降下V_{RC}は、流れる電流I_Cと抵抗R_Cによって、〈式03-26〉のように示すことができる。また、コレクタ電源V_{CC}は、コレクタ抵抗の電圧降下V_{RC}とコレクタ・エミッタ間電圧V_{CE}で分圧されているといえるので、〈式03-27〉のように示すことができる。ここに〈式03-26〉を代入すると〈式03-28〉のようになる。

〈図03-25〉

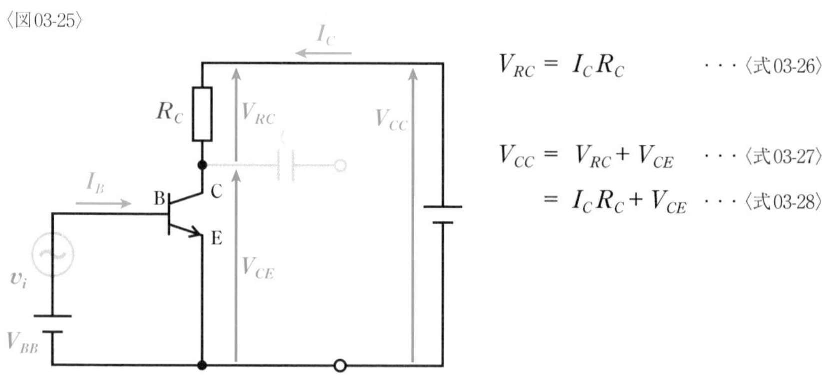

$$V_{RC} = I_C R_C \quad \cdots〈式03\text{-}26〉$$

$$V_{CC} = V_{RC} + V_{CE} \quad \cdots〈式03\text{-}27〉$$

$$= I_C R_C + V_{CE} \quad \cdots〈式03\text{-}28〉$$

交流成分も加えた元の回路に戻って考えてみると、コレクタ・エミッタ間電圧v_{CE}は直流成分V_{CE}と信号成分v_{ce}の和として〈式03-30〉のように示すことができ、コレクタ電流i_Cも直流成分I_Cと信号成分i_cの和として〈式03-31〉のように示すことができる。また、コレクタ抵抗R_Cの電圧降下v_{RC}は流れる電流i_Cと抵抗R_Cによって〈式03-32〉のように示すことができる。この式に〈式03-31〉を代入して整理すると、〈式03-34〉になる。

いっぽう、コレクタ電源V_{CC}は、コレクタ抵抗の電圧降下v_{RC}とコレクタ・エミッタ間電圧v_{CE}で分圧されているといえるので、〈式03-35〉のように示すことができる。この式に、〈式03-30〉と〈式03-34〉を代入すると〈式03-36〉になり、v_{ce}について整理すると〈式03-37〉になる。ここに直流成分で求めた〈式03-28〉を代入して整理すると、〈式03-39〉のようにv_{ce}をコレクタ電流の信号成分i_cとコレクタ抵抗R_Cで示すことができる。v_{ce}は出力信号電圧v_oであるので、v_oは〈式03-40〉で示される。

〈図03-29〉

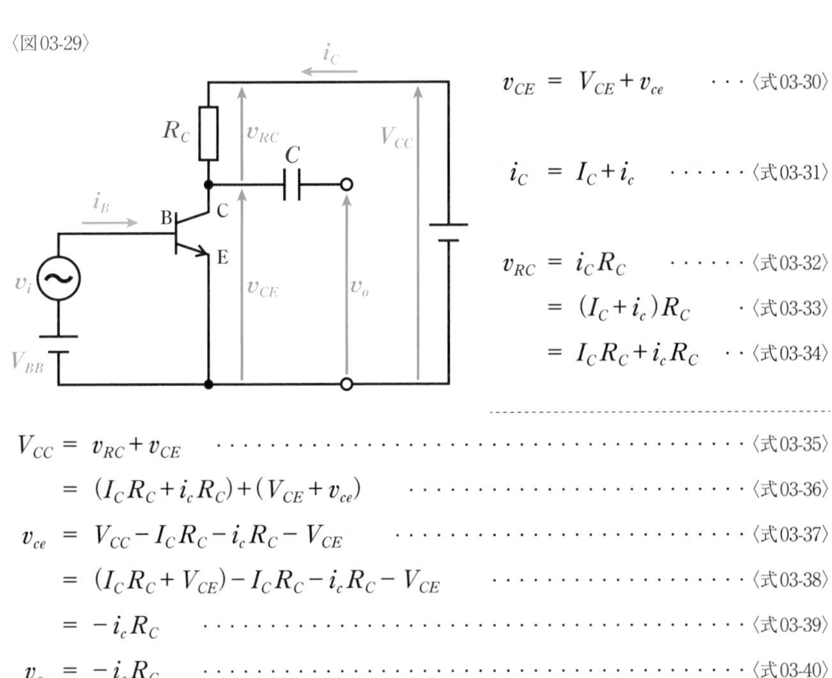

$$v_{CE} = V_{CE} + v_{ce} \quad \cdots〈式03\text{-}30〉$$

$$i_C = I_C + i_c \quad \cdots\cdots〈式03\text{-}31〉$$

$$\begin{aligned} v_{RC} &= i_C R_C & \cdots\cdots〈式03\text{-}32〉\\ &= (I_C + i_c) R_C & \cdot〈式03\text{-}33〉\\ &= I_C R_C + i_c R_C & \cdot\cdot〈式03\text{-}34〉 \end{aligned}$$

$$\begin{aligned} V_{CC} &= v_{RC} + v_{CE} & \cdots〈式03\text{-}35〉\\ &= (I_C R_C + i_c R_C) + (V_{CE} + v_{ce}) & \cdots〈式03\text{-}36〉\\ v_{ce} &= V_{CC} - I_C R_C - i_c R_C - V_{CE} & \cdots〈式03\text{-}37〉\\ &= (I_C R_C + V_{CE}) - I_C R_C - i_c R_C - V_{CE} & \cdots〈式03\text{-}38〉\\ &= -i_c R_C & \cdots〈式03\text{-}39〉\\ v_o &= -i_c R_C & \cdots〈式03\text{-}40〉 \end{aligned}$$

〈式03-40〉でまず注目したいのは右辺にマイナスの符号がついていることだ。$v_o = v_{ce}$は交流なのでマイナスの符号は入力に対して出力の**位相**が**反転**していることを意味する。つまり、**エミッタ接地増幅回路では出力電圧が入力電圧に対して逆相になる**わけだ。位相が反転しても電圧信号として問題なく使うことができる。なお、出力の位相が反転する増幅回路を**反転増幅回路**という。

また、〈式03-40〉の右辺はコレクタ電流の信号成分i_cとコレクタ抵抗R_Cの積なので、R_Cの値を大きくすれば、出力信号電圧v_oを入力信号電圧v_iより大きくすることができるわけだ。つまり、**エミッタ接地増幅回路は、電流をh_{fe}倍できるばかりでなく、電圧も増幅することができる**ことになる。

負荷線と動作点

トランジスタによる増幅回路の設計や解析で重要な役割を果たすのが**負荷線**と**動作点**だ。まずは、〈図03-41〉のようなエミッタ接地増幅回路のコレクタ・エミッタ間電圧v_{CE}とコレクタ電流i_Cの関係を考えてみよう。先に説明したように、出力側の直流成分の電圧の関係は、〈式03-42〉のようになる。この式を変形してコレクタ電流I_Cを表わす式にすると〈式03-43〉になる。この式を$V_{CE}-I_C$特性図上でグラフにすると、〈図03-44〉のように傾きが$-\dfrac{1}{R_C}$で、切片が$\dfrac{V_{CC}}{R_C}$の直線になる。この直線を**直流負荷線**というが、単に**負荷線**ということも多い。直流負荷線はトランジスタの出力側の直流電流と直流電圧の関係を示している。

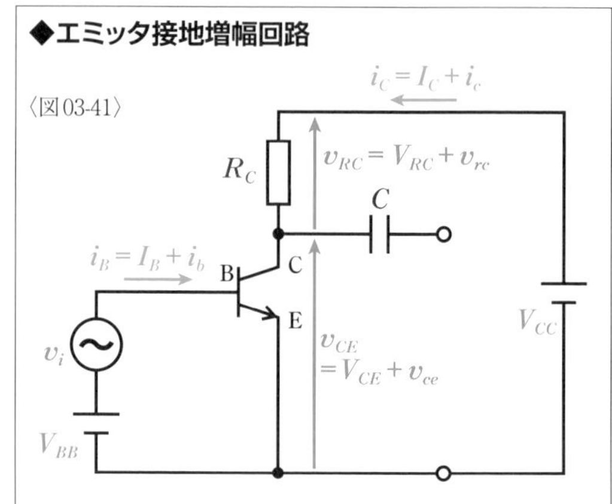

〈図03-41〉

Chapter01の「ダイオード回路の解析」（P35参照）で説明したように、傾きと切片でグラフを考えるのが苦手なら、負荷線上の2つの点を求めて、その2点を直線でつなげばいい。2点はどこでもいいのだが、座標軸上の2点が簡単だ。つまり$V_{CE}=0$Vの点と$I_C=0$Aの点だ。〈式03-43〉のV_{CE}に0を代入すると、$I_C=\dfrac{V_{CC}}{R_C}$と求められ、いっぽう、〈式03-42〉のI_Cに0を代入すると、$V_{CE}=V_{CC}$と求められる。

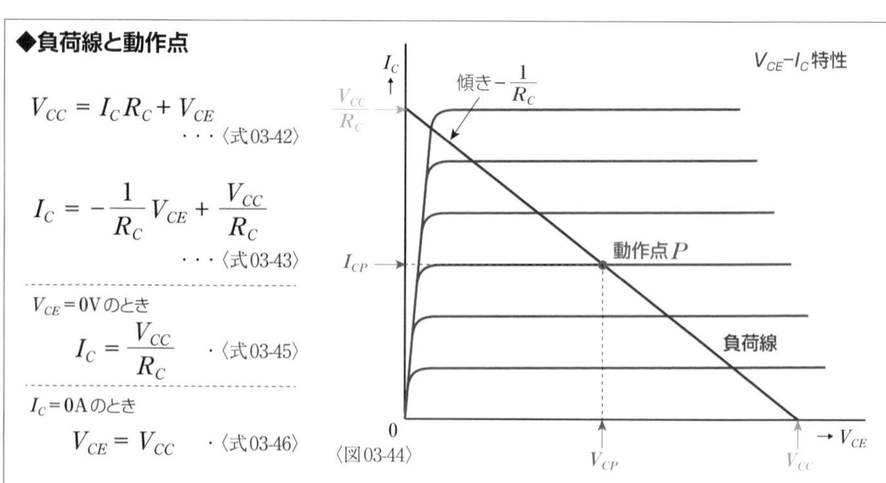

〈図03-44〉

コレクタ・エミッタ間電圧V_{CE}とコレクタ電流I_Cは、必ず負荷線上の点をとることになる。入力信号を加えることで入力電圧が変化すると、それに応じてコレクタ・エミッタ間電圧v_{CE}とコレクタ電流i_Cが変化するが、変化しても必ず負荷線上にある。入力信号が0のとき、つまり直流成分だけのときのコレクタ・エミッタ間電圧V_{CE}とコレクタ電流I_Cを示す点を**動作点**といい、Pで示されるのが一般的だ。**動作点Pにおける電圧をコレクタバイアス電圧V_{CP}、電流をコレクタバイアス電流I_{CP}といい、まとめてコレクタバイアスや単にバイアスともいう**。また、出力側の**コレクタ電源**は**出力電源**ともいいV_{CC}で示されることが多い。

たとえば、〈図03-47〉のような$V_{CE}-I_C$特性の負荷線上に動作点Pを設定した場合、コレクタバイアス電圧V_{CP}は6V、コレクタバイアス電流I_{CP}は3mAと読み取れる。動作点Pは、15μAの特性曲線上にあるので、ベースバイアス電流I_Bは15μAだ。このとき、ベース電流の信号成分i_bの振幅(しんぷく)が5μAだとすれば、負荷線が20μAの特性曲線と交(まじ)わる点P_1と10μAの特性曲線と交わる点P_2の間で、コレクタ・エミッタ間電圧の信号成分v_{ce}とコレクタ電流の信号成分i_cは変化する。$V_{CE}-I_C$特性の特性図から、i_bによるv_{CE}とi_Cの波形を導(みちび)くと〈図03-49〉と〈図03-50〉のようになる。この波形からもv_{ce}が逆相(ぎゃくそう)になっていることがわかる。

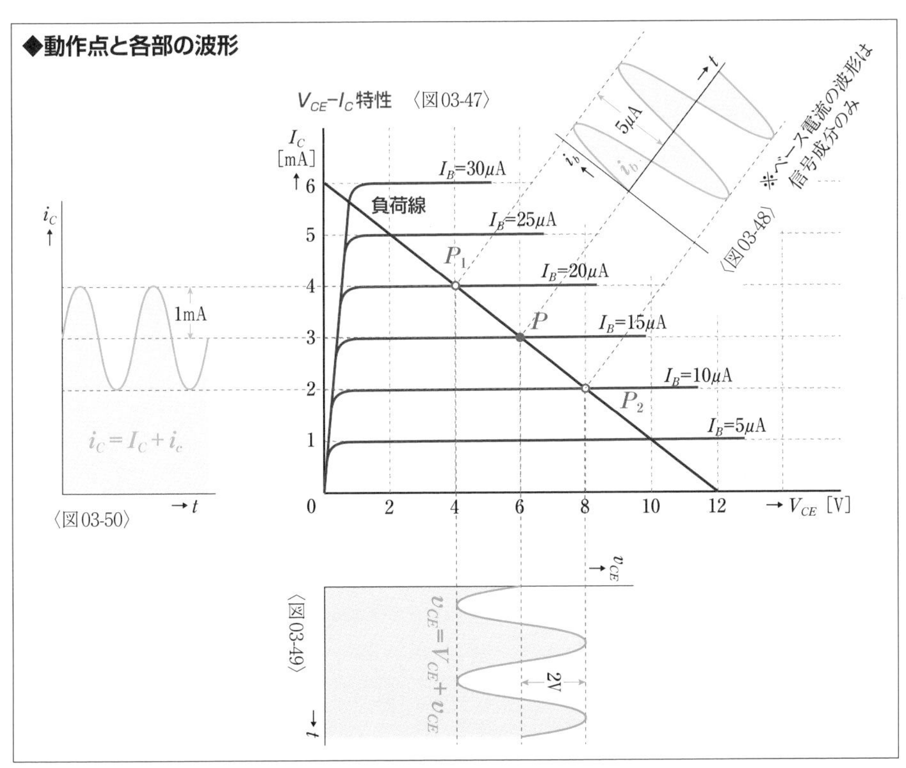

▶動特性

トランジスタに交流の入力信号を加えた際の電圧と電流の変化の様子を表わす特性を**トランジスタの動特性**という。前ページの例では、動作点を決めた後にベース電流の信号成分i_bからコレクタ電流i_Cやコレクタ・エミッタ間電圧v_{CE}を導き出したが、増幅回路への入力は電圧信号v_iなので、実際にはi_bからではなくv_iから考えていく必要がある。入力信号電圧v_iから考える場合、$\boldsymbol{V_{CE}-I_C}$**特性**から導かれるi_Cやv_{CE}だけでなく、$\boldsymbol{V_{BE}-I_B}$**特性**を使用してベース電流i_Bやベース・エミッタ間電圧v_{BE}も検討していかなければならない。

◆エミッタ接地増幅回路

〈図03-51〉

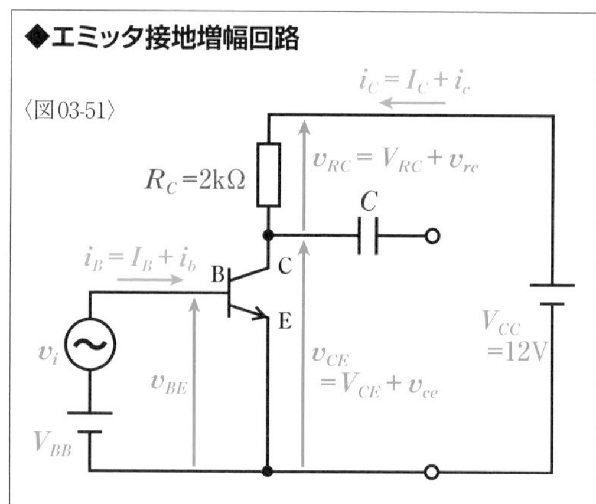

〈図03-51〉のようなエミッタ接地増幅回路で入力信号電圧v_iの振幅を10mV、コレクタ電源V_{CC}=12V、コレクタ抵抗R_C=2kΩとする。〈図03-52〉の$V_{CE}-I_C$特性の**負荷線**を描くと、その両端は、(V_{CE}=0V、I_C=6mA)の点と(V_{CE}=12V、I_C=0A)の点になる。この負荷線上Pの位置に**動作点**を設定した場合、コレクタバイアス電圧V_{CP}は6V、コレクタバイアス電流I_{CP}は3mAになる。また、動作点Pは15μAの特性曲線上にあるので、ベースバイアス電流I_Bは15μAと読み取れる。

ベースバイアス電流I_Bからベースバイアス電圧V_{BB}を導く際には$V_{BE}-I_B$特性を使用する。〈図03-53〉の特性曲線でI_B=15μAの点をQとすると、V_{BB}は0.7Vにすればいいことがわかる。入力信号電圧v_iの振幅は10mV(=0.01V)なので、ベース・エミッタ間電圧v_{BE}は0.7±0.01Vの範囲で変化することになる。$V_{BE}-I_B$特性の特性曲線上で、V_{BE}=0.71Vの点をQ_1、V_{BE}=0.69Vの点をQ_2とすると、それぞれの点のI_Bの値は20μAと10μAであることがわかる。つまり、ベース電流i_Bは15±5μAの範囲で変化するわけだ。

ここで再び$V_{CE}-I_C$特性に戻り、20μAの特性曲線と負荷線が交わる点をP_1、10μAの特性曲線と負荷線が交わる点をP_2とすると、コレクタ電流i_Cとコレクタ・エミッタ間電圧v_{CE}は負荷線上のP_1とP_2の間で変化することになる。つまり、コレクタ電流i_Cは3±1mAの範囲で変化し、コレクタ・エミッタ間電圧v_{CE}は6±2Vの範囲で変化するわけだ。それぞれの電圧や電流の波形は、右ページのグラフのようになる。

◆動特性（$V_{CE}-I_C$特性について）

◆動特性（$V_{BE}-I_B$特性について）

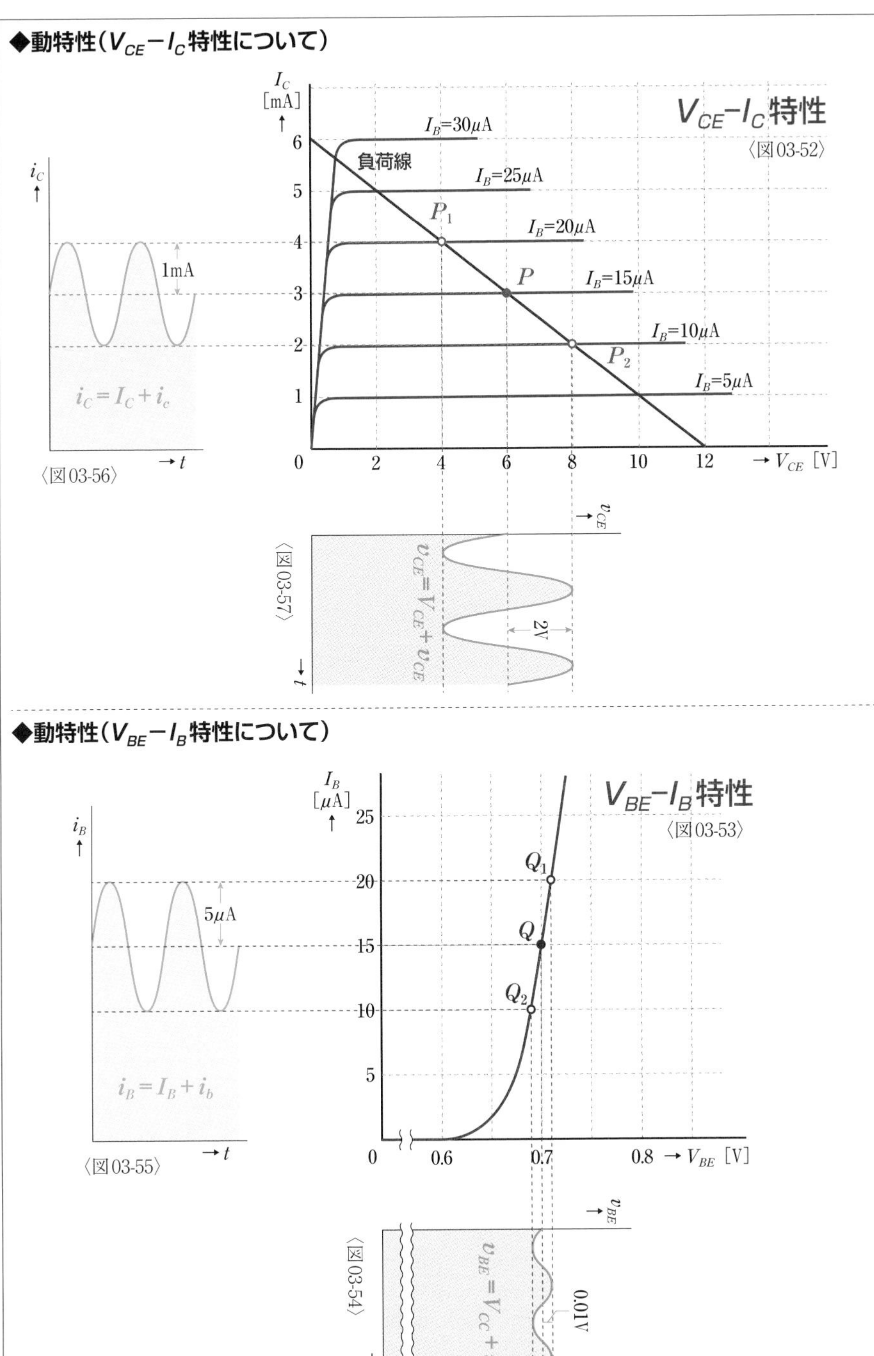

▶動作点の設定

エミッタ接地増幅回路に入力信号v_iを加えると、ベース電流i_Bが変化し、i_Cとv_{CE}は**動作点**を中心にして変化する。そのため、〈図03-58〉のように**負荷線の中央付近に動作点Pを設定すると、大きな振幅の出力を得ることができる。**

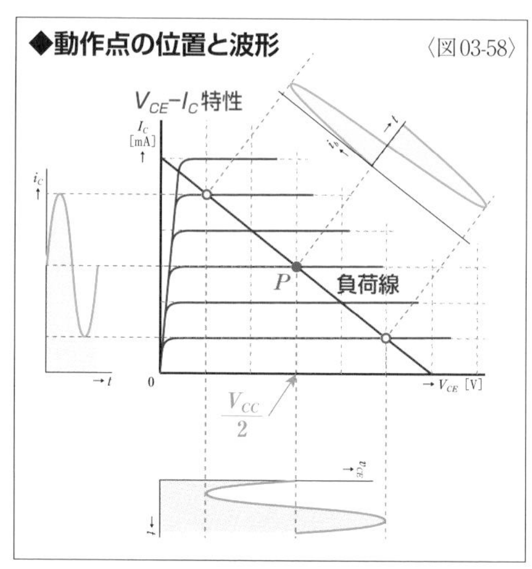

i_bの振幅が同じであっても、動作点を右下に移動して〈図03-59〉のP_Aの位置に設定すると、i_bの波形の谷の底に達する以前にi_Cが0Aに達し、それ以上は電流が流れなくなるので、i_Cとv_{CE}の波形がひずんでしまう。また、動作点を左上に移動して〈図03-60〉のP_Bの位置に設定すると、i_bの山の部分でi_Cが**飽和**し、それ以上は電流が大きくならないので、やはり出力の波形に**ひずみ**が生じる。

負荷線の中央は簡単に計算で求めることができる。負荷線の両端の電圧は0とV_{CC}なので、**コレクタバイアス電圧V_{CP}を$\frac{V_{CC}}{2}$にすれば、負荷線の中央に動作点Pを設定できる。**ただし、必ずしも負荷線の中央が最適な動作点の位置になるとは限らない。i_bの振幅が小さければ動作点を選ぶ自由度は増すし、周波数特性など動作点の位置によって変化する特性もある。また、トランジスタの温度が上昇すると動作点が左上に移動する性質があることも覚えておきたい。

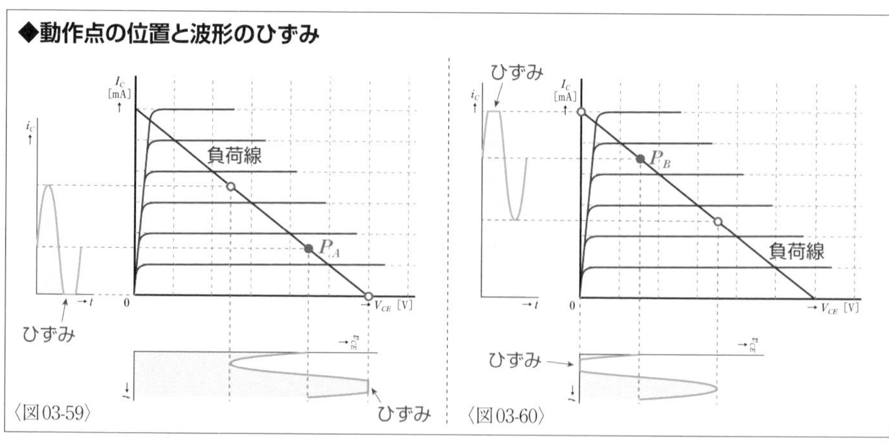

▶ベースバイアス

ここまでの説明では**ベースバイアス**に適した電圧のベース電源V_{BB}を使って説明してきたが、実際の回路では抵抗(ていこう)を使ってベースバイアス電圧を調整しなければならない。こうした抵抗をここではR_Bで示す。

〈図03-61〉の回路の入力側の直流成分の電圧の関係は、〈式03-62〉のように示すことができる。この式を変形してベース電流I_Bを表わす式にすると〈式03-63〉になる。この式をトランジスタの$V_{BE}-I_B$特性図上でグラフにすると、その直線と特性曲線との交点(こうてん)がベースバイアスの電圧と電流になる。この直線と特性曲線の関係は、Chapter01の「ダイオード回路の解析(かいせき)」(P34参照)で説明したことと基本的に同じなので、線の描き方についての説明は省略(しょうりゃく)する。

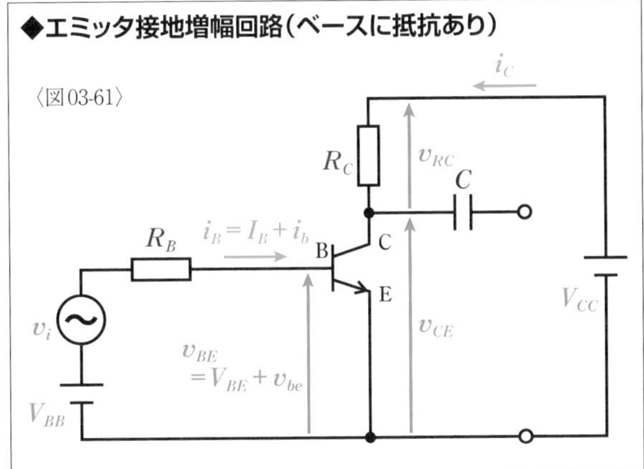

たとえば、$V_{CE}-I_C$**特性**に動作点を設定すると、**ベースバイアス電流**が決まり、その大きさから$V_{BE}-I_B$**特性**によって**ベースバイアス電圧**も決まる。ベース電源V_{BB}の電圧の大きさも決まっているようなら、〈式03-64〉を使って抵抗R_Bの大きさを求めることができる。〈式03-64〉は〈式03-62〉を変形してR_Bを表わす式にしたものだ。

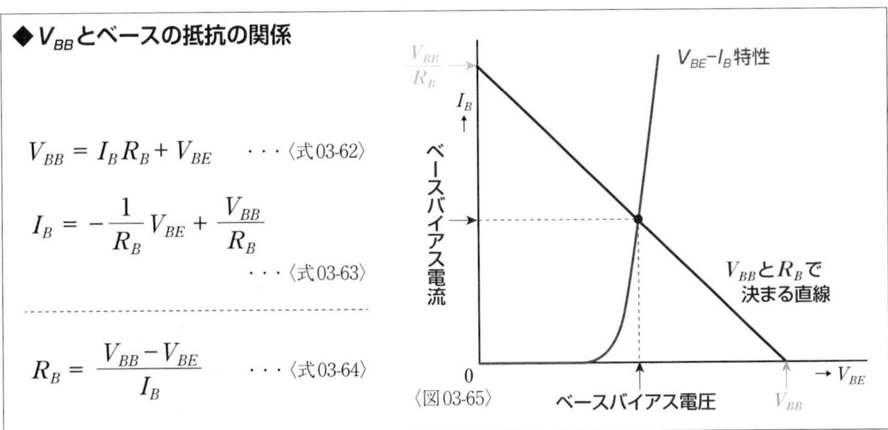

$$V_{BB} = I_B R_B + V_{BE} \quad \cdots〈式03\text{-}62〉$$

$$I_B = -\frac{1}{R_B} V_{BE} + \frac{V_{BB}}{R_B} \quad \cdots〈式03\text{-}63〉$$

$$R_B = \frac{V_{BB} - V_{BE}}{I_B} \quad \cdots〈式03\text{-}64〉$$

Chapter 02 Section 04

基本増幅回路

トランジスタは接地する端子の違いによって、異なった性質の増幅回路になる。もっとも多用されているのはエミッタ接地だが、コレクタ接地とベース接地もある。

▶接地方式

これまでに説明した**エミッタ接地増幅回路**はトランジスタのエミッタを入出力共通の端子としているが、エミッタ以外の端子を共通の端子としても増幅回路が構成できる。ベースを共通の端子としたものを**ベース接地増幅回路**、コレクタを共通の端子としたものを**コレクタ接地増幅回路**といい、3種類の接地方式の回路をまとめて**トランジスタの基本増幅回路**という。

◆基本増幅回路の特徴
〈表04-01〉

接地方式	エミッタ接地増幅回路	ベース接地増幅回路	コレクタ接地増幅回路
電圧増幅度	大	大	1
電流増幅度	大	1	大
電力増幅度	大	中	小
入力インピーダンス	中	小	大
出力インピーダンス	中	大	小
入出力の位相	逆相	同相	同相

▶エミッタ接地増幅回路

エミッタ接地増幅回路は、電圧増幅度も電流増幅度も比較的大きいので、電力増幅度も大きい。入出力のインピーダンスはどちらも中程度なので、理想的とはいえないが大きな問題にもならない。周波数特性は他の接地方式に比べるとよくないが、トランジスタの性能向上によって一般的な用途では問題のないレベルになっている。なお、**エミッタ接地には入出力の位相が逆相になるという特徴がある。**

◆エミッタ接地増幅回路 〈図04-02〉

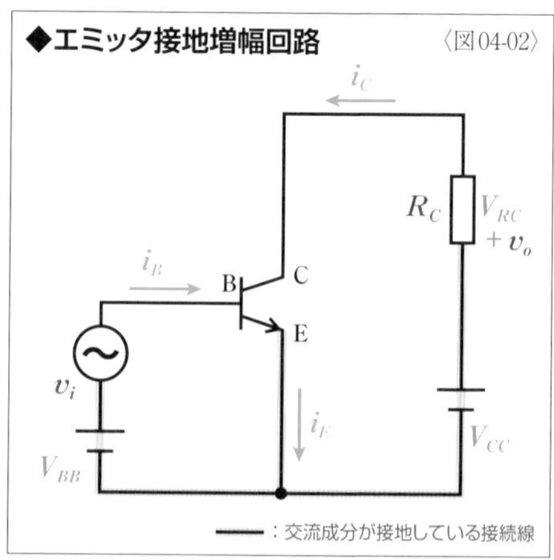

Chap. 02 トランジスタの増幅回路

ベース接地増幅回路

ベース接地増幅回路は、電流増幅はできないが、抵抗(ていこう)を大きくすれば電圧増幅度を大きくできるので、ある程度の電力増幅が可能だ。入力インピーダンスが低く、出力インピーダンスが高いので、増幅回路としては扱(あつか)いにくい。周波数特性がよいので、昔は**高周波増幅回路(こうしゅうはぞうふくかいろ)**に使用されたが、トランジスタの性能向上によってエミッタ接地増幅回路の周波数特性が改善(かいぜん)されたため、扱いにくいベース接地はあまり使われなくなっている。

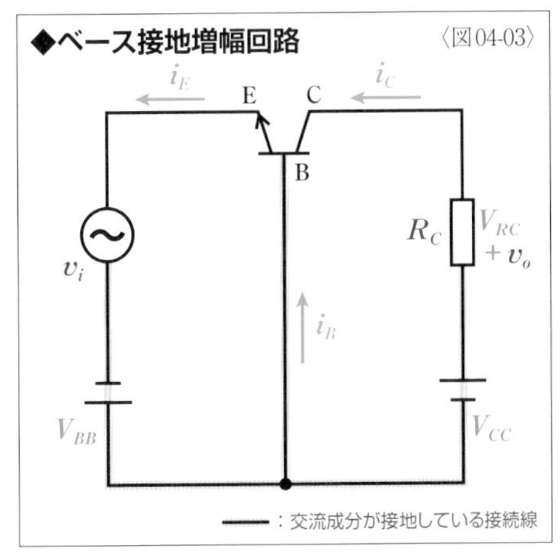

コレクタ接地増幅回路

コレクタ接地増幅回路は**エミッタフォロワ回路**とも呼ばれる。大きな電流増幅が可能だが、電圧増幅はできないため、負荷(ふか)のインピーダンスが小さくないと大きな電力増幅は望(のぞ)めない。**入力インピーダンスがかなり高く出力インピーダンスが低いので、理想の増幅回路の特性を備えている**といえるため、多段増幅回路(ただんぞうふくかいろ)の回路間でインピーダンスを変換(へんかん)する目的で使われる。こうした回路を**緩衝増幅回路(かんしょうぞうふくかいろ)**や**バッファ**という(P198参照)。

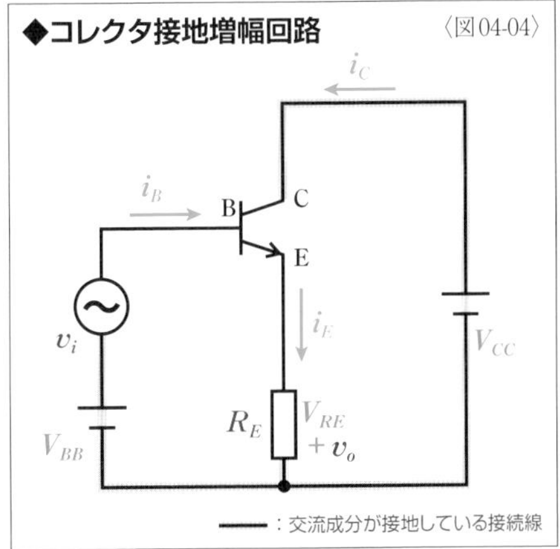

接地の見分け方

エミッタ接地増幅回路のコレクタ抵抗と同じように、その他の接地方式でも抵抗を利用して出力電圧信号v_oを取り出している。また、回路図を見ただけでは接地がわかりにくいかもしれないが、**入力端子(にゅうりょくたんし)の片側と出力端子(しゅつりょくたんし)の片側が交流的に短絡(たんらく)になっている線**を見つければいい。その線がトランジスタのどの端子につながっているかで接地方式の種類がわかる。交流成分だけで回路を考える場合、直流電源は短絡と見なすことができる。

Chapter 02 Section 05

hパラメータと等価回路

小信号増幅回路の解析を容易にしてくれるのがhパラメータと等価回路だ。非線形素子であるトランジスタを線形素子に置き換えることで近似解析が行えるようになる。

▶hパラメータ

小信号増幅回路の設計や解析では、**hパラメータ**という特性を表わす**定数**を使うことが多い。hパラメータは**h定数**ともいい、**4端子回路**である増幅回路の端子間の関係を示すことができる。エミッタ接地増幅回路には代表的な4種類の**静特性**があり、これらそれぞれの静特性についてhパラメータが存在する。Section03で説明した**小信号電流増幅率h_{fe}**はI_B－I_C特性のhパラメータだ(P79参照)。

4つの静特性がまとめられた特性図のV_{CE}－I_C特性に動作点Pを設定すると、〈図05-01〉のようにその他の特性曲線にQ、R、Sの点が定まる。この4つの点それぞれの**静特性の微小変化分の比がhパラメータ**だ。**特性曲線の接線の傾きがhパラメータ**だともいえる。

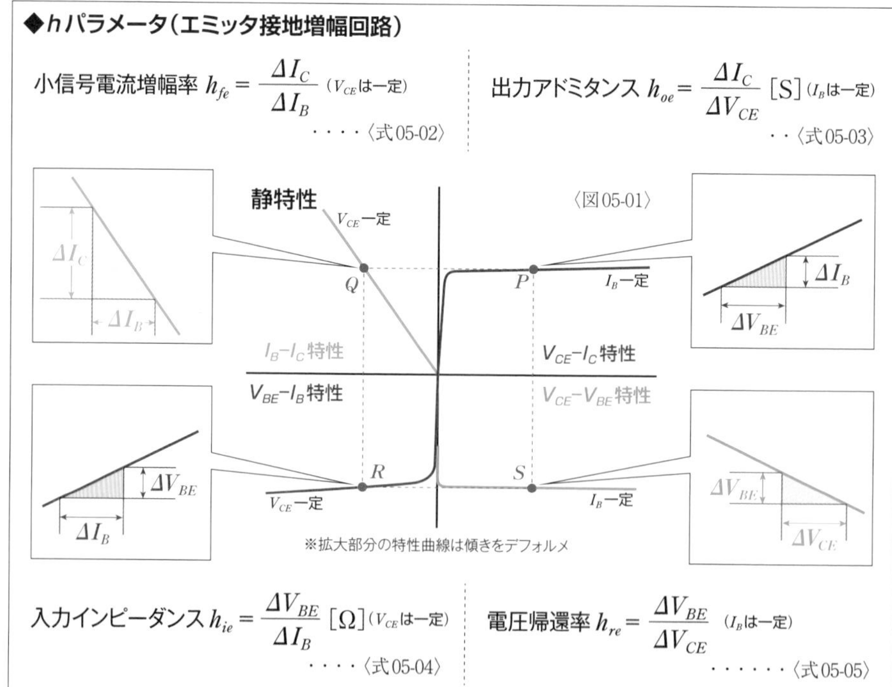

すでに説明したように、I_B-I_C**特性**のhパラメータは**小信号電流増幅率**$\boldsymbol{h_{fe}}$という。V_{CE}を一定にした状態でのI_Cの微小変化ΔI_Cと、I_Bの微小変化ΔI_Bの比を示していて、〈式05-02〉のように表わすことができる。電流同士の比なので、h_{fe}に単位はない。

$V_{CE}-I_C$**特性**のhパラメータは**出力アドミタンス**$\boldsymbol{h_{oe}}$という。I_Bを一定にした状態でのI_Cの微小変化ΔI_Cと、V_{CE}の微小変化ΔV_{CE}の比を示していて、〈式05-03〉のように表わすことができる。電流の微小変化と電圧の微小変化の比は交流電流と交流電圧の比と考えることができるので、単位には[S(ジーメンス)]が使われる。一般的な動作点の位置では、$V_{CE}-I_C$特性の特性曲線はほぼ水平なので、$\boldsymbol{h_{oe}}$**は非常に小さな値(あたい)**になる。

$V_{BE}-I_B$**特性**のhパラメータは**入力インピーダンス**$\boldsymbol{h_{ie}}$という。V_{CE}を一定にした状態での、V_{BE}の微小変化ΔV_{BE}と、I_Bの微小変化ΔI_Bの比を示していて、〈式05-04〉のように表わすことができる。電圧と電流の比なので、単位には[Ω]が使われる。

$V_{CE}-V_{BE}$**特性**のhパラメータは**電圧帰還率(でんあつきかんりつ)**$\boldsymbol{h_{re}}$という。I_Bを一定にした状態でのV_{BE}の微小変化ΔV_{BE}と、V_{CE}の微小変化ΔV_{CE}の比を示していて、〈式05-05〉のように表わすことができる。電圧同士の比なので、h_{re}に単位はない。一般的な動作点の位置では、$V_{CE}-V_{BE}$特性の特性曲線はほぼ水平なので、$\boldsymbol{h_{re}}$**は非常に小さな値**になる。

4つのhパラメータ相互(そうご)の関係は〈図05-06〉のようになる。hパラメータはメーカが公表しているので、データシートなどで簡単に調べることができる。なお、hパラメータのそれぞれの添(そ)え字(じ)は、fが順方向(じゅんほうこう)(forward)、rが逆方向(ぎゃくほうこう)(reverse)、iが入力(input)、oが出力(output)、eがエミッタ接地(せっち)(emitter)を意味している。また、hパラメータのように4端子回路の端子間の関係を示す定数は**4端子(たんし)パラメータ**や**4端子定数(たんしていすう)**という。

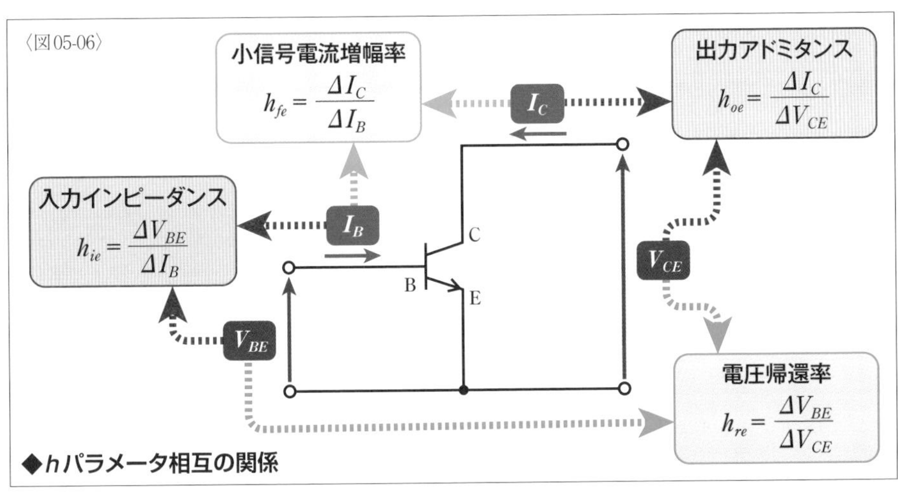

◆hパラメータ相互の関係

小信号増幅回路のhパラメータ

小信号増幅回路はトランジスタを特性曲線の一部の領域内で動作させているといえる。トランジスタは**非線形素子**であり特性曲線は直線ではないが、狭い領域であれば特性曲線を直線とみなし、**線形素子**として扱うことができる。この直線とみなした部分の特性が**hパラメータ**だといえる。狭い領域に限定するために、hパラメータはトランジスタの入出力の電圧と電流の微小変化量によって定義されているわけだが、小信号増幅回路で扱う小信号は振幅が小さいので、バイアスである直流成分の微小変化だと考えられる。そのため、**hパラメータは小信号増幅回路の交流成分(信号成分)に適用できる**。hパラメータの定義式を増幅回路の信号成分である**ベース・エミッタ間電圧v_{be}**、**ベース電流i_b**、**コレクタ・エミッタ間電圧v_{ce}**、**コレクタ電流i_c**に置き換えると、〈式05-08～11〉のようになる。

つまり、hパラメータは小信号で動作点を大きく外れないという条件を付けた**近似特性**だといえる。トランジスタは非線形素子であるため解析が面倒になるが、hパラメータという**線形近似**を使えば、さまざまな計算が簡単に行えるようになる。

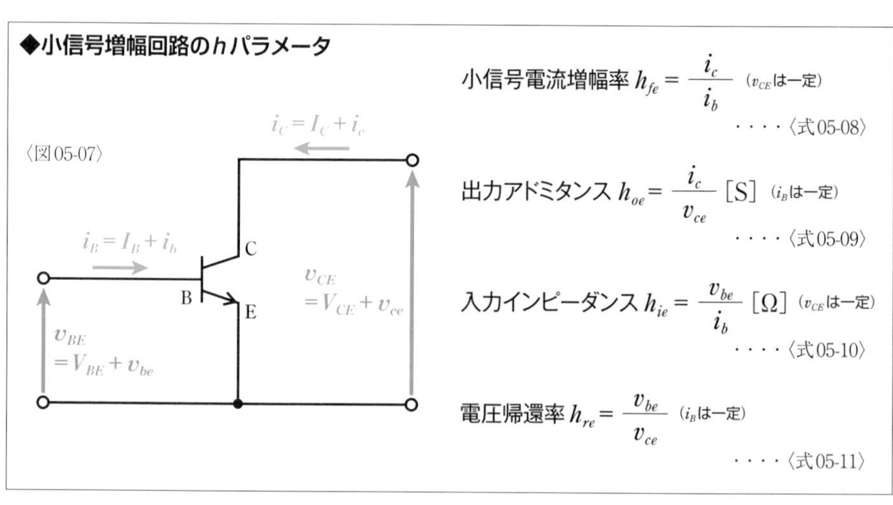

直流のhパラメータ

これまで説明してきた小信号増幅回路の解析などに使われるhパラメータは交流のhパラメータといえるものだ。これに対して、**静特性**そのものを示すhパラメータ、つまり直流のhパラメータも存在する。直流のhパラメータには、Section02で説明したI_B-I_C特性の**直流電流増幅率h_{FE}**(P72参照)のほか、$V_{BE}-I_B$特性の**入力抵抗h_{IE}**、$V_{CE}-I_C$特性の**出力コン**

ダクタンスh_{OE}、$V_{CE}-V_{BE}$特性の**電圧帰還率**h_{RE}があり、いずれも添字が大文字になる。設計や解析で使うことは少ないが、直流のhパラメータも存在していることは覚えておこう。

◆直流のhパラメータ

直流電流増幅率 $h_{FE}=\dfrac{I_C}{I_B}$ ・・・・・〈式05-12〉

出力コンダクタンス $h_{OE}=\dfrac{I_C}{V_{CE}}$ [S] ・〈式05-13〉

入力抵抗 $h_{IE}=\dfrac{V_{BE}}{I_B}$ [Ω] ・・・・・〈式05-14〉

電圧帰還率 $h_{RE}=\dfrac{V_{BE}}{V_{CE}}$ ・・・・・・・・・〈式05-15〉

直流等価回路と交流等価回路

トランジスタの増幅回路は、**重ねの定理**によってバイアス成分である直流成分の回路と、信号成分である交流成分の回路に分けることができる。両者を分けることで、増幅回路の動作を考えやすくなる。直流成分だけの回路にしたものを**直流等価回路**、交流成分だけの回路にしたものを**交流等価回路**という。

直流等価回路に変換する場合は、コンデンサは**開放**と考えることができ、交流電源（入力信号）は**短絡**と考えることができるので、〈図05-16〉の増幅回路の直流等価回路は〈図05-17〉のようになる。交流等価回路に変換する場合は、コンデンサと直流電源は短絡していると考えられるので、交流等価回路は〈図05-18〉のようになる。

◆エミッタ接地増幅回路 〈図05-16〉

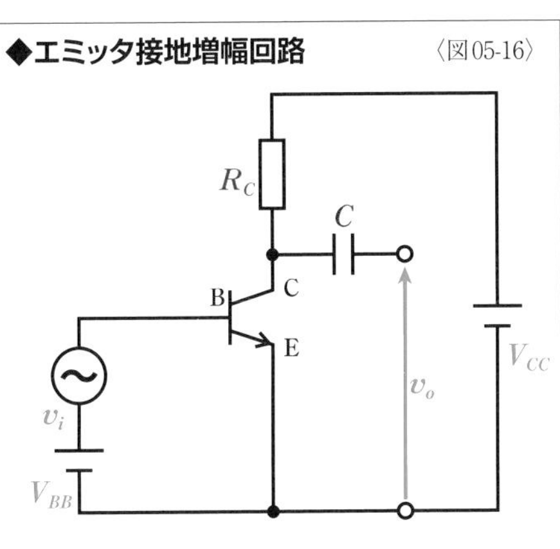

直流等価回路 〈図05-17〉

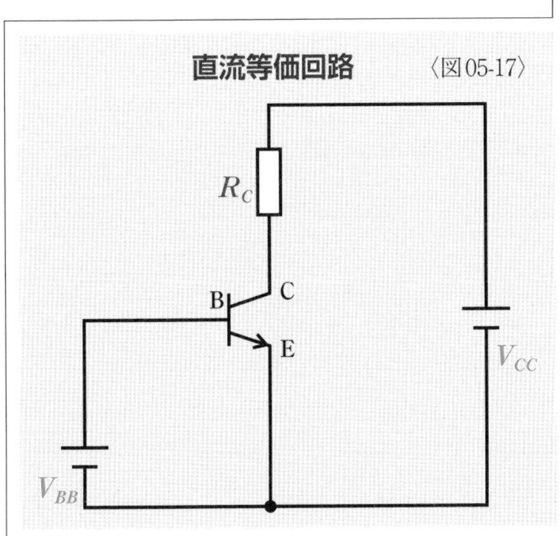

交流等価回路 〈図05-18〉

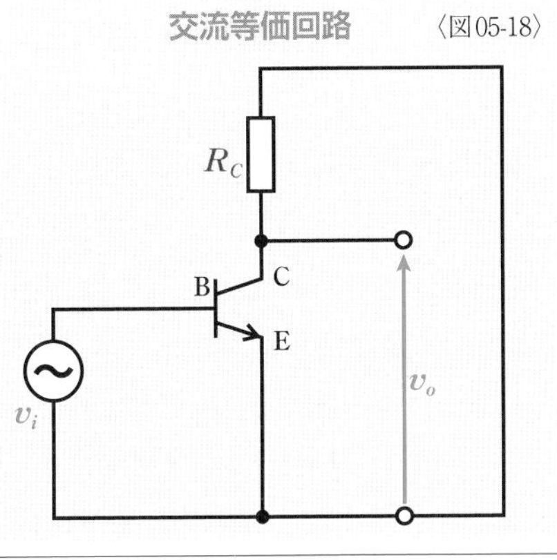

▶hパラメータ等価回路

直流等価回路と**交流等価回路**は直流と交流という成分によって分けた回路だが、**等価回路に変換する際には、電気的に動作の等しい素子に置き換えることもできる**。トランジスタは**非線形素子**であるため解析が難しいが、等価回路にする際に**線形素子**に置き換えることができれば、さまざまな計算が簡単になる。**hパラメータ**は小信号で動作点を大きく外れないという条件を付けた**線形近似**の特性だ。そのため、交流等価回路をさらにhパラメータを利用して線形素子の等価回路にすれば、**近似解析**で計算が簡単に行えるようになる。こうした等価回路を**hパラメータ等価回路**という。hパラメータ等価回路は**小信号等価回路**ということもある。

トランジスタ単体で信号成分（交流成分）だけを考えると、〈図05-19〉のようにエミッタ接地増幅回路の入力電圧v_iはベース・エミッタ間電圧であり、入力電流がベース電流i_bである。出力電圧v_oはコレクタ・エミッタ間電圧であり、出力電流がコレクタ電流i_cだ。

◆エミッタ接地増幅回路 〈図05-19〉

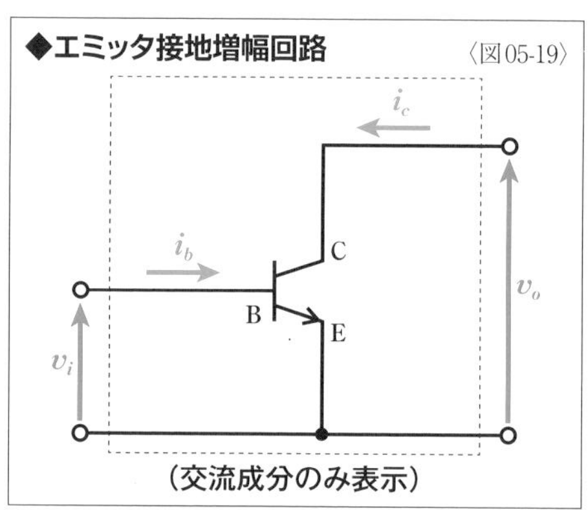

トランジスタの入力側のhパラメータ等価回路は〈図05-20〉のようになる。入力電流であるベース電流i_bはベースからエミッタへ流れるが、このベース・エミッタ間には**入力インピーダンス**が存在することになる。その入力インピーダンスはh_{ie}で示すことができる。また、トランジスタでは出力電圧v_oから入力側に一部の電圧が戻される。戻される割合を示しているhパラメータは**電圧帰還率h_{re}**なので、h_{re}にv_oを掛けた電圧が戻されることになる。これは等価的に、$h_{re}v_o$の**電圧源**が存在することになるので、**定電圧源$h_{re}v_o$**で示すことができる。入力側の電圧の関係は、入力電圧v_iは、ベース電流i_bによって**入力インピーダンス**h_{ie}に生じた電圧降下$h_{ie}i_b$と、出力側から戻される電圧$h_{re}v_o$の和になるので、〈式05-

◆入力側のhパラメータ等価回路

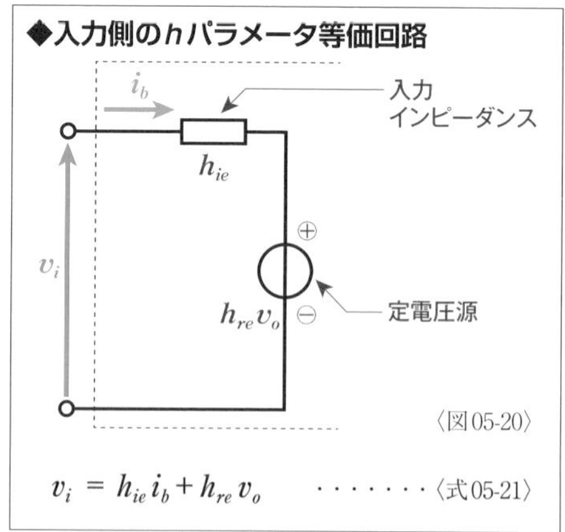

〈図05-20〉

$$v_i = h_{ie}i_b + h_{re}v_o$$ ……〈式05-21〉

21〉のように表わすことができる。

いっぽう、トランジスタの出力側のhパラメータ等価回路は〈図05-22〉のようになる。出力電流であるコレクタ電流i_cは、入力電流i_bを**小信号電流増幅率h_{fe}**倍したものだ。これは等価的に$h_{fe}\,i_b$の**電流源**が存在することになるので、**定電流源$h_{fe}i_b$**で示すことができる。さらに、出力電流であるi_cが流れるコレクタ・エミッタ間には**出力インピーダンス**が存在することになる。hパラメータとして示されているのは**出力アドミタンスh_{oe}**であるため、その逆数である$\dfrac{1}{h_{oe}}$が出力インピーダンスになる。これは電流源の内部インピーダンスと考えることができるため、定電流源と並列の関係で表わせる。

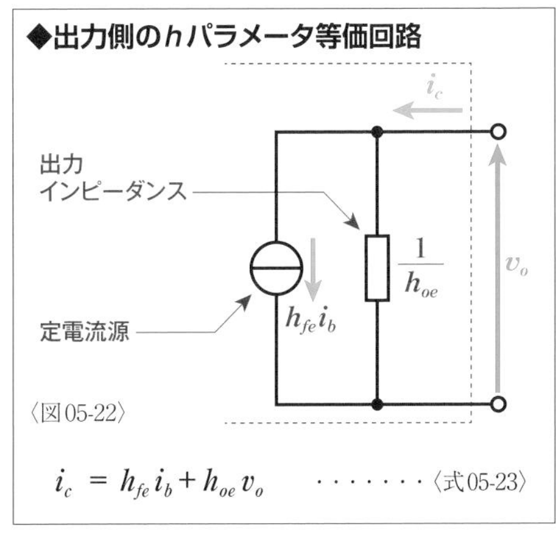

〈図05-22〉

$$i_c = h_{fe}\,i_b + h_{oe}\,v_o \quad \cdots\cdots\cdots \text{〈式05-23〉}$$

出力側の電流の関係を考えると、出力電流i_cは、入力電流i_bがh_{fe}倍に増幅された電流$h_{fe}\,i_b$と、出力電圧v_oによってh_{oe}に流れる電流$h_{oe}\,v_o$の和になるので、〈式05-23〉のように表わすことができる(交流のオームの法則では電流=電圧÷インピーダンスで求められるが、ここで示されているのはアドミタンスであるため電流=電圧×アドミタンスになる)。

入力側と出力側の関係では、どちらもエミッタが接地されているので、入力側と出力側のhパラメータ等価回路はエミッタ同士をつなぐ必要がある。結果、〈図05-25〉がエミッタ接地増幅回路のhパラメータ等価回路になる。この等価回路では、トランジスタという非線形素子が、定電圧源、定電流源、インピーダンスという線形素子に置き換えられている。

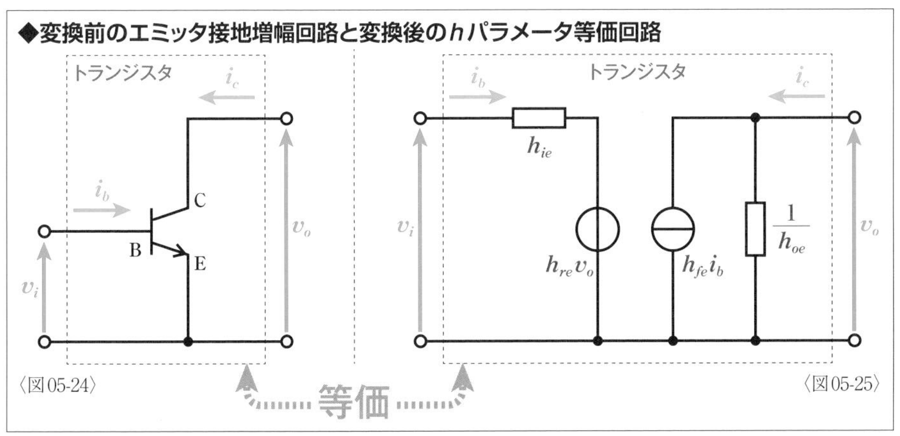

〈図05-24〉
〈図05-25〉

▶hパラメータ簡易等価回路

〈図05-26〉のような**hパラメータ等価回路**は、条件はあるものの厳密な等価回路といえるものだ。しかし、実際にはさらに簡略化した等価回路が設計や解析に使われることが多い。こうした簡略化した等価回路を**hパラメータ簡易等価回路**という。

一般的に**電圧帰還率h_{re}の値は非常に小さいので、h_{re}≒0とすれば、定電圧源$h_{re}v_o$は無視してもよい**と考えることができる。$h_{re}v_o$≒0Vであれば、定電圧源は**短絡**にすることができる。また、一般的に**出力アドミタンスh_{oe}の値も非常に小さい**。そのため、**出力インピーダンス$\frac{1}{h_{oe}}$**は非常に大きな値になる。h_{oe}≒0Sから**$\frac{1}{h_{oe}}$≒∞Ωとすれば、電流はほとんど流れないので無視してもよい**と考えることができる。よって出力インピーダンス$\frac{1}{h_{oe}}$は**開放**にすることができる。これら2つの要素を置き換えた〈図05-29〉のような回路が、hパラメータ簡易等価回路だ。

厳密な等価回路で示した入力電圧v_iを示す〈式05-27〉は、簡易等価回路では$h_{re}v_o$≒0Vとしているため〈式05-30〉のようになり、出力電流であるi_cを示す〈式05-28〉は、簡易等価回路ではh_{oe}≒0Sとしているため〈式05-31〉のようになる。これらの式はあくまでも**近似解析**における近似式だが、増幅回路の設計や解析の実用上はこれで十分だとされている。

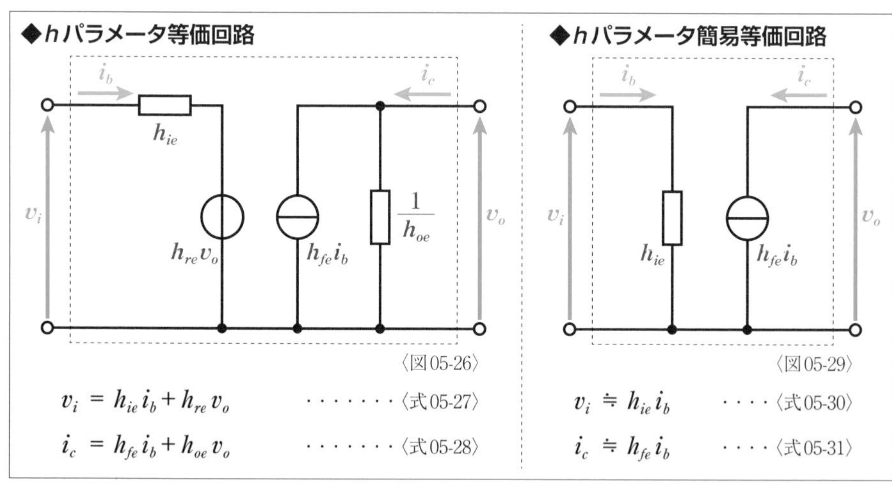

〈図05-26〉

$$v_i = h_{ie}i_b + h_{re}v_o \quad \cdots\cdots〈式05\text{-}27〉$$

$$i_c = h_{fe}i_b + h_{oe}v_o \quad \cdots\cdots〈式05\text{-}28〉$$

〈図05-29〉

$$v_i \fallingdotseq h_{ie}i_b \quad \cdots〈式05\text{-}30〉$$

$$i_c \fallingdotseq h_{fe}i_b \quad \cdots〈式05\text{-}31〉$$

▶hパラメータ等価回路への変換

トランジスタ単体の**hパラメータ等価回路**を使って、実際の増幅回路の等価回路を描いてみよう。〈図05-32〉はエミッタ接地増幅回路の基本形だ。この回路をhパラメータ等価回路にすると〈図05-33〉のようになり、**hパラメータ簡易等価回路**にすると〈図05-34〉のようになる。

このhパラメータ等価回路への変換では、コレクタ抵抗R_Cの位置に違和感を覚える人がいるかもしれないが、コレクタ抵抗と出力の取り出し方について思い出してほしい(P81参照)。エミッタ接地増幅回路では、コレクタ抵抗の両端から出力を取り出している。確かに、〈図05-32〉の増幅回路を回路図の形をかえないまま**交流等価回路**にすると〈図05-35〉のようになるが、この回路を変形すると〈図05-36〉のようにコレクタ抵抗の両端を出力にすることができる。この交流等価回路からhパラメータ等価回路に変換すれば、コレクタ抵抗の位置に問題がないことがわかるはずだ。

◆hパラメータ等価回路への変換

エミッタ接地増幅回路　〈図05-32〉

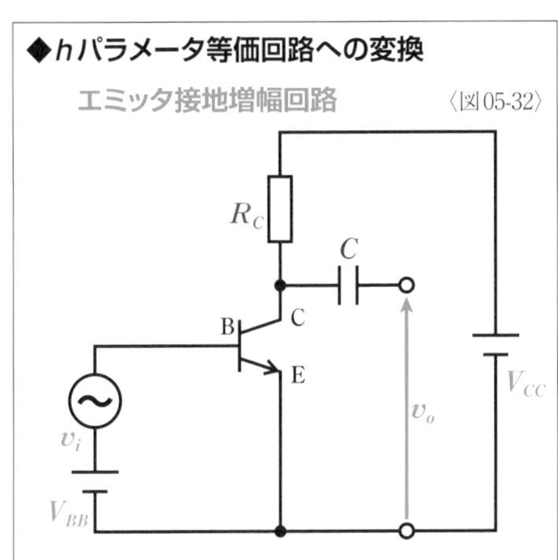

hパラメータ等価回路　〈図05-33〉

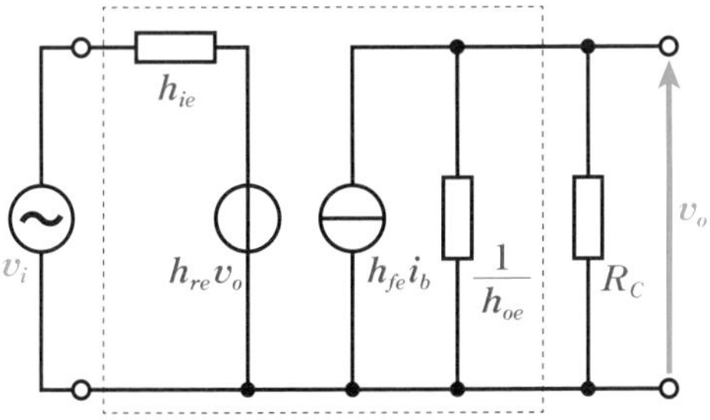

hパラメータ簡易等価回路　〈図05-34〉

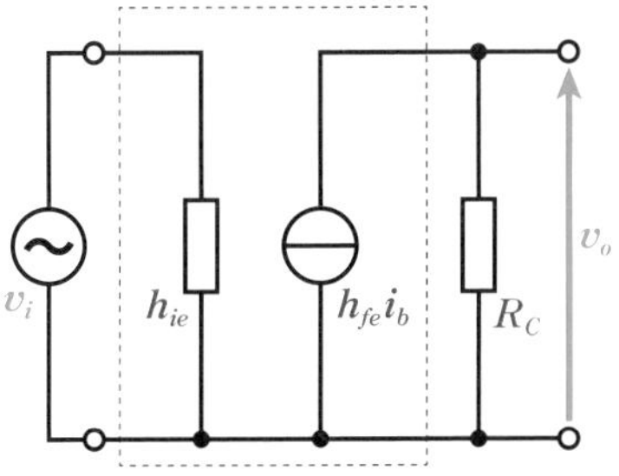

交流等価回路

〈図05-35〉

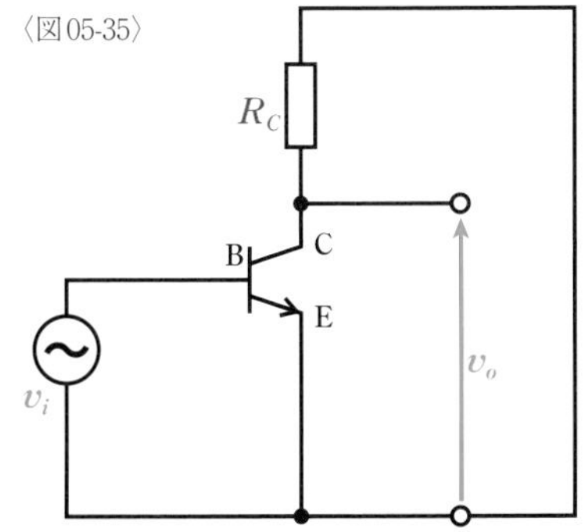

〈図05-36〉

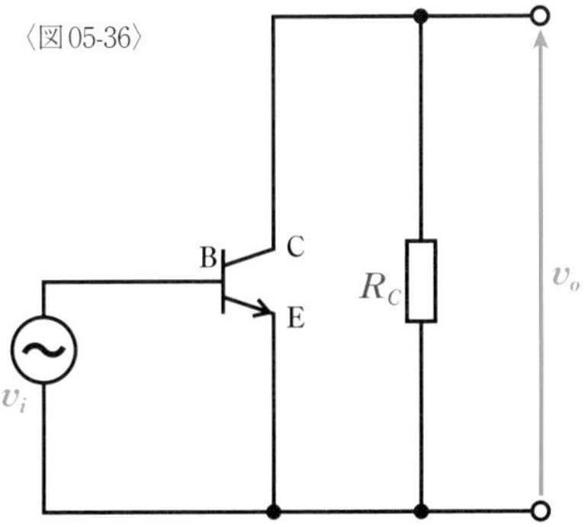

▶hパラメータ簡易等価回路の動作量

増幅回路の性質は各種の**増幅度**や**入出力インピーダンス**などで表わすことができる。こうした性質を示す量を増幅回路の**動作量**という。トランジスタは**非線形素子**であるため動作量を計算で求めることが難しいが、***h*パラメータ等価回路**は**線形素子**による回路になっているので、計算によって簡単に動作量を求めることができる。

ここでは、〈図05-37〉の***h*パラメータ簡易等価回路**の動作量を求めてみる。この簡易等価回路は、〈式05-38〉と〈式05-39〉で示すことができる。$h_{re}\,v_o$と$\dfrac{1}{h_{oe}}$を無視した**近似解析**だが、実用上は問題のない結果が得られるので、「≒」ではなく「=」で示している。なお、ここまでの説明では、入出力電流をベース電流i_bとコレクタ電流i_cで示してきたが、ここでは入力電流をi_i、出力電流をi_oで示している。

◆動作量算出*h*パラメータ簡易等価回路

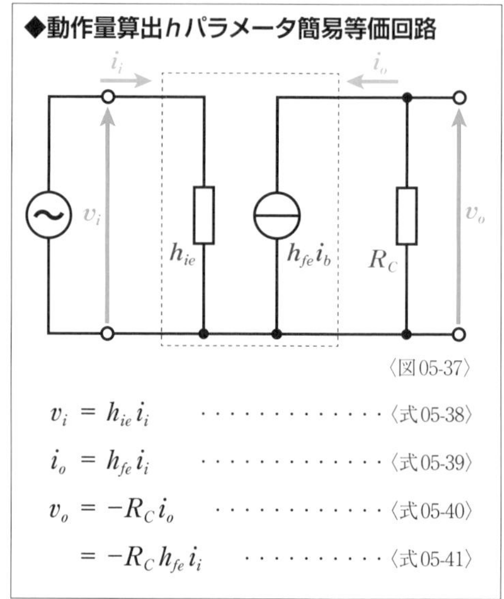

〈図05-37〉

$$v_i = h_{ie}\,i_i \quad \cdots\cdots〈式05\text{-}38〉$$

$$i_o = h_{fe}\,i_i \quad \cdots\cdots〈式05\text{-}39〉$$

$$v_o = -R_C\,i_o \quad \cdots\cdots〈式05\text{-}40〉$$

$$= -R_C\,h_{fe}\,i_i \quad \cdots\cdots〈式05\text{-}41〉$$

また、出力電圧v_oはコレクタ抵抗R_Cと流れる電流i_oによって決まるので、〈式05-40〉のように示すことができる。エミッタ接地増幅回路では出力の位相が反転するので、右辺にはマイナスの符号が付く。この式にi_oを示す〈式05-39〉を代入すると、〈式05-41〉になる。これで、v_i、v_o、i_oを、i_iを使って示すことできる。

電圧増幅度A_vは〈式05-42〉で定義されている。求められているのは絶対値なので、〈式05-41〉の右辺の絶対値$R_C\,h_{fe}\,i_i$をv_oとして代入し、さらにv_iを示す〈式05-38〉を代入して整理すると、〈式05-44〉のように電圧増幅度A_vを求めることができる。

$$A_v = \left|\frac{v_o}{v_i}\right| \quad \cdots\cdots〈式05\text{-}42〉$$

$$= \frac{R_C\,h_{fe}\,i_i}{h_{ie}\,i_i} \quad \cdots\cdots〈式05\text{-}43〉$$

$$= \frac{h_{fe}}{h_{ie}}R_C \quad \cdots\cdots〈式05\text{-}44〉$$

電流増幅度A_iは〈式05-45〉で定義されている。この式にi_oを示す〈式05-39〉を代入して整理すると、〈式05-47〉のように電流増幅度A_iは**小信号電流増幅率**$\boldsymbol{h_{fe}}$で示される。電流増幅度A_iを定義する式は、hパラメータh_{fe}を定義する式そのものだ(P94参照)。回路の入力側に何も素子がないので、当たり前といえば当たり前だといえる。

$$A_i = \left|\frac{i_o}{i_i}\right| \quad \cdots\cdots〈式05\text{-}45〉$$

$$= \frac{h_{fe}\, i_i}{i_i} \quad \cdots\cdots〈式05\text{-}46〉$$

$$= h_{fe} \quad \cdots\cdots〈式05\text{-}47〉$$

電力増幅度A_pは電圧増幅度A_vと電流増幅度A_iの積で〈式05-48〉のように求められるので、ここにA_vを示す〈式05-44〉とA_iを示す〈式05-47〉を代入して整理すると、〈式05-50〉のように電力増幅度A_pが求められる。念のために電力増幅度A_pの本来の定義式〈式05-51〉でも確認してみよう。電力は電圧と電流の積なので〈式05-52〉のように示すことができる。ここに〈式05-38～41〉の絶対値を代入して整理していくと〈式05-50〉と同じ結果になる。

$$A_p = A_v \times A_i \quad \cdots\cdots〈式05\text{-}48〉$$

$$= \frac{h_{fe}}{h_{ie}} R_C \times h_{fe} \quad \cdots\cdots〈式05\text{-}49〉$$

$$= \frac{h_{fe}^{\ 2}}{h_{ie}} R_C \quad \cdots\cdots〈式05\text{-}50〉$$

$$A_p = \left|\frac{p_o}{p_i}\right| \quad \cdots\cdots〈式05\text{-}51〉$$

$$= \left|\frac{v_o i_o}{v_i i_i}\right| \quad \cdots\cdots〈式05\text{-}52〉$$

$$= \frac{R_C h_{fe} i_i \times h_{fe} i_i}{h_{ie} i_i \times i_i} \quad \cdots\cdots〈式05\text{-}53〉$$

$$= \frac{h_{fe}^{\ 2}}{h_{ie}} R_C \quad \cdots\cdots〈式05\text{-}54〉$$

入力インピーダンスZ_iとは、入力端子からみた増幅回路のインピーダンスのことだ。$\boldsymbol{h_{ie}}$はトランジスタそのものの入力インピーダンスを示していて、〈図05-37〉の増幅回路では入力側の回路にインピーダンスに影響を与える要素がほかにないので、h_{ie}が増幅回路の入力インピーダンスになる。いっぽう、**出力インピーダンス**Z_oは、出力端子からみた増幅回路のインピーダンスのことだ。トランジスタそのものの出力インピーダンスをhパラメータで示すと$\frac{1}{h_{oe}}$だが、簡易等価回路では無視しているので、増幅回路の出力インピーダンスはR_Cだけになる。

$$Z_i = h_{ie} \quad \cdots\cdots〈式05\text{-}55〉$$

$$Z_o = R_C \quad \cdots\cdots〈式05\text{-}56〉$$

▶等価の確認

エミッタ接地増幅回路の**hパラメータ等価回路**の回路方程式は〈式05-58〉と〈式05-59〉で示されると説明してきたが、本当に元のトランジスタと等価であるかを確認してみよう。これらの式を**hパラメータ**本来の定義である微小変化に置き換えると、〈式05-60〉と〈式05-61〉になる。

hパラメータの定義ではh_{ie}とh_{fe}を求める際の条件はV_{CE}一定だ。これは$\Delta V_{CE}=0$Vを意味している。〈式05-60〉と〈式05-61〉のΔV_{CE}に0を代入したうえで変形すると、h_{ie}とh_{fe}を定義する式と同じ式を導くことができる。

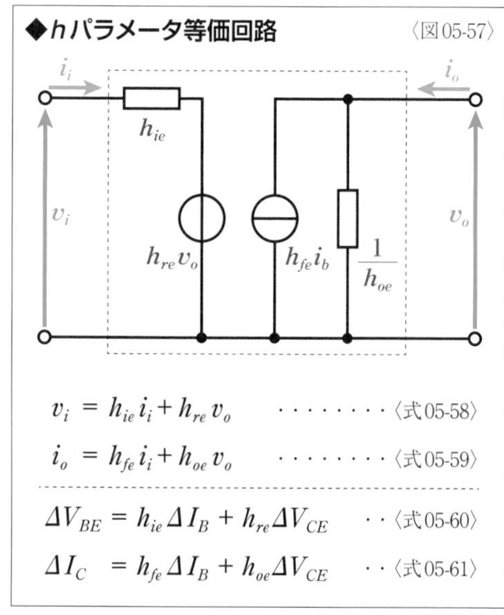

$$\Delta V_{BE} = h_{ie}\Delta I_B + h_{re}\times 0 \quad \cdots〈式05\text{-}62〉$$
$$= h_{ie}\Delta I_B \quad \cdots〈式05\text{-}63〉$$
$$h_{ie} = \frac{\Delta V_{BE}}{\Delta I_B} \quad \cdots〈式05\text{-}64〉$$

$$\Delta I_C = h_{fe}\Delta I_B + h_{oe}\times 0 \quad \cdots〈式05\text{-}65〉$$
$$= h_{fe}\Delta I_B \quad \cdots〈式05\text{-}66〉$$
$$h_{fe} = \frac{\Delta I_C}{\Delta I_B} \quad \cdots〈式05\text{-}67〉$$

同じく、hパラメータの定義ではh_{re}とh_{oe}を求める際の条件はI_B一定だ。つまり、$\Delta I_B=0$Aを意味している。〈式05-60〉と〈式05-61〉のΔI_Bに0を代入したうえで変形すると、やはりh_{re}とh_{oe}を定義する式と同じ式を導くことができる。

$$\Delta V_{BE} = h_{ie}\times 0 + h_{re}\Delta V_{CE} \quad \cdots〈式05\text{-}68〉$$
$$= h_{re}\Delta V_{CE} \quad \cdots〈式05\text{-}69〉$$
$$h_{re} = \frac{\Delta V_{BE}}{\Delta V_{CE}} \quad \cdots〈式05\text{-}70〉$$

$$\Delta I_C = h_{fe}\times 0 + h_{oe}\Delta V_{CE} \quad \cdots〈式05\text{-}71〉$$
$$= h_{oe}\Delta V_{CE} \quad \cdots〈式05\text{-}72〉$$
$$h_{oe} = \frac{\Delta I_C}{\Delta V_{CE}} \quad \cdots〈式05\text{-}73〉$$

〈式05-60〉と〈式05-61〉にhパラメータの定義の条件を当てはめると、hパラメータの定義式を導き出せるということは、これらの式はトランジスタを等価的に表わしていると考えることができるわけだ。

▶ベース接地とコレクタ接地のhパラメータ…

hパラメータはエミッタ接地増幅回路だけでなく、**コレクタ接地増幅回路**や**ベース接地増幅回路**にも存在する。エミッタ接地ではhパラメータの添字の末尾に"e"を共通して使用しているが、コレクタ接地の場合は"c"を、ベース接地の場合は"b"を添字の末尾に使用する。つまり、エミッタ接地のh_{fe}、h_{oe}、h_{ie}、h_{re}に相当するものが、コレクタ接地では$\boldsymbol{h_{fc}}$、$\boldsymbol{h_{oc}}$、$\boldsymbol{h_{ic}}$、$\boldsymbol{h_{rc}}$に、ベース接地では$\boldsymbol{h_{fb}}$、$\boldsymbol{h_{ob}}$、$\boldsymbol{h_{ib}}$、$\boldsymbol{h_{rb}}$になる。これらのhパラメータを使用することで、以下のようにコレクタ接地増幅回路もベース接地増幅回路も**hパラメータ等価回路**に変換でき、それぞれの関係を以下のように式で表わすことができる。

〈図05-74〉

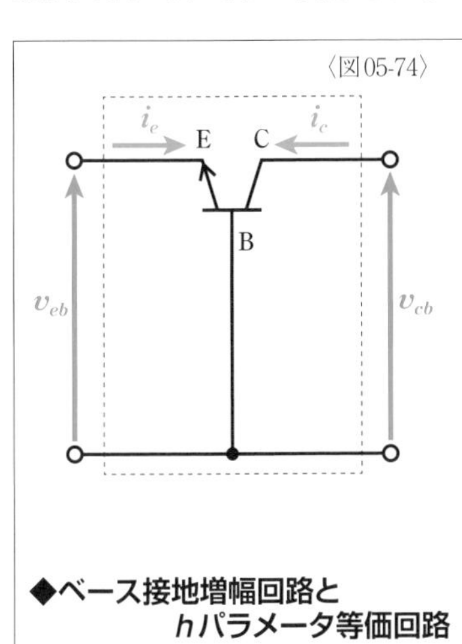

〈図05-75〉

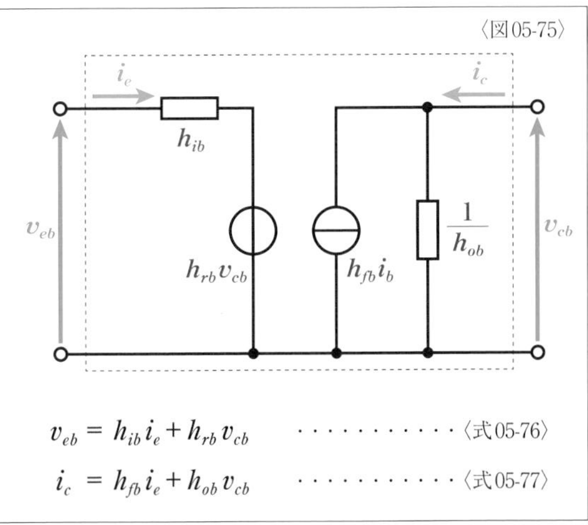

$$v_{eb} = h_{ib}i_e + h_{rb}v_{cb} \quad \cdots\cdots\cdots\cdots 〈式05\text{-}76〉$$

$$i_c = h_{fb}i_e + h_{ob}v_{cb} \quad \cdots\cdots\cdots\cdots 〈式05\text{-}77〉$$

◆ベース接地増幅回路とhパラメータ等価回路

〈図05-78〉

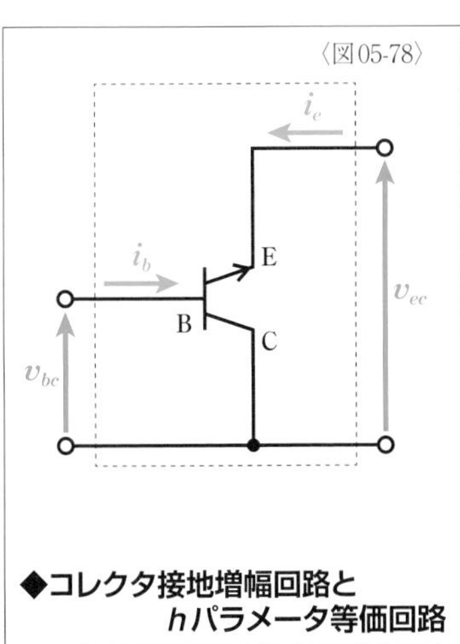

〈図05-79〉

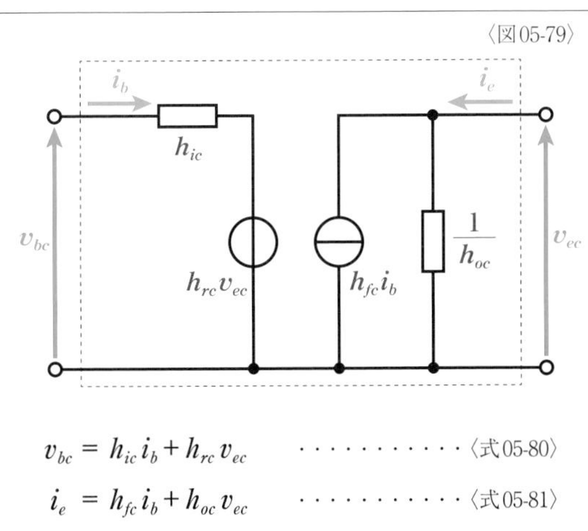

$$v_{bc} = h_{ic}i_b + h_{rc}v_{ec} \quad \cdots\cdots\cdots\cdots 〈式05\text{-}80〉$$

$$i_e = h_{fc}i_b + h_{oc}v_{ec} \quad \cdots\cdots\cdots\cdots 〈式05\text{-}81〉$$

◆コレクタ接地増幅回路とhパラメータ等価回路

接地方式によるhパラメータの換算

トランジスタの**基本増幅回路**の**hパラメータ**は、各接地方式間で換算することができる。データシートなどでメーカが公表しているhパラメータはエミッタ接地のものだけというのが一般的だが、エミッタ接地のhパラメータがわかれば、その他の接地方式のhパラメータを算出できるわけだ。ここでは、ベース接地のhパラメータを算出してみる。

〈図05-82〉のエミッタ接地増幅回路と、〈図05-83〉のベース接地増幅回路の電圧と電流の関係は〈式05-84～87〉のように示すことができる。エミッタ接地のベース・エミッタ間電圧v_{be}とベース接地のエミッタ・ベース間電圧v_{eb}は、逆方向から電位差を捉えていることになるので、〈式05-84〉のようにマイナスの符号をつけて示すことができる。また、エミッタ接地のコレクタ・エミッタ間電圧v_{ce}は、コレクタ・ベース間電圧v_{cb}とベース・エミッタ間電圧v_{be}の和になる。これをベース接地での端子間電圧の表現に置き換えると、〈式05-85〉になる。電流については、ベース接地ではエミッタ電流i_eとコレクタ電流i_cの和がベース電流i_bとして流れるが、エミッタ接地のベース電流i_bとは逆方向に流れるので、〈式05-86〉のように示すことができる。また、どちらの接地方式でもコレクタ電流はi_cは同じように流れるので〈式05-87〉になる。

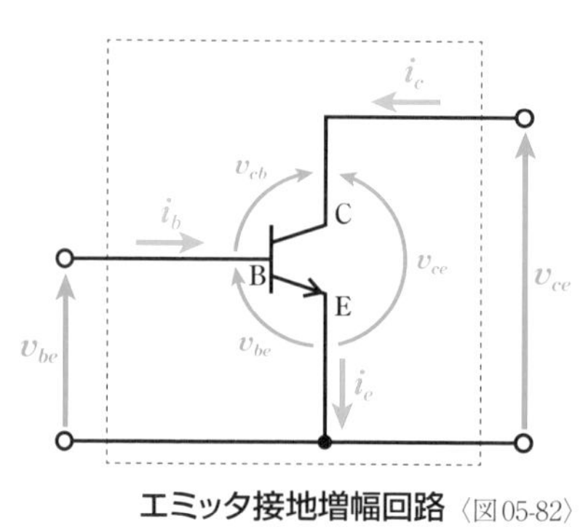

エミッタ接地増幅回路〈図05-82〉

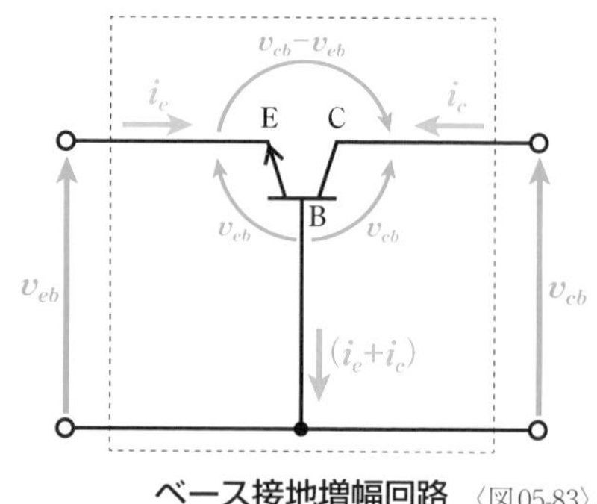

ベース接地増幅回路〈図05-83〉

$$v_{be} = -v_{eb} \quad \cdots〈式05\text{-}84〉$$

$$v_{ce} = v_{cb} + v_{be} = v_{cb} - v_{eb} \quad \cdots〈式05\text{-}85〉$$

$$i_b = -(i_e + i_c) \quad \cdots〈式05\text{-}86〉$$

$$i_c = i_c \quad \cdots〈式05\text{-}87〉$$

エミッタ接地の**hパラメータ等価回路**は〈式05-88〉と〈式05-89〉で示される。この2つの式にそれぞれ〈式05-84～87〉を代入して整理すると、〈式05-91〉と〈式05-92〉という2つの式が得られる。

$$v_{be} = h_{ie} i_b + h_{re} v_{ce} \quad \cdots 〈式05\text{-}88〉$$

$$i_c = h_{fe} i_b + h_{oe} v_{ce} \quad \cdots 〈式05\text{-}89〉$$

$$-v_{eb} = -h_{ie}(i_e + i_c) + h_{re}(v_{cb} - v_{eb}) \quad \cdots\cdots 〈式05\text{-}90〉$$

$$v_{eb} = h_{ie}(i_e + i_c) - h_{re}(v_{cb} - v_{eb}) \quad \cdots\cdots 〈式05\text{-}91〉$$

$$i_c = -h_{fe}(i_e + i_c) + h_{oe}(v_{cb} - v_{eb}) \quad \cdots\cdots 〈式05\text{-}92〉$$

ベース接地増幅回路では、コレクタ・ベース間電圧v_{cb}はエミッタ・ベース間電圧v_{eb}に対して十分に大きい($v_{cb} \gg v_{eb}$)。そのため、$v_{cb} - v_{eb} \fallingdotseq v_{cb}$と考えることができるので、近似(きんじ)では〈式05-91〉と〈式05-92〉が、〈式05-93〉と〈式05-94〉になる。

$v_{cb} \gg v_{eb}$ なので　$v_{cb} - v_{eb} \fallingdotseq v_{cb}$ になり

$$v_{eb} \fallingdotseq h_{ie}(i_e + i_c) - h_{re} v_{cb} \quad \cdots\cdots\cdot 〈式05\text{-}93〉$$

$$i_c \fallingdotseq -h_{fe}(i_e + i_c) + h_{oe} v_{cb} \quad \cdots\cdots 〈式05\text{-}94〉$$

途中(とちゅう)の計算式は省略(しょうりゃく)するが、〈式05-94〉を変形してi_cを表わす式にすると〈式05-95〉になる。また、この式を〈式05-93〉に代入して右辺を整理すると〈式05-96〉になる。

$$i_c = -\frac{h_{fe}}{1 + h_{fe}} i_e + \frac{h_{oe}}{1 + h_{fe}} v_{cb} \quad \cdots\cdots 〈式05\text{-}95〉$$

$$v_{eb} = \frac{h_{ie}}{1 + h_{fe}} i_e + \left(\frac{h_{ie} h_{oe}}{1 + h_{fe}} - h_{re}\right) v_{cb} \quad \cdot 〈式05\text{-}96〉$$

$$i_c = h_{fb} i_e + h_{ob} v_{cb} \quad \cdot 〈式05\text{-}97〉$$

$$v_{eb} = h_{ib} i_e + h_{rb} v_{cb} \quad \cdot 〈式05\text{-}98〉$$

〈式05-95〉と〈式05-96〉を、ベース接地のhパラメータ等価回路を示す〈式05-97〉と〈式05-98〉を比較(ひかく)すると、〈表05-99〉のようにベース接地とエミッタ接地の**hパラメータ換算式**(かんさんしき)が得られる。説明と計算式は省略するが、双方の回路と式を比較して計算すれば、コレクタ接地とエミッタ接地のhパラメータ換算式も導(みちび)くことができる。

◆hパラメータ換算式

〈表05-99〉

エミッタ接地		ベース接地	コレクタ接地
入力インピーダンス	h_{ie}	$h_{ib} = \dfrac{h_{ie}}{1 + h_{fe}}$	$h_{ic} = h_{ie}$
小信号電流増幅率	h_{fe}	$h_{fb} = -\dfrac{h_{fe}}{1 + h_{fe}} \fallingdotseq -1$	$h_{fc} = -(1 + h_{fe})$
電圧帰還率	h_{re}	$h_{rb} = \dfrac{h_{ie} h_{oe}}{1 + h_{fe}} - h_{re}$	$h_{rc} = 1 - h_{re} \fallingdotseq 1$
出力アドミタンス	h_{oe}	$h_{ob} = \dfrac{h_{oe}}{1 + h_{fe}}$	$h_{oc} = h_{oe}$

Chapter 02 Section 06

バイアス回路

トランジスタを動作させるために直流電圧を適切に加える回路がバイアス回路だ。温度変化による悪影響を抑える工夫が盛り込まれていることが望ましい。

▶1電源方式と2電源方式

トランジスタで増幅を行うためには**バイアス**が必要だ。エミッタ接地増幅回路では、**ベースバイアス**と**コレクタバイアス**が必要になる。ここまでの説明では、これらのバイアスのためにベース電源 V_{BB} とコレクタ電源 V_{CC} という2つの独立した電源を使用している。こうしたバイアスの方式を**2電源方式**という。

2電源方式は、設計の自由度が高く簡単にバイアスがかけられるが、複数の電源を使用するのは経済的にも小型化の面でも不利なので実用的ではないといえる。そのため、1つの電源によってベースバイアスとコレクタバイアスをかける**1電源方式**が一般的に採用されている。ベースバイアスよりコレクタバイアスのほうが電圧が高いので、1電源方式ではコレクタ側の電源から、抵抗を利用した**分圧**や**分流**によってベースバイアスをかける。こうしたバイアスをかけるための回路を**バイアス回路**という。バイアス回路には**固定バイアス回路**、**自己バイアス回路**、**電流帰還バイアス回路**などがある。なお、1電源方式はコレクタ側の電源が残されているといえるので、電源は V_{CC} で示されることが多い。

▶温度変化と安定度

トランジスタには温度変化による影響を受けやすい性質がある。エミッタ接地増幅回路の場合、温度が上昇すると $V_{CE}-I_C$ 特性上の**動作点**が左上方向に移動する。これにより出力

◆温度と動作点

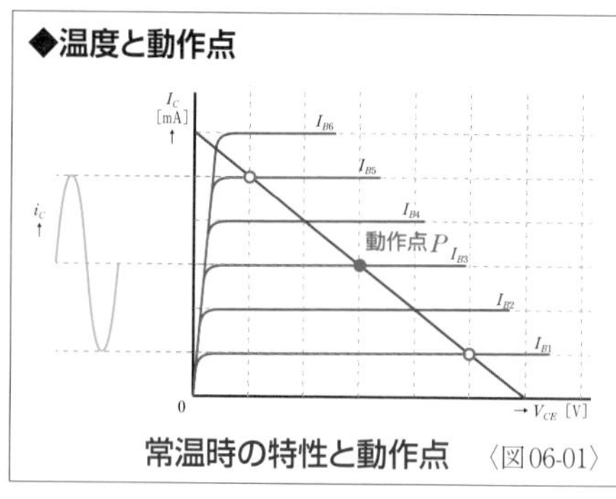

常温時の特性と動作点 〈図06-01〉

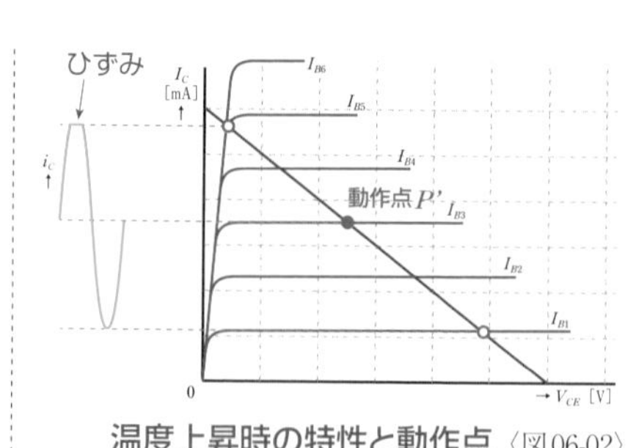

温度上昇時の特性と動作点 〈図06-02〉

波形にひずみが生じたり、設計段階で設定した増幅度が得られなくなる。また、半導体は温度が上がると**抵抗率**が小さくなる性質があるので、温度が上昇すると電流が流れやすくなり、流れる電流が大きくなると発熱も大きくなってさらに温度が上がり、さらに電流が流れやすくなるという悪循環に陥ることもある。これを**熱暴走**といい、最悪の場合、最大定格を超えてトランジスタが破壊されたりする。そのため、バイアス回路にはトランジスタの温度が変化しても動作点が移動しにくくなるような工夫が施されていることが望ましいといえる。

温度変化に対する動作点の移動しにくさの度合いを**安定度**という。動作点が移動しにくい回路を安定度がよい、移動しやすい回路を安定度が悪いという。トランジスタの特性のなかで、特に温度変化の影響を受けやすいのが**直流電流増幅率**h_{FE}、**ベース・エミッタ間電圧**V_{BE}、**コレクタ遮断電流**I_{CBO}だ。h_{FE}は温度が上昇すると大きくなり、V_{BE}は温度が上昇すると小さくなる。I_{CBO}は温度が上昇すると大きくなるが、シリコントランジスタのI_{CBO}は非常に小さな値なので安定度への影響は無視できる。h_{FE}、V_{BE}、I_{CBO}の微小変化に対してコレクタ電流I_Cが変化する割合を**安定指数**といい、〈式06-03～05〉のように示される。いずれの安定指数も値が小さいほど安定度がよくなる。これらの値はバイアス回路の設計によって決まる。

また、トランジスタには個体差による特性のばらつきもある。トランジスタの特性のうち、特にばらつきが大きいのはh_{FE}で、同一品種でも2倍程度の幅がある。バイアス回路は、特性のばらつきに対しても安定に動作する工夫が盛り込まれるのが望ましい。

◆安定指数

h_{FE} に対する安定指数 $S_H = \dfrac{\Delta I_C}{\Delta h_{FE}}$ [A] ･〈式06-03〉

V_{BE} に対する安定指数 $S_V = \dfrac{\Delta I_C}{\Delta V_{BE}}$ [S] ･〈式06-04〉

I_{CBO} に対する安定指数 $S_I = \dfrac{\Delta I_C}{\Delta I_{CBO}}$ ･･･〈式06-05〉

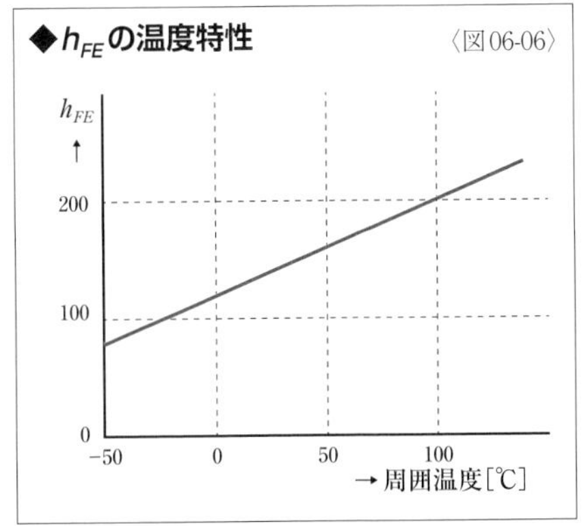

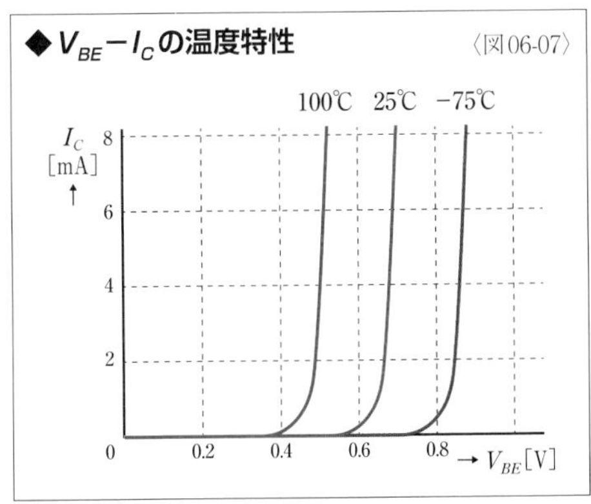

Sec. 06 バイアス回路

固定バイアス回路

固定バイアス回路はもっともシンプルな**バイアス回路**で、〈図06-08〉のような構成になる。バイアス回路のために加えられている素子は抵抗R_Bが1つだけで、この抵抗は**バイアス抵抗**という(コンデンサC_1とC_2については右ページを参照)。

◆固定バイアスのエミッタ接地増幅回路 〈図06-08〉

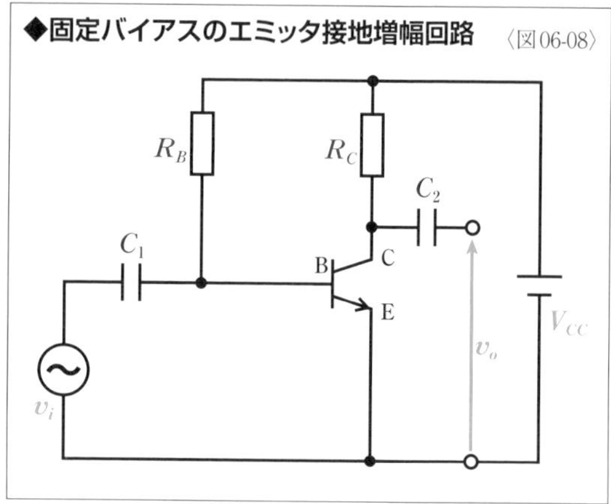

バイアスは直流成分なので、直流成分だけを示す〈図06-09〉のような**直流等価回路**にすると、バイアス回路の構成がわかりやすくなる。**ベース電流**I_Bは電源V_{CC}からバイアス抵抗R_Bを通して流されている。バイアス抵抗R_Bの端子電圧V_{RB}とベース・エミッタ間電圧V_{BE}は電源電圧V_{CC}を分圧しているので、〈式06-10〉のように示される。この式を変形してV_{RB}を示す式にすると〈式06-11〉になる。

ベース電流I_Bは、バイアス抵抗R_Bとその端子電圧V_{RB}で〈式06-12〉のように表わせる。この式に〈式06-11〉を代入すると〈式06-13〉にようにベース電流I_Bを示すことができる。

いっぽう、コレクタ電流I_Cはベース電流I_Bと直流電流増幅率h_{FE}によって決まるので、〈式06-14〉のように表わせる。この式にベース電流の式〈式06-13〉を代入すると、〈式06-15〉のようにコレクタ電流I_Cを示すことができる。

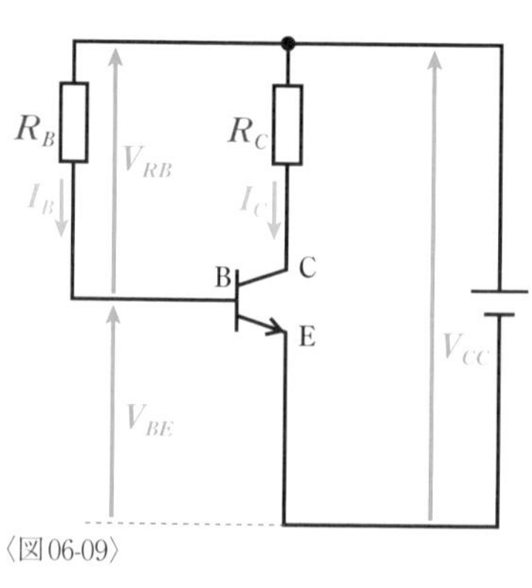

〈図06-09〉

$$V_{CC} = V_{BE} + V_{RB} \quad \cdots\cdots \text{〈式06-10〉}$$

$$V_{RB} = V_{CC} - V_{BE} \quad \cdots\cdots \text{〈式06-11〉}$$

$$I_B = \frac{V_{RB}}{R_B} \quad \cdots\cdots \text{〈式06-12〉}$$

$$= \frac{V_{CC} - V_{BE}}{R_B} \quad \cdots\cdots \text{〈式06-13〉}$$

$$I_C = h_{FE} I_B \quad \cdots\cdots \text{〈式06-14〉}$$

$$= \frac{h_{FE}(V_{CC} - V_{BE})}{R_B} \quad \cdots\cdots \text{〈式06-15〉}$$

まずは、温度によるV_{BE}の変化がI_Cに及ぼす影響を考えてみよう。トランジスタのベース・エミッタ間電圧V_{BE}はシリコントランジスタで約0.6V（ゲルマニウムトランジスタの場合は約0.2V）でほぼ一定と考えることができる。エミッタ接地増幅回路では、V_{CC}はV_{BE}に対して十分に大きい（$V_{CC} \gg V_{BE}$）ので、〈式06-16〉のように示すことができる。この式からV_{BE}が消えているということは、**温度によるV_{BE}の変化がI_Cに与える影響はわずか**だといえる。

$$V_{CC} \gg V_{BE} \text{ なので } V_{CC} - V_{BE} \fallingdotseq V_{CC} \text{ になり} \quad I_C \fallingdotseq \frac{h_{FE} V_{CC}}{R_B} \quad \cdots\cdots〈式06\text{-}16〉$$

しかし、この式から**温度によるh_{FE}の変化がI_Cに与える影響は大きい**といえる。よって、**固定バイアス回路は安定度が悪い**。そのため、あまり使われることがない。

なお、$V_{CC} \gg V_{BE}$なので、〈式06-13〉から温度が変化してもI_Bはほとんど変化しないことがわかる。つまり、温度よってI_Cが変化しても、I_Bは変化せず値が固定されるため、固定バイアスという名称がつけられている。また、バイアス抵抗R_Bの大きさは、〈式06-13〉を変形した〈式06-17〉または、〈式06-15〉を変形した〈式06-18〉から求めることができる。

$$R_B = \frac{V_{CC} - V_{BE}}{I_B} \quad \cdots〈式06\text{-}17〉 \quad = \frac{h_{FE}(V_{CC} - V_{BE})}{I_C} \quad \cdots〈式06\text{-}18〉$$

結合コンデンサ

コンデンサC_2はすでに説明したように（P80参照）、バイアスがかかったコレクタ・エミッタ間電圧から信号成分（交流成分）だけを取り出すために備えられている**結合コンデンサ（カップリングコンデンサ）**だ。いっぽう、コンデンサC_1はバイアス電流I_Bが入力側に流れ込むことを防ぐために備えられている。C_1がないとベース・エミッタ間にバイアス電圧がかけられなくなってしまう。こうしたコンデンサも結合コンデンサ（カップリングコンデンサ）という。なお、〈図06-08〉の回路を**交流等価回路**にすると〈図06-19〉のような回路になる。

◆固定バイアス回路の交流等価回路 〈図06-19〉

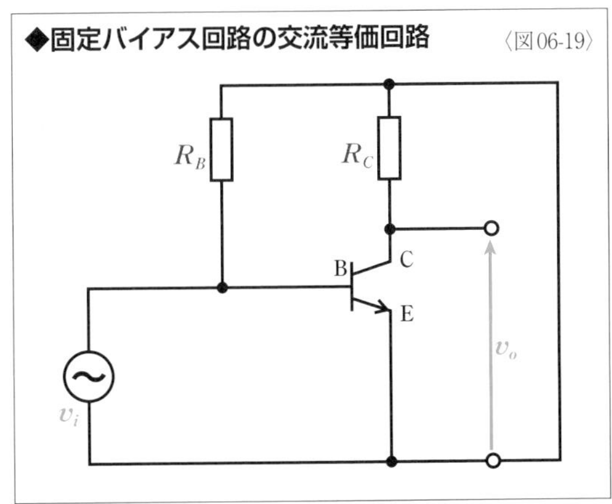

自己バイアス回路

自己バイアス回路は〈図06-20〉のような構成だ。固定バイアス回路に似ているが、ベース電流I_Bを取り出している場所が異なる。固定バイアスでは電源V_{CC}から直接取り出しているが、自己バイアスではコレクタ・エミッタ間電圧V_{CE}から取り出している。C_1とC_2は**結合コンデンサ**だ。

直流等価回路は〈図06-21〉のようになる。コレクタ抵抗R_Cの端子電圧V_{RC}は〈式06-22〉のように表わせる。この端子電圧V_{RC}とコレクタ・エミッタ間電圧V_{CE}は、電源電圧V_{CC}を分圧しているので、V_{CE}は〈式06-23〉のように表わせ、同じく**バイアス抵抗**R_Bの端子電圧V_{RB}と、ベース・エミッタ間電圧V_{BE}は、V_{CE}を分圧しているので、V_{RB}は〈式06-24〉のように表わせる。

ベース電流I_Bは、バイアス抵抗R_Bとその端子電圧V_{RB}で〈式06-25〉のように表わせる。この式に〈式06-24〉を代入すると〈式06-26〉になり、さらに〈式06-23〉、〈式06-22〉を順に代入して整理すると〈式06-27〉になる。いっぽう、コレクタ電流I_Cはベース電流I_Bと直流電流増幅率h_{FE}によって決まるので、〈式06-28〉のように表わせる。

◆自己バイアスのエミッタ接地増幅回路 〈図06-20〉

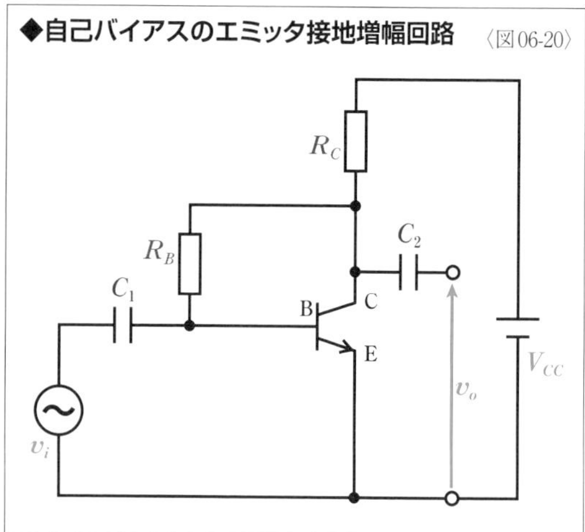

〈図06-21〉

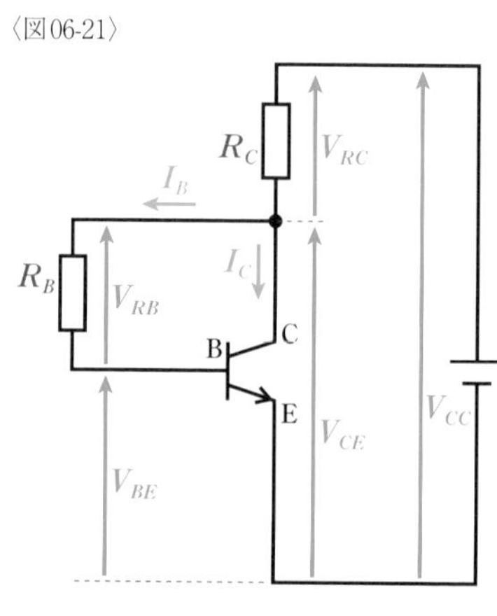

$$V_{RC} = (I_B + I_C) R_C \quad \cdots\cdots〈式06-22〉$$

$$V_{CE} = V_{CC} - V_{RC} \quad \cdots\cdots〈式06-23〉$$

$$V_{RB} = V_{CE} - V_{BE} \quad \cdots\cdots〈式06-24〉$$

$$I_B = \frac{V_{RB}}{R_B} \quad \cdots\cdots〈式06-25〉$$

$$= \frac{V_{CE} - V_{BE}}{R_B} \quad \cdots\cdots〈式06-26〉$$

$$= \frac{V_{CC} - (I_B + I_C) R_C - V_{BE}}{R_B} \quad \cdot〈式06-27〉$$

$$I_C = h_{FE} I_B \quad \cdots\cdots〈式06-28〉$$

Chap. 02 トランジスタの増幅回路

自己バイアス回路は**安定度**をよくするための工夫が盛り込まれた回路だ。すでに示した式のままでも説明できるが、さらにわかりやすくするために電流について整理する。エミッタ接地増幅回路ではコレクタ電流I_Cがベース電流I_Bに対して十分に大きい($I_C \gg I_B$)ので、$I_C + I_B \fallingdotseq I_C$とすることができる。この式を〈式06-22〉と〈式06-27〉に代入すると、以下のような式になる。

$I_C \gg I_B$ なので　$I_C + I_B \fallingdotseq I_C$ になり　$V_{RC} \fallingdotseq I_C R_C$　……………… 〈式06-29〉

$$I_B \fallingdotseq \frac{V_{CC} - I_C R_C - V_{BE}}{R_B} \quad \cdots\cdots \langle式06\text{-}30\rangle$$

温度が上昇するなどの理由でI_Cが増加しようとした場合には、以下のようにして回路が動作してI_Cの増加が抑えられ、バイアスが安定する。ここでは1つずつ別の式から説明したが、①～④についてはV_{BE}がほぼ一定と考えれば〈式06-30〉だけからでも読み解くことができる。

①h_{FE}が大きくなることでI_Cが増加する。

②〈式06-29〉においてR_Cは一定なので、I_Cが増加するとV_{RC}が大きくなる。

③〈式06-23〉においてV_{CC}は一定なので、V_{RC}が大きくなるとV_{CE}が小さくなる。

④〈式06-26〉においてV_{BE}は約0.6Vでほぼ一定だといえる。I_Cを増加させた温度上昇によってV_{BE}がわずかに小さくなるが、V_{CE}よりV_{BE}は十分に小さい。また、R_Bは一定なのでV_{CE}が小さくなると、I_Bが小さくなる。

⑤〈式06-28〉において大きくなっているh_{FE}に対してI_Bが小さくなるので、I_Cの増加が抑えられる。

◆自己バイアス回路の安定動作 〈図06-31〉

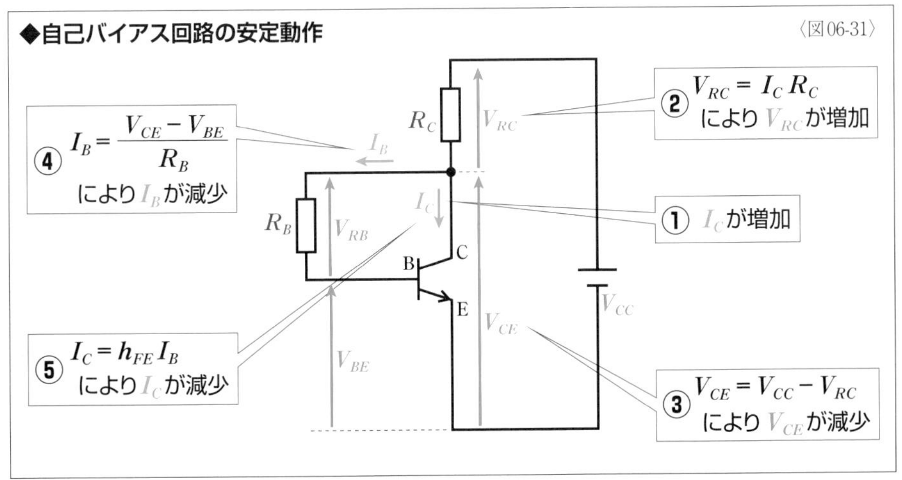

▶負帰還

自己バイアス回路の**安定度**をよくする作用は、**負帰還**によって成立している。**出力の一部もしくは全部を入力側に戻すことを帰還といい、位相を反転させて帰還させることを負帰還という。**

交流成分も含めて考えると、自己バイアスのエミッタ接地増幅回路ではコレクタ・エミッタ間電圧v_{CE}からベース電流i_Bを取り出している。v_{CE}には出力であるv_{ce}が含まれていて、その位相は入力とは反転している。そのため、ベース電流には最初から(i_{B1})、入力とは**逆相**の信号成分が含まれている。つまり、逆相の信号成分が入力側に戻されていることになるので、負帰還がかけられていることになる。

位相が反転した信号成分と入力信号(i_i)が合成されると、〈図06-32〉のようにベースに入力される信号(i_{B2})の振幅が入力信号より小さくなる。その結果、増幅度は低下することになるが、出力側の変化を入力側に戻すことで、出力側の変化を抑えることが可能になり、安定度がよくなる。このように、自己バイアス回路はコレクタ・エミッタ間電圧の一部を入力側に

◆自己バイアス回路の負帰還と各部の波形 〈図06-32〉

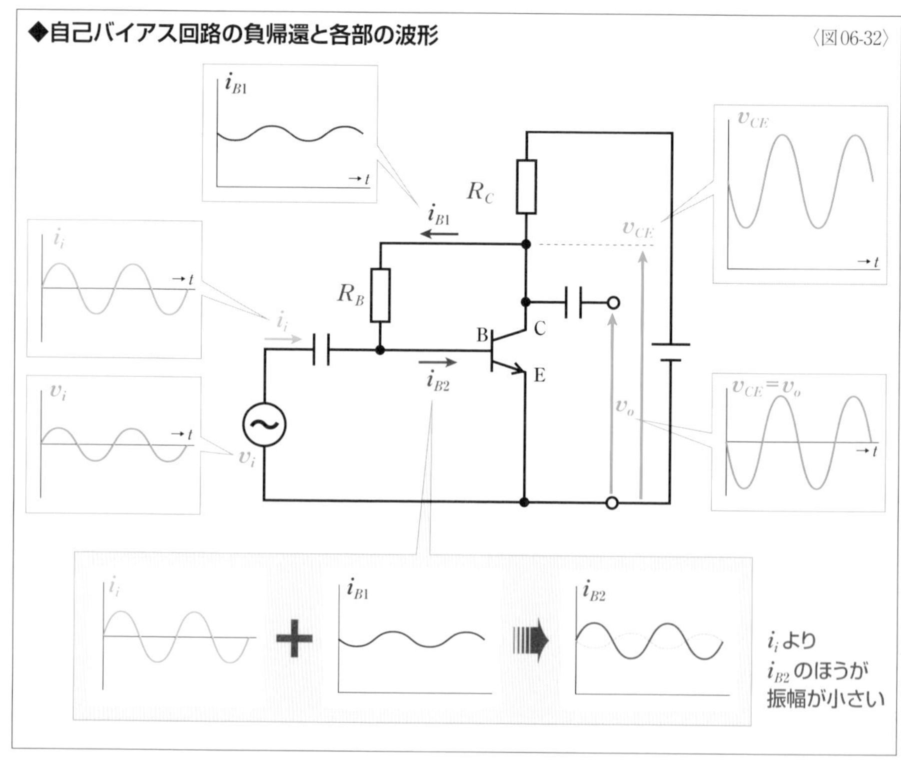

帰還させている。こうした帰還信号の取り出し方は**電圧帰還形**というため、自己バイアス回路は**電圧帰還バイアス回路**とも呼ばれる。

自己バイアス回路の特徴

自己バイアス回路は、**負帰還**をかけることによって**安定度**をよくしている。負帰還は増幅回路にとって重要な作用であるため後で詳しく説明するが(P192参照)、増幅度の安定以外にも②～④のようなメリットがある。

①増幅度が安定する。
②周波数特性がよくなる。
③増幅回路内部で発生するノイズの影響が小さくなる。
④増幅回路内部で発生するひずみが小さくなる。

これらの特徴は、いずれも増幅回路にとっては大きなメリットだといえる。しかし、デメリットもある。先に説明したように、自己バイアス回路は、位相が反転した出力側の変化を入力側に戻すことで、出力側の変化を抑えているため、固定バイアス回路に比べると増幅度が低下する。ほかにも、固定バイアス回路より入力インピーダンスが低下することも自己バイアス回路のデメリットだといえる。

ところが、次ページ以降で説明する**電流帰還バイアス回路**は、同じように負帰還によって安定度をよくしているバイアス回路だが、信号成分には負帰還がかからない工夫が盛り込まれている。そのため、電流帰還バイアス回路は自己バイアス回路のように増幅度が低下することがない。もちろん、周波数特性の改善やノイズとひずみの低下というメリットは電流帰還バイアス回路にもある。こうした優位性の高いバイアス回路がほかに存在するため、自己バイアス回路が使われることはあまりない。

なお、〈図06-20〉の自己バイアスのエミッタ接地増幅回路を**交流等価回路**にすると、〈図06-33〉のような回路になる。

◆自己バイアス回路の交流等価回路 〈図06-33〉

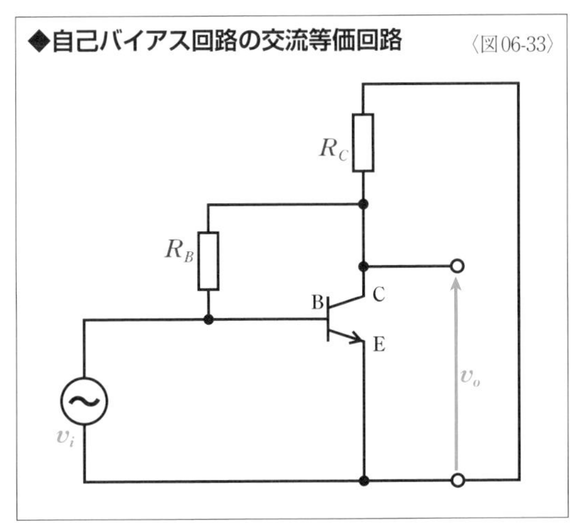

▶電流帰還バイアス回路

電流帰還バイアス回路は〈図06-34〉のような構成で、**バイアス回路**のために3つの抵抗が使われている。C_1とC_2は**結合コンデンサ**だ（C_EについてはP116参照）。

◆電流帰還バイアスのエミッタ接地増幅回路

〈図06-34〉

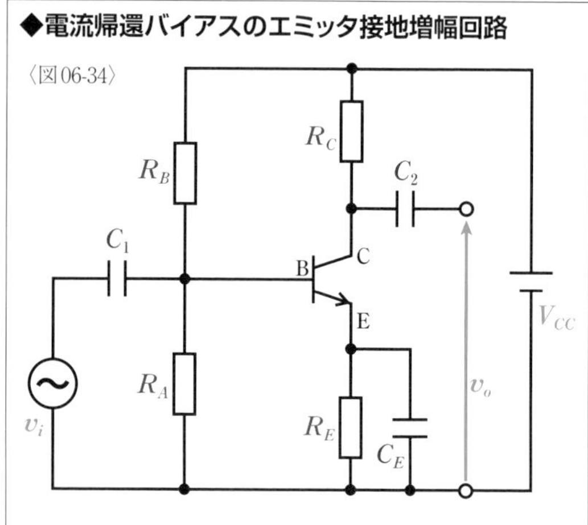

抵抗R_AとR_Bは**ブリーダ抵抗**といい、V_{CC}を分圧することで**ベース電圧**V_Bを決めるている（ベース電圧とはベースの電位、つまりベース・グランド間の電圧のこと）。R_Aを流れる電流を**ブリーダ電流**I_Aという。抵抗R_Eは**エミッタ抵抗**といい、V_Bを分圧することで**エミッタ電流**I_Eを決めている。

〈図06-35〉が電流帰還バイアス回路の**直流等価回路**だ。トランジスタを流れる電流は、〈式06-36〉のようにコレクタ電流I_Cとベース電流I_Bの和がエミッタ電流I_Eになる。3つの抵抗R_A、R_B、R_Eの端子電圧V_B、V_{RB}、V_{RE}はそれぞれ〈式06-37〜39〉のようになる。電圧の関係では、V_{RB}とV_BがV_{CC}を分圧しているので〈式06-40〉のように表わすことができ、端子電圧V_{RE}とベース・エミッタ間電圧V_{BE}はV_Bを分圧しているので、V_{BE}は〈式06-41〉のように表わせる。I_CはI_Bと直流電流増幅率h_{FE}によって決まるので、〈式06-42〉のように表わせる。

〈図06-35〉

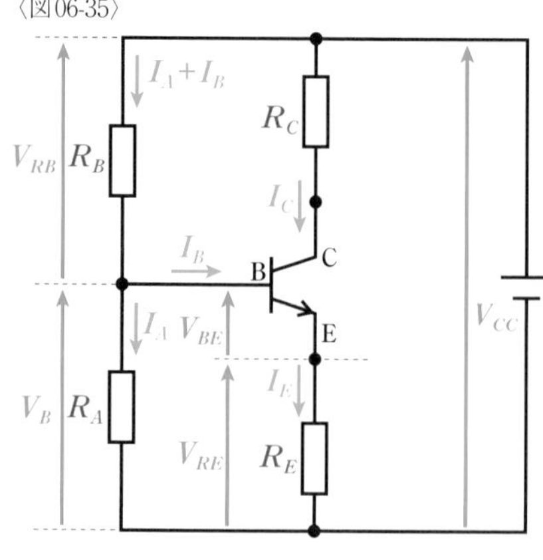

$$I_E = I_C + I_B \quad \cdots\cdots〈式06\text{-}36〉$$

$$V_B = I_A R_A \quad \cdots\cdots〈式06\text{-}37〉$$

$$V_{RB} = (I_A + I_B) R_B \quad \cdots\cdots〈式06\text{-}38〉$$

$$V_{RE} = I_E R_E \quad \cdots\cdots〈式06\text{-}39〉$$

$$V_{CC} = V_{RB} + V_B \quad \cdots\cdots〈式06\text{-}40〉$$

$$V_{BE} = V_B - V_{RE} \quad \cdots\cdots〈式06\text{-}41〉$$

$$I_C = h_{FE} I_B \quad \cdots\cdots〈式06\text{-}42〉$$

〈式06-40〉に〈式06-37〉と〈式06-38〉を代入すると、V_{CC}を〈式06-43〉のように表わすことができる。電流帰還バイアス回路の場合、I_AはI_Bの10倍以上になるようにブリーダ抵抗の大きさを設定するのが一般的だ(次ページ参照)。$I_A \gg I_B$であれば、$I_A + I_B \fallingdotseq I_A$とすることができるので、$V_{CC}$を〈式06-45〉で示すことができ、さらに変形してI_Aを示す式にすると〈式06-46〉になる。この式を〈式06-37〉に代入すると〈式06-47〉になる。この式の右辺は抵抗と電源電圧の大きさで示されているので、V_Bは常にほぼ一定の値であることがわかる。

$$V_{CC} = (I_A + I_B)R_B + I_A R_A \quad \cdots\cdots〈式06\text{-}43〉$$

$I_A \gg I_B$なので　$I_A + I_B \fallingdotseq I_A$になり

$$V_{CC} \fallingdotseq I_A R_B + I_A R_A \quad \cdots\cdots〈式06\text{-}44〉$$

$$= I_A (R_A + R_B) \quad \cdots\cdots〈式06\text{-}45〉$$

$$I_A = \frac{V_{CC}}{R_A + R_B} \quad \cdots〈式06\text{-}46〉$$

$$V_B = \frac{R_A}{R_A + R_B} V_{CC} \quad \cdot〈式06\text{-}47〉$$

温度が上昇するなどの理由でI_Cが増加しようとした場合には、以下のように回路が動作してI_Cの増加が抑えられ、バイアスが安定する。

①h_{FE}が大きくなることでI_Cが増加する。

②〈式06-36〉において、I_Cが増加するとI_Eが大きくなる。

③〈式06-39〉においてR_Eは一定なので、I_Eが大きくなるとV_{RE}が大きくなる。

④〈式06-41〉においてV_Bはほぼ一定なので、V_{RE}が大きくなるとV_{BE}が小さくなる。

⑤$V_{BE} - I_B$特性によって、V_{BE}が小さくなるとI_Bが小さくなる。

⑥〈式06-42〉において大きくなっているh_{FE}に対してI_Bが小さくなるので、I_Cの増加が抑えられる。

◆電流帰還バイアス回路の安定動作　〈図06-48〉

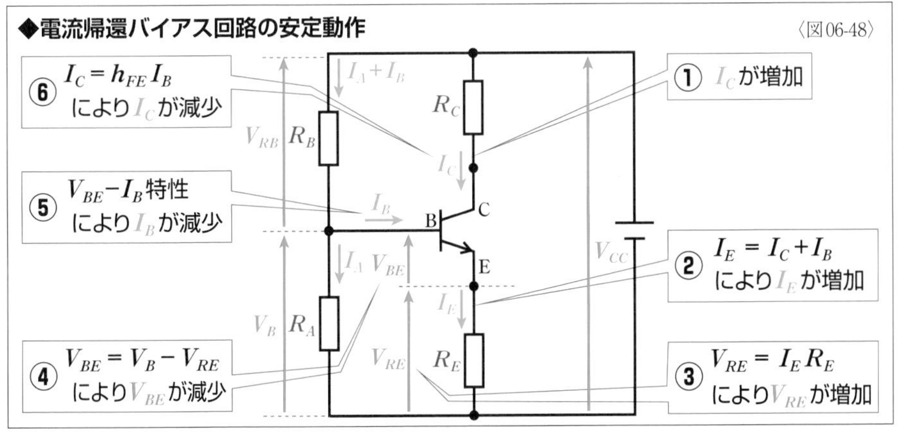

▶電流帰還バイアス回路の特徴

電流帰還バイアス回路の安定度をよくする作用は負帰還によって成立している。自己バイアス回路はコレクタ・エミッタ間電圧から入力側に負帰還をかけているので、電圧帰還バイアス回路とも呼ばれるが、電流帰還バイアス回路の場合は、コレクタ電流の変化を**エミッタ抵抗**を介してベース電流という入力電流に帰還させているので、**電流帰還形**と呼ばれる。

電流帰還バイアス回路では、エミッタ抵抗R_Eの端子電圧V_{RE}を大きくするほど、負帰還の量が増えて安定度がよくなるが、V_{RE}を大きくしすぎると大きな出力波形が得にくくなるうえ、R_Eでの消費電力が増える。そのため、安定度と経済性のバランスから、**V_{RE}がV_{CC}の10%程度になるようにR_Eの値を設定する**のが一般的だ。

エミッタ抵抗R_Eはバイアスの安定化のためには必要なものだが、信号成分（交流成分）がR_Eを流れると増幅度が低下する。そのため、電流帰還バイアス回路では〈図06-49〉のようにエミッタ抵抗R_Eと並列に**バイパスコンデンサ**C_Eを備える。コンデンサは直流は通さないが交流は通すため、エミッタ電流i_Eのうち信号成分（交流成分）i_eはエミッタ抵抗をバイパスして、コンデンサを通してエミッタ接地される。**バイパスコンデンサによって信号成分には負帰還がかからないので、出力の増幅度は低下しなくなる。**いっぽう、バイアス成分（直流成分）I_EはR_Eを流れるので、負帰還がかかり安定する。〈図06-34〉の回路を**交流等価回路**にすると〈図06-50〉のようになり、エミッタが接地されていることがわかる。

◆電流帰還バイアスのエミッタ・グランド間 〈図06-49〉

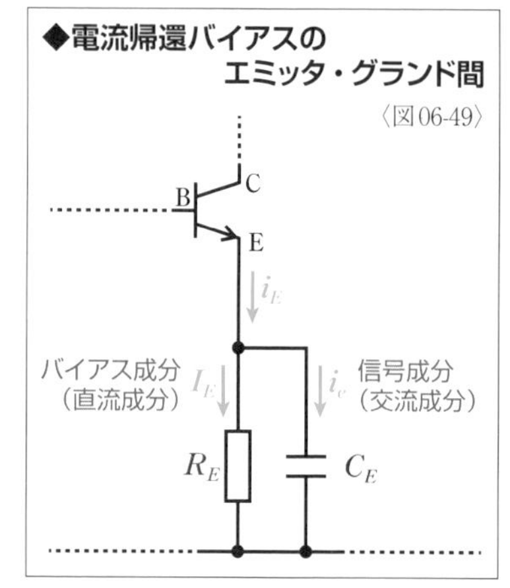

◆電流帰還バイアス回路の交流等価回路 〈図06-50〉

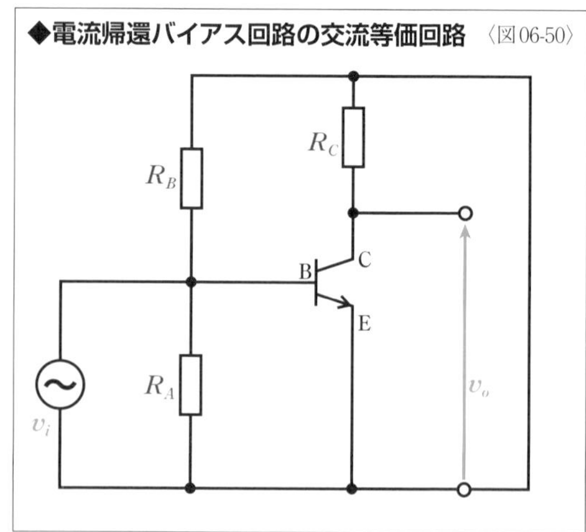

また、前ページでは$I_A+I_B \fallingdotseq I_A$の近似を使ってベース電圧$V_B$がほぼ一定であると説明したが、まったく変化しないわけではない。R_Aを流れる電流I_Aを大きくするほど、ま

Chap. 02 トランジスタの増幅回路

たベース電流I_Bを小さくするほど、V_Bへの影響が小さくなり、安定度がよくなる。しかし、ブリーダ電流I_Aは直接増幅に使われるわけではない。R_Bを流れる電流を大きくするためにR_AやR_Bを小さくすると、無駄な電力消費が増えてしまう。そのため、安定度と経済性のバランスから、**I_AがI_Bの10倍程度になるようにR_AとR_Bの値を設定する**のが一般的だ。

I_AをI_Bの10倍程度にしたとしても、電流帰還バイアス回路はブリーダ電流の存在によって他のバイアス回路より消費電力が大きくなる。先に説明したようにエミッタ抵抗R_Rによる消費電力も存在する。また、ブリーダ抵抗R_AとR_Bは入力と並列になるため、電流帰還バイアス回路は入力インピーダンスがやや低下する。部品点数が増え、回路が複雑になるといったデメリットもあるが、安定度がよいため電流帰還バイアス回路は広く使われている。

温度補償回路

ここまでのバイアス回路の説明では、おもに温度によるh_{FE}の変化について考えてきたが、温度が変化するとV_{BE}も変化する。温度が上昇するとV_{BE}は減少する。この変化に対しても、安定に動作するための工夫が回路に盛り込まれることがある。

〈図06-51〉は電流帰還バイアス回路にV_{BE}に対する**温度補償回路**を加えたものだ。**温度補償**とは温度変化による出力変化を抑えることだ。この回路では、ブリーダ抵抗R_Aのかわりに**サーミスタ**を使っている。サーミスタは温度によって抵抗値が変化する素子で、ここでは温度が上昇すると抵抗値が減少するものを使用する。エミッタ接地増幅回路では、エミッタ電流I_Eはコレクタ電流I_Cとベース電流I_Bの和になるが、I_CはI_Bに対して十分に大きい($I_C \gg I_B$)ので、$I_C \fallingdotseq I_E$とすることができる。すると、I_Cを〈式06-52〉のように示すことができる。この式から、温度変化によってV_{BE}が減少すると、I_Cが増加することがわかる。

しかし、ブリーダ抵抗R_Aのかわりにサーミスタを使うと、温度が上昇することでサーミスタの抵抗値が下がり、サーミスタの端子電圧であるV_Bが減少するため、温度上昇でV_{BE}が減少しても、I_Cの変化を抑えることが可能になるわけだ。

◆温度補償回路（電流帰還バイアス）〈図06-51〉

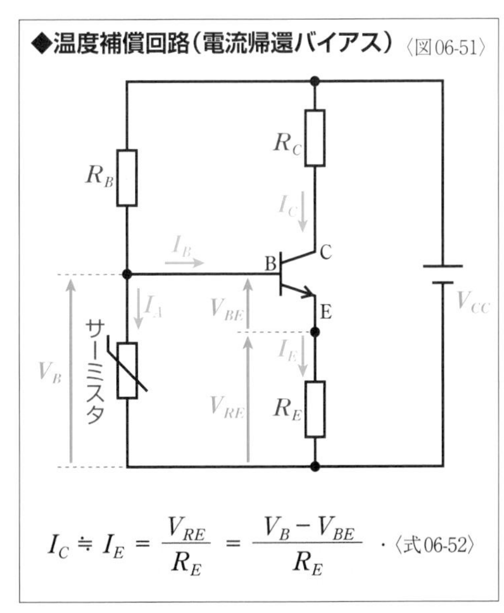

$$I_C \fallingdotseq I_E = \frac{V_{RE}}{R_E} = \frac{V_B - V_{BE}}{R_E}$$ ·〈式06-52〉

Chapter 02 Section 07

増幅回路の結合

信号源、回路、負荷の結合で、おもに使われているのは周波数特性が低周波増幅回路に適したCR結合と、電力損失が少なく電力増幅回路に適したトランス結合だ。

▶結合

増幅回路を使用する場合、入力である信号源と増幅回路をつなぐ必要があり、増幅回路と最終的な出力先である負荷をつなぐ必要がある。たとえば、音声増幅回路であればマイクロフォンが信号源になったり、スピーカーが負荷になったりする。また、**多段増幅回路**の場合であれば、増幅回路と増幅回路をつなぐ必要がある。こうした、**信号源、増幅回路、負荷をつなぐことを結合という**。結合方法には**直接結合**、*CR*結合、**トランス結合**がある。

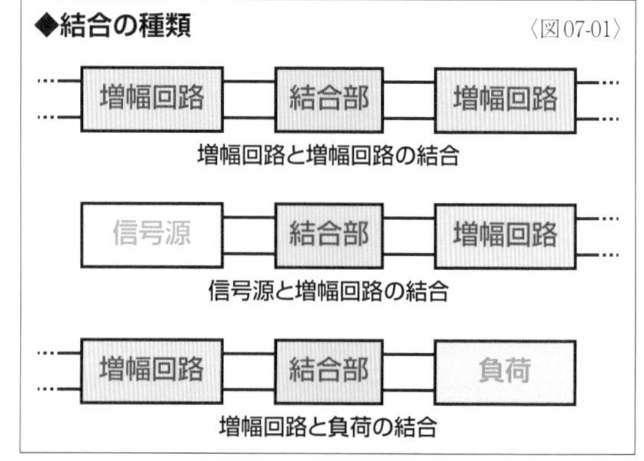

▶CR結合

コンデンサを介して結合する方法を*CR*結合という。***RC*結合**ということもある。使われるコンデンサを**結合コンデンサ**や**カップリングコンデンサ**という。もっとも一般的な結合方法で、ここまでの説明でも入出力の結合に結合コンデンサを使っている。〈図07-02〉は*CR*結合の**2段増幅回路**の例だ。

コンデンサによって直流成分を阻止できるので、*CR*結合は交流成分と直流成分を簡単に分離できる。多段増幅回路の場合、前後段の回路が直流的には切り離されるので、個別にバイアス回路を考えることができ、設計が容易になる。素子も安価なのでコストもかからない。

また、*CR*結合には**周波数帯域**が広いというメリットもあるため、低周波の**小信号増幅回路**に適している。増幅回路の周波数特性については後で説明するが(P134参照)、ここでいう周波数帯域とは、目的の増幅度で増幅が行える周波数の範囲のことだ。周波数帯域が広い増幅回路は周波数特性がよいと表現される。

◆CR結合２段増幅回路 〈図07-02〉

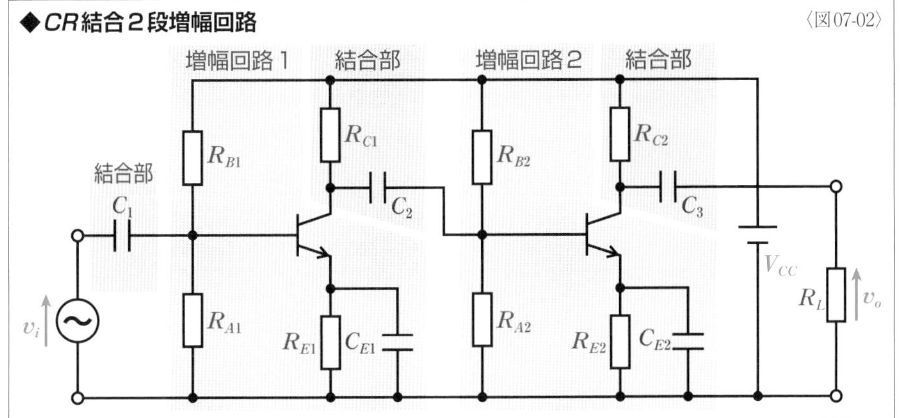

▶トランス結合

トランスを介して結合する方法をトランス結合という。トランスはインピーダンスを変換できるため、**インピーダンス整合**によって**電力損失**を抑えられる。そのため**電力増幅回路**によく使われる。**結合トランス**によって前後段の回路が直流的には切り離されるので、バイアス回路の設計が容易だ。ただし、**周波数特性**はトランスの性能に依存し、一般的にはCR結合より周波数特性が悪い。小型で周波数特性のよいトランスは高価なことが大きなデメリットになる。〈図07-03〉はトランス結合の２段増幅回路の例だ（信号源との結合はCR結合）。なお、増幅回路２のベース電流はR_{A2}とR_{B2}を流れるが、この経路のインピーダンスが小さいほどベース電流が流れやすくなるので、**交流等価回路**上でR_{A2}とR_{B2}と並列になるようにコンデンサC_2を配置してインピーダンスを小さくしている（C_2がないと増幅度が低下してしまう）。

◆トランス結合２段増幅回路 〈図07-03〉

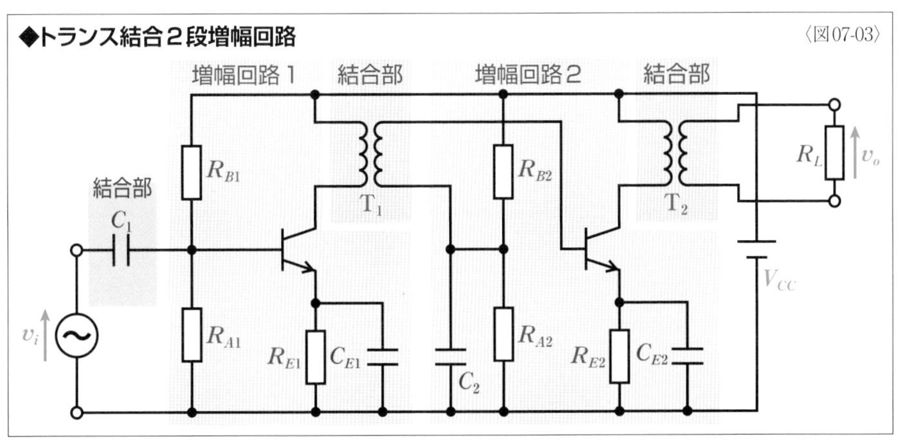

トランスによるインピーダンス変換

電気回路では**トランス**は電圧を変換する素子として学んだはずだ。そのため、トランスは**変圧器**ともいうが、その他の名称で呼ばれることもある。

損失のない理想のトランスならば、その**巻数比**に比例して**変圧**できるので変圧器というわけだが、電力は変換できない。変換の前後で電力は一定なので、変圧の際には巻数比に反比例して電流の大きさが変換される。あまり使われる用語ではないが、電流を変換する目的でトランスを使用する場合には**変流器**ともいう。たとえば、電流計の測定可能範囲より大きな電流を測定する際にトランスを使用するような場合は、トランスを変流器ともいう。

また、トランスはインピーダンスを変換する目的で使われることもあり、その際には**変成器**という。そのため、前ページで説明した**トランス結合**は**変成器結合**といもいう。〈図07-04〉の回路で、トランスの一次側の巻数をn_1、二次側の巻数をn_2とすると、一次側の電圧v_1と電流i_1は、二次側の電圧v_2と電流i_2によって〈式07-05〉と〈式07-06〉のように表わせる。また、二次側に接続される負荷のインピーダンスをR_Lとすると、二次側の電圧v_2と電流i_2の比で〈式07-07〉のように示される(ここでは、説明を簡単にするために負荷は抵抗だけにしている)。一次側からみたインピーダンスをR_1とすると、一次側の電圧v_1と電流i_1の比で〈式07-08〉のように示される。ここに、〈式07-05〉と〈式07-06〉を代入して整理し、さらに〈式07-07〉を代入すると〈式07-11〉のように見かけのインピーダンスが表わされる。つまり、**トランスは巻数比の2乗に比例した大きさにインピーダンスを変換できる**わけだ。

〈図07-04〉

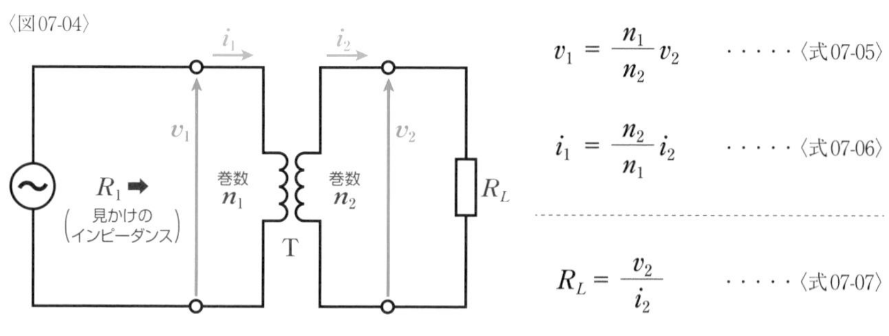

$$v_1 = \frac{n_1}{n_2} v_2 \quad \cdots\cdots〈式07\text{-}05〉$$

$$i_1 = \frac{n_2}{n_1} i_2 \quad \cdots\cdots〈式07\text{-}06〉$$

$$R_L = \frac{v_2}{i_2} \quad \cdots\cdots〈式07\text{-}07〉$$

$$R_1 = \frac{v_1}{i_1} = \frac{\frac{n_1}{n_2} v_2}{\frac{n_2}{n_1} i_2} = \left(\frac{n_1}{n_2}\right)^2 \frac{v_2}{i_2} = \left(\frac{n_1}{n_2}\right)^2 R_L$$

・・〈式07-08〉　・・〈式07-09〉　・・〈式07-10〉　・・〈式07-11〉

▶直接結合

コンデンサやトランスを使わず**増幅回路と増幅回路とを直接つなぐ方法を直接結合**という。**直接結合増幅回路**は**直結増幅回路**ともいう。直接結合増幅回路は**リアクタンス**のあるコンデンサやトランスを使わないので**周波数特性**が非常によくなるメリットがある。また、**直接結合増幅回路は直流を増幅することが可能**だ。

〈図07-12〉のような回路が直接結合増幅回路の基本形といえる。交流信号の増幅回路で信号源との結合と負荷との結合は**結合コンデンサ**を使用している。直流増幅の場合はコンデンサはすべて不要で、C_1とC_2は短絡、C_{E1}とC_{E2}は開放になる。

この回路では、増幅回路1のコレクタ電圧v_{C1}が増幅回路2のベース電圧v_{B2}と同じで、$v_{B1} < (v_{C1} = v_{B2}) < v_{C2}$いう関係になる(コレクタ電圧とはコレクタの電位、つまりコレクタ・グランド間の電圧のこと)。そのため、増幅回路2に適切なバイアス電圧をかけるのが難しい。増幅回路の段数が増えるほど、電圧が高くなってしまう。

本書では説明しないが、バイアス電圧については、たとえば複数のダイオードの電圧降下を利用して、直流電圧を下げる**レベルシフト**で対処する方法もある。しかし、回路の一部に温度変化などによるバイアスの変動が生じると、回路全体に影響が及ぶ。結合された回路全体に負帰還をかけて安定化を図る方法もあるが、いずれにしても直接結合増幅回路はバイアスを含めて設計が難しくなるので使われることは非常に少ない。直流の増幅が必要な場合には差動増幅回路(P204参照)やオペアンプ(P220参照)を使用するのが一般的だ。

なお、トランジスタを2つ組み合わせて増幅率を大きくする**ダーリントン接続**(P170参照)も、直接結合の一種として扱われる。

◆直接結合2段増幅回路 〈図07-12〉

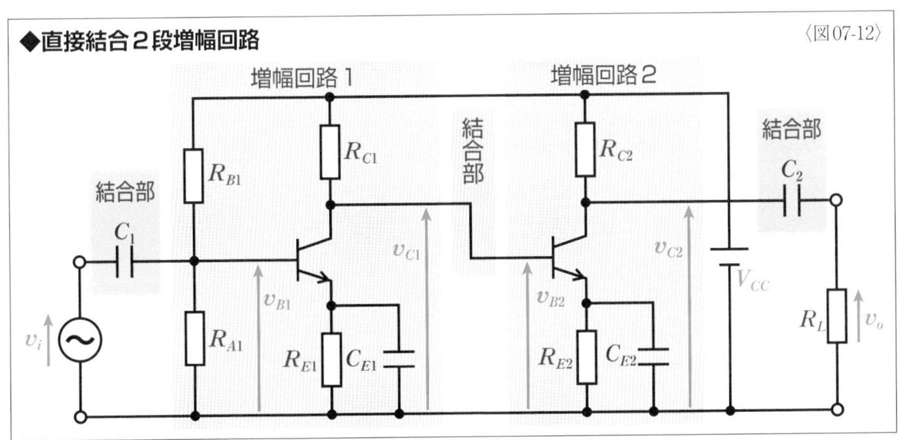

小信号増幅回路の解析

トランジスタは非線形素子であるため解析が難しいが、直流等価回路とhパラメータ等価回路を使いこなすことで、回路をさまざまな方向から解析することができる。

▶電流帰還バイアスのエミッタ接地増幅回路

実際にトランジスタによる**小信号増幅回路**を解析してみよう。解析対象の回路は、もっとも多用されている**電流帰還バイアスのエミッタ接地増幅回路**〈図08-01〉だ。出力側に備えられた抵抗R_Lは、最終的な負荷もしくは次段の入力インピーダンスで、抵抗成分だけと仮定している。慣れてくれば、この回路図から直接さまざまな情報が読み取れるが、ここでは**直流等価回路**でバイアス成分の解析、***h*パラメータ等価回路**で信号成分の解析を行う。

◆解析対象回路①（電流帰還バイアスのエミッタ接地増幅回路） 〈図08-01〉

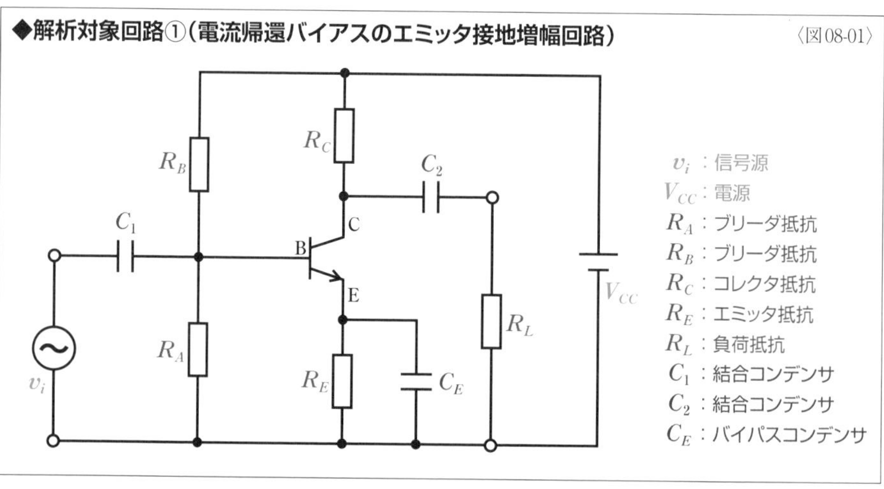

▶直流負荷線の解析

まずは、〈図08-01〉の回路の**直流負荷線**を求めてみよう。解析対象の回路を**直流等価回路**にすると〈図08-02〉になる。

直流負荷線はトランジスタの出力側の電圧の関係から導くことができる。出力側では、コレクタ抵抗R_Cの端子電圧V_{RC}、コレクタ・エミッタ間電圧V_{CE}、エミッタ抵抗R_Eの端子電圧V_{RE}が、電源電圧V_{CC}を分圧しているので、V_{CE}は〈式08-03〉のように表わせる。この式の2つの抵抗の端子電圧を、それぞれの抵抗値と流れる電流で示すと〈式08-04〉になる。

エミッタ接地増幅回路では、エミッタ電流I_Eはコレクタ電流I_Cとベース電流I_Bの和になるが、I_CはI_Bに対して十分に大きい($I_C \gg I_B$)ので、$I_E = I_C + I_B \fallingdotseq I_C$とすることができる。すると、$V_{CE}$は〈式08-06〉のように表わせる。この式を変形してコレクタ電流I_Cを表わす式にすると〈式08-07〉になる。

〈図08-02〉

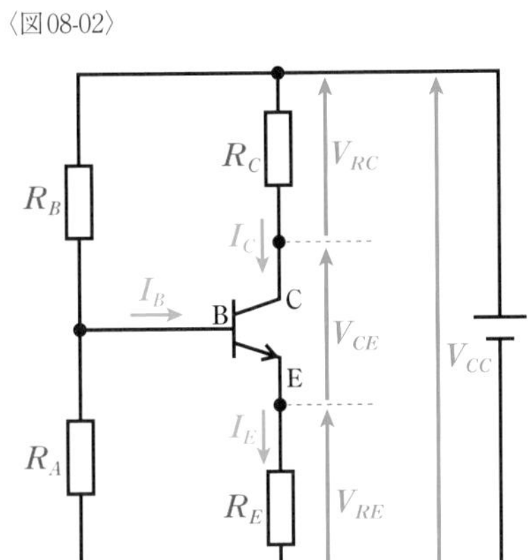

$$V_{CE} = V_{CC} - V_{RC} - V_{RE} \quad \cdots〈式08\text{-}03〉$$

$$= V_{CC} - I_C R_C - I_E R_E \quad \cdot〈式08\text{-}04〉$$

$I_C \gg I_B$ なので $I_E = I_C + I_B \fallingdotseq I_C$ になり

$$V_{CE} \fallingdotseq V_{CC} - I_C R_C - I_C R_E \quad \cdots〈式08\text{-}05〉$$

$$= V_{CC} - (R_C + R_E) I_C \quad \cdots〈式08\text{-}06〉$$

$$I_C = -\frac{1}{R_C + R_E} V_{CE} + \frac{V_{CC}}{R_C + R_E} \quad \cdots〈式08\text{-}07〉$$

〈式08-07〉から、直流負荷線は傾きが$-\dfrac{1}{R_C+R_E}$、切片が$\dfrac{V_{CC}}{R_C+R_E}$の直線になることがわかる。$V_{CE}-I_C$特性図上に負荷線を描くと〈図08-08〉のようになる。この負荷線上に**動作点**が存在するわけだ。

両端を求めて負荷線を描くのであれば、一端はI_Cが最小値のとき、つまり$I_C = 0$Aなので、〈式08-06〉から$V_{CE} = V_{CC}$になる。もう一端はI_Cが最大値のとき、つまり$V_{CE} = 0$Vなので、〈式08-07〉から$I_C = \dfrac{V_{CC}}{R_C+R_E}$だ。これにより$V_{CE}$軸上の$V_{CC}$の点と、$I_C$軸上の$\dfrac{V_{CC}}{R_C+R_E}$の点を結んだ線が直流負荷線になる。

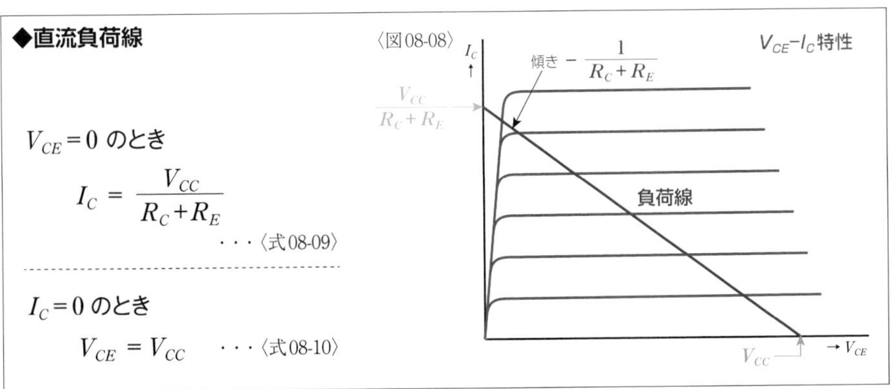

▶動作点の解析

今度は〈図08-11〉の**直流等価回路**から**動作点**を求めてみよう。117ページで説明したように、ブリーダ電流I_Aはベース電流I_Bに対して十分に大きくなるように設計されている（$I_A \gg I_B$）ので、$I_A+I_B \fallingdotseq I_A$とすれば、$I_A$は電源電圧$V_{CC}$と2つのブリーダ抵抗$R_A$と$R_B$で〈式08-12〉のように示すことができ、さらにベース電圧V_Bは〈式08-13〉のようになる。

いっぽう、ベース・エミッタ間電圧とエミッタ抵抗R_Eの端子電圧V_{RE}は、ベース電圧V_Bを分圧しているので、〈式08-14〉のように示すことができ、V_{RE}を抵抗値と流れる電流で表わすと〈式08-15〉になる。エミッタ接地増幅回路では、エミッタ電流I_Eはコレクタ電流I_Cとベース電流I_Bの和になるが、I_CはI_Bに対して十分に大きい（$I_C \gg I_B$）ので、$I_E=I_C+I_B \fallingdotseq I_C$とすることができる。よって、〈式08-15〉を〈式08-16〉にできる。

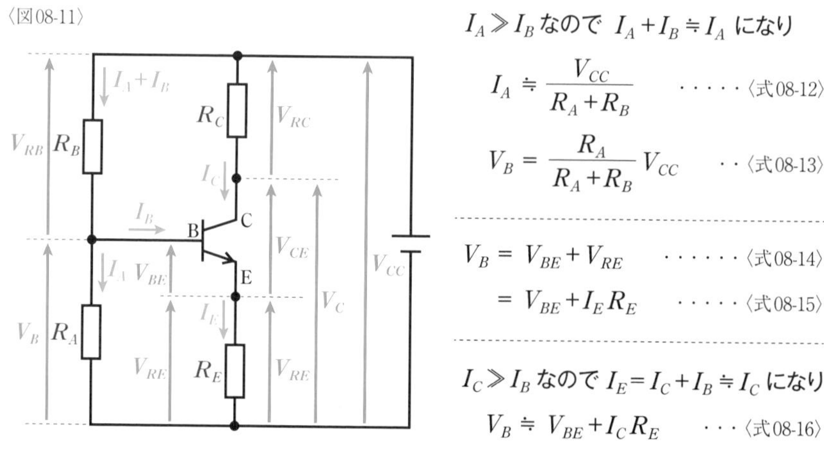

〈図08-11〉

〈式08-13〉と〈式08-16〉はどちらもV_Bを示したものなので、〈式08-17〉とすることができる。この式を変形してI_Cを示す〈式08-18〉にすれば、動作点の電流が求められる。

$$\frac{R_A}{R_A+R_B}V_{CC} = V_{BE}+I_C R_E \quad \cdot〈式08\text{-}17〉$$

$$I_C = \frac{\dfrac{R_A}{R_A+R_B}V_{CC} - V_{BE}}{R_E} \quad \cdot〈式08\text{-}18〉$$

コレクタ抵抗R_Cの端子電圧V_{RC}、コレクタ・エミッタ間電圧V_{CE}、エミッタ抵抗R_Eの端子電圧V_{RE}が電源電圧V_{CC}を分圧しているので、V_{CE}は〈式08-19〉のように表わせ、それぞれを抵抗値と流れる電流で表わすと〈式08-20〉になる。$I_C \gg I_B$なので$I_C \fallingdotseq I_E$とすると、V_{CE}を〈式08-22〉で表わすことができる。これが動作点の電圧だ。

$$V_{CE} = V_{CC} - (V_{RC} + V_{RE}) \quad \cdots\cdots \langle式08\text{-}19\rangle$$

$$= V_{CC} - (I_C R_C + I_E R_E) \quad \cdots\cdots \langle式08\text{-}20\rangle$$

$I_C \gg I_B$ なので $I_E = I_C + I_B \fallingdotseq I_C$ になり

$$V_{CE} \fallingdotseq V_{CC} - (I_C R_C + I_C R_E) \quad \cdots\cdots \langle式08\text{-}21\rangle$$

$$= V_{CC} - (R_C + R_E) I_C \quad \cdots\cdots \langle式08\text{-}22\rangle$$

なお、エミッタ抵抗の端子電圧 V_{RE} は V_{CC} の10%程度、コレクタ抵抗の端子電圧 V_{RC} は V_{CC} の $\frac{1}{2}$ 程度にするのが一般的だ。以上の条件から、V_{RE} を無視して $V_{CE} + V_{RE} \fallingdotseq V_{CE}$ と考えることができるので、〈式08-23〉で示される V_C を動作点の電圧と考えても、実用上大きな問題はない。

$$V_C = V_{CC} - R_C I_C \quad \cdots\cdots \langle式08\text{-}23\rangle$$

交流等価回路

〈図08-24〉は解析対象回路〈図08-01〉の接続線の形状をかえずに**交流等価回路**にしたものだ。エミッタ抵抗はコンデンサでバイパスされるので、交流等価回路では存在しなくなる。〈図08-24〉の回路図に間違いはないが、よく見るとすべての抵抗の一端がエミッタ端子につながっているのがわかる。つまり、抵抗はすべて基準電位のグランドにつながっているため、〈図08-25〉のように変形できる。この回路図ならば各抵抗の関係が把握しやすくなり、***h*****パラメータ等価回路**への変換もスムーズに行うことが可能だ(次ページ参照)。

◆交流等価回路① 〈図08-24〉

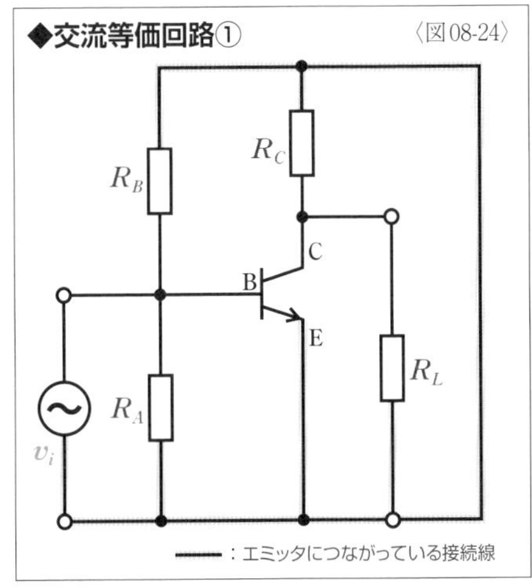

◆交流等価回路② 〈図08-25〉

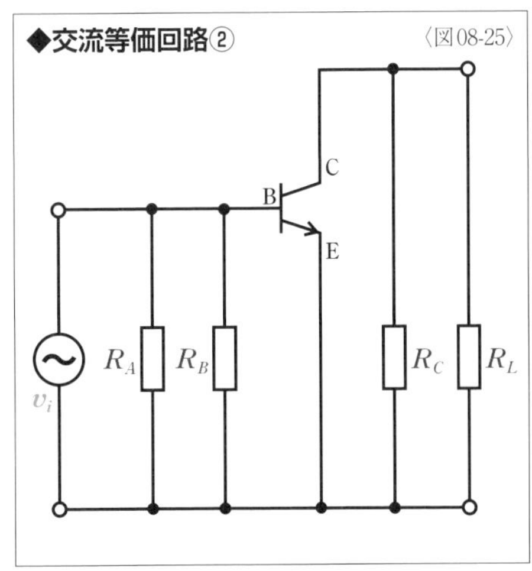

▶hパラメータ等価回路

小信号増幅回路の信号成分の解析には**hパラメータ等価回路**を使うのが一般的だ。前ページ〈図08-26〉の交流等価回路②からなら、簡単に〈図08-27〉のようなhパラメータ等価回路を描けるはずだ。実際の解析では、〈図08-28〉のような**hパラメータ簡易等価回路**を使うことのほうが多い。電圧帰還率h_{re}≒0、出力アドミタンスh_{oe}≒0Sとすれば、入力側の定電圧源$h_{re}v_o$は短絡でき、出力側の出力インピーダンス$\frac{1}{h_{oe}}$は開放にできる。

なお、一般的な**4端子回路**の入出力の関係から、出力電流i_oの方向は、入力電流i_iの方向に応じて、負荷抵抗R_Lをグランドに向かって上から下に流れるものと仮定している。この出力電流i_oの流れる方向は、コレクタ電流i_cの流れる方向とは逆方向になるが、こうすることでエミッタ接地増幅回路では入出力の**位相**が**反転**することを確認できる。

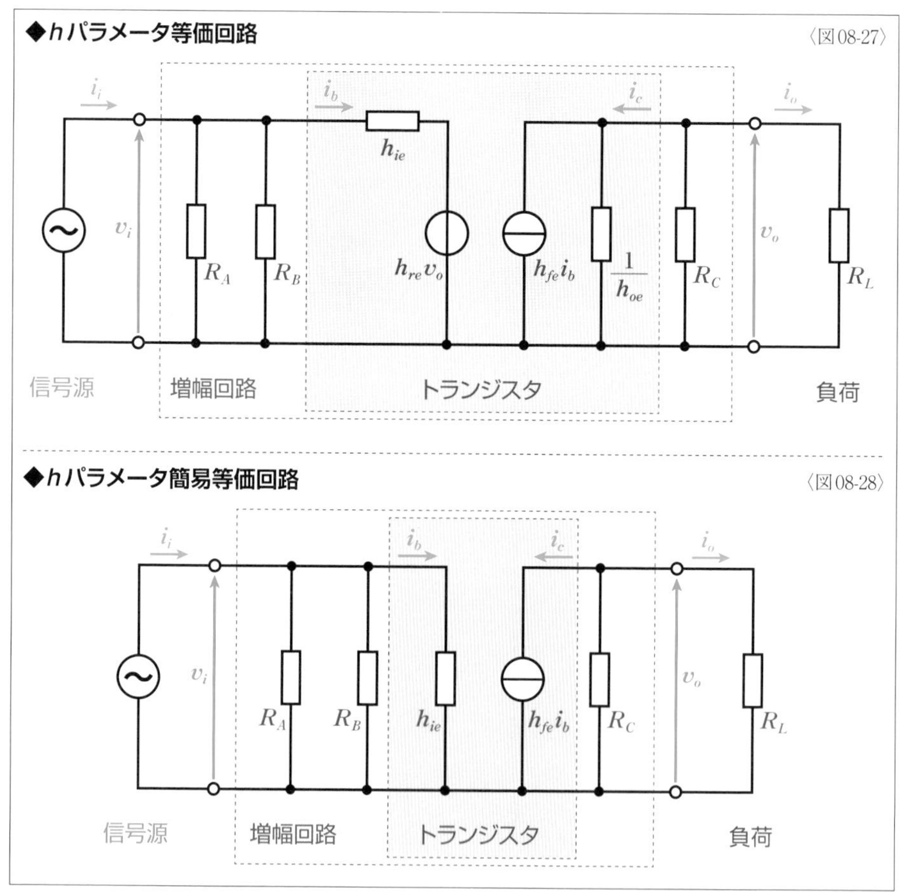

▶電圧増幅度の解析

最初に**hパラメータ簡易等価回路**から**電圧増幅度**A_vを計算してみよう。電圧増幅度は出力電圧と入力電圧の比の絶対値で求めることができる。

〈図08-29〉の回路の入力電圧v_iは、入力インピーダンスh_{ie}の端子電圧と等しい。h_{ie}を流れる電流はi_bなので、〈式08-30〉で示すことができる。この式から、入力電圧に対してブリーダ抵抗R_AとR_Bは影響を与えないことがわかる。いっぽう、出力電圧v_oは、並列接続されたコレクタ抵抗R_Cと負荷抵抗R_Lの端子電圧に等しい。並列抵抗の抵抗値はR_CとR_Lの和分の積、合成抵抗を流れる電流は$h_{fe}\,i_b$なので、〈式08-31〉のように示すことができる。$h_{fe}\,i_b$と出力電流i_oは流れる方向が逆なので、この式の右辺にはマイナスの符号をつけている。

電圧増幅度は〈式08-32〉で示されるので、そこに〈式08-30〉と〈式08-31〉を代入して整理すると、〈式08-34〉のようにA_vを示すことができる。

〈図08-29〉

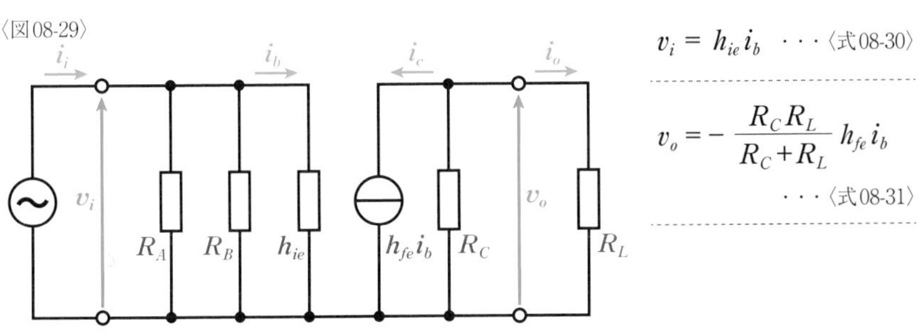

$$v_i = h_{ie}i_b \quad \cdots〈式08\text{-}30〉$$

$$v_o = -\frac{R_C R_L}{R_C + R_L}h_{fe}i_b \quad \cdots〈式08\text{-}31〉$$

$$A_v = \left|\frac{v_o}{v_i}\right| \quad \cdots〈式08\text{-}32〉 \qquad = \frac{\dfrac{R_C R_L}{R_C + R_L}h_{fe}i_b}{h_{ie}i_b} \quad \cdots〈式08\text{-}33〉 \qquad = \frac{h_{fe}}{h_{ie}}\left(\frac{R_C R_L}{R_C + R_L}\right) \quad \cdots〈式08\text{-}34〉$$

もし、コレクタ抵抗R_Cが負荷抵抗とR_Lに対して十分に大きい($R_C \gg R_L$)のならば、$R_C + R_L \fallingdotseq R_C$とすることができ、電圧増幅度$A_v$は〈式08-35〉のように示すことができる。この式から電圧増幅度は負荷抵抗の大きさに大きな影響を受けることがわかる。$R_C \gg R_L$の場合は電圧増幅度A_vを大きくできないことになる。

$R_C \gg R_L$ ならば $R_C + R_L \fallingdotseq R_C$ になり

$$A_v = \frac{h_{fe}}{h_{ie}}\left(\frac{R_C R_L}{R_C + R_L}\right) \fallingdotseq \frac{h_{fe}}{h_{ie}}R_L \quad \cdots\cdots〈式08\text{-}35〉$$

電流増幅度の解析

今度は、**hパラメータ簡易等価回路**を使って**電流増幅度**A_iを計算してみよう。電流増幅度は出力電流と入力電流の比の絶対値で求められる。この計算では、ブリーダ抵抗R_AとR_Bを個別に扱うと式が複雑になるので、〈式08-37〉のようにR_AとR_Bの並列合成抵抗をR_{AB}とし流れる電流をi_{ab}とする。すると、hパラメータ簡易等価回路は〈図08-36〉のようになる。

入力電圧v_iは、入力インピーダンスh_{ie}の端子電圧と等しいので〈式08-38〉のように示され、同時にv_iは抵抗R_{AB}の端子電圧と等しいので、〈式08-39〉のように示される。〈式08-38〉と〈式08-39〉はどちらもv_iを示したものなので、右辺同士をまとめると〈式08-40〉になり、i_{ab}を示すように変形すると〈式08-41〉になる。入力電流i_iは、i_{ab}とi_bの和で〈式08-42〉のように示すことができる。この式に〈式08-41〉を代入すると、〈式08-44〉のようにi_iをi_bで表わすことができる。

いっぽう、出力側では電流源$h_{fe}\,i_b$の電流が、並列接続されたコレクタ抵抗R_Cと負荷抵抗R_Lに分流している。出力電流i_oはR_Lを流れる電流なので、分流式によって〈式08-45〉のように示すことができる。$h_{fe}\,i_b$と出力電流i_oは流れる方向が逆なので、〈式08-45〉の右辺にはマイナスの符号をつけている。電流増幅度A_iは〈式08-46〉で示されるので、そこに〈式08-44〉と〈式08-45〉を代入して整理すると、〈式08-48〉のようにA_iを示すことができる。

〈図08-36〉

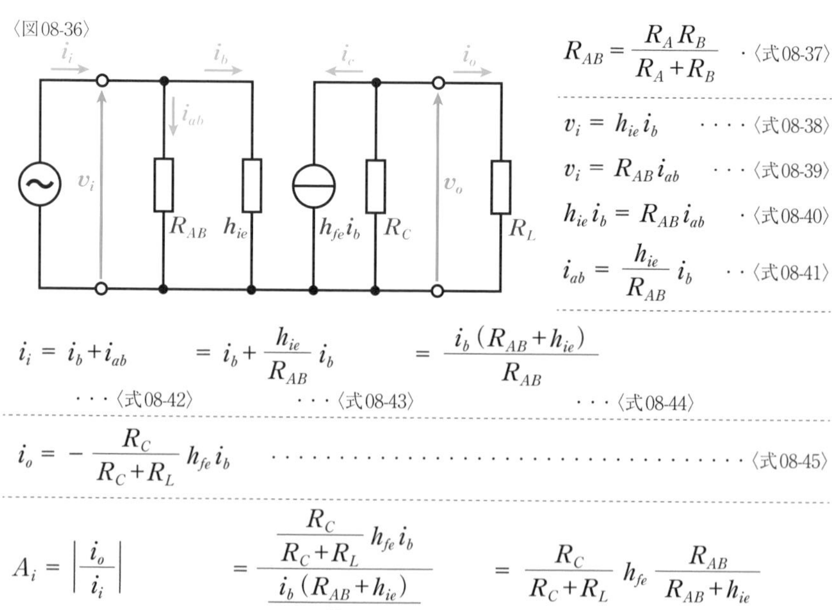

$$R_{AB}=\frac{R_A R_B}{R_A+R_B}\quad\cdot\langle式08\text{-}37\rangle$$

$$v_i = h_{ie}\,i_b\quad\cdots\cdot\langle式08\text{-}38\rangle$$

$$v_i = R_{AB}\,i_{ab}\quad\cdots\langle式08\text{-}39\rangle$$

$$h_{ie}\,i_b = R_{AB}\,i_{ab}\quad\cdot\langle式08\text{-}40\rangle$$

$$i_{ab}=\frac{h_{ie}}{R_{AB}}\,i_b\quad\cdot\cdot\langle式08\text{-}41\rangle$$

$$i_i = i_b + i_{ab}\quad\cdots\langle式08\text{-}42\rangle\qquad = i_b+\frac{h_{ie}}{R_{AB}}\,i_b\quad\cdots\langle式08\text{-}43\rangle\qquad =\frac{i_b\,(R_{AB}+h_{ie})}{R_{AB}}\quad\cdots\langle式08\text{-}44\rangle$$

$$i_o = -\frac{R_C}{R_C+R_L}\,h_{fe}\,i_b\quad\cdots\langle式08\text{-}45\rangle$$

$$A_i=\left|\frac{i_o}{i_i}\right|\quad\cdots\langle式08\text{-}46\rangle\qquad =\frac{\dfrac{R_C}{R_C+R_L}\,h_{fe}\,i_b}{\dfrac{i_b\,(R_{AB}+h_{ie})}{R_{AB}}}\quad\cdots\langle式08\text{-}47\rangle\qquad =\frac{R_C}{R_C+R_L}\,h_{fe}\,\frac{R_{AB}}{R_{AB}+h_{ie}}\quad\cdots\langle式08\text{-}48\rangle$$

コレクタ抵抗R_Cが負荷抵抗R_Lに対して十分に大きい($R_C \gg R_L$)のならば、$R_C+R_L \fallingdotseq R_C$とすることができ、同時にブリーダ抵抗の並列合成抵抗R_{AB}が入力インピーダンスh_{ie}に対して十分に大きい($R_{AB} \gg h_{ie}$)とすると、$R_{AB}+h_{ie} \fallingdotseq R_{AB}$とすることができる。すると、$A_i$は〈式08-49〉のようになり、増幅回路(ぞうふくかいろ)の電流増幅度A_iがトランジスタ自体の小信号電流増幅率(しょうしんごうでんりゅうぞうふくりつ)h_{fe}にほぼ等しくなることがわかる。

$R_C \gg R_L$ **ならば** $R_C+R_L \fallingdotseq R_C$ **になり、** $R_{AB} \gg h_{ie}$ **ならば** $R_{AB}+h_{ie} \fallingdotseq R_{AB}$ **になり**

$$A_i = \frac{R_C}{R_C+R_L} h_{fe} \frac{R_{AB}}{R_{AB}+h_{ie}} \fallingdotseq h_{fe} \quad \cdots\cdots〈式08-49〉$$

以上のように、コレクタ抵抗R_Cが負荷抵抗R_Lに対して十分に大きい($R_C \gg R_L$)と、増幅回路のA_iがトランジスタのh_{fe}にほぼ等しくなり、大きな電流増幅度が得られるが、「電圧増幅度(でんあつぞうふくど)の解析」(P127参照)で説明したように、$R_C \gg R_L$の場合は増幅回路の電圧増幅度A_vを大きくできない。結果、大きな電力は取り出せないことになる。

▶入力インピーダンスの解析

***h*パラメータ簡易等価回路**から**入力インピーダンス**Z_iを計算してみよう。入力インピーダンスとは、入力端子(にゅうりょくたんし)からみた増幅回路のインピーダンスのことだ。トランジスタ自体の入力インピーダンスはh_{ie}だが、**電流帰還(でんりゅうきかん)バイアス回路(かいろ)**では、2つのブリーダ抵抗R_AとR_Bが入力電圧に対して並列に備えられていることになるので、入力インピーダンスZ_iは〈式08-51〉のように示すことができる。R_AとR_Bの並列合成抵抗をR_{AB}とするなら、〈式08-52〉になる。

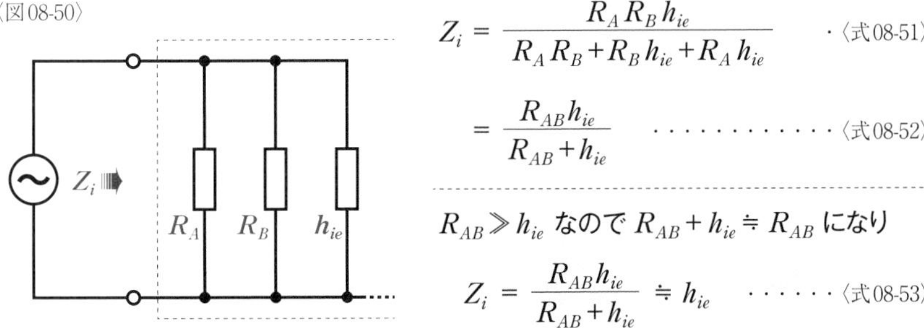

$$Z_i = \frac{R_A R_B h_{ie}}{R_A R_B + R_B h_{ie} + R_A h_{ie}} \quad \cdot〈式08-51〉$$

$$= \frac{R_{AB} h_{ie}}{R_{AB}+h_{ie}} \quad \cdots\cdots〈式08-52〉$$

$R_{AB} \gg h_{ie}$ **なので** $R_{AB}+h_{ie} \fallingdotseq R_{AB}$ **になり**

$$Z_i = \frac{R_{AB} h_{ie}}{R_{AB}+h_{ie}} \fallingdotseq h_{ie} \quad \cdots\cdots〈式08-53〉$$

一般的にR_{AB}は入力インピーダンスh_{ie}に対して十分に大きい($R_{AB} \gg h_{ie}$)ので、$R_{AB}+h_{ie} \fallingdotseq R_{AB}$とすることができ、$Z_i$は〈式08-53〉のようになる。ここから、増幅回路の入力インピーダンスZ_iはトランジスタ自体の入力インピーダンスh_{ie}にほぼ等しくなることがわかる。

出力インピーダンスの解析

続いて、**hパラメータ簡易等価回路**から**出力インピーダンス**Z_oを計算してみよう。出力インピーダンスとは、〈図08-54〉のように出力端子からみた増幅回路のインピーダンスのことだ。負荷抵抗R_Lは、増幅回路の外に接続されているものなので、Z_oには影響を与えない。

出力インピーダンスZ_oは信号源v_i=0Vで考えるものだ。v_i=0Vであれば、i_i=0Aになり、i_b=0Aになるので、電流源の$h_{fe}\,i_b$が0Aになる。電流源が0Aの場合は開放と考えることができる。よって、出力インピーダンスZ_oは、〈式08-55〉のようにコレクタ抵抗R_Cだけになる。

〈図08-54〉

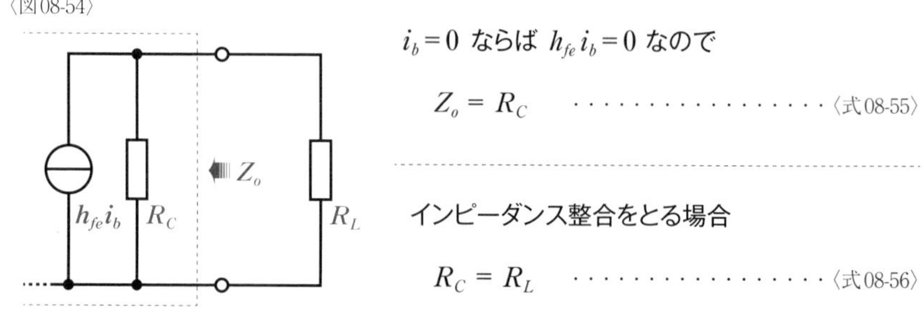

$i_b=0$ ならば $h_{fe}i_b=0$ なので

$$Z_o = R_C \quad \cdots\cdots\cdots\cdots\cdots\cdots \text{〈式08-55〉}$$

インピーダンス整合をとる場合

$$R_C = R_L \quad \cdots\cdots\cdots\cdots\cdots\cdots \text{〈式08-56〉}$$

電力を有効に伝えたいのであれば、**インピーダンス整合**がとれている必要がある。この回路の場合であれば、$R_C=R_L$のときにインピーダンス整合が取れていることになる。

CR結合2段増幅回路のバイアスの解析

今度は、もう少し複雑な増幅回路を解析してみよう。解析対象の回路は**CR結合2段増幅回路**だ。〈図08-57〉のように2段ともエミッタ接地で増幅を行い、バイアス回路には電流帰還バイアスを採用している。

まずは、直流成分（バイアス成分）を解析してみよう。回路が複雑になっても解析の方法は同じだ。直流成分を解析するのであれば、〈図08-58〉のように**直流等価回路**にすると回路がわかりやすくなる。1段の増幅回路に比べると素子の数が増えているので一見すると複雑そうに見えるが、トランジスタTr_1のバイアス回路と、トランジスタTr_2のバイアス回路は、電源V_{CC}に並列に接続されているので、バイアス回路同士が影響を及ぼし合うことはない。つまり、前後段の回路が直流的には切り離されているわけだ。そのため、それぞれのバイアス回路を独立したものとして解析することができる。

たとえば、**動作点**を解析するのであれば、1段の増幅回路と同じように解析することができ

◆解析対象回路②（*CR*結合２段エミッタ接地増幅回路・電流帰還バイアス）〈図08-57〉

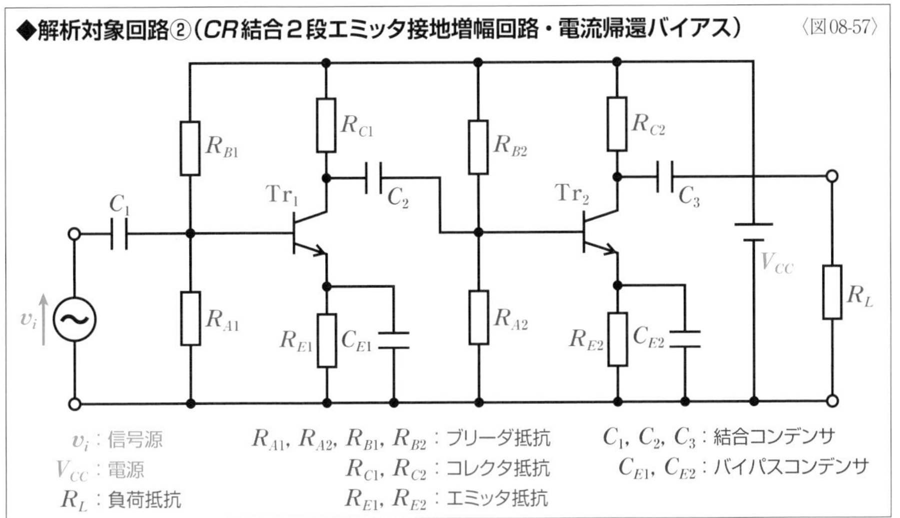

る。すでに解析方法は説明しているので、途中の手順は省略するが、〈式08-59～62〉のように動作点の電流と電圧を求めることができる。

〈図08-58〉

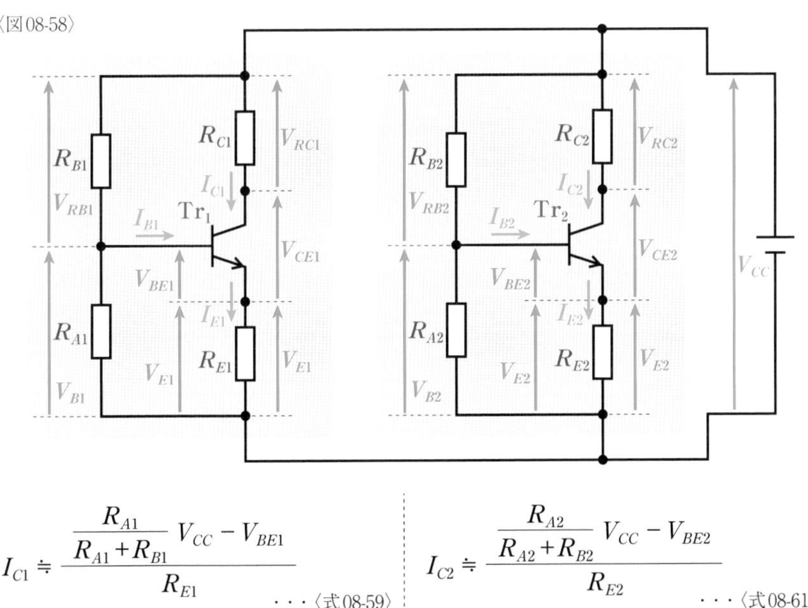

$$I_{C1} \fallingdotseq \frac{\dfrac{R_{A1}}{R_{A1}+R_{B1}}V_{CC}-V_{BE1}}{R_{E1}}$$
・・・〈式08-59〉

$$V_{CE1} \fallingdotseq V_{CC}-(R_{C1}+R_{E1})I_{C1}$$
・・・〈式08-60〉

$$I_{C2} \fallingdotseq \frac{\dfrac{R_{A2}}{R_{A2}+R_{B2}}V_{CC}-V_{BE2}}{R_{E2}}$$
・・・〈式08-61〉

$$V_{CE2} \fallingdotseq V_{CC}-(R_{C2}+R_{E2})I_{C2}$$
・・・〈式08-62〉

CR結合2段増幅回路の信号成分の解析

続いて**CR結合2段増幅回路**の信号成分を解析してみよう。解析対象回路〈図08-57〉を**hパラメータ簡易等価回路**にすると〈図08-63〉になる。この回路図を見ればわかるように、複数の素子が並列接続された部分が3カ所ある。このように、多段増幅回路では段数が増えるほど複数の素子が並列接続された部分が多くなる。2つの抵抗の並列接続なら和分の積の式で比較的シンプルに表現することができるが、3つ以上になると式が複雑になる。そのため、多段増幅回路を解析する際には、あらかじめ並列接続された抵抗などをまとめて合成インピーダンスに置き換えておくといい。ここでは、R_1、R_2、R_3にしている。

このうち、R_1はこの2段増幅回路の**入力インピーダンス**Z_iになる。これはトランジスタTr_1の増幅回路の入力インピーダンスと同じだ。つまり、多段増幅回路が何段であったとしても、その入力インピーダンスは最初の段の入力インピーダンスと等しいことを示している。

いっぽう、この2段増幅回路の**出力インピーダンス**Z_oは、R_{C2}になる。これはトランジスタTr_2の増幅回路の出力インピーダンスと同じだ。つまり、多段増幅回路が何段であったとしても、その出力インピーダンスは最終の段の出力インピーダンスと等しいことを示している。

〈図08-63〉

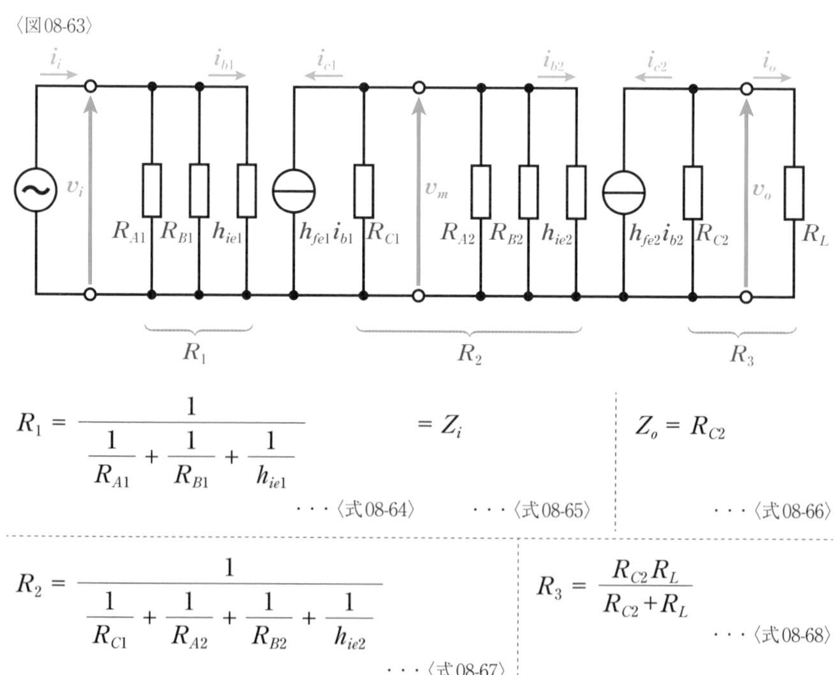

$$R_1 = \frac{1}{\dfrac{1}{R_{A1}} + \dfrac{1}{R_{B1}} + \dfrac{1}{h_{ie1}}}$$
・・・〈式08-64〉

$$= Z_i$$
・・・〈式08-65〉

$$Z_o = R_{C2}$$
・・・〈式08-66〉

$$R_2 = \frac{1}{\dfrac{1}{R_{C1}} + \dfrac{1}{R_{A2}} + \dfrac{1}{R_{B2}} + \dfrac{1}{h_{ie2}}}$$
・・・〈式08-67〉

$$R_3 = \frac{R_{C2}R_L}{R_{C2}+R_L}$$
・・・〈式08-68〉

次に、この2段増幅回路全体の**電圧増幅度**A_vを求めてみよう。多段増幅回路の増幅度は、それぞれの段の増幅度の積で求めることができる。

前段の電圧増幅度A_{v1}は、前段から後段に伝えられる電圧v_mと入力電圧v_iの比の絶対値で求めることができる。v_mは前段にとっては出力電圧、後段にとっては入力電圧になるわけだ。

v_iは、Tr_1の入力インピーダンスh_{ie1}と、流れる電流i_{b1}で、〈式08-69〉のように示すことができる。いっぽう、v_mは合成抵抗R_2と流れる電流$h_{fe1}\,i_{b1}$で、〈式08-70〉のように示すことができる。この2式から、前段の電圧増幅度A_{v1}は〈式08-73〉のように求められる。

$$v_i = h_{ie1}\,i_{b1} \quad \cdots〈式08\text{-}69〉$$

$$v_m = -R_2\,h_{fe1}\,i_{b1} \quad \cdots〈式08\text{-}70〉$$

$$A_{v1} = \left|\frac{v_m}{v_i}\right| \ \cdots〈式08\text{-}71〉 \quad = \frac{R_2\,h_{fe1}\,i_{b1}}{h_{ie1}\,i_{b1}} \ \cdots〈式08\text{-}72〉 \quad = \frac{h_{fe1}}{h_{ie1}}R_2 \ \cdots〈式08\text{-}73〉$$

後段の電圧増幅度A_{v2}は出力電圧v_oと前段から後段に伝えられる電圧v_mの比の絶対値で求めることができる。〈式08-70〉ではv_mをTr_1に関連する要素で表わしたが、Tr_2に関連する要素で表わすと、Tr_2の入力インピーダンスh_{ie2}と、流れる電流i_{b2}で、〈式08-74〉のようになる。いっぽう、v_oは合成抵抗R_3と流れる電流$h_{fe2}\,i_{b2}$で、〈式08-75〉のように示すことができる。この2式から、後段の電圧増幅度A_{v2}は〈式08-78〉のように求められる。式の形状は、〈式08-73〉と同じようになる。

$$v_m = h_{ie2}\,i_{b2} \quad \cdots〈式08\text{-}74〉$$

$$v_o = -R_3\,h_{fe2}\,i_{b2} \quad \cdots〈式08\text{-}75〉$$

$$A_{v2} = \left|\frac{v_o}{v_m}\right| \ \cdots〈式08\text{-}76〉 \quad = \frac{R_3\,h_{fe2}\,i_{b2}}{h_{ie2}\,i_{b2}} \ \cdots〈式08\text{-}77〉 \quad = \frac{h_{fe2}}{h_{ie2}}R_3 \ \cdots〈式08\text{-}78〉$$

前段と後段それぞれの電圧増幅度が求められれば、2段増幅回路全体の電圧増幅度A_vを求めるのは簡単だ。A_{v1}とA_{v2}の積で、〈式08-81〉のようにA_vを示すことができる。

$$A_v = A_{v1} \times A_{v2} \ \cdots〈式08\text{-}79〉 \quad = \frac{h_{fe1}}{h_{ie1}}R_2 \times \frac{h_{fe2}}{h_{ie2}}R_3 \ \cdots〈式08\text{-}80〉 \quad = \frac{h_{fe1}}{h_{ie1}} \cdot \frac{h_{fe2}}{h_{ie2}}R_2 R_3 \ \cdots〈式08\text{-}81〉$$

Chapter 02 Section 09

増幅回路の周波数特性

増幅回路はどんな周波数の信号でも増幅できるわけではない。使用するコンデンサの影響やトランジスタの特性などによって低域と高域では増幅度が低下する。

▶周波数特性

トランジスタによる増幅回路の**電圧利得** G_v と**周波数** f の関係をグラフに示すと、〈図09-01〉のようになる。このように増幅回路の性能である**利得**や**増幅度**が周波数によってどのように変化するかを調べたものを**周波数特性**という。

小信号増幅回路の周波数特性は中央に平坦な部分があり、両端で利得が低下していくのが一般的だ。利得に変化がない中央部分の周波数の範囲を**中域**といい、中域より周波数が低い領域を**低域**、中域より周波数が高い領域を**高域**という。前のSectionで説明した小信号増幅回路の解析は、中域だけの解析を行ったものだといえる。

中域より利得が3dB低下する周波数を**遮断周波数**といい、周波数が低い側を**低域遮断周波数** f_{CL}、周波数が高い側を**高域遮断周波数** f_{CH} という。遮断周波数は、中域より電力増幅度が $\frac{1}{2}$ になる周波数、または電圧増幅度が $\frac{1}{\sqrt{2}}$ になる周波数、電流増幅度が $\frac{1}{\sqrt{2}}$ になる周波数ともいえる。低域遮断周波数と高域遮断周波数の差（幅）を**周波数帯域幅** B や単に**帯域幅** B いう。

◆小信号増幅回路の周波数特性の例 〈図09-01〉

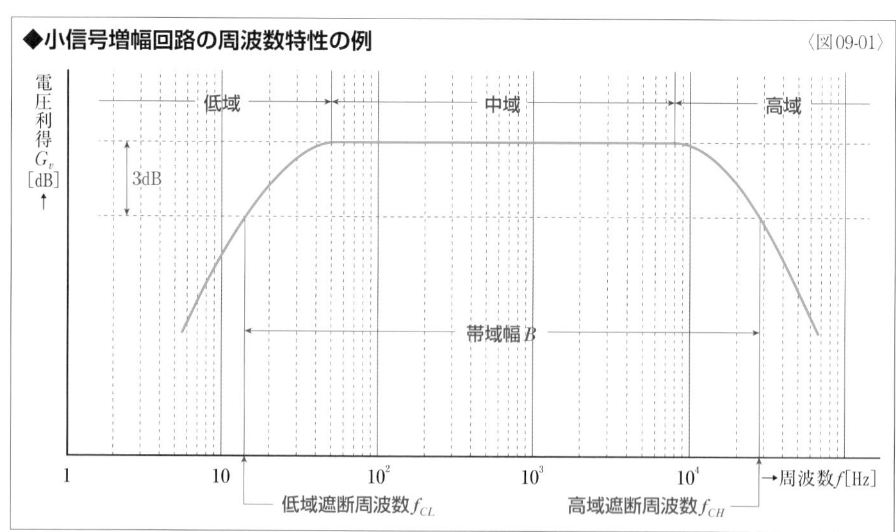

低域の周波数特性

◆コンデンサのリアクタンス

$$X_C = \frac{1}{2\pi f C} \quad \cdot\cdot〈式09\text{-}02〉$$

低域で増幅回路の利得の低下する原因には**結合コンデンサ**によるものと**バイパスコンデンサ**によるものがある。**コンデンサ**の**リアクタンス**X_Cは、**静電容量**Cと流れる電流の**周波数**fで〈式09-02〉のように示される。この式から、周波数fが低くなるほどリアクタンスX_Cが大きくなるのがわかる。つまり、周波数が低くなるほどコンデンサのインピーダンスが大きくなって交流が流れにくくなるわけだ。

***h*パラメータ等価回路**を使った小信号増幅回路の解析では、一般的にコンデンサの影響はないものとして、コンデンサを短絡した等価回路としているが、コンデンサの影響が無視できない場合には、〈図09-03〉のようにコンデンサを含めた等価回路で考える必要がある。

周波数が低下すると結合コンデンサC_1のインピーダンスZ_{C1}が大きくなるため、同じ入力電圧v_iに対しても増幅回路の入力電流i_iが減少する。そのため、ベース電流i_bが減少し、当然$h_{fe}i_b$で示されるコレクタ電流i_cも減少するので、出力電圧v_oが下がり、利得が低下する。

増幅回路の本来の出力電圧はR_Cの端子電圧（=コレクタ・エミッタ間電圧）であり、結合コンデンサC_2を無視できる場合にはR_Lの端子電圧もこれに等しくなるが、C_2のインピーダンスZ_{C2}が大きくなると、本来の出力電圧をZ_{C2}とR_Lが分圧することになるので、出力電圧v_oが下がり、利得が低下する。

バイパスコンデンサC_Eの役割は、出力の信号成分がエミッタ抵抗R_Eを流れないように迂回（バイパス）させることだ。しかし、周波数が低下してC_EのインピーダンスZ_{CE}が大きくなると電流が流れにくくなり、R_Eにも電流が流れるようになる。出力の信号成分がエミッタ抵抗を流れるようになると、信号成分にも**負帰還**がかかるようになり、利得が低下する。

◆コンデンサの影響を考えた*h*パラメータ簡易等価回路 〈図09-03〉

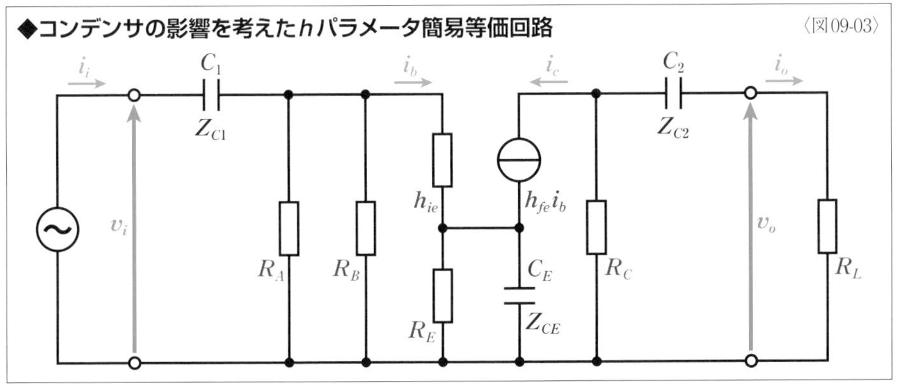

▶低域遮断周波数

それぞれの**コンデンサ**の**静電容量**によって決まる**低域遮断周波数**を求めてみよう。

● C_1 によって決まる低域遮断周波数

結合コンデンサ C_1 の影響を考慮した h パラメータ簡易等価回路は〈図09-04〉になる。一般に h_{ie} は R_A と R_B に対して十分に小さい（$R_A \gg h_{ie}$、$R_B \gg h_{ie}$）ので、R_A、R_B、h_{ie} の並列合成抵抗で考えると電流のほとんどは h_{ie} を流れることになる。よって、ベース電流 i_b は入力電圧 v_i と、C_1 と h_{ie} の合成インピーダンスで〈式09-05〉のように示すことができ、変形すると〈式09-06〉になる。なお、ここでは計算を単純化するために h_{ie} は抵抗のみとしている。

いっぽう、**中域**の電圧増幅度 A_v は〈式09-07〉で示される（P127〈式08-34〉参照）。また、C_1 の影響を考慮した回路の電圧増幅度 A_{v1} は〈式09-09〉で表わせる。この式に〈式09-06〉を代入して整理すると、〈式09-10〉になる。

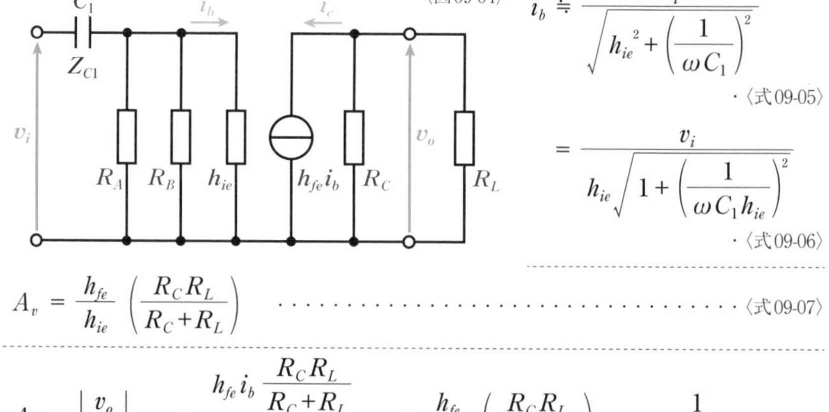

$$i_b \fallingdotseq \frac{v_i}{\sqrt{{h_{ie}}^2 + \left(\frac{1}{\omega C_1}\right)^2}} \quad \cdots〈式09-05〉$$

$$= \frac{v_i}{h_{ie}\sqrt{1 + \left(\frac{1}{\omega C_1 h_{ie}}\right)^2}} \quad \cdots〈式09-06〉$$

$$A_v = \frac{h_{fe}}{h_{ie}}\left(\frac{R_C R_L}{R_C + R_L}\right) \quad \cdots〈式09-07〉$$

$$A_{v1} = \left|\frac{v_o}{v_i}\right| \quad \cdots〈式09-08〉 \qquad = \frac{h_{fe} i_b \frac{R_C R_L}{R_C + R_L}}{v_i} \quad \cdots〈式09-09〉 \qquad = \frac{h_{fe}}{h_{ie}}\left(\frac{R_C R_L}{R_C + R_L}\right)\frac{1}{\sqrt{1 + \left(\frac{1}{\omega C_1 h_{ie}}\right)^2}} \quad \cdots〈式09-10〉$$

〈式09-10〉が〈式09-07〉の $\frac{1}{\sqrt{2}}$ 倍になるのは、$\omega C_1 h_{ie} = 1$ のときだ。結合コンデンサ C_1 によって決まる**低域遮断周波数**を f_{C1} とすると、この式は〈式09-11〉で示すことができ、変形すると〈式09-12〉のように f_{C1} を求めることができる。

$$2\pi f_{C1} C_1 h_{ie} = 1 \quad \cdots〈式09-11〉$$

$$f_{C1} = \frac{1}{2\pi C_1 h_{ie}} \quad \cdots〈式09-12〉$$

なお、ここではR_{AB}を電流がほとんど流れないとして近似で計算しているが、厳密に考えると〈式09-12〉のh_{ie}はR_A、R_B、h_{ie}の並列合成抵抗に置き換える必要がある。R_A、R_B、h_{ie}の並列合成抵抗はこの増幅回路の入力インピーダンスZ_oであるといえる。

● C_2によって決まる低域遮断周波数

結合コンデンサC_2によって決まる**低域遮断周波数**f_{C2}も同じようにして求めることができる。C_2の影響を考慮したhパラメータ簡易等価回路は〈図09-13〉になる。出力側は、直列接続されたC_2とR_Lが、R_Cと並列接続されていて、そこに電流源$h_{fe}i_b$から電流が流れている。C_2を流れる電流はi_oは合成インピーダンスの分流式によって〈式09-14〉のように示すことができる。また、中域の電圧増幅度A_vは〈式09-15〉で示され、C_2の影響を考慮した回路の電圧増幅度A_{v2}は〈式09-17〉で表わせる。この式に〈式09-14〉を代入して整理していくと、〈式09-19〉になる。

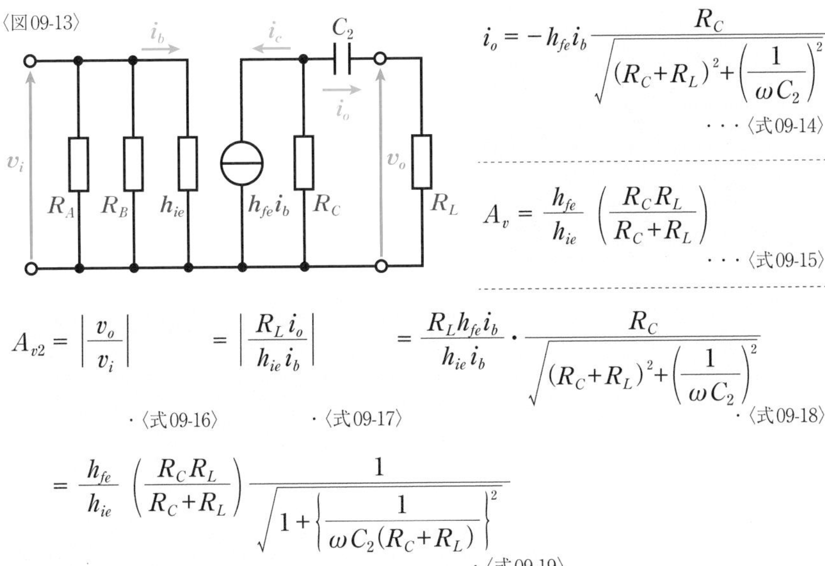

$$i_o = -h_{fe}i_b \frac{R_C}{\sqrt{(R_C+R_L)^2+\left(\frac{1}{\omega C_2}\right)^2}} \quad \cdots〈式09\text{-}14〉$$

$$A_v = \frac{h_{fe}}{h_{ie}}\left(\frac{R_C R_L}{R_C+R_L}\right) \quad \cdots〈式09\text{-}15〉$$

$$A_{v2} = \left|\frac{v_o}{v_i}\right| \quad \cdot〈式09\text{-}16〉 \qquad = \left|\frac{R_L i_o}{h_{ie} i_b}\right| \quad \cdot〈式09\text{-}17〉 \qquad = \frac{R_L h_{fe} i_b}{h_{ie} i_b}\cdot\frac{R_C}{\sqrt{(R_C+R_L)^2+\left(\frac{1}{\omega C_2}\right)^2}} \quad \cdot〈式09\text{-}18〉$$

$$= \frac{h_{fe}}{h_{ie}}\left(\frac{R_C R_L}{R_C+R_L}\right)\frac{1}{\sqrt{1+\left\{\frac{1}{\omega C_2(R_C+R_L)}\right\}^2}} \quad \cdot〈式09\text{-}19〉$$

〈式09-19〉が〈式09-15〉の$\frac{1}{\sqrt{2}}$倍になるのは、$\omega C_2(R_C+R_L)=1$のときだ。この式をC_2によって決まる低域遮断周波数f_{C2}に置き換えると〈式09-20〉で示すことができ、変形すると〈式09-21〉のようにf_{C2}が求められる。

$$2\pi f_{C2} C_2(R_C+R_L)=1 \quad \cdots〈式09\text{-}20〉$$

$$f_{C2} = \frac{1}{2\pi C_2(R_C+R_L)} \quad \cdots〈式09\text{-}21〉$$

● C_Eによって決まる低域遮断周波数

バイパスコンデンサC_Eによって決まる**低域遮断周波数**f_{CE}も計算で求められるが、かなり複雑にはなるので本書では省略して結果だけを示す。先に求めたC_1とC_2によって決まる低域遮断周波数f_{C1}とf_{C2}もまとめて表示すると以下のようになる。3つの式は、いずれも分母にC_1、C_2、C_Eがある。低域遮断周波数は値が小さいほど**低域**の**周波数特性**が優れているといえるので、いずれのコンデンサも**静電容量**を大きくするほど回路の特性がよくなるわけだ。

また、3つの式を比べると、RやCの値にもよるが一般的にはh_{fe}が分子にあるf_{CE}が、f_{C1}、f_{C2}よりも大きな周波数になる。低域の利得の低下は、いずれのコンデンサでも生じるわけだが、低域遮断周波数はほとんどの場合、バイパスコンデンサC_Eによって決まる。よって、低域の周波数特性をよくするためには、C_Eの静電容量を十分に大きなものにする必要がある。

C_1による低域遮断周波数 $$f_{C1} = \frac{1}{2\pi C_1 h_{ie}} \text{ [Hz]}$$ ……〈式09-12〉

C_2による低域遮断周波数 $$f_{C2} = \frac{1}{2\pi C_2 (R_C + R_L)} \text{ [Hz]}$$ ……〈式09-21〉

C_Eによる低域遮断周波数 $$f_{CE} = \frac{h_{fe}}{2\pi C_E h_{ie}} \text{ [Hz]}$$ ……〈式09-22〉

▶高域の周波数特性

高域で利得が低下する原因には、トランジスタ自体のh_{fe}の低下と、トランジスタ自体がもつ**静電容量**や配線間に生じる静電容量の影響がある。

周波数が高くなるとh_{fe}が低下するのはトランジスタの性質だ。〈図09-23〉はトランジスタのh_{fe}の**周波数特性**の例だ。h_{fe}が1になる周波数（利得が0dBになる周波数）を**トランジション周波数**f_Tといい、トランジスタの**高域特性**を示す指標になる。f_Tの大きいトランジスタほど高い周波数が増幅できる。f_Tでは増幅ができないため、増幅する信号の最大周波数の

◆**トランジスタのh_{fe}の周波数特性の例**〈図09-23〉

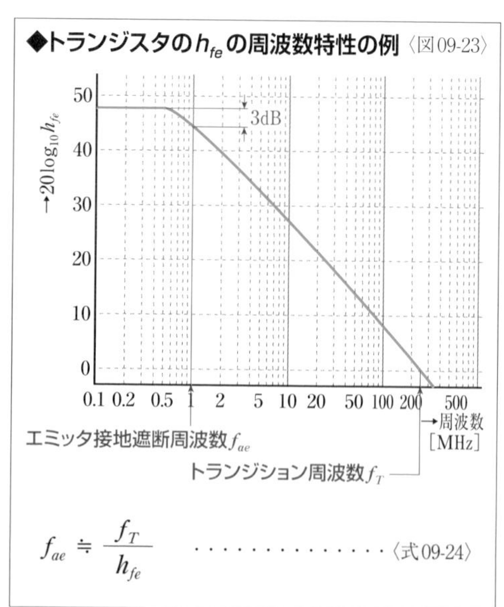

$$f_{ae} \fallingdotseq \frac{f_T}{h_{fe}}$$ ……〈式09-24〉

10倍程度のf_Tのトランジスタを使うのが一般的だ。

また、低周波におけるh_{fe}から利得が3dB低下する周波数(低周波における増幅度の$\frac{1}{\sqrt{2}}$になる周波数)を**エミッタ接地遮断周波数f_{ae}**という。エミッタ接地遮断周波数f_{ae}とトランジション周波数f_Tには近似的に〈式09-24〉の関係があることが知られている。

また、pn**接合**の**空乏層**は正負の**電荷**によって一種の**コンデンサ**のような状態になる。そこに生じる静電容量に相当するものが**接合容量**だ。トランジスタは各端子間に接合容量が存在するが、エミッタ接地増幅回路ではコレクタ・ベース間に生じる**コレクタ接合容量C_{ob}**が回路に大きな影響を及ぼす。C_{ob}は**コレクタ出力容量**や単に**コレクタ容量**ともいう。C_{ob}をコンデンサとして回路図に加えると〈図09-25〉のようになる。C_{ob}は容量が小さいので、信号の周波数が低ければインピーダンスが大きく、C_{ob}を経由して電流が流れることはない。しかし、周波数が高くなるとインピーダンスが小さくなり、電流が流れやすくなる。すると、C_{ob}を経由して**負帰還**がかかるため、利得が低下する。

配線間の**分布容量**とは配線を電極板、空気を絶縁体として形成されるコンデンサの静電容量のことで、**浮遊コンデンサ**や**漂遊コンデンサ**ともいう。配線間の分布容量は配線が長いほど大きくなる。〈図09-25〉のように分布容量C_{S1}が生じている場合、入力信号の周波数が高くなると、入力電流の一部がC_{S1}を通じて接地されてしまうため、ベースへの入力が小さくなる。また、分布容量C_{S2}が生じている場合、出力電流i_oの一部がC_{S2}を通じて接地されてしまうため、出力が小さくなる。入力や出力が小さくなれば、当然のごとく利得が低下する。

以上の理由から、**高域遮断周波数f_{CH}**を高くするには、h_{fe}の周波数特性が優れていてコレクタ接合容量(コレクタ出力容量) C_{ob}が小さいトランジスタを使用する必要がある。また、分布容量が小さくなるように配線は可能な限り短くなるようにすべきだ。

◆増幅回路の高域特性に影響を与える静電容量 〈図09-25〉

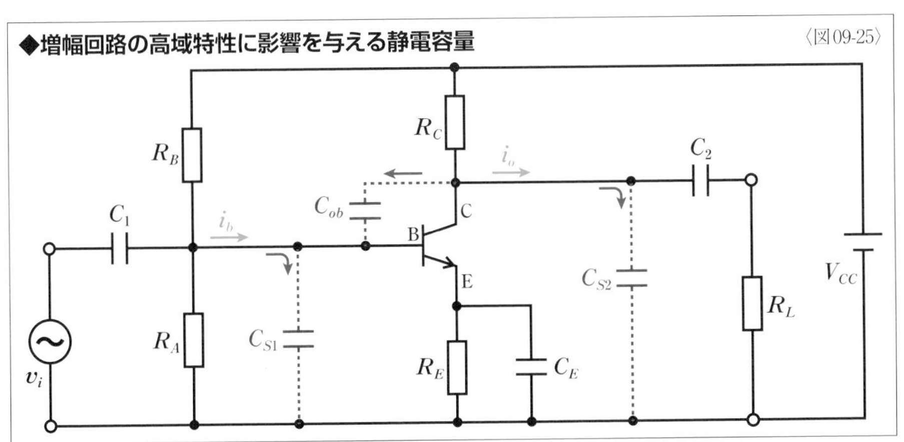

Chapter 02 Section 10

小信号増幅回路の設計

これまでに学習したことを応用して小信号増幅回路を設計してみよう。抵抗やコンデンサの大きさを決めるためには、さまざまな電圧や電流を求める必要がある。

増幅回路の設計条件

このChapterの最後では増幅回路(ぞうふくかいろ)を設計してみよう。実際に増幅回路を設計する際には、目的があって回路を設計するため、電源と負荷(ふか)が先に決まっていることがほとんどなので、その条件に沿って設計していくことになる。ここでは、パソコンに音楽プレーヤからアナログ音声を入力する際に、プレーヤの出力レベルが足りないので20dBのアンプを設計するものとする。設計条件は以下のように設定する。

①USBを電源として使う(5V)。
②パソコンの入力インピーダンスは10kΩである。
③増幅回路の利得(りとく)は20dBとする。
④増幅回路の低域遮断周波数(ていいきしゃだんしゅうはすう)は20Hz以下とする。
⑤トランジスタは$h_{FE}=h_{fe}=200$、$V_{BE}=0.6$Vのものを使用する。
⑥トランジスタのh_{ie}はI_C-h_{ie}特性図から求めるものとする。

◆設計回路(電流帰還バイアスのエミッタ接地増幅回路) 〈図10-01〉

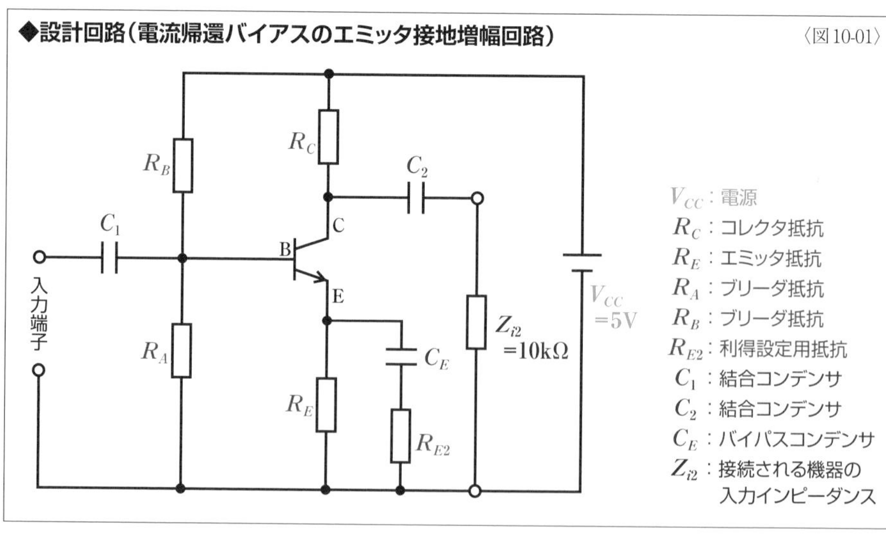

増幅回路は〈図10-01〉の回路とする。こうした電流帰還バイアスのエミッタ接地増幅回路の一般的な設定として、以下のものも設計条件する。

⑦エミッタ抵抗R_Eによる電圧降下V_{RE}はV_{CC}の10%にする。
⑧コレクタ・エミッタ間電圧V_{CE}とコレクタ抵抗R_Cの端子電圧V_{RC}を等しくする。
⑨ブリーダ電流I_Aはベース電流I_Bの20倍とする。
⑩増幅回路の出力インピーダンスは接続する機器の入力インピーダンスより十分に小さくする(10分の1)。

なお、バイパスコンデンサC_Eと直列にされた抵抗R_{E2}は、利得を設定するためのものだ。電流帰還バイアスは負帰還によって**安定度**を高めているが、負帰還には増幅度が低下するデメリットがあるため、バイパスコンデンサによって信号成分(交流成分)に負帰還がかからないようにしている。しかし、C_Eと直列に抵抗R_{E2}を備えると、信号成分にも負帰還がかかるようになり、増幅度が低下する。この抵抗R_{E2}の大きさによって信号成分の負帰還の量が調整できるので、目的の増幅度に設定することが可能になる。

▶バイアス回路の設計

設計はバイアス回路から始める。〈図10-01〉の回路の**直流等価回路**は〈図10-02〉だ。抵抗R_{E2}はバイパスコンデンサC_Eと直列なので、バイアス成分(直流成分)には影響を与えないので、直流等価回路には含まれていない。

◆直流等価回路(バイアス回路) 〈図10-02〉

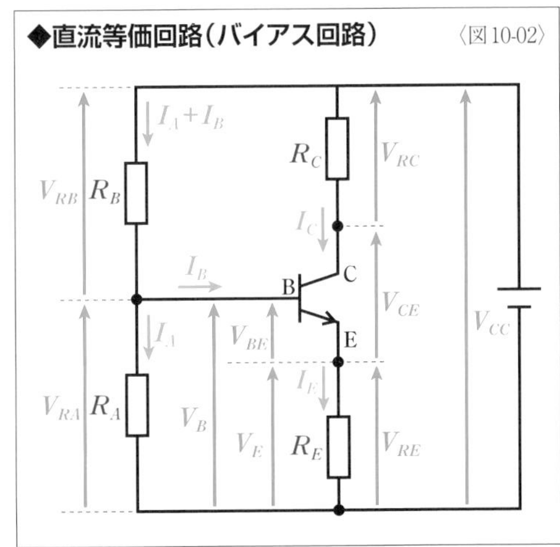

●コレクタ抵抗R_C

電流帰還バイアスのエミッタ接地増幅回路の出力インピーダンスZ_oは、**コレクタ抵抗**R_Cの大きさで決まる(P130参照)。設計条件から、R_Cはパソコンの入力インピーダンスZ_{i2}の10分の1にすればいいので、〈式10-03〉によりR_Cは1kΩになる。

$$R_C = \frac{Z_{i2}}{10} = \frac{10\times10^3}{10} = 1\times10^3\,\Omega = 1\,\mathrm{k}\Omega \quad \cdots\cdots 〈式10\text{-}03〉$$

Sec.10 小信号増幅回路の設計

●エミッタ抵抗R_E

次に**エミッタ抵抗**R_Eを求める。R_Eは端子電圧V_{RE}とエミッタ電流I_Eがわかれば求められる。I_Eはベース電流I_Bはコレクタ電流I_Cの和だが、I_BはI_Cより十分に小さいので$I_E = I_C + I_B \fallingdotseq I_C$とすることができるため、$V_{RE}$と$I_C$から$R_E$を求めても問題ない。設計条件から電源電圧$V_{CC}$=5Vで、$V_{RE}$は$V_{CC}$の10%なので、〈式10-04〉により$V_{RE}$は0.5Vだ。

$$V_{RE} = V_{CC} \times 0.1 = 5 \times 0.1 = 0.5\,\mathrm{V} \quad \cdots〈式10\text{-}04〉$$

I_CはR_CとV_{RC}で求められる。設計条件からコレクタ・エミッタ間電圧V_{CE}とコレクタ抵抗R_Cの端子電圧V_{RC}は等しく、回路図からV_{CE}、V_{RC}、V_{RE}はV_{CC}を分圧している。これらを示す〈式10-05〉と〈式10-06〉から、〈式10-07〉が導かれるので、V_{RC}は2.25Vだ。R_CとV_{RC}からオームの法則でI_Cを求めると、〈式10-08〉によりI_Cは2.25mAになる。

$$V_{CE} = V_{RC} \quad \cdots〈式10\text{-}05〉$$

$$V_{CC} = V_{RC} + V_{CE} + V_{RE} \quad \cdots〈式10\text{-}06〉$$

$$V_{RC} = \frac{V_{CC} - V_{RE}}{2} = \frac{5 - 0.5}{2} = 2.25\,\mathrm{V} \quad \cdots〈式10\text{-}07〉$$

$$I_C = \frac{V_{RC}}{R_C} = \frac{2.25}{1 \times 10^3} = 2.25 \times 10^{-3}\,\mathrm{A} = 2.25\,\mathrm{mA} \quad \cdots〈式10\text{-}08〉$$

R_EはV_{RE}とI_Eの比で示されるが、$I_E \fallingdotseq I_C$とできるので、V_{RE}とI_Cの比になる。〈式10-09〉によりR_Eは222Ωになる。

$$R_E = \frac{V_{RE}}{I_E} \fallingdotseq \frac{V_{RE}}{I_C} = \frac{0.5}{2.25 \times 10^{-3}} \fallingdotseq 0.222 \times 10^3 = 222\,\Omega \quad \cdots〈式10\text{-}09〉$$

●ブリーダ抵抗R_AとR_B

ブリーダ抵抗R_AとR_Bは、それぞれを流れる電流と端子電圧がわかればオームの法則で求められる。ブリーダ電流I_Aを求めるために、まずはベース電流I_Bを求める。トランジスタの直流電流増幅率h_{FE}はI_CとI_Bの比を示したものなので、h_{FE}とI_CからI_Bが求められる。設計条件からh_{FE}=200なので、〈式10-10〉によりI_Bは11.25μAになる。設計条件からI_AはI_Bの20倍なので、〈式10-11〉によりI_Aは0.225mAになる。

$$I_B = \frac{I_C}{h_{FE}} = \frac{2.25 \times 10^{-3}}{200} = 11.25 \times 10^{-6}\,\mathrm{A} = 11.25\,\mu\mathrm{A} \quad \cdots〈式10\text{-}10〉$$

$$I_A = I_B \times 20 = 11.25 \times 10^{-6} \times 20 = 0.225 \times 10^{-3}\,\mathrm{A} = 0.225\,\mathrm{mA} \quad \cdots〈式10\text{-}11〉$$

R_Aの端子電圧V_{RA}はベース電圧V_Bに等しく、V_Bはベース・エミッタ間電圧V_{BE}とエミッタ電圧V_Eの和で示される(エミッタ電圧とはエミッタの電位のこと)。また、V_Eはすでに判明(はんめい)しているV_{RE}と等しい。設計条件からV_{BE}=0.6Vなので、〈式10-12〉によりV_{RA}は1.1Vになる。

$$V_{RA} = V_B = V_E + V_{BE} = V_{RE} + V_{BE} = 0.5 + 0.6 = 1.1\,\mathrm{V} \quad \cdots\cdots\cdots\cdots〈式10\text{-}12〉$$

V_{RA}とI_Aが判明すれば、オームの法則によってR_Aが求められる。〈式10-13〉によりR_Aは4.89kΩになる。

$$R_A = \frac{V_{RA}}{I_A} = \frac{1.1}{0.225\times10^{-3}} \fallingdotseq 4.89\times10^3\,\Omega = 4.89\,\mathrm{k\Omega} \quad \cdots\cdots\cdots\cdots〈式10\text{-}13〉$$

R_Bの端子電圧V_{RB}とR_Aの端子電圧V_{RA}はV_{CC}を分圧しているので、〈式10-14〉によりV_{RB}は3.9Vになる。

$$V_{RB} = V_{CC} - V_{RA} = 5 - 1.1 = 3.9\,\mathrm{V} \quad \cdots\cdots\cdots\cdots〈式10\text{-}14〉$$

R_Bは端子電圧V_{RB}と流れる電流から求められる。R_Bを流れる電流はI_AとI_Bの和だが、I_BはI_Aより十分に小さいので、$I_A + I_B \fallingdotseq I_A$とすることができるため、$V_{RB}$と$I_A$からオームの法則で求めても問題ない。よって、〈式10-15〉によりR_Bは17.3kΩになる。

$$R_B \fallingdotseq \frac{V_{RB}}{I_A} = \frac{3.9}{0.225\times10^{-3}} \fallingdotseq 17.3\times10^3\,\Omega = 17.3\,\mathrm{k\Omega} \quad \cdots\cdots\cdots\cdots〈式10\text{-}15〉$$

これで**バイアス回路**に使用する抵抗の大きさがすべて求められたことになる。

◆直流等価回路と抵抗値の計算結果 〈図10-16〉

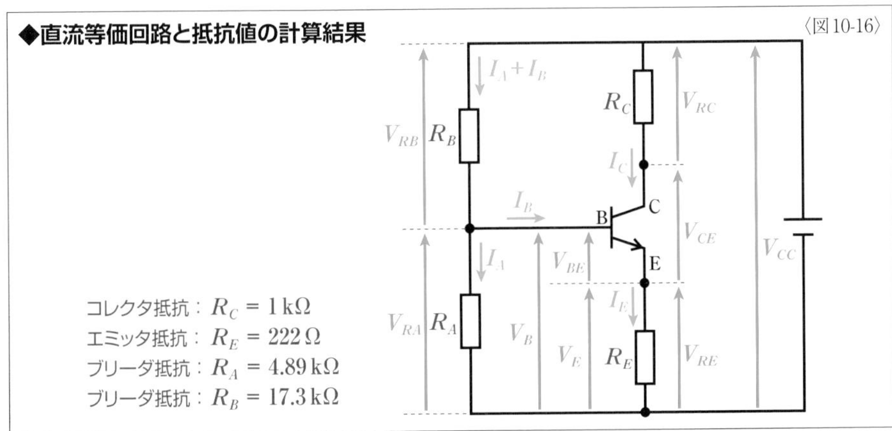

………近似計算の誤差………

前ページまでで行ったバイアス回路の設計では、$I_E = I_B + I_C \fallingdotseq I_C$と$I_B + I_A \fallingdotseq I_A$という近似を使っているが、本当に近似で問題ないのだろうか。近似を使わないで計算するとR_Eは〈式①〉のように221Ωになる。近似で計算した222Ωとの誤差は0.5%程度だ。

いっぽう、R_Bは近似を使わないと〈式②〉のように16.5kΩになる。近似で計算した17.3kΩとの誤差は約5%だ。この誤差は大きいと感じるかもしれないが、そもそも市販の抵抗器でよく使われているのは許容差が±10%のE12系列や許容差が±5%のE24系列のものだ。つまり、電子回路や電気回路ではこの程度の誤差は許容範囲内ということになる。

$$R_E = \frac{V_{RE}}{I_E} = \frac{V_{RE}}{I_C + I_B} = \frac{0.5}{2.25\times10^{-3} + 11.25\times10^{-6}} \fallingdotseq 221\,\Omega \quad \cdots\cdots〈式①〉$$

$$R_B = \frac{V_{RB}}{I_A + I_B} = \frac{3.9}{0.225\times10^{-3} + 11.25\times10^{-6}} \fallingdotseq 16.5\times10^{3}\,\Omega = 16.5\,\mathrm{k}\Omega \quad \cdots\cdots〈式②〉$$

▶利得設定用抵抗R_{E2}の算出

〈図10-17〉のような電流帰還バイアスのエミッタ接地増幅回路の**電圧増幅度**A_vはh_{fe}とh_{ie}の比と抵抗R_{CL}で〈式10-18〉で示される(P127参照)。R_{CL}はR_CとR_Lの並列合成抵抗を示している。**負帰還増幅回路**(P192〜参照)で詳しく説明するが、この回路から**バイパスコンデンサ**C_Eを取り除いた増幅度A_{vf}は〈式10-19〉のようにR_{CL}とR_Eの比で示される。並列合成抵抗なのでR_CがR_Lより十分に小さい($R_C \ll R_L$)のであれば$R_{CL} \fallingdotseq R_C$とできるため、$A_{vf}$は〈式10-20〉のように$R_C$と$R_E$の比になる。

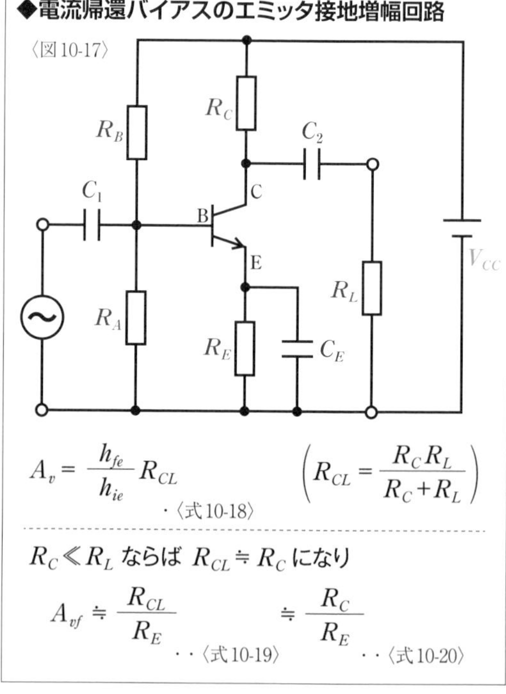

抵抗R_{E2}をバイパスコンデンサC_Eに直列に挿入すると、信号成分にも**負帰還**がかかって電圧増幅度が低下するが、R_{E2}の大きさで信号成分の負帰還の量を調整することで目的の増幅度に設定できる。その際に利用するのがR_CとR_Eの比だ。設計条

件の利得20dBは電圧増幅度にすると10になる。この回路のA_vはR_{E2}がR_Eより十分に小さい($R_{E2} \ll R_E$)と〈式10-21〉で示され、〈式10-22〉によりR_{E2}は100Ωになる。このR_{E2}の値はR_Eより十分に小さいとはいえないが、この条件を満たしていなくても増幅度が大きくなる方向に誤差が大きくなるので、この値を採用しても大丈夫だ。

$$A_v = 10 = \frac{R_C}{R_{E2}} \quad \cdots〈式10\text{-}21〉$$

$$R_{E2} = \frac{R_C}{10} = \frac{1 \times 10^3}{10} = 100\,\Omega \quad \cdots〈式10\text{-}22〉$$

入出力インピーダンスの算出

設計中の回路の入出力インピーダンスを求めてみよう。R_{E2}はR_Cより十分に小さい($R_{E2} \ll R_C$)ので無視すると、hパラメータ簡易等価回路は〈図10-23〉になる。最初に説明したように**出力インピーダンス**Z_oはR_Cで決まるので1kΩだ。

$$Z_o = R_C = 1\,\text{k}\Omega \quad \cdots〈式10\text{-}24〉$$

いっぽう、**入力インピーダンス**Z_iは、R_A、R_B、h_{ie}の並列合成抵抗になる(P129参照)。hパラメータは**動作点**の設定によって変化するが、特にh_{ie}は動作点におけるコレクタ電流I_Cの値によって大きく変化する。そのため、バイアス回路を設計してI_Cの値が決まらないと正確なh_{ie}は判明しない。〈図10-25〉の$I_C - h_{ie}$特性図から、$I_C = 2.25\text{mA}$のときのh_{ie}は2kΩと読み取れる。Z_iは〈式10-26〉で示されるので、〈式10-27〉によりZ_iは1.31kΩになる。

$$\frac{1}{Z_i} = \frac{1}{R_A} + \frac{1}{R_B} + \frac{1}{h_{ie}} = \frac{1}{4.89 \times 10^3} + \frac{1}{17.3 \times 10^3} + \frac{1}{2 \times 10^3} \quad \cdots〈式10\text{-}26〉$$

$$Z_i \fallingdotseq 1.31 \times 10^3\,\Omega = 1.31\,\text{k}\Omega \quad \cdots〈式10\text{-}27〉$$

◆hパラメータ簡易等価回路 〈図10-23〉

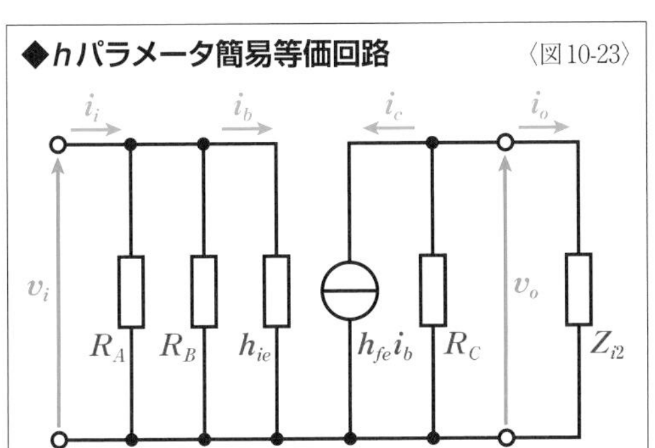

◆使用トランジスタの$I_C - h_{ie}$特性

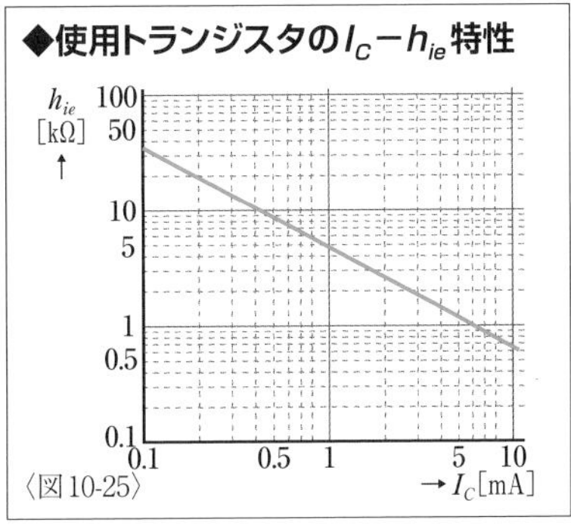

〈図10-25〉

▶コンデンサC_1、C_2、C_Eの算出

コンデンサC_1、C_2、C_Eの**静電容量**は設計条件の**低域遮断周波数**$f_{CL} \leqq 20\text{Hz}$から求めることになる。増幅回路の設計においてこれらのコンデンサの静電容量については、一般的に目安となる数値を求めて、それより大きな適当なものを選ぶ。つまり、必要最低限の性能で設計したものより大きな容量であれば、性能がよくなるので問題ないと考えるわけだ。

遮断周波数とは**中域**より電力増幅度が$\frac{1}{2}$になる周波数のことであり、電圧増幅度や電流増幅度が$\frac{1}{\sqrt{2}}$になる周波数ともいえる。電気回路で学んだように抵抗RとコンデンサCを直列にした***RC*直列回路**では、電圧の位相が90度遅れるので、RとCのインピーダンスが同じ大きさなら、分圧された電圧は全体の電圧の$\frac{1}{\sqrt{2}}$になる。そのため、RとCのインピーダンスが同じになる周波数が遮断周波数になる。

各コンデンサの影響を考慮に入れた***h*パラメータ簡易等価回路**は右ページの〈図10-28〉になる。**結合コンデンサ**C_1によって決まる低域遮断周波数f_{C1}は一般的には〈式10-29〉で示されるが(P136参照)、h_{ie}のかわりにZ_iを使った〈式10-30〉で示すことも可能だ。厳密に考えればR_A、R_B、h_{ie}の並列合成抵抗であるZ_iとしたほうが、R_AとR_Bの存在によって$Z_i<h_{ie}$の関係になるので、より厳しい条件で低域遮断周波数を考えることができる。ここではすでにZ_iが求められているので、〈式10-30〉を使用して求めてみる。

設計条件である低域遮断周波数$f_{CL}=20\text{Hz}$におけるC_1のインピーダンスをZ_{C1}とすると、$Z_{C1}=Z_i$になるC_1の静電容量を求め、それ以上の大きさのC_1を使えばよいわけだ。〈式10-30〉のf_{C1}をf_{CL}に置き換えて変形すれば、C_1を求める式になる。〈式10-31〉によりC_1は6.08μF以上となる。

$$f_{C1} = \frac{1}{2\pi C_1 h_{ie}} \quad \cdots\cdots\cdots\cdots \text{〈式10-29〉}$$

$$f_{C1} = \frac{1}{2\pi C_1 Z_i} \quad \cdots\cdots\cdots\cdots \text{〈式10-30〉}$$

$$C_1 \geqq \frac{1}{2\pi f_{CL} Z_i} = \frac{1}{2\times3.14\times20\times1.31\times10^3} \fallingdotseq 6.08\times10^{-6}\,\text{F} = 6.08\,\mu\text{F} \quad \cdot\text{〈式10-31〉}$$

結合コンデンサC_2によって決まる低域遮断周波数f_{C2}は一般的には〈式10-32〉で示される(P137参照)。この式に示されているR_Cは増幅回路の出力インピーダンスZ_oを意味し、R_Lは接続される機器の入力インピーダンスZ_{i2}を意味している。設計条件では接続される機器の入力インピーダンスが明示されているので、ここでは計算を簡略化するためにR_Cだけ、つまりZ_oでf_{C2}を求めてみる。

◆コンデンサの影響を考えたhパラメータ簡易等価回路 〈図10-28〉

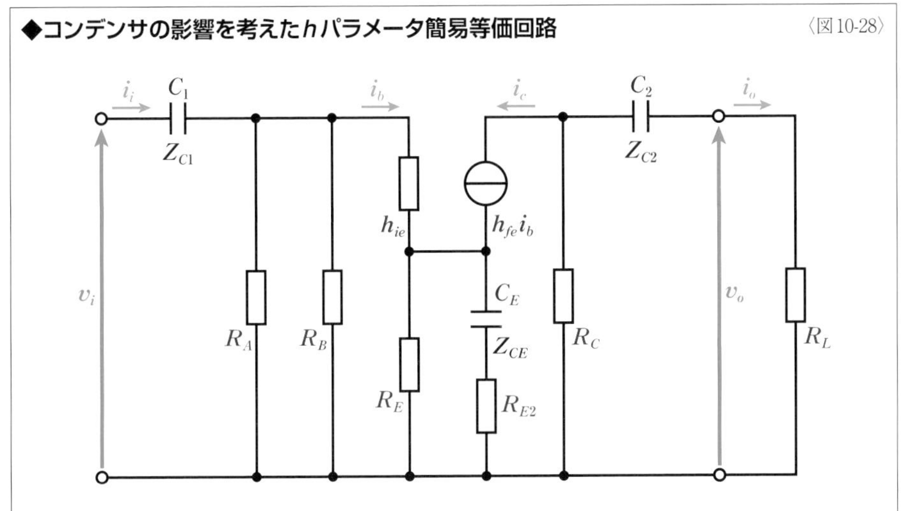

この場合、f_{C2}を示す式は〈式10-33〉になる。この式のf_{C2}をf_{CL}に置き換えて変形すれば、C_2を求める式になる。〈式10-34〉によりC_2は7.96μF以上となる。

$$f_{C2} = \frac{1}{2\pi C_2 (R_C + R_L)} \quad \cdots 〈式10\text{-}32〉$$

$$f_{C2} = \frac{1}{2\pi C_2 Z_o} \quad \cdots 〈式10\text{-}33〉$$

$$C_2 \geqq \frac{1}{2\pi f_{CL} Z_o} = \frac{1}{2 \times 3.14 \times 20 \times 1 \times 10^3} \fallingdotseq 7.96 \times 10^{-6}\,\mathrm{F} = 7.96\,\mu\mathrm{F} \quad \cdot 〈式10\text{-}34〉$$

バイパスコンデンサC_Eによって決まる低域遮断周波数f_{CE}は、C_Eと直列に利得設定用抵抗R_{E2}が存在するため、電流帰還バイアスのエミッタ接地増幅回路の基本形とは同じように求めることができない(P138参照)。R_{E2}が存在すると厳密にいえば信号成分(交流成分)がR_Eも流れることになるが、ここでは信号成分はすべてR_{E2}を流れるものとする。すると、コンデンサと抵抗が直列になった回路を信号成分が流れることになるので、f_{C1}を求める場合と同じように、f_{CE}を〈式10-35〉で示すことができる。この式のf_{CE}をf_{CL}に置き換えて変形すれば、C_Eを求める式になる。〈式10-36〉によりC_Eは79.6μF以上となる。

$$f_{CE} = \frac{1}{2\pi C_E R_{E2}} \quad \cdots 〈式10\text{-}35〉$$

$$C_E \geqq \frac{1}{2\pi f_{CL} R_{E2}} = \frac{1}{2 \times 3.14 \times 20 \times 100} \fallingdotseq 79.6 \times 10^{-6}\,\mathrm{F} = 79.6\,\mu\mathrm{F} \quad \cdot\cdot 〈式10\text{-}36〉$$

◆求められた抵抗とコンデンサの値 〈図10-37〉

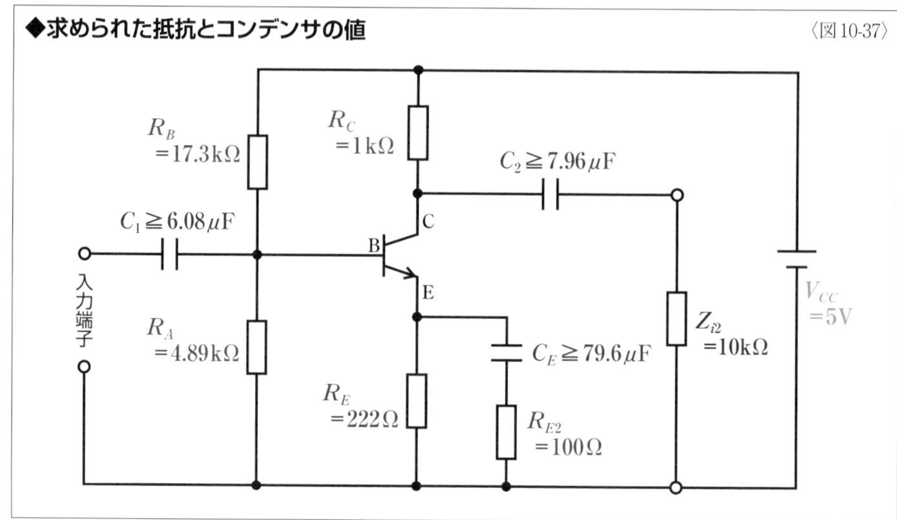

回路の設計と現実の回路

計算によって求められた抵抗とコンデンサの値をまとめると〈図10-37〉のようになる。ただし、実際にアンプを作ろうとすると、計算値にぴったりの抵抗器やコンデンサがあるとは限らない。抵抗はE24系列から近い値のものを選び、各コンデンサは一般に市販されているもののなかから近い値でより大きいものを選ぶと〈表10-38〉のようになる。表の素子を使って実際に増幅回路を作ると、抵抗やコンデンサの値が設計値と少し異なるため、各部の電圧や電流も微妙に変化し、利得や入出力インピーダンスに影響が及ぶ。通常は数%程度の影響といえるが、抵抗器やコンデンサにもそれぞれ**許容差**と呼ばれる誤差があるため、運悪く誤差が悪い方向に積み重なると10%を超えるような誤差になることもある。

◆使用する素子の値 〈表10-38〉

素子	設計値	素子値
R_C	1kΩ	1kΩ
R_E	222Ω	220Ω
R_A	4.89kΩ	4.7kΩ
R_B	17.3kΩ	18kΩ
R_{E2}	100Ω	100Ω
C_1	6.08μF	10μF
C_2	7.96μF	10μF
C_E	79.6μF	100μF

そもそも、市販の単体のトランジスタの場合、h_{FE}の値が明示されているわけではなく、区分が示されているだけだ。区分は、h_{FE}=200～400といった具合にかなりの幅があるので、h_{FE}=200といった設計条件は大きくずれる可能性がある。しかし、増幅度10のアンプを作ったが実際には増幅度14になったとしても実用上は問題ないはずだ。どうしても、目的の増幅度にしなければならないというのであれば、入力部分に可変抵抗を備えて、全体としての増幅度が10になるようにしたほうが現実的だ。

電力増幅回路

Chapter

03

電力増幅回路

負荷に大きな電力を出力することができる増幅回路が電力増幅回路だ。大きな電力を出力するため効率が重視されるが、ひずみにも十分注意する必要がある。

小信号増幅回路と電力増幅回路

トランジスタによる増幅回路はすべて電力を増幅する回路だといえる。小信号増幅回路は電圧増幅を目的とすることが多いが、結果として電力の増幅も行われている。しかし、一般的には**負荷に大きな電力を出力することができる増幅回路を電力増幅回路という**。明確な基準はないが、出力電力10mW程度以上を電力増幅回路として扱うことが多い。また、電力増幅回路は、**大信号増幅回路**や**パワーアンプ**ともいう。

電力増幅回路の場合、大きな出力電力を得るためにトランジスタの負荷線上でコレクタ電流i_cとコレクタ・エミッタ間電圧v_{ce}の振幅を可能な限り大きくして増幅を行う。このようにして電力増幅回路で得られる最大の出力電力を**最大出力電力**P_{om}という。電力増幅回路ではこうした大きな電圧や大きな電流に耐えられる**電力増幅用トランジスタ**を使用する。電力増幅用トランジスタは**パワートランジスタ**ともいう。

小信号増幅回路は電圧増幅を目的とするため電圧増幅度が重視されるが、電力増幅回路は大きな電力の出力が目的なので**電力効率**や**インピーダンス整合**が重視される。また、入力信号の振幅が微小な小信号増幅回路は、トランジスタの特性が線形に近似できる部分を使って増幅できるため、バイアスが大きく変動しなければ出力の**ひずみ**を無視できる。しかし、電力増幅回路は入出力信号の振幅が大きいので、ひずみに十分注意する必要がある。

同じように、小信号増幅回路は特性が線形に近似できる部分を使っているので、hパラメータ等価回路を使って近似解析を行うことができるが、電力増幅回路では動作範囲が広いためhパラメータ等価回路では正確に解析できない。そのため、電力増幅回路では信号成分についても特性図を使って解析する。信号成分の**負荷線**は**交流負荷線**という。

電力増幅回路の動作量

電力増幅回路は、入力信号に対応して、電源から供給される直流電力を交流電力に変換しているといえる。しかし、すべての直流電力が交流電力に変換されるわけではなく、一部は損失となる。この損失を**コレクタ損失**P_Cという。**コレクタ損失**P_C**はコレクタ・エミッタ**

間電圧V_{CE}とコレクタ電流I_Cの積で求めらる。ここで失われた電気エネルギーは熱エネルギーに変換される。

コレクタ損失が生じると発熱によってトランジスタの温度が上昇する。温度が上昇するとトランジスタの特性が変化してひずみが生じたりするので、電力増幅回路ではバイアスの**安定度**が重要になる。**温度補償回路**が備えられることもある。さらに温度が上昇して許容限界を超えるとトランジスタが壊れる。そのため、電力増幅回路ではトランジスタを冷却する**放熱板**（**ヒートシンク**）などの部品を取り付けることで放熱を高め、温度上昇を防ぐことが多い。

また、**増幅回路で直流電力が交流電力に変換された割合を電力効率**ηという。**電源効率**や**コレクタ効率**ともいい[%]で示されるのが一般的だ。増幅回路の**最大出力電力**をP_{om}、電源から供給される**直流電力の平均値**をP_{DC}とすると、〈式01-01〉のように表わされる。

$$\text{電力効率}\,\eta = \frac{P_{om}}{P_{DC}} \times 100\ [\%] \qquad \text{〈式01-01〉}$$

すでに説明したように、トランジスタの動作範囲は〈図01-02〉のように**最大コレクタ・エミッタ間電圧**V_{CEmax}と**最大コレクタ電流**I_{Cmax}の両直線と、**最大コレクタ損失**P_{Cmax}の曲線に囲まれた範囲に収める必要がある（P74参照）。電力増幅回路の場合は、特に注意が必要だ。最大コレクタ損失P_{Cmax}は、〈図01-03〉のように周囲温度や放熱板などの条件付きで示されている。そのため、周囲温度がこれより高かったり、放熱板の能力が十分でなかったりすると、実際に許容されるコレクタ損失は、最大コレクタ損失より小さくなる。

なお、**コレクタ損失や電力効率、最大出力電力などを電力増幅回路の動作量という。**

◆トランジスタの使用許容範囲 〈図01-02〉

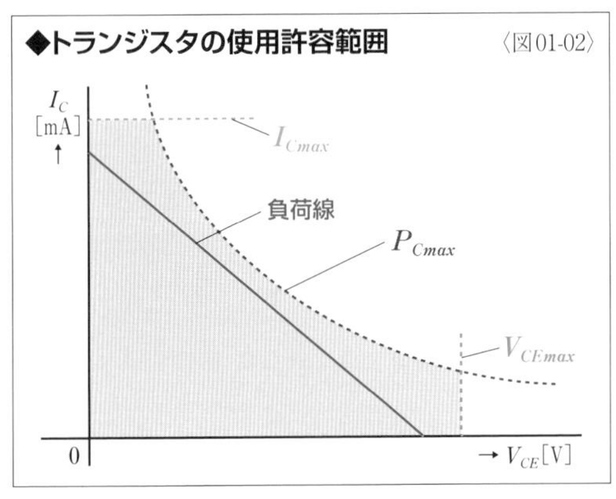

◆最大コレクタ損失の温度特性の例 〈図01-03〉

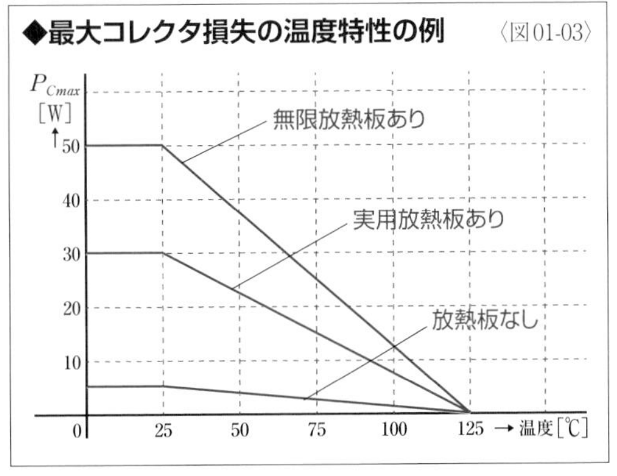

増幅回路のバイアスのかけ方

増幅回路は、バイアスのかけ方によってA級、B級、C級に分類される。級ではなく、**クラスA**、**クラスB**、**クラスC**いうこともある。

トランジスタの $V_{BE}-I_C$ 特性のほぼ直線とみなせるような範囲の中央付近にバイアスを設定する増幅回路をA級増幅回路という。中央付近にバイアスを設定することで、入力波形に対して出力波形の正と負の振幅が同じだけ、しかも最大に増幅できるようにするのが**A級電力増幅回路**だ。小信号増幅回路もA級増幅回路の一種だといえる。A級増幅回路を $V_{CE}-I_C$ 特性で考えれば、負荷線のほぼ中央に**動作点**を設定することになる。A級電力増幅回路は、出力信号波形が入力信号波形にほぼ比例するため、ひずみの少ない増幅ができる。また、回路の構成も簡単だが、無信号時にも**コレクタ損失**が生じるため**電力効率**はよくない。なお、次に説明するB級プッシュプル電力増幅回路では**増幅素子**を2つ使用するが、A級電力増幅回路は増幅素子が1つなので、**A級シングル電力増幅回路**と呼ばれることもある。

トランジスタの $V_{BE}-I_C$ 特性の電流が0になる点をバイアスとする増幅回路をB級増幅回路という。$V_{CE}-I_C$ 特性で考えれば、負荷線の一番下に動作点を設定することになる。**B級増幅は入力信号の波形の半周期だけしか増幅できない**ことになるが、その分、増幅率を大きくすることができる。そのため、通常は正の半周期と負の半周期を別々の回路でB級増幅し、2つの出力を合成する方法が用いられる。これを**B級プッシュプル電力増幅回路**という。"push-pull"とは「押したり引いたり」という意味で、PPと略されることが多い。A級増幅では信号の振幅が0のときでも一定のバイアス電流が流れるが、B級増幅は信号の振幅が0のときはバイアス電流が流れないので、電力効率のよい回路になる。

トランジスタの $V_{BE}-I_C$ 特性の、〈図01-06〉のようにバイアスを設定した増幅回路を**C級増幅回路**という。バイアスを負にすることもある。$V_{CE}-I_C$ 特性で考えれば、B級増幅より負荷線のさらに下側に動作点を設定することになる。C級増幅では、入力信号の一部だけを増幅しているため、入力波形と出力波形は相似にはならず、出力波形が大きくひずむことになる。そのため、波形そのものを伝達したり増幅したりする目的ではない用途に**C級電力増幅回路**は使われる。たとえば、負荷に適当な共振回路を接続することによって、出力波形を正弦波に整形して、高周波の正弦波信号を発生させる回路に使われたりする。C級増幅は、A級やB級に比べて電力効率が高いため、得たい周波数が決まっている場合には、より高い電力効率で正弦波信号を生成できる。

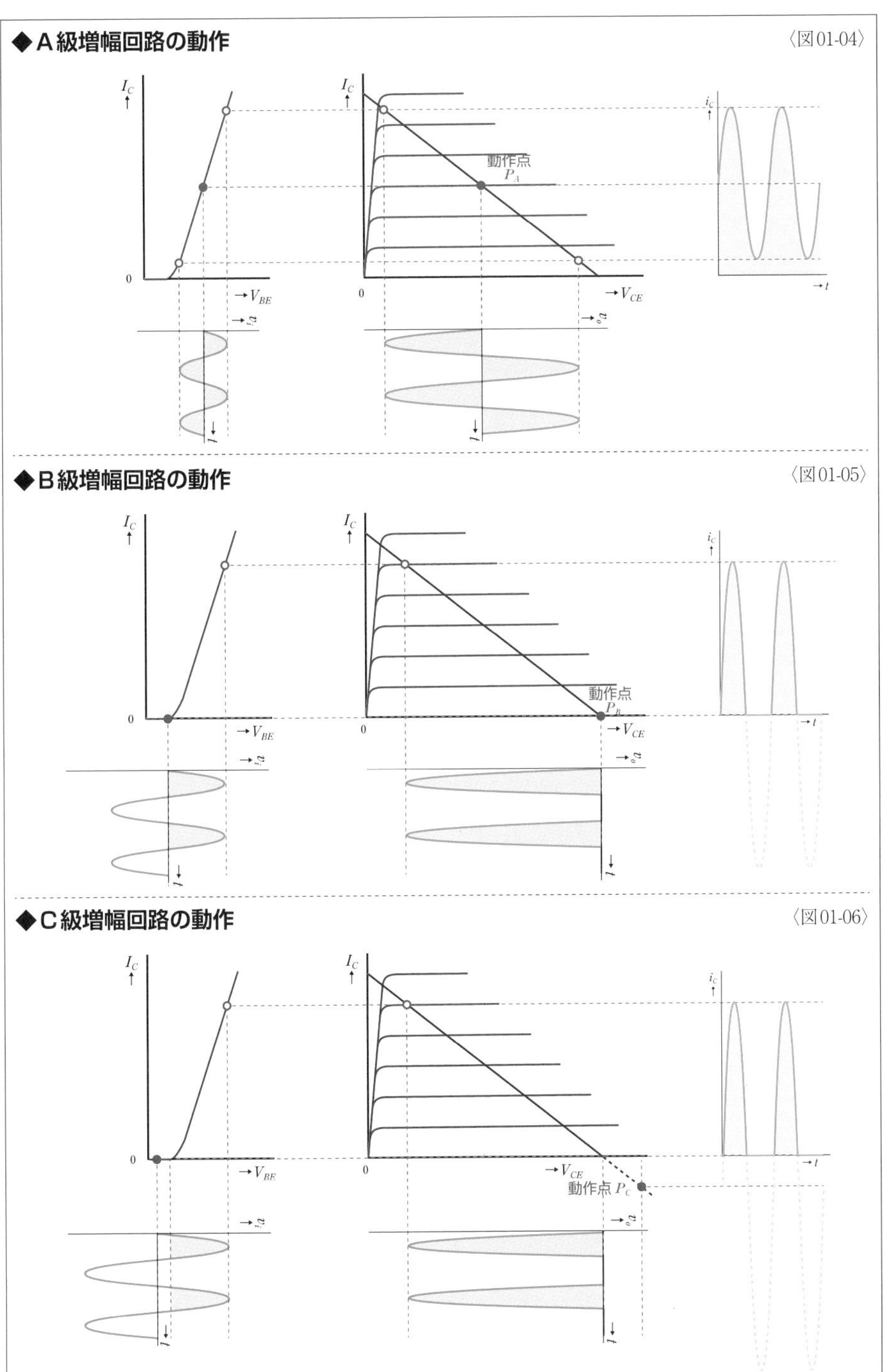
◆A級増幅回路の動作
〈図01-04〉
I_C
0
$\to V_{BE}$
$\to v_i$
$t \downarrow$
I_C
動作点
P_A
0
$\to V_{CE}$
$\to v_o$
$t \downarrow$
i_C
$\to t$
◆B級増幅回路の動作
〈図01-05〉
I_C
0
$\to V_{BE}$
$\to v_i$
$t \downarrow$
I_C
動作点
P_B
0
$\to V_{CE}$
$\to v_o$
$t \downarrow$
i_C
$\to t$
◆C級増幅回路の動作
〈図01-06〉
I_C
0
$\to V_{BE}$
$\to v_i$
$t \downarrow$
I_C
0
$\to V_{CE}$
動作点 P_C
$\to v_o$
$t \downarrow$
i_C
$\to t$

A級電力増幅回路

トランス結合A級電力増幅回路はB級電力増幅回路に比べると大きな電力増幅は難しいが、回路構成が簡単でひずみの少ない増幅を行うことができる。

▶トランス結合A級電力増幅回路

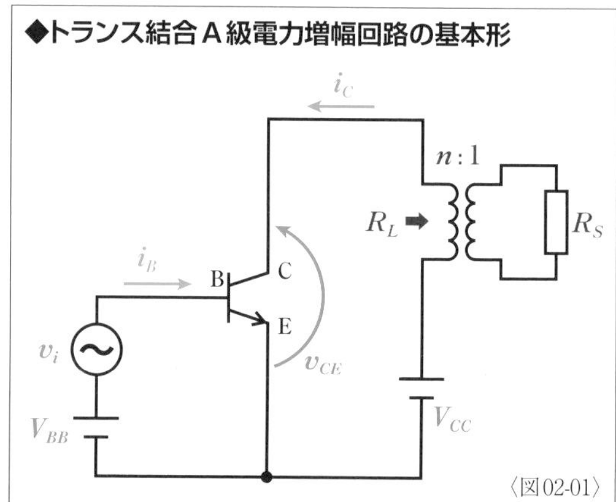

〈図02-01〉

電力増幅回路の出力は最終的な負荷に伝えられることも多い。たとえば、音声増幅回路であれば最終的な出力はスピーカーに伝えられるが、スピーカーのインピーダンスは数Ωから十数Ωという低いインピーダンスのことが多い。そのため、**A級増幅回路では負荷をトランス結合してインピーダンス整合を行うことが多い**。〈図02-01〉の回路は**A級電力増幅回路**の基本形だ。エミッタ接地増幅回路の基本形とほぼ同じだが、出力を取り出すためのコレクタ抵抗R_Cは使われておらず、かわりに負荷であるスピーカーが**結合トランス**を介して接続されている。こうした回路を**トランス結合A級電力増幅回路**という。

まずは、この回路の直流成分を考えてみよう。一般的にトランスの巻線抵抗は非常に小さいので、ここでは直流成分の負荷抵抗は無視することができる。この場合、コレクタ・エミッタ間には電源電圧V_{CC}がそのまま加わる。$V_{CE}-I_C$特性図上の**直流負荷線**は、〈図02-03〉のようにV_{CC}を通る垂直な線になる。**動作点**は、必ずこの直流負荷線上に存在しなければならない。

いっぽう、交流成分を考える場合は、トランスを介して接続されたスピーカーが負荷として存在する。スピーカーの交流負荷をR_S、トランスの**巻数比**を$n:1$とすると、トランスの一次側からみた交流負荷R_Lは〈式02-02〉のように表わせる(P120参照)。トランスを利用すれば、**インピーダンス変換**によって増幅に最適な交流負荷の大きさにすることができるわけだ。

$$R_L = n^2 R_S \quad \text{〈式02-02〉}$$

◆A級電力増幅回路の負荷線と動作点

〈図02-03〉

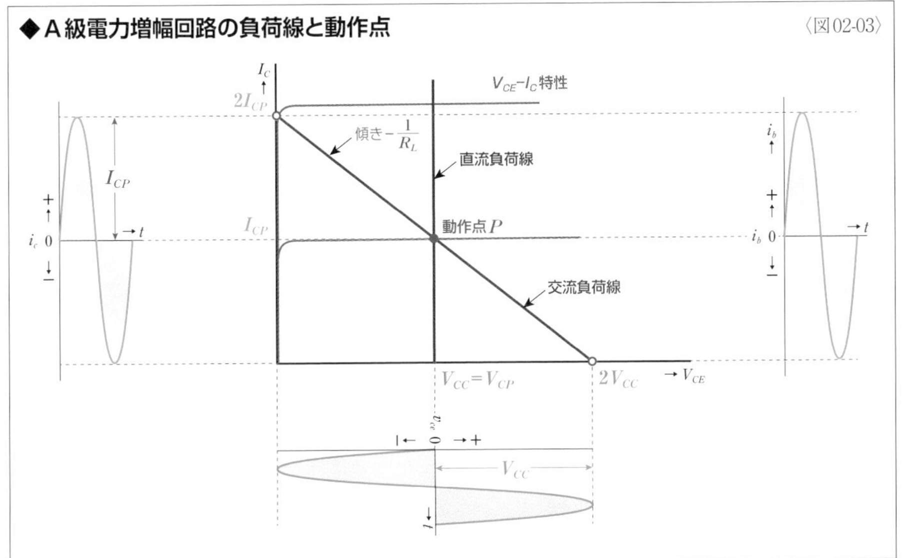

交流信号がない状態では、コレクタ・エミッタ間電圧v_{CE}は電源電圧V_{CC}であるが、交流信号が加わるとv_{CE}はV_{CC}を中心に変化する。その変化を表わすものが**交流負荷線**(こうりゅうふかせん)なので、**交流負荷線は必ず動作点を通る**ことになる。また、この回路では交流成分の負荷はR_Lなので、交流負荷線は傾き(かたむ)きが$-\frac{1}{R_L}$の直線になる。

このとき、交流負荷線が動作点Pで2等分されるようにすると、最大の出力電圧を取り出すことができ、同時に交流負荷線が$V_{CE}=2V_{CC}$の点を通るようにすると、出力電流も最大にすることができる。つまり、$V_{CE}=2V_{CC}$の点から、傾きが$-\frac{1}{R_L}$の直線を描くと、交流負荷線になり、直流負荷線との交点(こうてん)が動作点Pになる。

〈図02-03〉のように交流負荷線と動作点を設定すると、出力電圧であるv_{ce}の最大値はV_{CC}と等しくなり、出力電流であるi_cの最大値はコレクタバイアス電流I_{CP}と等しくなる。また、電源電圧V_{CC}はコレクタバイアス電圧V_{CP}でもある。

なお、〈図02-03〉の$V_{CE}-I_C$特性図では、説明しやすくするために少し変形している。実際には**飽和領域**(ほうわりょういき)と**遮断領域**(しゃだんりょういき)がある(P73参照)。飽和領域によってv_{ce}の最大値はV_{CC}よりわずかに小さくなり、遮断領域によってi_cの最大値はI_{CP}よりわずかに小さくなる。しかし、これらの領域は微小(びしょう)であるため、動作量(どうさりょう)などを解析(かいせき)する際には無視しても問題ない。

また、実際のA級電力増幅回路では**1電源方式**が採用され、**電流帰還バイアス回路**(でんりゅうきかんかいろ)などで安定化(あんていか)が図られることがほとんどだ。電流帰還バイアスの場合、直流成分ではエミッタ抵抗R_Eが回路に加わるため、直流負荷線は傾きが$-\frac{1}{R_E}$でV_{CC}を通る直線になる。

結合トランスの逆起電力

トランス結合A級電力増幅回路では、不思議なことが起こる。**交流負荷線**が$2V_{CC}$の点を通っていて、v_{CE}の最大値はV_{CC}の2倍になる。つまり、電源電圧V_{CC}より高い電圧がコレクタ・エミッタ間にかかる瞬間があることになる。この現象は、**結合トランス**のコイルに発生する**逆起電力**によるものだ。

コレクタ電流i_Cが減少する状況では、**レンツの法則**によってコイルには電流の減少を妨げる方向に逆起電力v_Lが発生する。そのため、$v_{CE}=V_{CC}+v_L$となり、v_{CE}はV_{CC}より大きくなる。いっぽう、コレクタ電流i_Cが増加する状況では、逆起電力v_Lは電源電圧とは逆向きになるので、V_{CC}より小さくなる。

このように、**トランス**を用いた増幅回路では大きな出力電圧を得ることができるが、コレクタ・エミッタ間電圧が電源電圧より大きくなるので、トランジスタの定格には注意する必要がある。

◆トランスのコイルに発生する逆起電力

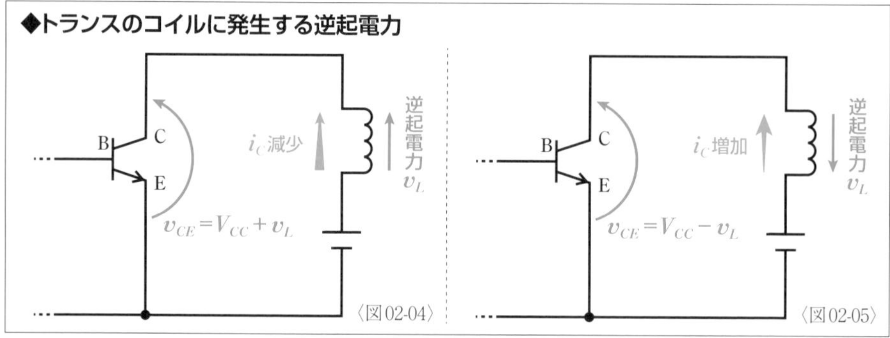

A級電力増幅回路の動作量

トランス結合A級電力増幅回路の信号が正弦波交流の場合の**動作量**を求めてみよう。トランスの巻線抵抗を無視すれば、直流負荷はないため**コレクタバイアス電圧**V_{CP}とV_{CC}は等しくなり、〈式02-06〉のように示すことができる。また、**コレクタバイアス電流**I_{CP}は電源電圧V_{CC}と交流負荷R_Lで〈式02-07〉のように示すことができる。

$$V_{CP} = V_{CC} \quad \text{〈式02-06〉}$$

$$I_{CP} = \frac{V_{CC}}{R_L} \quad \text{〈式02-07〉}$$

最大出力電力P_{om}は、出力電圧v_{ce}の最大値と出力電流であるi_cの最大値の積で求めることができる。v_{ce}の最大値はV_{CC}であり、i_cの最大値はI_{CP}なので、これを**実効値**にして

Chap. 03 電力増幅回路

P_{om}を求めると〈式02-09〉になる。この式に〈式02-07〉を代入（だいにゅう）すると、〈式02-11〉のように最大出力電力P_{om}を電源電圧V_{CC}と交流負荷R_Lで示すことができる。

$$P_{om}=\frac{V_{CC}}{\sqrt{2}}\cdot\frac{I_{CP}}{\sqrt{2}}\quad\cdot\cdot\langle式02\text{-}08\rangle\qquad=\frac{1}{2}V_{CC}I_{CP}\quad\cdot\cdot\langle式02\text{-}09\rangle\qquad=\frac{1}{2}V_{CC}\cdot\frac{V_{CC}}{R_L}\quad\cdot\cdot\langle式02\text{-}10\rangle\qquad=\frac{V_{CC}^2}{2R_L}\quad\cdot\cdot\langle式02\text{-}11\rangle$$

電力効率（でんりょくこうりつ）η（イータ）は、負荷（ふか）から取り出せる交流出力電力と、電源から供給（きょうきゅう）される直流電力の平均値（へいきんち）の比（ひ）で求めることができる。**A級電力増幅回路**の電力効率は、最大出力時に最大となる。このときの効率（こうりつ）を**最大電力効率**（さいだいでんりょくこうりつ）や**最大電源効率**（さいだいでんげんこうりつ）η_mという。正弦波交流は正負の領域（りょういき）があるため、電圧も電流も平均すると0になる。そのため、A級電力増幅回路ではコレクタ電流i_Cの平均値は信号の大小に関係なくI_{CP}で一定となる。よって、電源から供給される**平均電力**P_{DC}は〈式02-12〉で示される。最大電力効率η_mは最大出力電力P_{om}と平均電力P_{DC}の比で〈式02-13〉のように表わされる。この式に〈式02-09〉と〈式02-12〉を代入すると0.5になるので、**A級電力増幅回路の最大電力効率η_mは50%**だ。実際にはエミッタ抵抗（ていこう）やトランスの巻線抵抗、トランジスタの内部抵抗などによって、電力効率はさらに悪くなる。

$$P_{DC}=V_{CC}I_{CP}\quad\cdots\cdots\langle式02\text{-}12\rangle$$

$$\eta_m=\frac{P_{om}}{P_{DC}}\quad\cdot\cdot\langle式02\text{-}13\rangle\qquad=\frac{\frac{1}{2}V_{CC}I_{CP}}{V_{CC}I_{CP}}\quad\cdot\cdot\langle式02\text{-}14\rangle\qquad=\frac{1}{2}\quad\cdot\cdot\langle式02\text{-}15\rangle\qquad=0.5\quad\cdot\cdot\langle式02\text{-}16\rangle$$

コレクタ損失（そんしつ）P_Cは、電源の平均電力P_{DC}と交流出力電力P_oの差（さ）で〈式02-17〉のように表わすことができる。この式から、P_Cは$P_o=0$のとき、つまり無信号時に最大になることがわかる。よって、コレクタ損失の最大値P_{Cm}はP_{DC}と等しくなる。これを最大出力電力P_{om}で示すと〈式02-20〉になる。つまり、最大出力電力の2倍がコレクタ損失の最大値になる。

$$P_C=P_{DC}-P_o\quad\cdots\cdots\langle式02\text{-}17\rangle$$

$$P_{Cm}=P_{DC}\quad\cdot\cdot\langle式02\text{-}18\rangle\qquad=V_{CC}I_{CP}\quad\cdot\cdot\langle式02\text{-}19\rangle\qquad=2P_{om}\quad\cdot\cdot\langle式02\text{-}20\rangle$$

以上のように、A級電力増幅回路は無信号時にもコレクタ損失が生じるため、電力効率がよくない。しかし、回路構成が簡単で**ひずみ**の少ない増幅ができるため、おもに小出力の電力増幅回路に使われている。

B級PP電力増幅回路

プッシュプル増幅では2つのトランジスタを入力信号の正の半周期と負の半周期で動作させる必要があるので、回路や素子にさまざまな工夫が必要になる。

▶B級PP電力増幅回路（DEPP回路）

B級増幅回路は大きく増幅できるが、入力信号の波形の半周期だけしか増幅できないため、正の半周期と負の半周期を別々のトランジスタで増幅する。こうした**電力増幅回路**を**B級プッシュプル電力増幅回路**（**B級PP電力増幅回路**）という。

B級PP電力増幅回路にはさまざまな回路があるが、〈図03-01〉が基本形だといえる。**プッシュプル増幅回路**では2つのトランジスタを使うが、正の半周期と負の半周期が同じように増幅されないと出力波形がひずんでしまうため、特性の揃ったものを使用する。どちらのトランジスタもエミッタ接地だが、増幅する電圧の方向が逆方向になるので、回路図が上下対称の配置になる。また、この回路では2つの**センタタップ付トランス**が使われている。トランスT_1は、入力信号を位相の異なる2つの信号にするためのもので**入力トランス**という。トランスT_2は、各トランジスタで増幅後の信号を1つにまとめるためのもので**出力トランス**という。

こうした構成のB級PP電力増幅回路は、出力端子が基準電位（グランド）に対して2つあるので**DEPP電力増幅回路**という。DEPPは“double-ended push-pull”の頭文字で、“double-ended”は「2つの端子で終わる」という意味だ。

DEPP回路の入力トランスT_1の一次側に入力信号を加えると、二次側にはセンタタップを共通端子として180°位相が異なる2つの出力が得られる。こうしたトランスによる操作を**位相反転**という。

〈図03-02〉のように入力信号電圧v_iの正の半周期では、トランジスタ

◆B級PP電力増幅回路（DEPP回路）の基本形 〈図03-01〉

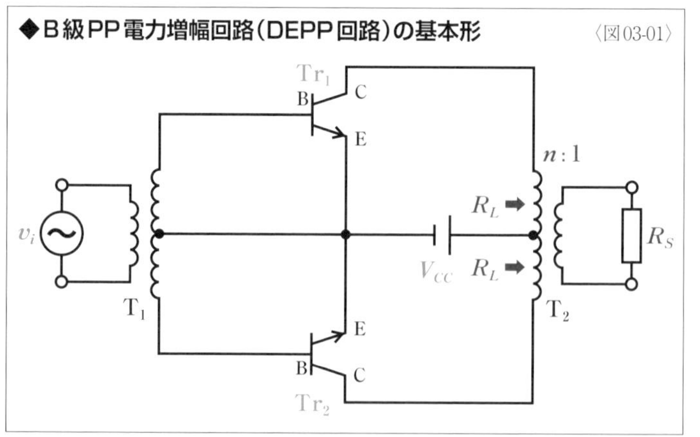

Chap. 03 電力増幅回路

Tr_1のベース・エミッタ間に正の信号電圧v_{be1}が加わるので、ベース電流i_{b1}が流れ、Tr_1による増幅が行われる。Tr_1で増幅されたコレクタ電流i_{c1}は出力トランスを介して負荷R_Sに伝えられる。このとき、トランジスタTr_2のベース・エミッタ間にも電圧が加わるが、その電圧は負であるためpn接合の**逆方向電圧**になるのでベース電流は流れず、当然のごとく増幅も行われない。

〈図03-03〉のように入力信号電圧v_iの負の半周期では、トランジスタTr_1のベース・エミッタ間に負の信号電圧が加わるので、ベース電流が流れず、増幅も行われない。いっぽう、トランジスタTr_2のベース・エミッタ間に正の信号電圧v_{be2}が加わるので、ベース電流i_{b2}が流れ、Tr_2による増幅が行われる。Tr_2で増幅されたコレクタ電流i_{c2}は出力トランスを介して負荷R_Sに伝えられる。

このように、入力信号電圧のv_iの正の半周期と負の半周期でトランジスタTr_1とTr_2が交互に動作することで**プッシュプル増幅**が行われる。

◆入力信号電圧が正の領域での動作（DEPP）　〈図03-02〉

◆入力信号電圧が負の領域での動作（DEPP）　〈図03-03〉

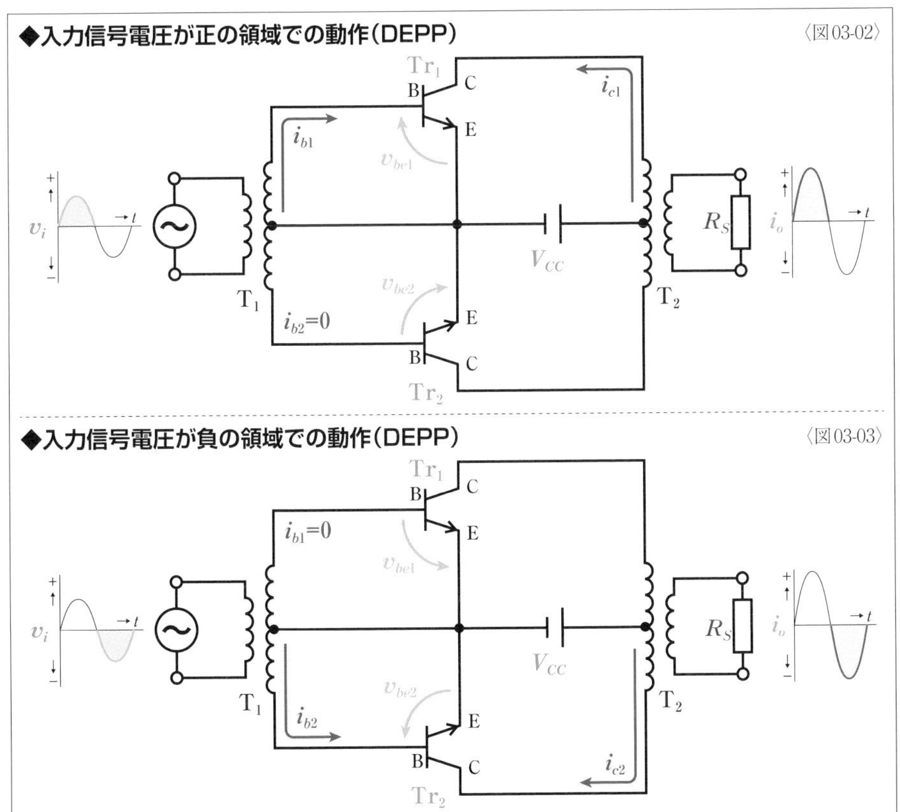

※上記２図内の矢印は、ある時刻における信号の極性を示している（量記号の表わす電圧や電流の向きではない）。

Sec. 03 B級PP電力増幅回路

▶B級PP電力増幅回路の負荷線と動作点

B**級増幅回路**では、$V_{CE}-I_C$特性図上の**交流負荷線**の一番下に**動作点**を設定している。また、2つのトランジスタは正負が逆の領域で動作している。そのため、**B級PP電力増幅回路**の動作は、〈図03-04〉のように2つのトランジスタの$V_{CE}-I_C$特性を、動作点を共有するように互いに逆向きに組み合わせて考えることができる。

トランスの巻線抵抗を無視すれば、直流負荷はないため〈式03-05〉のように動作点のコレクタ・エミッタ間電圧V_{CP}と電源電圧V_{CC}は等しくなる。また、出力電圧v_{ce}の最大値は電源電圧V_{CC}と等しくなる。いっぽう、動作点のコレクタ電流I_{CP}は電源電圧V_{CC}と交流負荷R_Lで〈式03-06〉のように示すことができる。この式から、交流負荷線の傾きが$-\dfrac{1}{R_L}$になっていることがわかる。また、出力電流であるi_cの最大値はI_{CP}と等しくなる。

なお、最終的な交流負荷R_Sは**出力トランス**$\mathrm{T_2}$によって**トランス結合**されている。出力ト

◆B級PP電力増幅回路の負荷線と動作点　〈図03-04〉

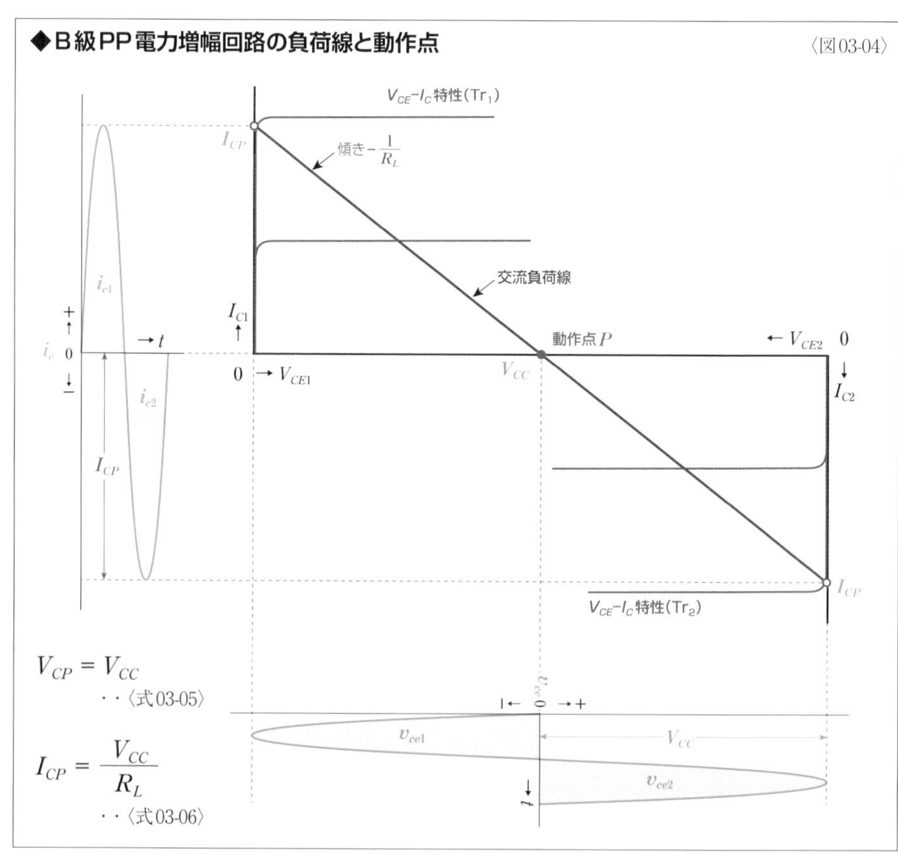

$$V_{CP} = V_{CC}$$
・・〈式03-05〉

$$I_{CP} = \frac{V_{CC}}{R_L}$$
・・〈式03-06〉

ランスは2つのトランジスタの出力を合成するために必要なものだが、同時に**インピーダンス変換**にも利用される。トランスの**巻数比**をn:1とすると、トランスの一次側からみた交流負荷R_{CC}は〈式03-08〉のように示すことができるが、個々の増幅回路の負荷になるR_LはR_{CC}の半分にはならない。R_Lにとっての巻数は$\frac{n}{2}$になるので、R_Lは〈式03-09〉のように示される。よってR_{CC}とR_Lの関係は〈式03-10〉のようになる。

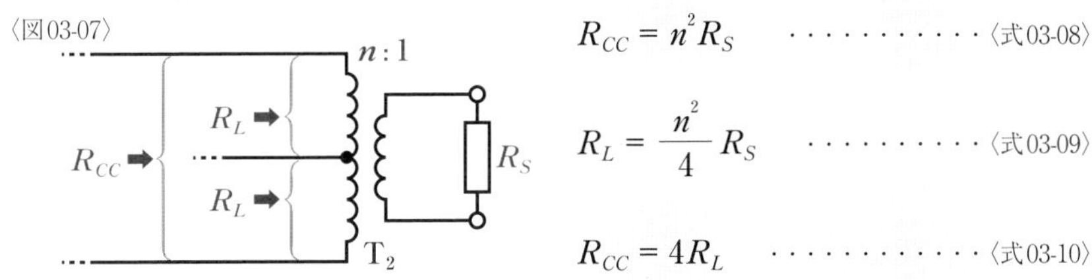

$$R_{CC} = n^2 R_S \quad \cdots\cdots〈式03-08〉$$

$$R_L = \frac{n^2}{4} R_S \quad \cdots\cdots〈式03-09〉$$

$$R_{CC} = 4R_L \quad \cdots\cdots〈式03-10〉$$

▶クロスオーバひずみ

ここまでに説明したB級PP電力増幅回路を実際に使ってみると、入力信号の電圧が約0.6V程度の**立ち上がり電圧**に達するまではベース電流が流れない。また、$V_{BE}-I_B$特性の立ち上がり部分は非線形の特性だ。そのため**入力信号が正弦波であったとしても、出力信号は正弦波にならなずクロスオーバひずみというひずみが生じる**。

クロスオーバひずみを解消するためには無信号時にもベース・エミッタ間に少し電圧をかけておけばいい。つまり、少しだけ**A級増幅**に近い動作点にするわけだ。こうした増幅回路を**AB級増幅回路**ということもある。クロスオーバひずみを解消する方法はさまざまにあるが、たとえば〈図03-12〉のようにベース電源V_{BB}を加えて入力側にバイアスをかければ解消される。

◆クロスオーバひずみ

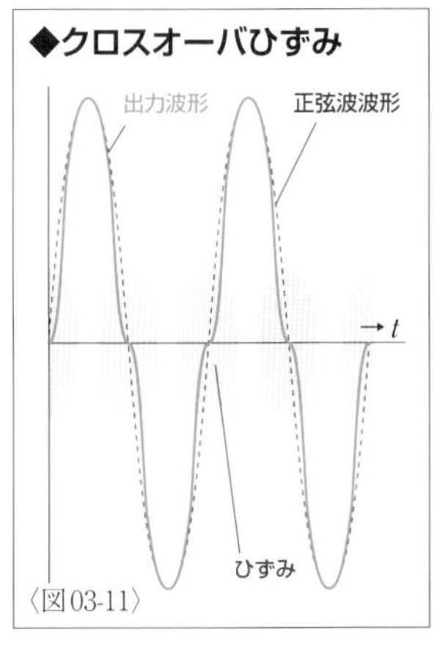

〈図03-11〉

◆クロスオーバひずみを解消するDEPP回路

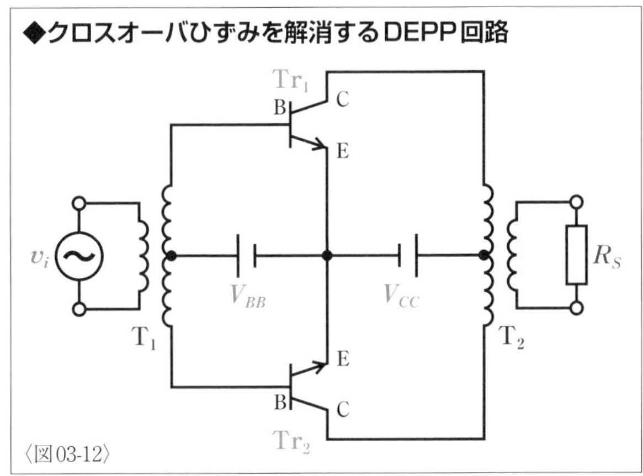

〈図03-12〉

▶B級PP電力増幅回路の動作量

B級PP電力増幅回路の信号が正弦波交流の場合の**動作量**を求めてみよう。この計算ではクロスオーバひずみは考慮に入れていない。〈図03-01〉の回路に基づくものだ。

先に説明したように、I_{CP}はV_{CC}とR_Lで〈式03-06〉として示すことができる。**最大出力電力**P_{om}は、出力電圧v_{ce}の最大値と出力電流であるi_cの最大値の積で求められる。v_{ce}の最大値はV_{CC}であり、i_cの最大値はI_{CP}なので、これを実効値にしてP_{om}を求めると〈式03-14〉になる。この式に〈式03-06〉を代入すると、〈式03-16〉のように最大出力電力P_{om}を電源電圧V_{CC}と交流負荷R_Lをで表わすことができる。

$$I_{CP} = \frac{V_{CC}}{R_L} \quad \cdots\cdots \langle式03\text{-}06\rangle$$

$$P_{om} = \frac{V_{CC}}{\sqrt{2}} \cdot \frac{I_{CP}}{\sqrt{2}} \quad \cdot\cdot\langle式03\text{-}13\rangle$$

$$= \frac{1}{2} V_{CC} I_{CP} \quad \cdot\cdot\langle式03\text{-}14\rangle$$

$$= \frac{1}{2} V_{CC} \cdot \frac{V_{CC}}{R_L} \quad \cdot\cdot\langle式03\text{-}15\rangle$$

$$= \frac{V_{CC}^2}{2R_L} \quad \cdot\cdot\langle式03\text{-}16\rangle$$

最大電力効率η_mを求めるためには、電源から供給される直流電力の平均値を求める必要がある。PP増幅回路では入力信号の正負の半周期ごとに2つのトランジスタが交互に動作するが、電源V_{CC}にはi_{c1}もi_{c2}も同じ方向に流れる。そのため、V_{CC}を流れる電流i_{cc}は〈図03-17〉のように全波整流後の脈流と同じ波形になる。電気回路で学んだように、正弦波交流の半周期の平均値は最大値の$\frac{2}{\pi}$になる。i_{cc}の最大値（$=i_{c1}$の最大値$=i_{c2}$の最大値）はI_{CP}なので、i_{cc}の平均値I_{DC}は〈式03-18〉のように表わすことができる。

いっぽう、コレクタ・エミッタ間電圧v_{ce}の平均値は、信号の大小に関係なくV_{CC}で一定になる。よって、電源から供給される**平均電力**P_{DC}は〈式03-20〉で示すことができる。

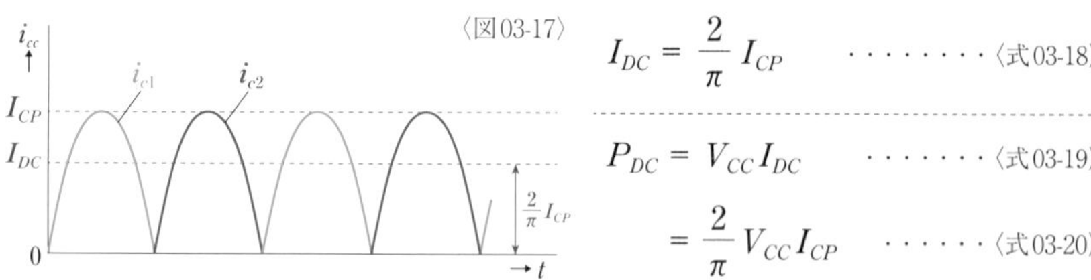

〈図03-17〉

$$I_{DC} = \frac{2}{\pi} I_{CP} \quad \cdots\cdots \langle式03\text{-}18\rangle$$

$$P_{DC} = V_{CC} I_{DC} \quad \cdots\cdots \langle式03\text{-}19\rangle$$

$$= \frac{2}{\pi} V_{CC} I_{CP} \quad \cdots\cdots \langle式03\text{-}20\rangle$$

最大電力効率η_mは、〈式03-21〉のように負荷から取り出せる最大出力電力P_{om}と、電源から供給される平均電力P_{DC}の比で求めることができるので、この式に〈式03-14〉と〈式03-

20〉を代入して計算すると、約0.78になる。よって、**B級PP電力増幅回路の最大電力効率η_mは約78%**になり、A級増幅回路より**電力効率**が高いことがわかる。実際にはエミッタ抵抗やトランスの巻線抵抗、トランジスタの内部抵抗などによって、電力効率はさらに悪くなる。

$$\eta_m = \frac{P_{om}}{P_{DC}} \quad \cdots〈式03\text{-}21〉 \quad = \frac{\frac{1}{2}V_{CC}I_{CP}}{\frac{2}{\pi}V_{CC}I_{CP}} \quad \cdots〈式03\text{-}22〉 \quad = \frac{\pi}{4} \quad \cdots〈式03\text{-}23〉 \quad \fallingdotseq 0.78 \quad \cdots〈式03\text{-}24〉$$

電源の平均電力P_{DC}と交流出力電力P_oの差が、2つのトランジスタの**コレクタ損失**の和になる。トランジスタ1つあたりのコレクタ損失P_Cは、〈式03-25〉のように示すことができる。

$$P_C = \frac{1}{2}(P_{DC} - P_o) \quad \cdots〈式03\text{-}25〉$$

最大出力時のP_{om}とP_{DC}の関係は、〈式03-21〉と〈式03-23〉から〈式03-26〉のように示すことができる。最大出力時のコレクタ損失P_{C-Pom}は、〈式03-25〉のP_oをP_{om}に置き換え〈式03-27〉のように示すことができる。この式に〈式03-26〉を代入して計算すると、P_{C-Pom}は最大出力電力P_{om}の約14%になる。また、難しくなるので計算式は省略するが、コレクタ損失は出力電圧が最大出力電圧V_{CC}の$\frac{2}{\pi}$のときに最大になる。ここから、コレクタ損失の最大値P_{Cm}を計算すると、〈式03-30〉のように最大出力電力P_{om}の約20%になる。

$$P_{DC} = \frac{4}{\pi}P_{om} \quad \cdots〈式03\text{-}26〉$$

$$P_{C-Pom} = \frac{1}{2}(P_{DC} - P_{om}) \quad \cdots〈式03\text{-}27〉 \quad = \frac{1}{2}\left(\frac{4}{\pi}P_{om} - P_{om}\right) \quad \cdots〈式03\text{-}28〉 \quad \fallingdotseq 0.14P_{om} \quad \cdots〈式03\text{-}29〉$$

$$P_{Cm} \fallingdotseq 0.20P_{om} \quad \cdots〈式03\text{-}30〉$$

また、一方のトランジスタが動作しているとき、トランスの使われていない巻線に**逆起電力**が生じるので、トランジスタには最大でV_{CC}の2倍の電圧がかかる。以上のことから、B級PP電力増幅回路に使用するトランジスタは、以下の関係を満たすものを選ぶ必要がある。

$$P_{Cmax} > 0.2P_{om} \quad \cdots〈式03\text{-}31〉$$

$$V_{CEmax} > 2V_{CC} \quad \cdots〈式03\text{-}32〉$$

$$I_{Cmax} > I_{CP} \quad \cdots〈式03\text{-}33〉$$

OTL電力増幅回路

DEPP**電力増幅回路**の出力トランスには大きな電流が流れため、巻線を太くしなければならず、トランスが大きく重くなりやすい。また、トランスはそもそも周波数特性が悪く、特性をよくすると高価になり、大きく重くもなってしまう。そこで考え出されたのが出力トランスを使わない**OTL電力増幅回路**だ。OTLは“output transformer less”の頭文字で「出力トランスのない」を意味する。

OTL回路の代表的なものが**SEPP電力増幅回路**だ。SEPPは“single-ended push-pull”の頭文字で、「1つの端子で終わるプッシュプル」を意味している。最終的な負荷を接続するには2つの端子が必要だが、もう1つの端子には共通端子であるグランド(基準電位)を使用する。**SEPP回路**はOTL回路であることを示すために**OTL-SEPP電力増幅回路**や**OTL-SEPP回路**と表現されることもある。

SEPP電力増幅回路では、エミッタ接地増幅回路ではなく、**エミッタフォロワ回路**とも呼ばれる**コレクタ接地増幅回路**を採用している。コレクタ接地増幅回路についてはChapter05で詳しく説明するが(P199参照)、出力インピーダンスが低いという特徴がある。エミッタ接地は出力インピーダンスが高いため、インピーダンスの低い最終的な負荷との**インピーダンス整合**をとるために出力トランスが不可欠だが、コレクタ接地であれば出力トランスを使わずにインピーダンス整合をとることができるのでOTL回路を構成することができる。

ただし、コレクタ接地は電流増幅は可能だが、電圧増幅度はほぼ1なので、大きな電力増幅は望めない。そのため、〈図03-34〉のようにSEPP回路の

◆2段電力増幅回路 〈図03-34〉

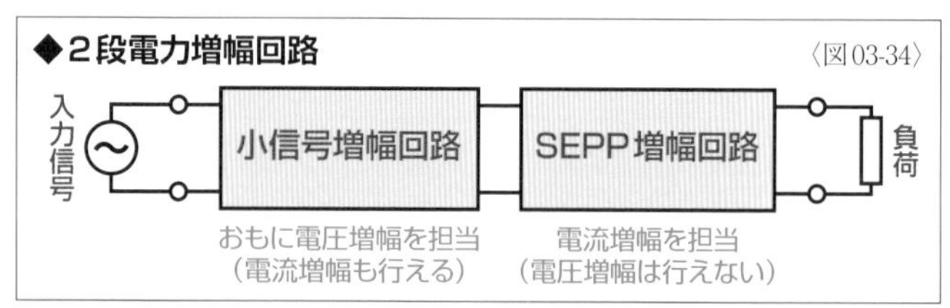

◆トランス付SEPP電力増幅回路の基本形 〈図03-35〉

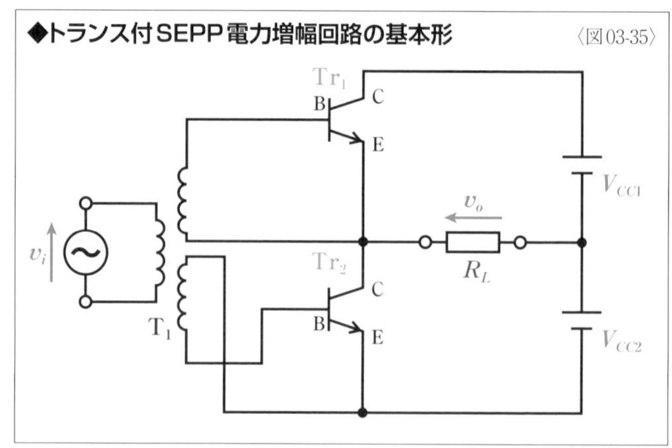

前段に小信号増幅回路を配置して電圧増幅したうえでSEPP回路に送ることが多い。

最初に開発されたSEPP電力増幅回路は、出力トランスは削減されているが入力トランスは使用するもので、**入力トランス式SEPP回路**という。〈図03-35〉が回路の基本形で、入力トランスTは、センタタップ付トランスではなく、独立した二次コイルを2つ備えたものが使われる。この独立した二次コイルによって、2つのトランジスタに**位相**の**反転**した入力を行っている。

現在では入力トランスも削減できる**コンプリメンタリSEPP電力増幅回路**が一般的になっている。**コンプリメンタリ回路**では、PP増幅を行う2つのトランジスタに**npn形**と**pnp形**のように形が異なったものを使用する。英語の"complementary"には「補完的」という意味があり、形の異なった2つのトランジスタがお互いを補うことで増幅を完全なものにしている。また、それぞれに相手のトランジスタを補うため、コンプリメンタリ回路は**相補形接続**ともいう。

コンプリメンタリ回路を成立させるためには、形は異なっているが2つのトランジスタの特性は揃っている必要がある。昔は、こうした特性の揃った**コンプリメンタリトランジスタ**の製造が難しかったため、入力トランスというデメリットがあるものの、同じ形で特性が揃った2つのトランジスタで構成できる入力トランス式SEPP回路が主流だったわけだ。

なお、入力トランス式SEPP回路の動作の説明は省略するが、次ページのコンプリメンタリSEPP回路の動作の説明を参考にして、自分で考えてみて欲しい。

SEPP電力増幅回路

コンプリメンタリSEPP電力増幅回路にはさまざまな回路があるが、〈図03-36〉が基本形だといえる。図記号を確認すればわかるように、トランジスタTr_1はnpn形であり、Tr_2はpnp形で、負荷抵抗R_Lはそれぞれのトランジスタの**エミッタ端子**に接続されている。入力側に**位相反転**の回路はなく、入力信号は両トランジスタに同じように伝えられている。グランド(基準電位)は、回路図でいえば入力信号の下端にされている。交流成分で考えるとV_{CC1}とV_{CC2}は短絡なので、どちらのトランジスタもコレクタ接地されていることがわかる。

◆コンプリメンタリSEPP電力増幅回路の基本形 〈図03-36〉

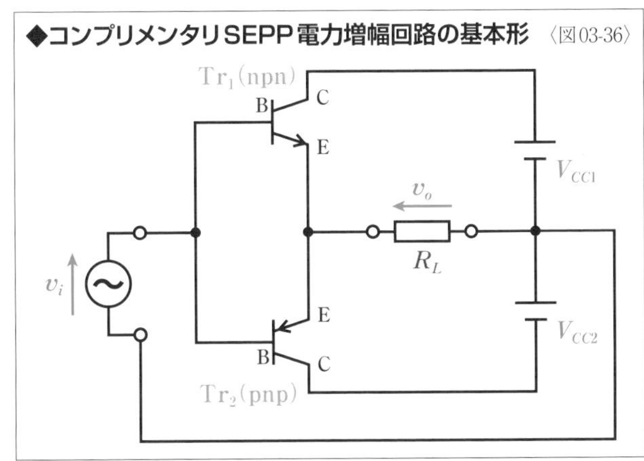

▶SEPP電力増幅回路の動作

コンプリメンタリSEPP電力増幅回路の動作を考えみよう。〈図03-37〉のように入力信号電圧v_iの正の半周期では、トランジスタTr_1のベース・エミッタ間に正の信号電圧v_{be1}が加わるので、ベース電流i_{b1}が流れて増幅が行われる。増幅されたエミッタ電流i_{e1}が負荷抵抗R_Lを流れる。R_Lには出力電圧v_oがかかるが、電圧は増幅されておらず、v_iにほぼ等しい。このとき、トランジスタTr_2のベース・エミッタ間にも電圧v_{be2}が加わるが、pnp形のTr_2にとってはpn接合の**逆方向電圧**になるのでベース電流は流れない。

〈図03-38〉のように入力信号電圧v_iの負の半周期では、トランジスタTr_1のベース・エミッタ間に負の信号電圧v_{be1}が加わるので、ベース電流は流れない。いっぽう、トランジスタTr_2には、ベース・エミッタ間に負の信号電圧v_{be2}が加わるので、ベース電流i_{b2}がが流れて増

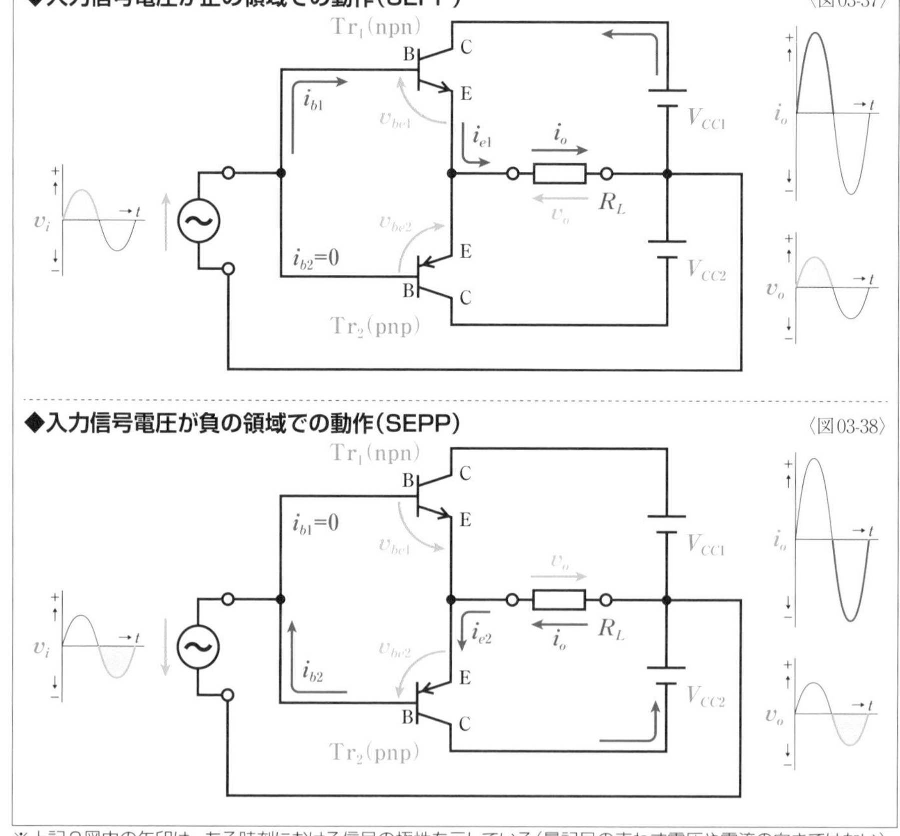

※上記２図内の矢印は、ある時刻における信号の極性を示している（量記号の表わす電圧や電流の向きではない）。

幅が行われ、増幅されたエミッタ電流i_{e2}が負荷抵抗R_Lを流れてv_oが出力される。

このように、入力信号電圧のv_iの正の半周期と負の半周期でトランジスタTr_1とTr_2が交互に動作することで、全周期にわたって信号電圧v_oが出力される。なお、コレクタ接地増幅回路であるため本書では出力電流をエミッタ電流としているが、出力電流をコレクタ電流として説明されることも多い。

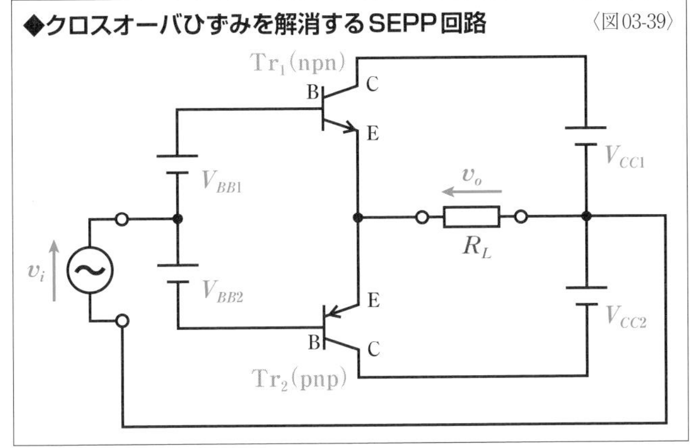

ただし、あくまでも〈図03-36〉の回路はコンプリメンタリSEPP回路の基本形だ。この回路では**クロスオーバひずみ**が生じてしまうため、実際には入力側に少しバイアスをかける必要がある。電源を用いてバイアスをかけるとすると、〈図03-39〉のような回路になる。

▶単電源SEPP電力増幅回路

前ページで説明した**コンプリメンタリSEPP電力増幅回路**は、周波数特性を高めやすく小型軽量化が可能な電力増幅回路だが、電源が2つ(クロスオーバひずみを解消する場合は4つ)必要になるため、経済的にも小型化の面でも不利なので実用的な回路とはいえない。そのため、一般的には電源を1つにまとめた回路が使われている。こうした回路を**単電源SEPP電力増幅回路**といい、〈図03-40〉の回路が基本形だ。〈図03-36〉と比較すると、電源が1つにされ、負荷抵抗R_Lに直列にコンデンサCが備えられている。このコンデンサは電源の一部として機能するもので、大容量のものが使われる。

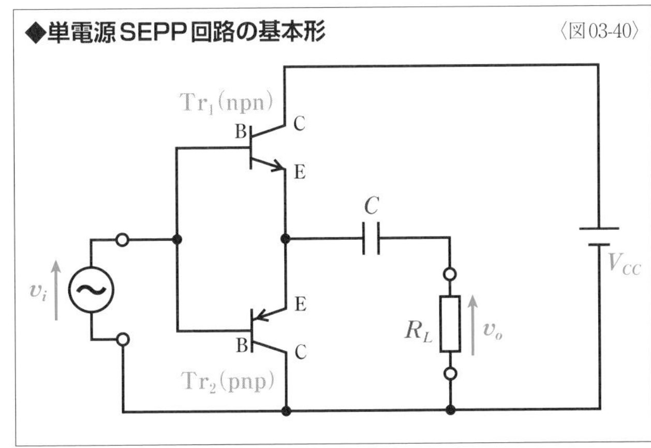

▶単電源SEPP電力増幅回路の動作

単電源SEPP**電力増幅回路**の動作を考えみよう。〈図03-41〉のように入力信号電圧v_iの正の半周期でトランジスタTr_1が動作する際には、電源電圧によってエミッタ電流i_{e1}が流れて、負荷抵抗R_Lにv_oが出力される。このエミッタ電流によってコンデンサCが充電される。

〈図03-42〉のように入力信号電圧v_iの負の半周期でトランジスタTr_2が動作する際には、コンデンサCからの放電によってエミッタ電流i_{e2}が流れてR_Lにv_oが出力される。このとき電源V_{CC}からは電流が流れない。このように、電源とコンデンサを組み合わせることによって、コンデンサCが二次電池(充電できる電池)のように機能するため、2つの電源があるように動作することができ、半周期ごとに交互に2つのトランジスタが動作する。

なお、〈図03-41〉ではバイアス回路を省略しているが、PP増幅回路では2つのトランジスタに特性の揃ったものを使用し、それぞれのバイアス回路も同じ設定にする。コンデンサCは

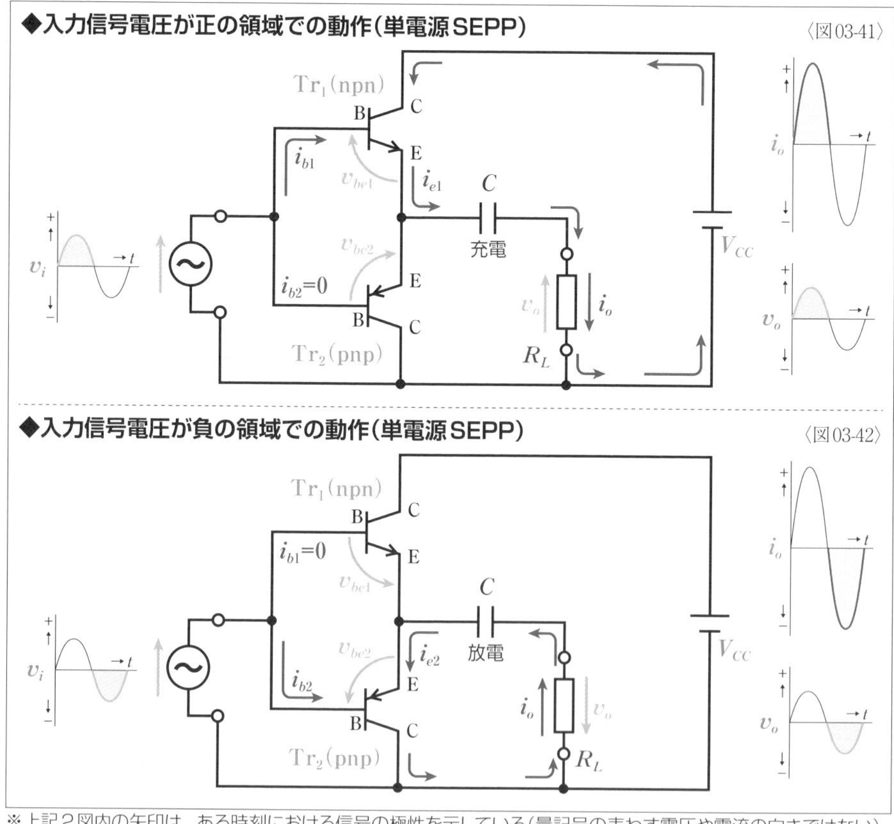

※上記２図内の矢印は、ある時刻における信号の極性を示している(量記号の表わす電圧や電流の向きではない)。

Chap. 03 電力増幅回路

Tr_1とTr_2の中間の点に接続されているので、$v_i = 0V$のときはコンデンサCはバイアスによって$\frac{V_{CC}}{2}$に充電される。

〈図03-40〉の単電源SEPP回路はあくまでも基本形であり、このままでは**クロスオーバひずみ**が生じてしまう。ベースにバイアスをかければクロスオーバひずみは解消（かいしょう）されるが、そのために別の電源を使ったのでは、せっかく単電源にした意味がない。別の電源を使わずにベースにバイアスをかける回路はさまざまにあるが、たとえば〈図03-43〉のように**ダイオード**と抵抗（ていこう）を配置することで、ベースにバイアスをかけることができる。ダイオードの電圧－電流特性の**立ち上がり電圧**と、トランジスタの$V_{BE}-I_B$特性の立ち上がり電圧は、どちらもpn接合（せつごう）の**順方向電圧**（じゅんほうこうでんあつ）なのでほぼ等しい。この回路では、ダイオードの端子電圧（たんしでんあつ）が、トランジスタのベース・エミッタ間に加わるため、最適なベースバイアスになる。抵抗R_1とR_2は電源電圧V_{CC}をダイオードと分圧するために備えられている。また、入力側にバイアス電圧がかかるため、入力信号源（にゅうりょくしんごうげん）との間には**結合コンデンサ**（けつごう）C_Cが必要になる。なお、エミッタ抵抗R_{E1}とR_{E2}は、それらに生じる電圧降下（でんあつこうか）によってトランジスタの$V_{BE}-I_B$特性とダイオードの電圧－電流特性の違いを吸収している。

ダイオードは**温度補償回路**（おんどほしょうかいろ）としても機能してくれる。ダイオードのアノード・カソード間とトランジスタのベース・エミッタ間はどちらもpn接合なので、温度に対して同じように反応する。トランジスタは温度が上昇するとV_{BE}が低下してベース電流が増加し**熱暴走**（ねつぼうそう）へと至（いた）る危険性がある。しかし、同じようにダイオードも温度が上昇すると立ち上がり電圧が低下するため、ダイオードの端子電圧が下がってベース・エミッタ間電圧も低下するため、ベース電流の増加を抑（おさ）えることができるわけだ。

◆クロスオーバひずみを解消する単電源SEPP回路 〈図03-43〉

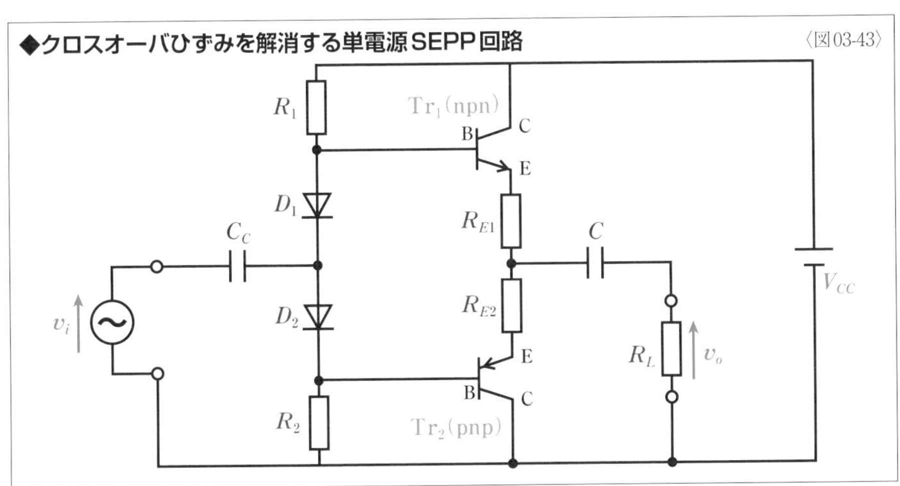

ダーリントン接続

2つのトランジスタをダーリントン接続すると、1つのトランジスタと等価として扱うことができ、2つのトランジスタのh_{FE}の積の電流増幅率が得られる。

▶ダーリントン接続の直流電流増幅率

増幅回路で、1つのトランジスタでは目的の増幅度が得られない場合には、2つのトランジスタを接続して使用することがある。こうしたトランジスタ同士の接続を**ダーリントン接続**や**ダーリントン回路**という。接続するといっても、ダーリントン接続は増幅回路と増幅回路の結合ではない。**ダーリントン接続した2つのトランジスタは1つのトランジスタと等価として扱える。**なお、ダーリントン接続は**電力増幅回路**で使われることが多いため、このChapterで説明するが、差動増幅回路や電源回路などにも使用される。

たとえば、〈図04-01〉は、どちらもnpn形のトランジスタTr_1とTr_2を接続した代表的なダーリントン接続の回路だ。それぞれのトランジスタの直流電流増幅率はh_{FE1}とh_{FE2}とする。

Tr_1のベース電流をI_{B1}とすると、コレクタ電流I_{C1}は〈式04-02〉のようにh_{FE1}とI_{B1}で表わすことができる。エミッタ電流I_{E1}はI_{B1}とI_{C1}の和なので、〈式04-05〉のようにh_{FE1}とI_{B1}で示すことができる。

このTr_1のエミッタ電流I_{E1}はTr_2のベース電流I_{B2}になるので、〈式04-07〉で示すことができる。Tr_2のコレクタ電流I_{C2}は、〈式04-08〉のようにh_{FE2}とI_{B2}で表わせるが、ここに〈式04-07〉を代入すると〈式04-09〉になる。また、Tr_2のエミッタ電流I_{E2}はI_{B2}とI_{C2}の和なので、〈式04-07〉と〈式04-09〉から、〈式04-12〉のように示すことができる。

〈図04-01〉

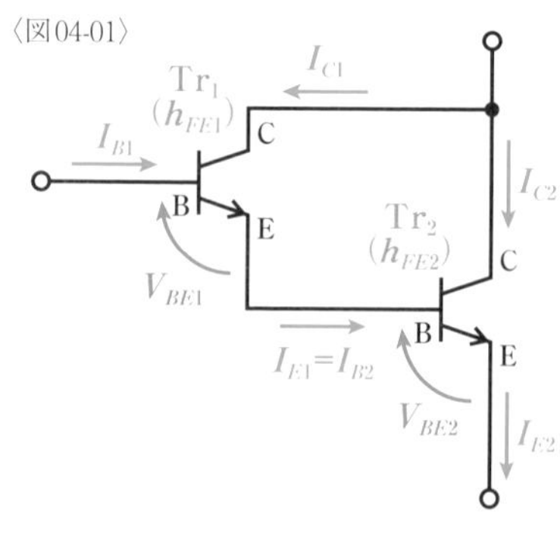

$$I_{C1} = h_{FE1} I_{B1} \quad \cdots〈式04\text{-}02〉$$

$$I_{E1} = I_{B1} + I_{C1} \quad \cdots〈式04\text{-}03〉$$

$$= I_{B1} + h_{FE1} I_{B1} \quad \cdots〈式04\text{-}04〉$$

$$= (1+h_{FE1})\, I_{B1} \quad \cdots〈式04\text{-}05〉$$

$$I_{B2} = I_{E1} \quad \cdots〈式04\text{-}06〉$$

$$= (1+h_{FE1})\, I_{B1} \quad \cdots〈式04\text{-}07〉$$

$$I_{C2} = h_{FE2} I_{B2} \quad \cdots〈式04\text{-}08〉$$

$$= h_{FE2}(1+h_{FE1})\, I_{B1} \quad \cdots〈式04\text{-}09〉$$

$$I_{E2} = I_{B2}+I_{C2} \quad \cdots〈式04\text{-}10〉$$
$$= (1+h_{FE1})\, I_{B1}+h_{FE2}\,(1+h_{FE1})\, I_{B1} \quad \cdots〈式04\text{-}11〉$$
$$= (1+h_{FE1})\,(1+h_{FE2})\, I_{B1} \quad \cdots〈式04\text{-}12〉$$

このダーリントン接続と等価のトランジスタをTrすると、ベース電流I_BはTr_1のベース電流I_{B1}と等しいので〈式04-14〉になる。Trのコレクタ電流I_CはI_{C1}とI_{C2}の和なので、〈式04-02〉と〈式04-09〉から、〈式04-18〉のように示すことができる。Trのエミッタ電流I_Eは、Tr_2のエミッタ電流I_{E2}と等しいので〈式04-20〉になる。

〈図04-13〉

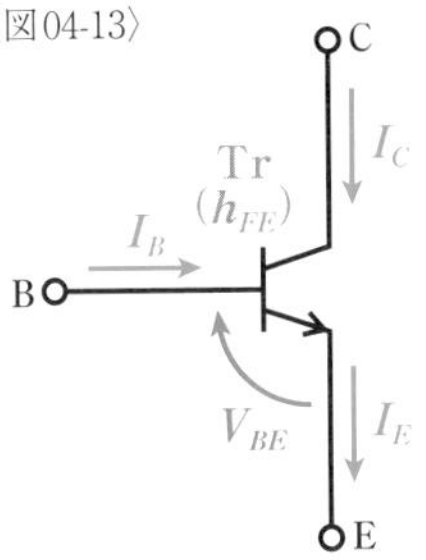

$$I_B = I_{B1} \quad \cdots〈式04\text{-}14〉$$
$$I_C = I_{C1}+I_{C2} \quad \cdots〈式04\text{-}15〉$$
$$= h_{FE1}I_{B1}+h_{FE2}\,(1+h_{FE1})\, I_{B1} \quad \cdots〈式04\text{-}16〉$$
$$= (h_{FE1}+h_{FE2}+h_{FE1}h_{FE2})\, I_{B1} \quad \cdots〈式04\text{-}17〉$$
$$= \{(1+h_{FE1})\,(1+h_{FE2})-1\}\, I_{B1} \quad \cdots〈式04\text{-}18〉$$
$$I_E = I_{E2} \quad \cdots〈式04\text{-}19〉$$
$$= (1+h_{FE1})\,(1+h_{FE2})\, I_{B1} \quad \cdots〈式04\text{-}20〉$$

では、Trの直流電流増幅率h_{FE}を求めてみよう。h_{FE}は、コレクタ電流I_Cとベース電流I_Bの比で〈式04-21〉のように示される。この式に〈式04-14〉と〈式04-18〉を代入して整理すると〈式04-23〉になる。一般的にh_{FE1}とh_{FE2}は1より十分に大きい($h_{FE1} \gg 1$、$h_{FE2} \gg 1$)ので、$h_{FE1}+1 \fallingdotseq h_{FE1}$、$h_{FE2}+1 \fallingdotseq h_{FE2}$とすることができ、同時に$h_{FE1}h_{FE2}-1 \fallingdotseq h_{FE1}h_{FE2}$とすることができるため、$h_{FE}$は$h_{FE1}h_{FE2}$になる。つまり、ダーリントン接続すると、2つのトランジスタの直流電流増幅率の積という非常に大きな直流電流増幅率のトランジスタと等価になるわけだ。

$$h_{FE} = \frac{I_C}{I_B} \;〈式04\text{-}21〉 = \frac{\{(1+h_{FE1})\,(1+h_{FE2})-1\}\, I_{B1}}{I_{B1}} \;〈式04\text{-}22〉 = (1+h_{FE1})\,(1+h_{FE2})-1 \;〈式04\text{-}23〉$$

$h_{FE1} \gg 1$ なので $h_{FE1}+1 \fallingdotseq h_{FE1}$ になり

$h_{FE2} \gg 1$ なので $h_{FE2}+1 \fallingdotseq h_{FE2}$ かつ $h_{FE1}h_{FE2}-1 \fallingdotseq h_{FE1}h_{FE2}$ になり

$$h_{FE} = (1+h_{FE1})\,(1+h_{FE2})-1 \fallingdotseq h_{FE1}h_{FE2} \quad \cdots〈式04\text{-}24〉$$

なお、等価のトランジスタTrのベース・エミッタ間電圧V_{BE}は、2つのトランジスタのV_{BE1}とV_{BE2}の和になるので、回路を設計する際にはバイアス電圧に注意する必要がある。

ダーリントン接続の種類

ダーリントン接続には、npnとnpnのように形が同じトランジスタを使う方法と、異なる形のトランジスタを使う方法がある。異なる形を使った接続は**インバーテッドダーリントン接続**ともいう。同じ形を使う場合は、組み合わせたトランジスタの形がそのまま反映(はんえい)され、npnとnpnを組み合わせれば**npn等価形(とうかがた)ダーリントン接続**になり、pnpとpnpを組み合わせれば**pnp等価形(とうかがた)ダーリントン接続**になる。異なる形を使う場合はベース電流が供給(きょうきゅう)されるトランジスタの形によってnpn等価形かpnp等価形になる。

説明は省略(しょうりゃく)するが、ダーリントン接続には直流電流増幅率(ちょくりゅうでんりゅうぞうふくりつ)が大きくなる以外にも、入力インピーダンスが大きくなり、出力インピーダンスが小さくなるというメリットもある。

なお、製造段階で2つのトランジスタを組み込んでダーリントン回路を構成した単体の素子(そし)もある。こうした素子を**ダーリントントランジスタ**というが、外観からは一般的なトランジスタと区別はつかない。

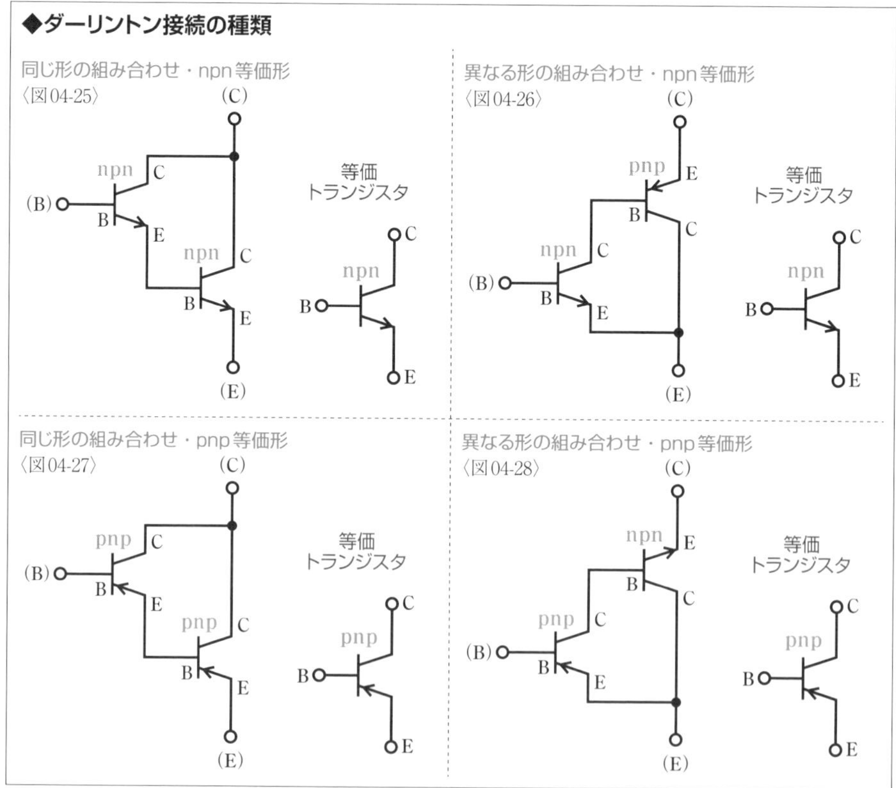

FETの増幅回路

Chapter

04

FETの静特性と3定数

FETを使った回路の解析の基本になるのは入出力の直流電圧と直流電流の関係を示した静特性だ。交流成分の解析には静特性から求められる3定数が使われる。

▶FETの静特性と3定数

トランジスタには接地方式によって3種類の**基本増幅回路**があるが、FETにも3種類の基本増幅回路がある(P178参照)。そのなかでもっとも多用されているのが**ソース接地増幅回路**だ。ソース接地増幅回路は〈図01-01〉のような回路になる。この回路では、**ゲート電流** I_Gが入力電流、**ゲート・ソース間電圧** V_{GS}が入力電圧、**ドレーン電流**I_Dが出力電流、**ドレーン・ソース間電圧** V_{DS}が出力電圧を意味する。

こうしたFETの各端子間の直流電圧と直流電流の関係を示したものを**FETの静特性**という。ソース接地増幅回路のFETの代表的な静特性には、$V_{GS}-I_D$**特性**、$V_{DS}-I_D$**特性**、$V_{DS}-V_{GS}$**特性**の3種類がある。なお、接合形FETではゲート電流I_Gは無視できるほど小さく、MOS形FETではゲート電流I_Gが流れないため、FETではI_Gに関連する特性は存在しないことになる。

また、トランジスタでは静特性から定義された***h*パラメータ**という**定数**を使うことで、小信号増幅回路の信号成分(交流成分)についての**線形素子**による**等価回路**を示すことができ、解析や設計が容易になるが、FETでも静特性から定義された定数を使うことで解析や設計が容易になる。**FETの定数**には、**相互コンダクタンス**g_m、**ドレーン抵抗**r_d、**増幅率** μがあり、まとめて**FETの3定数**という。*h*パラメータと同じように、FETの3定数も静特性の微小変化分の比で定義されている。

◆ソース接地増幅回路の入出力端子間の電圧と電流　〈図01-01〉

V_{GS} ：ゲート・ソース間電圧 = 入力電圧

I_G ：ゲート電流 = 入力電流

V_{DS} ：ドレーン・ソース間電圧 = 出力電圧

I_D ：ドレーン電流 = 出力電流

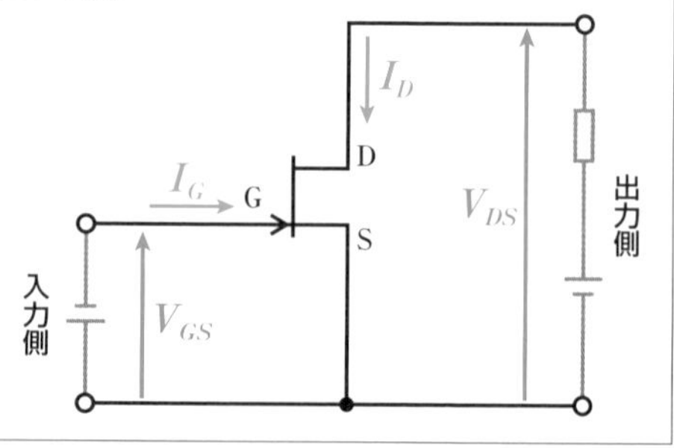

▶ $V_{GS}-I_D$特性と相互コンダクタンス

FETの$V_{GS}-I_D$特性は、**ドレーン・ソース間電圧**V_{DS}**を一定にした状態で、ゲート・ソース間電圧**V_{GS}**の変化に対するドレーン電流**I_D**の変化を示したものだ**。$V_{GS}-I_D$特性は、入力電圧であるV_{GS}と出力電流であるI_Dの関係を示しているので、**伝達特性**(でんたつとくせい)ともいう。Chapter01でも説明しているが、まとめると以下のようになる。

特性が**デプレション形**である**接合形**FETの場合、$V_{GS}-I_D$特性は〈図01-02〉のようになる。ゲート・ソース間電圧V_{GS}の値(あたい)の絶対値(ぜったいち)が大きくなるとドレーン電流I_Dは減少する。I_Dが0AになるV_{GS}を**ピンチオフ電圧**V_Pという。ドレーン電流I_Dが最大になるのはV_{GS}が0Vのときで、そのときの電流を**飽和**(ほうわ)**ドレーン電流**(でんりゅう)I_{DSS}という。

特性が**エンハンスメント形**のMOS**形**FETの場合、$V_{GS}-I_D$特性は〈図01-04〉のようになる。ゲート・ソース間電圧V_{GS}が0Vのときにはドレーン電流I_Dが流れないが、V_{GS}が大きくなるとドレーン電流I_Dも大きくなる。MOS形FETにはデプレション形もあるが、実際には**デプレション・エンハンスメント形**といえる特性なので、$V_{GS}-I_D$特性は〈図01-03〉のように、ゲート・ソース間電圧V_{GS}が負の領域(りょういき)と正の領域にまたがっている。

$V_{GS}-I_D$特性に関する**FETの定数**は**相互コンダクタンス**g_mという。相互コンダクタンスg_mはI_Dの微小変化(びしょうへんか)ΔI_Dと、V_{GS}の微小変化ΔV_{GS}の比を示していて、〈式01-05〉のように表わすことができる。電流と電圧の比なので、単位には[S](ジーメンス)が使われる。

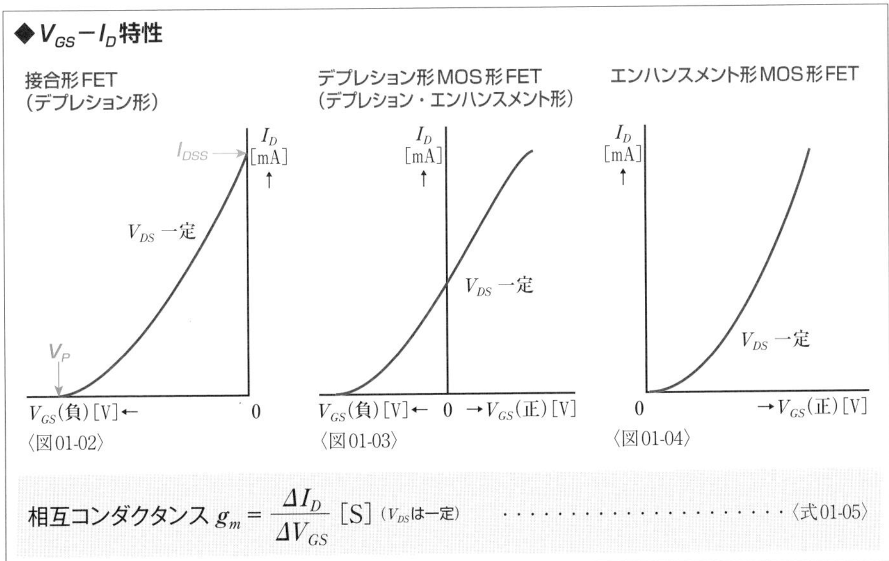

〈図01-02〉 〈図01-03〉 〈図01-04〉

$$\text{相互コンダクタンス}\ g_m = \frac{\Delta I_D}{\Delta V_{GS}}\ [\mathrm{S}]\ (V_{DS}\text{は一定}) \quad \cdots\cdots〈式01-05〉$$

▶$V_{DS}-I_D$特性とドレーン抵抗

FETの$V_{DS}-I_D$**特性**は、**ゲート・ソース間電圧**V_{GS}**を一定にした状態で、ドレーン・ソース電圧**V_{DS}**の変化に対するドレーン電流**I_D**の変化を示したものだ。**$V_{DS}-I_D$特性は、出力電圧であるV_{DS}と出力電流であるI_Dの関係を示しているので、**出力特性**ともいう。$V_{DS}-I_D$特性はゲート・ソース間電圧V_{GS}の大きさで特性曲線が異なる。そのため、$V_{DS}-I_D$特性では複数のV_{GS}について特性曲線を示すのが一般的だ。この$V_{DS}-I_D$特性は、トランジスタの$V_{CE}-I_C$特性に類似した形状になっている。

〈図01-06〉は**デプレション形**である**接合形**FETの$V_{DS}-I_D$特性だ。もっとも高い位置にある特性曲線がV_{GS}=0Vのものになり、低い位置に描かれる特性曲線ほど負の電圧が大きくなっていく。〈図01-07〉は**エンハンスメント形**の**MOS形**FETの$V_{DS}-I_D$特性だ。V_{GS}=0Vではドレーン電流は流れないが、V_{GS}の正の値が大きくなるほど特性曲線の位置が高くなっていく。図は省略するが、**デプレション・エンハンスメント形**のMOS形FETの$V_{DS}-I_D$特性は、V_{GS}の値が正の特性曲線と負の特性曲線が順に並ぶことになる。

$V_{DS}-I_D$特性では、いずれのゲート・ソース間電圧の特性曲線でも、最初は急激に立ち上がり、V_{DS}を増加させていくとそれに比例するようにI_Dが増加していくが、V_{DS}がある値以上になると、I_Dはそれ以上は増加せず、ほぼ一定値となる。この領域を**飽和領域**という。FETはこの飽和領域を使って増幅を行う。飽和領域に対して特性曲線が立ち上がっていく範囲を**線形領域**や**抵抗領域**という。なお、FETとトランジスタでは飽和領域の意味や特性

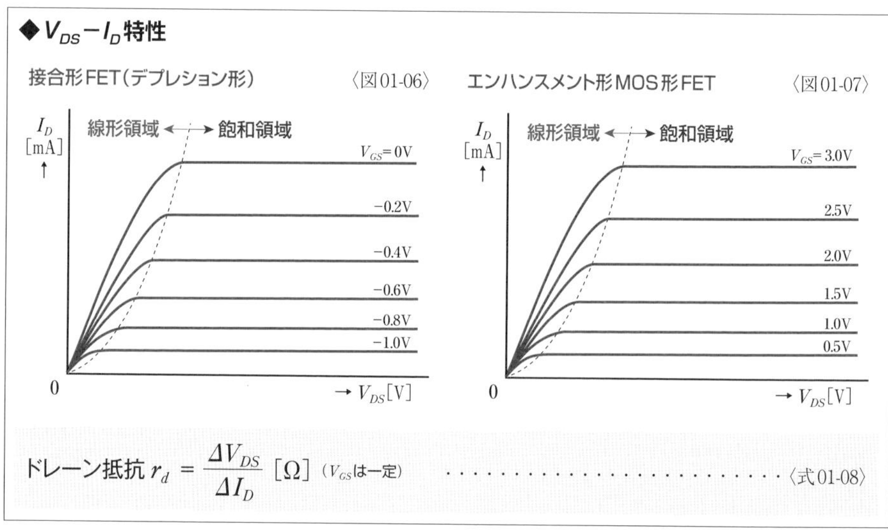

ドレーン抵抗 $r_d = \dfrac{\Delta V_{DS}}{\Delta I_D}$ [Ω] (V_{GS}は一定) ……〈式01-08〉

Chap. 04 FETの増幅回路

図上の位置が異なるので、間違えないように注意すべきだ。FETは飽和領域で増幅を行うが、トランジスタは能動領域で増幅を行う。

$V_{DS}-I_D$特性に関する**FETの定数**は**ドレーン抵抗r_d**という。ドレーン抵抗r_dは、〈式01-08〉のようにV_{DS}の微小変化ΔV_{DS}とI_Dの微小変化ΔI_Dの比を示している。電圧と電流の比なので、単位には[Ω]が使われる。ドレーン抵抗r_dはFETの**出力インピーダンス**だといえる。

▶ $V_{DS}-V_{GS}$特性と増幅率

FETの$V_{DS}-V_{GS}$**特性は、ドレーン電流I_Dを一定にした状態で、ドレーン・ソース間電圧V_{DS}の変化に対するゲート・ソース間電圧V_{GS}の変化を示したものだ**。入力電圧と出力電圧の関係を示している。〈図01-09〉は**接合形FET**の$V_{DS}-V_{GS}$特性だ。V_{GS}が大きくなるほどV_{DS}も大きくなる。ただ、$V_{DS}-V_{GS}$特性が解析などに使われることは少ない。

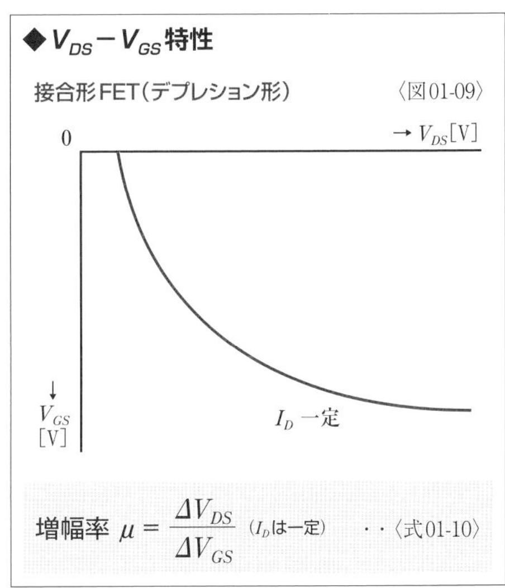

$V_{DS}-V_{GS}$特性に関する**FETの定数**は**増幅率 μ**という。増幅率μはV_{DS}の微小変化ΔV_{DS}とV_{GS}の微小変化ΔV_{GS}の比を示していて、〈式01-10〉のように表わすことができる。電圧同士の比なので、μに単位はない。増幅率μはFETの増幅の度合いを知る目安と考えることができる。電圧と電流という違いはあるが、μはトランジスタの小信号電流増幅率h_{fe}に相当するものだといえる。

▶ FETの入力インピーダンス

トランジスタのhパラメータの場合は入力インピーダンスh_{ie}が存在するが、重要な要素であるはずなのに、**FETの定数**のなかには入力インピーダンスに相当するものがない。FETの入力インピーダンスは、ゲート・ソース間電圧V_{GS}とゲート電流I_Gの比で表わされることになるが、FETのソース接地増幅回路の場合、**ゲート電流I_G**はほぼ0Aだといえる。数学的には0で割ることは定義できないとされているが、割る数を小さくしていくと結果はどんどん大きくなっていくので、0で割ると無限大に限りなく近づくといえる。つまり、**FETの入力インピーダンスはほぼ無限大で一定と考えることができる**ので、わざわざ定数で示していないわけだ。

Chapter 04

Section 02

FETの基本増幅回路

トランジスタに3種類の基本増幅回路があるのと同じように、FETにも3種類の基本増幅回路がある。そのなかでもっとも多用されているのがソース接地増幅回路だ。

接地方式

FETによる増幅回路には、ソースを入出力共通の端子(**グランド**)とする**ソース接地増幅回路**のほかに、ゲートを共通の端子とする**ゲート接地増幅回路**、ドレーンを共通の端子とする**ドレーン接地増幅回路**があり、3種類をまとめて**FETの基本増幅回路**という。各**接地方式**のおもな特徴は〈表02-01〉のようになる。なお、トランジスタの基本増幅回路の表(P90参照)では電流増幅度と電力増幅度を示したが、FETではゲート電流が0Aと考えられるため、電流増幅度を表わせない(無限大になる)。同様に電力増幅度も示すことができない。

◆FETの基本増幅回路の特徴

〈表02-01〉

接地方式	ソース接地増幅回路	ゲート接地増幅回路	ドレーン接地増幅回路
電圧増幅度	大	大	1
入力インピーダンス	大	中	大
出力インピーダンス	中	大	小
入出力の位相	逆相	同相	同相

ソース接地増幅回路

FETの**ソース接地増幅回路**はトランジスタの**エミッタ接地増幅回路**に相当するもので、大きな電圧増幅度を得ることができる。さらに、エミッタ接地は入力インピーダンスがさほど大きくないので増幅回路としては理想的といえないが、**ソース接地は入力インピーダンスが大きいので増幅回路としては理想的な特性を備えている**ため現在もっとも使われている。なお、**ソース接地には入出力の位相が逆相になるという特徴がある**。

◆ソース接地増幅回路

〈図02-02〉

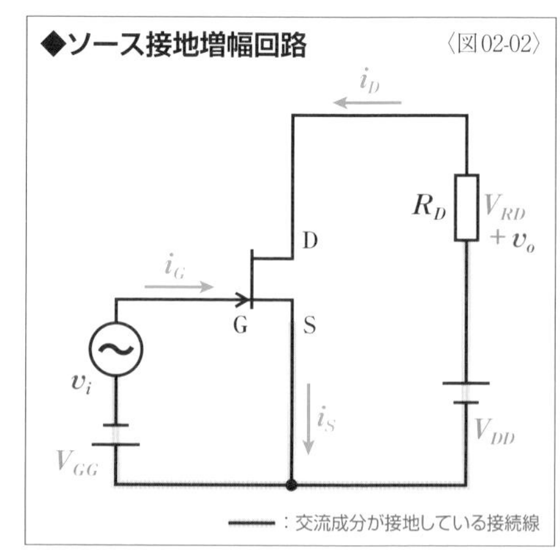

図記号からわかるように、〈図02-02〉のソース接地増幅回路は接合形FETの回路だ。ゲート・ソース間に負の電圧をかける必要があるため、V_{GG}の極性をV_{DD}とは逆にしてある。エンハンスメント形のMOS形FETを使う場合は、V_{GG}の極性をV_{DD}と同じにする必要がある。

ゲート接地増幅回路

FETの**ゲート接地増幅回路**はトランジスタの**ベース接地増幅回路**に相当するもので、抵抗を大きくすれば電圧増幅度を大きくできる。周波数特性がよいので、**高周波増幅回路**に適している。ただ、トランジスタによる増幅回路に対するFETによる増幅回路のメリットには、入力インピーダンスが大きいことがあるが、ゲート接地ではこのメリットを活かせないため、ゲート接地増幅回路はあまり使われることがない。

◆ゲート接地増幅回路 〈図02-03〉

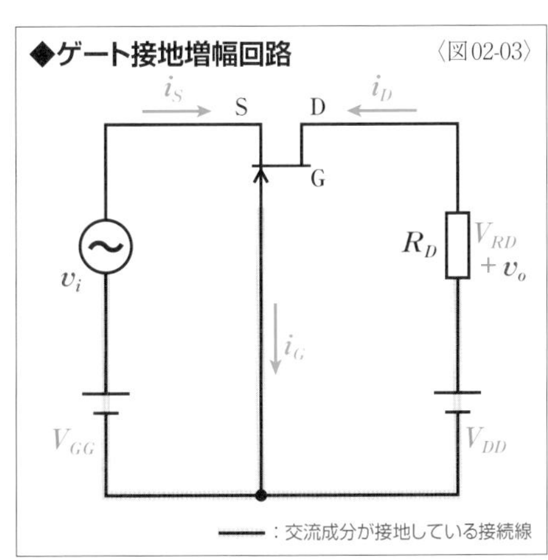

ドレーン接地増幅回路

FETの**ドレーン接地増幅回路**は**ソースフォロワ**とも呼ばれる。トランジスタの**コレクタ接地増幅回路**に相当するものだ。**入力インピーダンスが高く、出力インピーダンスが低いので、理想の増幅回路の特性を備えている**といえる。そのため、多段増幅回路の回路間で**緩衝増幅回路**や**バッファ**（P198参照）として使われている。

〈図02-04〉のドレーン接地増幅回路では接合形FETのゲート・ソース間に正の電圧がかかっているように見える。しかし、入力電圧v_iが0Vのとき、電源電圧V_{GG}は、ゲート・ソース間電圧V_{GS}と、ソース抵抗R_Sの端子電圧V_{RS}で分圧されている。つまり、$V_{GS}=V_{GG}-V_{RS}$になる。そのため、$V_{GG}<V_{RS}$となるようにR_Sの値を設定すれば、$V_{GS}<0V$になるので、ゲート・ソース間に負の電圧をかけることができる。

◆ドレーン接地増幅回路 〈図02-04〉

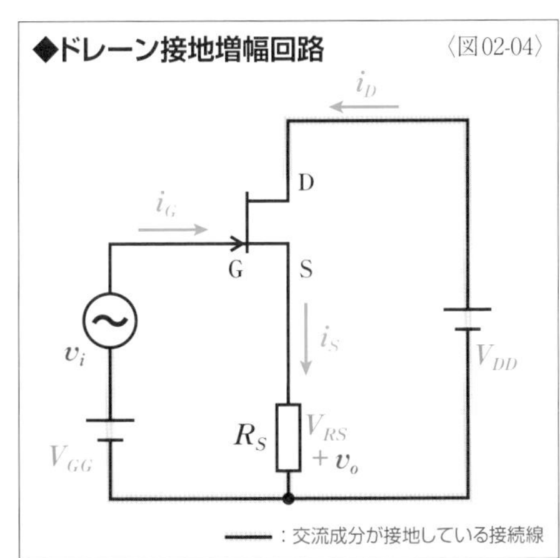

Chapter 04 Section 03

FETの等価回路

FETの３定数を使うと交流等価回路を定数で示すことができ、解析や設計が容易に行えるようになる。FETの等価回路はトランジスタに比べるとシンプルな構成だ。

▶FETの３定数

トランジスタによる小信号増幅回路の場合、信号の振幅が小さいので、微小変化量によって定義されているhパラメータを増幅回路の交流成分（信号成分）に適用できるが、**FETの3定数も小信号増幅回路であれば交流成分（信号成分）に適用できる。**

交流成分（信号成分）に適用するために、3定数の定義のΔI_D、ΔV_{GS}、ΔV_{DS}をそれぞれ交流成分の**ドレーン電流i_d**、**ゲート・ソース間電圧v_{gs}**、**ドレーン・ソース間電圧v_{ds}**に置き換えると、**相互コンダクタンスg_m**、**ドレーン抵抗r_d**、**増幅率μ**は〈式03-02～04〉のように示すことができる。また、これらの3定数には〈式03-05〉の関係が成立する。

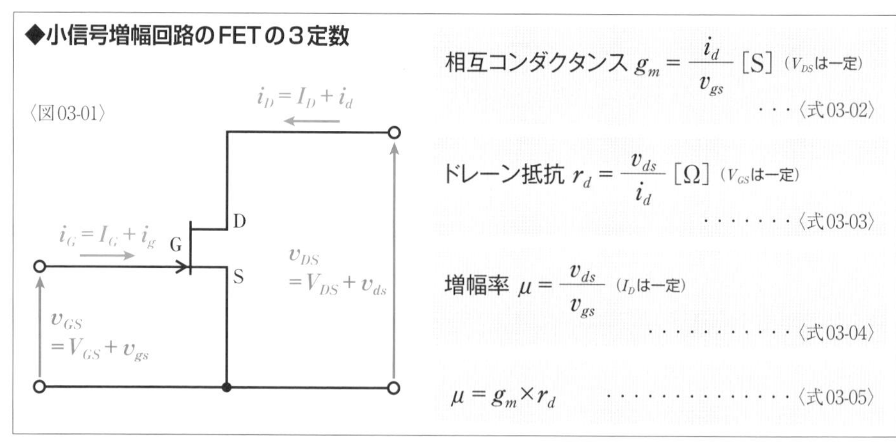

▶FETの等価回路

トランジスタではhパラメータ等価回路で交流成分の解析などが行えるが、FETの場合も3定数を使って**交流等価回路**を構成でき、回路の解析などが容易に行えるようになる。FETの**ソース接地増幅回路**〈図03-06〉の3定数による等価回路は〈図03-07〉のようになる。

まずは、入力側を考えてみよう。トランジスタのエミッタ接地増幅回路の場合、出力電圧の一部が入力側に戻されるため、入力側の等価回路に戻される電圧を示す必要があるが、

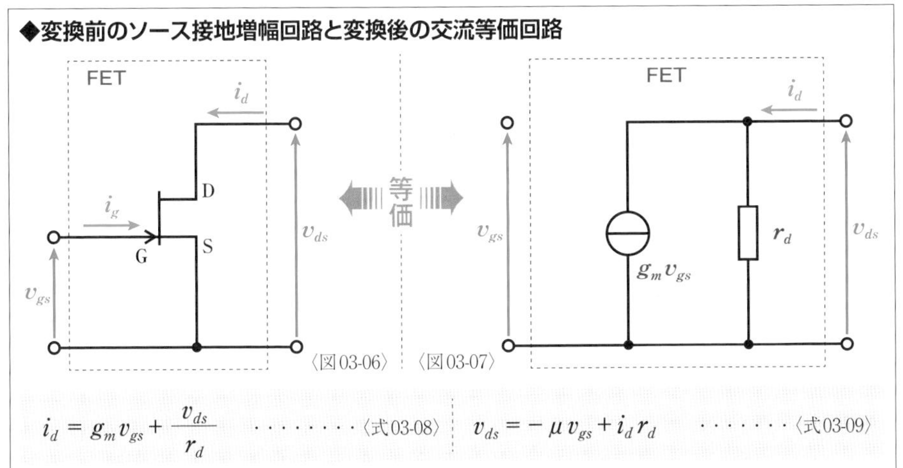

〈図03-06〉 〈図03-07〉

$$i_d = g_m v_{gs} + \frac{v_{ds}}{r_d} \quad \cdots\cdots\cdots〈式03\text{-}08〉$$

$$v_{ds} = -\mu v_{gs} + i_d r_d \quad \cdots\cdots\cdots〈式03\text{-}09〉$$

FETのソース接地増幅回路では出力側から入力側に電圧や電流が戻されることはない。そのため、FETの交流等価回路では入力電圧と入力電流の関係だけを考えればいい。

入力電圧はゲート・ソース間電圧v_{gs}である。この電圧によって入力電流である**ゲート電流i_g**が流れるとすると、そこには**入力インピーダンス**が存在することになる。しかし、実際にはMOS形FETではゲート電流が流れないため、入力端子間は開放になる。また、接合形FETのゲート電流は無視できるほど小さいので、入力インピーダンスは無限大に近似するので、これも開放と考えることができる。そのため、交流等価回路の入力側は端子だけでよいことになるが、入力側と出力側はどちらもソースが接地されているので、入力側と出力側のグランドはつないでおく必要がある。

いっぽう、出力電流であるドレーン電流i_dは、〈式03-02〉から入力電圧であるv_{gs}を**相互コンダクタンスg_m**倍したものであることがわかる。これは等価的に$g_m v_{gs}$の**電流源**が存在することになるので、**定電流源$g_m v_{gs}$**で示すことができる。また、出力電流であるi_dが流れるドレーン・ソース間には**出力インピーダンス**が存在することになる。出力インピーダンスは出力電圧と出力電流の比で示されるので、〈式03-03〉から**ドレーン抵抗r_d**が出力インピーダンスを示していることがわかる。これは電流源の内部インピーダンスと考えることができるため、定電流源と並列の関係で表わせる。

出力側の電流の関係を考えると、出力電流i_dは、入力電圧v_{gs}がg_m倍に増幅された電流$g_m v_{gs}$と、出力電圧v_{ds}によってr_dに流れる電流$\frac{v_{ds}}{r_d}$の和になるので、〈式03-08〉のように表わせる。また、〈式03-08〉をv_{ds}について整理し、〈式03-05〉を代入すると、**増幅率μ**を使って出力側の電圧の関係を〈式03-09〉のように示すことができる。

Chapter 04 Section 04

FETのバイアス回路

FETも交流信号をそのまま増幅することができないので、直流のバイアスをかける必要がある。FETは熱暴走を起こさないが安定度には配慮しなければならない。

▶FETのバイアス回路

FETもトランジスタと同じように直流電源によって**バイアス**をかけなければ入力信号をひずみなく増幅できない。FETにもさまざまな**バイアス回路**が考えられるが、接合形FETとデプレション形のMOS形FETをV_{GS}が負の領域で使用する場合には**固定バイアス回路**と**自己バイアス回路**が使われる。また、エンハンスメント形のMOS形FETとデプレション形のMOS形FETをV_{GS}が正の領域で使用する場合はエンハンスメント形用のバイアス回路が使われる。なお、デプレション形のMOS形FETはV_{GS}が負の領域で使用するのが一般的だ。

FETはゲート電流がほとんど流れないので、トランジスタに比べるとバイアス回路の設計は容易だ。しかし、**FETは温度が上昇するとドレーン電流I_Dが減少する特性があるので**、バイアス回路では**安定度**に配慮する必要がある。ただし、トランジスタの場合はその特性によって温度が上昇し続ける熱暴走という悪循環に至るが、FETの場合は温度上昇でI_Dが減少するので、熱暴走が生じることはない。

▶固定バイアス回路

固定バイアス回路は、**ドレーン電源**V_{DD}と**ゲート電源**V_{GG}の2つの独立した電源を使う。V_{GS}を負にするために、V_{DD}は負極側を接地するのに対して、V_{GG}は正極側を接地する。

ドレーン抵抗R_Dの端子電圧V_{RD}とドレーン・ソース間電圧V_{DS}はドレーン電源V_{DD}を分圧しているので、〈式04-02〉のように示される。V_{RD}をR_Dと流れる電流I_Dで示すと〈式04-03〉になる。この式を変形してI_Dを示す式にすると〈式04-04〉になる。この式から$V_{DS}-I_D$特性上の**直流負荷線**は、傾きが$-\frac{1}{R_D}$、切片が$\frac{V_{DD}}{R_D}$の直線であることがわかる。直流負荷線と座標軸

◆固定バイアス回路 〈図04-01〉

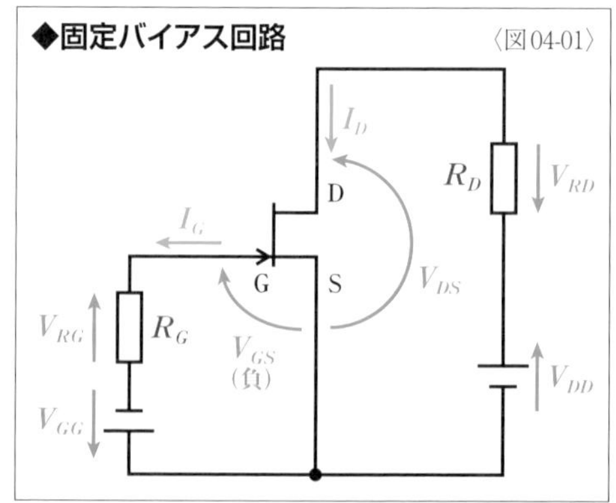

Chap. 04 FETの増幅回路

の交点は、〈式04-04〉のV_{DS}と〈式04-03〉のI_Dに0を代入すれば求められる。〈図04-10〉のように負荷線上に**動作点**Pを設定すると、出力側のバイアスV_{DSP}とI_{DP}が決まる。さらにI_{DP}から、$V_{GS}-I_D$特性によって入力側のバイアス電圧V_{GSP}が求められる。この電圧がV_{GG}になる。

$$V_{DD} = V_{RD} + V_{DS} \quad \cdots\cdots\langle式04\text{-}02\rangle$$

$$= I_D R_D + V_{DS} \quad \cdots\cdots\langle式04\text{-}03\rangle$$

$$I_D = -\frac{1}{R_D}V_{DS} + \frac{V_{DD}}{R_D} \quad \cdots\cdots\langle式04\text{-}04\rangle$$

$V_{DS}=0$のとき

$$I_D = \frac{V_{DD}}{R_D} \quad \cdots\cdots\langle式04\text{-}05\rangle$$

$I_D=0$のとき

$$V_{DS} = V_{DD} \quad \cdots\cdots\langle式04\text{-}06\rangle$$

ゲート・ソース間には**ゲート抵抗**R_Gを通して負の電圧V_{GG}が加えられる。FETではゲート電流I_Gは流れないので、ゲート抵抗R_Gはどんな値でもよいことになるが、増幅回路の入力インピーダンスを下げないために、1MΩ程度の高抵抗を使用するのが一般的だ。R_Gが高抵抗であっても電圧降下V_{RG}はほとんど生じないので、$V_{GG} \fallingdotseq V_{GS}$になる。

なお、接合形FETの場合、$V_{GS}-I_D$特性は、**飽和ドレーン電流**I_{DSS}と**ピンチオフ電圧**V_Pを使って近似式〈式04-07〉で示すことができる。そのため、FETのI_{DSS}とV_Pがわかっていれば、特性曲線を使わずに〈式04-08〉によってV_{GG}を求めることができる。

$$I_D = I_{DSS}\left(1-\frac{V_{GS}}{V_P}\right)^2 \quad \cdot\langle式04\text{-}07\rangle$$

$$V_{GG} = V_{GS} = V_P\left(1-\sqrt{\frac{I_D}{I_{DSS}}}\right) \quad \cdot\langle式04\text{-}08\rangle$$

固定バイアスは回路が簡単なうえ、ソースに抵抗が接続されていないので、電源の利用効率が高い。しかし、電源が2つ必要であるうえ、温度によるI_Dの変化の影響を直接的に受け、I_{DSS}とV_PのばらつきもI_Dにそのまま影響するため、実用的な回路とはいえない。

◆固定バイアス回路の直流負荷線と動作点

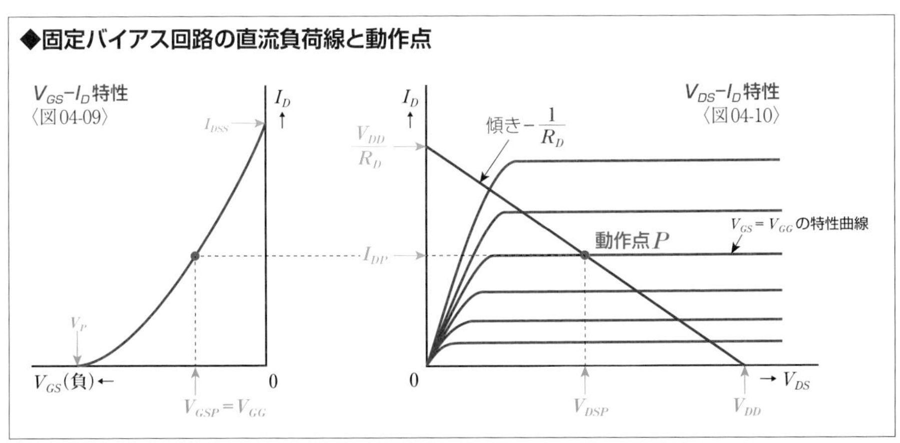

Sec.
04
FETのバイアス回路

▶自己バイアス回路

FETの**自己バイアス回路**は**ドレーン電源**V_{DD}をゲートのバイアス電源にも利用できるようにしたバイアス回路だ。接合形FETとデプレション形のMOS形FETをV_{GS}が負の領域で使う場合に使用する。自己バイアス回路は、〈図04-11〉のような回路で構成され、FETの3つの端子それぞれに**ドレーン抵抗**R_D、**ソース抵抗**R_S、**ゲート抵抗**R_Gが備えられる。それぞれの端子電圧はV_{RD}、V_{RS}、V_{RG}とする。

◆自己バイアス回路 〈図04-11〉

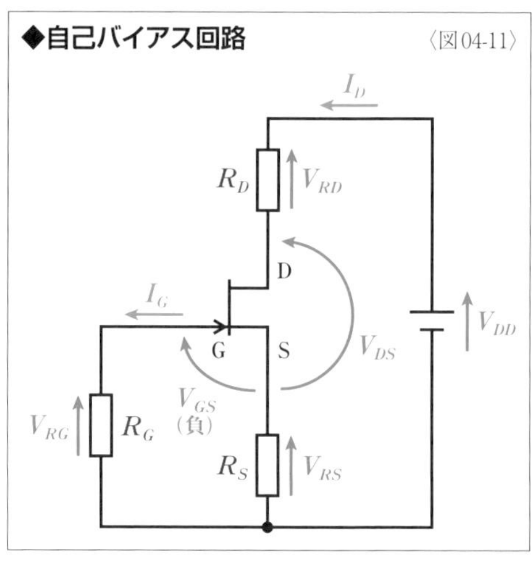

ゲート側の電圧の関係では**キルヒホッフの電圧則**によって〈式04-12〉が成り立つが、FETではゲート電流は流れないため、R_Gに電圧降下は生じないのでV_{RG}は0Vになる。すると、〈式04-14〉の関係が成立し、ゲートには負の電圧がかかることになる。FETではゲート電流が流れないため、ドレーン電流とソース電流は同じになる。ソース抵抗R_Sの端子電圧V_{RS}を流れる電流I_Dで示すと〈式04-15〉になる。

$$V_{RG} = V_{GS} + V_{RS} \quad \cdots〈式04\text{-}12〉$$
$$= 0 \quad \cdots〈式04\text{-}13〉$$
$$V_{GS} = -V_{RS} \quad \cdots〈式04\text{-}14〉$$
$$= -I_D R_S \quad \cdots〈式04\text{-}15〉$$

ドレーン側の電圧の関係では、ドレーン・ソース間電圧V_{DS}と、2つの抵抗の端子電圧V_{RD}とV_{RS}は、電源電圧V_{DD}を分圧しているので、〈式04-16〉で表わせる。各抵抗の端子電圧を抵抗の大きさと流れる電流で示すと〈式04-17〉になる。この式を変形してI_Dを示す式にすると〈式04-18〉になる。この式から、$V_{DS}-I_D$特性上の**直流負荷線**は、傾きが$-\frac{1}{R_D+R_S}$、切片が$\frac{V_{DD}}{R_D+R_S}$の直線であることがわかる。負荷線と座標軸の交点は、〈式04-18〉のV_{DS}に0を、〈式04-17〉のI_Dに0を代入すれば求められる。

$$V_{DD} = V_{DS} + V_{RD} + V_{RS} \quad \cdots〈式04\text{-}16〉$$
$$= V_{DS} + I_D R_D + I_D R_S \quad \cdots〈式04\text{-}17〉$$
$$I_D = -\frac{1}{R_D+R_S} V_{DS} + \frac{V_{DD}}{R_D+R_S} \quad \cdots〈式04\text{-}18〉$$

$V_{DS}=0$のとき

$$I_D = \frac{V_{DD}}{R_D+R_S} \quad \cdots〈式04\text{-}19〉$$

$I_D=0$のとき

$$V_{DS} = V_{DD} \quad \cdots〈式04\text{-}20〉$$

◆自己バイアス回路の直流負荷線と動作点

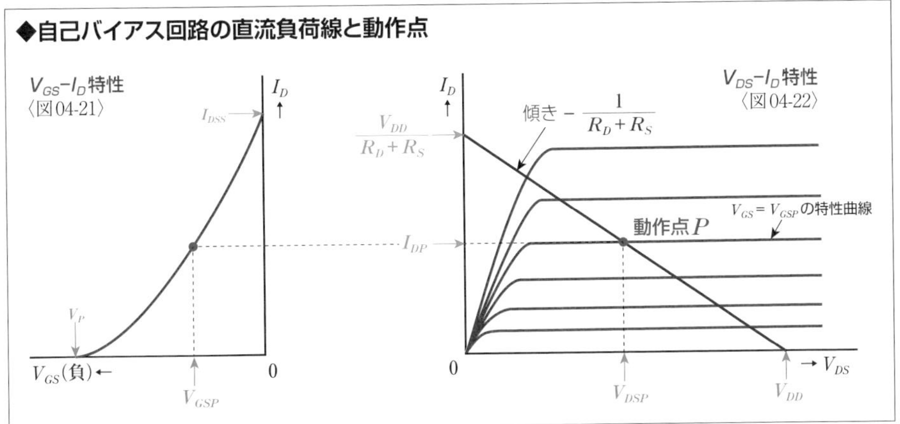

〈図04-22〉のように負荷線上に**動作点**Pを設定すると、出力側のバイアスV_{DSP}とI_{DP}が決まる。I_{DP}が決まると、〈図04-21〉のように$V_{GS}-I_D$特性から入力側のバイアス電圧V_{GSP}を求めることができる。

3つの抵抗について考えてみよう。V_{GS}とI_D、R_Sには〈式04-15〉の関係があるので、バイアスが決まると、〈式04-23〉のようにソース抵抗R_Sを求めることができる(式にはマイナス符号がついているが、V_{GS}が負の値なのでR_Sは正の値になる)。このように、自己バイアス回路ではバイアス電流I_{DP}を決めると、自動的にソース抵抗R_Sの大きさが決まってしまう。

$$R_S = -\frac{V_{GSP}}{I_{DP}} \quad \cdots\cdots〈式04-23〉$$

また、〈式04-17〉にバイアスの値を代入すると〈式04-24〉になる。さらに、〈式04-23〉を代入すると〈式04-25〉になる。この式を変形してR_Dを示す式にすると〈式04-26〉のようにドレーン抵抗R_Dが求められる。

$$V_{DD} = V_{DSP} + I_{DP}R_D + I_{DP}R_S \quad \cdots\cdots〈式04-24〉$$

$$= V_{DSP} + I_{DP}R_D - V_{GSP} \quad \cdots\cdots〈式04-25〉$$

$$R_D = \frac{V_{DD} - V_{DSP} + V_{GSP}}{I_{DP}} \quad \cdots\cdots〈式04-26〉$$

FETではゲート電流は流れないので、ゲート抵抗R_Gはどんな値でもよいことになるが、固定バイアスの場合と同じように、増幅回路の入力インピーダンスを下げないために、1MΩ程度の高抵抗を使用するのが一般的だ。

▶固定バイアスと自己バイアスの安定度

固定バイアス**回路**と**自己**バイアス**回路**の**安定度**を〈図04-27〉の$V_{GS}-I_D$特性で考えてみよう。温度変化によって特性曲線がXからYになると、固定バイアスの場合は、V_{GG}は変化しないので、I_{D1}からI_{D2}に変化する。いっぽう、自己バイアス回路の場合、$V_{GS}=-I_D R_S$の関係があるため、V_{GS}は傾きが$-R_S$の直線上を移動する。そのため、特性曲線がXからYになると、I_{D1}からI_{D3}に変化する。同じように特性が変化しても、固定バイアス回路の変化量($I_{D1}\rightarrow I_{D2}$)より自己バイアス回路の変化量($I_{D1}\rightarrow I_{D3}$)のほうが少ないことがわかる。つまり、**自己バイアス回路のほうが固定バイアス回路より安定度がよい**といえる。

◆$V_{GS}-I_D$特性の温度変化 〈図04-27〉

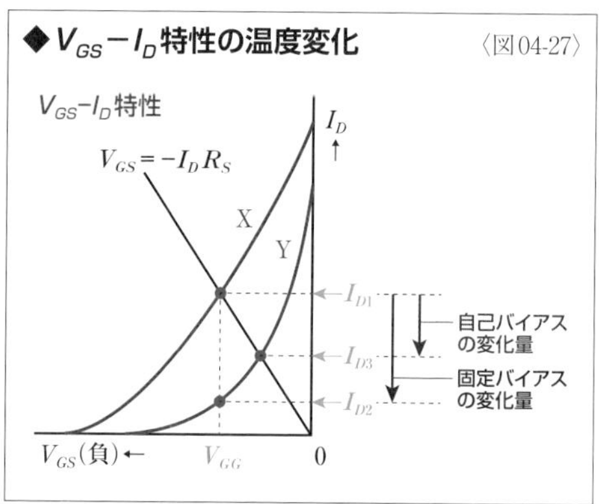

▶エンハンスメント形FETのバイアス回路

エンハンスメント形の**MOS形**FETはV_{GS}が正の領域で使用するので、トランジスタ同様に〈図04-28〉のような**電流帰還バイアス回路**が使える(FETではゲート電流が流れないので、実質的には自己バイアス回路の一種だと考えられる)。

FETのトランジスタに対するメリットには**入力インピーダンス**の大きさがあるが、増幅回路の入力インピーダンスは**増幅素子**の入力インピーダンスだけでは決まらず、バイアス回路の影響を受ける。固定バイアス回路や自己バイアス回路の場合、ゲート抵抗が増幅回路の入力インピーダンスになるが、高抵抗を使用するので、入力インピーダンスを大きくできる。しかし、電流帰還バイアス回路の場合、2つのブリーダ抵抗が並列接続されるので、どうしても増幅回路の入力インピーダンスが小さくなる。そのため、実際には電流帰還バイアス回路が用いられることは少ない。

◆電流帰還バイアス回路 〈図04-28〉

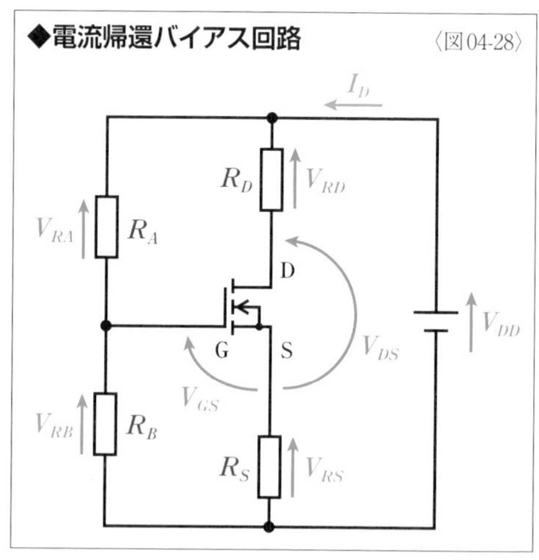

Chap.04 FETの増幅回路

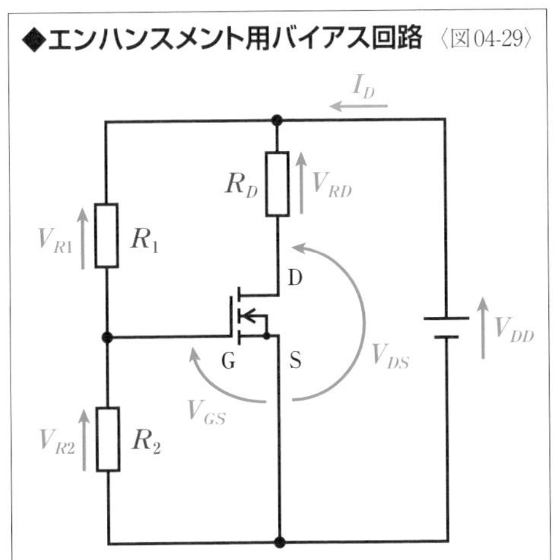

◆エンハンスメント用バイアス回路〈図04-29〉

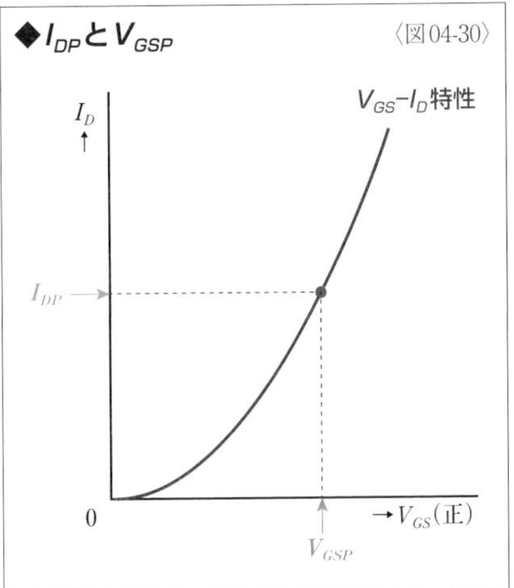

◆I_{DP}とV_{GSP}〈図04-30〉

エンハンスメント形のMOS形FETでよく使われるバイアス回路は〈図04-29〉のような回路だ。残念ながら名称はない。電流帰還バイアス回路からソース抵抗を取り除いて短絡したものだといえるが、負帰還は行われていないので電流帰還バイアス回路とはいえない。

エンハンスメント形用バイアス回路の出力側の構成は、自己バイアス回路からソース抵抗を取り除いたものなので、〈式04-18〉からR_Sを除いた〈式04-31〉によって**直流負荷線**が示される。この負荷線上に**動作点**Pを設定すると、出力側のバイアスV_{DSP}とI_{DP}が決まる。さらにI_{DP}から、〈図04-30〉のように$V_{GS}-I_D$特性によって入力側のバイアス電圧V_{GSP}が求められる。

$$I_D = -\frac{1}{R_D}V_{DS} + \frac{V_{DD}}{R_D} \qquad \cdots\cdots〈式04\text{-}31〉$$

入力側のバイアスを決める抵抗をR_1とR_2として、それぞれの端子電圧をV_{R1}とV_{R2}とすると、V_{GS}はV_{R2}と等しくなる。また、V_{R1}とV_{R2}は電源電圧V_{DD}を分圧している。以上の関係から、V_{GS}は分圧式によって〈式04-32〉のように示すことができる。

$$V_{GS} = \frac{R_2}{R_1+R_2}V_{DD} \qquad \cdots\cdots〈式04\text{-}32〉$$

〈式04-32〉のV_{GS}がV_{GSP}になるように、R_1とR_2の大きさを決めればいい。そもそも、FETではゲート電流が流れないため、この式が示しているのはR_1とR_2の比だけであり、さまざまな大きさの抵抗で考えられる。しかし、R_1とR_2が並列接続されたものが、増幅回路の入力インピーダンスになるので、数百kΩ〜数MΩの高抵抗を使うのが一般的だ。

FET小信号増幅回路の解析

FETによる小信号増幅回路の場合も、バイアス成分を示す直流等価回路と信号成分を示す定数による交流等価回路を使えば、容易に回路の解析を行うことができる。

▶自己バイアスのソース接地増幅回路

◆解析対象回路（自己バイアスのソース接地増幅回路）

〈図05-01〉

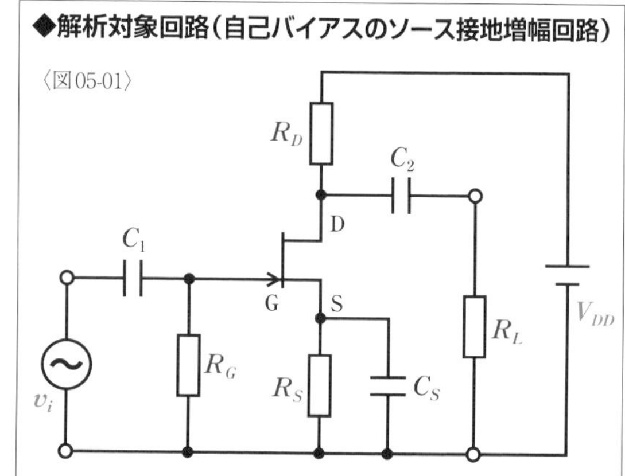

FETによる**小信号増幅回路**を解析してみよう。解析対象の回路はもっとも多用されている**自己バイアス**の**ソース接地増幅回路**だ。出力側に備えられた抵抗R_Lは、最終的な負荷もしくは次段の入力インピーダンスで、抵抗成分だけと仮定している。コンデンサC_1とC_2は直流成分を阻止する**結合コンデンサ**であり、コンデンサC_Sはソース抵抗R_Sによる分圧で出力電圧v_oを低下させないための**バイパスコンデンサ**だ。

バイアス成分（直流成分）の解析は〈図05-02〉のような**直流等価回路**で行う。前のSectionで説明したように、**直流負荷線**は〈式05-03〉で示すことができ、この負荷線上に**動作点**を設定する（P184参照）。動作点によってバイアスが決まれば、〈式05-04〉と〈式05-05〉で**ソース抵抗**R_Sと**ドレーン抵抗**R_Dを求められる（**ゲート抵抗**R_Gは任意の高抵抗を使用する）。

〈図05-02〉

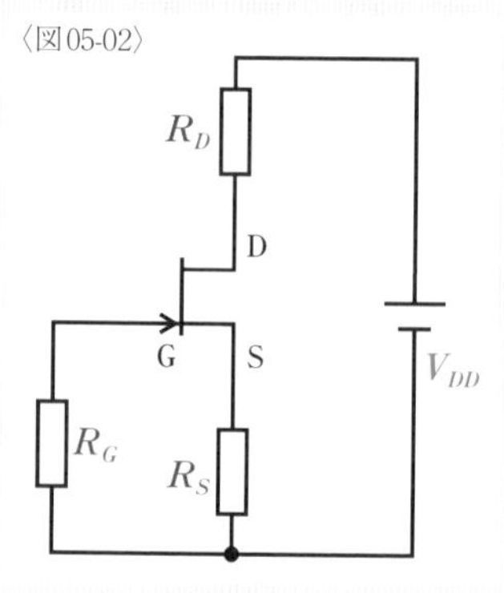

$$I_D = -\frac{1}{R_D + R_S} V_{DS} + \frac{V_{DD}}{R_D + R_S} \quad \cdots〈式05\text{-}03〉$$

$$R_S = \frac{V_{GSP}}{I_{DP}} \quad \cdots〈式05\text{-}04〉$$

$$R_D = \frac{V_{DD} - V_{DSP} + V_{GSP}}{I_{DP}} \quad \cdots〈式05\text{-}05〉$$

▶交流等価回路による解析

信号成分（交流成分）の解析は、〈図05-06〉のような**中域**の**交流等価回路**を使用する。まずは入出力インピーダンスを求めてみよう。**入力インピーダンス**Z_iとは、入力端子からみた増幅回路のインピーダンスだ。FET自体の入力インピーダンスは無限大に近似するので等価回路には描かない。そのため、増幅回路の入力インピーダンスZ_iは、ゲート抵抗R_Gだけだ。

出力インピーダンスZ_oは出力端子からみた増幅回路のインピーダンスだ。負荷抵抗R_Lは増幅回路の外に接続されているのでZ_oには影響を与えない。Z_oは信号源$v_i = 0\text{V}$で考えるものだ。$v_i = 0\text{V}$であれば$v_{gs} = 0\text{V}$になり、電流源$g_m v_{gs} = 0\text{A}$になる。電流源が0Aの場合は開放と考えられる。よって、Z_oはr_dとR_Dの並列接続なので、〈式05-08〉で示される。

〈図05-06〉

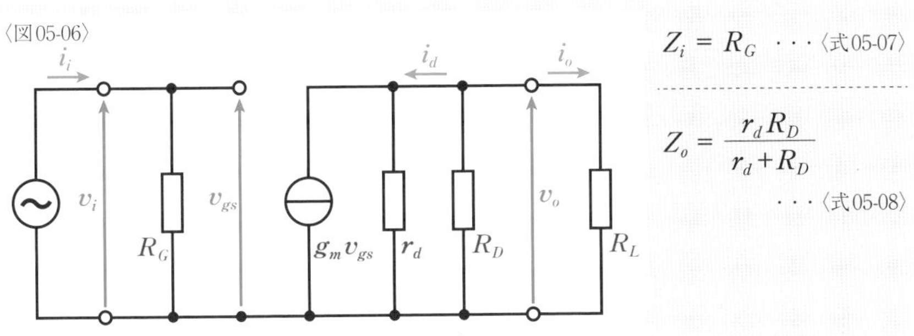

$$Z_i = R_G \quad \cdots〈式05\text{-}07〉$$

$$Z_o = \frac{r_d R_D}{r_d + R_D} \quad \cdots〈式05\text{-}08〉$$

次に、**電圧増幅度**A_vを求めてみよう。入力電圧v_iは、FETのゲート・ソース間電圧v_{gs}と等しくなる。いっぽう、出力電圧v_oは、並列接続されたr_d、R_D、R_Lの端子電圧に等しい。この合成抵抗を流れる電流は$g_m v_{gs}$だ。式を簡単にするために、r_dとR_Dの合成抵抗をR_{Dd}とすると、出力電圧v_oは〈式05-10〉で示される。$g_m v_{gs}$と出力電流i_oは流れる方向が逆なので、この式の右辺にはマイナスの符号をつけている。電圧増幅度は〈式05-11〉で示されるので、そこに〈式05-09〉と〈式05-10〉を代入して整理すると、〈式05-13〉のようにA_vを示すことができる。

$$v_i = v_{gs} \quad \cdots\cdots\cdots\cdots〈式05\text{-}09〉$$

$$v_o = -\frac{R_{Dd} R_L}{R_{Dd} + R_L} g_m v_{gs} \quad \cdots\cdots\cdots〈式05\text{-}10〉$$

$$A_v = \left| \frac{v_o}{v_i} \right| \quad \cdots〈式05\text{-}11〉$$

$$= \frac{\dfrac{R_{Dd} R_L}{R_{Dd} + R_L} g_m v_{gs}}{v_{gs}} \quad \cdots〈式05\text{-}12〉$$

$$= g_m \left(\frac{R_{Dd} R_L}{R_{Dd} + R_L} \right) \quad \cdots〈式05\text{-}13〉$$

Chapter 04 Section 06

CMOS

FETのなかでもMOS形FETはデジタル回路でよく使われている。もっとも多用されているCMOSについて少しだけ学んでおこう。

▶コンプリメンタリMOS

このChapterではFETの増幅回路の説明をしているが**デジタル回路**についても簡単に説明しておく。FETには**スイッチング作用**がある。たとえば、エンハンスメント形のMOS形FETのソース接地増幅回路の場合、ゲート・ソース間に電圧をかけなければドレーン電流が流れない。これがOFFに相当する。ゲート・ソース間に一定以上の電圧をかければドレーン電流が流れてONになる。

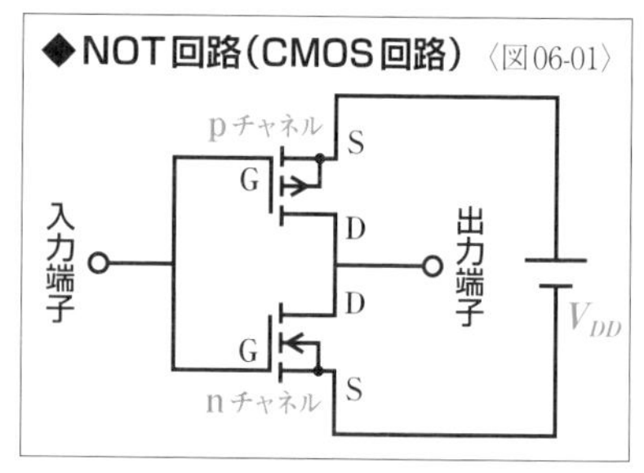

◆NOT回路（CMOS回路）〈図06-01〉

MOS形はゲート電流が流れないので消費電力が非常に小さくなるうえ、小型化や軽量化も可能になるので、**デジタルIC**でよく使われるが、なかでも代表的なものがnチャネルとpチャネルのMOSを組み合わせて使用する**CMOS**だ。詳しくは、Chapter12で説明する(P368参照)。

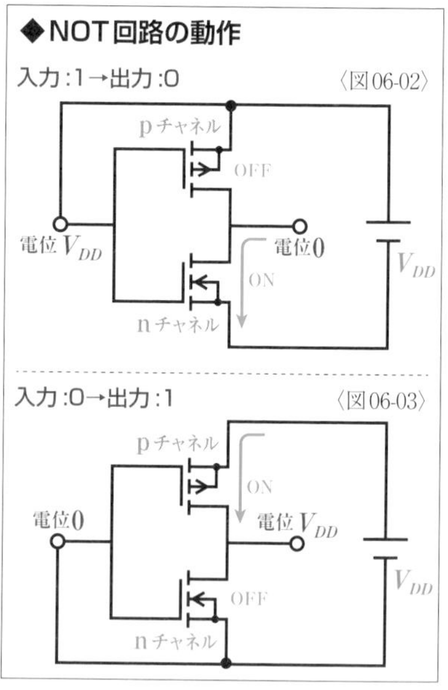

◆NOT回路の動作 〈図06-02〉〈図06-03〉

〈図06-01〉は**NOT回路**という代表的なCMOS回路だ。〈図06-02〉のように入力端子の電位をV_{DD}にすると、pチャネルMOSはゲートとソースの電位が同じなのでOFFになり、nチャネルMOSはゲート・ソース間に電圧がかかりONになるので、出力端子がグランドとつながり電位が0Vになる。〈図06-03〉のように入力端子の電位を0Vにすると、nチャネルMOSはゲートとソースの電位が同じなのでOFFになり、pチャネルMOSはゲート・ソース間に電圧がかかりONになるので、出力端子の電位はV_{DD}になる。デジタル回路の信号は「0」と「1」を表わすが、電位0Vを「0」、電位V_{DD}を「1」とすると、この回路は入力を反転して出力する回路になる。

さまざまな増幅回路

Chapter

05

負帰還増幅回路

増幅回路は温度変化による影響を受けたり、ノイズやひずみが生じたりするが、負帰還を増幅回路にかけると、これらの問題が解消し周波数特性も改善される。

正帰還と負帰還

増幅回路の出力信号の一部を入力側に戻すことを帰還またはフィードバック(feedback)**という**。帰還を行うことを「帰還をかける」と表現することが多く、帰還がかけられた増幅回路を**帰還増幅回路**という。帰還増幅回路は、**増幅回路**と**帰還回路**で構成される。**帰還させる信号が入力信号と同相の場合を正帰還またはポジティブフィードバック**(positive feedback)**という**。正帰還は**発振回路**に用いられる(P234参照)。**帰還させる信号が入力信号と逆相の場合を負帰還またはネガティブフィードバック**(negative feedback)**という**。帰還増幅回路はバイポーラトランジスタの増幅回路でもFETの増幅回路などでも構成できる。

基本となる増幅回路が同相の増幅回路であれば、〈図01-01〉のように帰還回路によって出力の一部を入力側に加えれば正帰還になる。いっぽう、〈図01-02〉のように入力側に戻した出力の一部を入力から差し引くと、逆相の信号を帰還させることになるので、負帰還になる。基本となる増幅回路がエミッタ接地増幅回路のような**反転増幅回路**であれば、〈図01-03〉のように出力の一部を入力側に戻すだけで負帰還をかけることができる。

負帰還をかけた増幅回路を**負帰還増幅回路**という。増幅回路では温度によって特性が変化することがあるが、負帰還をかけると増幅回路が安定する。また、負帰還をかけることで、**周波数特性**や入出力インピーダンスを改善したり、ノイズを低下させたりすることができる。そのため、負帰還増幅回路はよく使われている。負帰還をかけない場合に比べて増幅度が低下するのがデメリットだが、多段増幅を行えば解消できる。

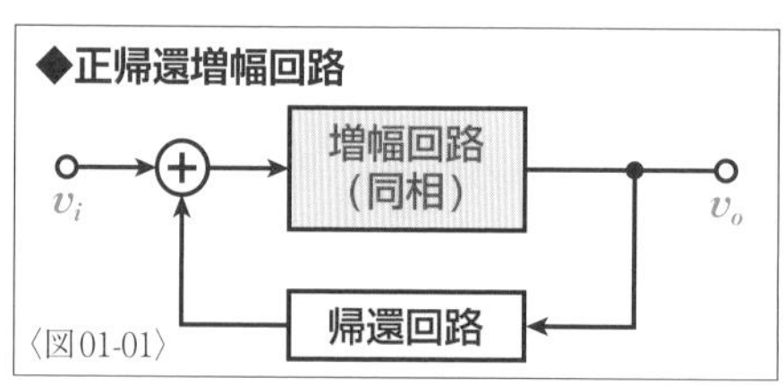

〈図01-01〉

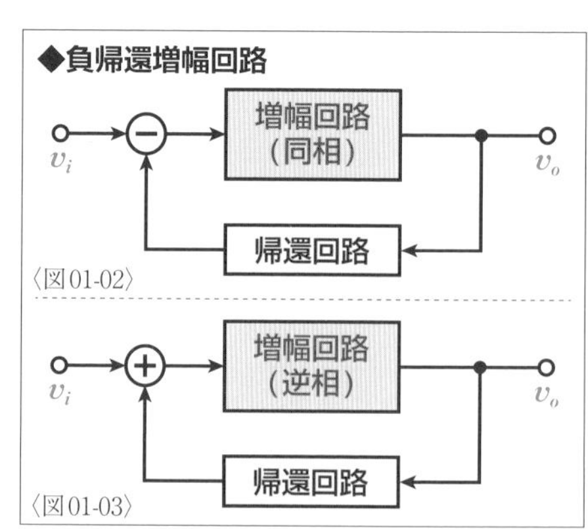

〈図01-02〉
〈図01-03〉

▶負帰還増幅回路の電圧増幅度

代表的な**負帰還増幅回路**は〈図01-04〉のような構成になる。この回路では、出力電圧v_oの一部を**帰還電圧**v_fとして入力側に戻し、入力電圧v_iと帰還電圧v_fの差v_tを増幅回路の入力としている。**帰還電圧v_fと出力電圧v_oとの比を帰還率βという**。式で表わせば〈式01-05〉だ。出力電圧より大きな電圧を帰還させることはできないので、**帰還率βは0～1の値になる**。

◆**負帰還増幅回路の例**　〈図01-04〉

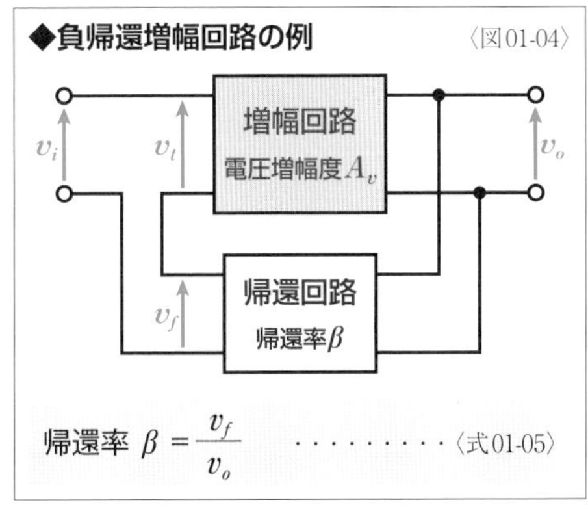

$$帰還率\ \beta = \frac{v_f}{v_o} \quad \cdots\cdots〈式01\text{-}05〉$$

この負帰還増幅回路全体の**電圧増幅度**A_{vf}を求めてみよう。帰還電圧v_fは〈式01-06〉のように出力電圧v_oと帰還率βで表わせる。増幅回路に入力される電圧v_tはv_iとv_fの差なので〈式01-07〉で表わせ、この式に〈式01-06〉を代入すると〈式01-08〉になる。増幅回路の電圧増幅度をA_vとすると、出力電圧v_oは〈式01-09〉で示される。この式に〈式01-08〉を代入して整理すると〈式01-11〉になる。この式を変形してv_oを示す式にすると〈式01-12〉になる。

さて、負帰還増幅回路全体の電圧増幅度A_{vf}は出力電圧v_oと入力電圧v_iの比で〈式01-13〉のように示される。この式に〈式01-12〉を代入して整理すると〈式01-15〉になる。この式から、負帰還増幅回路の電圧増幅度A_{vf}は、本来の電圧増幅度A_vを$\dfrac{1}{1+A_v\beta}$倍していることがわかる。この式に示された$A_v\beta$を**ループゲインまたはループ利得といい**、$1+A_v\beta$を**帰還量Fというが**、帰還量は〈式01-16〉のようにデシベルで示すのが一般的だ。

$$v_f = \beta v_o \quad \cdots\cdots〈式01\text{-}06〉$$

$$v_t = v_i - v_f \quad \cdots\cdots〈式01\text{-}07〉$$

$$= v_i - \beta v_o \quad \cdots\cdots〈式01\text{-}08〉$$

$$v_o = A_v v_t \quad \cdots\cdots〈式01\text{-}09〉$$

$$= A_v(v_i - \beta v_o) \quad \cdots\cdots〈式01\text{-}10〉$$

$$= A_v v_i - A_v \beta v_o \quad \cdots\cdots〈式01\text{-}11〉$$

$$v_o = \frac{A_v v_i}{1+A_v\beta} \quad \cdots\cdots〈式01\text{-}12〉$$

$$A_{vf} = \frac{v_o}{v_i} \ \cdots〈式01\text{-}13〉 \quad = \frac{\dfrac{A_v v_i}{1+A_v\beta}}{v_i} \ \cdots〈式01\text{-}14〉 \quad = \frac{A_v}{1+A_v\beta} \ \cdots〈式01\text{-}15〉$$

$$帰還量\ F = 20\log_{10}(1+A_v\beta)\ [\mathrm{dB}] \quad \cdots\cdots〈式01\text{-}16〉$$

▶負帰還の効果

前ページで確認したように、**負帰還増幅回路**の**電圧増幅度**A_{vf}は、〈式01-17〉のように本来の電圧増幅度A_vを$\dfrac{1}{1+A_v\beta}$倍している。こうした負帰還増幅回路の**ループゲイン**$A_v\beta$大きくしていき、$A_v\beta \gg 1$であれば、$A_v\beta+1 \fallingdotseq A_v\beta$とすることができる。この式を〈式01-17〉に代入すると、〈式01-18〉のように電圧増幅度A_{vf}が**帰還率**βの**逆数**で示される。

$$A_{vf} = \frac{A_v}{1+A_v\beta} \quad \cdots\cdots\cdots \text{〈式01-17〉}$$

$A_v\beta \gg 1$ ならば $1+A_v\beta \fallingdotseq A_v\beta$ になり

$$A_{vf} \fallingdotseq \frac{A_v}{A_v\beta} \quad \cdots\cdots\cdots \text{〈式01-18〉}$$

$$= \frac{1}{\beta} \quad \cdots\cdots\cdots \text{〈式01-19〉}$$

この式から、負帰還増幅回路では増幅回路本来の電圧増幅度A_vとは無関係に電圧増幅度A_{vf}が決まることがわかる。温度変化などによって増幅回路のA_vが変化したとしても、負帰還増幅回路の電圧増幅度A_{vf}はほとんど変化しない。そのため、負帰還をかけない場合に比べて、安定した増幅を行える。トランジスタのh_{fe}に多少のばらつきがあったとしても、負帰還増幅回路であればその影響を受けずに同じ増幅度を得ることができる。

また、増幅回路内部で発生する**ノイズ**は、負帰還をかけることによって、電圧増幅度と同じように$\dfrac{1}{\beta}$に低下させることができる(入力に含まれていたノイズは低下させることができない)。増幅回路内部で発生する**ひずみ**についても、同じように低下させることが可能だ。

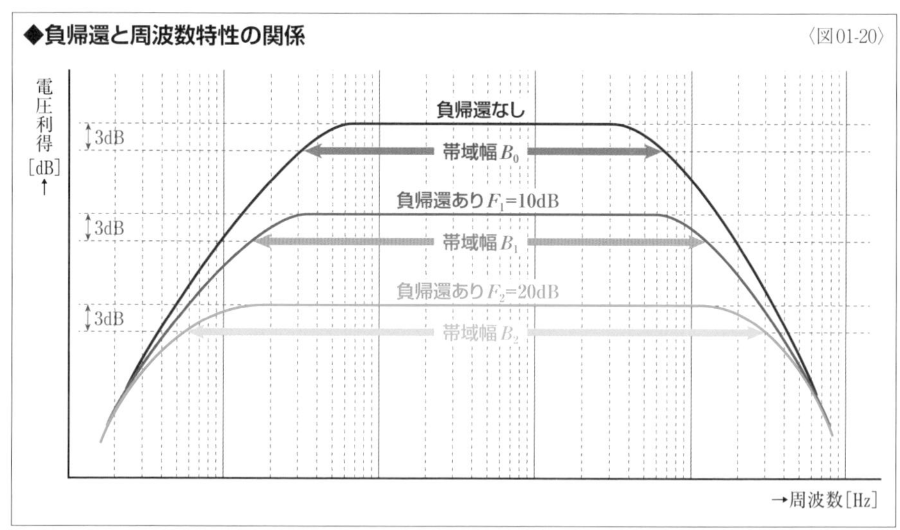

◆負帰還と周波数特性の関係 〈図01-20〉

さらに、**帰還回路**に抵抗のような周波数特性をもたない素子を用いれば、〈図01-19〉のように負帰還増幅回路の周波数特性が、増幅回路本来の特性より改善され、**周波数帯域幅**が広くなる。

このように、負帰還増幅回路にはさまざまなメリットがあり、**安定度**の向上や**周波数帯域**の拡大が可能だ。最大のデメリットは電圧増幅度が低下することだが、増幅回路を多段化すれば、目的とする増幅度を得ることができるので、負帰還増幅回路は広く使われている。

▶帰還増幅回路の種類

帰還増幅回路の帰還信号の取り出し方と戻し方にはそれぞれ2種類の方法がある。信号の取り出し方には、**並列帰還形**と**直列帰還形**がある。並列帰還形は増幅回路と帰還回路を並列にして電圧信号を取り出すので**電圧帰還形**ともいい、直列帰還形は増幅回路と帰還回路を直列にして電流信号を取り出すので**電流帰還形**ともいう。信号の戻し方には、**並列注入形**と**直列注入形**がある。並列注入形は増幅回路と帰還回路を並列にして電圧信号を帰還させ、直列注入形は増幅回路と帰還回路を直列にして電流信号を帰還させる。

こうした2種類ずつの組み合わせで**並列帰還並列注入形**（**電圧帰還並列注入形**）、**並列帰還直列注入形**（**電圧帰還直列注入形**）、**直列帰還並列注入形**（**電流帰還並列注入形**）、**直列帰還直列注入形**（**電流帰還直列注入形**）の4種類に帰還増幅回路は分類される。

◆帰還増幅回路の種類

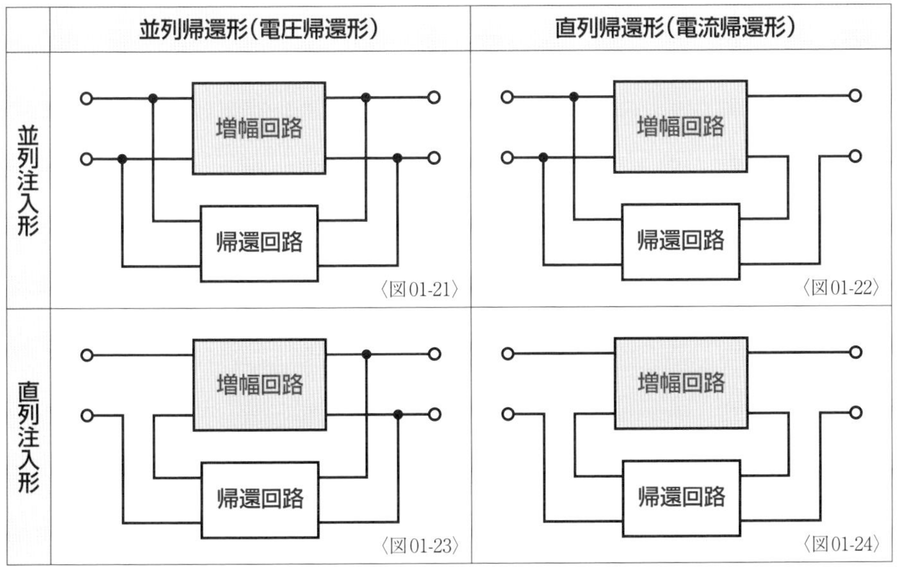

Sec.
01
負帰還増幅回路

▶帰還増幅回路の入出力インピーダンス

帰還増幅回路の**入出力インピーダンス**は、**帰還回路**の存在によって、増幅回路本来の入出力インピーダンスとは異なったものになる。

たとえば、〈図01-26〉のような**並列帰還直列注入形**の帰還増幅回路の入力インピーダンスを調べてみよう。先に確認したように、入力電圧v_i、増幅回路に入力される電圧v_t、**帰還電圧**v_fの関係は〈式01-27〉で示され、v_fを出力電圧v_oと**帰還率**βで示すと〈式01-28〉になる。入力電流をi_iとすると、増幅回路本来の入力インピーダンスZ_iは、v_tとi_iの比で〈式01-29〉のように示され、**電圧増幅度**A_vはv_oとv_tの比で〈式01-30〉のように示される。帰還増幅回路の入力インピーダンスZ_{if}は、v_iとi_iの比で〈式01-31〉のように示されるが、この式に〈式01-28〉を代入して整理すると〈式01-33〉になる。さらに、〈式01-29〉と〈式01-30〉を代入すると〈式01-34〉になる。この式から、帰還をかけることで入力インピーダンスZ_{if}は増幅回路の本来の入力インピーダンスZ_iの$1+A_v\beta$倍に増加することがわかる。つまり、増幅回路本来の入力インピーダンスより大きくなるわけだ。

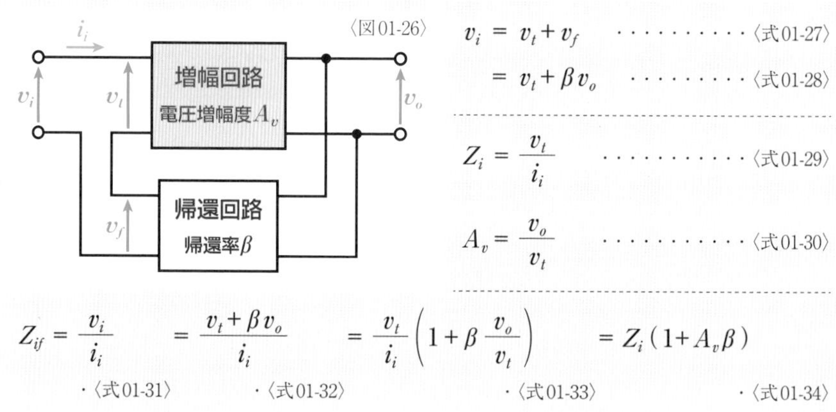

$$v_i = v_t + v_f \quad \cdots\cdots〈式01\text{-}27〉$$

$$= v_t + \beta v_o \quad \cdots\cdots〈式01\text{-}28〉$$

$$Z_i = \frac{v_t}{i_i} \quad \cdots\cdots〈式01\text{-}29〉$$

$$A_v = \frac{v_o}{v_t} \quad \cdots\cdots〈式01\text{-}30〉$$

$$Z_{if} = \frac{v_i}{i_i} = \frac{v_t + \beta v_o}{i_i} = \frac{v_t}{i_i}\left(1 + \beta\frac{v_o}{v_t}\right) = Z_i(1 + A_v\beta)$$

・〈式01-31〉　・〈式01-32〉　・〈式01-33〉　・〈式01-34〉

その他の方式の入出力インピーダンスの解析は省略するが、簡単にいってしまえば増幅回路と帰還回路が直列か並列かでインピーダンスの増減が決まる。入力側の場合、**直列注入形**では増幅回路と帰還回路それぞれの入力インピーダンスが直列になるので、元の増幅回路の入力インピーダンスより増大し、**並列注入形**では増幅回路と帰還回路それぞれの入力インピーダンスが並列になるので、元の増幅回路の入力インピーダンスより減少する。出力側の場合も、**直列帰還形**であれば出力インピーダンスが増大し、**並列帰還形**であれば出力インピーダンスが減少する。

▶電流帰還バイアスのエミッタ抵抗

電流帰還バイアスのエミッタ接地増幅回路は、**バイパスコンデンサ**C_Eによって信号成分には**負帰還**がかからないようにした**直列帰還直列注入形**の**負帰還増幅回路**だ。

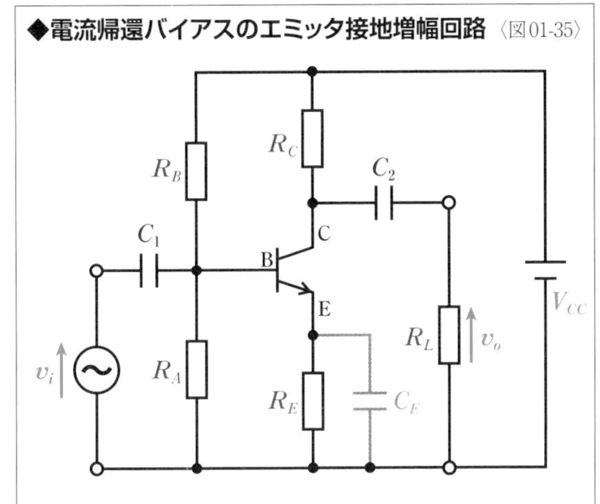

◆電流帰還バイアスのエミッタ接地増幅回路〈図01-35〉

この回路で電圧増幅度を調べてみよう。〈図01-35〉の回路からバイパスコンデンサC_Eを取り除くと、信号成分が**エミッタ抵抗**R_Eを流れるようになり負帰還がかかる。***h*パラメータ簡易等価回路**にすると〈図01-36〉になる。帰還電圧をv_fとすると、**帰還率**βは〈式01-37〉で示され、これらの電圧を抵抗値と流れる電流で示すと〈式01-38〉になる。ここでは式を簡単にするためにR_CとR_Lの並列合成抵抗をR_{CL}としている。ここで、i_cはi_bに対して十分に大きい($i_c \gg i_b$)ので、$i_e = i_c + i_b \fallingdotseq i_c$となり、$\beta$は〈式01-39〉で表わせる。

負帰還増幅回路の電圧増幅度A_{vf}は、$A_v\beta \gg 1$ならば帰還率βの逆数で示すことができるので(P194参照)、〈式01-39〉からA_{vf}は〈式01-41〉で表わすことができる。つまり、この回路の**電圧増幅度は**R_{CL}**と**R_E**の比だけで決まる**わけだ。そのため、温度によるh_{fe}の変化の影響を受けないことになり、安定度がよくなる。

〈図01-36〉

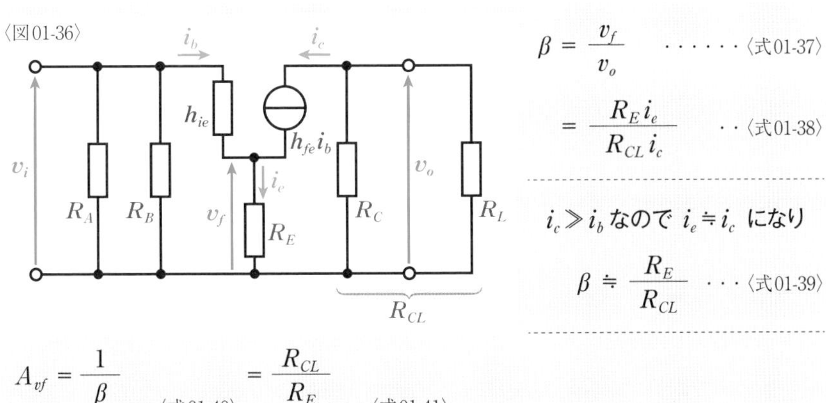

$$\beta = \frac{v_f}{v_o} \quad \cdots\cdots 〈式01\text{-}37〉$$

$$= \frac{R_E\, i_e}{R_{CL}\, i_c} \quad \cdots 〈式01\text{-}38〉$$

$i_c \gg i_b$ なので $i_e \fallingdotseq i_c$ になり

$$\beta \fallingdotseq \frac{R_E}{R_{CL}} \quad \cdots 〈式01\text{-}39〉$$

$$A_{vf} = \frac{1}{\beta} \quad \cdots 〈式01\text{-}40〉 \qquad = \frac{R_{CL}}{R_E} \quad \cdots 〈式01\text{-}41〉$$

電圧フォロワ回路

増幅回路では入出力のインピーダンスの関係が問題になることがあるが、こうした問題を解消してくれるのがインピーダンス変換を行える電圧フォロワ回路だ。

▶緩衝増幅回路

一般的に**増幅回路は高入力インピーダンスで低出力インピーダンスが理想だ**といえる（P68参照）。多段増幅回路の場合は、前段の出力インピーダンスが低いほど、次段の入力インピーダンスが高いほど信号電圧が有効に伝わる。しかし、実際の多段増幅回路において、前段の出力インピーダンスZ_oと、次段の入力インピーダンスZ_iが、必ずしも$Z_o \ll Z_i$の関係になるとは限らない。こうした場合、入出力インピーダンスによる電圧への影響を取り除く目的で前段と次段の間に回路を設けることがある。こうした**インピーダンス変換を目的とする回路を緩衝増幅回路やバッファという**。ここでいう「緩衝」とは、「相互の影響をやわらげる」ことを意味する。英語の“buffer”にも「緩衝するもの」という意味がある。

緩衝増幅回路によく使われるのが**電圧フォロワ回路**だ（フォロワはフォロアやホロワと表記されることもある）。電圧フォロワ回路では、出力電圧が入力電圧にほとんど追従するため、「追従するもの」を意味する英語の“follower”から、この名で呼ばれる。電圧フォロワ回路にはトランジスタによる**エミッタフォロワ回路**と、FETによる**ソースフォロワ回路**などがある。

電圧フォロワ回路は、出力電圧が入力電圧に追従するため**電圧増幅度**は1だ。多段増幅回路に組み込まれても電圧増幅には貢献できないが、電圧フォロワ回路は入力インピーダンスが大きく、出力インピーダンスが小さいので、入出力インピーダンスの影響を抑えることができる。たとえば、前段の増幅回路をA、後段の増幅回路をBとすると、電圧フォロワ回路は入力インピーダンスが高いため、回路Aの出力電圧v_oは信号電圧vとほぼ同じになり、電圧フォロワ回路に入力される。電圧フォロワ回路は電圧増幅度が1なので、出力はそのままv

◆緩衝増幅回路の作用 〈図02-01〉

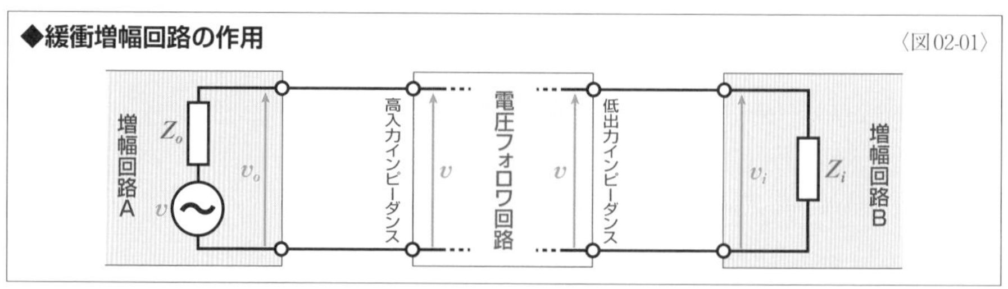

になるが、出力インピーダンスが低いため回路Bを接続しても出力電圧はほとんど変化しない。これにより、回路Aの出力信号電圧 v と回路Bの入力電圧 v_i がほぼ同じになる。

なお、電圧フォロワ回路はインピーダンス変換と同時に電流増幅が行えるので、最終的な負荷(ふか)を接続する最終段(さいしゅうだん)の**電力増幅回路**(でんりょくぞうふくかいろ)に採用されることもある(P164参照)。

▶エミッタフォロワ回路

エミッタフォロワ回路とは**コレクタ接地増幅回路**(せっちぞうふくかいろ)のことだ。**コレクタ接地増幅回路は直列帰還直列注入形**(ちょくれつきかんちょくれつちゅうにゅうがた)**の負帰還増幅回路**(ふきかんぞうふくかいろ)**の特殊な例だ**といえる。電流帰還(でんりゅうきかん)バイアスのエミッタ接地増幅回路はバイパスコンデンサ C_E を取り除くと直列帰還直列注入形の負帰還増幅回路だ。この回路のコレクタ抵抗(ていこう) $R_C = 0\Omega$ として、出力電圧 v_o を**エミッタ抵抗** R_E の両端から取り出すようにするとコレクタ接地増幅回路になる。

回路図で比較(ひかく)してみるとよくわかる。〈図02-02〉は電流帰還バイアスのエミッタ接地増幅回路だ。いっぽう、〈図02-03〉は同じようにバイアスをかけたエミッタフォロワ回路だ。交流成分だけで考えるために V_{CC} を短絡(たんらく)してみると、トランジスタのコレクタ端子(たんし)が共通端子(きょうつうたんし)になっているコレクタ接地増幅回路であることがわかる。

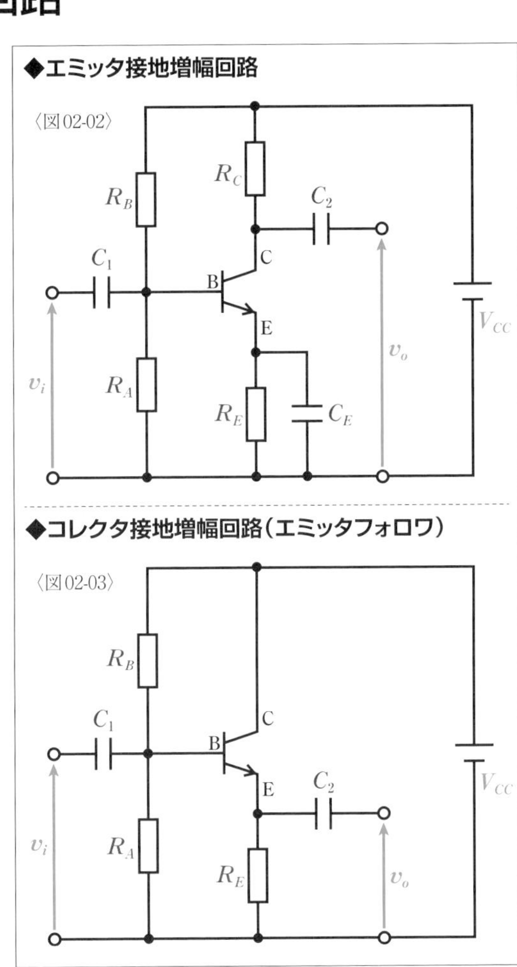

負帰還増幅回路として交流成分を考えてみると、出力側では R_E の端子電圧(たんしでんあつ)が出力電圧 v_o になっているが、入力側では R_E の端子電圧が入力電圧 v_i と直列(ちょくれつ)になっている。これはエミッタ抵抗 R_E の端子電圧が出力電圧 v_o であると同時に**帰還電圧**(きかんでんあつ) v_f でもあることを意味している。この回路は**エミッタ電圧**が入力電圧に追従するため、エミッタフォロワというわけだ。

▶エミッタフォロワ回路の電圧増幅度

前ページの**エミッタフォロワ回路**の**電圧増幅度**を求めてみよう。〈図02-03〉をhパラメータ簡易等価回路にすると〈図02-04〉になる。出力電圧v_oは、エミッタ抵抗R_Eの端子電圧だ。R_Eを流れる電流は、入力側からはi_bが流れ、出力側からは電流源$h_{fe}i_b$の電流が流れる。よって、v_oは〈式02-05〉で表わせる。いっぽう、入力電圧v_iは、h_{ie}の端子電圧とR_Eの端子電圧の和に等しい。h_{ie}を流れる電流はi_bなので、v_iは〈式02-06〉のように表わすことができる。エミッタフォロワ回路の電圧増幅度をA_{vf}とすると、出力電圧v_oと入力電圧v_iの比で〈式02-07〉で示せるが、ここに〈式02-05〉と〈式02-06〉を代入して整理すると〈式02-09〉になる。

一般的に小信号電流増幅率h_{fe}は1より十分に大きい($h_{fe} \gg 1$)ので、$1+h_{fe} \fallingdotseq h_{fe}$とすることができ、$A_{vf}$は〈式02-10〉のようになる。さらに、一般的に$h_{fe}R_E$は$h_{ie}$に対して十分に大きい($h_{fe}R_E \gg h_{ie}$)ので、$h_{ie}+h_{fe}R_E \fallingdotseq h_{fe}R_E$とすることができ、電圧増幅度$A_{vf}$は1になる。つまり、エミッタフォロワ回路では電圧増幅が行われないわけだ。

〈図02-04〉

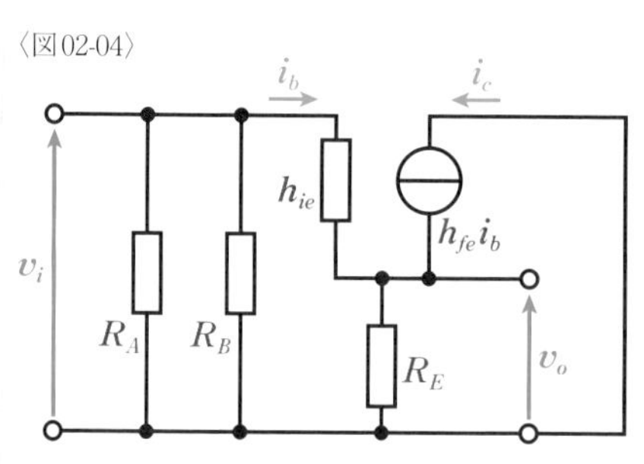

$$v_o = R_E(i_b + h_{fe}i_b) \quad \cdot〈式02\text{-}05〉$$

$$v_i = h_{ie}i_b + R_E(i_b + h_{fe}i_b) \quad \cdot〈式02\text{-}06〉$$

$$A_{vf} = \frac{v_o}{v_i} \quad \cdot〈式02\text{-}07〉$$

$$= \frac{R_E(i_b + h_{fe}i_b)}{h_{ie}i_b + R_E(i_b + h_{fe}i_b)} \quad \cdot〈式02\text{-}08〉$$

$$= \frac{R_E(1+h_{fe})}{h_{ie} + R_E(1+h_{fe})} \quad \cdot〈式02\text{-}09〉$$

$h_{fe} \gg 1$ なので $1+h_{fe} \fallingdotseq h_{fe}$ かつ $h_{fe}R_E \gg h_{ie}$ なので $h_{ie}+h_{fe}R_E \fallingdotseq h_{fe}R_E$ になり

$$A_{vf} \fallingdotseq \frac{h_{fe}R_E}{h_{ie}+h_{fe}R_E} \;\cdots〈式02\text{-}10〉 \quad \fallingdotseq \frac{h_{fe}R_E}{h_{fe}R_E} \;\cdots〈式02\text{-}11〉 \quad = 1 \;\cdots〈式02\text{-}12〉$$

〈式02-10〉を変形すると〈式02-13〉になる。いっぽう、**負帰還増幅回路**の電圧増幅度A_{vf}は、負帰還をかけない場合の電圧増幅度A_vと**帰還率**βで〈式02-14〉で示される(P194参照)。〈式02-13〉と〈式02-14〉を比較すると、〈式02-15〉と〈式02-16〉が導かれる。出力電圧v_oと**帰還電圧**v_fが等しいので、帰還率βが1なのは当然だ。また、トランジスタ単体でのエミッタ接地の電圧増幅度は$\frac{h_{fe}}{h_{ie}}R_C$で示されるが(P100参照)、エミッタフォロワ回路ではこの式のコレクタ抵抗R_Cが、出力電圧を取り出すエミッタ抵抗R_Eに置き換わっていることがわかる。

$$A_{vf} = \frac{\frac{h_{fe}R_E}{h_{ie}}}{1+\frac{h_{fe}R_E}{h_{ie}}} \quad \cdot〈式02\text{-}13〉 \qquad = \frac{A_v}{1+A_v\beta} \quad \cdot〈式02\text{-}14〉$$

$$A_v = \frac{h_{fe}}{h_{ie}}R_E \quad \cdots〈式02\text{-}15〉$$

$$\beta = 1 \quad \cdots\cdots\cdots〈式02\text{-}16〉$$

▶エミッタフォロワ回路の入出力インピーダンス‥

エミッタフォロワ回路の入出力インピーダンスを求めてみよう。〈式02-06〉を整理すると、〈式02-17〉になる。**入力インピーダンス**Z_iは入力電圧v_iと入力電流であるi_bの比で示されるので、〈式02-17〉を変形することで求められる。ここでも$1+h_{fe} \fallingdotseq h_{fe}$とすれば、$Z_i$は〈式02-20〉になる。この式から、エミッタフォロワ回路の入力インピーダンスZ_iはトランジスタの入力インピーダンスh_{ie}よりかなり大きな値(あたい)になることがわかる。

$$v_i = i_b\{h_{ie}+R_E(1+h_{fe})\} \quad \cdots〈式02\text{-}17〉$$

$$Z_i = \frac{v_i}{i_b} \quad \cdot〈式02\text{-}18〉 \qquad = h_{ie}+R_E(1+h_{fe}) \quad \cdot〈式02\text{-}19〉$$

$h_{fe} \gg 1$ なので $1+h_{fe} \fallingdotseq h_{fe}$ になり

$$Z_i \fallingdotseq h_{ie}+R_E h_{fe} \quad \cdot〈式02\text{-}20〉$$

出力インピーダンスZ_oを求めてみよう。〈図02-04〉を変形すると〈図02-21〉になる。出力インピーダンスは信号源(しんごうげん)$v_i=0$Vで考えるものだ。電圧源(でんあつげん)が0Vの場合は短絡(たんらく)と考えられるので、入力端子(にゅうりょくたんし)を短絡した状態で出力端子(しゅつりょくたんし)に出力電圧v_oを加えて、その際に流れる電流i_oからZ_oが求められる。v_oはh_{ie}の端子電圧なので〈式02-22〉で示される。i_oはi_bと電流源$h_{fe}i_b$の和(わ)なので〈式02-23〉だ。出力インピーダンスZ_oを示す〈式02-24〉に〈式02-22〉と〈式02-23〉を代入すると〈式02-26〉になる。ここでも$1+h_{fe} \fallingdotseq h_{fe}$とすれば、$Z_o$は〈式02-27〉になる。この式から、エミッタフォロワ回路の出力インピーダンスZ_oはかなり小さな値になることがわかる。

〈図02-21〉

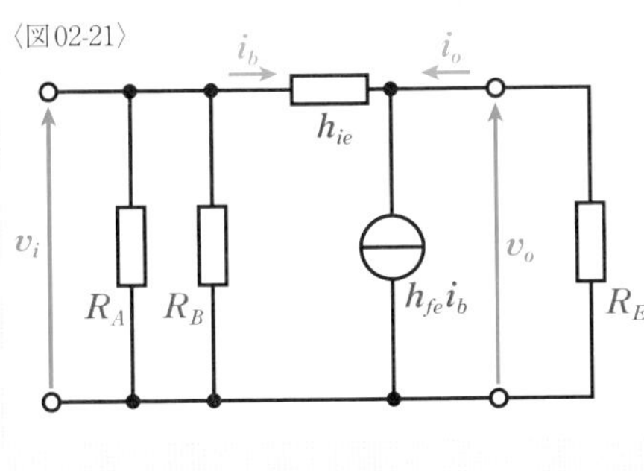

$$v_o = -h_{ie}i_b \quad \cdots\cdots\cdots〈式02\text{-}22〉$$

$$i_o = -(i_b+h_{fe}i_b) \quad \cdots\cdots〈式02\text{-}23〉$$

$$Z_o = \frac{v_o}{i_o} \quad \cdots\cdots\cdots〈式02\text{-}24〉$$

$$= \frac{-h_{ie}i_b}{-(i_b+h_{fe}i_b)} \quad \cdots〈式02\text{-}25〉$$

$$= \frac{h_{ie}}{1+h_{fe}} \quad \cdots\cdots〈式02\text{-}26〉$$

$h_{fe} \gg 1$ なので $1+h_{fe} \fallingdotseq h_{fe}$ になり

$$Z_o \fallingdotseq \frac{h_{ie}}{h_{fe}} \quad \cdots\cdots\cdots〈式02\text{-}27〉$$

▶ソースフォロワ回路

ソースフォロワ回路は**ドレーン接地増幅回路**のことだ。〈図02-28〉のような**自己バイアス**の**ソース接地増幅回路**からバイパスコンデンサC_Sを取り除くと**直列帰還直列注入形**の**負帰還増幅回路**になる。この回路のドレーン抵抗$R_D = 0\Omega$として、出力電圧v_oをソース抵抗R_Sの両端から取り出すと〈図02-29〉のドレーン接地増幅回路になる。さらに3定数による等価回路にすると〈図02-30〉になる。この回路ではR_Sの端子電圧が出力電圧v_oだが、入力側ではR_Sの端子電圧が**帰還電圧**として入力電圧v_iと直列になっている。この回路は**ソース電圧**が入力電圧に追従するためソースフォロワというわけだ。

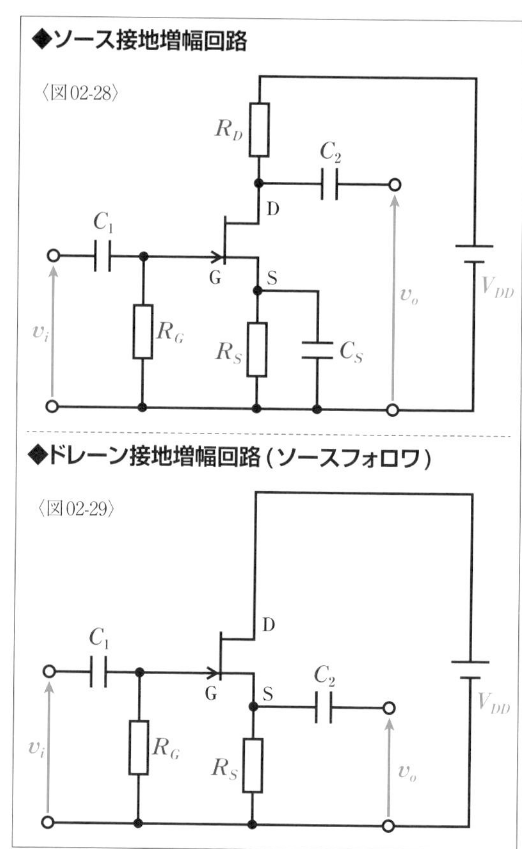

◆ソース接地増幅回路

〈図02-28〉

◆ドレーン接地増幅回路（ソースフォロワ）

〈図02-29〉

電圧の関係では、入力電圧v_iは、ゲート・ソース間電圧v_{gs}と出力電圧v_oの和になるので、〈式02-31〉で示される。電流の関係でみると、電流源$g_m v_{gs}$の電流がR_Sと定数のドレーン抵抗r_dに分流している。R_Sもr_dも端子電圧はv_oなので〈式02-32〉で示される。この式を変形し、v_oを示す式にすると〈式02-34〉になる。

〈図02-30〉

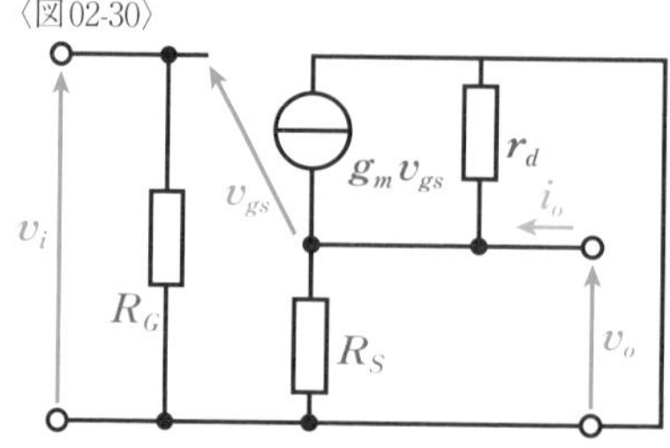

$$v_i = v_o + v_{gs} \quad \cdots\cdots〈式02\text{-}31〉$$

$$g_m v_{gs} = \frac{v_o}{R_S} + \frac{v_o}{r_d} \quad \cdots\cdots〈式02\text{-}32〉$$

$$= v_o\left(\frac{R_S + r_d}{R_S r_d}\right) \quad \cdots\cdots〈式02\text{-}33〉$$

$$v_o = g_m v_{gs}\left(\frac{R_S r_d}{R_S + r_d}\right) \quad \cdots\cdots〈式02\text{-}34〉$$

ソースフォロワ回路の**電圧増幅度**をA_{vf}とすると、出力電圧v_oと入力電圧v_iの比で〈式02-35〉で示せるが、ここに〈式02-31〉を代入し、さらに〈式02-34〉を代入して整理していくと〈式02-40〉になる。ここで、R_Sもr_dも1より十分に大きい($R_S \gg 1$、$r_d \gg 1$)ので、それぞれの逆数は非常に小さな値になり$g_m + \frac{1}{R_S} + \frac{1}{r_d} \fallingdotseq g_m$とできるため、電圧増幅度$A_{vf}$は1になる。

$$A_{vf} = \frac{v_o}{v_i} \quad \cdot〈式02\text{-}35〉$$

$$= \frac{v_o}{v_o + v_{gs}} \quad \cdot〈式02\text{-}36〉$$

$$= \frac{g_m v_{gs}\left(\dfrac{R_S r_d}{R_S + r_d}\right)}{g_m v_{gs}\left(\dfrac{R_S r_d}{R_S + r_d}\right) + v_{gs}} \quad \cdot〈式02\text{-}37〉$$

$$= \frac{g_m\left(\dfrac{R_S r_d}{R_S + r_d}\right)}{g_m\left(\dfrac{R_S r_d}{R_S + r_d}\right) + 1} \quad \cdot〈式02\text{-}38〉$$

$$= \frac{g_m}{g_m + \dfrac{R_S + r_d}{R_S r_d}} \quad \cdot〈式02\text{-}39〉$$

$$= \frac{g_m}{g_m + \dfrac{1}{R_S} + \dfrac{1}{r_d}} \quad \cdot〈式02\text{-}40〉$$

$R_S \gg 1$ かつ $r_d \gg 1$ なので $g_m + \frac{1}{R_S} + \frac{1}{r_d} \fallingdotseq g_m$ になり

$$A_{vf} \fallingdotseq \frac{g_m}{g_m} \quad \cdot〈式02\text{-}41〉$$

$$= 1 \quad \cdot〈式02\text{-}42〉$$

この回路の**入力インピーダンス**Z_iは、ゲート抵抗R_Gになるが、R_Gには高抵抗が使われるのが一般的だ。そのため、入力インピーダンスZ_iはかなり大きな値になる。

いっぽう、**出力インピーダンス**Z_oは、入力端子を短絡した状態で出力端子に出力電圧v_oを加えて、その際に流れる電流i_oからZ_oが求められる。v_i=0Vであれば、電圧の関係は〈式02-43〉になる。また、出力電流i_oは〈式02-44〉で示すことができる。この式に〈式02-43〉を代入し、さらに出力インピーダンスZ_oを示す〈式02-47〉に変形すると、〈式02-48〉になる。ここでも、$g_m + \frac{1}{R_S} + \frac{1}{r_d} \fallingdotseq g_m$とすれば、$Z_o$は$\frac{1}{g_m}$になる。この式から、出力インピーダンス$Z_o$はかなり小さな値になることがわかる。

$$v_{gs} = -v_o \quad \cdots〈式02\text{-}43〉$$

$$i_o = -g_m v_{gs} + \frac{v_o}{R_S} + \frac{v_o}{r_d} \quad \cdot〈式02\text{-}44〉$$

$$= g_m v_o + \frac{v_o}{R_S} + \frac{v_o}{r_d} \quad \cdots〈式02\text{-}45〉$$

$$= v_o\left(g_m + \frac{1}{R_S} + \frac{1}{r_d}\right) \quad \cdot〈式02\text{-}46〉$$

$$Z_o = \frac{v_o}{i_o} \quad \cdots〈式02\text{-}47〉$$

$$= \frac{1}{g_m + \dfrac{1}{R_S} + \dfrac{1}{r_d}} \quad \cdots〈式02\text{-}48〉$$

$g_m + \frac{1}{R_S} + \frac{1}{r_d} \fallingdotseq g_m$ になり

$$Z_o \fallingdotseq \frac{1}{g_m} \quad \cdots〈式02\text{-}49〉$$

差動増幅回路

2つの入力信号の差を増幅するのが差動増幅回路だ。特殊な用途の増幅回路だと思うかもしれないが、さまざまなメリットがあるので電子回路では多用されている。

▶差分の増幅

差動増幅回路とは、2つの入力信号の差分を増幅する回路だ。一般的な増幅回路は入力端子2つと出力端子が2つあり、それぞれ一方の端子はグランドにされることが多いが、差動増幅回路には、〈図03-01〉のようにグランドとは別に2つの入力端子があり、2つの信号v_{i1}とv_{i2}を入力することができる。出力端子も2つあり、グランドに対して考えればv_{o1}とv_{o2}が生じているが、出力信号は2つの出力端子間の電位差として取り出す。つまり、出力信号v_oはv_{o1}とv_{o2}の差になる($v_o = v_{o1} - v_{o2}$)。入力側で考えると、差動増幅回路の入力信号v_iはv_{i1}とv_{i2}の差になっている($v_i = v_{i1} - v_{i2}$)といえる。正確に信号の差分を出力するために、差動増幅回路では特性の揃ったトランジスタなどの**増幅素子**2つが使われる。

入力信号を加えていないのに温度変化などによって回路内に生じた変動が増幅される現象を**ドリフト**というが、**差動増幅回路は2つの増幅素子に同じようにドリフトが生じるので、その影響を打ち消すことができる**といったメリットがある。同様の理由で**ノイズ**にも強い。また、直流成分も打ち消されるので入力部にコンデンサを使用する必要がないため、直流の増幅も可能だ。ほかにも、入力インピーダンスが高いといったメリットが差動増幅回路にはある。

このSectionではトランジスタで差動増幅回路を説明するが、FETでも同様の回路を実現することができる。差動増幅回路では2つの増幅素子の特性を揃える必要があるが、単体の増幅素子の場合、特性が揃ったものを2つ用意するのは難しい。しかし、同一基板上

◆差動増幅回路

〈図03-01〉

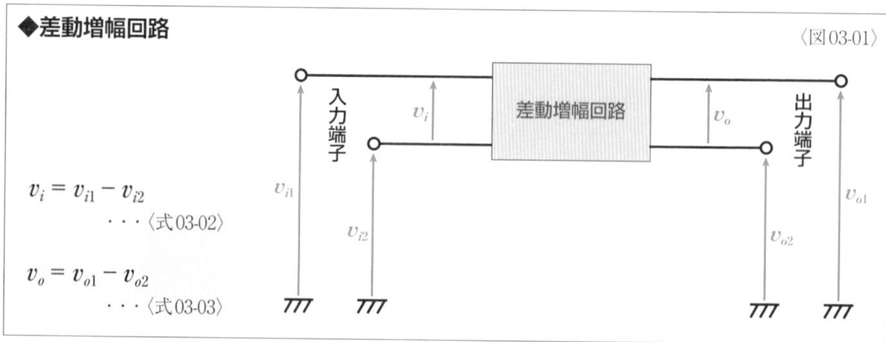

に複数の素子が構成されるモノリシックICでは増幅素子の特性を揃えやすいので、差動増幅回路はICに適している回路だ。そのため、差動増幅回路はアナログICであるオペアンプ（P220参照）をはじめとして、各種IC内部の増幅回路にもよく使われている。

▶差動増幅回路の構成

〈図03-04〉は**差動増幅回路**の基本形だ。2つの**エミッタ接地増幅回路**を左右対称にして組み合わせている。どちらのトランジスタもベースが入力端子、コレクタが出力端子で、エミッタが共通接続されている。トランジスタTr_1とTr_2の特性が同じであり、コレクタ抵抗R_{C1}とR_{C2}は同じ大きさだ。

◆差動増幅回路の基本形 〈図03-04〉

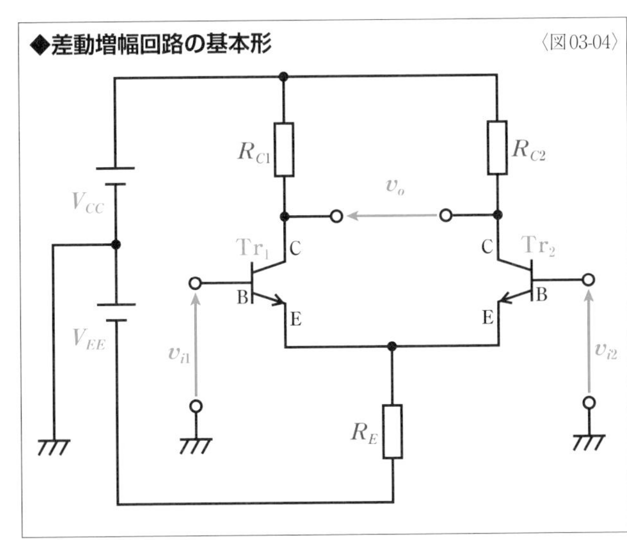

回路図〈図03-04〉からはベース側にバイアスがかかっていないように思うかもしれないが、共通接続されたエミッタ端子はエミッタ抵抗R_Eを介してそのままグランドにつながれてはいない。間に電源V_{EE}があるので、エミッタからみるとベースには正の電圧がかかる。差動増幅回路はさまざまな形状の回路図が描かれることがあるが、〈図03-05〉のように変形するとV_{EE}の役割がわかりやすいだろう。なお、電源V_{CC}はコレクタ電流を流すための電源だ。

◆差動増幅回路の基本形の変形 〈図03-05〉

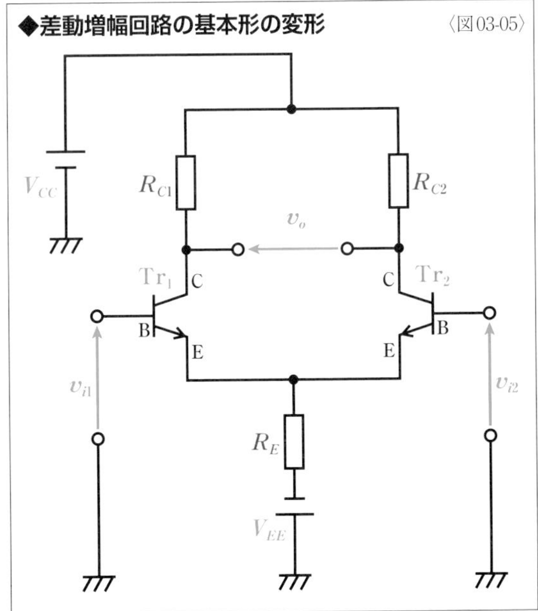

▶差動増幅回路の動作

〈図03-06〉の**差動増幅回路**の2つの入力端子に、同じ交流信号を同相で加えるとどうなるだろうか。信号成分だけで考えると、入力信号$v_{i1}=v_{i2}$であれば、2つのトランジスタのベース電流、コレクタ電流、コレクタ電圧の信号成分はすべて等しくなる。エミッタ接地増幅回路なので、コレクタ電圧は逆相になるので、〈式03-08〉のようにマイナスの符号をつける必要があるが、大きさは同じだ。出力信号v_oはコレクタ電圧の差なので、2つのトランジスタのコレクタ電圧の大きさが同じなら、〈式03-12〉のように**差動増幅回路に同じ信号を同相で加えると出力は0になる**。〈図03-13〉のように波形の変化にしてみるとわかりやすいだろう。

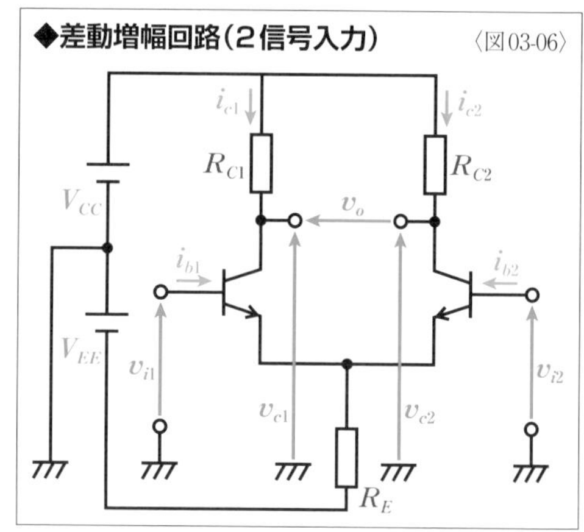

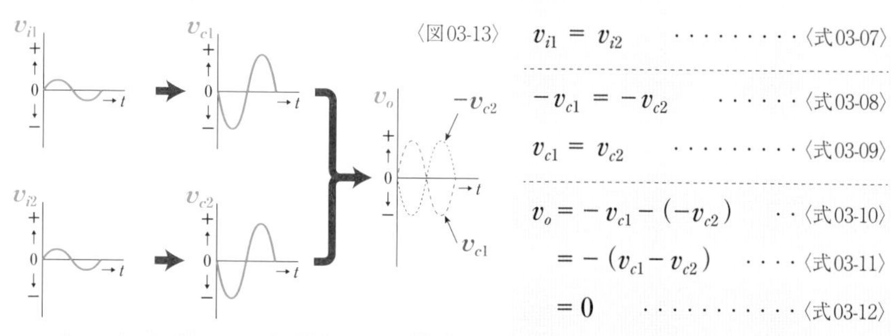

$$v_{i1} = v_{i2} \quad \cdots\cdots\cdots\cdots 〈式03\text{-}07〉$$

$$-v_{c1} = -v_{c2} \quad \cdots\cdots 〈式03\text{-}08〉$$

$$v_{c1} = v_{c2} \quad \cdots\cdots\cdots\cdots 〈式03\text{-}09〉$$

$$v_o = -v_{c1} - (-v_{c2}) \quad \cdots 〈式03\text{-}10〉$$

$$= -(v_{c1} - v_{c2}) \quad \cdots\cdots 〈式03\text{-}11〉$$

$$= 0 \quad \cdots\cdots\cdots\cdots 〈式03\text{-}12〉$$

今度は、差動増幅回路の2つの入力端子に、同じ交流信号を互いに逆相にして加えるとどうなるか考えてみよう。入力信号は$v_{i1}=-v_{i2}$で示すことができる。すると、2つのトランジスタのベース電流、コレクタ電流、コレクタ電圧の信号成分は大きさが同じだが、すべて逆相になる。よって、〈式03-18〉のように出力信号の大きさは$v_{c1}+v_{c2}$になるので、差動増幅回路に同じ信号を逆相で加えると振幅が2倍に増幅されることがわかる。これも、〈図03-19〉のように波形の変化にしてみるとわかりやすいだろう。なお、この回路では入力信号v_{i1}と出力信号v_oは逆相になっているが、2つの出力端子を入れ替えれば、入力信号v_{i1}と同相の出力を取り出すことも可能だ。

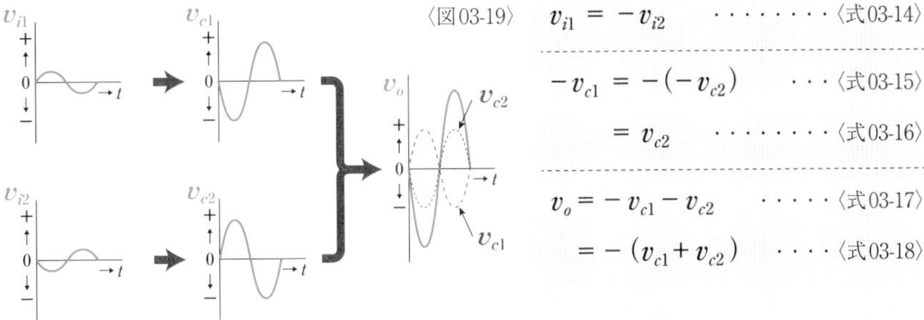

$$v_{i1} = -v_{i2} \quad \cdots\cdots\cdots 〈式03\text{-}14〉$$

$$-v_{c1} = -(-v_{c2}) \quad \cdots 〈式03\text{-}15〉$$

$$= v_{c2} \quad \cdots\cdots\cdots 〈式03\text{-}16〉$$

$$v_o = -v_{c1} - v_{c2} \quad \cdots\cdots 〈式03\text{-}17〉$$

$$= -(v_{c1} + v_{c2}) \quad \cdots 〈式03\text{-}18〉$$

では、〈図03-20〉のように差動増幅回路の1つの入力端子だけに信号を加えるとどうなるだろうか。この場合、もう1つの入力端子はグランドと短絡する。入力端子をグランドと短絡すると、入力が行われないトランジスタにもバイアスがかかることになる。

入力信号v_{i1}が正の領域で考えると、ベース電流$(I_{B1}+i_{b1})$は増大し、コレクタ電流$(I_{C1}+i_{c1})$も増大する。位相が反転するエミッタ接地であるため、コレクタ電圧$(V_{C1}+v_{c1})$は減少する。このとき、$(I_{C1}+i_{c1})$の増大によって、エミッタ電流(I_E+i_e)が増大するため、エミッタ抵抗R_Eの端子電圧が大きくなる。これにより、Tr2のベース・エミッタ間電圧が減少するので、ベース電流が減少する。バイアス成分I_{B2}が一定と考えれば、負のベース電流i_{b2}が生じたと考えられるわけだ。結果、$(I_{B2}+i_{b2})$が減少して、$(I_{C2}+i_{c2})$も減少する。これにより、$(V_{C2}+v_{c2})$は増大する。このとき、$(I_{C2}+i_{c2})$が減少することで、(I_E+i_e)が減少する。$(I_{C1}+i_{c1})$の増大分と$(I_{C2}+i_{c2})$が減少分は同じ大きさになるので、この回路は(I_E+i_e)が一定になるように動作しているといえる。

出力信号は$v_o=(V_{C1}+v_{c1})-(V_{C2}+v_{c2})$で示されるが、$(V_{C1}+v_{c1})$が減少し、$(V_{C2}+v_{c2})$が増大するので、$v_o$は負の領域で増幅されたものになる。入力信号$v_{i1}$が負の領域の場合も、増大と減少が入れ替わるが、同じように増幅が行われる。

簡単にまとめれば、入力はTr_1にだけだが、エミッタ抵抗R_Eの端子電圧を介して、Tr_2に逆相の入力が行われるので、入力信号が増幅されるわけだ。この場合も、入力信号の差分である$v_{i1}-0=v_{i1}$に対して増幅が行われることになる。

◆差動増幅回路（1信号入力） 〈図03-20〉

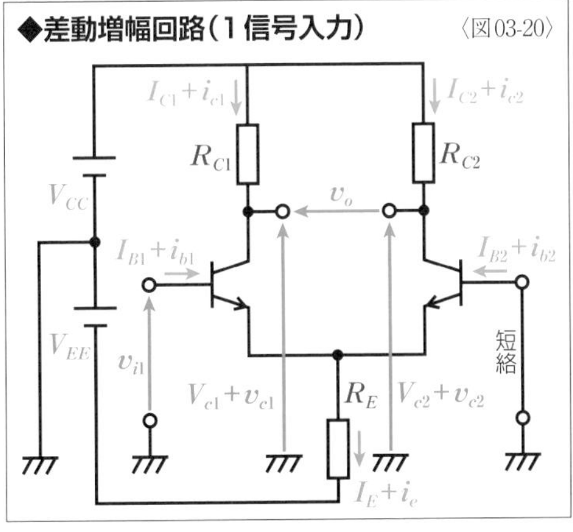

▶差動増幅回路の利得

差動増幅回路の**増幅度**などを調べてみよう。〈図03-04〉の回路を**hパラメータ簡易等価回路**にすると〈図03-21〉になる。入出力の電圧と電流の関係をまとめると〈式03-22～25〉になる。トランジスタTr_1とTr_2は特性が揃っているので、hパラメータh_{fe}とh_{ie}は共通とし、コレクタ抵抗R_{C1}とR_{C2}は大きさが同じなので、R_Cとしている。

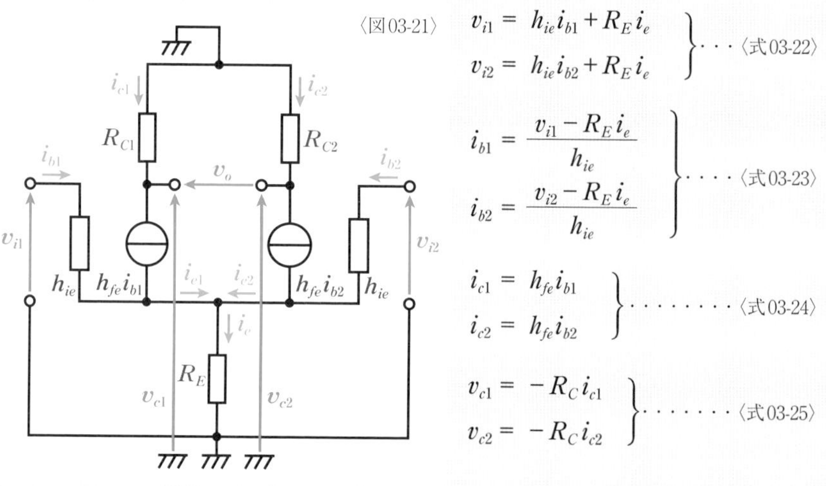

〈図03-21〉

$$\left.\begin{aligned} v_{i1} &= h_{ie} i_{b1} + R_E i_e \\ v_{i2} &= h_{ie} i_{b2} + R_E i_e \end{aligned}\right\} \cdots 〈式03\text{-}22〉$$

$$\left.\begin{aligned} i_{b1} &= \frac{v_{i1} - R_E i_e}{h_{ie}} \\ i_{b2} &= \frac{v_{i2} - R_E i_e}{h_{ie}} \end{aligned}\right\} \cdots 〈式03\text{-}23〉$$

$$\left.\begin{aligned} i_{c1} &= h_{fe} i_{b1} \\ i_{c2} &= h_{fe} i_{b2} \end{aligned}\right\} \cdots 〈式03\text{-}24〉$$

$$\left.\begin{aligned} v_{c1} &= -R_C i_{c1} \\ v_{c2} &= -R_C i_{c2} \end{aligned}\right\} \cdots 〈式03\text{-}25〉$$

出力電圧v_oは〈式03-26〉のようにv_{c1}とv_{c2}の差で求められる。この式に、〈式03-25〉、〈式03-24〉、〈式03-23〉を順次代入して整理していくと、〈式03-32〉のように示される。この式から、この回路は入力電圧の差分である$v_{i1} - v_{i2}$をエミッタ接地で増幅していることがわかる。

$$\begin{aligned} v_o &= v_{c1} - v_{c2} && \cdots〈式03\text{-}26〉 \\ &= -R_C i_{c1} - (-R_C i_{c2}) && \cdots〈式03\text{-}27〉 \\ &= -R_C (i_{c1} - i_{c2}) && \cdots〈式03\text{-}28〉 \\ &= -R_C (h_{fe} i_{b1} - h_{fe} i_{b2}) && \cdots〈式03\text{-}29〉 \\ &= -R_C h_{fe} (i_{b1} - i_{b2}) && \cdots〈式03\text{-}30〉 \\ &= -R_C h_{fe} \left(\frac{v_{i1} - R_E i_e}{h_{ie}} - \frac{v_{i2} - R_E i_e}{h_{ie}} \right) && \cdots〈式03\text{-}31〉 \\ &= -\frac{h_{fe}}{h_{ie}} R_C (v_{i1} - v_{i2}) && \cdots〈式03\text{-}32〉 \end{aligned}$$

また、差動増幅回路では、**同じ信号を2つの入力端子に同相で入力した際のv_{c1}とv_{i1}の比の絶対値を同相利得A_vという**。A_vは**電圧増幅度**を示しているが、**差動増幅回路やオペアンプを扱う際には慣用的に電圧増幅度を利得と表現することがある。**

同相利得を求める際には、エミッタ電流i_eが必要になる。入力が同相の場合、エミッタ電流はそれぞれのトランジスタのベース電流とコレクタ電流の和になるので、〈式03-35〉で表わせるが、同相入力の場合、$i_{b1}=i_{b2}$なので、〈式03-36〉で示すことも可能だ。

$$i_e = i_{c1}+i_{b1}+i_{c2}+i_{b2} \quad \cdots\cdots〈式03\text{-}33〉$$

$$= h_{fe}i_{b1}+i_{b1}+h_{fe}i_{b2}+i_{b2} \quad \cdot〈式03\text{-}34〉$$

$$= (h_{fe}+1)(i_{b1}+i_{b2}) \quad \cdot\cdot〈式03\text{-}35〉$$

$$= 2i_{b1}(h_{fe}+1) \quad \cdots\cdots〈式03\text{-}36〉$$

同相利得A_vは〈式03-37〉のようにv_{c1}とv_{i1}の比の絶対値だ。この式に〈式03-25〉と〈式03-22〉を代入し、さらに〈式03-24〉と〈式03-36〉を代入して整理すると、A_vは〈式03-40〉で示される。さらに簡略化したい場合は、以下のように近似で〈式03-42〉のように示すこともできる。

$$A_v = \left|\frac{v_{c1}}{v_{i1}}\right| \quad \cdots\cdots〈式03\text{-}37〉$$

$$= \frac{R_C i_{c1}}{h_{ie}i_{b1}+R_E i_e} \quad \cdots\cdots〈式03\text{-}38〉$$

$$= \frac{R_C h_{fe} i_{b1}}{h_{ie}i_{b1}+2R_E i_{b1}(h_{fe}+1)} \quad \cdot〈式03\text{-}39〉$$

$$= \frac{R_C h_{fe}}{h_{ie}+2R_E(h_{fe}+1)} \quad \cdot〈式03\text{-}40〉$$

$h_{fe} \gg 1$ なので $1+h_{fe} \fallingdotseq h_{fe}$ になり

$$A_v \fallingdotseq \frac{R_C h_{fe}}{h_{ie}+2R_E h_{fe}} \quad \cdots〈式03\text{-}41〉$$

$2R_E h_{fe} \gg h_{ie}$ なので
$h_{ie}+2R_E h_{fe} \fallingdotseq 2R_E h_{fe}$ になり

$$A_v \fallingdotseq \frac{R_C}{2R_E} \quad \cdots\cdots〈式03\text{-}42〉$$

いっぽう、**同じ信号を差動増幅回路の2つの入力端子に逆相で入力した際のv_{c1}とv_{i1}の比の絶対値を差動利得A_{vd}という**。逆相入力は〈式03-43〉で示され、電流も〈式03-44～46〉のようにすべて逆相になるのでエミッタ電流i_eは0Aになる。v_{c1}とv_{i1}の比を求める〈式03-38〉のi_eに0を代入し、さらに〈式03-24〉を代入して整理すると、A_{vd}は〈式03-50〉で示される。

$$v_{i1} = -v_{i2} \quad \cdots\cdots〈式03\text{-}43〉$$

$$i_{b1} = -i_{b2} \quad \cdots\cdots〈式03\text{-}44〉$$

$$i_{c1} = -i_{c2} \quad \cdots\cdots〈式03\text{-}45〉$$

$$i_{e1} = -i_{e2} \quad \cdots\cdots〈式03\text{-}46〉$$

$$i_e = 0 \quad \cdots\cdots〈式03\text{-}47〉$$

$$A_{vd} = \left|\frac{v_{c1}}{v_{i1}}\right| \quad \cdots\cdots〈式03\text{-}48〉$$

$$= \frac{R_C i_{c1}}{h_{ie}i_{b1}} \quad \cdots\cdots〈式03\text{-}49〉$$

$$= \frac{R_C h_{fe}}{h_{ie}} \quad \cdots\cdots〈式03\text{-}50〉$$

差動増幅回路は同相利得A_vが小さく差動利得A_{vd}が大きいほど性能が高いといえるため、〈式03-52〉で示されるA_{vd}とA_vの比が差動増幅回路の性能の目安にされる。このA_{vd}とA_vの比の絶対値をCMRR(common mode rejection rate)または**同相信号除去比**という。

$$\text{CMRR(同相信号除去比)} = \left|\frac{A_{vd}}{A_v}\right| \quad \cdots〈式03\text{-}51〉 \quad = \frac{h_{ie}+2R_E(h_{fe}+1)}{h_{ie}} \quad \cdots〈式03\text{-}52〉$$

高周波増幅回路

低周波増幅回路は幅広い周波数の信号を増幅できるようにするが、高周波増幅回路は特定の範囲の周波数の信号だけを増幅する。そのために同調回路を併用する。

▶同調回路と高周波増幅回路

高周波増幅回路は、ラジオなどの放送や無線通信の電波のように高い周波数の信号を扱う機器に使われている。高周波増幅回路では、ある特定の周波数付近だけを増幅するのが一般的だ。たとえば、ラジオ放送の場合、さまざまな放送局がそれぞれに異なる周波数の電波を送り出している。ラジオ受信機で放送を受信する際には、アンテナから入ってくる周波数の異なるさまざまな電波から、特定の放送局の周波数の電波だけを選択して増幅する必要がある。このように、目的とする周波数の信号を取り出すことを**同調**といい、同調を行う回路を**同調回路**という。もし、正確に同調できず、他の放送局の周波数の電波が混ざってしまうと、**混信**によって正常に受信できなくなる。

一般的に、高周波増幅回路は同調回路を併用して特定の周波数の範囲だけを増幅するので、**同調増幅回路**ともいう。また、ラジオ受信機のように増幅する**周波数帯域幅**の狭い増幅回路を**狭帯域増幅回路**という。これに対して、広い周波数にわたって増幅する回路を**広帯域増幅回路**という。

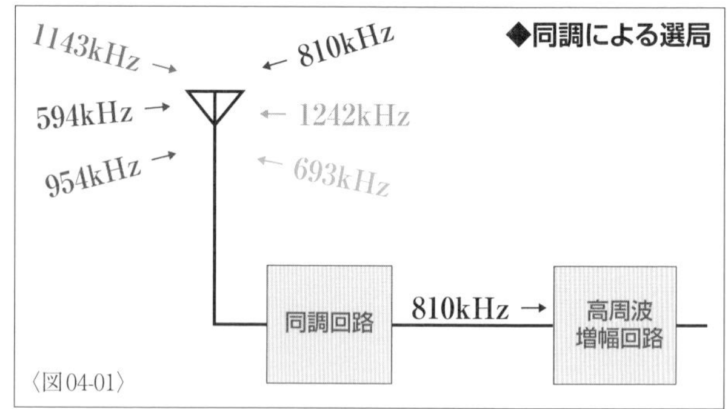

〈図04-01〉

▶高周波用トランジスタ

小信号増幅回路の周波数特性で説明したように(P138参照)、トランジスタは増幅する信号の周波数が高くなるとさまざまな問題が発生するため、**高周波増幅回路**では**高周波用トランジスタ**を使用する必要がある。

トランジスタは一定の周波数と超えると小信号電流増幅率h_{fe}が低下する。h_{fe}が1になる周波数(利得が0dBになる周波数)を**トランジション周波数**f_Tという。このf_Tが大きなトランジスタほど高い周波数の増幅に使える。なお、低周波におけるh_{fe}から利得が3dB低下する周波数（低周波における増幅度の$\frac{1}{\sqrt{2}}$になる周波数）を**エミッタ接地遮断周波数**f_{ae}という。エミッタ接地遮断周波数f_{ae}とトランジション周波数f_Tには近似的に〈式04-03〉の関係がある。

また、トランジスタの端子間には**接合容量**が存在するが、周波数が高くなるとコレクタ・ベース間に生じる**コレクタ接合容量**C_{ob}が回路に大きな影響を及ぼす。C_{ob}は小さな容量だが、周波数が高くなるとインピーダンスが小さくなり、エミッタ接地増幅回路ではコレクタ電流i_cの一部がC_{ob}を経由してベース側に戻ってしまう（帰還がかかる）。これを**帰還容量**といい、利得が低下するだけでなく、**発振**（P234参照）の原因になる。

昔はトランジスタ自体の性能が悪く、エミッタ接地では高周波の増幅が行えなかったが、現在では一般的な高周波の増幅が行える高周波用トランジスタが製造されている。高周波用トランジスタの特徴をまとめると、トランジション周波数f_Tが十分に大きく、コレクタ接合容量C_{ob}が小さいものということになる。

◆h_{fe}の周波数特性の例　〈図04-02〉

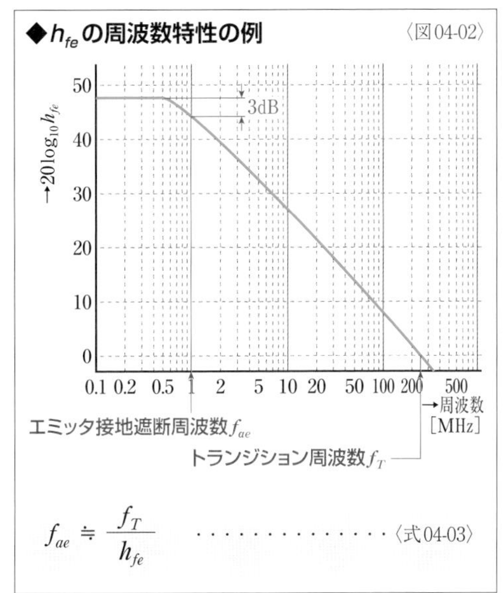

$$f_{ae} \fallingdotseq \frac{f_T}{h_{fe}}$$ ……………〈式04-03〉

◆コレクタ接合容量C_{ob}の影響　〈図04-04〉

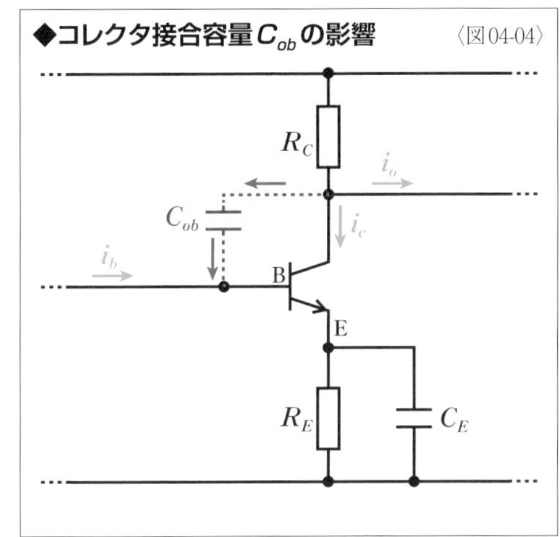

なお、高周波増幅回路では高周波用トランジスタを使用する以外にも注意すべき点がある。周波数が高くなるので、配線間の**分布容量**が見逃せないものになるので、配線を可能な限り短くするなど分布容量が極力小さくなるようにすべきだ。また、トランジスタ以外でも高周波に適した素子を選択する必要がある。たとえば、コンデンサは構造によっては周波数が高くなると**インダクタンス**の影響が生じてしまうものがあるので、こうした影響が生じにくいセラミックコンデンサなどを選ぶようにすべきだ。

同調回路の同調周波数

同調回路にはRLC**並列共振回路**を使用するのが一般的だ。電気回路で学んだように、RLC並列共振回路には特定の**周波数**において合成インピーダンスが大きくなるという**周波数選択性**がある。

同調回路で使われる**共振回路**は、実際にはコイルとコンデンサで構成されるので**LC並列共振回路**や**LC同調回路**ともいい、回路の基本形は〈図04-05〉のように示すことができる。しかし、現実世界のコイルには**内部抵抗**があるため、抵抗成分rを加えて〈図04-06〉のように示す必要がある。この回路は直列接続されたLとrが、Cと並列接続されているが、〈図04-07〉のようなRLC並列回路に置き換えることができる。

〈図04-06〉の回路のLとrとCの合成アドミタンス（インピーダンスの逆数）を$\dot{Y}_1$とすると、〈式04-08〉で表わせる。通常、コイルの内部抵抗は非常に小さいため、$\omega L \gg r$とすると$\dot{Y}_1$は〈式04-09〉になる。

$$\dot{Y}_1 = \frac{r}{r^2+(\omega L)^2} + j\left\{\omega C - \frac{\omega L}{r^2+(\omega L)^2}\right\} \quad \cdots\cdots〈式04-08〉$$

$$\fallingdotseq \frac{r}{(\omega L)^2} + j\left(\omega C - \frac{1}{\omega L}\right) \quad \cdots\cdots〈式04-09〉$$

いっぽう、〈図04-07〉の回路のLとR_pとCの合成アドミタンスを$\dot{Y}_2$とすると、〈式04-10〉で示すことができる。この式と〈式04-09〉を比較すると、**虚数**部分は同じなので、**実数**部分について〈式04-11〉の関係が成り立つ場合には$\dot{Y}_1$と$\dot{Y}_2$が等しくなり、〈図04-07〉の回路を〈図04-06〉の回路の等価回路として扱うことができる。

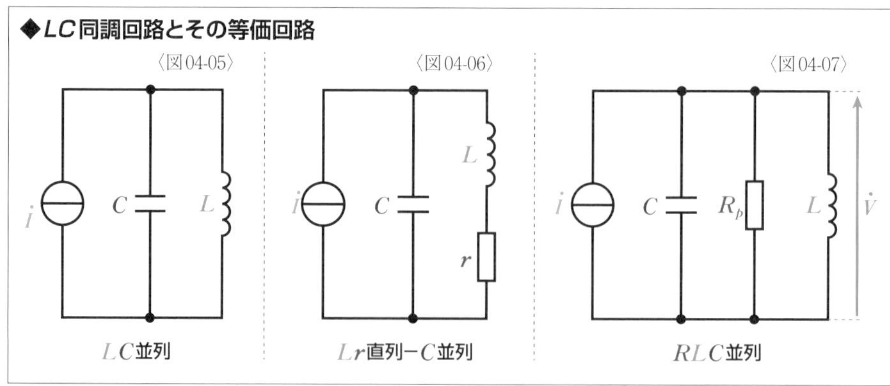

$$\dot{Y}_2 = \frac{1}{R_p} + j\left(\omega C - \frac{1}{\omega L}\right) \quad \cdots\cdots〈式04\text{-}10〉$$

$$R_p = \frac{(\omega L)^2}{r} \quad \cdots〈式04\text{-}11〉$$

〈図04-07〉の回路の合成インピーダンスを$\dot{Z}$とすると、〈式04-10〉から$\dot{Z}$は〈式04-12〉で示され、$\dot{Z}$の大きさZは〈式04-13〉になる。電圧$\dot{V}$の大きさVは、電流$\dot{I}$の大きさIとインピーダンスZの積（せき）なので、ここに〈式04-13〉を代入（だいにゅう）して変形すると〈式04-16〉のように示すことができる。この式において、Iが一定だとすれば**並列共振**（へいれつきょうしん）によってVが最大になるのはZが最大のとき、つまり、〈式04-17〉のように$\omega C - \frac{1}{\omega L}$が0になるときだ。

$$\dot{Z} = \frac{1}{\frac{1}{R_p} + j\left(\omega C - \frac{1}{\omega L}\right)} \quad \cdot\cdot〈式04\text{-}12〉$$

$$Z = \frac{1}{\sqrt{\frac{1}{R_p^2} + \left(\omega C - \frac{1}{\omega L}\right)^2}} \quad \cdot\cdot〈式04\text{-}13〉$$

$$V = Z \times I \quad \cdot〈式04\text{-}14〉$$

$$= \frac{I}{\sqrt{\frac{1}{R_p^2} + \left(\omega C - \frac{1}{\omega L}\right)^2}} \quad \cdot〈式04\text{-}15〉$$

$$= \frac{IR_p}{\sqrt{1 + R_p^2\left(\omega C - \frac{1}{\omega L}\right)^2}} \quad \cdot〈式04\text{-}16〉$$

$$\omega C - \frac{1}{\omega L} = 0 \quad \cdots\cdots〈式04\text{-}17〉$$

〈式04-17〉は並列共振時のCとLの関係を表わしているので、共振時の角速度（かくそくど）をω_0とすると〈式04-18〉で示すことができる。この式を変形してω_0を示す式に整理すると〈式04-20〉で表わすことができる。このω_0を**共振角速度**（きょうしんかくそくど）という。さらに角速度を周波数（しゅうはすう）を使って示すと、〈式04-21〉になり、並列共振時の周波数f_0を〈式04-22〉で示すことができる。このf_0を**並列共振周波数**（へいれつきょうしんしゅうはすう）といい、同調回路の場合は**同調周波数**（どうちょうしゅうはすう）という。また、共振時の合成インピーダンスは、**共振インピーダンス**（きょうしん）Z_0といい、〈式04-13〉に〈式04-17〉を代入すると、R_pになることがわかる。

$$\omega_0 C - \frac{1}{\omega_0 L} = 0 \quad \cdots\cdots〈式04\text{-}18〉$$

$$\omega_0 C = \frac{1}{\omega_0 L} \quad \cdots\cdots〈式04\text{-}19〉$$

$$\omega_0 = \frac{1}{\sqrt{LC}} \quad \cdots\cdots〈式04\text{-}20〉$$

$$2\pi f_0 = \frac{1}{\sqrt{LC}} \quad \cdots\cdots〈式04\text{-}21〉$$

$$f_0 = \frac{1}{2\pi\sqrt{LC}} \quad \cdots\cdots〈式04\text{-}22〉$$

$$Z_0 = R_p \quad \cdots\cdots〈式04\text{-}23〉$$

同調回路のQと帯域幅

同調回路の周波数選択性の指標には、尖鋭度Qと帯域幅Bが使われる。

〈図04-24〉の同調回路の電圧の**周波数特性**は共振時の電圧$\dot{V}$の大きさV_0を頂点にして山形の特性曲線になる。この特性曲線を**共振曲線**という。

◆同調回路の周波数特性 〈図04-24〉

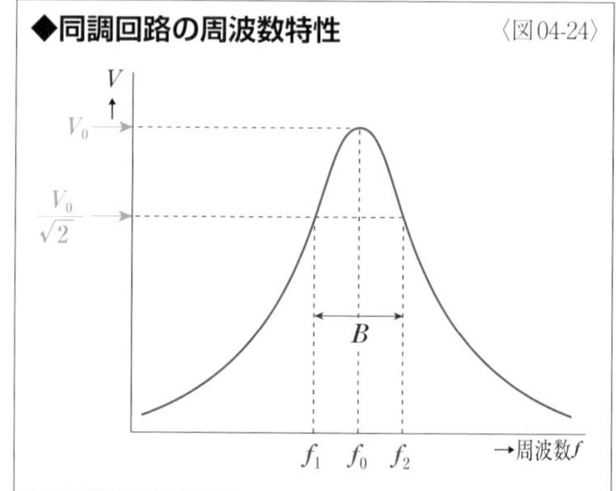

$\dot{V}$の大きさがV_0の$\dfrac{1}{\sqrt{2}}$倍になる周波数、つまり3dB低くなる周波数をf_1とf_2とし、$f_1<f_2$とすると、f_2-f_1を同調回路の**帯域幅B**という。帯域幅が狭いほど、周波数選択性が優れていることになる。

共振曲線は山形になるが、頂点付近の幅が狭いほど帯域幅Bが小さくなり、周波数選択性がよくなる。また、共振曲線の山が高ければ、頂点付近に対して裾野のインピーダンスが相対的に小さくなるので、周波数選択性がよくなる。こうした共振曲線の山の鋭さの度合いを示すものが**尖鋭度Q**だ。単にQや**Q値**ということも多い。

同調回路にトランジスタや負荷を接続しないときの尖鋭度を**無負荷Q**という。無負荷Qの値Q_0は〈式04-25〉または〈式04-26〉で定義される。ω_0とL、Cには〈式04-19〉の関係があるので、2つの定義式は同じことを意味している。いずれかの式に〈式04-20〉を代入すると、〈式04-27〉のようにω_0を使わずにR_pとCとLでQ_0を示すことも可能だ。〈式04-25～27〉の3式を変形すると〈式04-28～30〉が得られる。

$$Q_0 = \frac{R_p}{\omega_0 L} \quad \cdots\cdots\cdots\cdots 〈式04\text{-}25〉$$

$$= \omega_0 R_p C \quad \cdots\cdots\cdots\cdots 〈式04\text{-}26〉$$

$$= R_p\sqrt{\frac{C}{L}} \quad \cdots\cdots\cdots\cdots 〈式04\text{-}27〉$$

$$L = \frac{R_p}{\omega_0 Q_0} \quad \cdots\cdots\cdots\cdots 〈式04\text{-}28〉$$

$$C = \frac{Q_0}{\omega_0 R_p} \quad \cdots\cdots\cdots\cdots 〈式04\text{-}29〉$$

$$R_p = Q_0\sqrt{\frac{L}{C}} \quad \cdots\cdots\cdots\cdots 〈式04\text{-}30〉$$

前ページで確認したように、電圧$\dot{V}$の大きさVは、〈式04-31〉のように示すことができる。この式の分母に〈式04-28〉と〈式04-29〉を代入し、分子に〈式04-30〉を代入して整理すると、〈式04-33〉になる。この式から$f=f_0$の共振時には$\omega=\omega_0$になるので、分母が1になり、電圧V_0は〈式04-34〉で示される。

$$V = \frac{IR_p}{\sqrt{1+R_p{}^2\left(\omega C-\dfrac{1}{\omega L}\right)^2}} \quad \cdot\cdot〈式04\text{-}31〉$$

$$= \frac{IQ_0\sqrt{\dfrac{L}{C}}}{\sqrt{1+R_p{}^2\left(\dfrac{\omega Q_0}{\omega_0 R_p}-\dfrac{\omega_0 Q_0}{\omega R_p}\right)^2}} \quad \cdot\cdot〈式04\text{-}32〉$$

$$= \frac{IQ_0\sqrt{\dfrac{L}{C}}}{\sqrt{1+Q_0{}^2\left(\dfrac{\omega}{\omega_0}-\dfrac{\omega_0}{\omega}\right)^2}} \quad \cdot\cdot〈式04\text{-}33〉$$

$$V_0 = IQ_0\sqrt{\frac{L}{C}} \quad \cdots\cdots〈式04\text{-}34〉$$

電圧VがV_0の$\dfrac{1}{\sqrt{2}}$になるためには、〈式04-33〉の分母が$\sqrt{2}$になる必要があるので、〈式04-35〉と〈式04-36〉が得られる。計算は複雑になるので省略(しょうりゃく)するが、この2式から得られる正の解(かい)をω_1とω_2とし、$\omega_1<\omega_2$とすると〈式04-37〉の関係が得られる。

$$Q_0\left(\frac{\omega}{\omega_0}-\frac{\omega_0}{\omega}\right) = 1 \quad \cdots\cdots〈式04\text{-}35〉$$

$$Q_0\left(\frac{\omega}{\omega_0}-\frac{\omega_0}{\omega}\right) = -1 \quad \cdots\cdot〈式04\text{-}36〉$$

$$\omega_2-\omega_1 = \frac{Q_0}{\omega_0} \quad \cdots\cdots\cdots〈式04\text{-}37〉$$

さらに〈式04-37〉を周波数に置き換えると、帯域幅Bと同調周波数(どうちょうしゅうはすう)f_0、無負荷Q_0の関係を〈式04-39〉のように示すことができる。

$$2\pi f_2-2\pi f_1 = \frac{Q_0}{2\pi f_0} \quad \cdots〈式04\text{-}38〉$$

$$B = f_2-f_1 = \frac{Q_0}{f_0} \quad \cdots\cdots〈式04\text{-}39〉$$

〈式04-33〉の特性は、LとCの値を一定にして無負荷QをQ_1、Q_2、Q_3と変化させると、〈図04-40〉のように変化する。つまり、同調回路のQ_0が大きいほど、帯域幅が狭く鋭い特性になる。〈式04-27〉の関係からR_pを大きくするほどQ_0が大きくなるわけだ。R_pとrの関係から考えると、rが小さいほどQ_0の大きな同調回路になる。

◆無負荷Qの違いによる曲線の変化 〈図04-40〉

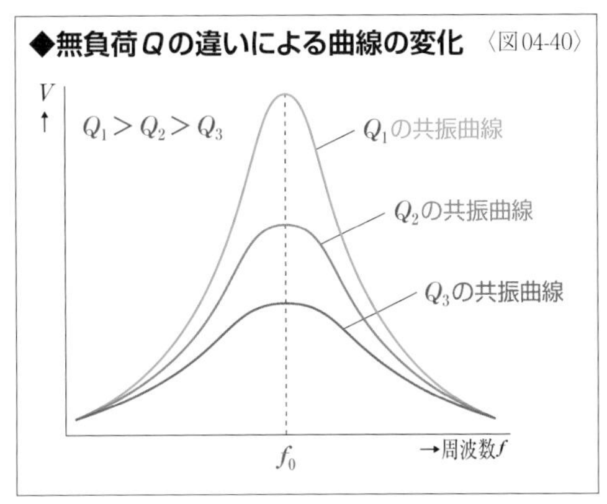

▶選局を行う同調回路

〈図04-41〉は、ラジオ受信機などでアンテナからの入力を最初に扱い、放送局を**選局**したうえで高周波増幅する**同調増幅回路**の例だ。前ページまでの*LC*同調回路の説明では、コイルとコンデンサを使用したが、実際の同調増幅回路では**トランス**(**変成器**)のコイルとコンデンサで**同調回路**が構成される。これにより同調と同時に**トランス結合**も行える。

選局を行う同調回路の場合、**同調周波数**を可変にする必要がある。**可変コンデンサ**を使用して**静電容量**を変化させて同調周波数を変化させるのが一般的だが、**可変容量ダイオード**を使用して電子的に静電容量を変化させることもある。可変コンデンサは“variable condenser”を略して**バリコン**ということが多い。

図の回路では、増幅回路の前後に同調回路を備えているが、同調回路1だけでも選局は行える。しかし、前後に同調回路を備えると、**周波数選択性**を高めることができる。可変コンデンサ V_{C1} と V_{C2} は連動して静電容量が変化するようにされている。

◆選局を行う同調増幅回路 〈図04-41〉

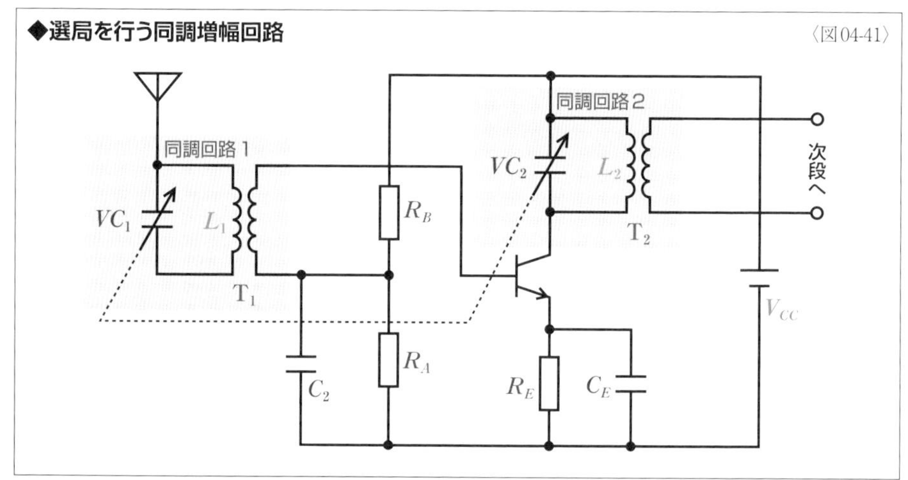

▶単同調増幅回路

複数の増幅回路を結合して高周波信号を多段増幅する場合、増幅の対象となる周波数の高周波信号を**同調回路**によって選択して受け渡していくのが一般的だ。つまり、結合回路に同調回路を組み合わせているわけだ。

結合回路に1組の同調回路を使用するものを単同調増幅回路という。バイアス成分などを省いてトランジスタだけの関係で単同調増幅回路の結合部分を表わすと〈図04-42〉になる。

単同調増幅は構成がシンプルだが、同調回路と並列にトランジスタの出力インピーダンス$\frac{1}{h_{oe}}$が加わる。また、次段の入力インピーダンスもトランスで変換されて同調回路に並列に加わる。これにより同調回路の抵抗成分が小さくなるので、Qが低下して鋭い特性が得られなくなる。こうした負荷が接続された状態のQを**負荷Q**という。

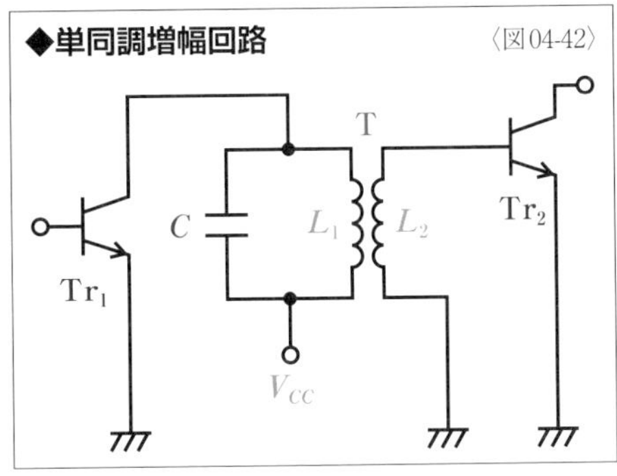

〈図04-43〉のように使用するトランスを**センタタップ付トランス**にすると、負荷Qや**帯域幅**Bを調整することが可能になる。R_oはトランジスタの出力インピーダンス、R_Lは次段の入力インピーダンスを示している。トランスのコイルの巻数をN_0、N_1、N_2とすると、R_oとR_Lはそれぞれ〈式04-44〉と〈式04-45〉によって変換され、R_o'とR_L'になる。このR_o'とR_L'を使って、a－b間から見た等価回路にすると〈図04-46〉になり、抵抗をまとめると〈図04-47〉になる。同調回路の全並列抵抗をR_Tとすると〈式04-48〉で示すことができ、負荷Qの値をQ_Lとすると、〈式04-49〉で示される。

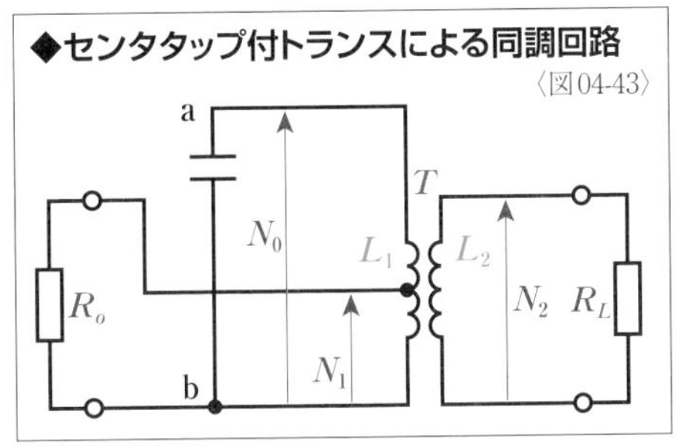

$$R_o' = \left(\frac{N_0}{N_1}\right)^2 R_o \quad \cdots\cdots\text{〈式04-44〉}$$

$$R_L' = \left(\frac{N_0}{N_2}\right)^2 R_L \quad \cdots\cdots\text{〈式04-45〉}$$

〈図04-46〉

〈図04-47〉

$$\frac{1}{R_T} = \frac{1}{R_o'} + \frac{1}{R_L'} + \frac{1}{R_p} \quad \cdot\text{〈式04-48〉}$$

$$Q_L = \frac{R_T}{\omega_0 L} = \omega_0 R_T C \quad \cdot\cdot\text{〈式04-49〉}$$

〈式04-48〉の関係から、R_TはR_pより必ず小さくなるので、負荷Qが無負荷Qより小さくなることは避けられないが、トランスの**巻数比**をかえることでR_o'とR_L'をかえることができるため、負荷Qや帯域幅の調整が可能になる。また、N_1とN_2の巻数比によってR_oとR_Lの**インピーダンス整合**を取れば、R_Lに最大の電力を供給することも可能だ。

▶複同調増幅回路

多段の高周波増幅で、**結合回路に2組の同調回路を使用するものを複同調増幅回路という**。単同調増幅回路の場合は、**トランス**の一次コイルだけを使ってLC**同調回路**を構成するが、複同調増幅回路では〈図04-50〉のように一次コイル側にも二次コイル側にもLC同調回路が構成される。一次側の同調回路と二次側の同調回路は**同調周波数**が等しくされている。なお、〈図04-50〉の回路はトランスにセンタタップ付のものを使用し負荷Qなどが調整できるようにしたものだが、センタタップのないトランスで複同調増幅回路を構成することも可能だ。

◆複同調増幅回路 〈図04-50〉

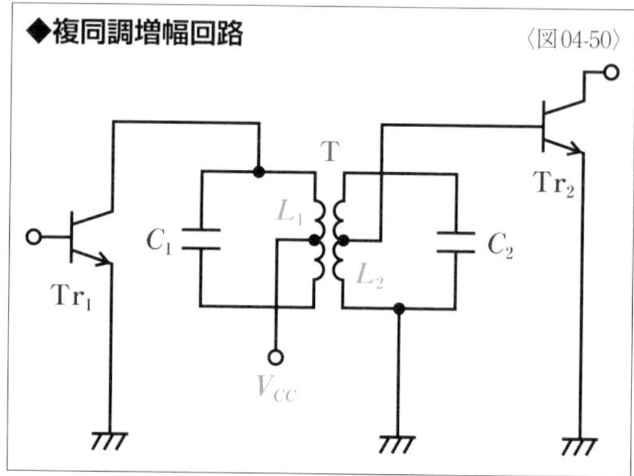

計算は複雑になるので省略するが、LとCの設定が同じ場合の単同調増幅と複同調増幅の**周波数特性**を比較すると、〈図04-51〉のようになり、複同調増幅のほうが**帯域幅**Bが広いが、帯域幅以外では曲線が急激に落ち込む。

そもそも、**同調増幅回路にとって理想の周波数特性は、ある周波数f_0を中心にして、必要な周波数の幅だけを増幅し、それ以外の周波数は通過させない**というものだ。〈図04-52〉のように、帯域幅Bを同じにして単同調増幅と複同調増幅を比較すると、複同調増幅のほうが理想の周波数特性に近く、**周波数選択性**が優れているといえる。ただし、複同調増幅回路には調整が面倒になるというデメリットがある。

◆単同調と複同調の周波数特性 〈図04-51〉

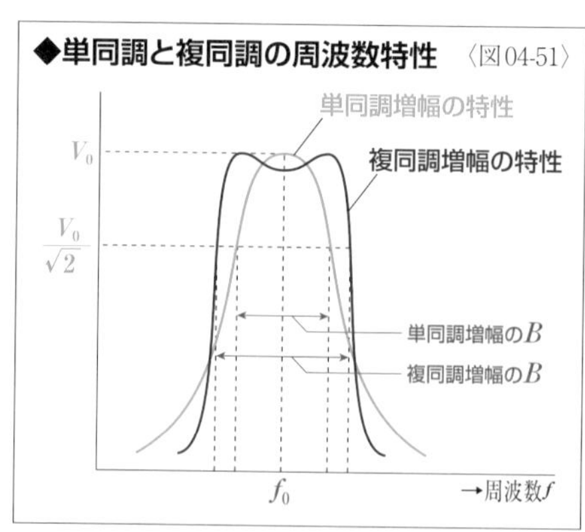

◆理想の周波数特性との対比 〈図04-52〉

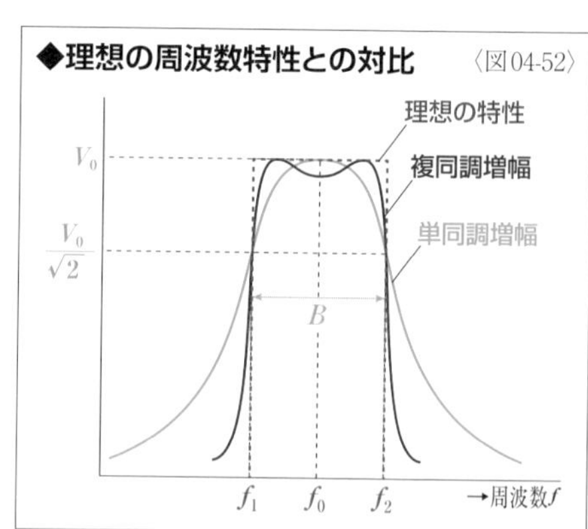

オペアンプ

Chapter

06

Chapter 06
Section 01

オペアンプ

オペアンプはおもに電圧増幅に使われるアナログICだが、加減算や微分積分といった演算やフィルタにも使え、さまざまな分野で多用されている。

▶オペアンプ

オペアンプは“operational amplifier”を略したもので、**OPアンプ**や**Op Amp**などの表記もある。**アナログ信号**に対する演算を行うために開発されたため、日本語では**演算増幅器**という。**オペアンプはトランジスタやFETによる差動増幅回路に何段かの増幅回路などを加えたアナログICで、高性能な差動増幅回路だと考えることができる**。信号の増幅のほか、加算回路、減算回路、微分回路、積分回路、フィルタ回路、比較回路、発振回路、AD変換回路、DA変換回路など多目的に使用することが可能だ。

オペアンプは差動増幅回路と同じように2つの入力の**差分**を増幅する回路だ。ただし、差動増幅回路の場合、出力はグランドとは独立した2つの出力端子から取り出すが、オペアンプの場合は1つの出力端子とグランド間から出力を取り出す。そのため、オペアンプには、2つの入力端子と1つの出力端子がある。JISに定められたオペアンプの**図記号**は〈図01-01〉だが、慣用的に旧来の図記号〈図01-02〉が使われている。図記号にマイナスの記号で示される端子を**反転入力端子**または**逆相入力端子**といい、交流を入力すると**位相**が**反転**して出力され、直流の正の電圧を入力すると出力端子に負の電圧が出力され、負の電圧を入力すると正の電圧が出力される。プラスの記号で示される端子は**非反転入力端子**または**正相入力端子**といい、位相や極性が反転することなく出力される。記号のない端子が出力端子だ。

一般的なオペアンプは正負2つの直流電源を必要とする。これを**両電源**といい、旧来の図記号では上下から導かれるが、間違いが生じる恐れがない場合には、電源を表わす接続線は省略されることが多い。なお、正/負どちらか1つの電源で動作する**単電源**のオペアンプもある。単電源は**片電源**ということもある。

◆オペアンプの図記号

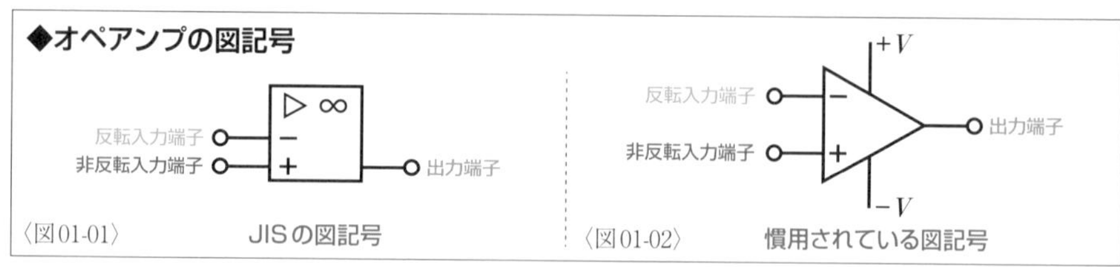

〈図01-01〉 JISの図記号

〈図01-02〉 慣用されている図記号

オペアンプの理想と現実

◆理想のオペアンプの特性

- **開放電圧利得**：$A_v = \infty$
- **入力インピーダンス**：$Z_i = \infty\,\Omega$
- **出力インピーダンス**：$Z_o = 0\,\Omega$
- **周波数帯域**：0〜∞ Hz

オペアンプ内部の回路はかなり複雑だ。本書を読み進められている人であれば理解できないレベルではないが、わざわざ内部構造を理解しなくても、特性を理解すればオペアンプを使うことはできる。オペアンプがブラックボックスだと考えても問題ないわけだ。オペアンプには右上の表のような理想の特性が定義されている。この定義に可能な限り近づけるように実際のオペアンプは設計されている。

オペアンプの**開放電圧利得**A_v**とは、反転入力と非反転入力の間に加えられた電圧の差に対する出力電圧の比**だ。開放電圧利得は**オープンループ利得**や**オープンループゲイン**ともいい、オペアンプ自体の**電圧増幅度**のようなものだといえる。**増幅度**と**利得**は異なる単位を用いるのが一般的だが、オペアンプを扱う場合は増幅度といいながら、利得をさす場合も多い。**理想のオペアンプの開放電圧利得は無限大**だが、現実のオペアンプの場合、開放電圧利得は10^4〜10^7程度だ。ただし、**オペアンプは電源電圧以上の電圧を出力することができない**。出力電圧が電源電圧と同じになれば、それ以降は**飽和**する。

高入力インピーダンス、低出力インピーダンスは増幅回路の理想の特性といえるが、オペアンプもこの特性を理想としているため、**理想のオペンアンプの入力インピーダンス**Z_i**は無限大で、出力インピーダンス**Z_o**は0Ω**だ。現実のオペアンプの入力インピーダンスは数百kΩ〜数十MΩで、出力インピーダンスは数十Ω程度になっている。

理想のオペアンプの周波数特性は、どのような周波数でも増幅度が一定に保たれ、周波数帯域幅が無限大になることだ。現実のオペアンプの**周波数帯域**は、直流〜数MHzが一般的で、低周波は問題なく扱うことができ、直流も扱うことができる。高周波を扱えないことがオペアンプの数少ない弱点の1つだといえる。

実際に**両電源**のオペアンプに電源を供給する場合、〈図01-03〉のように接続するのが一般的だ。このように電源を供給することで、グランドの0Vを中心に正負の電圧がかけられる。回路図で電源が省略されている場合は、図のように供給されていると考えればいい。

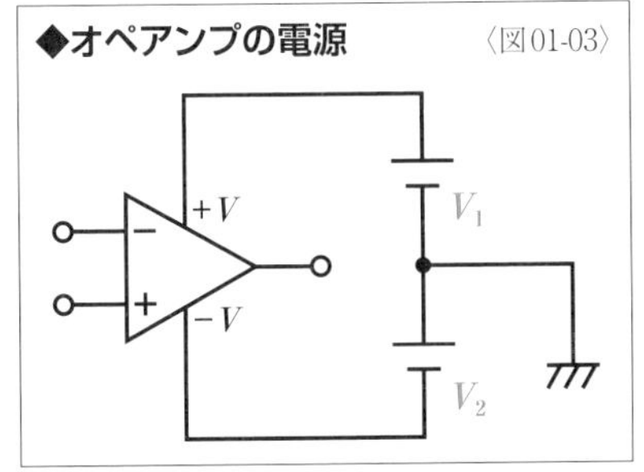

◆オペアンプの電源 〈図01-03〉

反転増幅回路と非反転増幅回路

オペアンプによる増幅の基本形は反転増幅と非反転増幅だ。仮想短絡という現象と入力端子に電流が流れないことを理解すれば、オペアンプは容易に解析できる。

反転増幅回路

オペアンプは**開放電圧利得**が非常に大きいが、電源電圧を超える出力電圧は得られないので、ほんの少しの差動入力電圧で出力電圧はすぐに**飽和**してしまう(出力電圧の上限に達してしまう)。そのため、**負帰還**をかけて使用するのが一般的だ。

〈図02-01〉のように**反転入力端子**だけに入力を行う回路は、入出力の電圧の**位相**が**反転**する(**逆相**になる)ので、**反転増幅回路**または**逆相増幅回路**という。この回路では、抵抗R_Fによって出力端子と反転入力端子を接続することで負帰還をかけている。

2つの入力端子間の電位差をv_Sとすると、抵抗R_Sを流れる電流i_Sは〈式02-02〉で示される。また、抵抗R_Fを流れる電流i_Fは〈式02-04〉で示される。オペアンプの入力インピーダンスは非常に大きいので、反転入力端子には電流がほとんど流れ込まない。そのため、$i_S \fallingdotseq i_F$と見なすことができるので、〈式02-02〉と〈式02-04〉から〈式02-05〉が導かれる。

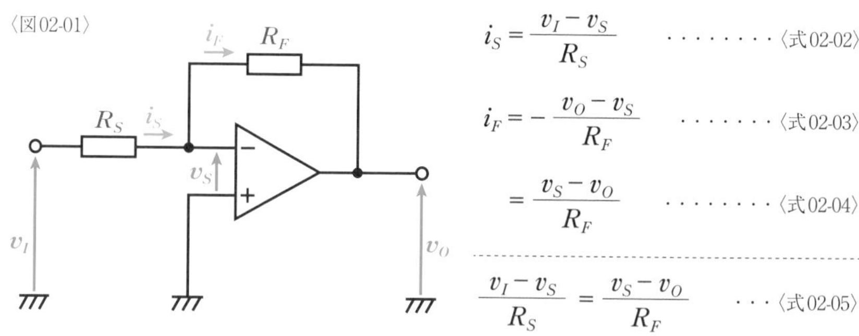

$$i_S = \frac{v_I - v_S}{R_S} \quad \cdots\cdots〈式02-02〉$$

$$i_F = -\frac{v_O - v_S}{R_F} \quad \cdots\cdots〈式02-03〉$$

$$= \frac{v_S - v_O}{R_F} \quad \cdots\cdots〈式02-04〉$$

$$\frac{v_I - v_S}{R_S} = \frac{v_S - v_O}{R_F} \quad \cdots〈式02-05〉$$

いっぽう、オペアンプの**開放電圧利得**(**電圧増幅度**)をA_vとすると、v_Oとv_Sの関係を〈式02-06〉で表わすことができ、この式をv_Sで示すと〈式02-07〉になる。理想のオペアンプは$A_v = \infty$なので、v_Oが有限の値であれば、有限の値は無限大より非常に小さいので、〈式02-08〉のようにv_Sは近似的に電位差0Vと考えられる。

$$v_O = A_v v_S \quad \cdots\cdots〈式02-06〉$$

$$v_S = \frac{v_O}{A_v} \quad \cdots\cdots〈式02-07〉$$

$$A_v = \infty \text{ なので} \quad v_S = \frac{v_O}{\infty} \fallingdotseq 0$$ ・・・・・・・・・・・・・・・・・・・・・・・・・・・・・〈式02-08〉

〈式02-05〉のv_Sに0を代入すると、〈式02-09〉が導かれる。この回路の電圧増幅度をA_{vf}とすると、A_{vf}はv_Oとv_Iの比であるので、〈式02-09〉を変形した〈式02-10〉で示される。つまり、この回路の電圧増幅度A_{vf}はR_FとR_Sの比によって決まるわけだ。なお、増幅度は絶対値で示すのが基本だが、この回路では入力と出力は逆相の関係になることを明示するために、マイナスの符号を残したままにしている。

$$\frac{v_I}{R_S} = -\frac{v_O}{R_F}$$ ・・・〈式02-09〉

$$A_{vf} = \frac{v_O}{v_I}$$ ・・・〈式02-10〉

$$= -\frac{R_F}{R_S}$$ ・・・〈式02-11〉

理想のオペアンプの場合、目的の増幅度になるR_FとR_Sの比率になっていれば、どんな大きさの抵抗でもよいことになるが、実際のオペアンプには入出力インピーダンスがあるので、その影響が無視できるようにR_FとR_Sには数十Ω〜数十kΩの抵抗が使われる。

仮想短絡

オペアンプを扱ううえで覚えておきたい基本的な性質は、**負帰還をかけると2つの入力端子の電位差が0Vになるが、入力端子には電流が流れない**ことだ。この2つの事柄を使うと、オペアンプを使った回路の設計や解析が容易に行えるようになる。

反転増幅回路の〈式02-08〉で示したように、オペアンプに負帰還をかけて回路を構成すると、2つの入力端子の電位差が0Vになる。つまり、2つの入力端子の電位が等しいということになり、**オペアンプは反転入力端子と非反転入力端子はあたかも短絡しているように動作する**ということだ。しかし、実際の短絡とは異なり、入力端子に電流が流れないので、これを**仮想短絡**や**イマジナリショート**、**イマジナルショート**、**バーチャルショート**という。

なお、非反転入力端子か反転入力端子のどちらかが接地されていれば、仮想短絡しているもう一方の端子も接地していることになる。このような状態を**仮想接地**や**イマジナリアース**、**イマジナルアース**、**バーチャルアース**ということもある。

この仮想短絡はオペアンプを扱ううえで非常に重要な特徴だ。**負帰還をかけると2つの入力端子が仮想短絡している**ことを利用すると、オペアンプを使った回路の設計や解析が容易になる。また、オペアンプを扱ううえで覚えておきたいもう1つの重要な事柄は、理想の特性では入力インピーダンスは無限大なので、**入力端子に電流が流れない**ということだ。これは反転入力端子にも非反転入力端子にも当てはまる。この事柄も設計や解析に役立つ。

▶非反転増幅回路

〈図02-12〉のように**オペアンプ**に**負帰還**をかけ**非反転入力端子**だけに入力を行う回路は、入出力の電圧の位相が反転しない（同相になる）ので、**非反転増幅回路**または**正相増幅回路**や**同相増幅回路**という。この回路では、抵抗R_Fによって出力端子と反転入力端子を接続することで負帰還をかけている。

負帰還がかかっているので、**仮想短絡**によって非反転入力端子の電位と反転入力端子の電位は等しい。そのため、入力電圧v_Iと**帰還電圧**v_Fは等しいので、〈式02-13〉で示すことができる。また、抵抗R_Fを流れる電流をi_Sとすると、入力インピーダンスが∞Ωのオペアンプ内には流れず、抵抗R_Sに向かって流れる。帰還電圧v_Fは、R_Sの端子電圧と等しいので、R_Sと流れる電流i_Sによって〈式02-14〉で示すことができる。〈式02-13〉の関係があるため、同じく〈式02-15〉も成立する。いっぽう、出力電圧v_Oは直列接続されたR_FとR_Sの合成抵抗の端子電圧と等しいので、〈式02-16〉で示すことができる。

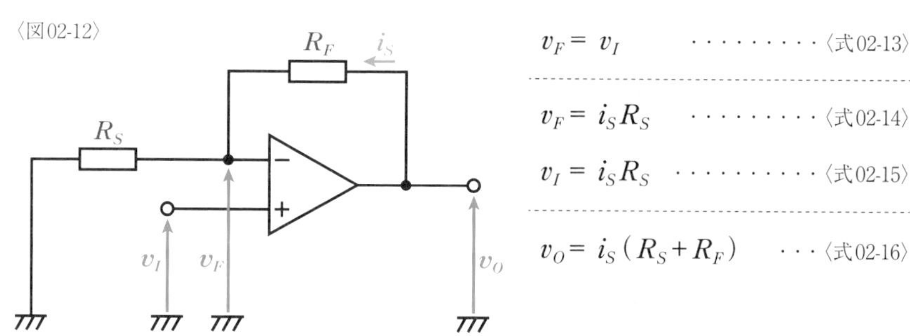

この回路の**電圧増幅度**をA_{vf}とすると、v_Oとv_Iの比で〈式02-17〉のように示されるので、ここに〈式02-15〉と〈式02-16〉を代入すると、〈式02-19〉が求められる。つまり、この回路の電圧増幅度A_{vf}は、R_FとR_Sの大きさによって決まるわけだ。なお、ここでは絶対値にせずに増幅度を計算しているので、入出力の位相が同相になっていることも〈式02-19〉から確認できる。

$$A_{vf} = \frac{v_O}{v_I} \quad \cdots〈式02\text{-}17〉 \qquad = \frac{i_S(R_S+R_F)}{i_S R_S} \quad \cdots〈式02\text{-}18〉 \qquad = 1 + \frac{R_F}{R_S} \quad \cdots〈式02\text{-}19〉$$

理想のオペアンプの場合、目的の増幅度になるR_FとR_Sの比率になっていれば、どんな大きさの抵抗でもよいことになるが、実際のオペアンプには入出力インピーダンスがあるので、その影響が無視できるようにR_FとR_Sには数kΩ〜数百kΩの抵抗が使われる。

▶交流増幅用の反転増幅回路と非反転増幅回路

ここまでの**反転増幅回路**と**非反転増幅回路**の説明では、入力信号はバイアスがかかった交流信号v_Iとして説明してきたが、実際に交流の入力信号v_iを増幅する際には、入力側に直流成分が流れ込むことを防いだり、出力として交流信号だけを取り出したりするために、**結合コンデンサ**が必要になる。

交流増幅用の非反転増幅回路は〈図02-20〉のようになる。〈図02-12〉の回路の入出力に結合コンデンサC_1とC_2を挿入するだけでなく、非反転入力端子が抵抗R_Bを介して接地されている。オペアンプでは入力端子にバイアスとして直流電流I_Bを流す必要があるが、入力側にC_1を挿入すると直流が流れる経路がなくなってしまうため、R_Bを挿入する必要があるわけだ。R_Bは回路の入力インピーダンスに影響を与えることになるので、小さな値の抵抗にしないほうがいい。一般的には数十kΩ以上の抵抗が使われる。

いっぽう、交流増幅用の反転増幅回路は〈図02-21〉のようになる。こちらの回路は〈図02-01〉の回路の入出力に結合コンデンサC_1とC_2を挿入しただけだ。この回路の場合は、コンデンサがバイアス電流の流れる経路に影響を与えないので、R_Bは必要ない。

◆交流増幅用の非反転増幅回路　〈図02-20〉

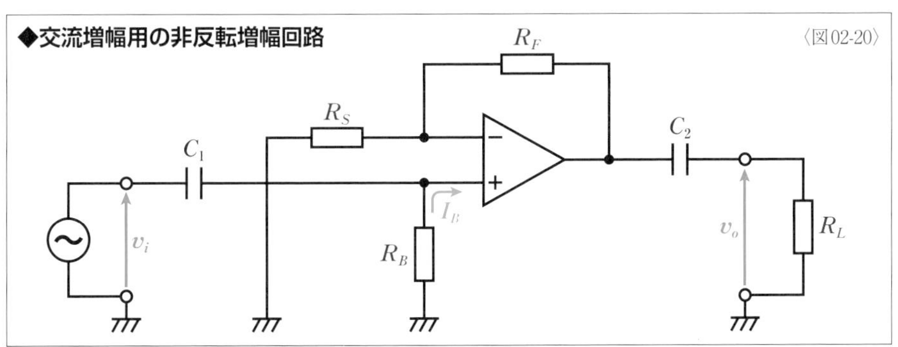

◆交流増幅用の反転増幅回路　〈図02-21〉

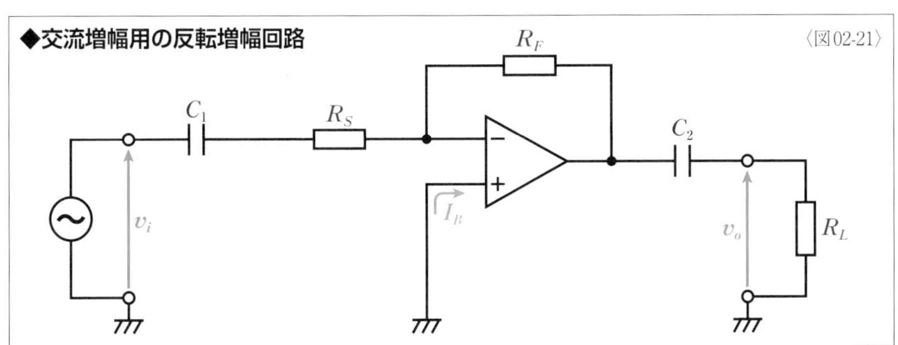

Chapter 06 Section 03

加算回路と減算回路

電圧の足し算を行う加算回路と、電圧の引き算を行う減算回路は、オペアンプの演算回路の基本中の基本といえるものだ。

▶加算回路

加算回路は複数の入力電圧を足し合わせた電圧を出力する回路だ。電圧の**足し算**(**加算**)が行えるので加算回路という。〈図03-01〉の回路は、入力電圧 V_1、V_2、V_3の和に比例した出力電圧が得られる加算回路の基本形だ。**反転増幅回路**を発展させたものといえるので、**反転形加算回路**ともいう。なお、**非反転形加算回路**もあるが、あまり使われることがない。

反転入力端子は**仮想短絡**によって接地している。そのため、抵抗R_1、R_2、R_3を流れる電流I_1、I_2、I_3は〈式03-02～04〉で示される。また、反転入力端子に電流は流れないのでI_1、I_2、I_3はすべて抵抗R_Fを流れる。この電流をI_Fとすると、〈式03-05〉で示される。出力電圧 V_Oは、R_Fの端子電圧と等しいので〈式03-06〉で示される。この式に〈式03-05〉を代入し、さらに〈式03-02～04〉を代入すると、〈式03-08〉になる。この式は、出力電圧 V_Oは、入力電圧 V_1、V_2、V_3に特定の係数をかけて和を求めた電圧になることを意味している。

〈図03-01〉

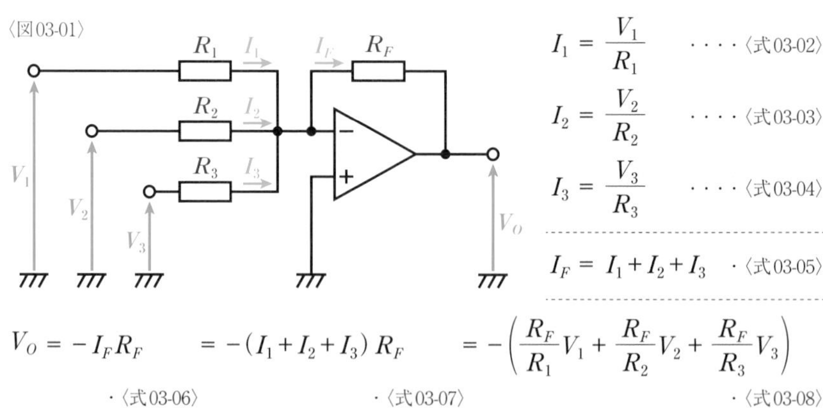

$$I_1 = \frac{V_1}{R_1} \quad \cdots\cdot〈式03\text{-}02〉$$

$$I_2 = \frac{V_2}{R_2} \quad \cdots\cdot〈式03\text{-}03〉$$

$$I_3 = \frac{V_3}{R_3} \quad \cdots\cdot〈式03\text{-}04〉$$

$$I_F = I_1 + I_2 + I_3 \quad \cdot〈式03\text{-}05〉$$

$$V_O = -I_F R_F \quad \cdot〈式03\text{-}06〉$$

$$= -(I_1 + I_2 + I_3)\,R_F \quad \cdot〈式03\text{-}07〉$$

$$= -\left(\frac{R_F}{R_1}V_1 + \frac{R_F}{R_2}V_2 + \frac{R_F}{R_3}V_3\right) \quad \cdot〈式03\text{-}08〉$$

ここで、R_1、R_2、R_3をすべて同じ大きさのRにすると、V_Oを〈式03-09〉で表わすことができる。つまり、入力電圧 V_1、V_2、V_3の和に比例した出力電圧 V_Oが得られることになる。R_FとRの比が1になるようにすれば、入力電圧の和がそのまま出力される。つまり、加算が行われるわけだ。ただし、オペアンプ共通の制限として、出力電圧は電源電圧を超えることはできない。

$$R_1 = R_2 = R_3 = R \quad \text{であれば} \quad V_O = -\frac{R_F}{R}(V_1 + V_2 + V_3) \qquad \cdots\cdots\cdots〈式03\text{-}09〉$$

減算回路

減算回路は2つの入力電圧の差の値の電圧を出力する回路だ。電圧と電圧の**引き算**（**減算**）が行えるので減算回路という。2つの入力の**差分**を増幅するので**差動増幅回路**だともいえる。〈図03-10〉の回路は、入力電圧V_1とV_2の差に比例した出力電圧が得られる減算回路の基本形だ。**非反転入力端子**に電流は流れないので、電流I_2は抵抗R_3とR_4を流れる。a点の電位をV_+とすると分圧式〈式03-11〉のように示される。いっぽう、**反転入力端子**にも電流は流れないので、電流I_1は抵抗R_1とR_2を流れる。b点の電位をV_-とすると、〈式03-12〉の関係が成立する。また、両入力端子は**仮想短絡**しているので〈式03-13〉のようにV_+とV_-は等しい。式の展開や変形はかなり面倒な作業になるが、この3式を使ってV_+とV_-を消去してV_Oを求めると〈式03-15〉になる。

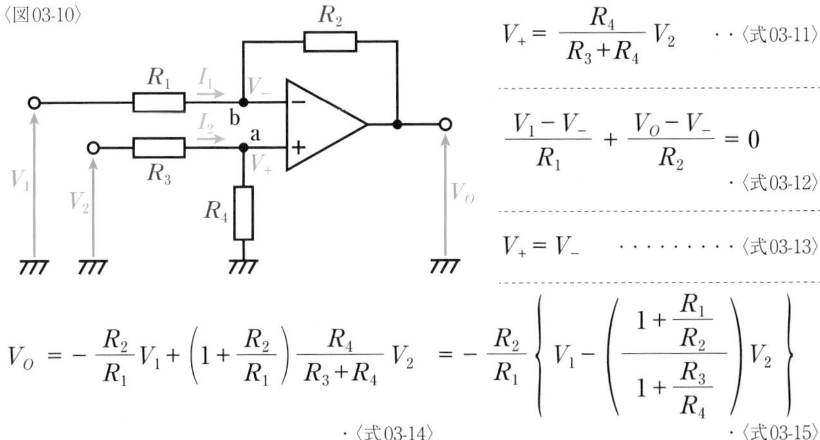

$$V_+ = \frac{R_4}{R_3 + R_4} V_2 \qquad \cdot\cdot〈式03\text{-}11〉$$

$$\frac{V_1 - V_-}{R_1} + \frac{V_O - V_-}{R_2} = 0 \qquad \cdot〈式03\text{-}12〉$$

$$V_+ = V_- \qquad \cdots\cdots\cdots〈式03\text{-}13〉$$

$$V_O = -\frac{R_2}{R_1}V_1 + \left(1 + \frac{R_2}{R_1}\right)\frac{R_4}{R_3 + R_4}V_2 \qquad \cdot〈式03\text{-}14〉$$

$$= -\frac{R_2}{R_1}\left\{V_1 - \left(\frac{1 + \frac{R_1}{R_2}}{1 + \frac{R_3}{R_4}}\right)V_2\right\} \qquad \cdot〈式03\text{-}15〉$$

ここで、$\frac{R_1}{R_2} = \frac{R_3}{R_4}$の関係があると、出力電圧$V_O$は〈式03-16〉のように入力信号の電圧の差分（$V_1 - V_2$）に比例したものになる。$R_2$と$R_1$の比が1になるようにすれば、入力電圧の差がそのまま出力される。つまり、電圧の減算が行われるわけだ。

$$\frac{R_1}{R_2} = \frac{R_3}{R_4} \quad \text{であれば} \quad V_O = -\frac{R_2}{R_1}(V_1 - V_2) \qquad \cdots\cdots\cdots\cdots\cdots〈式03\text{-}16〉$$

Chapter 06 Section 04

微分回路と積分回路

数学が苦手な人には難関といえる微分と積分だが、オペアンプはコンデンサと抵抗を１つずつ加えるだけの簡単な回路で微分や積分を行うことができる。

▶微分回路

微分回路とは信号の変化量を出力する回路だ。〈図04-01〉がオペアンプによる微分回路の基本形だ。**反転増幅回路**の**負帰還**のための抵抗はそのままに、入力側の抵抗をコンデンサにかえたものだといえる。

反転入力端子は**仮想短絡**によって接地しているので、コンデンサCには入力電圧v_iがかかる。v_iによってCに蓄積される**電荷**をqとすると〈式04-02〉で示される。また、電流iは電荷qの時間tに対する変化量、すなわち微分なので〈式04-03〉で示される。ここに〈式04-02〉を代入すると、電流iは〈式04-04〉になる。いっぽう、仮想短絡によってR_Fには出力電圧v_oがかかる。反転入力端子には電流が流れないため、電流iはそのままR_Fを流れるので〈式04-05〉で示される。以上の式から〈式04-06〉の関係が成立し、v_oは〈式04-07〉で示される。この式から、v_oはv_iの微分値に比例したものになることがわかる。比例定数は$-CR_F$だ。

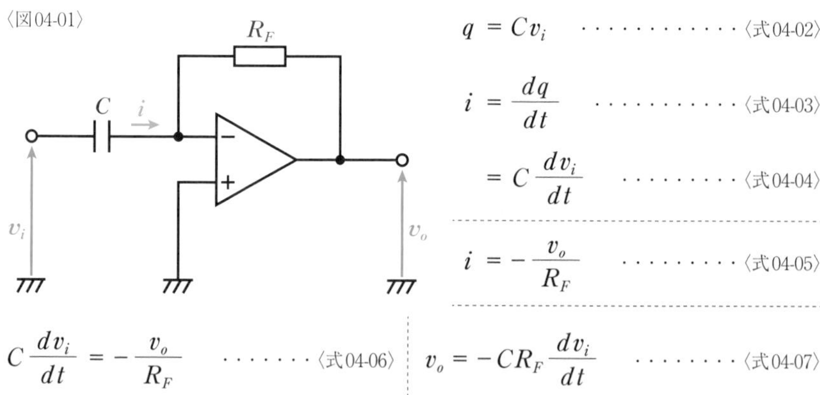

〈図04-01〉

$$q = Cv_i \quad \cdots\cdots 〈式04\text{-}02〉$$

$$i = \frac{dq}{dt} \quad \cdots\cdots 〈式04\text{-}03〉$$

$$= C\frac{dv_i}{dt} \quad \cdots\cdots 〈式04\text{-}04〉$$

$$i = -\frac{v_o}{R_F} \quad \cdots\cdots 〈式04\text{-}05〉$$

$$C\frac{dv_i}{dt} = -\frac{v_o}{R_F} \quad \cdots\cdots 〈式04\text{-}06〉$$

$$v_o = -CR_F\frac{dv_i}{dt} \quad \cdots\cdots 〈式04\text{-}07〉$$

〈図04-08〉のような**方形波**を微分回路に入力した場合、理想の出力は正の電圧になる瞬間と負の電圧になる瞬間に電圧が現れる〈図04-09〉のような波形だ。しかし、現実の微分回路では、コンデンサの充放電に時間がかかるため、〈図04-10〉のような波形になる。コンデンサの静電容量が小さいほど、減衰にかかる時間が短くなり、鋭い波形になる。

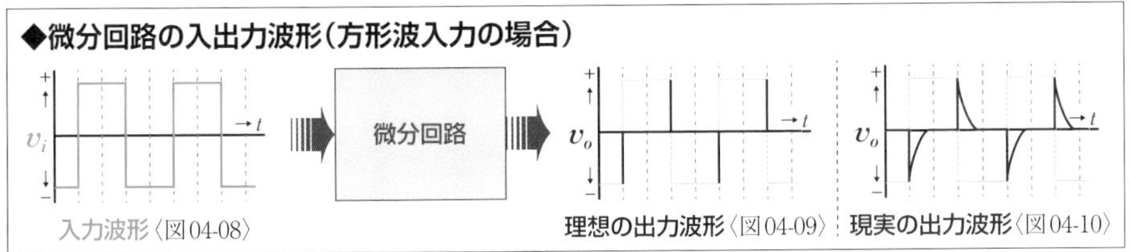

▶積分回路

積分回路とは入力信号をある時間の間、**積み重ねていく回路**だ。〈図04-11〉が積分回路の基本形だ。**反転増幅回路**の入力側の抵抗はそのままに、負帰還のための抵抗をコンデンサにかえたものだといえる。微分回路の抵抗とコンデンサを入れ替えたものだともいえる。

反転入力端子は**仮想短絡**によって接地しているので、R_Sには入力電圧v_iがそのままかかる。R_Sを流れる電流をiとすると〈式04-12〉で示される。同じく、仮想短絡によってCには出力電圧v_oがそのままかかる。また、反転入力端子には電流が流れないので、電流iはそのままCを流れる。Cの端子電圧はiを時間積分したものになるので、v_oは〈式04-13〉で表わすことができる。この式に〈式04-12〉を代入すると〈式04-14〉になる。この式から、出力電圧v_oは入力電圧v_iの積分値に比例したものになることがわかる。比例定数は$-\frac{1}{CR_S}$だ。

〈図04-11〉

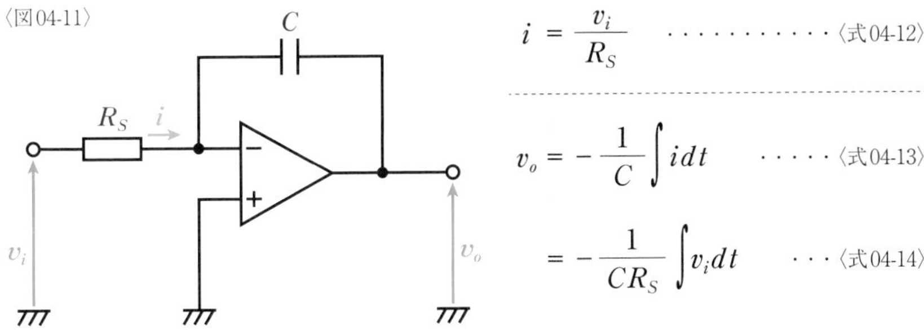

$$i = \frac{v_i}{R_S} \quad \cdots\cdots〈式04\text{-}12〉$$

$$v_o = -\frac{1}{C}\int i\,dt \quad \cdots〈式04\text{-}13〉$$

$$= -\frac{1}{CR_S}\int v_i\,dt \quad \cdots〈式04\text{-}14〉$$

理想の積分回路に**方形波**を入力した場合の理想の出力は〈図04-16〉のような**三角波**になるが、現実の微分回路では〈図04-17〉のような波形になることもある。

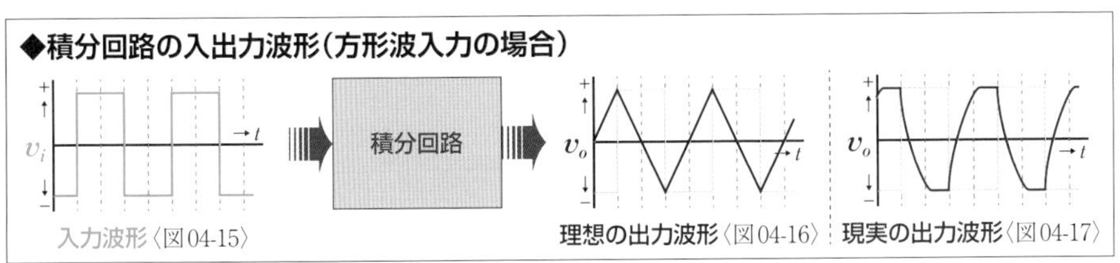

Sec.04 微分回路と積分回路

Chapter 06 Section 05

その他のオペアンプ回路

オペアンプによって構成される回路には多種多様なものがある。ここで取り上げたもの以外にもダイオードやトランジスタを併用したさまざまな回路がある。

▶比較回路

入力信号をある基準電圧と比較し、その大小を判定する回路を比較回路やコンパレータという。比較回路はオペアンプで構成することができる。英語の"comparator"には「比較するもの」という意味がある。比較回路は、センサの出力信号がある基準電圧に達しているかどうかを判定するような際に使われる。

〈図05-01〉の比較回路では、**非反転入力端子**に信号電圧v_Iを加え、**反転入力端子**に基準電圧V_rを加えている。入力に備える2つの抵抗は同じ大きさのものを使用する。入力信号の電圧v_Iが基準電圧V_rより大きいと、正の電圧がオペアンプから出力される。この回路では、オペアンプに負帰還をかけていないので、出力電圧v_Oは**飽和**し、正の最大電圧V_Sになる。逆に、v_IがV_rより小さいと負の電圧が出力されることになり、出力電圧v_Oは負の最大電圧$-V_S$になる。たとえば、〈図05-02〉のような正弦波交流を比較回路に入力すると、出力信号は〈図05-03〉のようになる。なお、出力信号の正負を反転させたいのであれば、信号電圧を反転入力端子、基準電圧を非反転入力端子に加えればいい。

◆比較回路

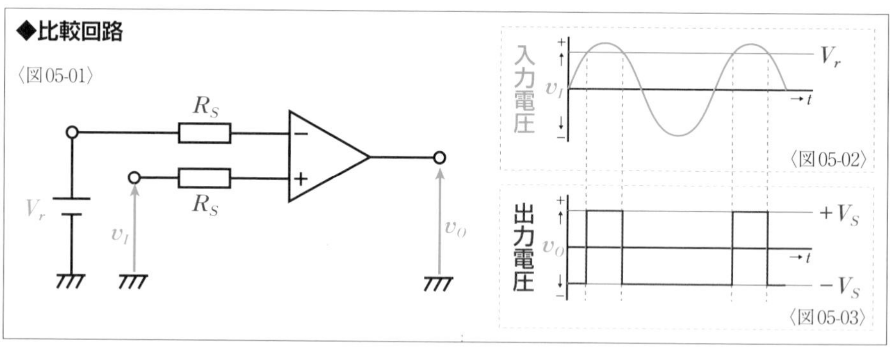

〈図05-01〉
〈図05-02〉
〈図05-03〉

▶電圧フォロワ回路

緩衝増幅回路(バッファ)に使われる**電圧フォロワ回路**にはトランジスタによる**エミッタフォロワ回路**や、FETによる**ソースフォロワ回路**があるが(P198参照)、オペアンプでも電圧フォロワ回路を構成することができる。

〈図05-04〉の電圧フォロワ回路は、**非反転増幅回路**の帰還のための抵抗R_Fを0Ω、入力側の抵抗R_Sを無限大にしたものだと考えることができる。非反転増幅回路の**電圧増幅度**A_{vf}は〈式05-06〉で示される。この式にR_F=0Ω、R_S=∞Ωを代入すると、電圧増幅度が1になるので、出力電圧が入力に追従する電圧フォロワ回路になる。また、そもそもオペアンプは入力インピーダンスが非常に大きく、出力インピーダンスが小さいので、緩衝増幅回路としての条件を満たしていることになる。

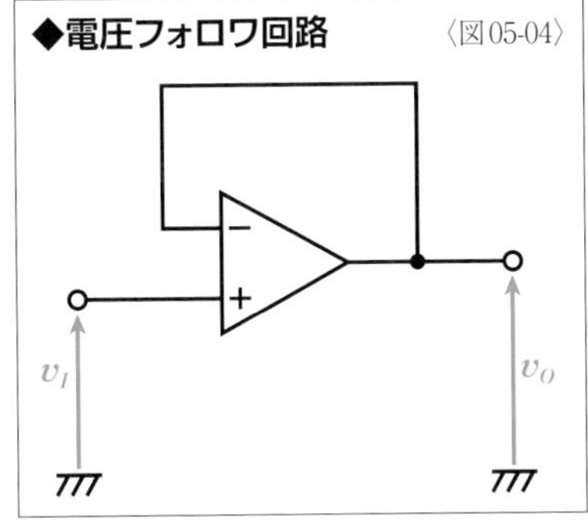

◆電圧フォロワ回路 〈図05-04〉

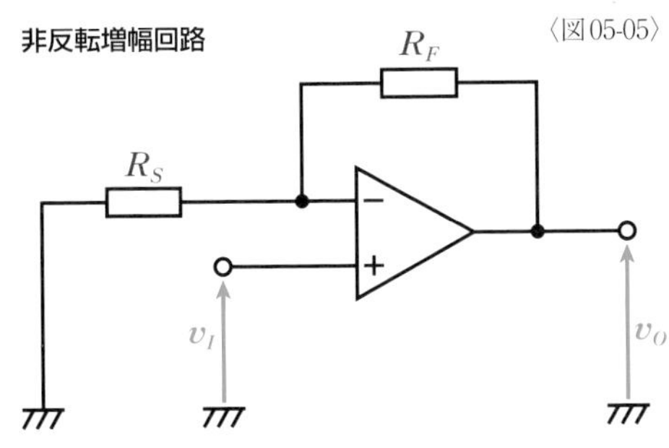

非反転増幅回路 〈図05-05〉

$$A_{vf} = 1 + \frac{R_F}{R_S} \quad \cdots\cdots 〈式05\text{-}06〉$$

$$= 1 + \frac{0}{\infty} \quad \cdots\cdots 〈式05\text{-}07〉$$

$$= 1 \quad \cdots\cdots 〈式05\text{-}08〉$$

▶符号変換回路

〈図05-09〉の回路のように、**反転増幅回路**の入力側の抵抗と帰還のための抵抗を、同じ大きさにした回路を**符号変換回路**という。両抵抗が同じ大きさなので、〈式05-10〉のように**電圧増幅度**A_{vf}が1になり、入力電圧v_Iと出力電圧v_Oの関係は〈式05-11〉で示される。よって、出力電圧と入力電圧は絶対値が同じ大きさだが、正負の符号が**反転**する。電圧の符号が反転するので、符号変換回路というわけだ。

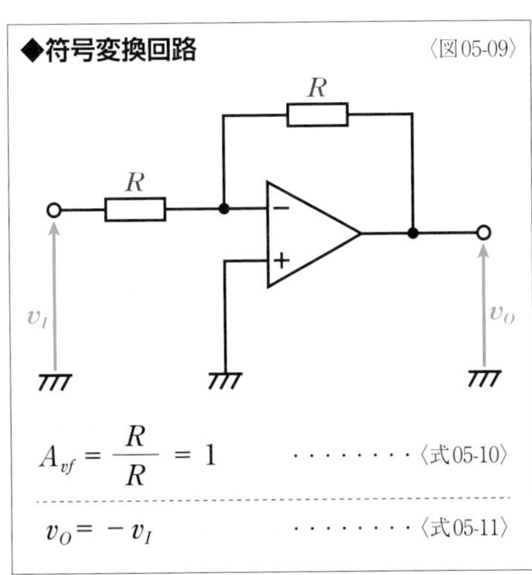

◆符号変換回路 〈図05-09〉

$$A_{vf} = \frac{R}{R} = 1 \quad \cdots\cdots 〈式05\text{-}10〉$$

$$v_O = -v_I \quad \cdots\cdots 〈式05\text{-}11〉$$

電流−電圧変換回路

電流−電圧変換回路は、電流信号を電圧信号に変換する回路で、増幅もできる。たとえば、光を扱うセンサーは出力が微弱な電流信号のものが多いが、電流−電圧変換回路を使えば以降の回路に必要な大きさの電圧信号に変換できる。また、一般的な電流計では微弱な電流が測定できないが、この回路を使えば電圧計で測定することができる。

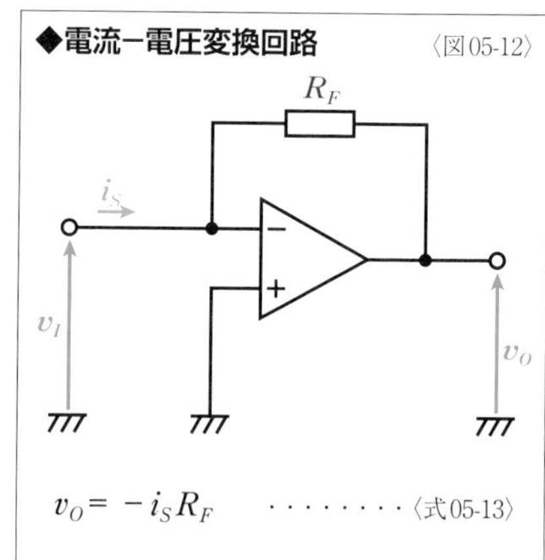

〈図05-12〉の電流−電圧変換回路は、**反転増幅回路**の入力側の抵抗R_Sを0Ωにしたものだと考えられる。入力された信号の電流をi_Sとすると、**反転入力端子**には電流が流れないので、i_Sは抵抗R_Fを流れる。**仮想短絡**によって反転入力端子は接地しているので、出力電圧v_OはR_Fの端子電圧と等しくなるので〈式05-13〉で示される。この式から入力電流i_Sの電流値をR_F倍したものが出力電圧v_Oになることがわかる。

加減算回路

加減算回路は**加算回路**と**減算回路**を合体したものだといえる。どちらの回路もすでに取り上げているので詳しい説明は省略するが、〈図05-14〉のような加減算回路の入出力の関係は〈式05-15〉のようになる。R_2とR_1の比を1にすれば、**加算**と**減算**が同時に行えるわけだ。

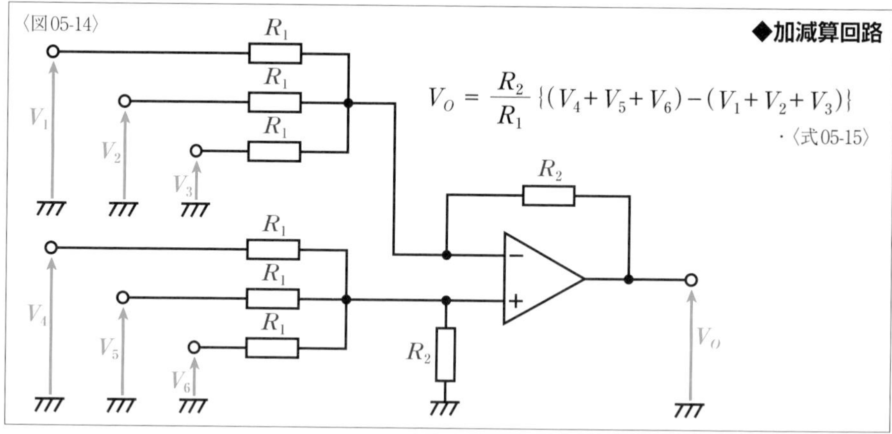

発振回路

Chapter

07

Chapter 07 Section 01

発振回路

正帰還をかけた帰還増幅回路と周波数選択回路で特定の周波数の正弦波を作り出すのが正弦波発振回路だ。通信機器の基本信号を作り出すことができる。

発振

発振回路とは**正弦波**や**方形波**などの**周期的な信号を安定して発生させる回路**だ。こうした発振回路は通信機器やデジタル機器のなかで、重要な基本信号などを作り出すために使われている。このChapterでは**正弦波発振回路**について説明し、**方形パルス**の発振回路についてはChapter10の「パルス発生回路」(P318参照)で説明する。

発振とは一定の振幅の信号が一定の周期で連続的に発生する現象のことをいう。発振のもっとも身近な例が**ハウリング**だ。カラオケのマイクの音量を上げすぎたり、マイクをスピーカに向けたりするとキーンという大きな音が発生することがある。カラオケではマイクからの入力が増幅されてスピーカから出力されるが、その音の一部がマイクから再び入力されると、さらに増幅される。このとき、循環が起こりやすい周波数の音だけが繰り返し増幅されてキーンという大きな音になる。ハウリングの場合、いったんは音という信号になり、カラオケ機の回路の外を通っているが、同じような現象を回路内で作り出しているのが発振回路だ。

発振回路の原理

正弦波発振回路は**正帰還**(**ポジティブフィードバック**)の**帰還増幅回路**(P192参照)を応用したものだ。〈図01-01〉のように入力端子のない**正帰還増幅回路**が発振回路の基本形だといえる。増幅回路の**電圧増幅度**をA_v、**帰還率**をβとすると、入力電圧v_iと**帰還電圧**v_fの間には〈式01-02〉の関係が成立する。

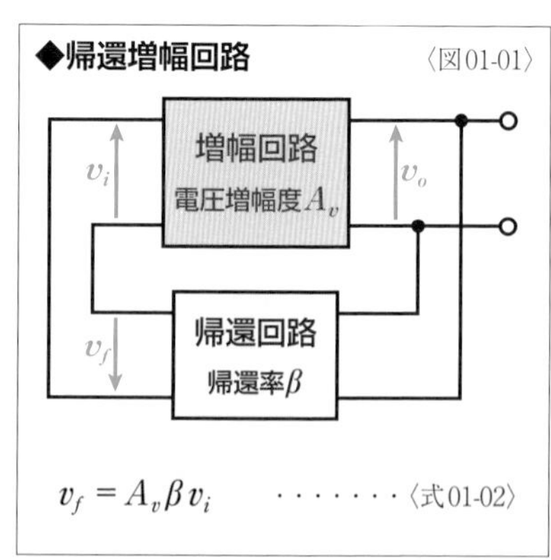

$$v_f = A_v \beta v_i \quad \cdots\cdots\cdots〈式01\text{-}02〉$$

帰還電圧v_fを入力電圧v_iとして利用して、出力を維持するためには、**入力電圧と帰還電圧が同相でなければならない**。これを発振回路の**位相条件**や**周波数条件**という。

また、発振を維持するためには、**帰還電圧v_fが入力電圧v_iより大きいか等しくなければ**

ならない。つまり、$A_v\beta \geqq 1$である必要がある。これを発振回路の**利得条件**または**振幅条件**や**電力条件**という。この$A_v\beta$は**ループゲイン**または**ループ利得**という。

この2つの条件が満たされるとき、発振回路で発振が維持される。$A_v\beta > 1$であれば振幅が大きくなり発振が始まる。この場合、出力がどんどん大きくなり続けてしまいそうだが、実際の増幅回路では出力がある値になると**飽和**する。飽和するとそれ以上は出力電圧が高くならないので、電圧は一定値になる。このとき、ループ利得は$A_v\beta = 1$になる。

発振周波数

発振回路に入力端子はないが、まったく信号がないと発振は始まらないので、種となる微弱な信号を最初の入力として利用している。その種となるのが回路内の**ノイズ**だ。たとえば、抵抗に電流を流すと内部の自由電子の不規則な運動によって**サーマルノイズ**や**熱雑音**と呼ばれるノイズが生じる。抵抗以外にもあらゆる素子はノイズを発するため、回路内には常にノイズが存在する。そのため、発振回路を電源に接続した瞬間にノイズが発生し、発振が始まるわけだ。

◆発振回路の出力電圧の変化 〈図01-03〉

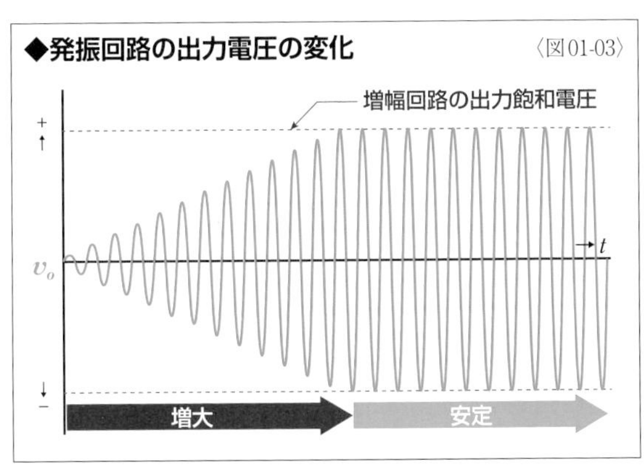

発振の種になるノイズは微弱だが、その周波数成分は低周波から高周波まで広範囲に存在する。しかし、正弦波発振回路に求められているのは特定の周波数の正弦波だ。そのため、**帰還回路**には特定の周波数の信号のみを通過させる回路を併用することで**周波数選択性**を備えさせ、目的の周波数以外のノイズが大きくならないようにしている。このようにして定められた周波数を**発振周波数**という。発振周波数の信号のみを通過させる回路は**周波数選択回路**ともいい、コンデンサやコイルで構成されるのが一般的だ。

ここで改めて発振の条件を考えてみよう。発振回路の帰還率を決める帰還回路にコンデンサやコイルが使われているため、帰還率βは**複素数**になり、**ループゲイン**$A_v\beta$も複素数になる。この複素数を$a+jb$とすると、$A_v\beta$の**実数**部分aは実際に繰り返される増幅の度合いを示しているので、aが1以上であれば**利得条件**を満たしていることになる。いっぽう、$A_v\beta$の**虚数**部分bは入力電圧と**帰還電圧**の位相の関係を示しているので、発振周波数において$b=0$であれば入力電圧と帰還電圧が同相になり、**位相条件**を満たしていることになる。

Chapter 07

Section 02

LC発振回路

コイルとコンデンサを使った発振回路がLC発振回路だ。共振を利用した同調回路を使用することで周波数選択性に優れ、比較的高い周波数の発振を得意とする。

発振回路の種類

発振回路は**帰還回路**を構成する素子によって分類することができる。一般的に使われている発振回路は、*LC*発振回路、*CR*発振回路、**水晶発振回路**、**電圧制御発振回路**などに大別され、さらにそれぞれに素子の使い方によって、細かく分類される。なお、以降の発振回路の説明では、トランジスタのバイアス回路など電源に関する回路は省略する。

LC発振回路

***LC*発振回路は帰還回路にコイルとコンデンサを使って発振を行う回路**で、**同調形発振回路**と**3点接続発振回路**があり、3点接続発振回路には**ハートレー発振回路**や**コルピッツ発振回路**などがある。*LC*発振回路は、回路が簡単で波形のひずみが少ない特徴があり、高い周波数の発振を小型、軽量で安価な回路で行えるが、低い周波数で発振させるためには**インダクタンス**の大きなコイルが必要になる。しかし、インダクタンスの大きなコイルはサイズが大きくなるうえ高価でもあるため、*LC*発振回路が低周波の発振に使われることは少ない。

同調形発振回路

高周波増幅回路(P210参照)と同じように**増幅回路と同調回路**(**共振回路**)**を組み合わせた発振回路が同調形発振回路**だ。〈図02-01〉の同調形発振回路は、増幅回路にエミッタ接地増幅回路を使用するもので、同調回路は**コンデンサ**と**トランス**(**変成器**)の**コイル**で共振回路が構成されている。トランジスタのコレクタに同調回路が接続されるため、**コレクタ同調形発振回路**ともいう。高周波増幅回路では同調回路の**共振現象**を利用して、特定の周波数の信号だけを選択して増幅しているが、同調形発振回路の場合は同調回路で選択した特定の周波数の信号を**正帰還**させることで目的の周波数の信号を**発振**させている。エミッタ接地増幅回路では出力の位相が反転するが、発振回路では同相の信号を正帰還させる必要があるため、**結合トランス**を利用して位相を反転させている。

結合トランスの図記号に示されている点(・)は巻き始めを示している。トランスの図記号で巻き始めなどが示されていない場合は、両コイルの巻き方向は同じで図記号では一次側の巻き始めと二次側の巻き始めが向かい合い、一次側の巻き終わりと二次側の巻き終わりが向かい合う。〈図02-01〉のように巻き始めが図示されている場合は、一次コイルは巻き終わりが接地され、二次コイルは巻き始めが接地されていることになるので、結合トランスの一次側と二次側の位相が反転する。このように、正帰還させるために結合トランスによって位相を反転させる方法を**反結合**というので、コレクタ同調形発振回路は**反結合発振回路**ともいう。

◆コレクタ同調形発振回路の基本形〈図02-01〉

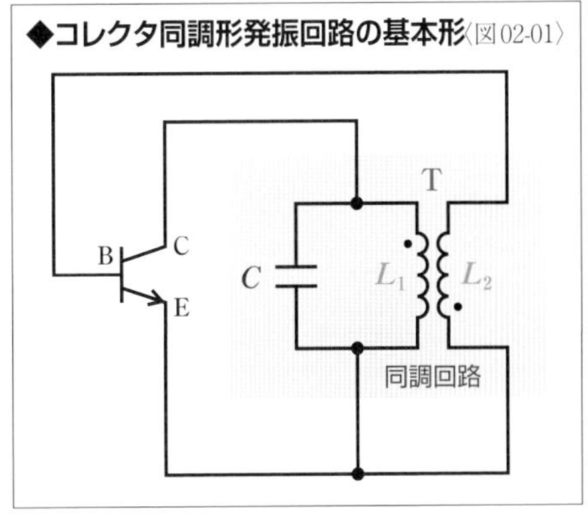

同調形発振回路では、同調回路の**同調周波数**（**共振周波数**）が**発振周波数**になる。コンデンサをC、トランスの一次側のコイルをL_1とすると、発振周波数fは〈式02-02〉で示される（P213参照）。また、**帰還率**βはおもにトランスの**巻数比**で決まる。

$$f = \frac{1}{2\pi\sqrt{L_1 C}} \quad \cdots\cdots \text{〈式02-02〉}$$

同調形発振回路は、同じLC発振回路で比較してみると、次に説明するする3点接続発振回路より発振周波数が安定するが、トランスを使用するためコストがかかる。

なお、トランジスタを使った同調形発振回路ではコレクタ同調形発振回路がもっともよく使われるが、〈図02-03〉のようにベースで同調を行う**ベース同調形発振回路**や、〈図02-04〉のようにエミッタで同調を行う**エミッタ同調形発振回路**もある。

◆ベース同調形発振回路の基本形〈図02-03〉

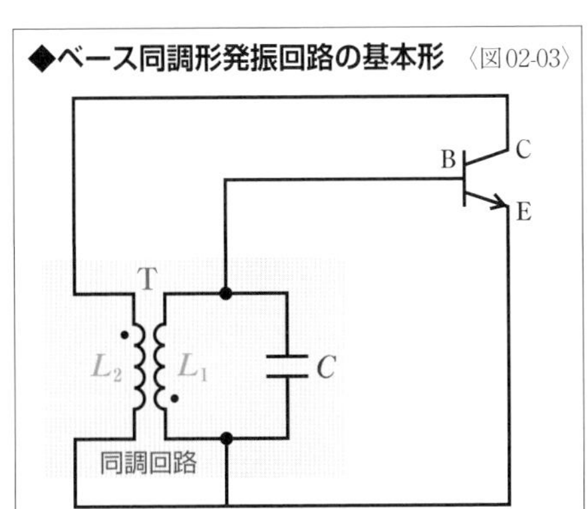

◆エミッタ同調形発振回路の基本形〈図02-04〉

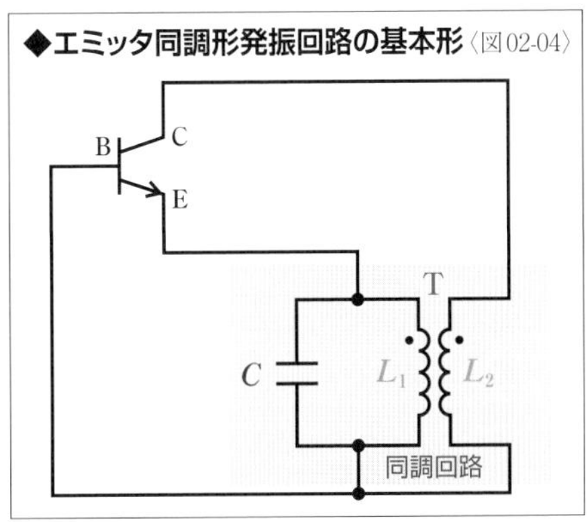

3点接続発振回路

3点接続発振回路は、3つのリアクタンス素子を組み合わせることで**周波数の選択と正帰還を行う**。リアクタンス素子とは、抵抗成分のない素子、つまりコイルやコンデンサのことだ。**共振回路**を利用しているため、**周波数選択性**に優れている。また、3点接続発振回路は3つの素子を使うため**3素子形発振回路**ともいう。さらに、複数のリアクタンス素子で分圧を行ったうえで帰還させているので、**電圧分割帰還形発振回路**ともいう。

◆3点接続発振回路の基本形〈図02-05〉

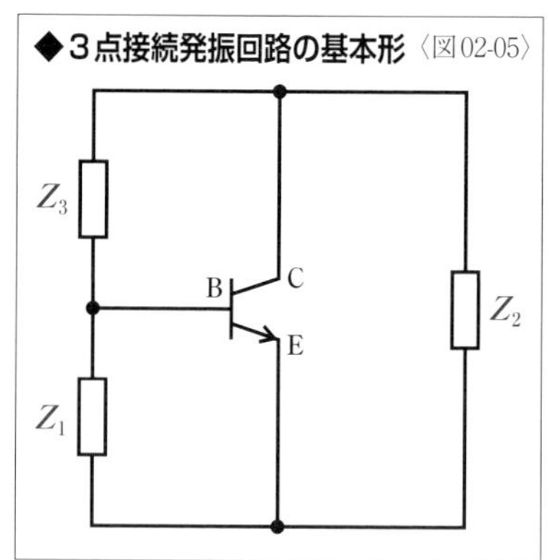

〈図02-05〉が3点接続発振回路の基本形だ。トランジスタの3つの端子間を3つのインピーダンスZ_1、Z_2、Z_3がつないでいる。この回路をhパラメータ簡易等価回路にすると〈図02-06〉になる。さらに、Z_iとZ_oを〈式02-07〉と〈式02-08〉のように定義すると、〈図02-09〉に変形することができる。

〈図02-06〉 〈図02-09〉

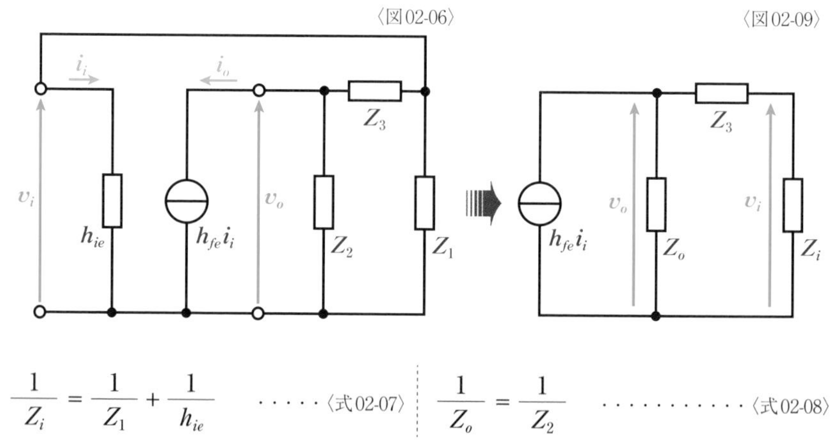

$$\frac{1}{Z_i} = \frac{1}{Z_1} + \frac{1}{h_{ie}}$$ ……〈式02-07〉

$$\frac{1}{Z_o} = \frac{1}{Z_2}$$ …………〈式02-08〉

電流$h_{fe}i_i$は、Z_iとZ_3の直列接続と、そこに並列接続されたZ_oに分流するので、Z_iの端子電圧でもあるv_iは〈式02-10〉で示すことができる。この式を変形して$\frac{v_i}{i_i}$を示すようにすると〈式02-11〉になる。$\frac{v_i}{i_i}$は、h_{ie}を示しているともいえる。この式を〈式02-12〉、〈式02-13〉と変形していき、さらに〈式02-07〉と〈式02-08〉を代入すると、かなり面倒な数式の展開になるが〈式02-14〉を導くことができる。

$$v_i = -h_{fe} i_i \frac{Z_o Z_i}{Z_o + Z_i + Z_3} \quad \cdots\cdots〈式02\text{-}10〉$$

$$\frac{v_i}{i_i} = -h_{fe} \frac{Z_o Z_i}{Z_o + Z_i + Z_3} = h_{ie} \quad \cdots〈式02\text{-}11〉$$

$$0 = h_{fe} + h_{ie} \frac{Z_o + Z_i + Z_3}{Z_o Z_i} \quad \cdots\cdots\cdots〈式02\text{-}12〉$$

$$= h_{fe} + h_{ie} \left(\frac{1}{Z_o} + \frac{1}{Z_i} + \frac{Z_3}{Z_o Z_i} \right) \quad \cdots〈式02\text{-}13〉$$

$$h_{fe} + \frac{Z_2 + Z_3}{Z_2} + h_{ie} \frac{Z_1 + Z_2 + Z_3}{Z_1 Z_2} = 0 \quad \cdots\cdots〈式02\text{-}14〉$$

〈式02-14〉の左辺の第1項は**実数**だ。Z_1、Z_2、Z_3は抵抗成分がないのでjのついた**虚数**だが、分母と分子のjが打ち消されるため第2項も実数になる。第3項は虚数の和を虚数の積で割っているので虚数だ。そのため、〈式02-14〉が成立するためには、実数部分について〈式02-15〉と、虚数部分について〈式02-16〉が成立する必要がある。つまり、〈式02-15〉は3点接続発振回路の**利得条件**を示していることになり、〈式02-16〉は**位相条件**を示していることになる。

$$h_{fe} + \frac{Z_2 + Z_3}{Z_2} = 0 \quad \cdots\cdots〈式02\text{-}15〉$$

$$Z_1 + Z_2 + Z_3 = 0 \quad \cdots\cdots〈式02\text{-}16〉$$

また、〈式02-15〉に〈式02-16〉を代入して整理すると、〈式02-17〉のように3点接続発振回路が発振するために必要な**増幅度**を示す式になる。

$$h_{fe} = \frac{Z_1}{Z_2} \quad \cdots\cdots〈式02\text{-}17〉$$

〈式02-17〉において、$h_{fe}>0$となるためには、Z_1とZ_2がプラスとプラス、もしくはマイナスとマイナスのように同符号である必要がある。同時に〈式02-16〉が成立するためには、Z_1とZ_2がプラスならZ_3がマイナス、Z_1とZ_2がマイナスならZ_3がプラスでなければならない。Zがプラスとは**コイル**による**インダクタンス**を示しているといえ、Zがマイナスとは**コンデンサ**による**キャパシタンス**（**静電容量**）を示しているといえる。

たとえば、Z_3がコンデンサによるキャパシタンスであるなら、Z_1とZ_2はコイルによるインダクタンスである必要がある。こうした組み合わせを採用しているのが**ハートレー発振回路**だ。逆に、Z_3がコイルによるインダクタンスであるなら、Z_1とZ_2はコンデンサによるキャパシタンスである必要がある。こうした組み合わせを採用しているLC発振回路が**コルピッツ発振回路**だ。

ハートレー発振回路

ハートレー発振回路は2つのコイルと1つのコンデンサで**帰還回路**が構成される**3点接続発振回路**だ。Z_1とZ_2にコイル、Z_3にコンデンサを使用するので、3点接続発振回路の基本形〈図02-05〉(P238参照)に従って回路図を描くと〈図02-18〉のようになる。しかし、実際には2つのコイルのかわりに**センタタップ付コイル**が使われることも多い。こうした場合は〈図02-19〉のような回路になる。それぞれのインピーダンスは〈式02-20～22〉のように示される。式中のMは、L_1とL_2の**相互インダクタンス**だ。

◆**ハートレー発振回路の基本形**〈図02-18〉

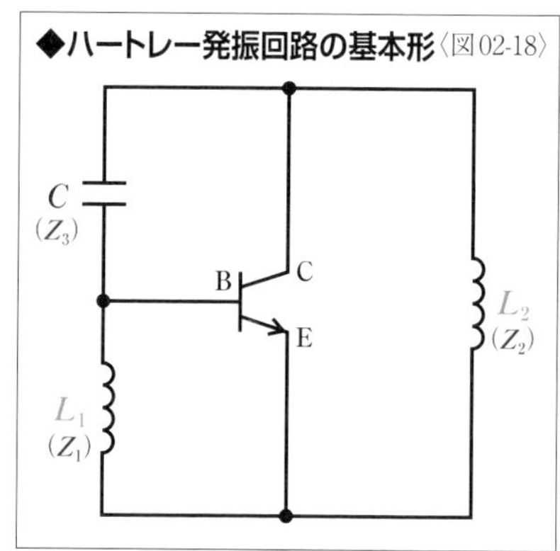

発振の**利得条件**は、〈式02-17〉で示したh_{fe}以上の**増幅度**を得ることであるため、〈式02-23〉で示される。また、発振の**位相条件**である$Z_1+Z_2+Z_3=0$に〈式02-20～22〉を代入して整理すると〈式02-24〉になる。ここから、**発振周波数**fは〈式02-25〉のように求められる。センタタップ付コイルを使わず、2つのコイルが独立している場合には、M=0Hとすればいい。

〈図02-19〉

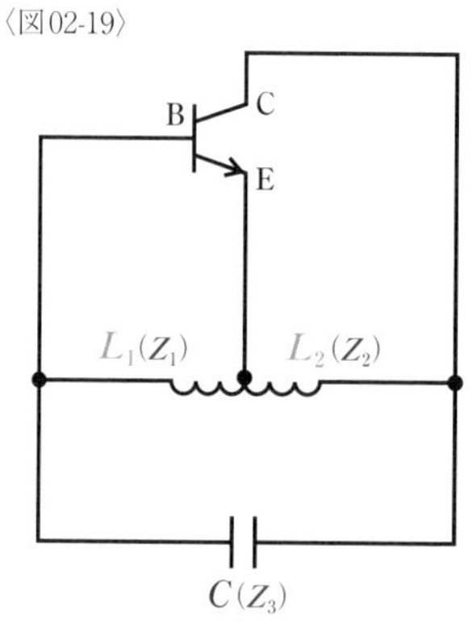

$$Z_1 = j\omega(L_1+M) \quad \cdots\cdots 〈式02\text{-}20〉$$

$$Z_2 = j\omega(L_2+M) \quad \cdots\cdots 〈式02\text{-}21〉$$

$$Z_3 = \frac{1}{j\omega C} \quad \cdots\cdots 〈式02\text{-}22〉$$

$$h_{fe} > \frac{L_1+M}{L_2+M} \quad \cdots\cdots 〈式02\text{-}23〉$$

$$\omega(L_1+L_2+2M) - \frac{1}{\omega C} = 0 \quad \cdots\cdots 〈式02\text{-}24〉$$

$$f = \frac{1}{2\pi\sqrt{C(L_1+L_2+2M)}} \quad \cdots\cdots 〈式02\text{-}25〉$$

トランジスタには端子間に**接合容量**が存在する。ハートレー発振回路の場合、ベース・エミッタ間の接合容量C_{ie}がL_1と並列に存在し、コレクタ・エミッタ間の接合容量C_{oe}がL_2と並列に存在する。周波数が高くなるとこれらの接合容量の影響が大きくなって、コイルの作用が抑えられ発振しにくくなるため、ハートレー発振回路の発振周波数の上限は30MHz程度になる。

なお、センタタップを備えたコイルを使用するハートレー発振回路は**同調形発振回路**を変形

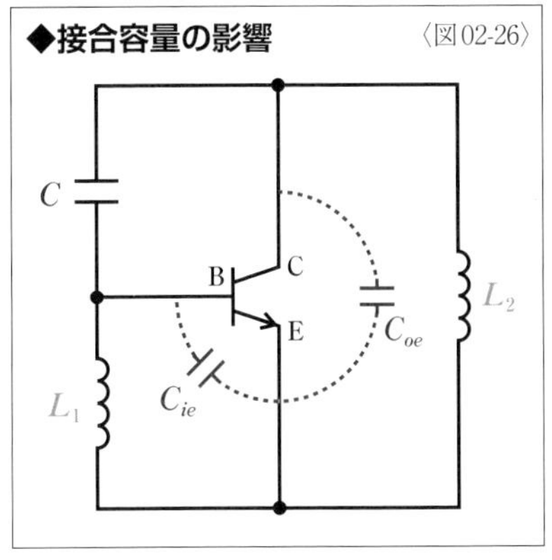

したものと考えることもできる。センタタップ付コイルのL_2部分はコレクタとエミッタに接続されるので同調形発振回路のトランスの一次コイルに相当し、センタタップ付コイルのL_1部分はベースとエミッタに接続されるので同調形発振回路のトランスの二次コイルに相当するといえる。センタタップから見ると、L_1とL_2は巻き方向が逆になっているといえるので、出力を反転して入力に送ることができるわけだ。

コルピッツ発振回路

コルピッツ発振回路は2つのコンデンサと1つのコイルで**帰還回路**が構成される**3点接続発振回路**だ。Z_1とZ_2にコンデンサ、Z_3にコイルを使用するので、〈図02-27〉のような回路になる。それぞれのインピーダンスは〈式02-28～30〉で示される。

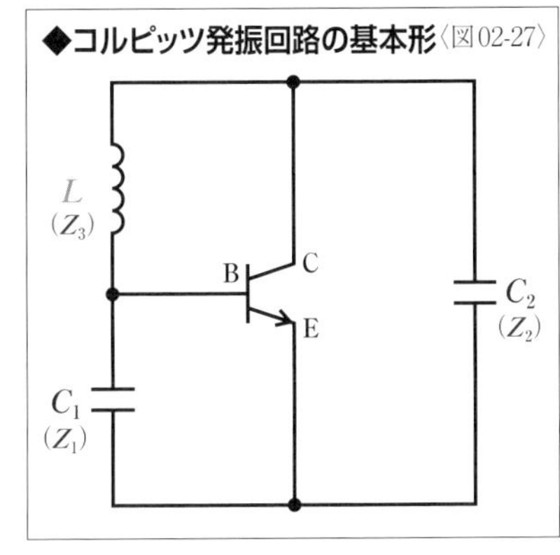

発振の**利得条件**は、〈式02-17〉で示したh_{fe}以上の増幅度を得ることであるため、〈式02-31〉で示される。また、発振の**位相条件**である$Z_1+Z_2+Z_3=0$に〈式02-28～30〉を代入してい整理すると〈式02-32〉になる。この式から、**発振周波数**fは〈式02-33〉のように求められる。

$$Z_1 = \frac{1}{j\omega C_1} \quad \cdots\cdots〈式02\text{-}28〉$$

$$Z_2 = \frac{1}{j\omega C_2} \quad \cdots\cdots〈式02\text{-}29〉$$

$$Z_3 = j\omega L \quad \cdots\cdots〈式02\text{-}30〉$$

$$h_{fe} > \frac{C_2}{C_1} \quad \cdots\cdots〈式02\text{-}31〉$$

$$-\frac{1}{\omega}\left(\frac{1}{C_1}+\frac{1}{C_2}\right)+\omega L = 0 \quad \cdots\cdots〈式02\text{-}32〉$$

$$f = \frac{1}{2\pi\sqrt{L\dfrac{C_1 C_2}{C_1+C_2}}} \quad \cdots\cdots〈式02\text{-}33〉$$

ハートレー発振回路の場合、トランジスタの**接合容量**がコイルの作用を阻害したが、コルピッツ発振回路の場合はこうした問題が生じない。そのため、200MHz程度までの発振周波数が得られるので、搬送波(P256参照)のような高周波を発生する回路などに用いられる。

Chapter 07 Section 03

CR発振回路

コンデンサと抵抗を使った発振回路がCR発振回路だ。同調回路を使用しないので周波数選択性は劣るが小型で安価に発振でき、低い周波数の発振を得意とする。

▶CR発振回路

CR **発振回路**はコンデンサと抵抗で**帰還回路**が構成される発振回路だ。*RC* **発振回路**ということもある。*CR*発振回路は小型、軽量、安価に回路が構成でき、コイルを使用しないため、数十Hzといった低い周波数の発振も可能だ。コイルを使用しないことは、IC化しやすいというメリットにもなる。ただし、共振回路を利用しないため、**周波数選択性**が劣り、波形がひずみやすい。*CR*発振回路には、コンデンサと抵抗で位相を変化させて**正帰還**させる*CR* **移相形発振回路**や、コンデンサと抵抗による**ブリッジ回路**で正帰還させる**ウィーンブリッジ形発振回路**などがある。

▶CR移相形発振回路(進相形)

エミッタ接地増幅回路のような**反転増幅回路**では、入力と出力の位相が反転する。つまり、位相が180°ずれる。こうした出力を**発振**のために**正帰還**させるには、位相を反転させて帰還させる必要がある。つまり、位相を反転させる能力がある**移相回路**を使えば発振回路が構成できる。***CR*移相形発振回路はコンデンサと抵抗で構成される移相回路を帰還回路として使う発振回路**だ。*CR*移相形発振回路は*RC* **移相形発振回路**ということもあり、単に**移相形発振回路**ともいう。移相は、位相と誤記されることが多いので、注意が必要だ。

コンデンサと抵抗を直列接続した回路を利用すると位相を変化させられる。〈図03-01〉のような回路で抵抗から出力を取り出すと位相が進む。こうした**進相**を利用した*CR*移相形発振回路を**進相形**という。こうした回路は特定の周波数以上の信号を通過させる**ハイパスフィルタ回路**(HPF回路)にも使われるため進相形を**ハイパス形**(HP形)といったり、**微分回路**の構成と同じなので**微分形**といったりもする。

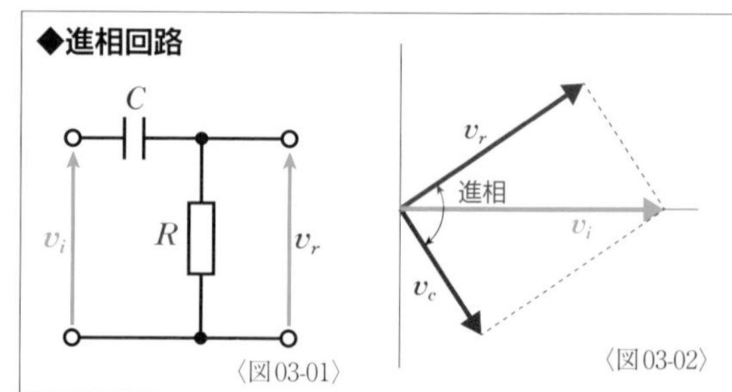

〈図03-01〉 〈図03-02〉

Chap. 07 発振回路

◆***CR*移相形発振回路(進相形)の基本形** 〈図03-03〉

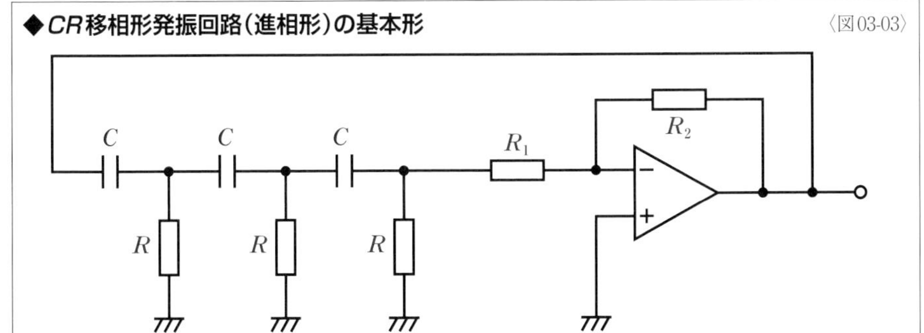

コンデンサと抵抗を組み合わせた進相では位相差が90°未満になる。そのため、*CR*移相形発振回路では、コンデンサと抵抗を3段に組み合わせた移相回路が帰還回路として使われる。〈図03-03〉は増幅回路に**オペアンプ**の**反転増幅回路**を使用した進相形の*CR*移相形発振回路の基本形だ。

移相回路だけを取り出すと〈図03-04〉になる。移相回路の入力は増幅回路の出力電圧v_oであり、移相回路の出力は増幅回路の入力電圧v_iになる。それぞれの*CR*の組を流れる電流をi_1、i_2、i_3とすると、**キルヒホッフの電流則**によって〈式03-05〜07〉の3式が得られる。X_CはコンデンサCの**リアクタンス**だ。計算が複雑になるので途中の式は省略するが、これら3式からi_3を求めると〈式03-08〉になる。また、v_iは〈式03-09〉で示されるので、〈式03-08〉を使って〈式03-10〉のように表わすことができる。反転増幅回路の**増幅度**A_{vf}は〈式03-11〉で示されるので、ここに〈式03-10〉を代入して整理すると〈式03-12〉になる。 ➡次ページに続く

〈図03-04〉

$$(R-jX_C)i_1-Ri_2=v_o \quad \cdots\cdots 〈式03\text{-}05〉$$

$$-Ri_1+(2R-jX_C)i_2-Ri_3=0 \quad \cdot 〈式03\text{-}06〉$$

$$-Ri_2+(2R-jX_C)i_3=0 \quad \cdots 〈式03\text{-}07〉$$

$$i_3=\frac{R^2v_o}{R(R^2-5X_C{}^2)-jX_C(6R^2-X_C{}^2)}$$

・〈式03-08〉

$$v_i=Ri_3 \qquad =\frac{R^3v_o}{R(R^2-5X_C{}^2)-jX_C(6R^2-X_C{}^2)}$$

・〈式03-09〉 ・〈式03-10〉

$$A_{vf}=\frac{v_o}{v_i} \qquad =\frac{1}{R^2}(R^2-5X_C{}^2)-j\frac{X_C}{R^3}(6R^2-X_C{}^2)$$

・〈式03-11〉 ・〈式03-12〉

$$A_{vf} = \frac{1}{R^2}(R^2 - 5X_C{}^2) - j\frac{X_C}{R^3}(6R^2 - X_C{}^2) \quad \cdots\cdots〈式03\text{-}12〉$$

A_{vf}が**実数**になるのは〈式03-12〉の第2項が0になるときなので、〈式03-13〉の関係が成立するときだ。この式を整理した〈式03-14〉が発振の**位相条件**になる。さらに、X_CをCで示すと〈式03-15〉になる。ここから、**発振周波数**fは〈式03-16〉のように求められる。

$$6R^2 - X_C{}^2 = 0 \quad \cdots\cdots〈式03\text{-}13〉$$

$$\sqrt{6}\,R = X_C \quad \cdots\cdots〈式03\text{-}14〉$$

$$= \frac{1}{\omega C} \quad \cdots\cdots〈式03\text{-}15〉$$

$$f = \frac{1}{2\pi\sqrt{6}\,CR} \quad \cdots\cdots〈式03\text{-}16〉$$

いっぽう、〈式03-12〉に〈式03-14〉を代入すると、**反転増幅回路**に必要なA_{vf}は−29になる。これは、**移相回路**の出力v_iが、入力v_oに対して位相が反転して$\frac{1}{29}$に減衰していることを意味する。つまり、**帰還率**βは$\frac{1}{29}$だ。オペアンプの反転増幅回路の**増幅度**は$\frac{R_2}{R_1}$で示されるので、発振の**利得条件**は〈式03-18〉のようになる。

$$A_{vf} = \frac{1}{R^2}(R^2 - 5\times 6R^2) = -29 \quad \cdots〈式03\text{-}17〉$$

$$\frac{R_2}{R_1} > 29 \quad \cdots〈式03\text{-}18〉$$

なお、移相回路は増幅回路の入出力インピーダンスの影響を受ける可能性がある。たとえば、説明に使用したオペアンプの反転増幅回路の場合、R_1がRと並列になるため、移相回路だけで計算した発振周波数からずれが生じることがある。こうしたことを防ぐために、$R_1 \gg R$にする必要がある。オペアンプと移相回路の間に緩衝増幅回路を挟むこともある。

▶CR移相形発振回路（遅相形）

コンデンサと抵抗を直列に接続した回路では、〈図03-19〉のようにコンデンサから出力を取り出すと、位相を遅らせることができる。こうした**遅相**を利用したCR**移相形発振回路**を**遅相形**という。〈図03-19〉のような回路は特定の周波数

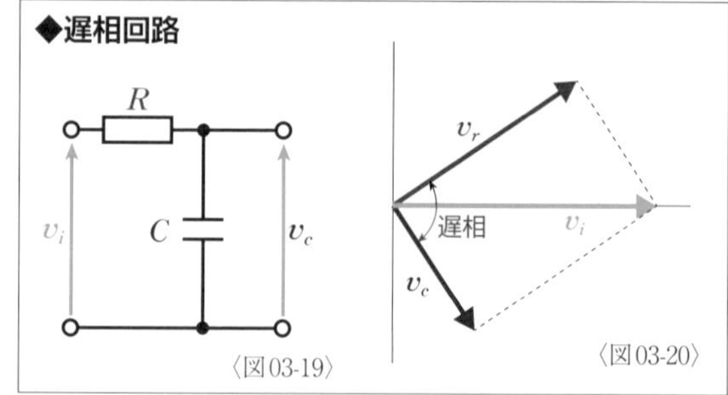

〈図03-19〉
〈図03-20〉

◆CR移相形発振回路（遅相形）の基本形

〈図03-21〉

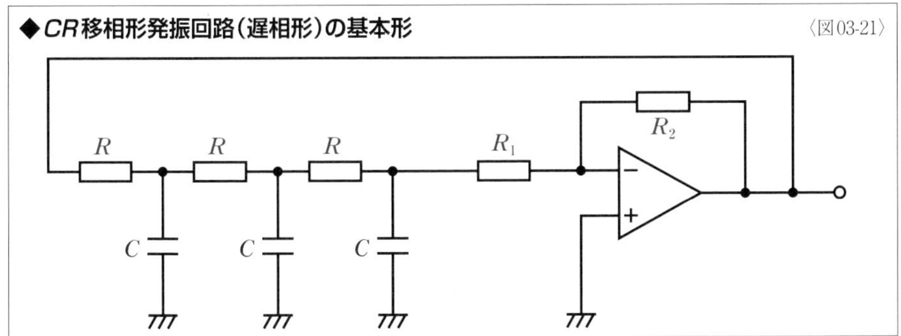

以下の信号を通過させる**ローパスフィルタ回路**（LPF**回路**）にも使われるため進相形を**ローパス形**（LP**形**）といったり、**積分回路**の構成と同じなので**積分形**といったりもする。

遅相形の場合も、コンデンサと抵抗を3段に組み合わせた**移相回路**を使用する。〈図03-21〉は増幅回路に**オペアンプ**の**反転増幅回路**を使用した遅相形のCR移相形発振回路の基本形だ。途中の過程は省略するが、進相形の場合と同じように、反転増幅回路の**増幅度**A_{vf}を求めると〈式03-22〉になる。

$$A_{vf} = -\frac{1}{X_C^2}(5R^2 - X_C^2) + \frac{R}{jX_C^3}(R^2 - 6X_C^2) \quad \cdots\cdots〈式03\text{-}22〉$$

A_{vf}が**実数**になるのは〈式03-22〉の第2項が0になるときなので、〈式03-23〉の関係が成立するときだ。この式を整理した〈式03-24〉が発振の**位相条件**になる。さらに、X_CをCで示すと〈式03-25〉になる。ここから、**発振周波数**fは〈式03-26〉のように求められる。

$$R^2 - 6X_C^2 = 0 \quad \cdots\cdots〈式03\text{-}23〉$$

$$\frac{1}{\sqrt{6}}R = X_C \quad \cdots\cdots〈式03\text{-}24〉$$

$$= \frac{1}{\omega C} \quad \cdots\cdots〈式03\text{-}25〉$$

$$f = \frac{\sqrt{6}}{2\pi CR} \quad \cdots\cdots〈式03\text{-}26〉$$

また、〈式03-22〉に〈式03-24〉を代入すると、反転増幅回路に必要なA_{vf}は−29になる。この値は進相形の場合とまったく同じだ。オペアンプの反転増幅回路の増幅度は$\frac{R_2}{R_1}$で示されるので、発振の**利得条件**は〈式03-28〉のようになる。

$$A_{vf} = -\frac{6}{R^2}\left(5R^2 - \frac{R^2}{6}\right) = -29 \quad \cdots〈式03\text{-}27〉$$

$$\frac{R_2}{R_1} > 29 \quad \cdots\cdots〈式03\text{-}28〉$$

Sec. 03 CR発振回路

ウィーンブリッジ形発振回路

ウィーンブリッジ回路はブリッジ回路の1つで、**平衡**を利用してコンデンサの容量測定に使われるが、この回路を応用した**発振回路**もある。**ウィーンブリッジ形発振回路はブリッジの平衡を少しずらして発生させた電位差を帰還させることで発振を行う。**

◆ウィーンブリッジ形発振回路の基本形 〈図03-29〉

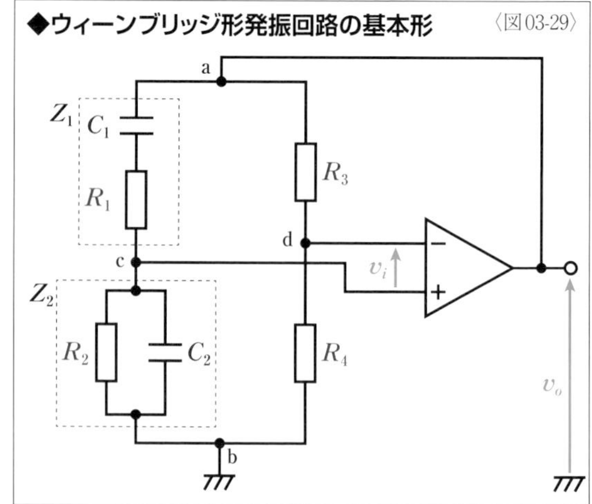

〈図03-29〉は**オペアンプ**を使用したウィーンブリッジ形発振回路の基本形で、c−d間に生じる電位差を**差動増幅回路**で増幅して、a−b間に**正帰還**させることで発振させている。この回路では、コンデンサC_1と抵抗R_1で構成されるインピーダンスZ_1と、C_2とR_2で構成されるZ_2が**正帰還増幅回路**を構成していて、抵抗R_3とR_4が**負帰還増幅回路**を構成しているといえる。Z_1とZ_2のインピーダンスの値は〈式03-30〉と〈式03-31〉で示される。

a−b間の電位差はv_oと等しい。この電位差をR_3とR_4が分圧しているので、d−b間の電位差v_{db}、つまり負帰還増幅の入力電圧は〈式03-32〉で示される。同じくv_oをZ_1とZ_2が分圧しているので、c−b間の電位差v_{cb}、つまり正帰還増幅の入力電圧は〈式03-33〉で示される。差動増幅の入力電圧v_iは、c−b間の電位差であるので、v_{cb}とv_{db}の差で〈式03-34〉のように表わすことができる。

$$Z_1 = R_1 + \frac{1}{j\omega C_1} \quad \cdots\cdots〈式03\text{-}30〉$$

$$Z_2 = \frac{1}{\dfrac{1}{R_2} + j\omega C_2} \quad \cdots\cdots〈式03\text{-}31〉$$

$$v_{db} = \frac{R_4}{R_3 + R_4} v_o \quad \cdots\cdots〈式03\text{-}32〉$$

$$v_{cb} = \frac{Z_2}{Z_1 + Z_2} v_o \quad \cdots\cdots〈式03\text{-}33〉$$

$$v_i = v_{cb} - v_{db} \quad \cdots\cdots〈式03\text{-}34〉$$

差動増幅回路の**電圧増幅度**をA_vとして、ここではA_vの逆数を求めてみる。A_vの逆数は〈式03-35〉で示されるので、ここに〈式03-34〉を代入し、さらに〈式03-32〉と〈式03-33〉を代入して整理すると〈式03-37〉になる。

$$\frac{1}{A_v} = \frac{v_i}{v_o} \quad \cdots\cdots〈式03\text{-}35〉$$

$$= \frac{Z_2}{Z_1+Z_2} - \frac{R_4}{R_3+R_4} \quad \cdots\cdots〈式03\text{-}36〉$$

$$= \frac{j\omega C_1R_2}{j\omega(C_1R_1+C_1R_2+C_2R_2)+(1-\omega^2C_1C_2R_1R_2)} - \frac{R_4}{R_3+R_4} \quad \cdots〈式03\text{-}37〉$$

A_vが**実数**になるのは〈式03-37〉の第1項の分母が**虚数**になるときなので、〈式03-38〉の関係が成立するときだ。これが発振の**位相条件**になるので、**発振周波数**fは〈式03-39〉のように求められる。

$$1-\omega^2C_1C_2R_1R_2 = 0 \quad \cdots〈式03\text{-}38〉$$

$$f = \frac{1}{2\pi\sqrt{C_1C_2R_1R_2}} \quad \cdots〈式03\text{-}39〉$$

いっぽう、〈式03-38〉を〈式03-37〉に代入すると、〈式03-40〉になるが、この式において$C_1=C_2$、$R_1=R_2$とすると、〈式03-41〉になる。この式において、〈式03-42〉の関係が成立すると、A_vが無限大になる。〈式03-42〉を変形すると〈式03-43〉になる。差動増幅回路の入力電圧は非反転入力端子と反転入力端子の電位差になるので、発振するためには正帰還回路の帰還率が負帰還回路の帰還率より大きい必要がある。この場合、オペアンプは非反転増幅回路になり、その増幅度をA_{vf}とすると、発振の**利得条件**は〈式03-44〉で示される。なお、$C_1=C_2$、$R_1=R_2$にした場合の発振周波数は、〈式03-45〉のように表わせる。

$$\frac{1}{A_v} = \frac{C_1R_2}{(C_1R_1+C_1R_2+C_2R_2)} - \frac{R_4}{R_3+R_4} \quad \cdots\cdots〈式03\text{-}40〉$$

$C_1=C_2$ かつ $R_1=R_2$ とすると

$$\frac{1}{A_v} = \frac{1}{3} - \frac{R_4}{R_3+R_4} \quad \cdots\cdots〈式03\text{-}41〉$$

$$\frac{R_4}{R_3+R_4} = \frac{1}{3} \quad \cdots〈式03\text{-}42〉$$

$$1+\frac{R_3}{R_4} = 3 \quad \cdots〈式03\text{-}43〉$$

$$A_{vf} = 1+\frac{R_3}{R_4} > 3 \quad \cdots\cdots〈式03\text{-}44〉$$

$$f = \frac{1}{2\pi C_1R_1} \quad \cdots\cdots〈式03\text{-}45〉$$

ウィーンブリッジ形発振回路は、移相形発振回路に比べると発振周波数を容易にかえることができる。そのため、可変周波数の低周波発振回路によく採用される。

水晶発振回路

発振周波数に高い安定性が求められる電子機器では、水晶振動子を用いて発振周波数の安定化を図った水晶発振回路が採用される。

水晶振動子と発振

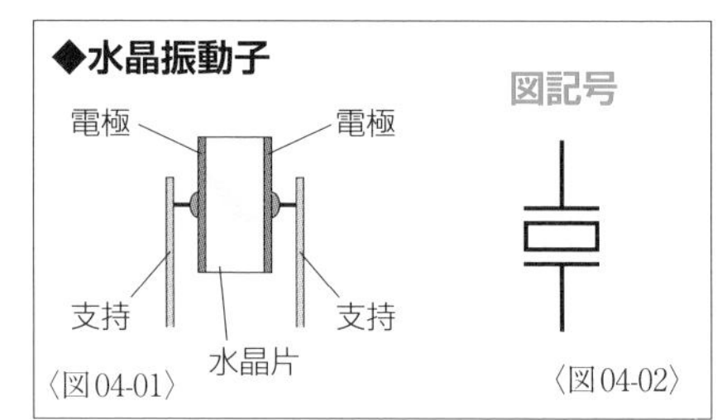

〈図04-01〉 〈図04-02〉

LC発振回路の場合、コンデンサなどの受動素子が温度変化の影響を受けたり、トランジスタが温度変化や電圧変化の影響を受けたりすることで、**発振周波数**の変動が起こる。しかし、現在では発振回路の発振周波数に高い安定性が求められる電子機器が数多い。こうした発振周波数に高い安定性が求められる場合には、**水晶振動子**を使用する**水晶発振回路**が採用されることが多い。

水晶は、その結晶片に電圧を加えると、その電界の方向によって、結晶片自体が伸びたり縮んだりする機械的な**ひずみ**が発生する。また、結晶片に圧力を加えると、その方向によって電圧を生じる。これらを**圧電効果**や**ピエゾ効果**といい、こうした現象を**圧電現象**という。圧電現象は水晶のほか、セラミックなどでも発生する。なお、力が電圧を生み出す効果を圧電効果(ピエゾ効果)、電圧が力を生み出す効果を**逆圧電効果**(**逆ピエゾ効果**)と呼び分けることもある。

水晶の圧電効果を応用した受動素子が水晶振動子だ。水晶振動子は薄い水晶片の両側を電極板で挟んだ〈図04-01〉のような構造で、回路図では〈図04-02〉のような**図記号**が使われる。水晶振動子は高い周波数の電界内に置くと振動する。水晶振動子にはそれぞれの水晶片の形状に応じて**固有振動数**というものがあり、電界の周波数と固有振動数が一致すると、水晶振動子はその周波数で安定した発振を持続する。

水晶振動子を電気的な等価回路で示すと〈図04-04〉になる。水晶片そのものの等価回路は、抵抗r、コイルL、コンデンサCを直列接続した構成になる。この構成は**直列共振回路**であるため、**直列共振周波数**f_sで共振する。また、電極板間には**静電容量**C_0が生ずる。このC_0は水晶片と並列になる。この構成は**並列共振回路**であるため、**並列共振周波数**f_pで共振する。

rは非常に小さいので無視すると、直列共振周波数f_sは〈式04-05〉、並列共振周波数f_pは〈式04-06〉で表わすことができる。水晶振動子のC_0はCより十分に大きい（$C_0 \gg C$）ため、$f_s \fallingdotseq f_p$になるので、f_sとf_pの差は非常に小さいことになる。

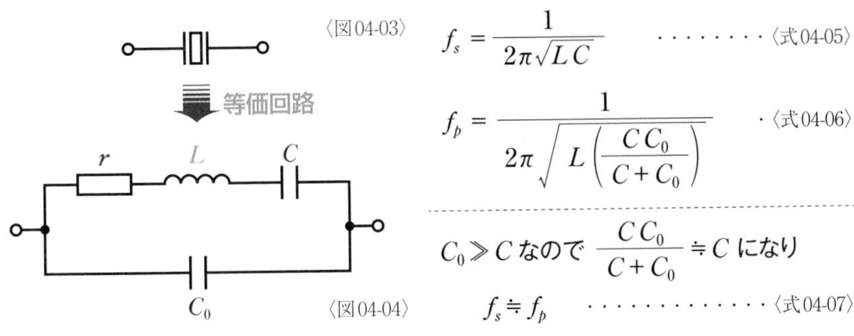

こうした水晶振動子の**リアクタンス**は周波数によって〈図04-08〉のように変化する。f_sとf_pの間では**誘導性リアクタンス**となり、それ以外の範囲では**容量性リアクタンス**となる。しかも、f_sとf_pの差は非常に小さいので、誘導性リアクタンスを示す範囲は非常に狭い。つまり、水晶振動子を誘導性リアクタンスとして動作させれば発振周波数が安定するわけだ。また、直列共振回路のrは極めて小さいため、Qが非常に大きな値になるので、精度の高い発振が可能になる。なお、水晶振動子ほど発振周波数の精度は高くないが、安価で小型な**セラミック振動子**もあり、同じように使用することができる。

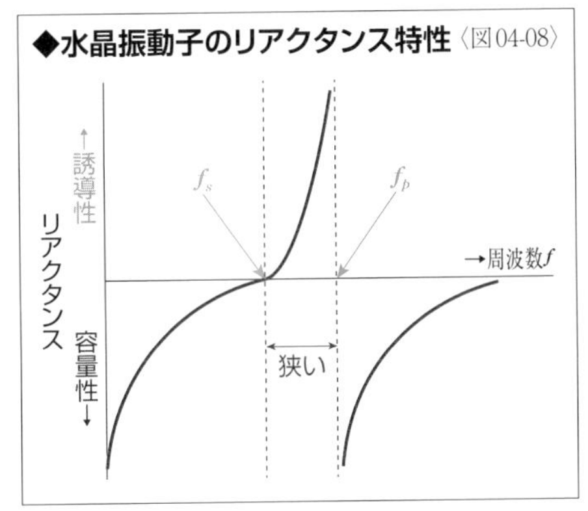

水晶振動子の固有振動数は水晶片の形状で決まる。水晶片が小さいほど周波数が高くなるが、小さな水晶片を作るのは困難であるため、15MHz程度を超えるあたりから製造が難しくなる。しかし、水晶振動子の振動は、固有振動数のほかに、その奇数倍の振動成分も含んでいる。水晶発振回路では同調回路を併用することがあるが、その同調回路の同調周波数を水晶振動子の基本周波数の奇数倍に設定すれば、高い周波数での発振が可能になる。こうした発振回路を**オーバートーン発振回路**という。ただし、どんな水晶振動子でも**オーバートーン発振**が可能だというわけではない。オーバートーン発振がしやすいように奇数倍の周波数の振動を多く含むように作られた水晶振動子でなければならない。

ピアスBE形発振回路

水晶発振回路は、LC**発振回路**の1つのコイルを**水晶振動子**に置き換えることで構成できる。〈図04-09〉のように**ハートレー発振回路**のベース・エミッタ間のコイルL_1 (Z_1)を水晶振動子に置き換えたものが**ピアスBE形発振回路**の基本形だが、実際には〈図04-10〉のようにさらにコレクタ・エミッタ間のコイルL_2 (Z_2)をLC**並列共振回路**にするのが一般的だ。しかも、高周波増幅回路の同調回路のように、**共振回路**はコンデンサと**トランス**で構成されることが多い。こうすることで、インピーダンスを高くでき、出力を取り出しやすくなる。

LC並列共振回路のインピーダンス$\dot{Z}$は周波数の変化に対して〈図04-11〉のような特性になる。**共振周波数**f_0より低い周波数では**誘導性リアクタンス**になり、f_0より高い周波数では**容量性リアクタンス**になる。ピアスBE形発振回路の共振回路はハートレー発振回路のL_2のかわりに使われるものなので、誘導性リアクタンスである必要がある。そのため、共振回路の共振周波数f_0が、水晶振動子の**発振周波数**f_pよりわずかに高い周波数になるように共振回路のLとCの値を決めると、発振周波数において共振回路は誘導性リアクタンスになる。

発振回路の出力は、〈図04-12〉のように共振回路の誘導性リアクタンスの成分が大きくなるほど大きくなる。しかし、発振周波数がf_pよりわずかでも大きくなると、共振回路が容量性リアクタンスになるので発振が停止する。そのため、最大出力の点では発振が不安定になるので、発振出力の最大値より少し低い位置になるように共振回路のLとCの値を調整する。

ピアスBE形発振回路では、トランジスタの入力インピーダンスが水晶振動子と並列になるため、高い周波数では発振しにくくなる。そのため、15MHz程度までの発振に使用される。なお、実際の回路ではコレクタ・ベース間の**接合容量**(**コレクタ接合容量**C_{ob})がコンデンサCとして使われることも多い。

◆ピアスBE形発振回路の基本形

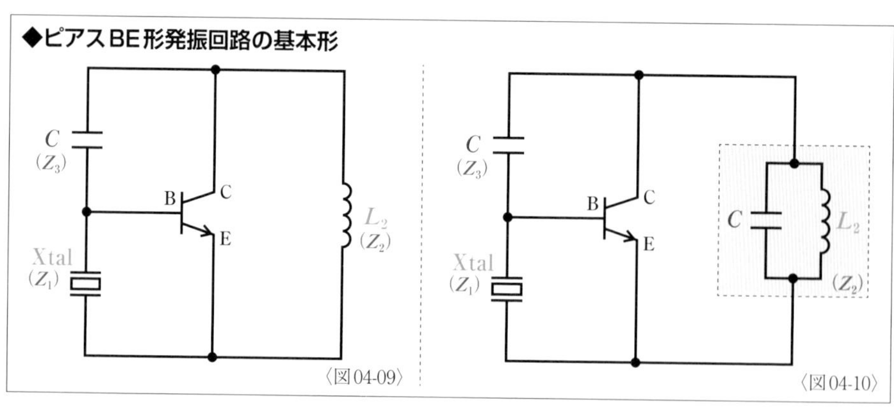

〈図04-09〉 〈図04-10〉

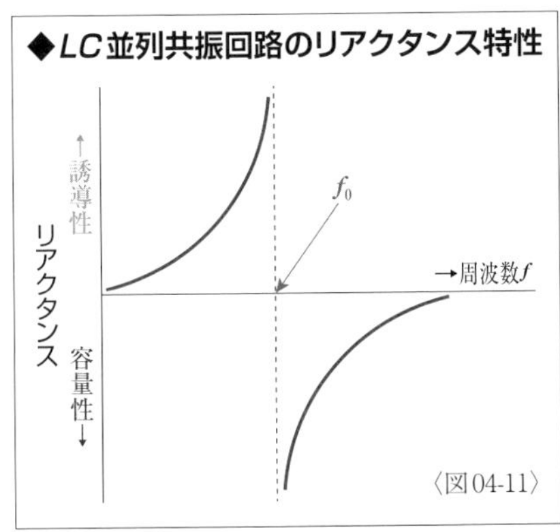

〈図04-11〉

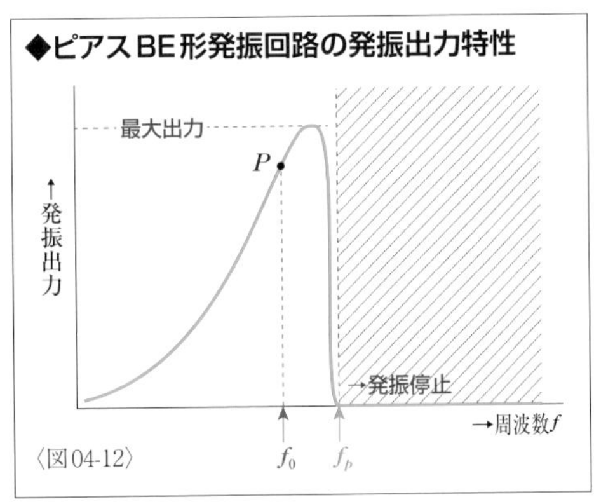

〈図04-12〉

ピアスCB形発振回路

LC発振回路の**コルピッツ発振回路**を応用した**水晶発振回路**が**ピアスCB形発振回路**だ。〈図04-13〉のようにコルピッツ発振回路のコレクタ・ベース間のコイルL (Z_3)を**水晶振動子**に置き換えている。このままの回路が実際に使用され、**サバロフ形発振回路**と呼ばれたりするが、きれいな正弦波が得られない可能性がある。一般的に使われているピアスCB形発振回路では、コレクタ・エミッタ間のコンデンサC_2 (Z_2)をLC**並列共振回路**にする。

ピアスCB形発振回路の共振回路は、コルピッツ発振回路のC_2のかわりに使われるものなので、**容量性リアクタンス**である必要がある。そのため、共振回路の共振周波数f_0が、水晶振動子の発振周波数f_pよりわずかに低くなるように共振回路のLとCの値を調整する。

ピアスCB形発振回路は**オーバートーン発振回路**などに用いられ、100MHz程度までの発振周波数が得られる。なお、実際の回路ではベース・エミッタ間の**接合容量**がコンデンサC_1として使われることも多い。

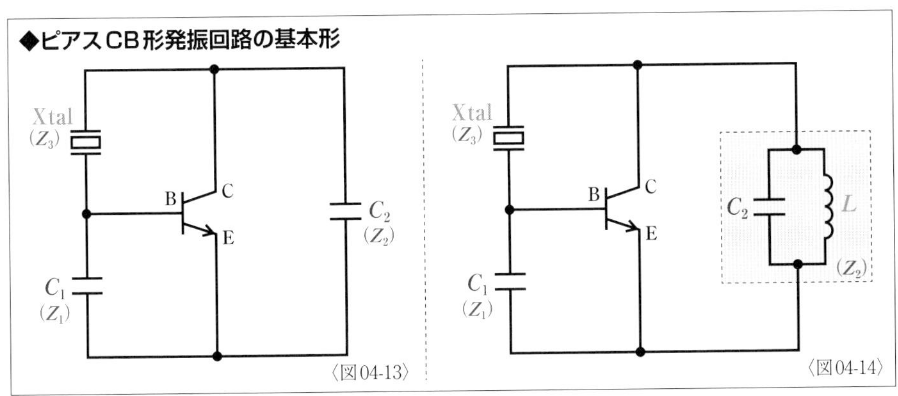

〈図04-13〉
〈図04-14〉

VCOとPLL回路

電圧で発振周波数を可変できるVCOの発振周波数をフィードバック制御で安定させるPLL回路を発展させると、周波数が安定で可変もできる発振回路になる。

発振周波数の可変

水晶発振回路は発振周波数の安定性が高いが、発振周波数が水晶振動子の固有振動数に依存しているため、発振周波数を自在に変化させられない。しかし、電子機器の目的や用途によっては発振周波数の可変が求められることもある。LC発振回路やCR発振回路であれば、可変抵抗や可変コンデンサを用いることで発振周波数の可変が可能だが、機械的な操作による周波数の可変は精度が低い。こうした問題を解消してくれるのが**PLL回路**だ。電子的に発振周波数を可変できるVCOを利用して、周波数の安定性が高い発振を行える。さらに、PLL回路を応用した**周波数シンセサイザ**ではさまざまな周波数の信号が発振できる。なお、これらの回路は構成が複雑であるため、本書では原理を中心に説明する。

VCO

VCOは、“voltage controlled oscillator”の頭文字で、日本語では**電圧制御発振回路**や**電圧制御発振器**という。その名の通り、**VCOは入力電圧によって発振周波数をかえることができる発振回路**だ。LC**発振回路**の発振周波数はLとCの値によって決まるので、どちらかの値をかえられるようにすれば、発振周波数を可変できる。電圧によって**静電容量**を可

◆VCOの例

〈図05-01〉

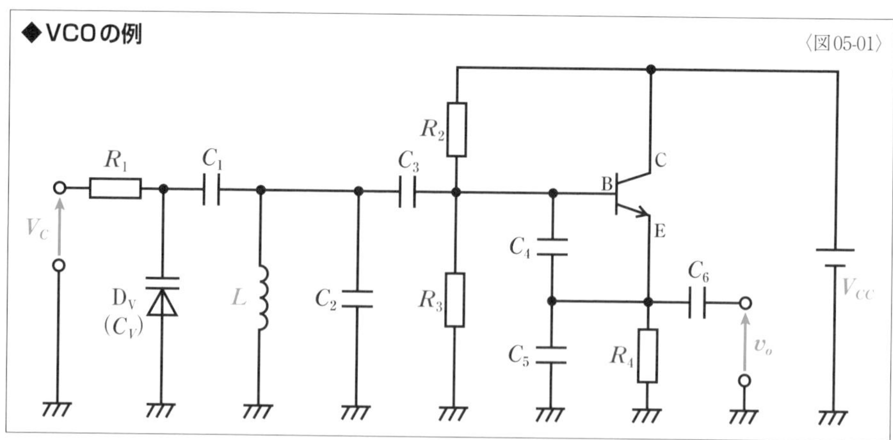

変できる半導体素子には**可変容量ダイオード**がある。〈図05-01〉の回路はコルピッツ発振回路を元にしたVCOの回路の例で、可変容量ダイオードD_Vが組み込まれている。可変容量ダイオードの静電容量をC_Vとすると、発振周波数はLと、C_V、C_1、C_2、C_3、C_4の合成静電容量で決まる。このうちC_Vの値は制御電圧V_Cの大きさによって変化するので、制御電圧によって発振周波数を可変することができる。

PLL回路

PLL回路のPLLは"phase locked loop"の頭文字で、日本語では**位相同期ループ回路**や**位相同期回路**という。PLL回路において出力信号を作るのは**VCO**だが、VCOの出力信号の周波数を基準信号の周波数と比較して、ずれが生じないようにVCOを**フィードバック制御**している。基準信号の生成には**水晶発振回路**が使われる。

基準信号と出力信号の比較を行うのが**位相比較回路**だ。基準信号の電圧をv_s、周波数をf_s、VCOの出力信号の電圧をv_o、周波数をf_oとすると、位相比較回路はv_sとv_oの位相を比較して**誤差信号電圧**V_mを出力する。位相比較回路が実際に比較しているのは電圧だが、微小時間における位相の変化量は周波数に影響されるため、周波数を比較していると考えられる。位相比較回路から出力されるV_mには交流の高周波成分が含まれているので、**ローパスフィルタ回路**（**LPF回路**）で平滑化されて直流電圧になる。この直流電圧が制御電圧V_CとしてVCOに入力され、発振周波数f_oが制御される。

たとえば、位相比較回路はf_oとf_sを比べて、$f_o>f_s$のときは、その差の大きさに応じてV_mは正の電圧となり、$f_o<f_s$のときは、その差に応じてV_mが負の電圧となるように設計し、VCOは制御電圧V_Cが高くなると発振周波数f_oの周波数が下がり、V_Cが低くなるとf_oの周波数が上がるように設計してあるとする。$f_o>f_s$の状態では正のV_mによってVCOのf_oが低下する。これによりV_mが小さくなる。f_oが低下しても、まだ$f_o>f_s$であれば、正のV_mによって、f_oがさらに低下する。こうして$f_o=f_s$になるまで、V_CによってVCOの発振周波数が変化する。このようにPLL回路は出力周波数f_oを基準周波数f_sに一致させるように常に動作する。f_sをかえれば、f_oを変化させられるわけだ。

◆PLL回路の構成 〈図05-02〉

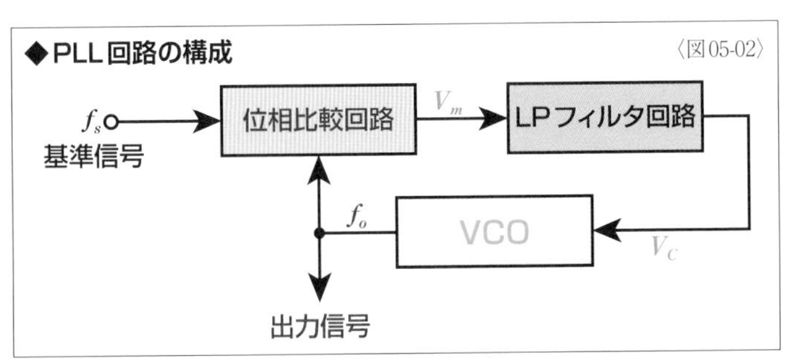

周波数シンセサイザ

前ページで説明したPLL回路はフィードバック制御が行われているため発振周波数の安定性や精度が高いが、1つの周波数の信号しか出力することができない。しかも、PLL回路の基準信号は**水晶発振回路**で生成している。水晶発振回路はそれだけでも十分に発振周波数の安定性や精度が高い。しかし、PLL回路を応用することで、水晶発振回路が1つだけであっても、さまざまな周波数を安定して発振する回路を構成することができる。こうした**周波数可変式発振回路**を**周波数シンセサイザ**という。

周波数シンセサイザでは、**分周器**が重要な役割を果たす。分周器とは、入力された信号の周波数を任意の整数分の1にして出力する回路だ。この整数を**分周比**という。〈図05-03〉の周波数シンセサイザでは、分周比mの分周器（周波数を$\frac{1}{m}$倍する分周器）と、分周比nの分周器（周波数を$\frac{1}{n}$倍する分周器）を使用している。この周波数シンセサイザでは、基準信号f_sと出力信号f_oの周波数、分周器の分周比$\frac{1}{m}$、$\frac{1}{n}$の間に〈式05-04〉の関係が成立するようにPLL回路が動作する。これにより、水晶発振回路で基準信号f_sを安定して発振させておけば、〈式05-05〉のように分周比mとnを任意に設定することで、さまざまな周波数の出力信号を得ることができる。

$$\frac{f_s}{m} = \frac{f_o}{n} \quad \cdots\cdots\cdots\cdots 〈式05\text{-}04〉$$

$$f_o = \frac{n}{m} f_s \quad \cdots\cdots\cdots\cdots 〈式05\text{-}05〉$$

PLL回路や周波数シンセサイザはIC化が進み、幅広い機器で利用されている。コンピュータの基準となる**クロック信号**の生成にも応用されている。また、VCOやPLL回路は変調回路や復調回路（Chapter08参照）にも使われている。

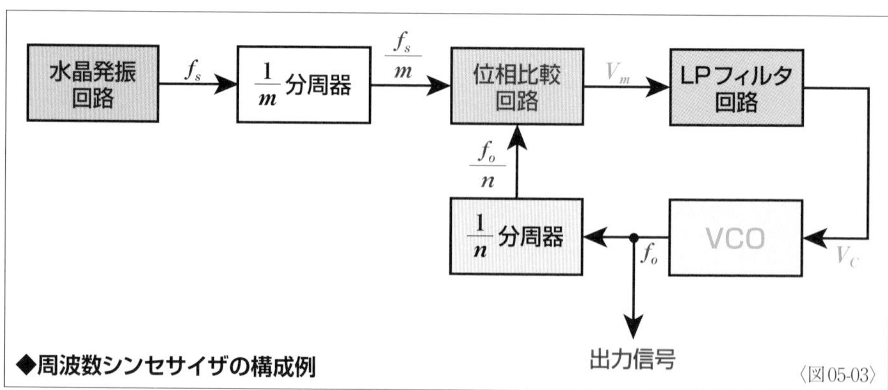

◆周波数シンセサイザの構成例

〈図05-03〉

Chap. 07 発振回路

変調・復調回路

Chapter

08

変調と復調

信号波を効率よく伝送するために使われるのが変調と復調だ。伝送の基本となる搬送波に信号波を含ませて送り出し、受信側ではそこから信号波だけを取り出す。

変調と復調の役割

電気信号をある場所から別の場所に送ることを**伝送**といい、その経路を**伝送路**という。電波を伝送路に使えば無線通信が行える。しかし、音声信号のような低い周波数の**信号波**をそのまま送ろうとすると、アンテナから効率よく放射できない。電波は周波数が高いほどアンテナを小さくでき、小さな電力で効率よく送り出すことができる。そのため、一般的な無線通信では100kHz以上の高い周波数の電波を使用し、そこに信号波を組み合わせている。

信号波を送るために利用する高い周波数の波を**搬送波**という。**搬送波に信号波を含ませることを変調といい、搬送波を変調したものを被変調波や単に変調波という**。いっぽう、受信した側で、**変調波から信号波を取り出すことを、復調または検波という**。

変調は無線通信だけで使われるわけではない。電線を伝送路に使う有線通信の場合、変調しなくても信号波を送受信できるが、1つの伝送路で複数の信号波をやり取りしようとすると、信号波同士が混ざり合い、受信した側での分離が困難になる。しかし、変調と復調を利用すれば、1つの伝送路で複数の信号波を送受信することが可能だ。こうした複数の信号をまとめて送受信する通信を**多重通信**といい、有線通信でも無線通信でも行われている。

◆無線通信における変調と復調 〈図01-01〉

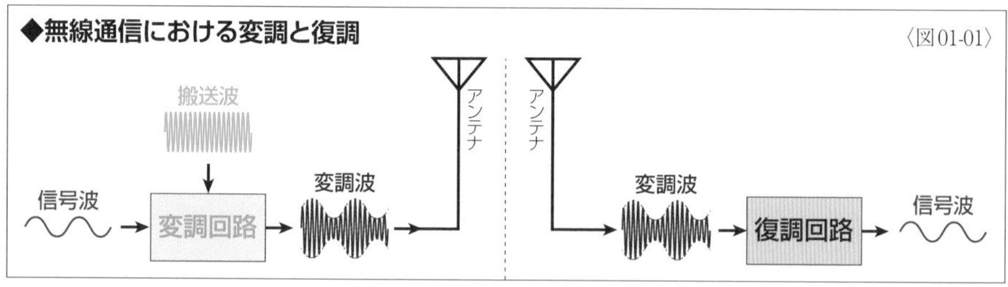

変調方式

変調は**搬送波**に正弦波を用いる**正弦波変調**とパルスを用いる**パルス変調**に大別できる。信号が断続するパルス変調に対して正弦波変調は**連続波変調**ということもある。このChapterでは正弦波変調について説明し、パルス変調はChapter10で説明する(P316参照)。

正弦波変調の**変調方式**には**振幅変調**、**周波数変調**、**位相変調**がある。正弦波変調の搬送波v_cを、正弦波交流の一般式で示すと〈式01-02〉になる。この式のうち、**信号波の大きさに応じて搬送波の振幅であるV_{cm}を変化させるのが振幅変調**だ。振幅変調を意味する英語“amplitude modulation”の頭文字から、この変調方式をAMという。振幅変調された搬送波、つまり変調波を**AM波**という。AM波は周波数は一定で、振幅が信号波の大きさに応じて変化する。この変調方式は**AMラジオ**放送に使われている。

信号波の大きさに応じて搬送波の周波数f_cを変化させるのが周波数変調だ。周波数変調は、“frequency modulation”の頭文字からFMといい、その変調波を**FM波**という。FM波の振幅は搬送波と同じで一定になるが、信号波の大きさに応じて周波数が変化する。この変調方式は**FMラジオ**放送に使われている。

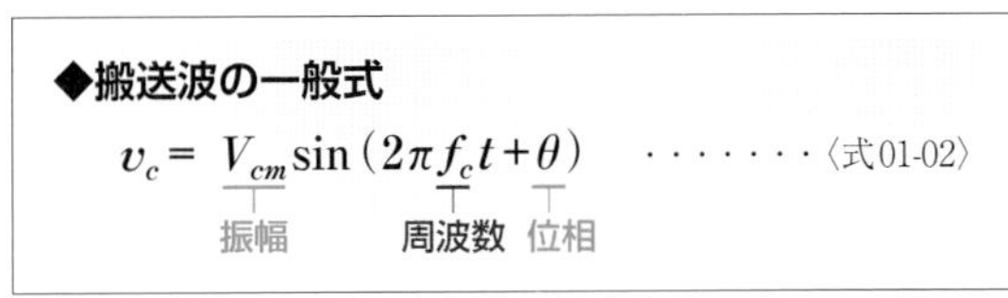

$$v_c = V_{cm}\sin(2\pi f_c t + \theta) \quad \cdots\cdots\cdots〈式01\text{-}02〉$$

信号波の変化量に応じて搬送波の位相角θを変化させるのが位相変調だ。位相変調は、“phase modulation”の頭文字からPMといい、その変調波を**PM波**という。PM波の振幅は搬送波と同じで一定だが、位相を変化させた結果として周波数が変化する。この変調方式はアナログ信号にはあまり使われない。

一般的に、信号が伝送路を通過すると、その間にノイズが加わり波形がひずむが、これらが復調の際に与える影響は変調方式によって異なる。また、変調方式によって必要とされる**周波数帯域幅**も異なるため、用途に応じて使い分けられている。

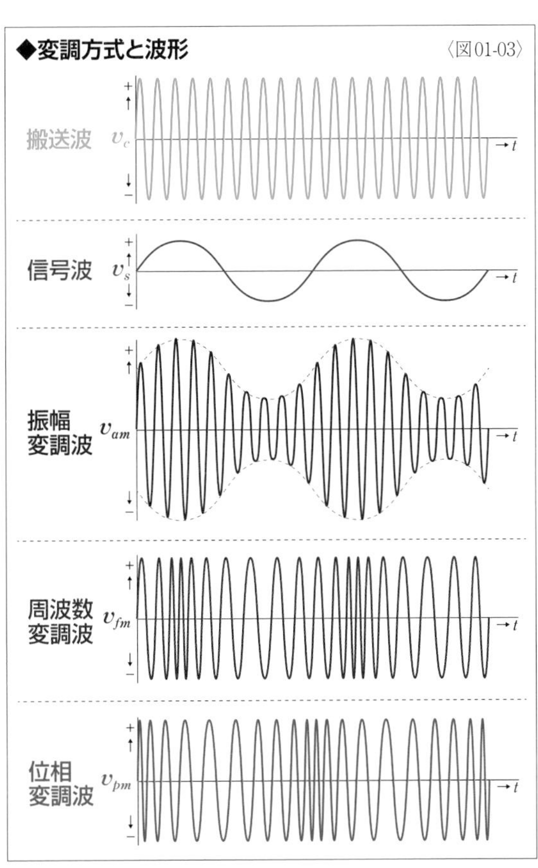

振幅変調（AM）

信号波の大きさに応じて搬送波の振幅を変化させるのが振幅変調だ。搬送波と上側波帯、下側波帯の３つの成分で構成されていて、搬送波を省く変調方式もある。

▶振幅変調波

振幅変調(AM)は、**搬送波**の**振幅**を**信号波**によって変化させる**変調方式**だ。搬送波v_cを〈式02-02〉、信号波v_sを〈式02-04〉とすると、搬送波の振幅V_{cm}を信号波v_sで変化させたものが、**変調波**v_mになるので、〈式02-02〉のV_{cm}の部分に〈式02-04〉で示されたv_sを加えると、v_mは〈式02-06〉のようになる。なお、ここでは式を簡単にするために、初期位相は0radとしている。

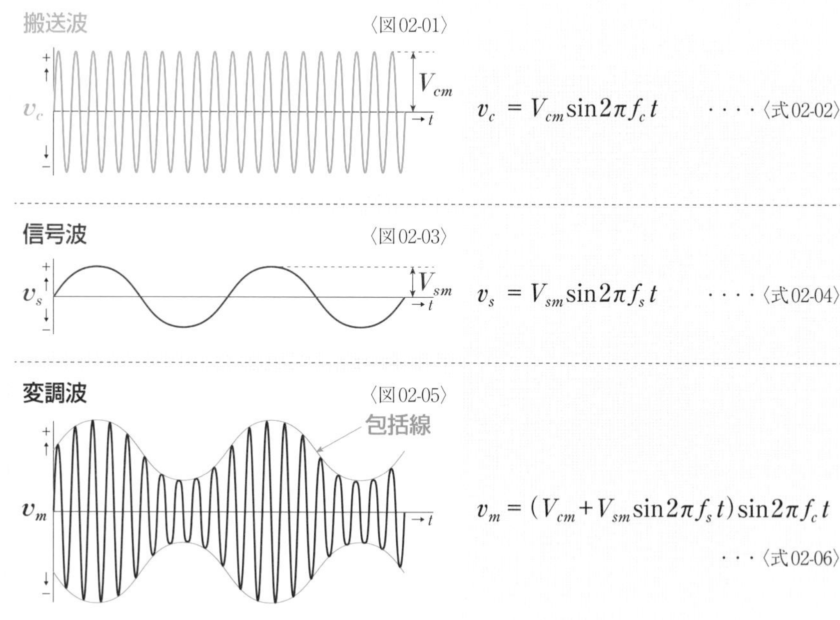

〈式02-06〉のうち、括弧で囲まれた($V_{cm} + V_{sm}\sin 2\pi f_s t$)の部分は**振幅変調波**の振幅の変化を表わしているものだ。この変化は〈図02-05〉の変調波のグラフに緑色の線で示した曲線になる。この曲線を**包絡線**といい、信号波の波形と同じ形をしている。

〈式02-06〉を、**三角関数**の**積和の公式**を使って変形すると〈式02-07〉になる。

$$v_m = \underbrace{V_{cm}\sin 2\pi f_c t}_{\textcircled{1}} + \underbrace{\frac{V_{sm}}{2}\cos 2\pi(f_c - f_s)t}_{\textcircled{2}} - \underbrace{\frac{V_{sm}}{2}\cos 2\pi(f_c + f_s)t}_{\textcircled{3}} \quad \cdot\cdot〈式02\text{-}07〉$$

〈式02-07〉を①～③の3つの部分に分けて考えると、変調波は、①で示される搬送波の周波数f_cのほかに、(f_c+f_s)と(f_c-f_s)の周波数成分を含んでいる。このうち、周波数が(f_c+f_s)である②の部分を**上側波**、周波数が(f_c-f_s)である③の部分を**下側波**といい、振幅はそれぞれ$\frac{V_{sm}}{2}$である。なお、上下を区別しない場合は、これらを単に**側波**という。

信号のもつ周波数成分を示したものを**周波数スペクトル**というが、〈式02-07〉のような変調波の周波数スペクトルは〈図02-08〉になる。搬送波の周波数であるf_cを中心にしてその両側に信号波の周波数f_sだけ離れた位置に上側波と下側波が現れる。この上側波から下側波の範囲を**占有周波数帯域幅**や**占有周波数帯幅**といい、単に**帯域幅**ということもある。〈式02-07〉の変調波の場合、占有周波数帯域幅は信号波の周波数f_sの2倍になる。

ここまでの説明では、信号波が単一の周波数の正弦波としているが、実際に使われる信号波にはさまざまな周波数成分を含まれていることが多い。こうした場合、上側波と下側波はそれぞれ帯域幅をもつことになる。信号波が各種周波数成分を含む場合を周波数スペクトルで示すと、〈図02-09〉のように**上側波帯**と**下側波帯**になる。この場合、もっとも低い周波数からもっとも高い周波数までが占有周波数帯域幅になる。なお、図の側波帯の形状は、信号波に含まれている周波数成分によって変化する。

実際の通信では、占有周波数帯域幅がほかの通信の周波数と重ならないようにする必要がある。また、通信に使用する回路では、占有周波数帯域幅全体を均一に扱うことができる周波数特性が要求される。

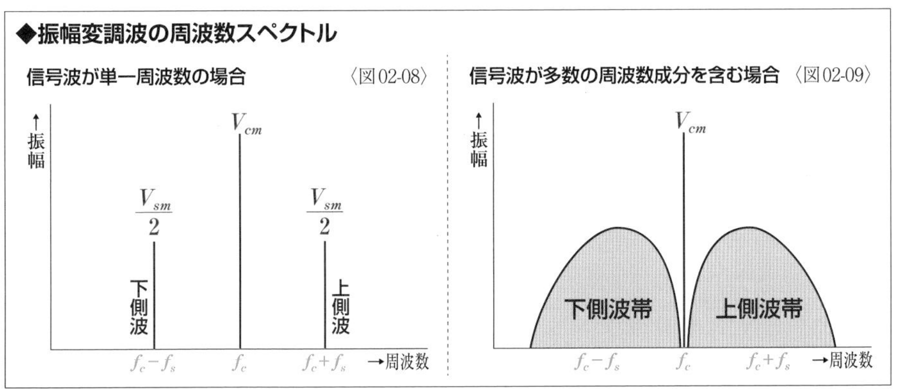

変調度と過変調

搬送波の振幅V_{cm}は一定なので、**振幅変調**では振幅V_{sm}の小さな**信号波**で変調すると**変調波**の振幅の変化が小さくなり、振幅の大きな信号波で変調すると変調波の振幅の変化が大きくなる。こうした**信号波の振幅 V_{sm}** と**搬送波の振幅 V_{cm} の比**を**変調度 m** といい、〈式02-10〉で示される。また、変調度をパーセントで表わした場合は**変調率**といい、〈式02-11〉になる。

変調度 $m = \dfrac{V_{sm}}{V_{cm}}$ ‥‥‥〈式02-10〉

変調率 $\dfrac{V_{sm}}{V_{cm}} \times 100\ [\%]$ ‥‥〈式02-11〉

変調波を示す〈式02-06〉は、〈式02-12〉のように変形できる。この式におけるV_{sm}とV_{cm}の比は変調度mであるため、変調波は変調度を使って〈式02-13〉のように示すことが可能だ。

$$v_m = V_{cm}\left(1+\frac{V_{sm}}{V_{cm}}\sin 2\pi f_s t\right)\sin 2\pi f_c t \quad \text{〈式02-12〉}$$

$$= V_{cm}\,(1+m\sin 2\pi f_s t\,)\sin 2\pi f_c t \quad \text{〈式02-13〉}$$

変調度mは、大きくなるほど変調波に含まれる信号波の割合が大きくなる。変調度が1を超えると、〈図02-14〉のように**包絡線**が0を超えてしまい、信号波がひずんでしまう。こうした$1<m$の状態を**過変調**という。そのため、変調度mは$0<m\leqq 1$の値でなければならない。いっぽうで、変調度が小さいと、変調波のなかに含まれる信号波の成分が小さくなるため、復調の際にノイズなどの影響を受けやすくなる。そのため、変調度mは0.3～0.5程度にするのが一般的だ。

◆変調度による波形の変化〈図02-14〉

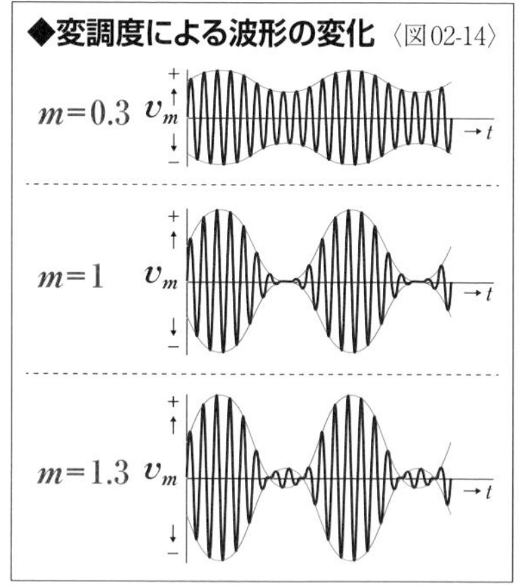

振幅変調波の電力

負荷をRとして**変調波**に含まれる**搬送波電力**P_cを実効値から計算すると〈式02-16〉になる。**上側波電力**P_Uと**下側波電力**P_Lはどちらも〈式02-18〉のように示される。この式をP_cで示すと〈式02-20〉になる。よって、変調波の総電力P_Tは〈式02-22〉になる。この式から、変調波の総電力は**変調度**で変化することがわかる。また、変調度は0<m≦1の範囲にあるの

で、**搬送波の電力が変調波の総電力の大きな部分を占めている**ことがわかる。

$$P_c = \frac{\left(\frac{V_{cm}}{\sqrt{2}}\right)^2}{R} \quad \cdot〈式02\text{-}15〉 \quad = \frac{V_{cm}{}^2}{2R} \quad \cdot〈式02\text{-}16〉$$

$$P_U = P_L = \frac{\left(\frac{V_{sm}}{2\sqrt{2}}\right)^2}{R} \quad \cdot〈式02\text{-}17〉 \quad = \frac{V_{sm}{}^2}{8R} \quad \cdot〈式02\text{-}18〉 \quad = \frac{m^2 V_{cm}{}^2}{8R} \quad \cdot〈式02\text{-}19〉 \quad = \frac{m^2}{4} P_c \quad \cdot〈式02\text{-}20〉$$

$$P_T = P_c + P_U + P_L \quad \cdot〈式02\text{-}21〉 \quad = P_c\left(1 + \frac{m^2}{2}\right) \quad \cdot〈式02\text{-}22〉$$

搬送波抑圧変調

搬送波には情報が含まれていないが、変調波の総電力の大きな部分を占めている。情報を含んでいない搬送波の電力は無駄なものだといえる。この無駄を省いて効率よく情報を送る振幅変調には**搬送波抑圧変調**という方式がある。

上側波帯と**下側波帯**には同じ情報が含まれているので、どちらか一方の側波帯を省いても情報を送ることができる。一方の側波帯だけを残し、搬送波ともう一方の側波帯を省いた搬送波抑圧変調が**単側波帯変調**だ。英語の"single side-band modulation"の頭文字からSSBともいう。電力を大きく減らすことができ、**占有周波数帯域幅**も半分に抑えられる。

また、搬送波のみを省く搬送波抑圧変調を**両側波帯変調**といい、英語の"double side-band modulation"の頭文字からDSBともいう。この方式でも電力をかなり減らすことができる。占有周波数帯域幅は変化しないが、上側波帯と下側波帯に別の信号波を乗せれば、2倍の情報を送ることができる。ただし、変調や復調を行う回路は複雑になる。

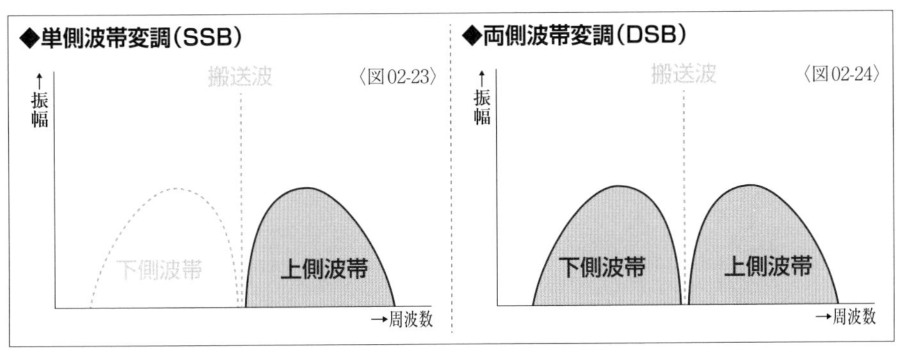

Chapter 08 Section 03

振幅変調回路と復調回路

振幅変調波は比較的簡単な回路で扱うことができる。代表的な変調回路がベース変調回路とコレクタ変調回路であり、代表的な復調回路が包絡線検波回路だ。

▶振幅変調回路と復調回路

振幅変調は、ほかの変調方式に比べて**占有周波数帯域幅**が狭いため、電波の有効利用が図れるが、**ノイズによって振幅が乱されてしまうと、原理上除去することができない。**そのため、音質があまり問われない放送などに利用される。日本では**中波放送**と**短波放送**が振幅変調を利用しているが、**AM放送**といった場合には中波放送を示すのが一般的だ。また、一部の航空無線でも振幅変調が使われている。

振幅変調はノイズの影響を受けやすいという弱点があるが、比較的簡単な回路で**変調**を行うことができる。トランジスタを使った**振幅変調回路**では**ベース変調回路**と**コレクタ変調回路**が一般的に使われている(**エミッタ変調回路**もあるが、あまり使われない)。また、**搬送波抑圧変調**を行う代表的な回路には**リング変調回路**がある。

振幅変調波の**復調**も比較的簡単な回路で行うことができる。**振幅変調波復調回路**(**AM波復調回路**)では、**ダイオード**を用いて**包絡線**を取り出す**包絡線検波回路**(**包絡線復調回路**)がよく使われている。搬送波抑圧変調された**DSB波**や**SSB波**の場合は、受信側で**搬送波**を補えばAM波と同じ方法で復調できる。ただし、搬送波を発生させるための**発振回路**が必要になる。

◆ベース変調回路　〈図03-01〉

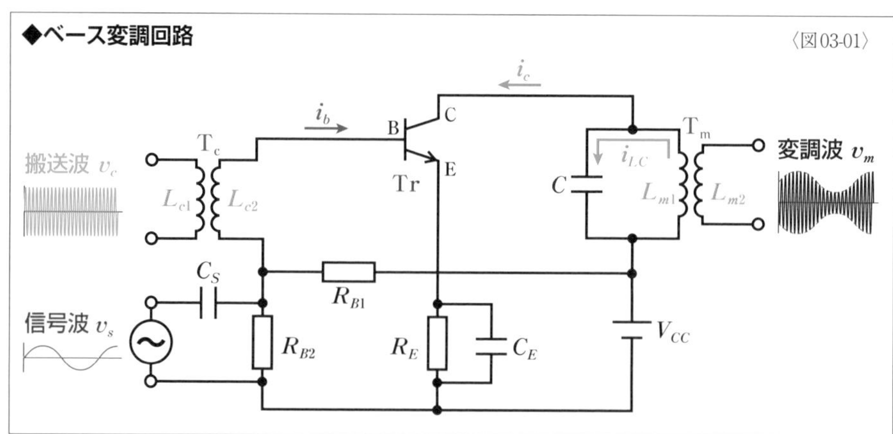

▶ベース変調回路

ベース変調回路は、搬送波v_cに信号波v_sを加えたうえでベースに入力することで、振幅変調を行う回路だ。さまざまなベース変調回路があるが、たとえば〈図03-01〉のような回路を考えることができる。基本となっているのは**エミッタ接地増幅回路**で、B級（またはC級）で動作させている。トランジスタのベース・エミッタ間には搬送波v_cと信号波v_sが合成された電圧v_{be}が入力される。B級（またはC級）動作なので、**立ち上がり電圧**以下ではベース電流が流れないため、ベース電流i_bは〈図03-04〉のように整流された波形になる。この電流がトランジスタで増幅されると、〈図03-05〉のようなコレクタ電流i_cになる。

トランジスタのコレクタにはコンデンサCと結合トランスの一次コイルL_{m1}で構成された**共振回路**が接続されている。この共振回路の**共振周波数**は搬送波の周波数にされている。**共振現象**によってCとL_{m1}を流れる電流i_{LC}は〈図03-06〉のような波形になるので、結合トランスの二次コイルL_{m2}からは〈図03-07〉のように**変調波**v_mを取り出すことができる。

ベース変調回路は、信号波も増幅しているため、小さな振幅の信号波でも変調することができる。しかし、**ベース変調回路はひずみが生じやすい**。そのため、低出力で変調度の小さい変調波を得られればよい場合に使われることが多い。なお、ベース変調は特性のわん曲部分（曲線部分）を使っているため**非線形変調**ともいう。

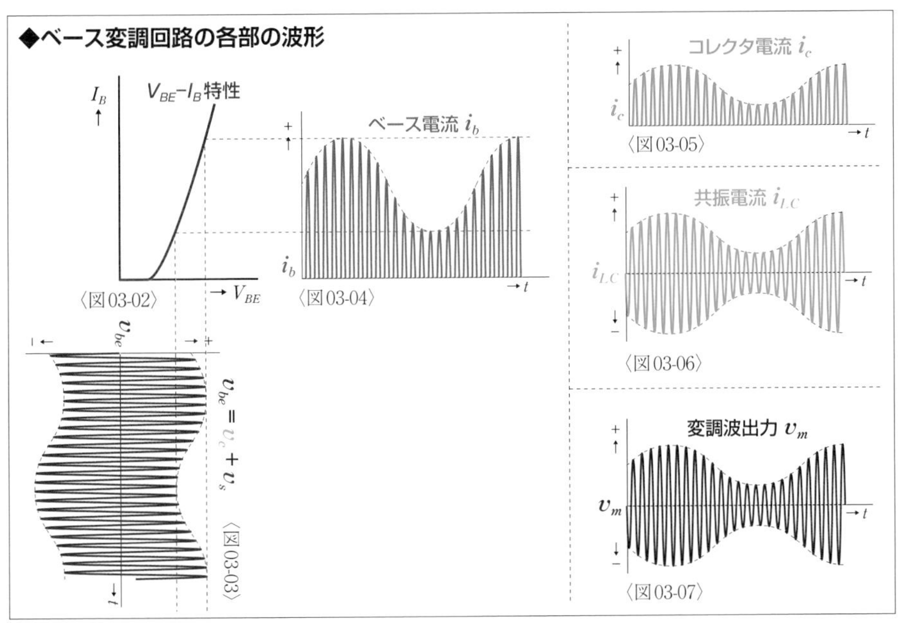

▶コレクタ変調回路

コレクタ変調回路は、**搬送波**v_cのみをベースに入力し、**信号波**$\boldsymbol{v_s}$**は電源電圧に重畳させてコレクタに入力することで、振幅変調を行う回路**だ。さまざまなコレクタ変調回路があるが、たとえば〈図03-08〉のような回路が考えられる。この回路では**エミッタ接地増幅回路**を**B級**(または**C級**)で動作させているので、ベース電流i_bは整流された波形になる。

一般的な増幅回路ではバイアス電圧は一定だが、コレクタ変調回路では信号波v_sの重

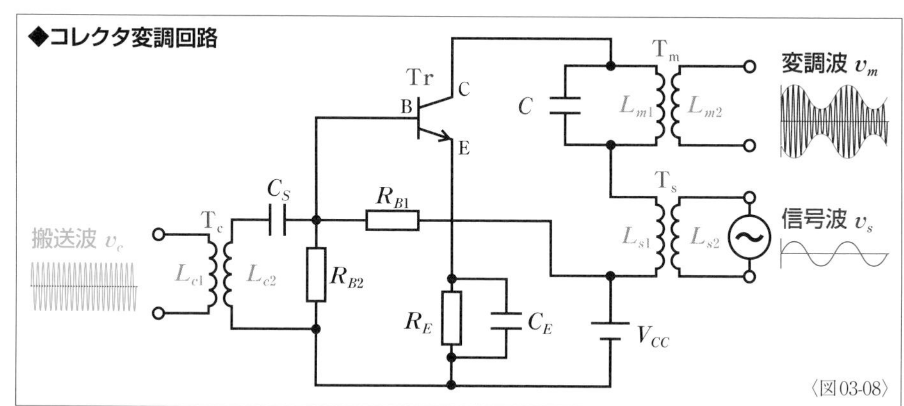

〈図03-08〉

◆コレクタ変調回路の各部の波形

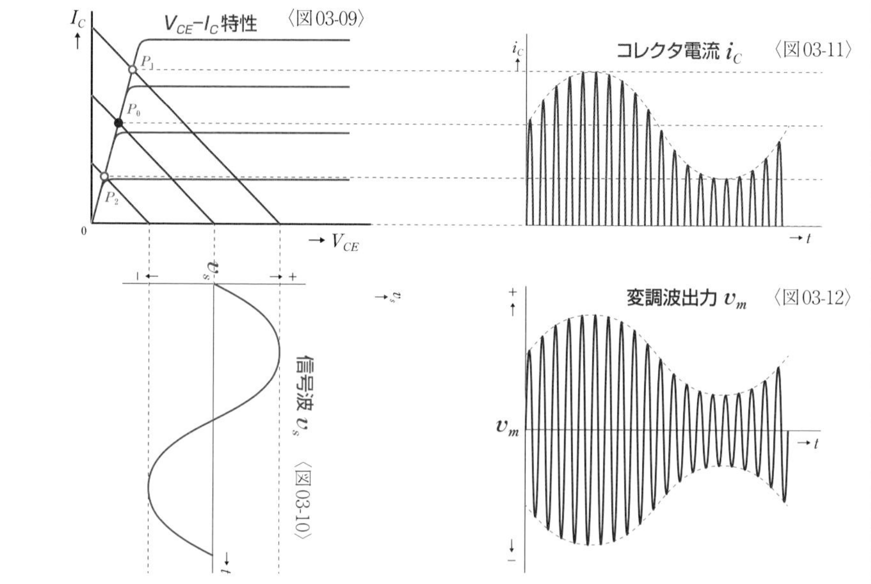

V_{CE}-I_C特性 〈図03-09〉

コレクタ電流 i_C 〈図03-11〉

信号波 v_s 〈図03-10〉

変調波出力 v_m 〈図03-12〉

畳によってバイアス電圧が変動する。〈図03-09〉のように信号波の振幅が0Vのときの**動作点**をP_0の位置に設定すれば、**負荷線**は傾き一定で信号波の振幅によってP_1とP_2の間を移動する。このようにコレクタ電流を**飽和**した状態でトランジスタを動作させれば、信号波の振幅に比例してコレクタ電流i_Cを〈図03-11〉のように変化させられる。後はベース変調回路と同じように、コンデンサCと結合トランスの**共振回路**を利用することで**変調波**v_mを取り出せる。

コレクタ変調回路は、$V_{CE}-I_C$**特性**の**飽和領域**の直線部分を使用しているので**線形変調**ともいう。比較的大きな変調度までひずみの少ない変調が可能だが、必要な電力は大きい。

▶リング変調回路

〈図03-13〉は**搬送波抑圧変調**を行う**リング変調回路**の基本形だ。**ダイオード**4個をリング状に配置したもので、**搬送波**v_cの電圧を利用してダイオードをスイッチとして動作させるため、搬送波v_cの振幅が**信号波**v_sの振幅に比べて十分に大きい必要がある。この回路にv_cだけを加えた場合、センタタップから入力しているため、出力トランスには何も出力されない。ここに信号波も加えると、v_cの正の半周期では、D_1、D_3がオン、D_2、D_4がオフになるので、〈図03-14〉のような接続になり出力は$v_m=v_s$となる。逆にv_cの負の半周期では、D_1、D_3がオフ、D_2、D_4がオンになるので、〈図03-15〉のような接続になり、出力は$v_m=-v_s$となる。

出力には搬送波が除かれているため、この出力は**両側波帯変調**された**DSB波**になっている。この出力を特定の周波数帯だけを通過させる**バンドパスフィルタ回路**(BPF回路)にかけてどちらかの**側波**だけを取り出せば、**単側波帯変調**された**SSB波**になる。

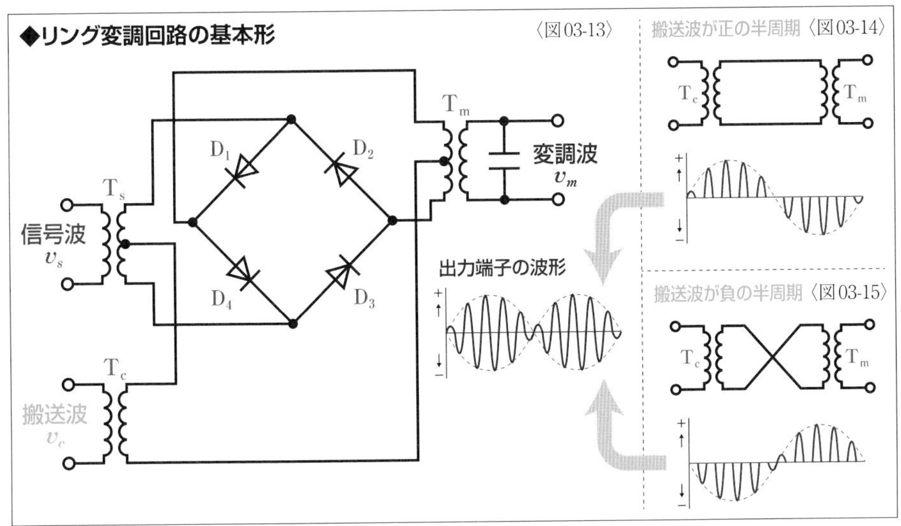

Sec. 03 振幅変調回路と復調回路

▶包絡線検波回路

振幅変調波復調回路では、ダイオードを用いて**包絡線**を取り出す**包絡線検波回路**(**包絡線復調回路**)がよく使われる。**復調**に用いるダイオードを**検波用ダイオード**という。ダイオードにはさまざまな種類があるが、内部静電容量が小さく高い周波数でも使える**ゲルマニウム点接触ダイオード**や**ショットキーバリヤダイオード**が復調には適している。

包絡線検波回路の基本形は〈図03-16〉のような構成だ。この回路に振幅の大きな**変調波**を入力すると、ダイオードは順方向の成分は通すが、逆方向の成分は通さないので、ダイオードを流れる電流は〈図03-23〉のように波形の順方向の半分だけを分離したものになる。

並列に接続されたコンデンサCと負荷抵抗R_Lは、ダイオードの出力から**搬送波**の周波数成分を除去する**フィルタ回路**だ。このコンデンサCは、搬送波の周波数に対しては十分に小さなインピーダンスになり、**信号波**の周波数に対しては十分に大きなインピーダンスになるような値が選ばれている。Cはダイオードを電流が流れる搬送波の半周期では充電を行い、ダイオードを電流が流れない残り半周期では放電を行う。これにより〈図03-24〉のようにR_Lの両端の電圧は、包絡線の電圧波形に近いものになる。

フィルタ回路によって得られた電圧波形には直流成分も含まれている。この直流成分を取り除くのがコンデンサC_Cだ。直流成分を取り除くと、信号波のみが出力として得られる。

なお、フィルタ回路のCの放電の速さは、CとR_Lの積によって決まる。この積の値を**時定数**(P283参照)という。搬送波の周波数成分を抜き取るフィルタ回路において、時定数が大

◆**包絡線検波回路の基本形**

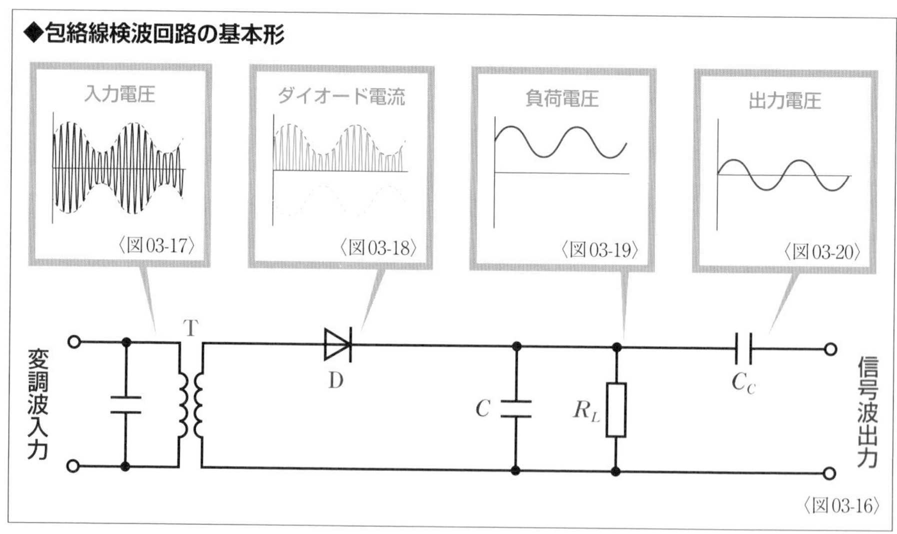

〈図03-16〉

◆包絡線検波回路の波形

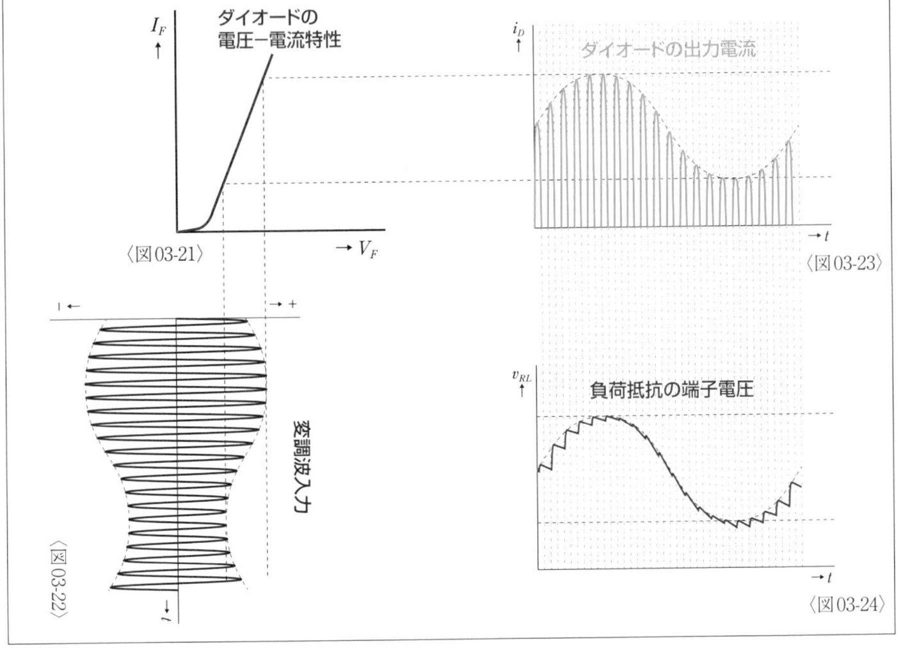

〈図03-21〉

〈図03-23〉

〈図03-22〉

〈図03-24〉

きすぎると、Cが放電する際の電圧の変化が遅くなるため、信号波の変化に追従できなくなり、**ダイアゴナルクリッピング**と呼ばれる**ひずみ**が生じてしまう。

▶直線検波と二乗検波

ここまでで説明した**包絡線検波回路**では、振幅の大きな変調波を入力している。この場合、**ダイオードの電圧ー電流特性**において〈図03-25〉の①のような直線部を使って復調しているので、**直線検波**(**直線復調**)や**線形検波**(**線形復調**)という。これに対して、②のようなわん曲部分(曲線部分)を使用する復調の方式もある。わん曲部分を使用する検波は**二乗検波**(**二乗復調**)や**非線形検波**(**非線形復調**)という(**自乗検波**や**自乗復調**と表記されることもある)。このわん曲部分には**2乗特性**があるため、検波の感度がよいが、出力の振幅が小さく、非線形特性によって**ひずみ**が大きくなる。そのため、一般的にはひずみの少ない直線検波が用いられている。

◆ダイオードの電圧ー電流特性

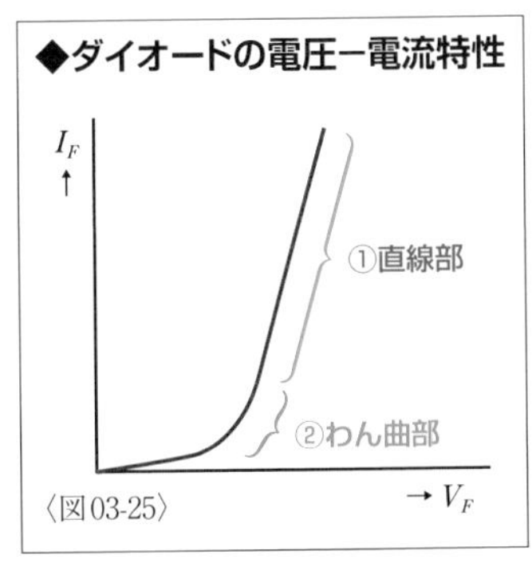

〈図03-25〉

周波数変調（FM）

信号波の大きさに応じて搬送波の周波数を変化させるのが周波数変調だ。搬送波の周波数を中心にして無限に側波が存在するが、すべての側波を使う必要はない。

▶周波数変調波

周波数変調(FM)は、**搬送波**の**振幅**を一定に保ったまま、**信号波**の大きさに応じて搬送波の**周波数**を変化させる**変調方式**だ。たとえば、信号波が正のときはその瞬時電圧が大きいほど搬送波の周波数が高くなり、信号波が負のときはその瞬時電圧の絶対値が大きいほど搬送波の周波数が低くなるように変調すると、右図のように搬送波、信号波、**変調波**を示すことができる。図中の**周波数偏移**とは搬送波の周波数が信号波によってずらされる量を示している。この偏移によって**周波数変調波**には波形が**密**な部分と**粗**な部分が生じる。

◆周波数変調波の波形

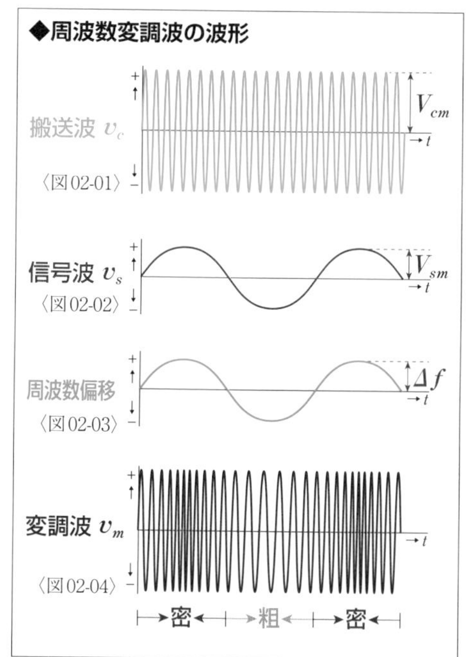

搬送波v_cを〈式04-05〉、信号波v_sを〈式04-06〉とすると(初期位相は0radとしている)、変調波の周波数fは〈式04-07〉で示される。fは時間によって変化する値なので**瞬時周波数**という。この式におけるk_fは周波数の偏移の大きさを表わす定数として使っている。

$$v_c = V_{cm}\sin 2\pi f_c t \quad \cdots\cdots〈式04\text{-}05〉$$

$$v_s = V_{sm}\sin 2\pi f_s t \quad \cdots\cdots〈式04\text{-}06〉$$

$$f = f_c + k_f V_{sm}\sin 2\pi f_s t \quad \cdot\cdot〈式04\text{-}07〉$$

信号波v_sが0Vのときは、変調波の周波数は、搬送波の周波数f_cになる。この周波数を**中心周波数**という。v_sの振幅が最大のとき、周波数偏移はもっとも大きくなる。この周波数偏移の最大値を**最大周波数偏移**という。最大周波数偏移をΔfとすると、変調波の周波数fは〈式04-08〉のように表わすことができ、〈式04-09〉の関係があることがわかる。

$$f = f_c + \Delta f \sin 2\pi f_s t \quad \cdots〈式04\text{-}08〉$$

$$\Delta f = k_f V_{sm} \quad \cdots〈式04\text{-}09〉$$

計算が複雑になるのでここでは省略するが、変調波v_mは〈式04-10〉で表わすことができる。ここで〈式04-11〉のようにm_fを定義すると、v_mは〈式04-12〉で表わせる。m_fは**周波数変調指数**や単に**変調指数**といい、振幅変調における変調度に相当するものになる。

$$v_m = V_{cm} \sin\left(2\pi f_c t - \frac{\Delta f}{f_s} \cos 2\pi f_s t\right) \quad \cdots〈式04\text{-}10〉$$

$$変調指数\ m_f = \frac{\Delta f}{f_s} \quad \cdots〈式04\text{-}11〉$$

$$v_m = V_{cm} \sin(2\pi f_c t - m_f \cos 2\pi f_s t) \quad \cdots〈式04\text{-}12〉$$

周波数変調波の側波帯

周波数変調波を**周波数スペクトル**で示すと、〈図04-13〉のように**搬送波**の周波数f_cを中心にして、$f_c \pm f_s$、$f_c \pm 2f_s$、$f_c \pm 3f_s$、$f_c \pm 4f_s$…といった具合に**信号波の周波数f_sだけ離れた位置に、側波が無限に存在する**。側波は搬送波との周波数の差が大きいほど振幅が小さくなる。なお、高度な数学の知識が必要になるので省略しているが、ベッセル関数を用いれば、側波を数式で示すことができる。

◆周波数変調波の周波数スペクトル 〈図04-13〉

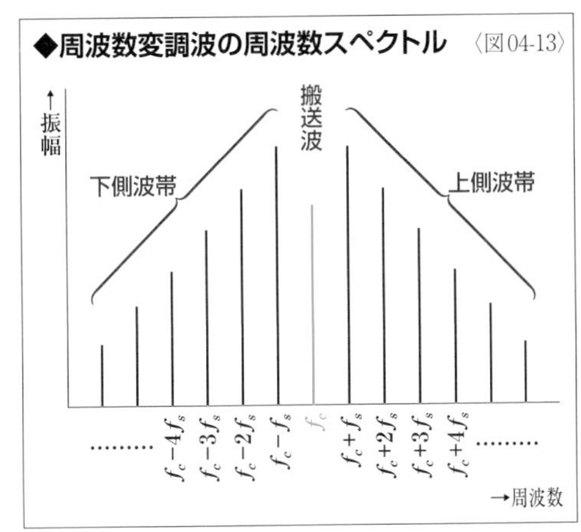

側波は無限に存在するが、搬送波の周波数から離れるほど側波の振幅が小さくなるので、実際にはすべての側波を使う必要はない。それでも周波数変調波の**占有周波数帯域幅**は、振幅変調波に比べると大きくなる。一般的には、〈式04-14〉のように**最大周波数偏移Δfと信号波の最高周波数f_sの和の2倍を占有周波数帯域幅Bとする**。この式を、**変調指数**m_fを使って表わすと〈式04-16〉になる。周波数変調は**過変調**でひずみが生じることはないが、変調指数m_fを大きくすると占有周波数帯域幅が大きくなる。逆に、占有周波数帯域幅を小さくしようとして変調指数を小さくしすぎると、ひずみを生じてしまう。

$$B = 2(\Delta f + f_s) \quad \cdots〈式04\text{-}14〉$$

$$= 2f_s\left(1 + \frac{\Delta f}{f_s}\right) \quad \cdots〈式04\text{-}15〉$$

$$= 2f_s(1 + m_f) \quad \cdots〈式04\text{-}16〉$$

周波数変調回路と復調回路

周波数変調回路は発振回路を応用するものが一般的で、直接変調方式と間接変調方式がある。復調回路はいったん振幅変調波にしてから復調する回路が多い。

▶周波数変調回路と復調回路

周波数変調は**占有周波数帯域幅**が広いため、電波の有効利用という面では**振幅変調に劣る**。また、振幅変調に比べると周波数変調は**変調**や**復調**の回路が複雑になりやすいという弱点もある。しかし、**周波数変調波**は振幅が**ノイズ**で乱されても、その影響を受けにくい。多少の波形劣化が起こっても元の信号を比較的に忠実に再現できる。そのため、周波数変調は音質が重視される放送などに利用される。日本の**FMラジオ**放送は周波数変調を採用している。占有周波数帯域幅は**搬送波**の周波数が高いほうが大きくとりやすいため、FMラジオ放送では**超短波**(VHF、30〜300MHz)のうち76.1〜94.9MHzの範囲が使われている。

発振回路は、回路を構成しているコンデンサやコイルの容量が変化すると**発振周波数**が変化する。こうした発振回路を応用すれば、**周波数変調回路**を構成できる。このように、あらかじめ用意された搬送波を変化させるのではなく、搬送波を作りながら変調していく変調方式を**直接変調方式**という。いっぽう、同じ搬送波と信号波による周波数変調波と**位相変調波**には位相に一定の関係がある(P274参照)ため、たとえば信号波の位相を**移相回路**でずらしたうえで**位相変調回路**に入力すると周波数変調波にすることができる。このようにして周波数変調を行う方式を**間接変調方式**という。

周波数変調波復調回路(**FM波復調回路**)では周波数の変化を振幅の変化に変換する必要があるため、**周波数変調波をいったん振幅変調波に変換し、さらに振幅変調波復調回路で信号波に復調する**。このように周波数変調波を復調する回路を**周波数弁別回路**という。

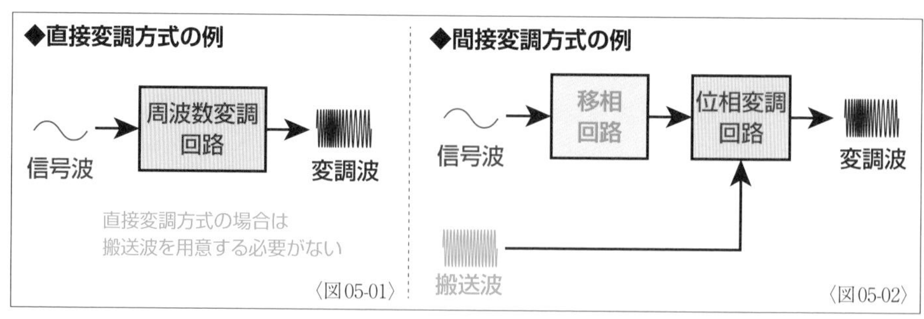

◆可変容量ダイオードを用いた周波数変調回路の例 〈図05-03〉

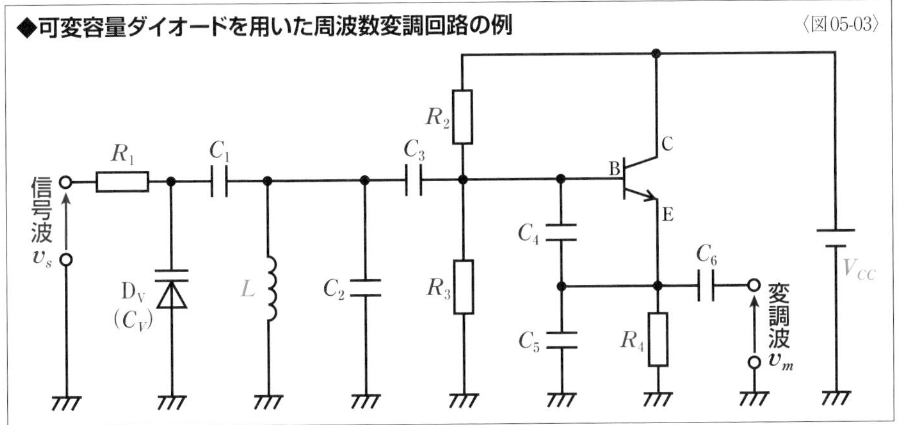

直接変調方式の周波数変調回路

加える**逆方向電圧**の大きさによって静電容量が変化する**可変容量ダイオード**をLC**発振回路**に組み込めば、**直接変調方式**の**周波数変調回路**を構成できる。〈図05-03〉は、**コルピッツ発振回路**を元にした周波数変調回路の例だ。実はこの回路はVCO（**電圧制御発振回路**）である（P252参照）。VCOは、入力電圧によって**発振周波数**をかえられる回路なので、入力を**信号波**にすれば、周波数変調回路になるわけだ。可変容量ダイオードの静電容量C_Vが信号波の電圧によって変化するので、それに応じて発振周波数が変化し、回路の出力は**変調波**になる。

また、**コンデンサマイクロホン**は音波による振動を静電容量に変換するものだ。この容量の変化によって発振回路の周波数を可変させられるので、簡単に周波数変調回路を構成できる。そのめ、FMワイヤレスマイクロホンではコンデンサマイクロホンが使われることが多い。このほか、直接変調方式の変調回路には**リアクタンストランジスタ**を用いるものなどもある。リアクタンストランジスタとは、等価的に**インダクタンス**または**キャパシタンス**の性質をもつトランジスタ回路のことだ。

なお、可変容量ダイオードやコンデンサマイクロホンなどは周囲の温度変化などの影響を受けやすいため、直接変調方式は安定度がよいとはいえない。高い安定度が求められる場合は、**水晶発振回路**など発振周波数が安定した発振回路で元となる**搬送波**を作ったうえで変調を行う**間接変調方式**が採用される。

◆コンデンサマイクロホンの構造

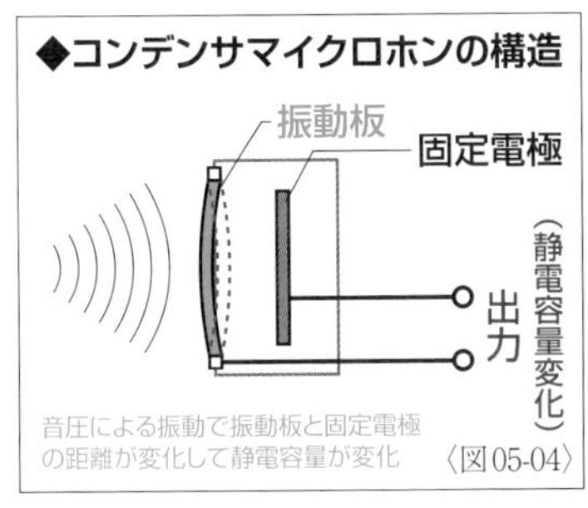

音圧による振動で振動板と固定電極の距離が変化して静電容量が変化 〈図05-04〉

▶LC共振回路を利用する周波数弁別回路

周波数変調波復調回路である**周波数弁別回路**には、LC**並列共振回路**を利用するものが多い。〈図05-05〉はLC共振回路を利用する周波数弁別回路のなかではもっともシンプルなものだ。**周波数変調波**の**中心周波数**がf_c、**周波数偏移**がΔfとすると、〈図05-06〉の共振回路の周波数特性において、a点が$f_c - \Delta f$、b点がf_c、c点が$f_c + \Delta f$になるように、コンデンサC_1とコイルLを設定する。こうすることで、変調波の周波数偏移$\pm\Delta f$によって、共振回路の両端の電圧はv_0を中心にして$\pm\Delta v$だけ変化する。これにより、周波数変調波が**振幅変調波**に変換される。この振幅変調波を**検波用ダイオード**とコンデンサC_2、抵抗R_Lを使って**包絡線検波**すれば、復調された**信号波**を取り出すことができる。

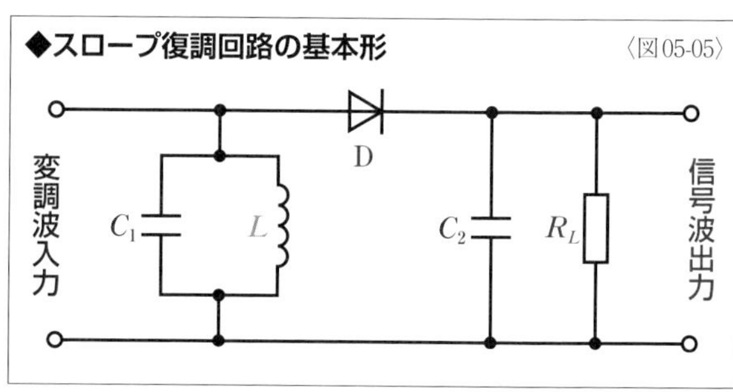

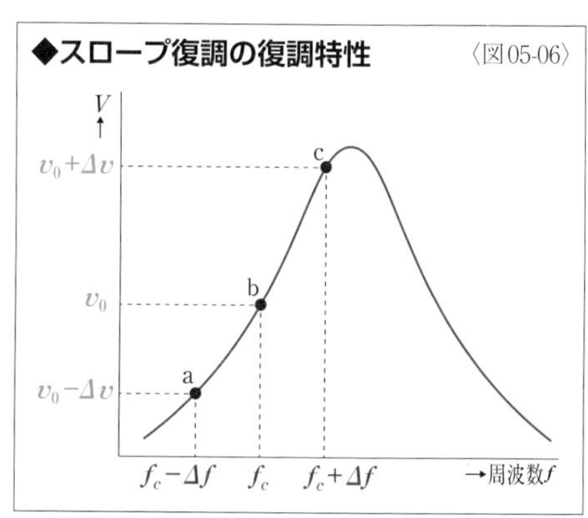

この復調では周波数特性のスロープの部分を使っているので、この方式を**スロープ復調**や**スロープ検波**という。スロープ復調は簡単な回路で復調が行えるが、周波数特性は非線形であるため**ひずみ**が生じやすい。

〈図05-07〉は複数のLC共振回路を備えた周波数弁別回路で、**複同調周波数弁別回路**という。周波数変調波の中心周波数がf_c、周波数偏移がΔfとすると、C_1とL_1による共振回路

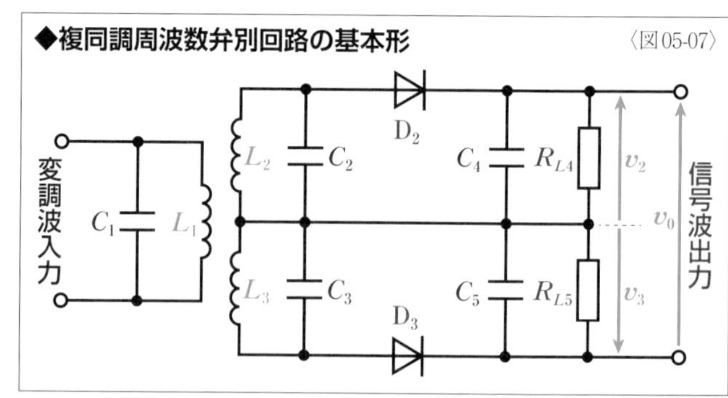

の**共振周波数**はf_c、C_2とL_2の共振周波数は$f_c+\Delta f$、C_3とL_3の共振周波数は$f_c-\Delta f$に設定されている。C_2とL_2の共振回路と、C_3とL_3の共振回路に対してそれぞれ検波用ダイオードとコンデンサ、抵抗を使って包括線検波すると、逆向きのv_2とv_3のが現れる。中心周波数f_cのときは、$v_2=v_3$となるので出力には電圧が現れない。変調波の周波数がf_cより低いときには$v_2<v_3$となるので出力には負の電圧が現れ、変調波の周波数がf_cより高いときには$v_2>v_3$となるので出力には正の電圧が現れる。このv_2とv_3を加算したものが復調された信号波になる。複同調周波数弁別回路は、2つの共振回路の特性の和を取ることで、〈図05-08〉のように特性の直線性が高まるため、スロープ復調よりひずみの少ない出力が得られる。

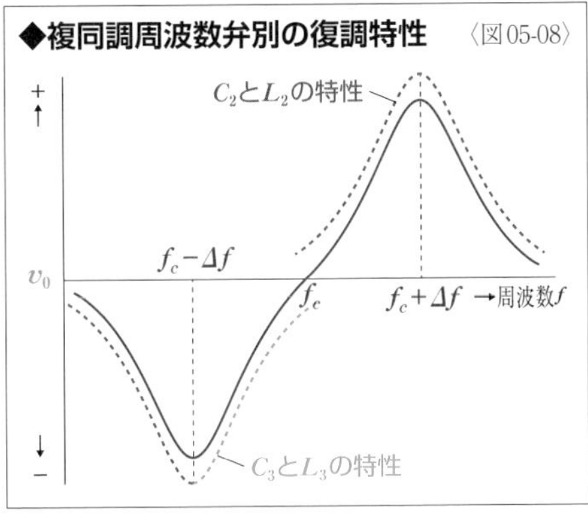

◆複同調周波数弁別の復調特性 〈図05-08〉

LC共振回路を利用する周波数弁別回路にはこのほかにも**フォスタシーレ周波数弁別回路**や**比検波回路**などがある。

PLL回路による周波数変調波の復調

周波数変調波の復調は**PLL回路**(P253参照)でも行える。一定の周波数の信号を出力するPLL回路では、基準周波数の基準信号を**位相比較回路**に入力するが、この位相比較回路に周波数変調波v_mを入力すると、VCOの**発振周波数**f_oは、周波数変調波の周波数fに一致させるように変化する。つまり、VCOへ入力される制御電圧V_Cの変化は、v_mの周波数の変化に応じたものになっているわけだ。よって、VCOの制御電圧V_Cを出力として取り出せば、復調された**信号波**を取り出すことができることになる。PLL回路による周波数変調波の復調は、幅広い周波数範囲で安定して動作する。また、PLL回路はIC化が進んでいるため、多くの機器でPLL回路による周波数変調波の復調が行われている。

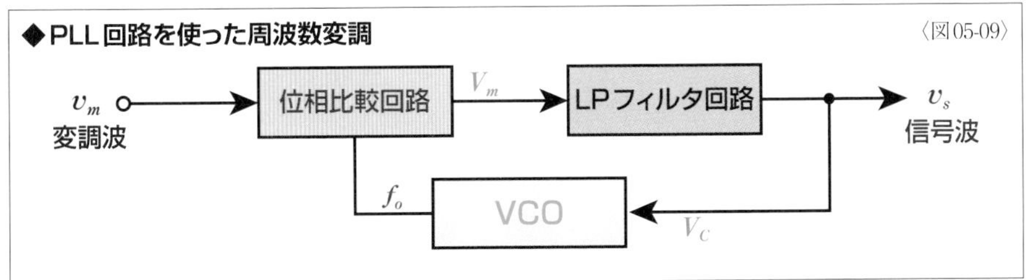

◆PLL回路を使った周波数変調 〈図05-09〉

位相変調(PM)

位相変調はアナログ信号の変調に使われることはあまりないが、周波数変調と似た変調方式であるため、周波数変調の過程で位相変調が使われることがある。

▶位相変調波

位相変調(PM)は、**信号波**の大きさに応じて**搬送波**の**位相**を変化させる**変調方式**だ。計算が複雑になるので省略するが、搬送波v_cを〈式06-05〉、信号波v_sを〈式06-06〉とすると(初期位相は0radとしている)、**変調波**v_{pm}は〈式06-07〉になる。m_pは**位相変調指数**だ。位相変調は位相を変化させる変調方式だが、位相を変化させた結果として、〈図06-03〉のように周波数が時間によって変化する。

〈式06-07〉は**三角関数**の公式を使うと〈式06-08〉になる。また、同じ搬送波と信号波で**周波数変調**した変調波v_{fm}の〈式04-12〉(P269参照)は〈式06-09〉に変形できるので、**周波数変調波の位相を$\frac{\pi}{2}$進めたものが位相変調波であること**がわかる。〈図06-03〉と〈図06-04〉でも位相差が確認できる。このように、周波数変調と位相変調はどちらも搬送波の角速度に影響を与える変調であるため、両者を合わせて**角度変調**ともいう。

◆位相変調波の波形

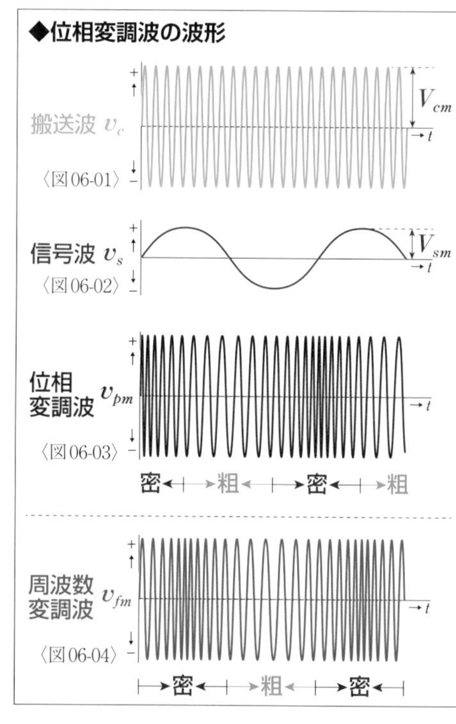

$$v_c = V_{cm}\sin 2\pi f_c t \quad \cdots\cdots 〈式06\text{-}05〉$$

$$v_s = V_{sm}\sin 2\pi f_s t \quad \cdots\cdots 〈式06\text{-}06〉$$

$$v_{pm} = V_{cm}\sin(2\pi f_c t + m_p \sin 2\pi f_s t) \quad \cdots\cdots 〈式06\text{-}07〉$$

$$= V_{cm}\sin\left\{2\pi f_c t + m_p \cos\left(2\pi f_s t - \frac{\pi}{2}\right)\right\} \quad \cdots\cdots 〈式06\text{-}08〉$$

$$v_{fm} = V_{cm}\sin\{2\pi f_c t + m_f \cos(2\pi f_s t + \pi)\} \quad \cdots\cdots 〈式06\text{-}09〉$$

電源回路

Chapter

09

電源回路

電子回路の電源には、電圧が一定で変動しないことが求められる。商用電源を利用する場合は変圧、整流、平滑に加えて安定化回路で定電圧安定化を図っている。

電子回路の電源

電子回路が扱うのは基本的に**直流**だ。信号として交流成分が含まれていることもあるが、電子回路には直流電源が必要だ。直流電源には、乾電池のほかにも、リチウムイオン電池のような二次電池などさまざまな電池があるが、乾電池の電力量には限りがある。二次電池は充電することで繰り返し使えるが、充電には直流電源が必要になる。電線で供給されている**商用電源**であれば、安定して長く使い続けたり大きな電力を使ったりすることができるが、商用電源は**正弦波交流**だ。商用電源を電子回路で利用するためには、求められる電圧の直流に変換する必要がある。こうした入力電力を必要とされる出力電力に変換する回路を**電力変換回路**や**電源回路**という。

電子回路を含む電気製品の場合、電源回路が製品に内蔵されていることも多い。こうした製品であれば電源コードのプラグをコンセントにさせば使用できる。携帯性や小型軽量化を重視する電気製品の場合は**AC-DCアダプタ**から直流を供給することもある。乾電池でもAC-DCアダプタでも使用できる電気製品もある。また、二次電池を内蔵した製品の場合はAC-DCアダプタから直流を使って充電を行う必要があるものが多い。単に**ACアダプタ**とも呼ばれることが多いAC-DCアダプタは、電源回路そのものを独立させたものだといえる。

電力変換回路の分類

ここでは交流を直流に変換する電力変換回路を単に電源回路と呼んでいるが、厳密には電力変換回路は入出力が直流か交流かによって分類される。**直流入力直流出力電源**は**DC-DCコンバータ**、**直流入力交流出力電源**は**インバータ**、**交流入力直流出力電源**は**AC-DCコンバータ**、**交流入力交流出力電源**は**AC-ACコンバータ**という。交流の商用電源を電子回路に必要な直流に変換する回路は、交流入力直流出力電源回路だが、単に電源回路やコンバータということも多い。

入力	出力	電力変換回路	
直流	直流	直流入力直流出力電源	DC-DCコンバータ
直流	交流	直流入力交流出力電源	インバータ
交流	直流	交流入力直流出力電源	AC-DCコンバータ
交流	交流	交流入力交流出力電源	AC-ACコンバータ

▶電源回路の種類と構成

変圧器(**トランス**)を使えば交流の電圧を変換(**変圧**)でき、**ダイオードの整流作用**を利用する**整流回路**を使えば交流を直流に変換できる。しかし、ダイオードで**整流**しただけでは電圧変動に交流の波形が残っている**脈流**だ。コンデンサやコイルによる**平滑回路**という回路を通せば電圧を安定させられるが、十分に出力電圧を一定にしようとすると回路が重く大きくなりコストもかかるため、一般的な平滑回路の出力では電圧がある程度は脈動する。

また、**電源回路**の出力電圧は負荷を流れる電流の大きさによって変動する。**商用電源**の電圧は100V(もしくは200V)として知られているが、実際には需要と供給のバランスなどによって常に変動している。標準電圧100Vでは101V±6V、標準電圧200Vでは202V±20Vが許容されている。商用電源の電圧が変動すれば、当然、変圧器の出力電圧も変動する。

多少の電圧の脈動があったり、状況によって電圧に変動があったりしても問題なく動作する電気製品もあるが、電子回路を含む電気製品の場合は、電圧が変動すると正常に動作しなくなったり故障したりするものもあるので、電源回路の出力電圧は常に一定で変動しないようにする必要がある。これを**定電圧安定化**といい、単に**安定化**ということも多い。

電源回路は**安定化回路**の定電圧安定化の方式によって**連続制御式**と**スイッチング制御式**に大別される。それぞれにさまざまな種類があるが、〈図01-01〉は**連続制御式電源回路**の構成例だ。**変圧回路**(変圧器)、整流回路、平滑回路の後に**連続制御式安定化回路**を備えている。比較的簡単な回路構成で安価だが、大きく重くなりやすく効率が悪い。いっぽう、**スイッチング制御式電源回路**はトランジスタなどの**スイッチング作用**を利用して定電圧安定化が行われている。回路が複雑になりコストがかかり、高周波ノイズを生じやすいが、小型軽量にでき効率が高いため、現在の主流になりつつある。以前のACアダプタはコンセントにさす部分が大きく重かったが、最近のACアダプタはコンセントにさす部分がコンパクトで軽いものが多い。これが、連続制御式とスイッチング制御式の違いだ。

◆連続制御式電源回路の構成例 〈図01-01〉

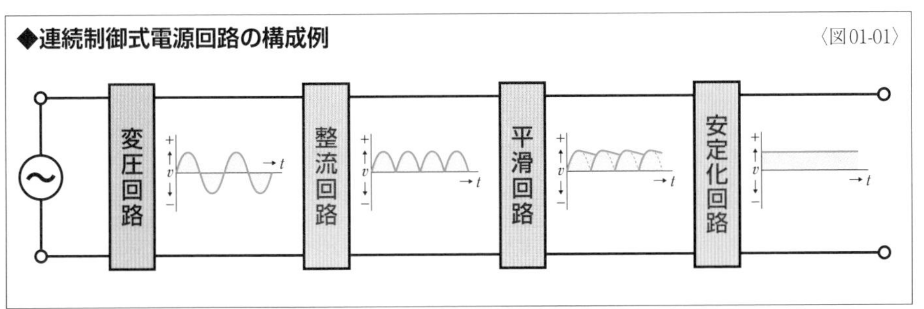

▶リプル百分率

電源回路の性能を表わす諸特性には、**リプル百分率**、**電圧変動率**、**整流効率**などがある。

電源回路では交流を**整流**し、さらに**平滑回路**で**脈流**の脈動を抑えているが、それでも出力側に交流成分が残ることがある。この脈動する交流成分を**リプル**（**リップル**と表記されることもある）という。電源回路の出力電圧のなかに含まれているリプルの度合いは、**リプル百分率** γ で表わすことができる。百分率とはパーセントのことだが、リプル百分率は単に**リプル率**ということもある。

直流出力電圧（平均値）を V、全交流成分の実効値を V_r とすると、リプル百分率 γ は〈式01-02〉のように示される。しかし、リプルの波形は正弦波ではないことがほとんどなので、実効値を得ることが難しい。そのため、**リプル電圧**を使ってリプル百分率を簡易的に示すのが一般的だ。リプル電圧とは交流成分のピークからピークまでの電圧のことだ。リプル電圧を ΔV_{P-P} とすると、〈式01-03〉のようにリプル百分率 γ が示される。γ の値が小さいほど、優れた電源回路だといえ、質の高い直流を出力することができる。

リプル百分率（正式） $\gamma = \dfrac{V_r}{V_{DC}} \times 100\ [\%]$ ……〈式01-02〉

リプル百分率（簡易） $\gamma = \dfrac{\Delta V_{P-P}}{V_{DC}} \times 100\ [\%]$ ……〈式01-03〉

なお、ここでは電圧で説明したが、電流にもリプルが含まれる。明確に区別して扱う場合は、それぞれ**電圧リプル**と**電流リプル**という。

▶電圧変動率

理想の直流電源の電圧は常に一定だが、現実世界の電池は**内部抵抗**が存在するため、負荷の大きさによって出力電圧が変化する。電源回路の場合も同様だ。電源回路では、接続されている負荷に大きな電流が流れると、電源回路内部のインピーダンスによる電圧降下が大きくなって、電源回路の出力電圧が低下する。こうした負荷の変化による出力電圧の変動を**電圧変動率** δ といい、パーセントで表わすのが一般的だ。

出力電流が0Aとなる無負荷時の出力電圧を V_0、負荷を接続したときの出力電圧を V_L とすると、電圧変動率 δ は〈式01-04〉のように示される。δ の値が小さいほど、優れた電源回路だといえる。

$$\text{電圧変動率}\ \delta = \frac{V_0 - V_L}{V_L} \times 100\ [\%]$$ ……〈式01-04〉

整流効率

電源回路では電圧の変換が行われたり交流から直流への変換が行われたりするが、変換の際には必ず**損失**が生じるため、入力した交流電力より出力される直流電力のほうが小さくなる。この入力電力に対する出力電力の割合を**整流効率** η といい、パーセントで表わすのが一般的だ。

電源回路の入力交流電力をP_{AC}、出力直流電力をP_{DC}とすると、整流効率ηは〈式01-05〉で示される。ηの値が大きいほど、効率が高い優れた電源回路だといえる。

$$\text{整流効率}\ \eta = \frac{P_{DC}}{P_{AC}} \times 100\ [\%]$$ ……〈式01-05〉

変圧器（トランス）

電源回路の**変圧回路**には**変圧器**（**トランス**）が用いられる。変圧器は電気回路で学んでいるが、ここで簡単に説明しておく。変圧器の**巻数比**nと、一次側と二次側の電圧、電流には以下のような関係がある。N_1、V_1、I_1は一次側、N_2、V_2、I_2は二次側の巻数、電圧の実効値、電流の実効値を示す。つまり、巻数比に対して一次側と二次側で電圧は比例し、電流は反比例する。これらの関係から、一次側と二次側の電力Pは等しくなる。ただし、これはあくまでも理想の変圧器の場合であり、現実世界の変圧器では損失が生じるので、すべての電力が変換されるわけではない。

変圧器の出力電圧は整流回路や平滑回路を通ることで電圧が低下するため、二次側の出力電圧が、必要とされる直流出力電圧よりわずかに高いものが使用される。また、変圧器の容量は変圧回路の出力電圧と電流によって決まる電力容量の1.5～2.0倍程度のものが使用される。電力容量が小さいと、出力電圧の変動が大きくなったり、変圧器が高温になるといった問題が生じるためだ。

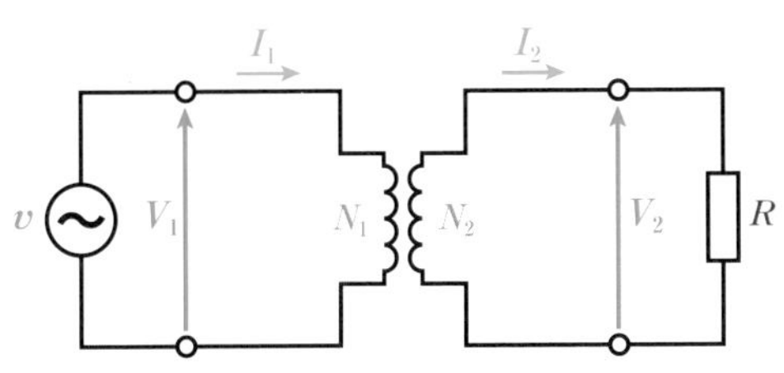

巻数：$\frac{N_1}{N_2} = n$

電圧：$\frac{V_1}{V_2} = \frac{N_1}{N_2} = n$

電流：$\frac{I_1}{I_2} = \frac{N_2}{N_1} = \frac{1}{n}$

電力：$P = V_1 I_1 = V_2 I_2$

整流回路

整流回路にはさまざまな種類があるが、リプル百分率や整流効率が優れていて、コストも比較的抑えられるため、ブリッジ形全波整流回路が一般的に使われている。

▶半波整流回路とブリッジ形全波整流回路

代表的な**整流回路**として、Chapter01で**半波整流回路**と**ブリッジ形全波整流回路**を説明したが(P38参照)、半波整流回路は実際にはあまり使われていない。計算が複雑になるので数式は省略するが、半波整流回路の**リプル百分率**は約121%、**整流効率**は負荷抵抗が十分に大きな場合でも約40.6%だ。いっぽう、ブリッジ形全波整流回路の場合、リプル百分率は約48.3%、整流効率は約81.1%だ。リプル百分率についても、整流効率についても半波整流回路よりブリッジ形全波整流回路のほうが優れているといえる。

なお、ブリッジ形以外にも**全波整流**を行える回路は各種あり、なかにはブリッジ形の2倍の直流電圧を出力できるものもある。

◆半波整流回路 〈図02-01〉

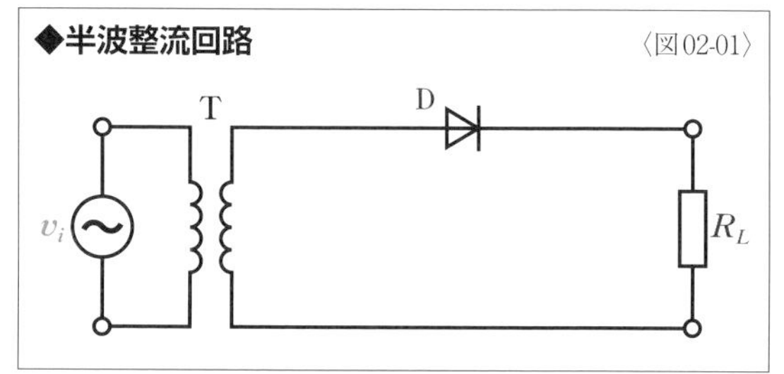

◆ブリッジ形全波整流回路 〈図02-02〉

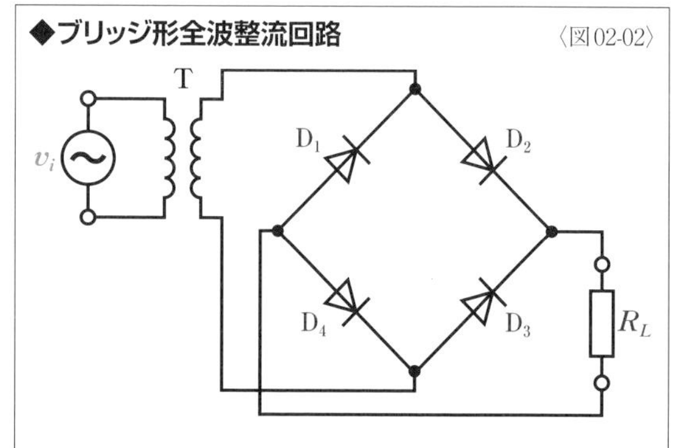

▶センタータップ形全波整流回路

〈図02-03〉の整流回路は、ダイオード2個で全波整流ができるが、変圧器には**センタタップ付トランス**を使う必要があるので、**センタタップ形全波整流回路**という。ダイオードを理想特性として説明すると、入力電圧が正の半周期では、ダイオードD_1が短絡、D_2が開放になり、入力電圧が負の半周期では、D_1が開放、D_2が短絡になる。このようにして、入力電圧が正のときと負のときで、流れる経路がかわることで、**全波整流**が行われ負荷には常に一定の方向に電流が流れる。

ブリッジ形全波整流回路でも**変圧**が必要な場合は入力側に**変圧器**が備えられるが、センタタップ形全波整流回路の場合は、二次コイルの巻線が2倍必要であるうえ、二次コイルの巻線の半分が半周期ごとにしか使われないため、変圧器巻線の利用上の効率が悪い。必要なダイオードの数が倍になるが、センタタップ付トランスを使わないブリッジ形のほうがコストの面でも有利だ。

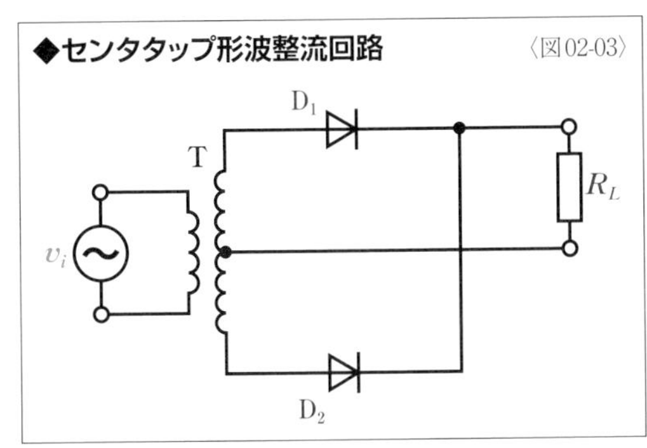

◆センタタップ形波整流回路 〈図02-03〉

▶倍電圧整流回路

交流の電圧を高める際には**変圧器**を使うのが一般的だが、**ダイオード**と**コンデンサ**を組み合わせると、整流と同時に電圧を高める整流回路を構成できる。〈図02-04〉の回路は入力の2倍の電圧を出力できるもので、**倍電圧整流回路**や**倍電圧全波整流回路**という。

ダイオードを理想特性として説明すると、入力電圧が正の半周期では、ダイオードD_1が短絡、D_2が開放になり、コンデンサC_1が**充電**される。逆に、入力電圧が負の半周期では、D_1が開放、D_2が短絡になり、C_2が充電される。2つのコンデンサに蓄えられている**電荷**が十分に大きければ、充電が行われない半周期でも端子電圧の変化はほとんど起こらなくなる。これにより、2つのコンデンサの端子電圧を直列にした電圧が負荷抵抗R_Lにかかる。入力の正弦波交流の振幅がV_mだとすれば、直流出力の電圧は$2V_m$になる。

ただし、充電が行われない半周期でも端子電圧の変化が起こらないようにするためには、負荷の消費電力に応じてコンデンサの容量を大きくする必要がある。それでも、重量増や大型化を招く変圧器を使わずに**昇圧**が行えるため、小電力用途の**昇圧整流回路**に採用されることがある。ほかにも、3倍、4倍…などn倍の電圧が得られる倍電圧整流回路があるが、倍数に応じて必要なダイオードやコンデンサの数が増えていく。

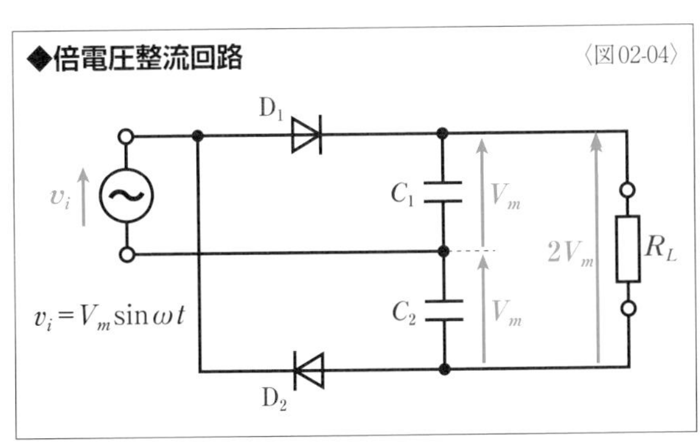

◆倍電圧整流回路 〈図02-04〉

Sec. 02 整流回路

平滑回路

コイルは脈流を平滑化する能力が高いが、コストやサイズ、重量の面で不利なので、コンデンサだけで平滑を行うコンデンサ平滑回路がおもに使われている。

▶コンデンサ平滑回路

ダイオードで**全波整流**したとしても、**リプル百分率**が大きい**脈流**であるため、直流として使うためには、さらに**平滑回路**で波形を滑らかにする必要がある。現在の電源回路で一般的に使われているのは**コンデンサ**だけで**平滑化**を行う**コンデンサ平滑回路**だ。

〈図03-01〉のように**コンデンサ平滑回路では負荷と並列にコンデンサを配置**する。このような目的で使用されるコンデンサは**平滑コンデンサ**ということも多い。たとえば、この回路に〈図03-02〉のような全波整流電圧v_iを入力すると、コンデンサCはv_iの最大値まで充電される。このとき、Cの端子電圧はv_iの最大値になる。入力電圧v_iが最大値から低下し始めると、Cの端子電圧がv_iより大きい期間は、Cから放電が行われ、出力電圧v_oが入力電圧v_iより高くなる。再びCの端子電圧がv_iより小さくなれば、Cはv_iまで充電される。こうした**コンデンサの充電と放電が繰り返されることで、脈流が平滑化**され〈図03-03〉のような波形になる。

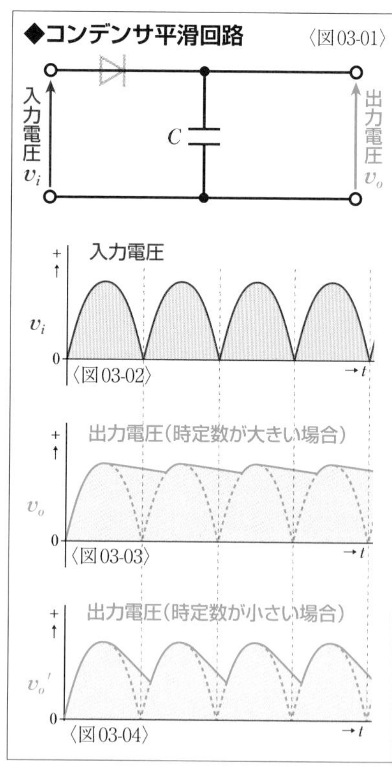

コンデンサCの放電の速さは、Cと出力に接続された負荷抵抗Rの積によって決まる。この積CRを**時定数**τという。時定数が小さいと、出力に残るリプルの振幅が大きくなる。負荷の大きさに関係なく、平滑回路の時定数を大きくするためには、Cの値を大きくする必要がある。

ただし、50Hzまたは60Hzの商用電源を全波整流した脈流の1周期は$\frac{1}{100}$秒または$\frac{1}{120}$秒なので、さほど大きな時定数が求められるわけではない。コンデンサだけの平滑回路でもかなり直線波形に近い出力波形が得られる。

時定数τ

時定数τとは過渡現象の応答速度の指標で、コンデンサが充放電する速度を示しているといえる。時定数の単位には[s]（秒）が使われる。C[F]とR[Ω]の積の単位が[s]になるといわれてもピンとこないかもしれないが、以下のように計算するとCRの単位が時間になることを確認できる。

$$R = \frac{V}{I} \qquad C = \frac{Q}{V} \qquad I = \frac{Q}{t}$$

$$CR = \frac{V}{I} \times \frac{Q}{V} = \frac{Q}{I} = Q \div \frac{Q}{t} = t$$

抵抗：R [Ω]，電圧：V [V]，電流：I [A]，静電容量：C [F]，電荷：Q [C]，時間：t [s]

▶LC平滑回路

コイルには、流れている電流が大きくなっていくと、**逆起電力**を生じさせて電流が大きくならないようにする性質があり、逆に流れている電流が小さくなっていくと、それを補うように電流を生じさせる性質がある。つまり、**コイルには交流を通過させにくいという性質がある**ため、**平滑化**に**コンデンサ**とコイルを併用する**平滑回路**もある。こうした平滑回路をLC**平滑回路**といい、使われるコイルを**チョークコイル**という。

LC平滑回路では負荷に対して直列になるようにコイルを配置する。コンデンサは〈図03-05〉と〈図03-06〉のようにチョークコイルの前に配置する場合と後に配置する場合がある。それぞれ**コンデンサ入力形LC平滑回路**と**チョーク入力形LC平滑回路**という。入力が同じ周波数で考えると、コンデンサ入力形は負荷電流の変動による出力電圧の変化が大きいが、高電圧にも対応できる。いっぽう、チョーク入力形は負荷電流の変動による出力電圧の変化が小さいが、高電圧を得にくい。

リアクタンスが大きいコイルほどリプルを抑える能力が高い。リアクタンスは**インダクタンス**と**周波数**に比例する。リアクタンスが大きくなるようにインダクタンスの大きなコイルを使えばLC平滑回路でほぼ直線波形の出力を得られるが、インダクタンスの大きなコイルは高価なうえ大きく重い。そのため、連続制御式電源回路の平滑回路にコイルが使われることは少ない。

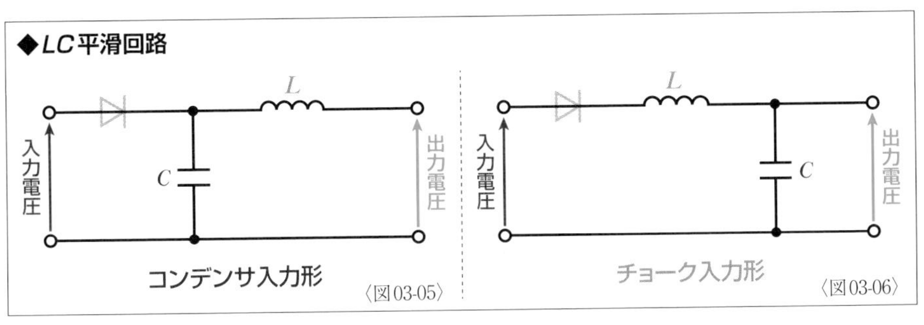

連続制御式安定化回路

連続制御式安定化回路は抵抗を可変することで電圧を安定化させるもので、並列制御式と直列制御式がある。ただし、連続制御式は損失が大きく効率が悪い。

▶並列制御式安定化回路と直列制御式安定化回路

連続制御式電源回路は、**リニア制御式電源回路**ともいい、**連続制御式安定化回路**が使われる。連続制御式安定化回路は**リニア制御式安定化回路**や**リニアレギュレータ式安定化回路**、単に**リニアレギュレータ**ともいい、**並列制御式**と**直列制御式**に大別される。

並列制御式安定化回路は、**シャントレギュレータ式安定化回路**ともいい、**並列抵抗による分流を利用して電圧の安定化を行う**。〈図04-01〉のように負荷抵抗R_Lと並列になるように可変抵抗Rを配置し、さらに固定抵抗rを直列に配置する。可変抵抗は**シャント抵抗**という。入力電圧をV_i、負荷抵抗R_Lの端子電圧をV_oとすると、〈式04-02〉の関係が成立する。V_iが高くなった場合は、シャント抵抗Rを小さくして流れる電流を大きくすれば、負荷抵抗R_Lへの電流が小さくなり、V_oが低下する。逆にV_iが低くなった場合は、Rを大きくすれば、V_oが増大する。

直列制御式安定化回路は、**シリーズレギュレータ式安定化回路**ともいい、**直列抵抗による分圧を利用して電圧の安定化を行う**。〈図04-03〉のように負荷抵抗R_Lと直列になるように可変抵抗Rを配置する。入力電圧をV_i、負荷抵抗R_Lの端子電圧をV_oとすると、〈式04-04〉の関係が成立する。V_iが高くなった場合は、可変抵抗Rを大きくして、Rの電圧降

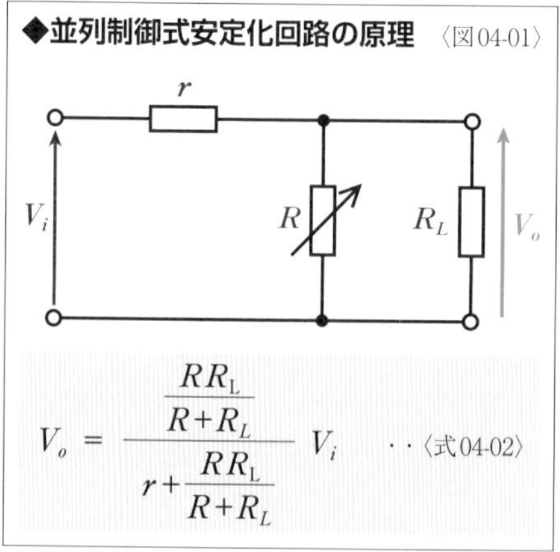

$$V_o = \frac{\frac{RR_L}{R+R_L}}{r+\frac{RR_L}{R+R_L}} V_i \quad \cdot\cdot〈式04\text{-}02〉$$

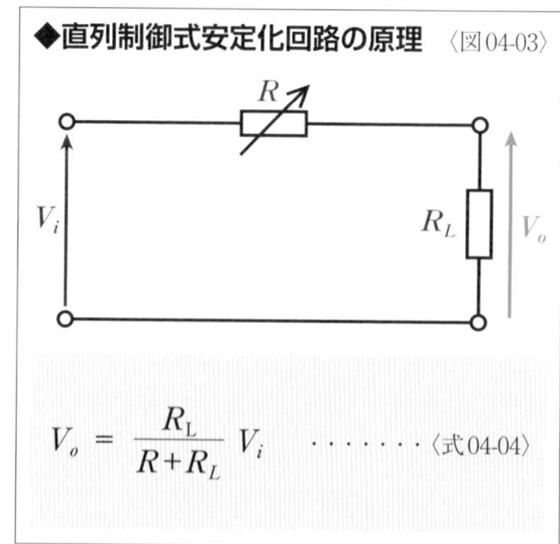

$$V_o = \frac{R_L}{R+R_L} V_i \quad \cdots\cdots〈式04\text{-}04〉$$

下を大きくすれば、負荷抵抗R_Lにかかる電圧が小さくなり、V_oが低下する。逆にV_iが低くなった場合は、Rを小さくすれば、V_oが増大する。

実際の連続制御式安定化回路では、これらの原理を利用し、出力側の変化に応じて、可変抵抗のかわりに半導体素子などを動作させ、その内部抵抗を電気的に変化させる。半導体素子で連続的に制御するので、高精度で電圧の安定化を図ることができるが、原理上、不要な電圧や電流は抵抗で消費させるため、必ず**電力損失**が生じる。そのため、連続制御式安定化回路は電力変換効率が悪く、大容量の電源回路には適さない。

▶定電圧ダイオードによる並列制御式安定化回路

定電圧ダイオード(P55参照)を使うと、簡単に**並列制御式安定化回路**を構成できる。**ツェナーダイオード**ともいう定電圧ダイオードは、**逆方向電圧**が一定以上になると急激に電流が流れ始める。その電圧を**ツェナー電圧**、流れる電流を**ツェナー電流**といい、ツェナー電流が流れているときの定電圧ダイオードの端子電圧は、電流の大きさとは無関係に常にツェナー電圧で一定になる。

◆定電圧ダイオードの逆方向特性〈図04-05〉

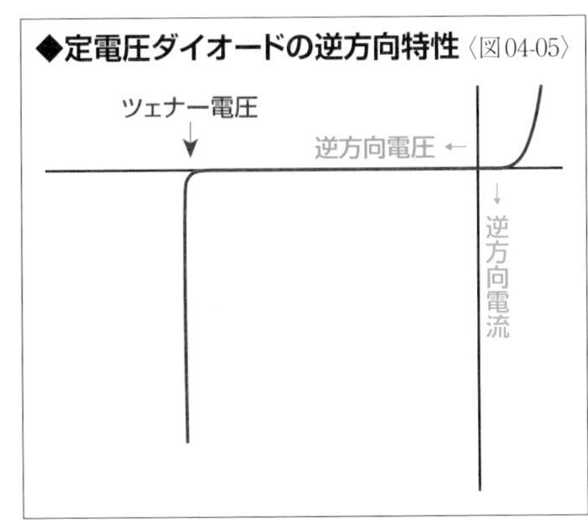

〈図04-06〉のような回路で、ツェナー電圧より高い入力電圧V_iを、抵抗Rを通して定電圧ダイオードD_Zに加えると、ツェナー電流が流れてD_Zの端子電圧は常にツェナー電圧に保たれる。この定電圧ダイオードD_Zの両端を出力とすれば、出力に接続される負荷R_Lの大きさが変化しても出力電圧V_oはツェナー電圧で一定に保たれる。なお、抵抗Rは電流の流れ過ぎを防ぐためのもので、**電流制限抵抗**や**保護抵抗**という。

定電圧ダイオードはツェナー電圧が3Vから数10V程度のものまであるので、安定化回路に求められる電圧に応じたものを使えばいい。ただし、定電圧ダイオード単体による安定化回路では、出力電流を数10mA程度までしか取り出すことができないので、小電力の電源回路にしか使えない。また、定電圧ダイオードの特性は温度変化などの影響を受けやすいため、安定度はあまりよくない。

◆定電圧ダイオードによる安定化回路〈図04-06〉

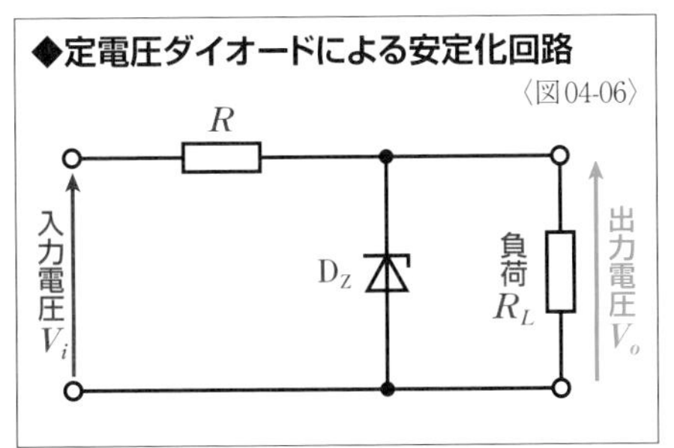

▶直列制御式安定化回路

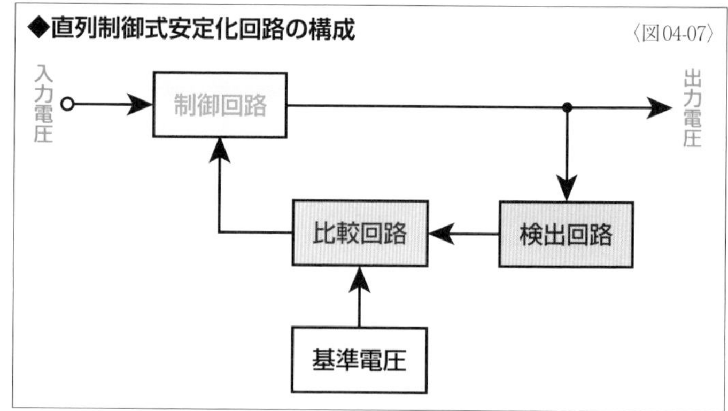

◆直列制御式安定化回路の構成 〈図04-07〉

直列制御式安定化回路は、〈図04-07〉のような構成が基本形だ。**検出回路**で取り出した出力電圧を、**比較回路**で基準電圧と比較し、その差に応じて**制御回路**に制御信号を送ると、制御回路は内部抵抗を変化させて、出力電圧を一定に保つことになる。

〈図04-08〉は実際の直列制御式安定化回路の例で、抵抗R_1とR_2が検出回路、Tr_1が比較回路、Tr_2が制御回路を構成し、基準電圧は**定電圧ダイオード**(**ツェナーダイオード**)D_Zによって得ている。この安定化回路で、出力電圧V_oが低下した場合を考えみよう。

①出力電圧V_oが低下する。

②R_1とR_2は出力電圧V_oを分圧しているので、V_oが低下すると、R_2の端子電圧V_2が低下する。この電圧V_2はTr_1のベース電圧である。

③Tr_1のエミッタ電圧は定電圧ダイオードD_Zで基準電圧V_Zに保たれているので、ベース電圧V_2の低下により、ベース・エミッタ間電圧V_{BE1}は低下し、Tr_1のベース電流I_{B1}が減少する。

④Tr_1のベース電流I_{B1}が減少すると、Tr_1のコレクタ電流I_{C1}が減少する。

⑤I_{C1}が減少すると、R_4を流れる電流が減少するので端子電圧V_4が低下する。

⑥V_4が低下するとTr_2のベース電圧が上昇する。しかし、Tr_2のコレクタ・エミッタ間電圧V_{CE2}はほぼ一定なので、Tr_2のベース・エミッタ間電圧V_{BE2}は増加するため、Tr_2のベース電流I_{B2}も増加する。

⑦Tr_2のベース電流I_{B2}が増加すると、Tr_2のエミッタ電流I_{E2}が増加する。

⑧I_{E2}が増加すると、出力電圧V_oが増加する。これにより①の変化が抑制される。

この動作において、⑦のTr_2のベース電流I_{B2}が増加するとエミッタ電流I_{E2}が増加するという変化は、Tr_2の内部抵抗が小さくなったことを意味する。つまり、Tr_2を可変抵抗として使っているわけだ。逆に出力電圧が上昇した場合には、逆方向に作用して出力電圧を低下させる。

なお、実際の回路では過大な電流が流れた際にトランジスタを保護する回路などが加えられる。

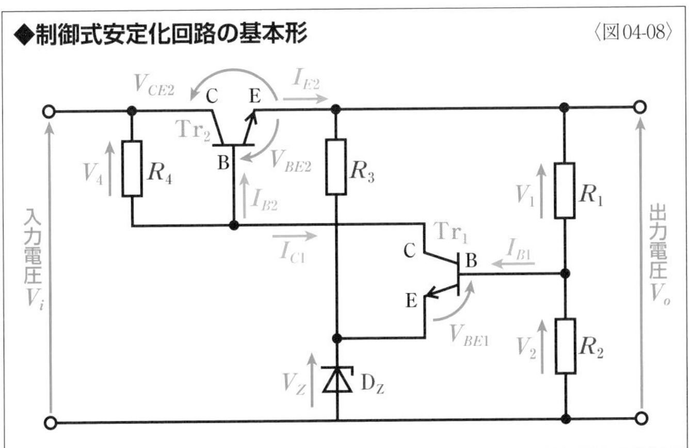

3端子レギュレータIC

電源回路をIC化した**電源用IC**にはさまざまなものがあり、**安定化回路**だけをIC化したものもある。**直列制御式安定化回路**をIC化したものには**3端子レギュレータIC**があり、単に**3端子レギュレータ**ということも多い。その名の通り、入力端子(IN)、出力端子(OUT)、接地端子(GND)の3つの端子がある。さまざまな出力電圧のものがあり、一般的には正電圧を出力する**正電圧形**だが、負電圧を出力する**負電圧形**もある。

実際に3端子レギュレータで安定化回路を構成する際には、〈図04-09〉のように入出力にコンデンサを配置するのが一般的だ。C_1は入力電圧の変動を抑えるためのもので、C_4は負荷の瞬間的な変化によって出力電圧が変動するのを抑えるためのもので、平滑コンデンサの役割がある。C_2とC_3は、入力端子と出力端子に発振を防止するために備えるものだ。

IC内部での電圧降下があるため、入力電圧は出力電圧より2V程度高くする必要がある(1V程度で安定できる**低損失形**もある)。この入出力の電圧差は損失となり、ICの温度を上昇させる。そのため、入出力の電圧差を大きくするのは避けるべきだ。また、大きな電流を流すとそれだけ発熱も大きくなるので、放熱器を取り付けるなどの対策が必要になる。

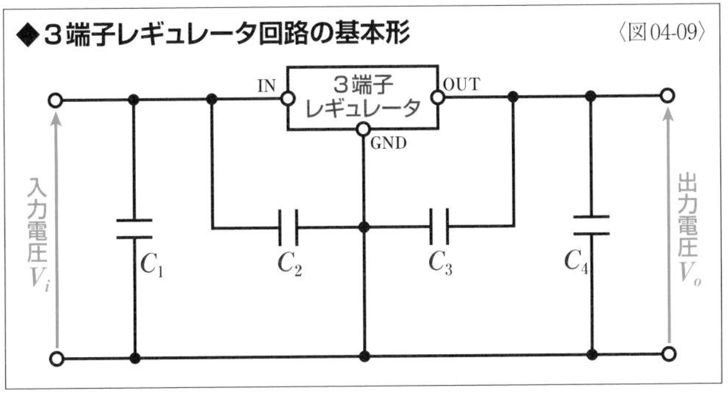

スイッチング制御式安定化回路

スイッチング素子によって作られる方形パルスの幅を可変することで電圧を制御するのがスイッチング制御式安定化回路だ。連続制御式より損失が小さく効率が高い。

▶スイッチング制御式安定化回路

〈図05-01〉のような回路で、一定の周期でスイッチのON/OFFを繰り返すと、**方形パルス**の出力が得られる。この方形パルスを**平滑回路**で**平滑化**すると、電圧の平均値が直流電圧として出力される。1周期の間のONの時間が長いほど平均値が高くなり、ONの時間が短いほど平均値が低くなるので、スイッチングによって出力電圧を制御できるわけだ。このようにスイッチのON/OFFの時間の長さで行う制御を**スイッチング制御**という。スイッチング制御はパルスの幅で出力を制御するので**PWM制御**（**パルス幅変調制御**）ともいう（P316参照）。

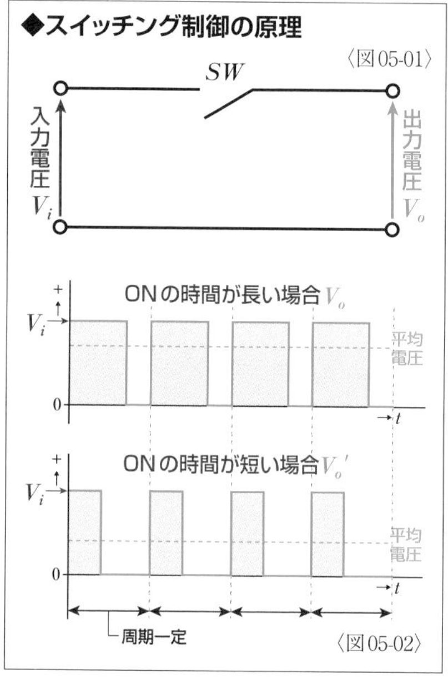

こうしたスイッチング制御で**定電圧安定化**を行う回路を**スイッチング制御式安定化回路**や**スイッチングレギュレータ式安定化回路**、単に**スイッチングレギュレータ**ともいい、**チョッパ形**と**コンバータ形**に大別される。チョッパ形は入力電流の全部または一部が負荷に流れる非絶縁形であるのに対して、コンバータ形は入力側と出力側の回路が分けられた絶縁形だ。スイッチング式安定化回路を採用する電源回路は**スイッチング制御式電源回路**という。スイッチングにはトランジスタなど**スイッチング作用**のある半導体素子などが使われる。また、スイッチングの周期を**スイッチング周波数**といい、一般的に20～100kHzが使われる。

スイッチング制御式安定化回路は、さまざまな構成の回路があるが、たとえば〈図05-03〉のような構成が基本形だと考えることができる。**検出回路**で取り出した出力電圧を、**比較回路**で基準電圧と比較し、その差に応じて**パルス幅制御回路**がスイッチのON/OFFの時間の長さを決め、**スイッチング回路**に制御信号を送ってパルスの幅を変化させている。

◆スイッチング制御式安定化回路の構成例 〈図05-03〉

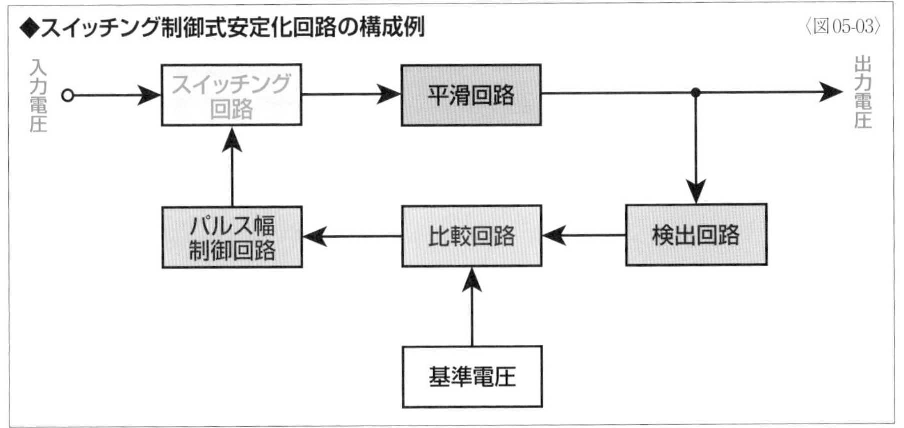

▶スイッチング制御式と連続制御式

スイッチング制御された出力は**方形パルス**なので、**平滑回路**で電圧を平滑化する必要がある。連続制御式電源回路では、**インダクタンス**の大きなコイルは高価なうえ大きく重いため、平滑化に**チョークコイル**が使われることが少ないと説明したが(P283参照)、**スイッチング制御式電源回路**ではチョークコイルが多用されている。コイルの**リアクタンス**は、**周波数**とインダクタンスに比例する。たとえば、50Hzの商用電源をダイオードで**整流**した**脈流**の周波数は100Hzだ。スイッチング制御式のスイッチング周波数が20kHzだとしても100Hzの200倍あるので、200分の1のインダクタンスのコイルで同じ大きさのリアクタンスを得られる。そのため、スイッチング制御式ではインダクタンスの小さなコイルで平滑化が行える。

平滑コンデンサについても、同じ電圧であれば、周波数が高くなるほど、1回の充電で蓄えるべき**電荷**が少なくなる。そのため、スイッチング制御式のほうが容量が小さなもので済む。

スイッチング制御式電源回路では**変圧器**を使うものもあるが、変圧器についても、扱う周波数が高くなるほど、小さくて軽くなる。本来、変圧器は直流を変圧できないが、スイッチングのON/OFFを高速で繰り返すことによって変圧が可能になる。こうした高い周波数に対応した変圧器を**高周波トランス**といい、連続制御式電源回路の変圧器より小型で軽量だ。

こうした使用する部品の大きさの違いによって、**スイッチング制御式電源回路は連続制御式電源回路より小さく軽くできる**。また、**不要な電圧や電流を抵抗に負担させないため、スイッチング制御式は連続制御式より効率が高い**。損失は20～30%程度に抑えるられる。これらのメリットによって、回路が複雑でコストがかかり、スイッチングによる**高周波ノイズ**が生じやすいというデメリットがあるが、現在の電源回路の主流になりつつある。

▶チョッパ形スイッチング制御式安定化回路

チョッパ形スイッチング制御式安定化回路は、スイッチングと平滑化を行う回路の構成によって**降圧形チョッパ**と**昇圧形チョッパ**に大別される。降圧形は入力電圧より出力電圧が低くなり、昇圧形は入力電圧より出力電圧を高めることができる。

〈図05-04〉の回路が降圧形チョッパの基本形だ。スイッチとして使われるトランジスタTrと、ダイオードD、チョークコイルL、平滑コンデンサCで構成されていて、トランジスタTrのベースには**パルス幅制御回路**からの制御信号が入力される。ここでは一例として、**スイッチング素子**にトランジスタを使っているが、FETなどその他のスイッチング素子が使われることもある。なお、以降の動作説明の図では、トランジスタをスイッチ、入力を直流電源で表わし、出力には負荷抵抗R_Lを接続している。

パルス幅制御回路からの信号を受けて、トランジスタTrがONのときは、〈図05-05〉のように負荷抵抗R_Lに電源からの電流が流れると同時に、コイルLに**電磁エネルギー**が蓄えられ、コンデンサCが**充電**される。このとき、ダイオードDには**逆方向電圧**がかかっているので、電流が流れない。トランジスタTrがOFFになると、〈図05-06〉のようにコイルLに蓄えられていた電磁エネルギーが**逆起電力**となって、TrがONのときと同じ方向に電流を流し続けようとする(**レンツの法則**)。この逆起電力によってダイオードDには**順方向電圧**がかかるので、電流が負荷抵抗R_Lに流れる。電磁エネルギーが減少し

◆降圧形チョッパの基本形 〈図05-04〉

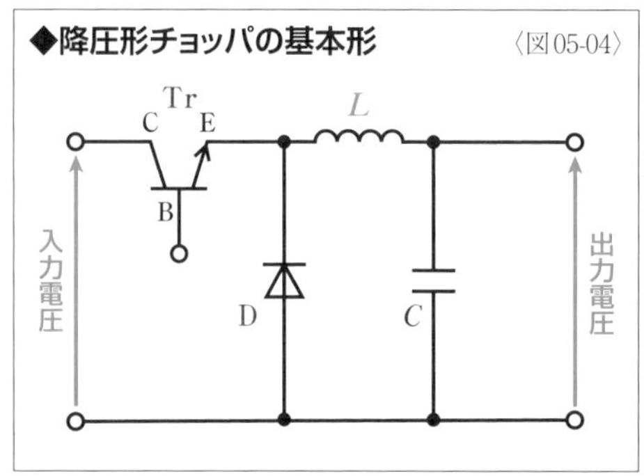

◆降圧形チョッパの動作

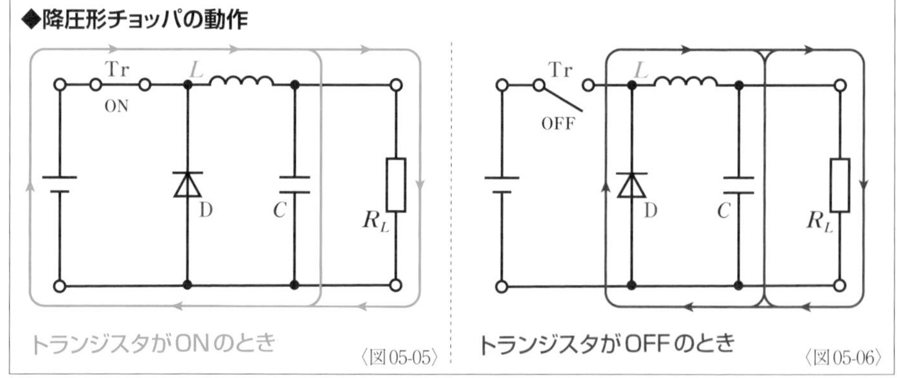

トランジスタがONのとき 〈図05-05〉

トランジスタがOFFのとき 〈図05-06〉

てコイルの端子電圧が低下していくと、それをアシストするようにコンデンサCが**放電**して、負荷抵抗R_Lに電流を流し続ける。この動作が繰り返されることで、方形パルスが平滑化されて出力される。この回路では、出力電圧は入力電圧より必ず低くなるため降圧形というわけだ。

なお、この回路に使われているダイオードは、**フライホイールダイオード**という。フライホイールとは機械装置に使われるもので、日本語では弾み車といい、慣性力を利用することで、回転を継続させ、回転しようとする力の変動を抑えるために利用されている。変動を抑えるという動作内容が似ているため、フライホイールダイオードと呼ばれているわけだ。

いっぽう、〈図05-07〉の回路が昇圧形チョッパの基本形だ。トランジスタTrと、ダイオードD、チョークコイルL、平滑コンデンサCで構成されている。使われている要素は降圧形と同じだが、配置が異なっている。

トランジスタTrがONのときは、〈図05-08〉のように電源からの電流がコイルLを流れて電磁エネルギーが蓄えられる。このとき、Trによって短絡されているので、ダイオードDには電流が流れず、コンデンサCはそれ以前に蓄えた**電荷**を放電して、負荷抵抗R_Lに電流を流している。このCからの電流は電源からの電流とは独立している。トランジスタTrがOFFになると、〈図05-09〉のようにコイルLに蓄えられていた電磁エネルギーが逆起電力になり、入力電圧に逆起電力が加わった電圧が、ダイオードDの順方向電圧になり、負荷抵抗R_Lに電流を流すと同時にコンデンサCを充電する。この動作が繰り返されることで、負荷抵抗R_Lには入力電圧より高い電圧がかかり続ける。

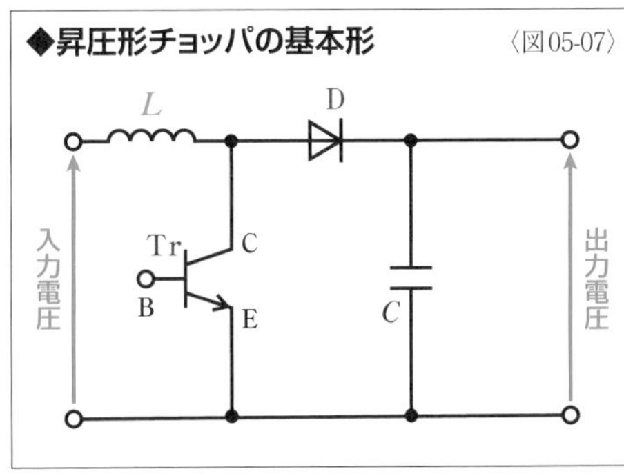

◆昇圧形チョッパの基本形 〈図05-07〉

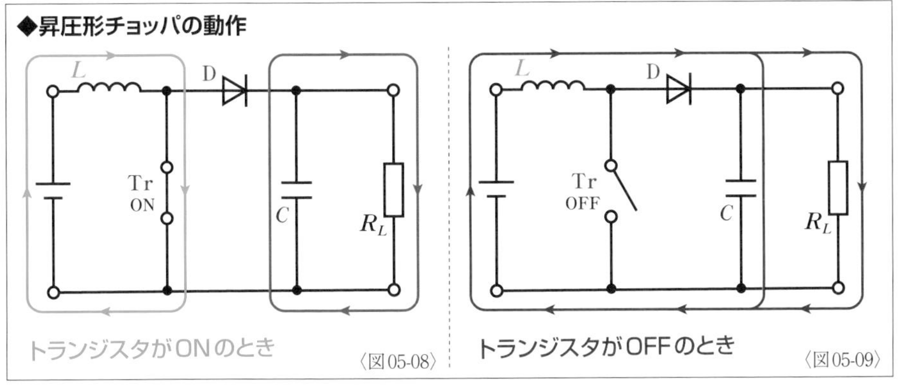

◆昇圧形チョッパの動作 〈図05-08〉 〈図05-09〉

▶コンバータ形スイッチング制御式安定化回路

コンバータ形スイッチング制御式安定化回路にはさまざまな構成のものがあるが、〈図05-10〉のような回路でスイッチングと平滑化を行うものを**フライバック形コンバータ**という。フライバック形は最少の部品点数で構成できるため、小容量の電源回路で多用されている。スイッチとして使われるトランジスタTrと、**高周波トランス**T、ダイオードD、コンデンサCで構成されていて、トランジスタTrのベースには**パルス幅制御回路**からの制御信号が入力される。この回路では**チョークコイル**を使用しないが、トランスがチョークコイルの役割を果たしている。もちろん、このトランスで変圧を行うこともできる。回路図を見るうえで注意したいのは、コイルの巻き始めが一次側と二次側で逆方向にされていることだ。

パルス幅制御回路からの信号を受けて、トランジスタTrがONのときは、〈図05-11〉のように電源からの電流が高周波トランスTの一次コイルを流れ、トランスに**電磁エネルギー**が蓄えられる。このとき、コンデンサCはそれ以前に蓄えた**電荷**を**放電**して、負荷抵抗R_Lに電流を流している。ダイオードDには**逆方向電圧**がかかるので、トランスTの二次コイルには電流が流れない。

トランジスタTrがOFFになると、〈図05-12〉のようにトランスに蓄えられていた電磁エネルギーが、二次コイルの**逆起電力**になり、ダイオードDを通じて負荷抵抗R_Lに電流を流すと同時に、コンデンサCを**充電**する。この動作が繰り返されることで、負荷抵抗R_Lには電流が流れ続ける。

◆フライバック形コンバータの基本形

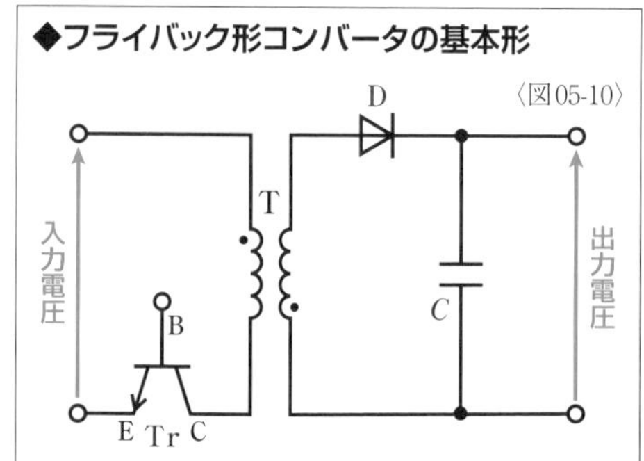

〈図05-10〉

◆フライバック形コンバータの動作

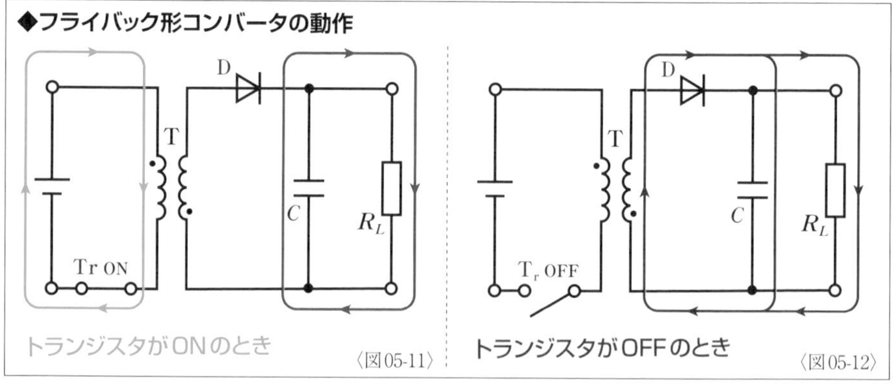

トランジスタがONのとき 〈図05-11〉

トランジスタがOFFのとき 〈図05-12〉

Chap. 09 電源回路

いっぽう、〈図05-13〉のような回路を**フォワード形コンバータ**という。構成が比較的簡単でフライバック形より大容量にも対応できるため、多くの電源回路に採用されている。スイッチとして使われるTrと、高周波トランスT、ダイオードD_1とD_2、チョークコイルL、コンデンサCで構成されている。D_2は**フライホイールダイオード**として使われ、チョークコイルLとコンデンサCは降圧形チョッパの場合と同じように動作するといえる。

〈図05-14〉のようにトランジスタTrがONになり、トランスTの一次コイルの電流が増加していく状況では、二次コイルの電流が増加していき、ダイオードD_1とコイルLを通じて負荷抵抗R_Lに電流を流すと同時に、コンデンサCを充電する。このとき、コイルLには電磁エネルギーが蓄えられる。

◆フォワード形コンバータの基本形　〈図05-13〉

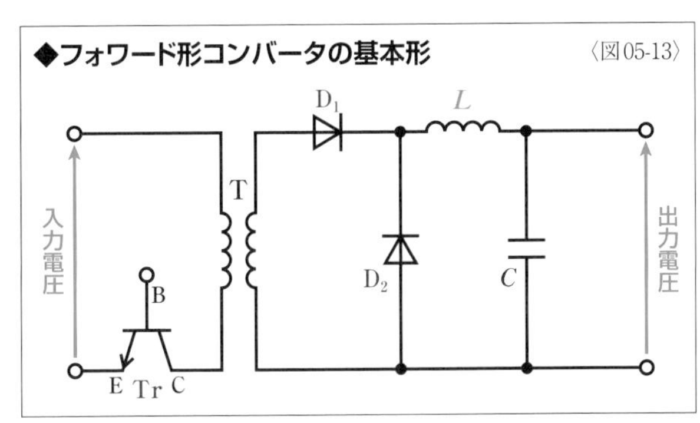

〈図05-15〉のようにトランジスタTrがOFFになると、コイルLに蓄えられていた電磁エネルギーが逆起電力になり、ダイオードD_2を通じて負荷抵抗R_Lに電流を流すと同時に、コンデンサCを充電する。この説明では、コンデンサCは常に充電されているが、トランスやコイルLの動作によって負荷抵抗R_Lの端子電圧が、コンデンサCの端子電圧より低くなると、コンデンサCが放電して、負荷抵抗R_Lに電流を流すことになる。このように、フォワード形はコンデンサCが充電される期間が長いため、リプルが小さくなる。

◆フォワード形コンバータの動作

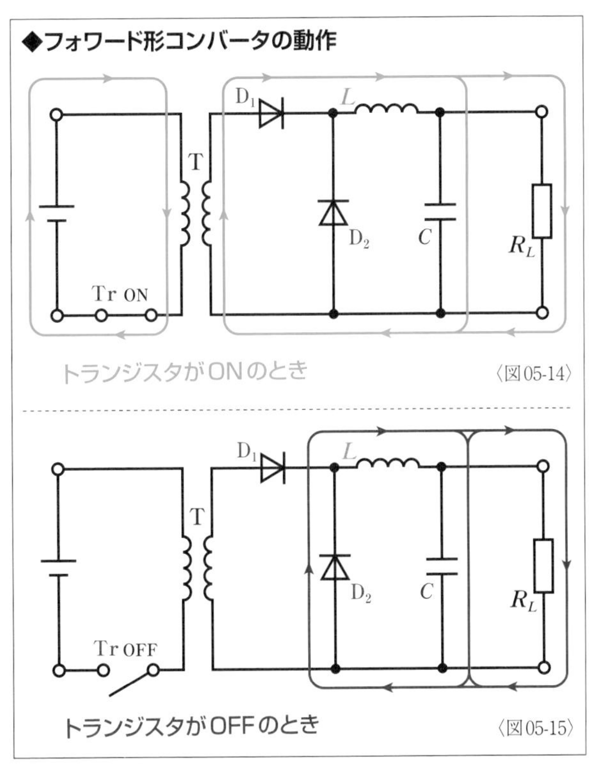

トランジスタがONのとき　〈図05-14〉

トランジスタがOFFのとき　〈図05-15〉

比較回路とパルス幅制御回路

スイッチング制御式安定化回路では、**比較回路**と**パルス幅制御回路**が重要な役割を果たす。比較回路は**コンパレータ**ともいい、入力信号を基準電圧と比較し、その大小を判定する回路で、たとえば入力信号より基準電圧が高い場合に高い電圧を発生し、低い場合に0Vを出力するといったことができる。電源回路では、一定の基準電圧に**三角波**を重ねる方法などが採用されている。三角波を重畳させることで、比較回路の出力でそのままパルスの幅を制御することができる。つまり、比較回路がパルス幅制御回路の役割も果たしてくれる。このとき、三角波の周波数が**スイッチング周波数**になる。

比較回路には、基準電圧に三角波の電圧が加えられた電圧と、**検出回路**の検出電圧が入力される。比較回路は、検出電圧より、基準電圧と三角波電圧の和のほうが高いと電圧を出力する。この電圧がパルス幅制御の信号としてスイッチング素子に送られる。たとえば、基準電圧=検出電圧のときが〈図05-16〉のようだとすると、〈図05-17〉のように検出電圧が低下した場合は、比較回路の出力電圧のパルス幅が広くなり、スイッチがONの時間が長くなる。結果、平滑化された出力電圧が上昇していくことになる。

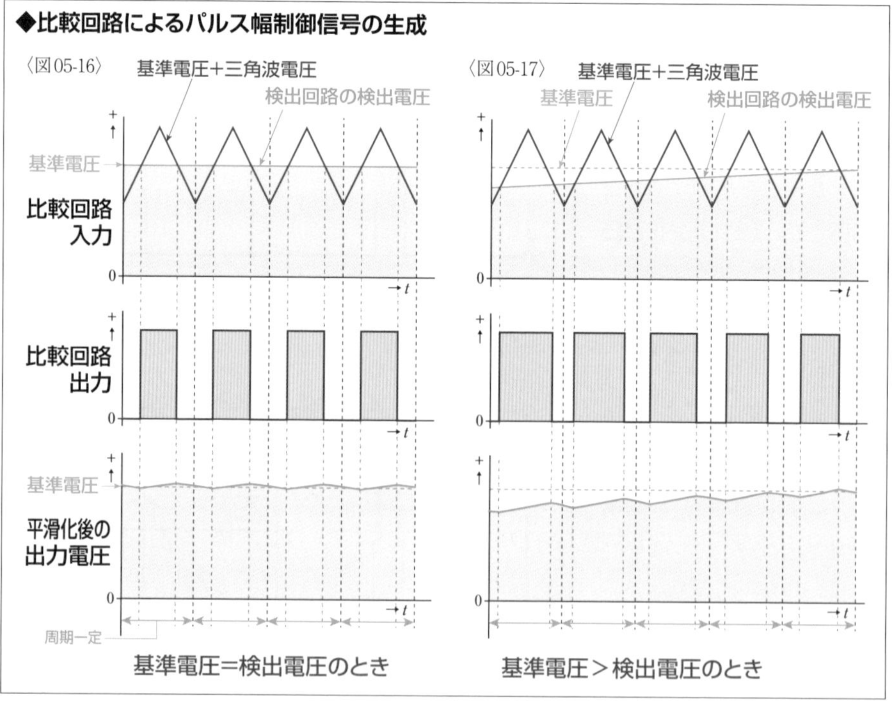

パルス回路

Chapter
10

パルス波形

パルス回路ではパルス波形が使われる。一般的に使われているのは方形パルスだ。理想の方形パルスはきれいな方形の波形だが、現実世界の波形は異なる。

▶方形パルス

パルスとは短時間で急激な変化をする電圧や電流のことで、英語の"pulse"には脈や脈拍の意味がある。パルスには〈図01-01〉のように**方形パルス**や**三角パルス**、**のこぎり形パルス**、**トリガパルス**などさまざまな波形のものがある。こうしたパルスのなかで方形パルスは「1」と「0」や「ON」と「OFF」といった2つの状態(**2値**)を示すのに適しているため、本書の最初で説明したように、方形パルスが**デジタル回路**の**デジタル信号**として使われるのが一般的だ。方形パルスは**矩形パルス**ともいうが、電子回路の分野で単にパルスといった場合は方形パルスをさすことが多い。こうしたパルスを扱う回路を**パルス回路**という。

◆各種のパルス波形 〈図01-01〉

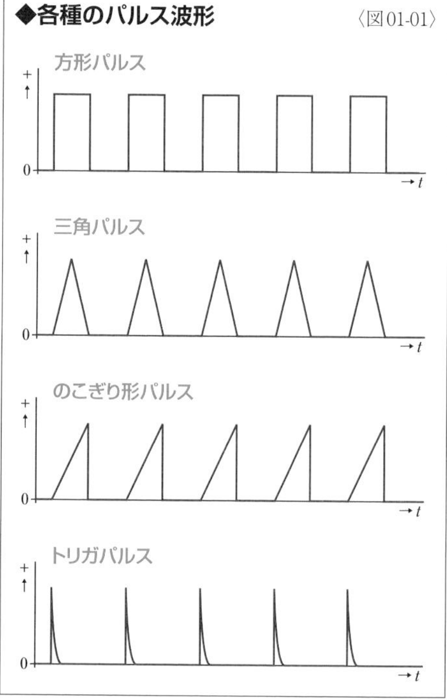

方形パルスをデジタル回路で使用する場合は、一定の周期を決めて使用するのが基本だ。こうした周期の決まったパルスを**周期パルス**といい、方形パルスの場合は**周期方形パルス**というが、わざわざ周期を付けて表現されることは少ない。周期パルスに対して、一度だけ発生するパルスを**単発パルス**という。

方形パルスでは、パルスの幅を**パルス幅**、高さを**パルス振幅**や単に**振幅**といい、ONとOFFの1組に要する時間を**繰り返し周期**、1秒間の周期の回数を**繰り返し周波数**という。繰り返し周期と繰り返し周波数は単に**周期**と**周波数**ということも多い。〈図01-02〉のように電圧のパルスを例にした場合、パルス幅をw、振幅をM、周期をTとすると、正弦波交流の場合と同じように周波数fと周期Tの関係は、〈式01-03〉や〈式01-04〉のように示される。また、

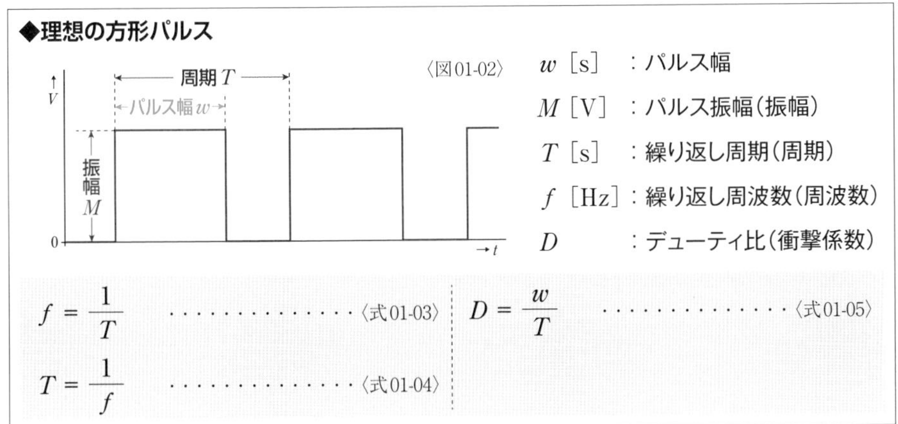

$$f = \frac{1}{T}$$ ……〈式01-03〉

$$T = \frac{1}{f}$$ ……〈式01-04〉

$$D = \frac{w}{T}$$ ……〈式01-05〉

パルス幅wと周期Tの比を**デューティ比**や**衝撃係数**という。デューティ比をDとすると、〈式01-05〉のように示される。なお、デューティ比は単位のない比として表わされることが多いが、100を掛けてパーセント[%]として示されることもある。

▶現実世界の方形パルス

理想の**方形パルス**は、波形がきれいな方形だが、現実世界では電圧や電流が**振幅**0から0秒である値まで立ち上がったり、ある値から0秒で振幅0に立ち下がることができないため、〈図01-06〉のような波形になることが多い。パルスの立ち上がりや立ち下がりに要する時間は、振幅10%から振幅90%に達する時間を**立ち上がり時間**、振幅90%から振幅10%に達する時間を**立ち下がり時間**という。また、**パルス幅**は振幅が50%以上の部分の幅をさし、**周期**も振幅が50%の部分を基準とする。

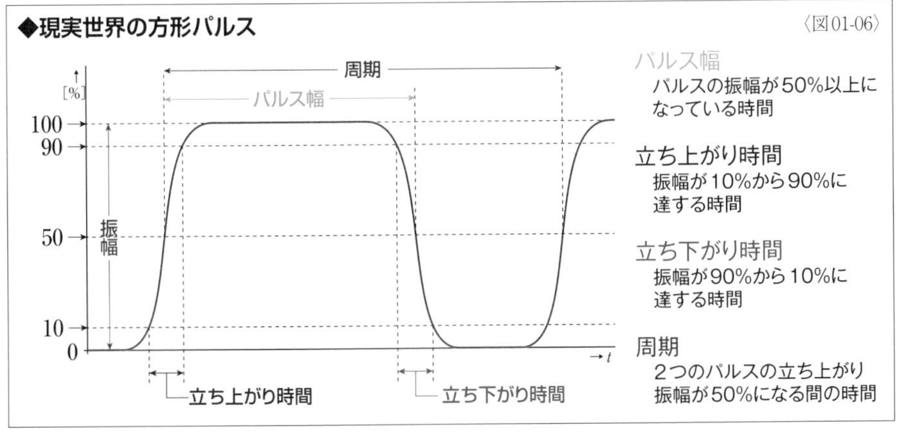

スイッチング素子の動作

電子回路の方形パルスはスイッチング作用のある半導体素子を使って作るのが一般的だ。ただし、スイッチング素子が生み出す波形は理想の方形パルスにはならない。

▶スイッチと方形パルス

方形パルスを作るのは簡単だ。〈図02-01〉のようなスイッチ、電源、負荷抵抗で回路を構成し、スイッチのON/OFF操作を一定周期で繰り返せば、負荷抵抗の出力電圧は方形パルスになる。しかし、人間がスイッチを操作したのでは、正確に周期的な操作は難しい。そもそも、電子回路で使われる方形パルスには非常に高い**繰り返し周波数**が求められるので、機械的なスイッチにも限界がある。そのため、方形パルスの生成には**スイッチング作用**のある半導体素子が使われるのが一般的だ。こうした**スイッチング素子**には**ダイオード**や**トランジスタ**、FETなどがある。

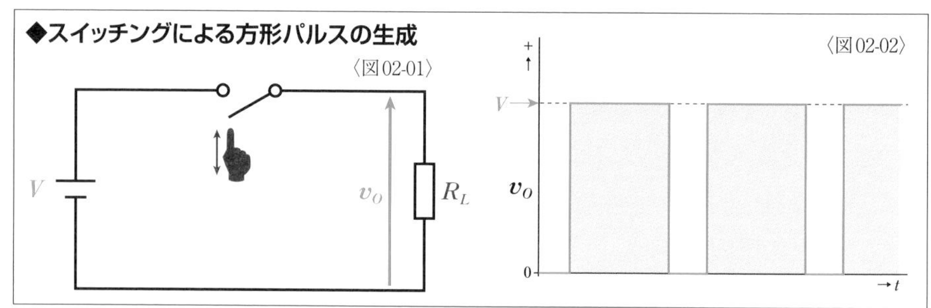

◆スイッチングによる方形パルスの生成

▶ダイオードのスイッチング作用

ダイオードは**スイッチング作用**のある**半導体素子**だ。理想の特性で考えれば、ダイオードに**順方向電圧**が加えられているときは**順方向電流**が流れるので、この状態を**ダイオードがON状態にある**という。いっぽう、ダイオードに**逆方向電圧**が加えられているときは電流が流れないので、この状態を**ダイオードがOFF状態にある**という。これが**ダイオードのスイッチング作用**だ。

〈図02-03〉のような**スイッチング回路**で、時刻t_1に切替スイッチを①の側に操作してダイオードに順方向電圧V_1を加えると、順方向電流iが負荷抵抗を流れてONの状態になる。このとき、n形領域の**自由電子**はp形領域に向かって移動し、p形領域の**正孔**はn形領域に

◆ダイオードのスイッチング回路

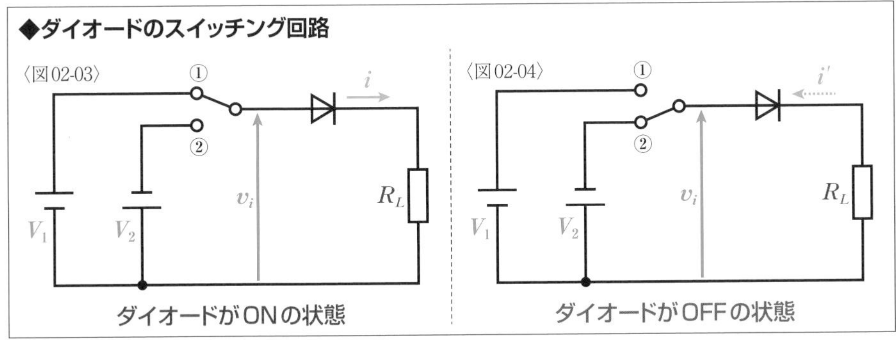

向かって移動し、それぞれ**注入キャリア**になる。さらに自由電子と正孔が**再結合**して消滅することで順方向電流が流れるわけだが、それ以前のスイッチが②の状態にあるときには**接合面**に付近に**空乏層**が生じているため、**キャリア**の移動と再結合には時間がかかる。そのため、順方向電圧V_1がかかってもすぐには十分な順方向電流が流れることができず、〈図02-06〉のように負荷抵抗を流れる電流iの立ち上がりには時間がかかる。

この状態から、〈図02-04〉のように時刻t_2にスイッチを②の側に操作すると、ダイオードに逆方向電圧V_2が加わることになるので、負荷抵抗に電流が流れないOFFの状態になりそうなものだが、実際には逆方向の電流が流れるという現象が起こる。スイッチが①の状態のときにn形領域からp形領域に移動した注入キャリアや、p形領域からn形領域に移動した注入キャリアは、再結合して消滅するまでにわずかだが時間がかかる。そのため、スイッチが②に切り替わった瞬間には、まだ消滅前の注入キャリアが残っている。逆方向電圧がかかることによってこれらの注入キャリアが引き戻されるため、このキャリアの移動によって〈図02-06〉のように**逆方向電流**i'がしばらくの間は流れるが、注入キャリアは次第に少なくなっていくため、電流は立ち下がっていき停止する。

◆ダイオードのスイッチング波形

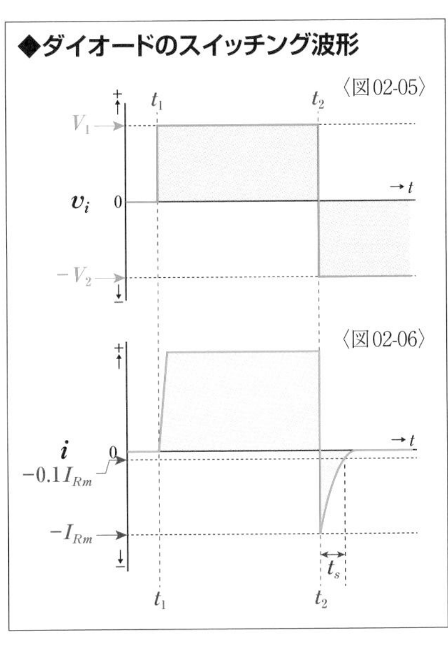

このように、ダイオードに逆方向電圧がかかった瞬間t_2から、逆方向電流がその最大値I_{Rm}の10%になるまでの時間t_sを、**回復時間**という。スイッチング素子として利用するダイオードは、逆方向電流が小さく、回復時間の短いものが望ましい。

▶トランジスタのスイッチング作用

トランジスタは**スイッチング作用**のある**半導体素子**だ。たとえば、〈図02-07〉のような**スイッチング回路**を構成して、切替スイッチを①の側にすると、ベース・エミッタ間に**順方向電圧**がかかるので、ベース電流i_Bが流れることで大きなコレクタ電流i_Cが負荷に流れる。この状態を**トランジスタがONの状態にある**という。この状態から、スイッチを②の側に操作すると、ベース・エミッタ間に**逆方向電圧**がかかるので、ベース電流i_Bは流れず、コレクタ電流i_Cもほぼ0Aになるので、負荷にもほとんど電流が流れない。この状態を**トランジスタがOFFの状態にある**という。

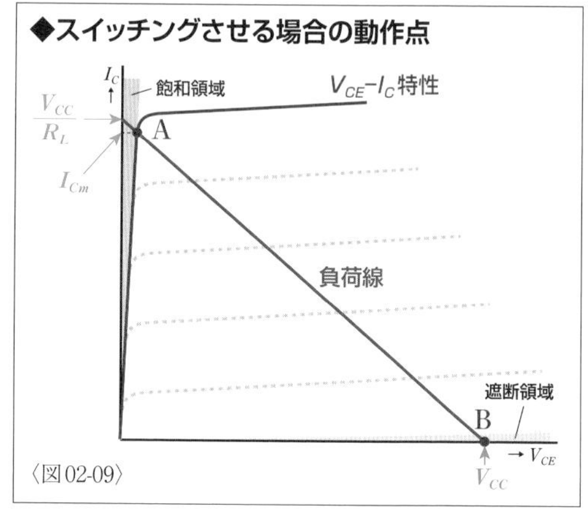

〈図02-09〉

ONのときの回路は、エミッタ接地増幅回路と同じような構成だが、トランジスタをスイッチとして使用する場合は、大きなコレクタ電流を流せるように$V_{CE}-I_C$特性の**飽和領域**と**遮断領域**を使用する。特性が〈図02-09〉であれば、**動作点**Aのベース電流の値より大きくなるように、電源V_Bと抵抗R_Bを設定すれば、トランジスタがONのときに飽和領域になり、最大のコレクタ電流I_{Cm}が流れる。いっぽう、スイッチが②のときは、動作点がBになり、遮断領域になる。

ただし、切替スイッチを繰り返し操作しても、負荷を流れる電流の波形はきれいな方形にならない。時刻t_1に切替スイッチを①の側にすると、ベース・エミッタ間に順方向電圧がかっ

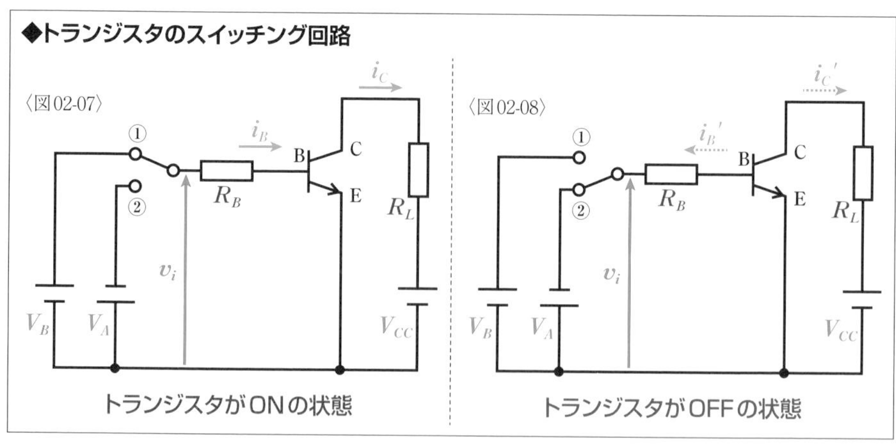

てベース電流i_Bが流れることで、エミッタ領域から多数の**自由電子**がベース領域に注入される。この自由電子がベース領域を通過してコレクタ領域を達するすることでコレクタ電流i_Cが流れるが、こうした**キャリア**の移動には時間がかかる。そのため、ベース・エミッタ間に順方向電圧がかかってもすぐには十分なコレクタ電流i_Cが流れることができず、〈図02-12〉のように負荷を流れるコレクタ電流i_Cの立ち上がりには時間がかかる。また、コレクタ電流の最大値I_{Cm}は動作点によって決まるが、エミッタ領域から注入された自由電子は非常に数多いのでコレクタ領域には向かわずベース領域に溜まってしまうものがある。これを**キャリアの蓄積作用**という。

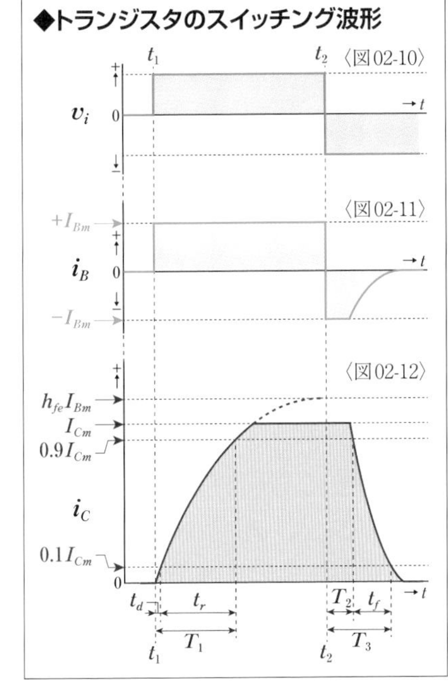

時刻t_2にスイッチを②の側にしてベース・エミッタ間に逆方向電圧がかけると、ベース領域内に蓄積されていた自由電子がエミッタ領域に引き戻される。このキャリアの移動によってそれまでとは逆方向のベース電流i_B'が流れる。コレクタ電流i_Cはベース領域に蓄積されているキャリアがなくなり、i_B'が0Aになるまで続く。結果、ベース・エミッタ間に逆方向電圧がかかっても、しばらくはコレクタ電流i_Cが最大値を保って流れ続けた後、次第に減少する。この間、トランジスタはONの状態が続いてしまう。

ベースに順方向電圧を加えた瞬間から、コレクタ電流i_Cが最大値の10%になるまでの時間t_dを**遅れ時間**といい、そこから最大値の90%に達するまでの時間t_rを**立ち上がり時間**という。この両者を合わせた時間T_1を**ターンオン時間**という。いっぽう、ベースに逆方向電圧を加えた瞬間から、i_Cが最大値の90%になるまでの時間T_2を**蓄積時間**といい、そこから最大値の10%に達するまでの時間t_fを**立ち下がり時間**という。この両者を合わせた時間T_3を**ターンオフ時間**という。また、こうした**スイッチング素子**の特性を**スイッチング特性**という。

トランジスタをスイッチとして使う際にはONとOFFの切り替えが素早く行われることが望ましいが、キャリアの蓄積作用やベース領域のキャリアの**拡散**による時間的な遅れがあるので、応答が悪くなってしまう。こうした応答を速くするには**エミッタ接地遮断周波数**の高いトランジスタを使う必要がある。また、回路を工夫してベース電流を大きくすればコレクタ電流の立ち上がりを速くでき、逆方向のベース電流を大きくすればコレクタ電流の立ち下がりを速くできる。

Chapter 10 Section 03

微分回路と積分回路

方形パルスの変形にはコンデンサと抵抗を組み合わせた回路が使われる。CR微分回路を使うとトリガパルスが得られ、CR積分回路を使うと三角パルスが得られる。

微分回路と積分回路

パルス回路では、**微分回路**や**積分回路**が波形の変形に利用される。微分回路と積分回路はオペアンプを使った回路をすでに説明しているが(P228参照)、ここでは抵抗RとコンデンサCという受動素子だけで構成されるものを取り上げる。それぞれ***CR*微分回路**や***CR*積分回路**、または***RC*微分回路**や***RC*積分回路**という。これらの回路は、コンデンサの**過渡現象**を利用して、波形の変形を行う。

微分回路を使えば、**トリガパルス**のような出力波形や入力したパルスの振幅の変化が激しい部分を検出するような出力波形などを得られる。積分回路を使えば、**三角パルス**のような出力波形や入力したパルスを徐々に足していくような出力波形を得られる。

CR微分回路

微分回路の出力電圧の波形は、入力電圧を時間で微分した波形に似ているので、微分回路と呼ばれる。〈図03-01〉のような回路で***CR*微分回路**の動作を確認することができる。この回路では、出力電圧は抵抗Rの両端から取り出すことになる。なお、当初のコンデンサCの**電荷**は0Cとする。

時刻t_1でスイッチを①の側にすると、入力電圧v_iが電源電圧Vになり、コンデンサCを**充電**するために電流iが流れ、抵抗Rに端子電圧v_Rが現れるが、コンデンサCの充電が進むと電流iは小さくなっていき、充電が完了すると、電流が流れなくなる。電流iが小さくなっていくので、端子電圧v_Rも小さくなっていき最終的に0Vになる。コンデンサCの端子電圧v_Cは、t_1の時点では0Vが、充電が進むにつれて上昇していき、充電が完了すると一定の値(=V)を保つ。それぞれの電圧と電流の関

◆CR微分回路の動作確認 〈図03-01〉

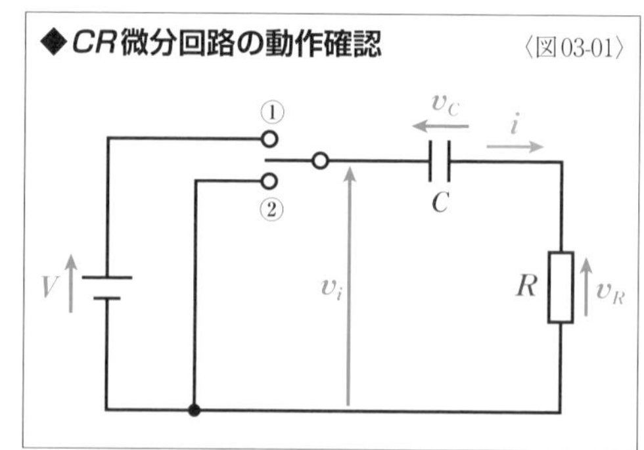

係をグラフにすると〈図03-02～05〉のようになる。

次に、時刻t_2でスイッチを②の側にすると、入力電圧v_iが0Vになるが、コンデンサCには電荷が蓄えられているので、回路が構成されて**放電**が始まる。電流iは充電の際とは逆向きになり、この電流によって抵抗Rの両端にも逆向きの電圧v_Rが現れる。放電によってコンデンサCに蓄えられた電荷が少なくなっていくと、コンデンサCの端子電圧v_Cが小さくなっていき、電流iも小さくなっていき、最終的に0Aになる。同様に、逆向きの端子電圧v_Rも小さくなっていき最終的に0Vになる。

◆*CR*微分回路の各部の波形

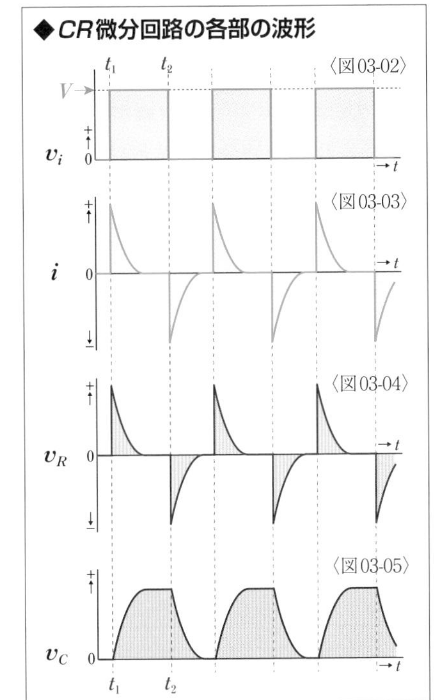

ここではコンデンサの充電が完了してからスイッチを切り替えているが、充電が完了する前に切り替えれば出力波形v_Rは異なったものになる。こうした出力波形のグラフの傾き具合(広がり具合や鋭さともいえる)は、コンデンサCと抵抗Rの積によって決まる。この積CRを**時定数**τという。時定数とは**過渡現象**の応答速度の指標で、コンデンサが充放電する速度を示しているといえる。〈図03-06〉のように、CRの大きさによって出力波形v_Rは変化する。

方形パルスのパルス幅をwとすると、**トリガパルス**のように電圧0Vの時間を作るためには、時定数であるCRをwより十分に小さくする($CR \ll w$)必要がある。時定数が小さいほど、トリガパルスは鋭くなっていく。なお、実際のCR微分回路では、〈図03-07〉のような回路が使われる。

◆時定数による出力波形の変化

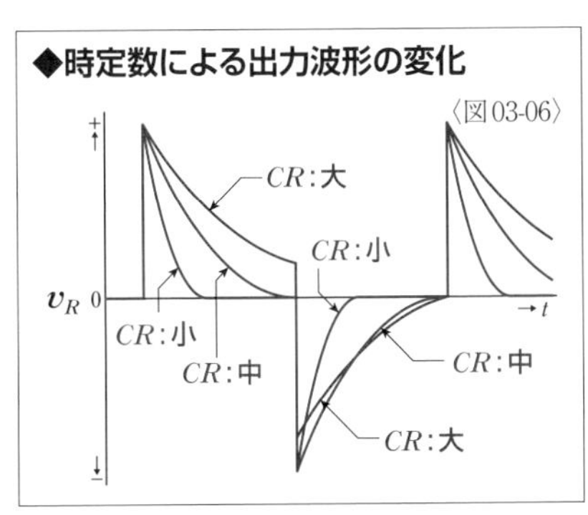

◆*CR*微分回路の基本形

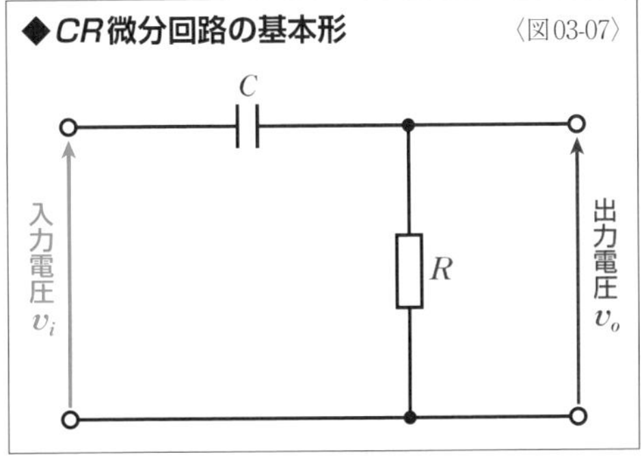

▶CR積分回路

積分回路の出力電圧の波形は、**入力電圧を時間で積分した波形に似ている**ので、積分回路と呼ばれる。〈図03-08〉のような回路で**CR積分回路**の動作を確認することができる。この回路はCR微分回路の抵抗RとコンデンサCの位置を入れ替えたもので、積分回路の場合、出力電圧はコンデンサCの両端から取り出すことになる。なお、当初のコンデンサCの**電荷**は0Cとする。

◆CR積分回路の動作確認 〈図03-08〉

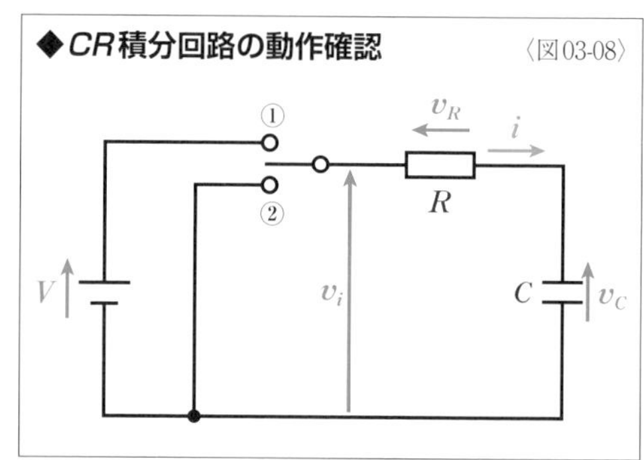

時刻t_1でスイッチを①の側にすると、入力電圧v_iが電源電圧Vになり、コンデンサCを**充電**するために電流iが流れるが、当初はコンデンサCに電荷が蓄えられていないので、端子電圧v_Cは0Vから立ち上がっていく。容量一杯まで電荷が蓄えられると、端子電圧v_Cは一定の値を保つ。この充電の過程では、コンデンサCの端子電圧v_Cと抵抗Rの端子電圧v_Rの和は、常に電源電圧Vで一定なので、v_Cが0Vから立ち上がっていくのに対して、v_RはVから低下していく。端子電圧v_RはVから低下していくため、流れる電流iはスイッチを①の側にした瞬間が最大であり、そこから低下していき、充電が完了すると電流が流れなくなる。それぞれの電圧と電流の関係をグラフにすると〈図03-09～12〉のようになる。説明の文章はかえているが、4つのグラフは微分回路の場合とまったく同じだ。

◆CR積分回路の各部の波形(時定数小)

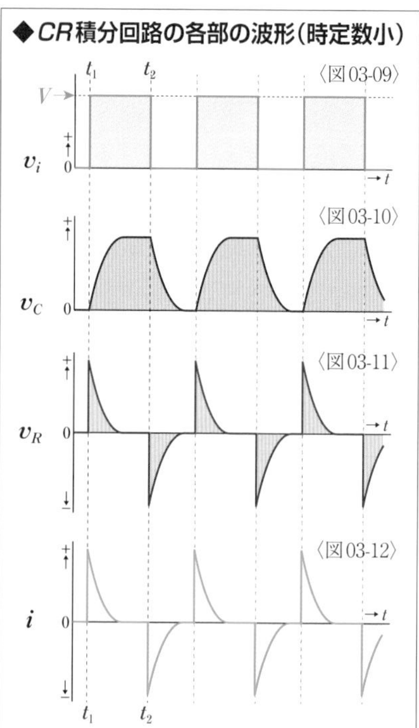

電流iが停止したら時刻t_2でスイッチを②の側にする。この場合の電圧と電流の関係も基本的に微分回路と同じだ。スイッチを②の側にすると電源Vからは切り離されるが、コンデンサCには電荷が充電されているので、回路が構成されて**放電**が始まる。流れる電流iは充電

の際とは逆向きになる。スイッチを②の側にした瞬間のコンデンサの端子電圧v_CはVだが、放電が進むにつれて電荷が少なくなって端子電圧v_Cが低下していき、完全に放電すると0Vになる。この放電の過程では、コンデンサCが電源になっているといえるので、端子電圧v_Cと抵抗Rの端子電圧v_Rは大きさが等しく、正負が逆の電圧になる。抵抗Rの大きさは一定で、電圧が次第に低下していくため、電流iも同じように低下していき、放電が完了すると電流が流れなくなる。

◆CR積分回路の各部の波形(時定数大)

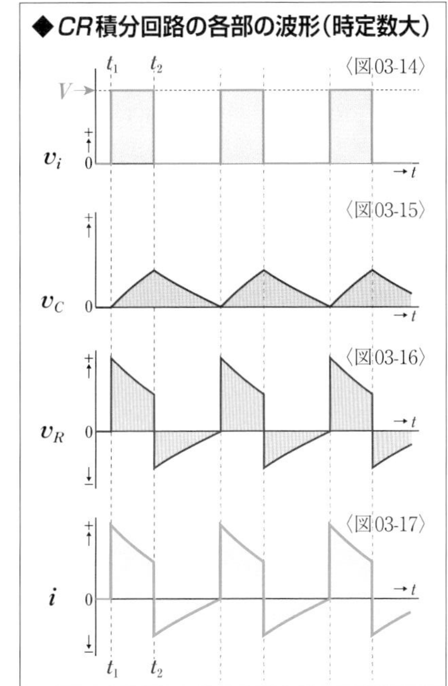

こうした積分回路の場合も、〈図03-13〉のように、**時定数**であるCRの大きさによって出力波形v_Cは変化する。**三角パルス**のように電圧が一定の期間がない波形を出力させるためには、入力する方形パルスのパルス幅wより時定数であるCRが大きい($CR>w$)必要がある。時定数を大きくして出力を三角パルスに近づけた場合の電圧と電流は〈図03-14～17〉のようになる。コンデンサCが完全に充電される以前にスイッチを切り替えているので、出力電圧であるコンデンサCの端子電圧v_Cの最大値が時定数が小さい場合より小さくなっている。

CR積分回路に方形パルスを入力して、三角パルスを出力させる場合、時定数が大きくするほど波形が直線的になって三角パルスに近づくが、三角パルスの出力が小さくなってしまう。そのため、三角パルスを得たい場合はCR積分回路と増幅回路を組み合わせて使用するのが一般的だ。本書ではオペアンプによるものを紹介している(P229参照)。

◆時定数による出力波形の変化

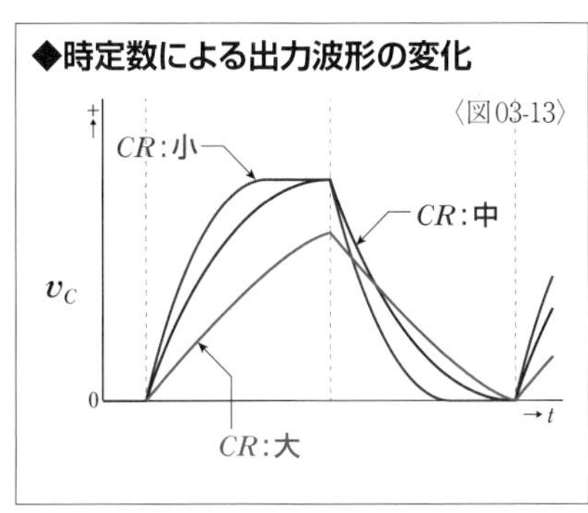

◆CR積分回路の基本形

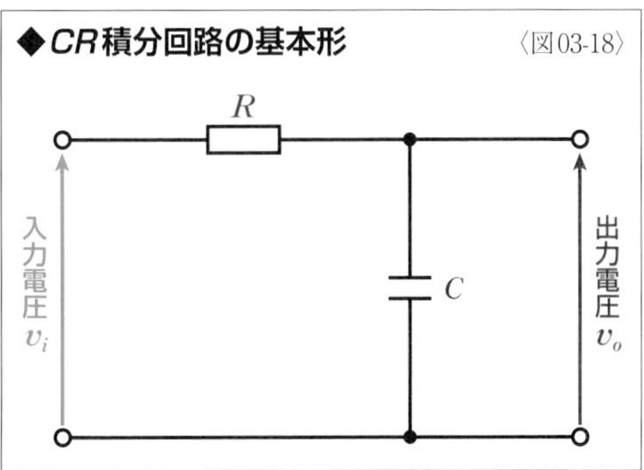

波形整形回路

パルス回路では、入力波形を整形したり変形したりすることがある。こうした波形整形回路はダイオードに抵抗や電源、コンデンサを加えることで実現できる。

▶波形整形回路

パルス回路では、必要に応じて入力波形をあるレベルで切り揃えたり、波形の基準レベルをかえたり、違った波形に変換したりするという操作が行われることがある。また、方形パルスに**ひずみ**が生じたり**ノイズ**が混入したりすることもある。こうした際に**波形を変形したり整えたりする回路を波形整形回路という**。このSectionでは、**クリッパ回路**、**リミッタ回路**、**スライサ回路**、**クランパ回路**など**ダイオード**を使った波形整形回路を説明する。

▶ピーククリッパ回路

クリッパ回路は、入力波形の上部か下部をあるレベルで切り取る波形整形回路だ。**クリップ回路**ともいい、基準電圧のレベルより上を切り取る回路を**ピーククリッパ回路**（**ピーククリップ回路**）、下を切り取る回路を**ベースクリッパ回路**（**ベースクリップ回路**）という。

ピーククリッパ回路は〈図04-01〉のような回路だ。電源電圧をV_r、ダイオードの**順方向電圧**をV_Dとすると、基準電圧は両者の和であるV_r+V_Dになる。入力電圧をv_iとすると、$v_i>V_r+V_D$の領域では、ダイオードDには順方向電圧V_Dがかかり**順方向電流**が流れるので、出力電圧v_oはV_r+V_Dになる。いっぽう、入力電圧が$v_i<V_r+V_D$の領域では、ダイオードDには**逆方向電圧**がかかるので、ダイオードに電流が流れない。そのため、出力端子には入力電圧v_iがそのまま現れる。入力が方形パルスの場合、〈図04-02〉のようにパルスの上部が切り取られ、基準電圧V_r+V_Dで揃えられる。

◆ピーククリッパ回路

〈図04-01〉

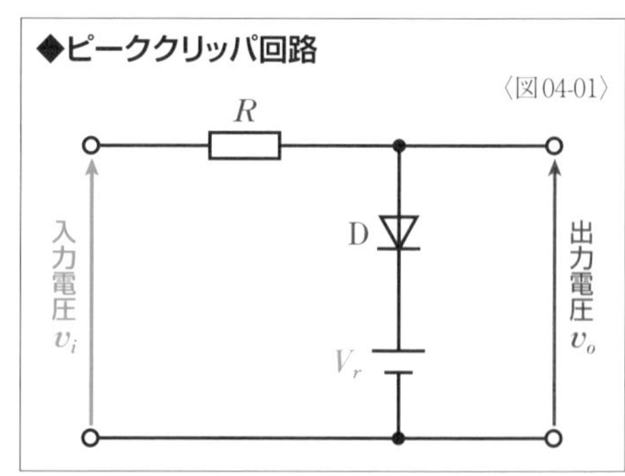

また、交流でも同じように入力波形の上部を切り取ることができる。入力電圧v_iが正の電圧で$v_i>V_r+V_D$の領域では出力電圧v_oはV_r+V_Dになり、v_iが正の電圧で$v_i<V_r+V_D$の領域では出力電圧v_oはv_iになる。v_iが負の電圧の領域でも$v_i<V_r+V_D$が成立するので出力電圧v_oはv_iにな

◆ピーククリッパ回路の入出力波形

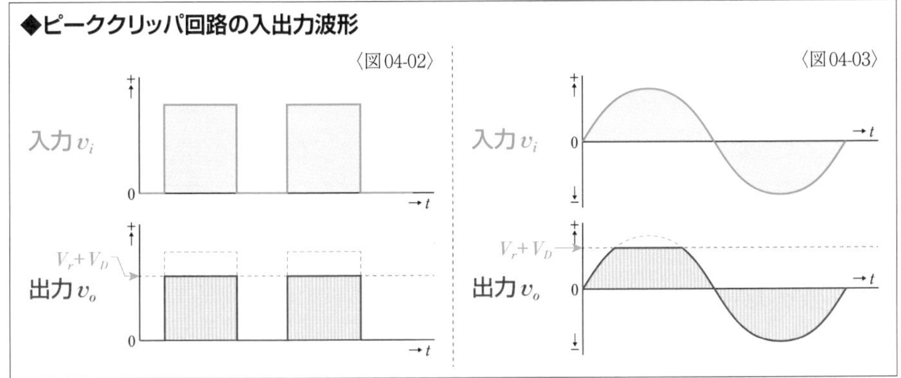

る。正弦波交流を入力した場合、出力波形は〈図04-03〉のようにV_r+V_Dより上の部分が切り取られた波形になる。

▶ベースクリッパ回路

ベースクリッパ回路は、基準電圧を正の領域に設定するか、負の領域に設定するかで、回路が異なったものになる。〈図04-04〉は負の領域に基準電圧を設定するベースクリッパ回路で、基準電圧は$-(V_r+V_D)$になる。

入力電圧v_iが正の領域では、ダイオードDには**逆方向電圧**がかかるので、ダイオードには電流が流れない。そのため、出力端子には入力電圧v_iがそのまま現れる。入力電圧v_iが負の電圧でも、$v_i>-(V_r+V_D)$の領域では、やはりダイオードDには逆方向電圧がかかるので、出力端子には入力電圧v_iがそのまま現れる。ところが、入力電圧v_iが負の電圧で$v_i<-(V_r+V_D)$の領域では、ダイオードDに**順方向電圧**がかかるので、$-(V_r+V_D)$が出力電圧v_oになる。正弦波交流を入力した場合、出力波形は〈図04-05〉のように$-(V_r+V_D)$より下の部分が切り取られた波形になる。

➡次ページに続く

◆ベースクリッパ回路(基準電圧:負)

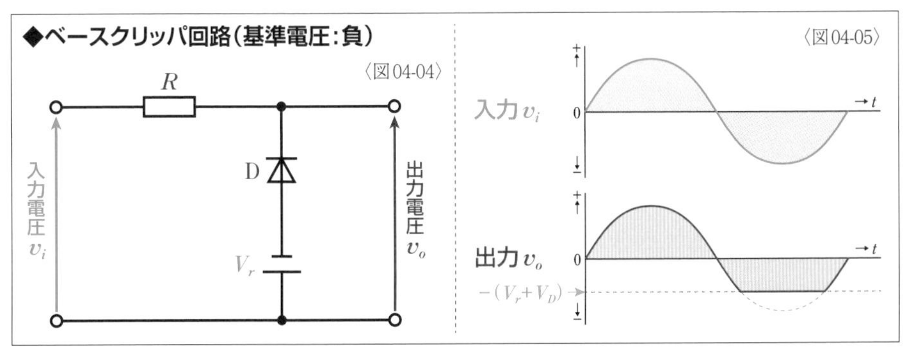

基準電圧を正の領域に設定する**ベースクリッパ回路**は〈図04-06〉のような回路だ。負の領域に基準電圧を設定する場合とは、電源電圧の極性が逆向きになっている。ピーククリッパ回路のダイオードの極性だけを逆向きにしたものだともいえる。この場合、基準電圧は$V_r - V_D$になる。

入力電圧v_iが正の電圧で$v_i > V_r - V_D$の領域では、ダイオードDには**逆方向電圧**がかかるので、ダイオードには電流が流れない。そのため、出力端子には入力電圧v_iがそのまま現れる。しかし、入力電圧が$v_i < V_r - V_D$の領域では、ダイオードDに**順方向電圧**がかかるので、$V_r - V_D$が出力電圧v_oになる。これは入力電圧が負の領域にも当てはまる。方形パルスを入力した場合と正弦波交流を入力した場合の出力波形は〈図04-07〉と〈図04-08〉のように$V_r - V_D$より下の部分が切り取られた波形になる。

◆ベースクリッパ回路（基準電圧：正）

〈図04-06〉

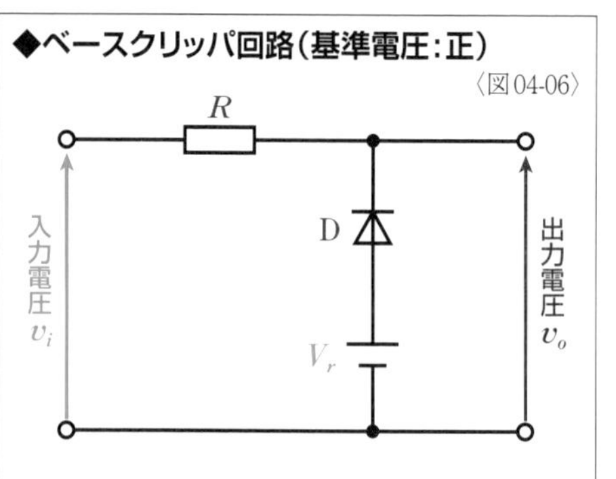

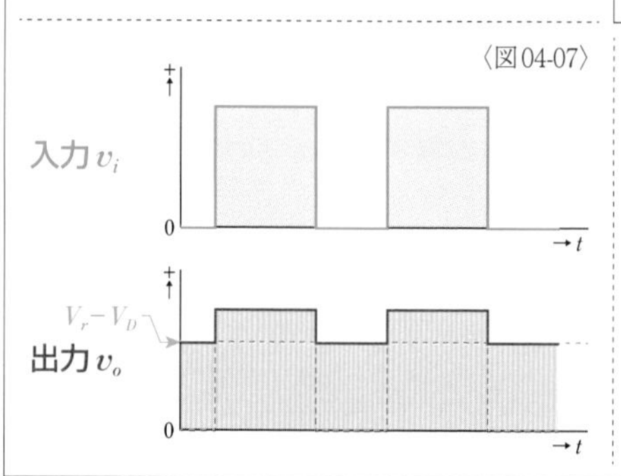

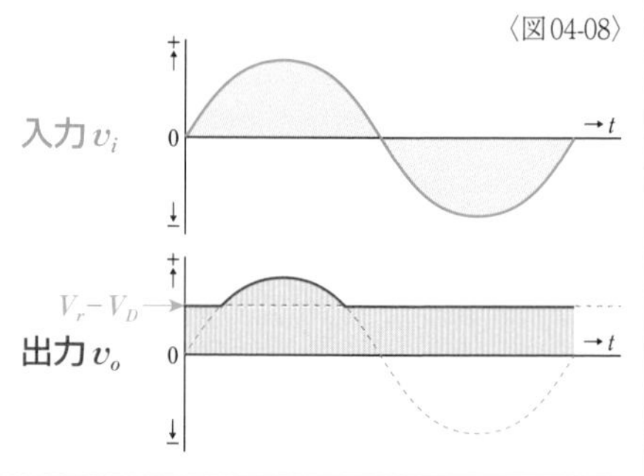

▶リミッタ回路

リミッタ回路は、入力電圧の波形の上部と下部を切り取ることで、入力電圧の振幅を制限する波形整形回路だ。**リミット回路**ともいい、基準電圧が2つ設定されることになる。**ピーククリッパ回路**と**ベースクリッパ回路**を組み合わせたものだといえる。〈図04-09〉のようなリミッタ回路は、正の領域と負の領域に基準電圧を設定することができる。入力電圧が正の領域では$V_{r1} + V_{D1}$が上限の電圧になり、入力電圧が負の領域では$-(V_{r2} + V_{D2})$が下限の電圧になる。この回路に正弦波交流を入力した場合、出力波形は〈図04-10〉のようになるため、正弦波交流から**方形波交流**（**矩形波交流**）を作る際などに使われる。

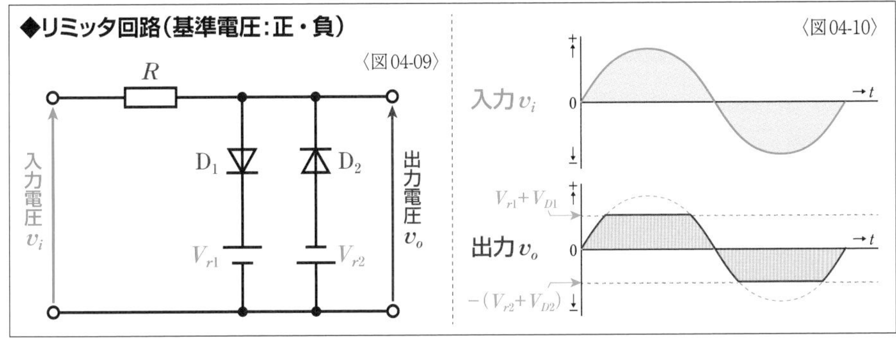

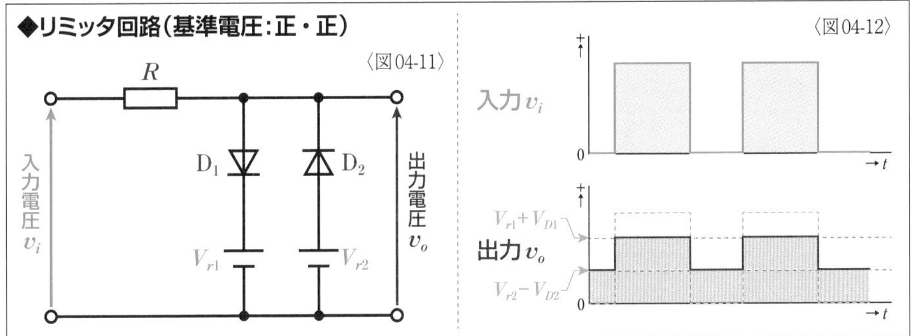

〈図04-11〉のようなリミッタ回路では、正の領域に2つの基準電圧を設定することができる。この場合、基準電圧は $V_{r1}+V_{D1}$ と $V_{r2}-V_{D2}$ が基準電圧になる。この回路に方形パルスを入力した場合の出力波形は〈図04-12〉のようになる。

また、〈図04-13〉のように、リミッタ回路は2個の**定電圧**(ていでんあつ)**ダイオード**(**ツェナーダイオード**)でも構成できる。定電圧ダイオード D_{Z1}、D_{Z2} の**ツェナー電圧**を V_{Z1}、V_{Z2}、順方向電圧を V_{D1}、V_{D2} とすると、上限の基準電圧は $V_{Z1}+V_{D2}$、下限の基準電圧は $-(V_{Z2}+V_{D1})$ になる。定電圧ダイオードを使用すれば電源が不要になるので、回路が構成しやすい。

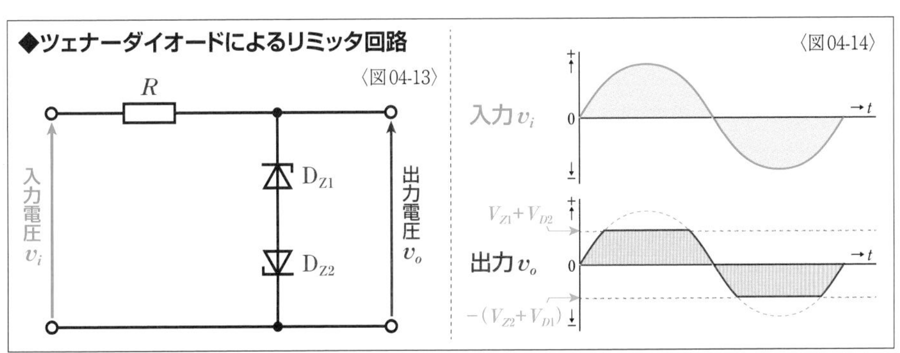

▶スライサ回路

スライサ回路は、入力電圧の波形の電圧を狭い範囲に制限する**波形整形回路**だ。**スライス回路**ともいう。クリッパ回路やリミッタ回路は電源とダイオードの**順方向電圧**を使って基準電圧を設定するが、スライサ回路の場合はダイオードの順方向電圧だけで設定する。そのため、入力波形の一部を薄く切り出せる。スライサ回路は、基準電圧の領域の正負によって、**正スライサ回路**（**正スライス回路**）、**負スライサ回路**（**負スライス回路**）、**正負スライサ回路**（**正負スライス回路**）がある。

〈図04-15〉が正スライサ回路で、ダイオードの順方向電圧 V_D が基準電圧になる。基準電圧はシリコンダイオードであれば約0.6V、ゲルマニウムダイオードであれば約0.2Vになる。入力電圧が $v_i > V_D$ の領域では出力電圧 v_o は V_D で一定になり、入力電圧が $v_i < V_D$ の領域では v_i がそのまま出

◆正スライサ回路

〈図04-15〉

R

D

入力電圧 v_i

出力電圧 v_o

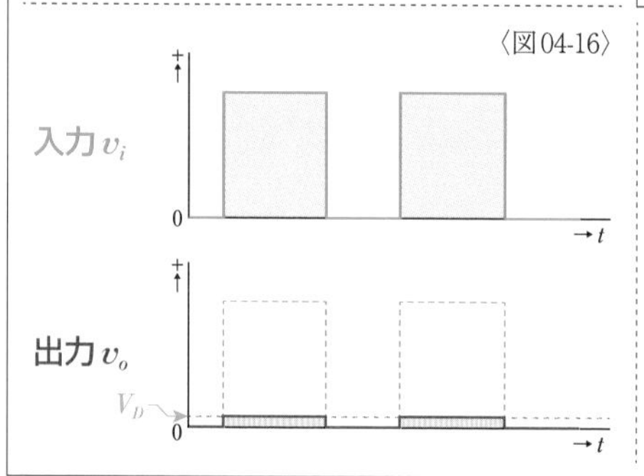

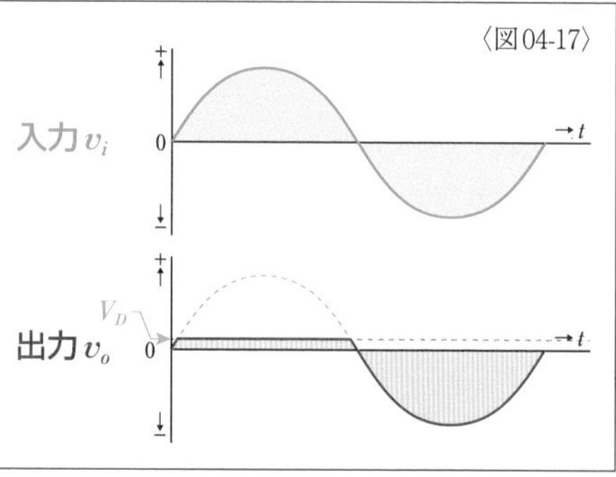

◆正スライサ回路（ダイオード2個直列）

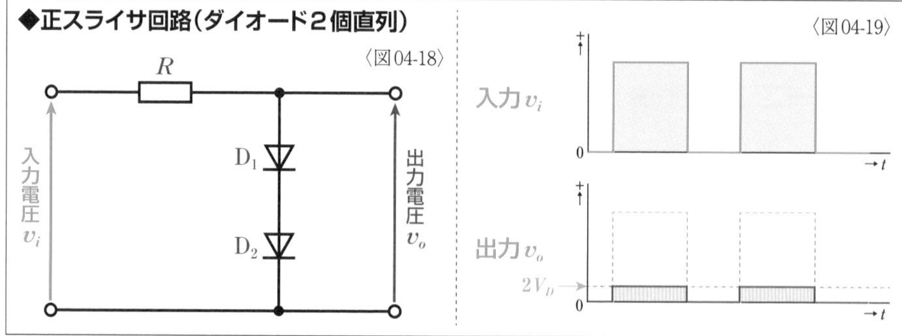

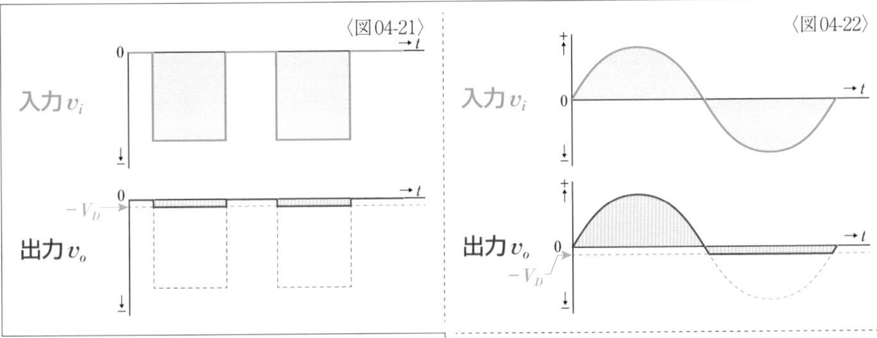

力される。この回路に正の方形(ほうけい)パルスを入力した場合、出力波形は〈図04-16〉のようになる。正弦波交流(せいげんはこうりゅう)を入力した場合、電圧が負の領域ではv_iがそのまま出力されるので、出力波形は〈図04-17〉のようになる。

〈図04-18〉のように、ダイオードを2個使えば、基準電圧を$2V_D$にすることができ、出力波形は〈図04-19〉のようになる。このように複数のダイオードを直列接続(ちょくれつせつぞく)して使用すれば、基準電圧を大きくしていくことができる。

◆負スライサ回路

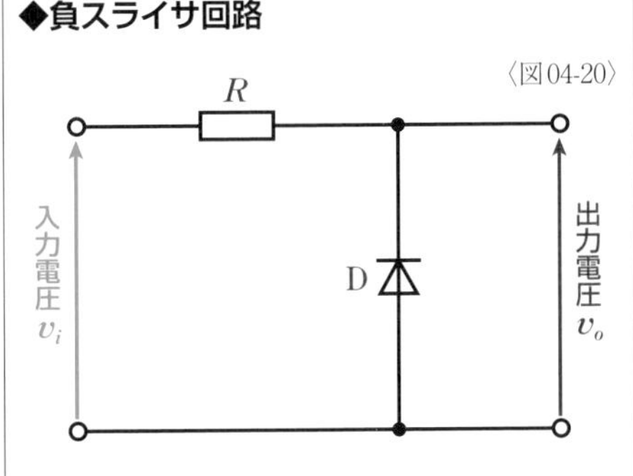

いっぽう、〈図04-20〉が負スライサ回路だ。正スライサ回路とは逆の現象(げんしょう)が生じるので、この回路に負の方形パルスを入力した場合の出力波形は〈図04-21〉のようになり、正弦波交流を入力した場合の出力波形は〈図04-22〉のようになる。

さらに、正スライサ回路と負スライサ回路を組み合わせたものが正負スライサ回路で〈図04-23〉のような回路になる。この回路に正弦波交流を入力した場合、出力波形は〈図04-24〉のようになる。

◆正負スライサ回路

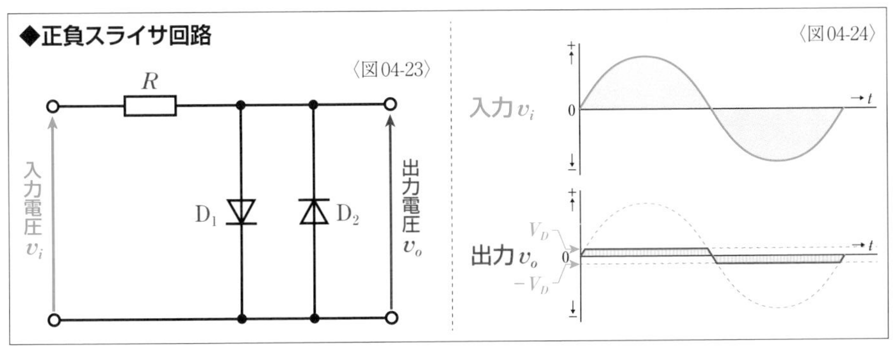

▶クランパ回路

クランパ回路は、入力の方形パルスの波形の形状はそのままに、**基準レベル**を上または下にかえる**波形整形回路**だ。**クランプ回路**ともいう。正の方形パルスを負の方形パルスに変換する回路を**負クランパ回路**（**負クランプ回路**）、負の方形パルスを正の方形パルスに変換する回路を**正クランパ回路**（**正クランプ回路**）という。なお、これまでの波形整形回路に比べると少し複雑なので、ここではダイオードを理想特性（V_D=0V）として考えてみる。

一般的な方形パルスである正の方形パルスを入力する負クランパ回路の基本形が〈図04-25〉で、コンデンサC、ダイオードD、抵抗Rで構成されている。振幅V_mの方形パルスが入力され$v_i=V_m$になると、ダイオードDには**順方向電圧**V_Dがかかり**順方向電流**が流れて、コンデンサCが急速に充電される。ダイオードDは短絡しているといえるので、抵抗Rには電流が流れず、出力端子には電圧が現れない。いっぽう、v_i=0Vになると、入力端子は短絡と考えられ、コンデンサCと抵抗Rにより回路が構成されることで、コンデンサCが放電する。これにより、抵抗Rに電圧降下が生じ、出力端子に電圧が現れる。放電による電流は充電の際とは逆方向になるので、出力は負の電圧になる。

過渡電流とダイオードの順方向電圧を無視して、入出力波形を描くと、〈図04-26〉のようになり、出力波形が振幅分だけ下に移動している。入力波形の基準レベルが0Vなので、出力波形の基準レベルは$-V_m$になっている。

◆負クランパ回路

〈図04-25〉

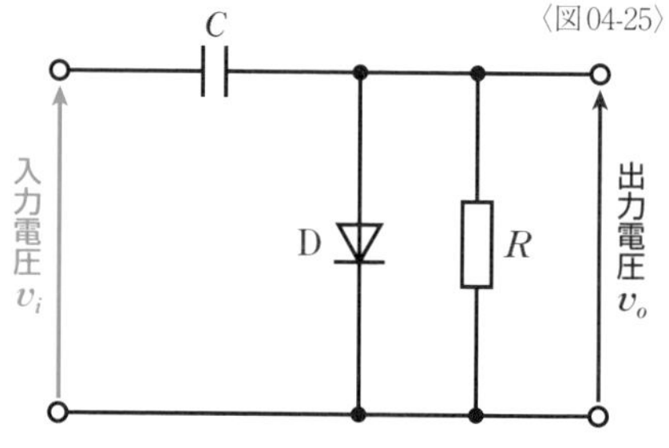

理想の入出力波形

〈図04-26〉

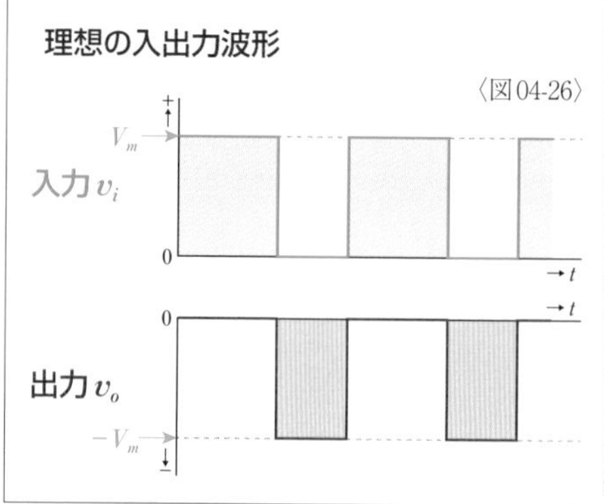

現実の入出力波形

〈図04-27〉

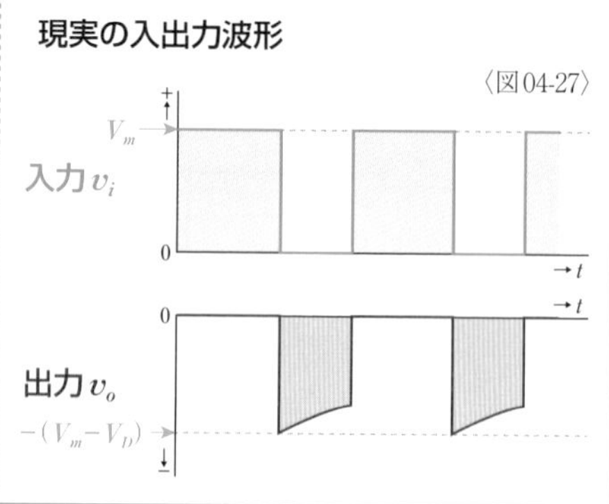

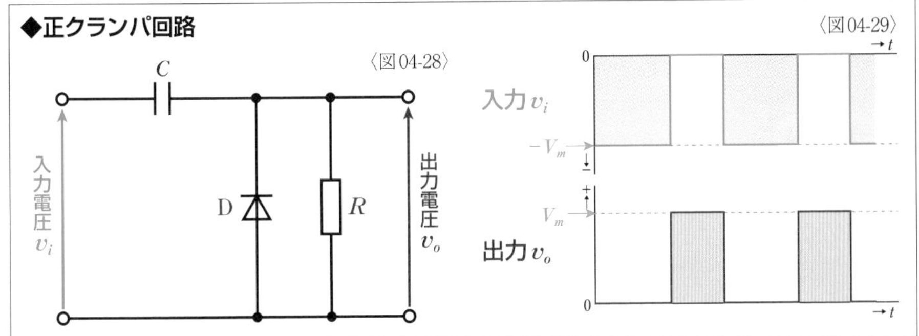

実際には、コンデンサの充放電には時間がかかり、放電の際には次第に端子電圧が低下していくので、出力の波形を誇張して描くと〈図04-27〉のようになるが、**時定数**であるCRが十分に大きければ、方形パルスの波形に近づく。また、実際には出力される負の方形パルスの振幅は$-V_m$にはならない。充電の際にコンデンサCにかかる電圧は、ダイオードDの順方向電圧をV_Dとすると、V_m-V_Dになるので、放電によって生じる負の波形の最大振幅は$-(V_m-V_D)$になる。

いっぽう、〈図04-28〉が正クランパ回路の基本形だ。負クランパ回路とは逆の現象が生じるので、この回路に負の方形パルスを入力した場合の出力波形は、過渡電流とダイオードの順方向電圧を無視すると〈図04-29〉のようになる。

また、電源を使用するクランパ回路もあり、入力波形に任意の電圧を加えるまはた差し引く回路こともできる。たとえば、〈図04-30〉の回路は、負クランパ回路に電源V_rを加えたものだ。この回路に振幅V_mの正の方形パルスを入力した場合、過渡電流とダイオードの順方向電圧を無視すると、〈図04-31〉のようにV_m-V_rだけ基準レベルが下がる。この回路は負クランパ回路に電源を加えたものだといえるが、電源の極性を逆にしたり、正クランパ回路に電源を加えたりすることで、さまざまなクランパ回路が構成できる。

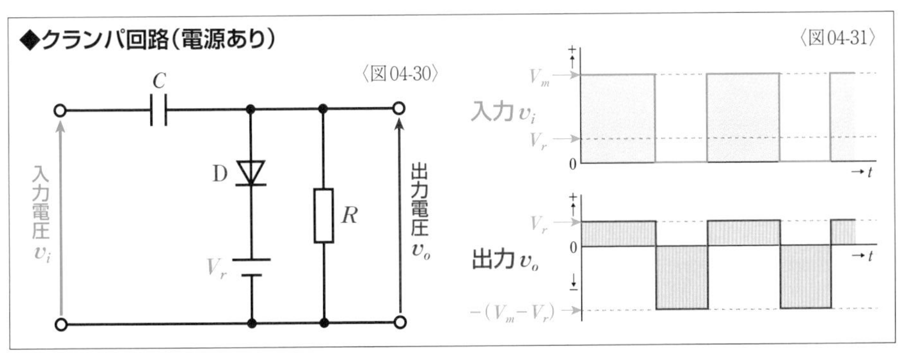

シュミットトリガ回路

パルス回路ではノイズやひずみで波形が変形することがあるが、シュミットトリガ回路という波形整形回路を使うとノイズ等を除去して波形を復元できる可能性が高い。

▶シュミットトリガ回路

本書の最初で、信号に**ノイズ**が加わったりひずんだりしても復元できる可能性が高いので、デジタル信号には**方形パルス**の**2値信号**が使われると説明した(P13参照)。たとえば、振幅V_mの方形パルスが〈図05-01〉のように変形したとしても、**比較回路**で入力がV_s以上の場合はV_mを出力し、入力がV_s未満の場合は0を出力するように設定すれば、ノイズ等を除去して元の波形が復元できる可能性が高い。こうした比較をする際の境界にする電圧を**スレッショルド電圧**または**しきい値電圧**という。単に**スレッショルド**や**しきい値**ということも多い。

しかし、比較回路で常にノイズや**ひずみ**が除去できるわけではない。たとえば、ノイズの振幅が大きく、〈図05-03〉のように変形することだってある。先の説明と同じ比較回路にこの波形を入力した場合、出力は〈図05-04〉のようになり、元の波形を再現できず、信号の情報が異なったものになってしまう。スレッショルド電圧をどこに設定したとしても、比較回路ではこのノイズ等を完全に除去することはできない。

こうした事態を避け、波形を復元できる可能性を高めるために、ノイズ等の除去には**シュ**

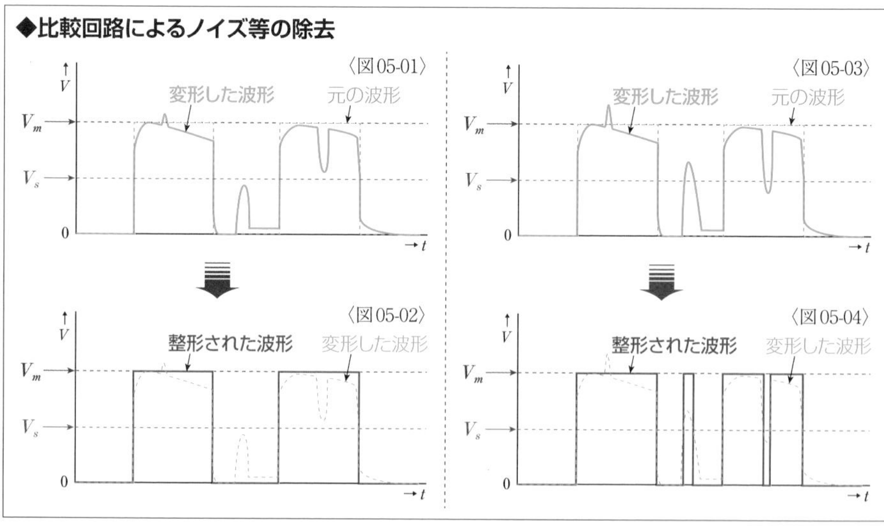

Chap. 10 パルス回路

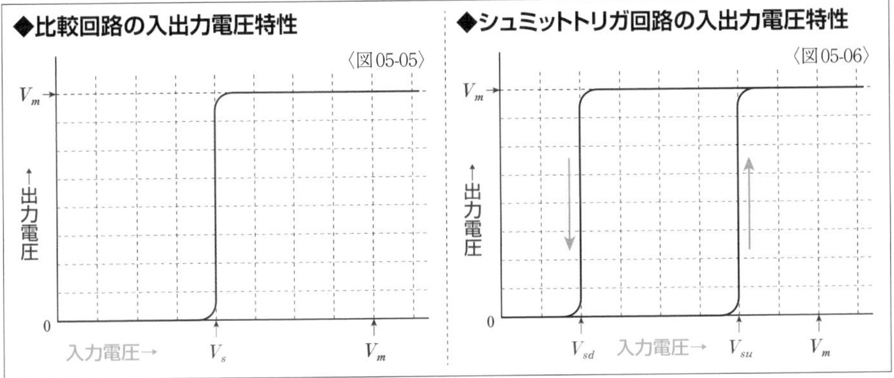

ミットトリガ回路という**波形整形回路**が使われることが多い。単に**シュミット回路**ということもある**シュミットトリガ回路は、2つのスレッショルド電圧をもつ比較回路**だ。たとえば、その時点の出力が0のときはスレッショルド電圧 V_{su} を使用し、その時点の出力が V_m のときはスレッショルド電圧 V_{sd} を使用するといった具合に2つのスレッショルドが設定される。先に説明した比較回路の入出力の電圧特性が〈図05-05〉のようだとすると、シュミットトリガ回路の特性は〈図05-06〉のようになる。比較回路では復元できなかった〈図05-03〉の波形を〈図05-07〉のようにシュミットトリガ回路に入力すると、2つのスレッショルドによって、〈図05-08〉のように元の波形に復元できる。ただし、ここでは説明に都合のいい波形にしているが、シュミットトリガ回路も万能ではない。それでも、比較回路よりはノイズ等を除去できる可能性が高いことになる。

ループを描いているように見えるシュミットトリガ回路の特性曲線は**ヒステリシスループ**という。電磁気学を学んだことがある人なら、磁化と残留磁気における**ヒステリシス現象**に出会っているかもしれない。**ヒステリシス現象とは、結果が履歴によって変化する現象**のことで、**履歴現象**ともいう。

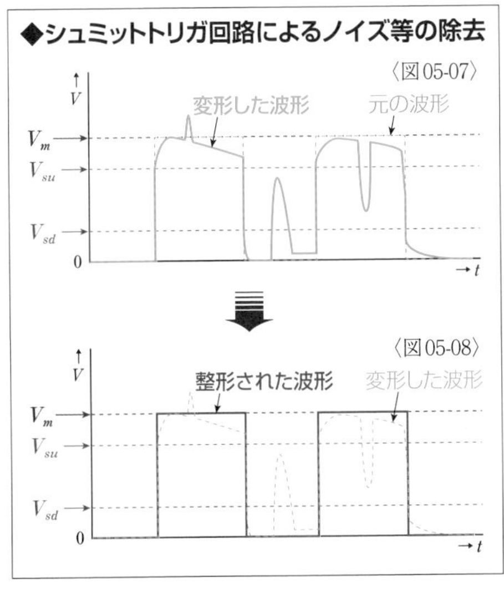

ここでは、動作の説明だけにして実際の回路の構成の説明は省略するが、シュミットトリガ回路は2個のトランジスタと数個の抵抗で実現でき、オペアンプと抵抗の組み合わせでも実現できる。また、デジタル回路で使われる論理ゲート(P356参照)のなかにも**シュミットトリガ形**のものがある。

パルス変調

方形パルスを使った変調がパルス変調だ。信号の伝送のほか電源回路の制御にも使われる。また、パルス符号変調はアナログ信号とデジタル信号の変換に使われる。

▶パルス変調

搬送波に方形パルスを使用する変調方式をパルス変調という。方形パルスは時間的には不連続な信号だが、基本となる**周期**を定めたうえで、パルスの**振幅**(高さ)、**パルス幅**(時間の長さ)、位置などを、**信号波**の振幅に応じて変化させれば、信号波の情報を搬送波に反映させることができる。こうした連続する方形パルスを**方形パルス波**や単に**パルス波**ということもある。パルス変調は信号の伝送だけでなく、さまざまな**電源回路**でも応用されている。代表的なパルス変調には、**パルス振幅変調**、**パルス幅変調**、**パルス位置変調**、**パルス符号変調**などがある。

パルス振幅変調は、信号波の振幅に応じて、周期とパルス幅が一定の方形パルスの振幅を変化させる。デューティ比は一定だ。パルス振幅変調を意味する英語"pulse amplitude modulation"の頭文字から、この変調方式をPAMという。パルス振幅変調は通信に使われるほか、直流を交流に変換するインバータの制御で使われることもある。

パルス幅変調は、信号波の振幅に応じて、周期と振幅が一定の方形パルスのパルス幅を変化させる。つまり、デューティ比を変化させる変調方式だ。パルス幅変調を意味する英語、"pulse width modulation"の頭文字から、この変調方式をPWMという。パルス幅変調は**チョッパ形**の**スイッチング制御式安定化回路**や直流を交流に変換するインバータなど電源回路の制御でよく使われている。

パルス位置変調は、信号波の振幅に応じて、周期、振幅、パルス幅が一定の方形パルスの1周期内における位置を変化させる変調方式だ。パルス位置変調を意味する英語、"pulse position modulation"の頭文字から、この変調方式をPPMという。パルス位置変調はスイッチング作用のある半導体素子サイリスタの制御など、電源回路の制御で使われている。

パルス振幅変調、パルス幅変調、パルス位置変調の3種類の変調方式は、搬送波が方形パルスであるため、不連続な信号になっているが、基本的な考え方は**連続波変調**である**正弦波変調**と同じだ。正弦波の振幅変調とパルス振幅変調は、どちらも搬送波の振幅を変化させている。周波数変調とパルス幅変調では、周波数とパルス幅を対応させて考えればよく、位相変調とパルス位置変調では、位相とパルス位置を対応させて考えればいい。

これらの変調方式と考え方が大きく異なるのがパルス符号変調だ。パルス符号変調を意味する英語、“pulse code modulation”の頭文字から、この変調方式をPCMという。**パルス符号変調では、信号波の振幅などを一定の周期で数値化し、その数値を符号に置き換え、さらにその符号を方形パルスに置き換えている**。一般的に、符号には**2値信号**が使われるので、2値を方形パルスの有無で表わす。こうして作られた**変調波**が**デジタル回路**で扱われる**デジタル信号**になる。詳しくはChapter12で説明するが(P390参照)、アナログ信号をデジタル信号に変換するのがパルス符号変調であり、デジタル信号を復調することでアナログ信号が得られる。

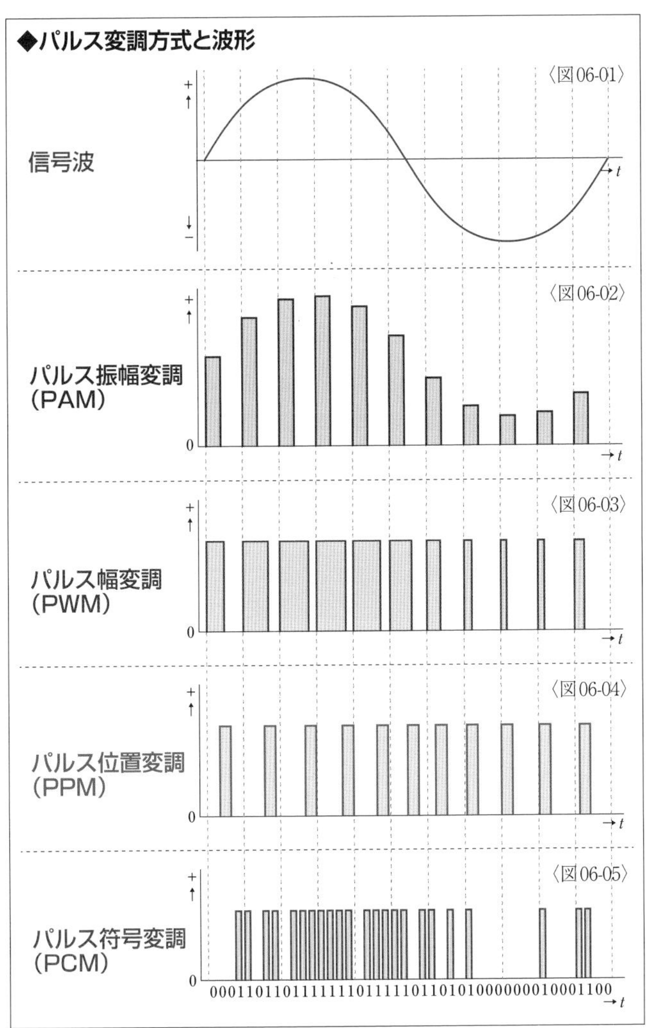

なお、それぞれの変調方式の波形の例を示した右の図では、信号波である正弦波の1周期を11の期間に区切っているが、これでは復調しても滑らかな曲線を描く元の信号波を復元することができない。実際のパルス変調では非常に細かく区切っている。方形パルスの周期を短くすればするほど、復調した波形を元の信号波の波形に近づけることができる。

パルス発生回路

方形パルスの発生は発振回路で行われる。一般的に使われているパルス発生回路はマルチバイブレータといい、非安定形、単安定形、双安定形の３種類がある。

▶マルチバイブレータ

方形パルスは**方形パルス発生回路**で作られる。単に**パルス発生回路**ということも多く、一般的には**マルチバイブレータ**という回路を使用する。マルチバイブレータは、回路の2つの電圧の状態（ONの状態とOFFの状態）を交互を行き来することによって方形パルスを発生させる回路で、**非安定形**、**単安定形**、**双安定形**の3種類に大別される。後で詳しく説明するが、この3種類の名称は、出力電圧の安定する状態の有無や数を表わしている。非安定形は安定する状態がなく、単安定形は安定する状態が1つ、双安定形は安定する状態が2つあることを意味している。

このSectionでは**トランジスタ**を用いたマルチバイブレータを説明するが、**オペアンプ**でも構成することができ、デジタル回路では**論理ゲート**（P356参照）で構成することも多い。トランジスタによるマルチバイブレータは、2つのトランジスタの**スイッチング作用**を利用する。基本構成は、〈図07-01〉のように2つのトランジスタのスイッチング回路を、2つの**結合素子**によって**正帰還**をかけた**発振回路**で、コンデンサの充放電を利用したり、外部からのトリガパルスの入力を利用したりして方形パルスを作り出す。動作がわかりやすくなるので、〈図07-02〉のように左右対称にした回路図が使われることも多い。

非安定マルチバイブレータは、設定された**周期**と**パルス幅**の方形パルスを自動的に作

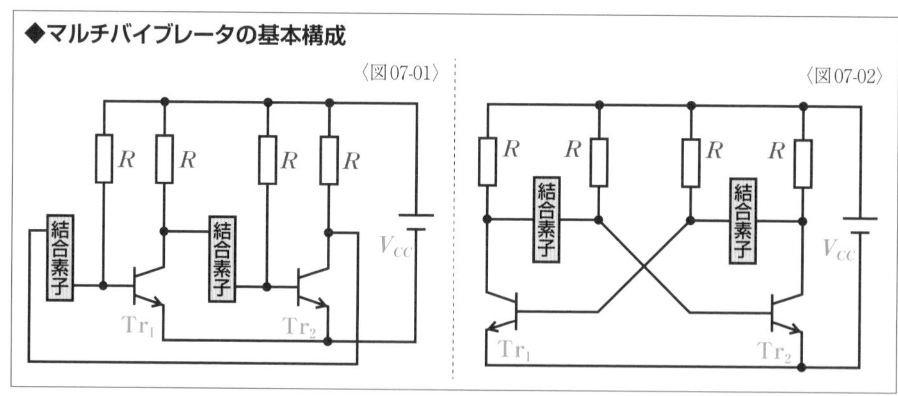

り続ける回路だ。ONとOFFのどちらにも安定しないため非安定形というが、安定する状態がないので**無安定マルチバイブレータ**ともいう。安定せず、動作が不安定という意味ではない。また、非安定マルチバイブレータは自身でパルスを**発振**し続けるので**自走マルチバイブレータ**ともいう。回路の**時定数**をかえることでさまざまなパルス幅や周期のパルスを発生させることが可能だ。非安定マルチバイブレータはパルス発生回路として広く使われている。

単安定マルチバイブレータは、トリガパルスが入力されると、設定されたパルス幅の方形パルスを1つだけ出力し、また元の安定状態に戻る。この安定状態(OFFの状態)が1つであるため、単安定形という。単独のパルスを発生させるので、**ワンショットマルチバイブレータ**ともいう。入力されたトリガパルスの数だけ方形パルスが発生するが、単独では方形パルスを発生させることができない。単安定マルチバイブレータは、一定幅のパルスを得る回路によく利用されている。このパルスによって、別の回路を一定時間だけで動作させるといったことが可能になる。また、パルスを一定時間遅らせるといった使い方もできる。

双安定マルチバイブレータは、トリガパルスの入力のたびに安定した電圧を交互に出力する。たとえば、出力がONの状態でトリガパルスの入力があると出力がOFFになり、その状態を保つ。次にトリガパルスの入力があると、出力がONになり、その状態を保つ。出力される方形パルスのパルス幅やパルスの間隔は、入力されるトリガパルスのタイミングによって決まる。ONでもOFFでも双方の状態で安定できるので双安定形という。こうした回路は**フリップフロップ**(P378参照)ともいい、記憶回路やカウンタ回路をはじめコンピュータなどの電子回路で幅広く使われている。

▶非安定マルチバイブレータ

非安定マルチバイブレータは、常に周期的に一定の方形パルスを発生し続ける回路だ。左ページで示した**マルチバイブレータ**の基本構成において、双方の**結合素子**にコンデンサを使用するものだといえる。〈図07-03〉が非安定マルチバイブレータの基本形で、トランジスタTr_1の出力をC_2とR_2でTr_2の入力に***CR*結合**し、そのTr_2の出力をC_1とR_1でTr_1の入力にCR結合して**正帰還**させている。

◆非安定マルチバイブレータの基本形

〈図07-03〉

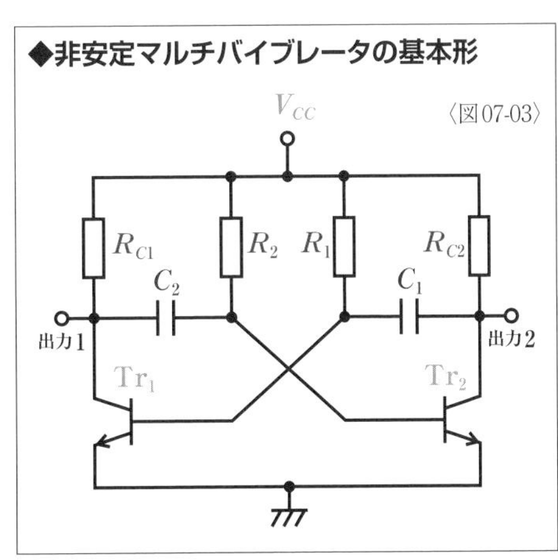

▶非安定マルチバイブレータの動作

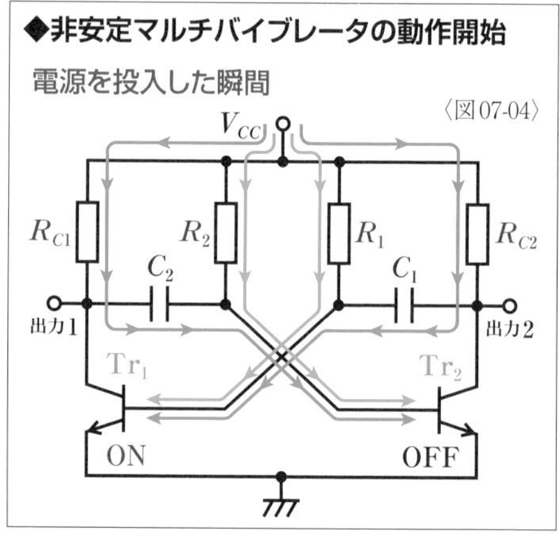

非安定マルチバイブレータを電源に接続すると、〈図07-04〉のようにTr_1のベースにはR_1を通して正の電圧が加わり、Tr_2のベースにはR_2を通して正の電圧が加わる。同時にR_{C2}→C_1という電流によって、C_1が充電され、R_{C1}→C_2という電流によって、C_2が充電される。このベースに加わる正の電圧によって両トランジスタがONになろうとするが、以降で説明するように、この回路は両トランジスタが同時にONの状態を保つことができない構造になっている。同じ値、同じ性能が示された素子にも実際にはわずかな差異があり、ノイズの影響が生じる場所やコンデンサの充電量なども特定できないため、どちらのトランジスタがONになるかはわからないが、一方のトランジスタが先にONになると、もう一方のトランジスタはOFFになる。

ここでは電源投入によってTr_1がON、Tr_2がOFFになったところから考えてみる。〈図07-05〉のようにTr_1がONの状態では、Tr_1のベースにR_1を通して正の電圧が加わっている(①)。Tr_1がONの状態では、Tr_1のコレクタの電位がグランド電位と等しくなり、C_2に蓄えられた**電荷**が負の電圧としてTr_2のベース・エミッタ間にかかるので、Tr_2はOFFの状態になっている(②)。Tr_2がOFFの状態では、C_1の出力端子2の側が正の電位になるので、

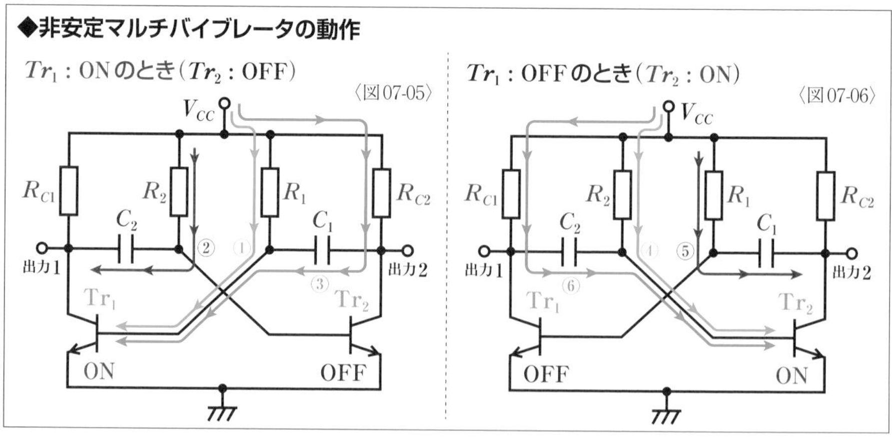

Chap. 10 パルス回路

R_{C2}→C_1という電流によって、C_1が充電される(③)。C_1が完全に充電されると、この電流は停止する。

C_2の放電が完了すると、〈図07-06〉のようにTr_2のベースにR_2を通して正の電圧が加わるため、Tr_2がONの状態になる(④)。Tr_2がONの状態になると、Tr_2のコレクタの電位がグランド電位と等しくなり、C_1に蓄えられた電荷が負の電圧としてTr_1のベース・エミッッタ間にかかるので、Tr_1はOFFの状態になる(⑤)。Tr_1がOFFの状態では、C_2の出力端子1の側が正の電位になるので、R_{C1}→C_2という電流によって、C_2が充電される(⑥)。C_2が完全に充電されると、この電流は停止する。

◆非安定マルチバイブレータ各部の波形

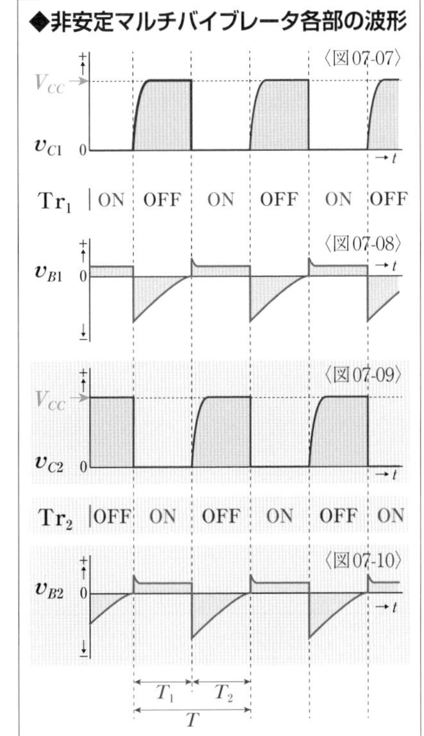

C_1の放電が完了すると、Tr_1のベースにR_1を通して正の電圧が加わるため、Tr_1がONの状態になる。これによりC_2が放電を開始してTr_2がOFFの状態になる。これで〈図07-05〉と同じ最初の状態に戻ったことになる。以降は両トランジスタが交互にON/OFFの状態を自動的に繰り返していくことになる。

Tr_1とTr_2のON/OFFの状態とコレクタ電圧v_{C1}、v_{C2}、ベース電圧v_{B1}、v_{B2}の変化は〈図07-07～10〉のようになる。それぞれのトランジスタは**繰り返し周期**Tで自動的にON/OFFを繰り返している。出力端子の位置はそれぞれのトランジスタのコレクタであるため、**振幅**がほぼV_{CC}の**方形パルス**を連続して取り出すことができる。

出力端子1の**パルス幅**T_1は**時定数**C_1R_1によって決まり、出力端子2のパルス幅T_2は時定数C_2R_2によって決まる。難しくなるので計算式よる説明は省略するが、〈式07-11〉と〈式07-12〉のように、それぞれの時定数に約0.69を掛けることでT_1、T_2が求められる。**繰り返し周期**Tは、T_1とT_2の和になるので、〈式07-13〉で表わすことができる。

$$T_1 \fallingdotseq 0.69\,C_1R_1 \quad \cdots\cdots 〈式07\text{-}11〉$$

$$T_2 \fallingdotseq 0.69\,C_2R_2 \quad \cdots\cdots 〈式07\text{-}12〉$$

$$T = T_1 + T_2 \fallingdotseq 0.69(C_1R_1 + C_2R_2) \quad \cdots\cdots 〈式07\text{-}13〉$$

▶単安定マルチバイブレータ

単安定マルチバイブレータは、**トリガパルスの入力をきっかけにして1つの方形パルスを発生させる回路**だ。〈図07-14〉は単安定マルチバイブレータの基本形で、トランジスタTr_1の出力をコンデンサC_2でTr_2の入力に結合し、そのTr_2の出力を抵抗R_1でTr_1の入力に結合して**正帰還**させている。Tr_1のベースには、R_Bを通じて電源V_{BB}から、**逆方向電圧**が加えられている。方形パルスを発するきっかけになるトリガパルスは、負のトリガパルスを使用し、結合コンデンサC_iと逆流防止のダイオードDを介して、Tr_1のコレクタに入力される。いっぽう、出力はTr_2のコレクタから取り出される。

◆単安定マルチバイブレータの基本形

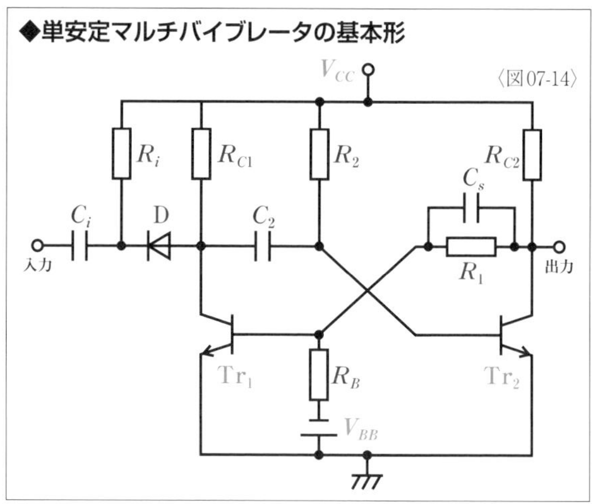

マルチバイブレータの基本構成(P318参照)に当てはめてみると、一方の**結合素子**にコンデンサ、もう一方の結合素子に抵抗を使用するものだ。回路図にはR_1と並列にコンデンサC_sが接続されているが、これは**スピードアップコンデンサ**と呼ばれるもので、必要に応じて使用する。単安定マルチバイブレータの基本的な動作には影響しないので、まずは無視してかまわない。スピードアップコンデンサについては、後で詳しく説明する(P326参照)。

単安定マルチバイブレータを電源V_{CC}に接続すると、まずは安定状態になる。〈図07-15〉のようにTr_1のベース・エミッタ間には電源V_{BB}によって負の電圧がかかっているため、Tr_1はOFFの状態にある(①)。Tr_2のベースにはR_2を通して正の

◆単安定マルチバイブレータの安定状態

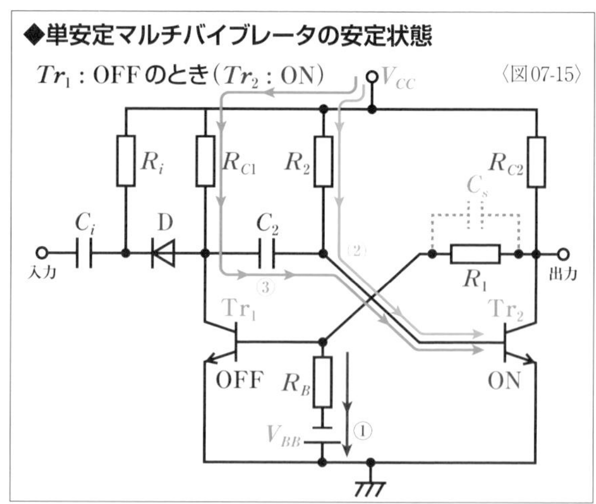

電圧が加わっているので、Tr_2はONの状態にある(②)。同時に、C_2はR_{C1}→C_2という電流によって充電される(③)。C_2が完全に充電されると、この電流は停止する。

トリガパルスが入力されると、Tr_1のコレクタ電圧がトリガパルスの負の電圧によって一瞬下がるため、コンデンサC_2が放電してTr_2のベース電圧を一瞬負にする(④：図はなし)。そのため、Tr_2はOFFになる。Tr_2がOFFになると、〈図07-16〉のようにTr_2のコレクタの電位が高くなり、Tr_1のベースにR_{C2}→R_1を通して正の電圧がかかるため、Tr_1がONになる(⑤)。

Tr_2のOFFの状態は、C_2の放電が完了するまで続く。放電はR_2→C_2→Tr_2という電流で行われる(⑥)。この放電完了に要する時間は時定数C_2R_2によって決まる。放電が完了すると、Tr_2のベースに正の電圧がかかるので、Tr_2がONになり、これによりTr_1がOFFになる。これで最初の安定状態に戻る。この安定状態は、次にトリガパルスが入力されるまで続く。

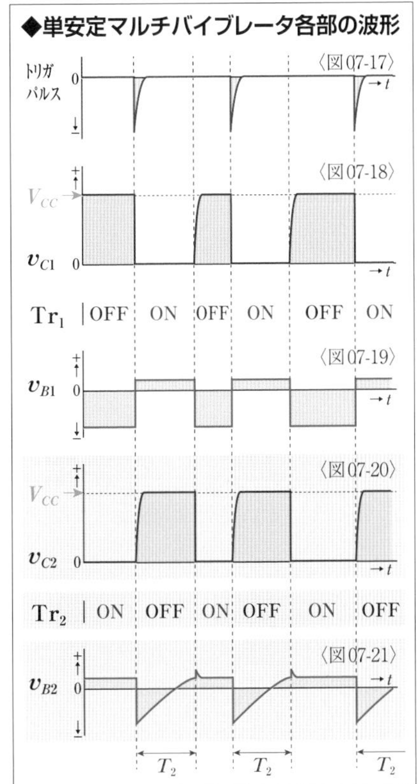

トリガパルス電圧と、Tr_1とTr_2のON/OFFの状態、コレクタ電圧v_{C1}、v_{C2}、ベース電圧v_{B1}、v_{B2}の変化は〈図07-17～21〉のようになる。出力はTr_2のコレクタから取り出しているので、**振幅**がほぼV_{CC}の**方形パルス**になる。パルス幅T_2は、時定数C_2R_2によって決まるので常に一定だ。非安定マルチバイブレータの場合と同じように、時定数に約0.69を掛けることでパルス幅が求められるので、$T_2 \fallingdotseq 0.69C_2R_2$になる。

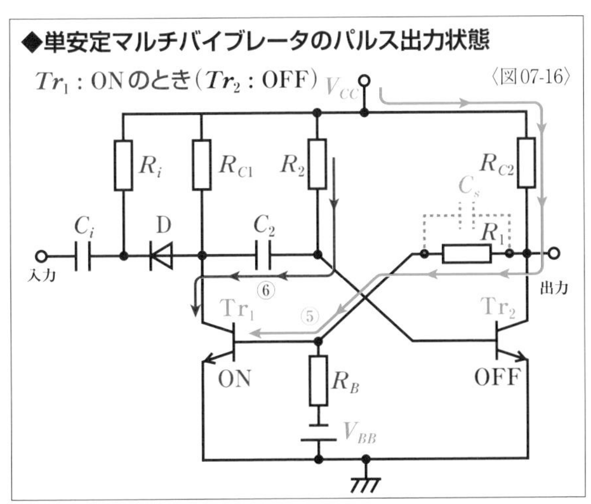

双安定マルチバイブレータ

双安定マルチバイブレータは、トリガパルスの入力のたびに安定した電圧を交互に出力する回路だ。〈図07-22〉が回路の基本形で、トランジスタTr_1とTr_2を抵抗R_1とR_2で相互に結合することで**正帰還**させている。両トランジスタのベースには、それぞれR_{B1}、R_{B2}を通じて電源V_{BB}から**逆方向電圧**が加えられている。出力電圧を切り替えるトリガパルスは、負のトリガパルスを使用し、結合コンデンサC_iと逆流防止のダイオードD_1、D_2を介して、Tr_1とTr_2のコレクタに入力される。**マルチバイブレータ**の基本構成（P318参照）に当てはめてみると、双方の**結合素子**に抵抗を使用するものだ。コンデンサC_{s1}、C_{s2}は**スピードアップコンデンサ**（P326参照）で、必要に応じて使用する。

◆双安定マルチバイブレータの基本形

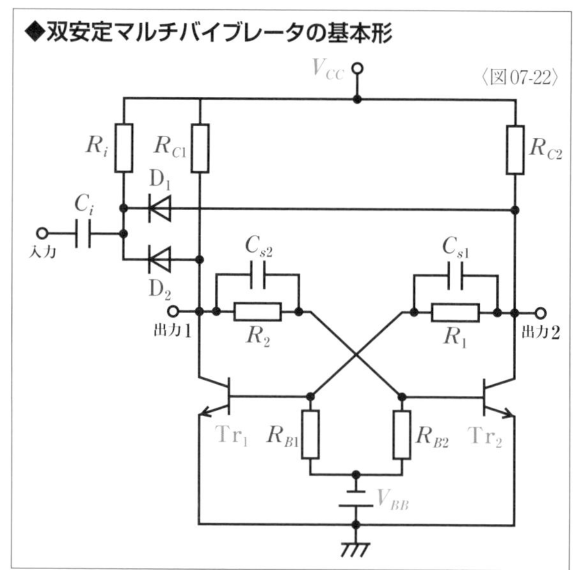

〈図07-22〉

双安定マルチバイブレータは以降で説明するように、両トランジスタが同時にONの状態を保つことができない構造になっているため、電源に接続すると、非安定マルチバイブレータの場合と同じように、どちらか一方のトランジスタだけがONになる。

ここでは電源投入によって、Tr_1がOFFの状態、Tr_2がONの状態になったとする。〈図07-23〉のようにTr_2がONの状態

◆双安定マルチバイブレータの安定状態1

***Tr*₁ : OFFのとき（*Tr*₂ : ON）**

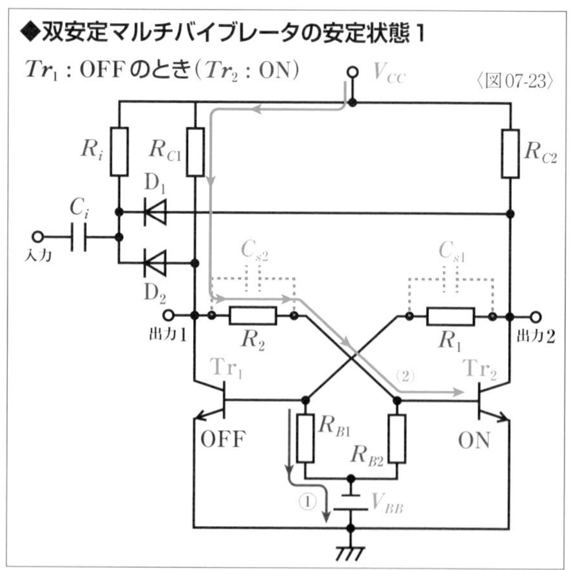

〈図07-23〉

では、Tr_2のコレクタの電位がグランド電位と等しいため、Tr_1のベースには電源V_{BB}による負の電圧がかかっている(①)ので、Tr_1はOFFの状態にある。Tr_1がOFFの状態では、Tr_1のコレクタの電位が正であるため、Tr_2のベースにはR_{C1}→R_2を通して正の電圧がかかっていて(②)、Tr_2がONの状態にある。これが第1の安定状態だ。

◆双安定マルチバイブレータ各部の波形

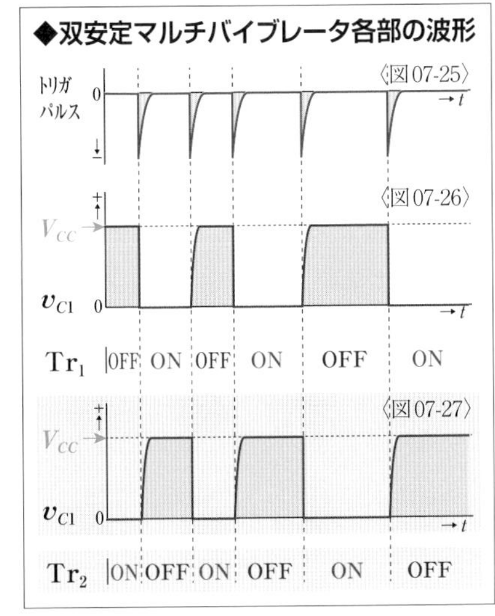

トリガパルスが入力されると、Tr_1とTr_2のベース電圧にトリガパルスの負の電圧が加わる(③:図はなし)。Tr_1のベースにはすでに負の電圧がかかっているので、トリガパルスによる影響(えいきょう)はない。いっぽう、Tr_2のベースにトリガパルスの負の電圧が加わると、Tr_2がOFFになる。

〈図07-24〉のようにTr_2がOFFの状態になると、Tr_2のコレクタの電位が正になり、Tr_1のベースにはR_{C2}→R_1を通して正の電圧がかかり(④)、Tr_1がONの状態になる。Tr_1がONの状態になると、Tr_1のコレクタの電位がグランド電位と等しくなって、Tr_2のベースには正の電圧がかからなくなり、電源V_{BB}による負の電圧がかかり(⑤)、Tr_2がOFFになる。これが第2の安定状態であり、次のトリガパルスが入力されるまで、この状態が維持(いじ)される。次のトリガパルスが入力されれば、第1の安定状態に戻る。

◆双安定マルチバイブレータの安定状態2

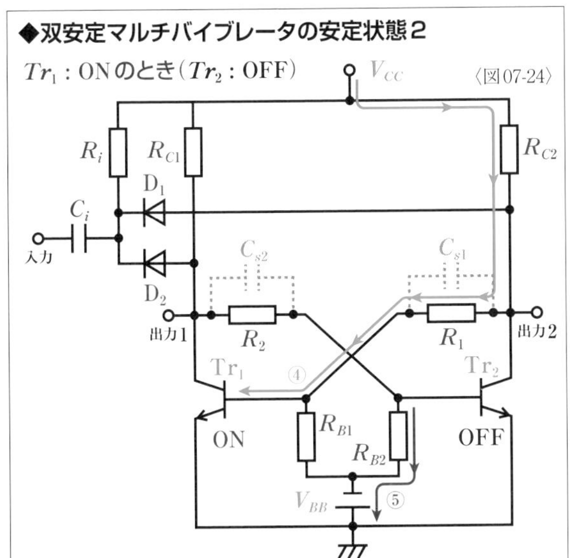

トリガパルス電圧とTr_1、Tr_2のON/OFFの状態、コレクタ電圧v_{C1}、v_{C2}の変化は、〈図07-25〜27〉のようになる。出力は双方のトランジスタのコレクタから取り出しているので、どちらでも**振幅**(しんぷく)がほぼV_{CC}の**方形**(ほうけい)**パルス**が得られる。このように、双安定マルチバイブレータは2つのトリガパルスの入力によって1つの方形パルスを出力する。

▶スピードアップコンデンサ

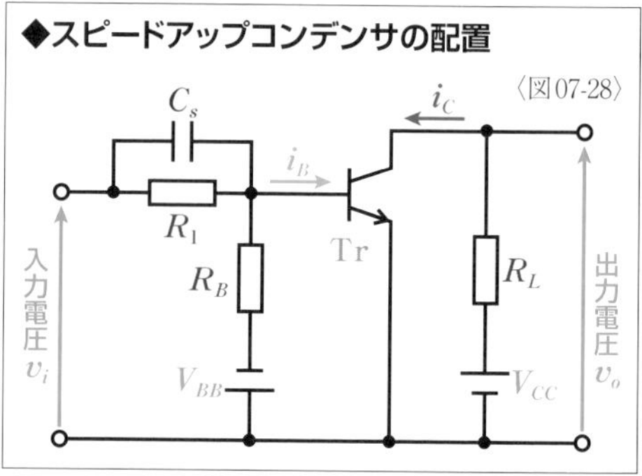

◆スピードアップコンデンサの配置

単安定マルチバイブレータと**双安定マルチバイブレータ**には**スピードアップコンデンサ**が使われることが多い。先に説明したように、トランジスタを**スイッチング素子**として使用する場合、**キャリアの蓄積作用**やベース領域に**キャリア**が**拡散**するのに要する時間によって出力波形の立ち上がりや立ち下がりに遅れが生じ、応答が悪くなる(P301参照)。こうしたトランジスタの**スイッチング特性**を改善するために使われるのがスピードアップコンデンサだ。

スピードアップコンデンサは抵抗との並列接続でベースに直列に配するのが一般的だ。たとえば、〈図07-28〉の回路ではコンデンサ C_s がスピードアップコンデンサになる。時刻 t_1 において v_i が入力されると、C_s を充電するための電流が加わるため、C_s がない場合に比べてベース電流 i_B が大きくなる。これにより、コレクタ電流 i_C の立ち上がりが速くなる。C_s の充電が完了するとベース電流 i_B は一定になる。

いっぽう、時刻 t_2 において入力電圧が v_i が0Vになると、コンデンサ C_s が放電してベースに**逆方向電流**を流すとともに、電源 V_{BB} からも逆方向電流が流れる。C_s がない場合に比べてベースの逆方向電流が大きくなるため、蓄積されたキャリアが素早くなくなり、コレクタ電流 i_C の立ち下がりが速くなる。

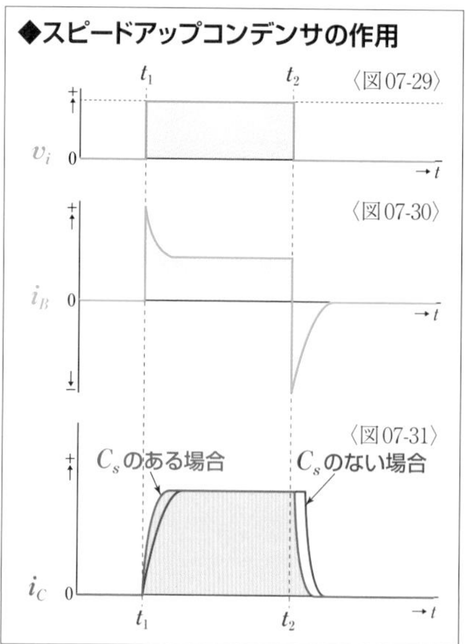

◆スピードアップコンデンサの作用

以上のように、コレクタ電流の立ち上がりと立ち下がりの部分で、スピードアップコンデンサがベース電流を大きくするので、**ターンオン時間**と**ターンオフ時間**が短くなり、スイッチング特性が改善される。各部の波形は〈図07-29～31〉のようになる。スピードアップコンデンサはマルチバイブレータ以外の回路でも、トランジスタの応答をよくするために使われることがある。

デジタル回路の基礎知識

Chapter

11

2進数

「0」と「1」だけを使って数を表現するのが2進数だ。方形パルスによる2値信号を使ってそのまま数を表わせるので、デジタル回路ではおもに2進数が使われる。

▶10進数と2進数

「数」を表現するのに普通に使われているのが、「0・1・2・3・4・5・6・7・8・9」の10種類の数字という記号を使って表現する**10進数**(しんすう)だ。いっぽう、**デジタル回路**では数の表現に**2進数**(しんすう)が一般的に使われている。2進数は「**0・1**」の2種類の数字だけで数を表現する方法だ。一般的な**デジタル信号は方形**(ほうけい)**パルスによる2値信号**(ちしんごう)なので、**2進数であれば2値信号を使ってそのまま数を表わすことができる**。

◆数の表記方法 〈表01-01〉

●2進数	●10進数
$1011_{(2)}$	$1011_{(10)}$
$(1011)_2$	$(1011)_{10}$
$1011_{(B)}$	$1011_{(D)}$
$(1011)_B$	$(1011)_D$

10進数でも2進数でも「0」と「1」は共通して使われるため、区別して表記しなければならないこともある。2進数であることを明示する方法に特別な定めはないが、〈表01-01〉のように括弧(かっこ)と2、または括弧とBを使って明示されることが多い。10進数はそのまま表記されることも多いが、厳格(げんかく)に区別して表記する際には、括弧と10、または括弧とDが使われることがある。また、数を読む場合も区別が必要だ。10進数の「1011」は桁(けた)の値(あたい)も含(ふく)めて「セン・ジュウ・イチ」と読むが、2進数の「1011」は「イチ・ゼロ・イチ・イチ」と読む。

さて、そもそも10進数とはどんな数の表現方法なのかを改めて考えてみよう。10進数は、0から数え始め、1・2・3・…と数えていき、…・8・9の次は、桁が上がって2桁になり、10になる。10になると桁の数が増える(進む)ので、10進数というわけだ。そこからは11・12・13・…というように1桁目(けため)だけが増えていく。誰もが知っていることだ。なお、何桁目といった桁の順番は、末尾から順に数えていく。

たとえば、10進数の465という数の1桁目、2桁目、3桁目を別々に考えると、〈式01-02〉のように表わすことができる。そのため、1桁目を1の桁、2桁目を10の桁、3桁目を100の桁といったりするが、この**桁**(けた)**の重**(おも)**み**を表わしている1と10と100は、〈式01-03〉のように示すこともできる。ちなみに、中学の数学で学習したように一般的な代数ではaの**0乗**(じょう)は1になる。この式をさらに変形すると〈式01-04〉になる。ここから、**10進数の*n*桁目は、10^{n-1}の重みを示し**

ていることがわかる。こうした10進数の「10」のように数を表現する際に基準となる数を、**基数**という。

$$465 = 4\times100 + 6\times10 + 5\times1 \quad \cdots\cdots \langle 式01\text{-}02\rangle$$

$$= 4\times10^2 + 6\times10^1 + 5\times10^0 \quad \cdots\cdots \langle 式01\text{-}03\rangle$$

$$= 4\times10^{3-1} + 6\times10^{2-1} + 5\times10^{1-1} \quad \cdots\cdots \langle 式01\text{-}04\rangle$$

2進数も考え方は同じだ。**2進数とは「2」を基数とする数の表現方法**になる。そのため、**2進数のn桁目は、2^{n-1}の重みを示している**ので、1桁目は2^0、2桁目は2^1、3桁目は2^2…といった具合に重みを表わしているわけだ。たとえば、2進数の$1011_{(2)}$を10進数で考えると、〈式01-05〉のようになる。3桁目の「0」は実際の計算には不要なものだが、ここでは説明のために示している。この式を計算していくと、2進数の$1011_{(2)}$は10進数の$11_{(10)}$であることがわかる。

$$1011_{(2)} = 1\times2^{4-1} + 0\times2^{3-1} + 1\times2^{2-1} + 1\times2^{1-1} \quad \cdots\cdots \langle 式01\text{-}05\rangle$$

$$= 1\times2^3 + 0\times2^2 + 1\times2^1 + 1\times2^0 \quad \cdots\cdots \langle 式01\text{-}06\rangle$$

$$= 1\times8 + 0\times4 + 1\times2 + 1\times1 \quad \cdots\cdots \langle 式01\text{-}07\rangle$$

$$= 8 + 0 + 2 + 1 \quad \cdots\cdots \langle 式01\text{-}08\rangle$$

$$= 11 \quad \cdots\cdots \langle 式01\text{-}09\rangle$$

10種類の数字を使用する10進数は1桁で10種類の数を表現することができる。たとえば、2桁の10進数で表現できる最大の数は99だが、0という数もあるので、2桁では100種類の数を表現できる。3桁であれば1000種類だ。つまり、**n桁の10進数では10^n種類の数を表現できる**。いっぽう、2進数は2種類の数字しか使用しないので、1桁で表現できるのは2種類の数だ。2桁では4種類、3桁では8種類といった具合に**n桁の2進数では2^n種類の数を表現できる**。5桁までの2進数を10進数に対応させると〈表01-10〉になる。

なお、コンピュータなどデジタル回路では、2進数の桁を**ビット**(bit)という。1桁であれば1ビット、4桁であれば4ビットという。

◆10進数－2進数対応表 〈表01-10〉

10進数	0	1	2	3	4	5	6	7	8	9	10	11	12	13	14	15
2進数	0	1	10	11	100	101	110	111	1000	1001	1010	1011	1100	1101	1110	1111
10進数	16	17	18	19	20	21	22	23	24	25	26	27	28	29	30	31
2進数	10000	10001	10010	10011	10100	10101	10110	10111	11000	11001	11010	11011	11100	11101	11110	11111

▶2進数と10進数の基数変換

2進数を10進数にしたり、10進数を2進数にしたりするように、異なる**基数**の数に置き換えることを**基数変換**という。2進数から10進数への基数変換は、前ページの〈式01-05～09〉と考え方は同じだが、0が示されている桁は無視してかまわない。1が示されている**桁の重み**だけを加えていけばいい。たとえば、11000101$_{(2)}$であれば、6桁目、5桁目、4桁目、2桁目は無視し、8桁目、7桁目、3桁目、1桁目だけの重みを足して〈式01-11～14〉のようにして10進数が求められる。

$$11000101_{(2)} = 2^{8-1} + 2^{7-1} + 2^{3-1} + 2^{1-1} \quad\text{〈式01-11〉}$$

$$= 2^{7} + 2^{6} + 2^{2} + 2^{0} \quad\text{〈式01-12〉}$$

$$= 128 + 64 + 4 + 1 \quad\text{〈式01-13〉}$$

$$= 197 \quad\text{〈式01-14〉}$$

10進数を2進数に基数変換する場合は、2で割ることを繰り返していけばいい。10進数Xを2進数に変換するのなら、Xを2で割ってその商と余りを求め、その商をまた2で割って商と余りを求めることを繰り返して、商が0になるまで続ける。通常の割り算では余りがないときは余りを表記しないが、この場合は余り0と表記していく。すると、余りは必ず1か0になる。最初に計算した余りが2進数の1桁目、次の余りが2進数の2桁目といった具合に並ぶ。

たとえば、10進数の197を2進数に変換する場合は、〈図01-15〉のように、最初に2で割ると、商は98で余り1だ。次に98を2で割ると、商は49で余りは0になる。このように、余りが0の場合も必ず余りを表記する。以下同様に2で割り続け、商が0になるまで計算する。この余りを下から順に並べれば2進数11000101$_{(2)}$に変換できる。〈図01-16〉は10進数255を2進数に基数変換する場合の計算例だ。

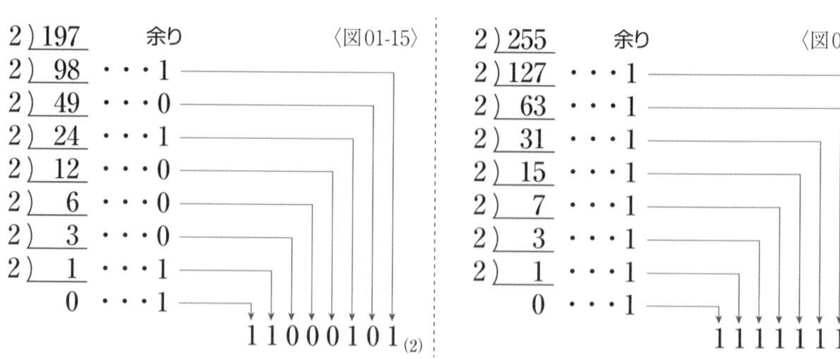

〈図01-15〉 〈図01-16〉

▶2進数の小数

10進数に**小数**があるように、2進数にも小数がある。2進数の小数表現は、ここまでで説明した整数の2進数の表現方法を発展させて考えればいい。整数ではn桁目の重みが2^{n-1}になるが、小数の場合は小数第1位の重みが2^{-1}、小数第2位の重みが2^{-2}、小数第3位の重みが2^{-3}といったように2の乗数のマイナスの値が大きくなっていく。つまり、**2進数の小数第n位は、2^{-n}の重みを示している**ので、小数第1位の重みは$\frac{1}{2}=0.5$、小数第2位の重みは$\frac{1}{4}=0.25$、小数第3位の重みは$\frac{1}{8}=0.125$になる。たとえば、2進数の小数$0.1011_{(2)}$を10進数に基数変換するのであれば、〈式01-17～21〉のように計算していけばいい。

$$0.1011_{(2)} = 0\times2^{0} + 1\times2^{-1} + 0\times2^{-2} + 1\times2^{-3} + 1\times2^{-4} \quad \cdots〈式01\text{-}17〉$$

$$= 0\times1 + 1\times\frac{1}{2^{1}} + 0\times\frac{1}{2^{2}} + 1\times\frac{1}{2^{3}} + 1\times\frac{1}{2^{4}} \quad \cdots〈式01\text{-}18〉$$

$$= 0\times1 + 1\times\frac{1}{2} + 0\times\frac{1}{4} + 1\times\frac{1}{8} + 1\times\frac{1}{16} \quad \cdots〈式01\text{-}19〉$$

$$= 0\times1 + 1\times0.5 + 0\times0.25 + 1\times0.125 + 1\times0.0625 \quad \cdot〈式01\text{-}20〉$$

$$= 0.6875 \quad \cdots〈式01\text{-}21〉$$

10進数の小数を2進数に**基数変換**する場合は、整数と同じ方法では行えない。たとえば、197.6875といった10進数の場合は、整数部197と小数部0.6875に分けて基数変換を行う。整数部の基数変換は2で割ることを繰り返すが、小数部の基数変換では2を掛けることを繰り返す。10進数小数に2を掛け、その整数部を取り(整数部は1か0のいずれかになる)、残った小数部に2を掛け、その整数部を取るという繰り返しを、小数部がなくなるまで行う。計算の途中で取った整数部の1か0を上位の桁から順に並べていくと2進数小数になる。言葉だけの説明ではわかりにくいかもしれないが、以下のような計算例を見れば理解できるだろう。計算例では、10進数の小数0.6875と0.8125を2進数に基数変換している。

〈図01-22〉

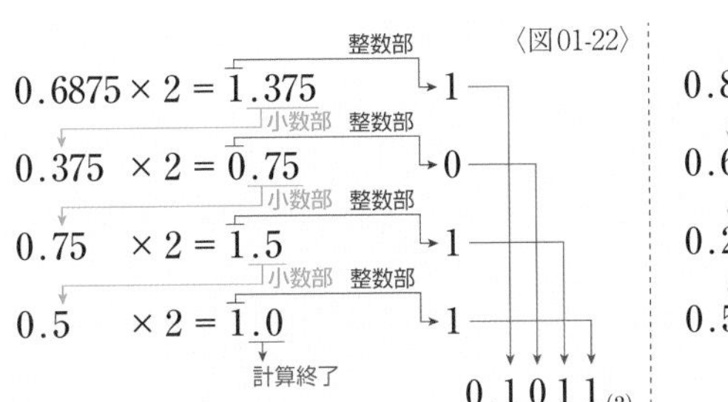

〈図01-23〉

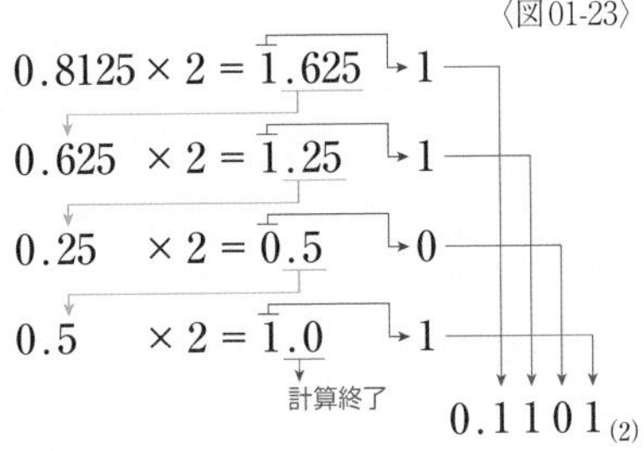

2進数の四則計算

2進数でも加算、減算、乗算、除算の四則計算が行える。最初はとまどうかもしれないが、慣れてしまえば10進数より簡単に計算を行うことができる。

▶2進数の加算

10進数と同じように、**2進数**でも**四則計算**が行える。**2進数の加算**（**足し算**）の基本となるのは、1桁同士の加算だ。2進数の1桁同士の加算は〈表02-01〉のように4通りしかない。10進数の加算では10以上で**桁上がり**が発生するが、2進数では$1_{(2)}+1_{(2)}$の場合のみ桁上がりして$10_{(2)}$になる。

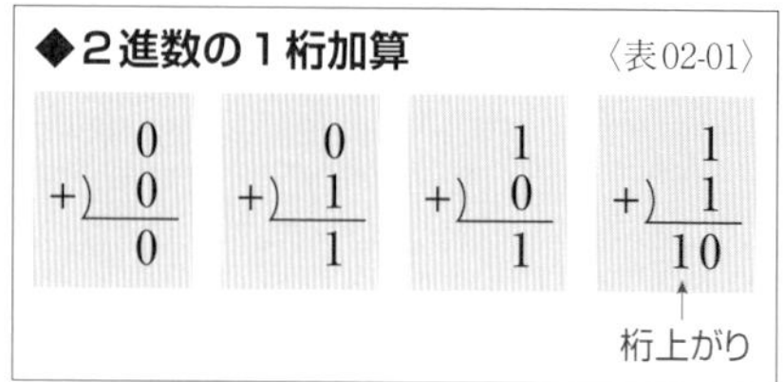

たとえば、$1011_{(2)}+1110_{(2)}$を計算してみると、〈図02-02〉になる。この計算は〈図02-03〉のような手順で進行する（以降の説明では$_{(2)}$を省略）。1桁目は1＋0＝1で、桁上がりが発生しないので、そのまま答えの行に1を記入する（①）。2桁目は1＋1＝10で桁上がりが発生するので、0を答えの行に記入し（②）、1を桁上がりさせる（③）。3桁目自体の計算は0＋1だが、ここに桁上がりしてきた1が加わって0＋1＋1＝10という計算になるので、0を答えの行に記入し（④）、1を桁上がりさせる（⑤）。4桁目自体の計算は1＋1だが、ここに桁上がりしてきた1が加わって1＋1＋1＝11という計算になるので、1を答えの行に記入し（⑥）、1を桁上がりさせるが、5桁目は元の計算にはないので、桁上がりしてきた1をそのまま答えの行に記入する（⑦）。計算結果は$11001_{(2)}$になり、計算が完了する。ちなみに、$1011_{(2)}+1110_{(2)}=11001_{(2)}$を10進数に**基数変換**すると11＋14＝25になる。

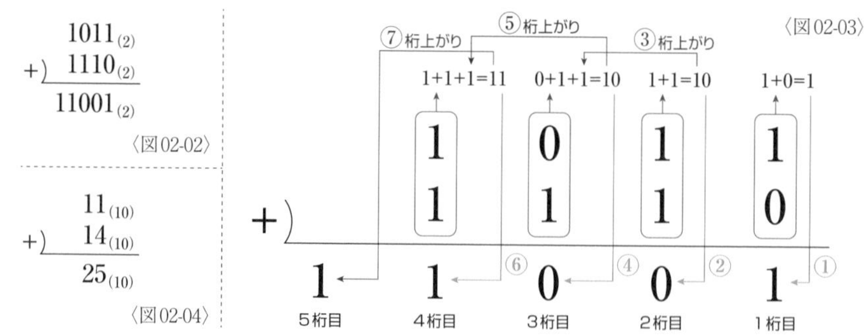

▶2進数の減算

2進数の1桁同士の**減算**(**引き算**)は〈表02-05〉のように4通りしかない。**10進数**の減算では、引かれる数が引く数より小さい場合は上位の桁から**桁借り**が必要になるので、頻繁に桁借りが行われるが、2進数の1桁の減算では4通りのうち、$0_{(2)}-1_{(2)}$の場合にのみ桁借りが必要になる。

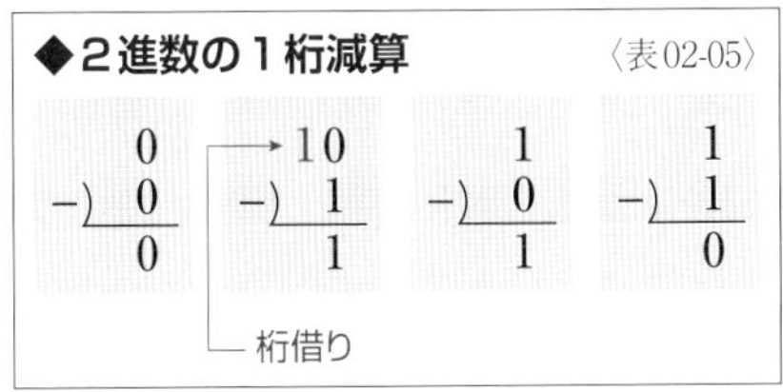

たとえば、$100101_{(2)}-11011_{(2)}$という**2進数の減算**を計算してみると、〈図02-06〉になる。この計算の手順は〈図02-07〉のように進行する(以降の説明では$_{(2)}$を省略)。1桁目は1−1=0で、桁借りは必要ないので、そのまま答えの行に0を記入する(①)。2桁目は桁借りの必要があるので、3桁目の1を借りてくる。これにより3桁目の1は0になり(②)、2桁目の計算は10−1=1になるので、答えの行に1を記入する(③)。3桁目は、元々は1−0だったが、桁借りによって0−0=0なっているので、答えの行に0を記入する(④)。4桁目も桁借りの必要があるが、上位の桁(5桁目)が0であるため、6桁目から借りることになる。6桁目の1を借りることで、6桁目は0になり、5桁目は1になる(⑤)。この桁借りによって4桁目の計算は10−1=1になるので、答えの行に1を記入する(⑥)。5桁目は元々は0だが、桁借りによって1になっているので、計算は1−1=0になり、答えの行には0を記入することになる(⑦)。6桁目は桁借りによって0になっている。そこから引く数は存在しないので、答えの行はそのまま0になる(⑧)。なお、〈図02-07〉では、説明のために答えの行の5桁目と6桁目に0を示しているが、通常は〈図02-06〉のように0は記入しない。以上の計算により、答えは$1010_{(2)}$になる。ちなみに、$100101_{(2)}$、$11011_{(2)}$、$1010_{(2)}$をそれぞれ10進数に**基数変換**すると37、27、10になる。37−27=10なので、2進数の減算の結果が正しいことが10進数で確認できる。

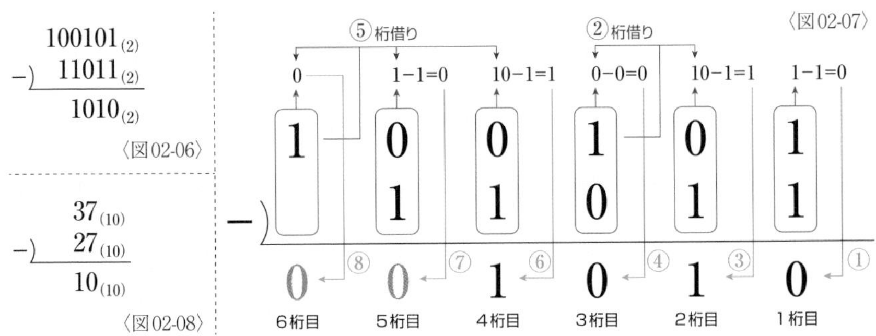

▶2進数の乗算

◆2進数の1桁乗算 〈表02-09〉

0	0	1	1
×) 0	×) 1	×) 0	×) 1
0	0	0	1

2進数の1桁同士の**乗算**(**掛け算**)は〈表02-09〉のように4通りだ。1桁では**桁上がり**や**桁借り**も発生しない。**10進数**の乗算では九九の81通り(実際には0の乗算もあるので100通り)を覚えなければならないのに比べると、非常に簡単だ。ただ、**2進数の乗算**については表の4通りより、以下のことを覚えておきたい。**どんな桁数の2進数に1**$_{(2)}$**を掛けても変化はなく元の2進数のままであること**と、**どんな桁数の2進数に0**$_{(2)}$**を掛けても0**$_{(2)}$**になる**ことだ。

10進数の筆算での乗算では、掛ける数の桁ごとに乗算を行い、その結果を**加算**することで答えを求める。たとえば、27×13であれば、〈図02-10〉のように計算する。2進数の場合も計算方法はまったく同じだ。27×13を2進数に**基数変換**した11011$_{(2)}$×1101$_{(2)}$であれば、〈図02-11〉のように計算することになる(以降の説明では$_{(2)}$を省略)。

まずは、1101の1桁目の1を11011に掛けるが、どんな数に1を掛けても変化はないので、掛けられる数である11011をそのまま記入するだけだ(①)。次に、1101の2桁目の0を11011に掛けるが、どんな数に0を掛けても0になる。ここでは説明のために00000を記入したが(②)、最後に行う加算にも0は影響を与えないので、実際に計算する場合は〈図02-12〉のように何も記入しなければいい。1101の3桁目と4桁目もそれぞれ1なので、桁の位置に注意して11011をそのまま記入するだけだ(③・④)。最後に、それぞれの乗算の結果を加算する。以上の計算により答えは101011111$_{(2)}$＝351$_{(10)}$が求められる。

10進数

```
     27
×)   13
-------
     81
    27
-------
    351
```

〈図02-10〉

2進数

```
        11011
×)       1101
-------------
        11011   …①
       00000    …②
      11011     …③
     11011      …④
-------------
    101011111
```

〈図02-11〉

```
        11011
×)       1101
-------------
        11011   …①
      11011     …③
     11011      …④
-------------
    101011111
```

〈図02-12〉

こうした計算で注意したいのは、桁ごとの乗算を記入する位置だ。特に〈図02-12〉のように0を掛ける行を記入しない場合は、桁の位置を間違えやすい。また、最後に行う加算では、行数が増えるほど桁上がりの影響が何桁にも及んだりするので、注意深く計算する必要がある。上の計算例でも、4桁目からは桁上がりの計算が複雑だ。

▶2進数の除算

10進数の**除算**（**割り算**）を筆算で行う場合、たとえば182÷14であれば、〈図02-13〉のように**乗算**と**減算**を組み合わせ計算し、答えの13が求められる。10進数の場合、乗算も減算も面倒だが、**2進数の除算**の場合は乗算が2種類しかないので、減算の**桁借り**に注意するだけでいい。182÷14を2進数に**基数変換**した$10110110_{(2)}$÷$1110_{(2)}$であれば、〈図02-14〉のように計算することになる（以降の説明では$_{(2)}$を省略）。割る数1110が4桁なので、まずは割られる数の先頭の4桁と大きさを比較する。先頭4桁より1110のほうが大きい（①）ので、減算することができない。そのため、もう1桁増やして割られる数の先頭の5桁であれば、1110より大きいので（②）、引くことができる。よって、答えの行に1を記入し（③）、10110から1110を引いた1000を記入する（④）。この1000に割られる数の次の桁である1を末尾に加えた10001と割る数1110の大きさを比較する。10001のほうが1110より大きいので（⑤）、引くことができる。よって、答えの行に1を記入し（⑥）、10001から1110を引いた11を記入する（⑦）。この11に割られる数の次の桁である1を末尾に加えた111と割る数1110の大きさを比較する。111のほうが1110より小さいので（⑧）、引くことができない。よって、答えの行に0を記入し（⑨）、111から0を引いた111を記入する（⑩）。この111に割られる数の次の桁である0を末尾に加えた1110と割る数1110の大きさを比較する。両方が同じ大きさなので（⑪）、引くことができる。よって、答えの行に1を記入し（⑫）、1110から1110を引いて、0になることを確認すれば（⑬）、計算結果$1101_{(2)}=13_{(10)}$が求められる。

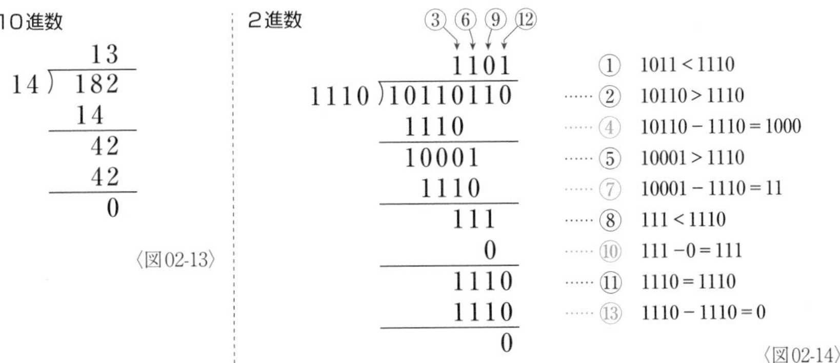

〈図02-13〉

〈図02-14〉

以上の計算例は割り切れる数によるものだが、整数の範囲で割り切れない場合は、そのまま小数の計算に進めることができる。小数まで計算する場合、割られる数の小数点以下は.0000…と、0がどこまでも続いていると考えればいい。

Chapter 11 Section 03

補数と2進数の正負表現

デジタル回路の2値信号であっても2進数を使えば数を表わすことができるが、プラス符号やマイナス符号は使えないので、補数というもので負の数を表現する。

▶補数

数には正と負があり、**負の数**には**マイナス符号**を付けて「−9」のように示す(**正の数**の**プラス符号**は一般的には省略されていることが多い)。2進数の場合もマイナス符号で負の数を表わすことができるが、デジタル回路で使われる方形パルスによる2値信号では、2進数の$0_{(2)}$と$1_{(2)}$は表わせるが、マイナス符号は表わすことができない。そのため、デジタル信号では**補数**というものを使って負の数を表わすことが多い。

補数とは基準となる数から引いた残りの数のことで、2進数や10進数などすべての基数の数に存在する。補数は桁数(**ビット数**)を定めることで成立するもので、N進数M桁で最大数をX_mとすると、任意のM桁の正の数Xについて、以下のように**$(N-1)$の補数**と**Nの補数**が定義される。〈式03-01〉と〈式03-02〉からもわかるように、Nの補数は$(N-1)$の補数に1を加えることで求められる。ちなみに、最大数X_mはN^M-1で求められる。

Xに対する$(N-1)$の補数： X_m-X ……〈式03-01〉

Xに対するNの補数 ： $(X_m+1)-X$ ……〈式03-02〉

たとえば、2桁10進数の61の場合、最大数は$10^2-1=99$なので、**9の補数**は〈式03-03〉によって38と求められ、**10の補数**は〈式03-04〉によって39と求められる。4桁2進数の$1010_{(2)}$の場合、最大数は$2^4-1=15=1111_{(2)}$になるので、**1の補数**は〈式03-05〉によって$0101_{(2)}$と求められ、**2の補数**は〈式03-06〉によって$0110_{(2)}$と求められる。なお、補数を扱う場合は桁数が定められているので、$101_{(2)}$のように3桁で示すことができる数も、$0101_{(2)}$のように0を使って桁を補って記述するようにする。

10進数	61の9の補数 ： $99-61=38$	〈式03-03〉
	61の10の補数 ： $(99+1)-61=39$	〈式03-04〉
2進数	$1010_{(2)}$の1の補数 ： $1111_{(2)}-1010_{(2)}=0101_{(2)}$	〈式03-05〉
	$1010_{(2)}$の2の補数 ： $(1111_{(2)}+1_{(2)})-1010_{(2)}=0110_{(2)}$	〈式03-06〉

前記の例では、$1010_{(2)}$とその1の補数$0101_{(2)}$を見比べると、それぞれの桁の0と1が入れ替わっているのがわかるが、これは偶然ではない。**2進数では各桁の0と1を反転させると1の補数になる**。また、**1の補数に$1_{(2)}$を足せば2の補数になる**ので、両補数を簡単な作業で求めることができる。なお、デジタル回路の分野では、このように0と1を反転させることを、各桁の数を**否定**するともいう(P345参照)。

補数による2進数の減算（差が正の場合）

補数を使うと、減算を加算に置き換えられる。たとえば、4桁2進数の$1110_{(2)}-1010_{(2)}$という減算を、補数を使って加算に置き換えてみよう。すでに説明した減算の方法で計算すれば、この計算の答えは$0100_{(2)}$になるはずだ（以降の説明では$_{(2)}$を省略）。

まず、1010の**2の補数**を求める。各桁を反転させた後、1を足せばいい（①）。この2の補数0110を1110に加える（②）。加算すると10110になる。10110は5桁だがが、この計算は補数を使っているため4桁という定めがある。こうした桁のあふれを**オーバーフロー**といい、オーバーフローが生じた場合は、最上位の桁を切り捨てる（③）。これにより、0100という計算結果が得られる。

① 1010 → 各桁反転 → 0101〈1の補数〉 → +1 → 0110〈2の補数〉

② 1110＋0110＝10100

③ 10100 → オーバーフロー切り捨て → 0100

この計算手順の原理を考えてみよう。本来の計算式は〈式03-07〉で示される。いっぽう、加算に置き換えた1110＋0110の補数部分0110を、2の補数の定義式で示すと〈式03-08〉になり、この式を変形していくと〈式03-10〉になる。この式は本来の計算式〈式03-07〉の両辺に10000を加えたものだといえる。そのため、オーバーフローを切り捨てるという作業によって10000を引くことで、本来の計算式に戻すことができるわけだ。

$$1110-1010=0100 \quad \cdots\cdots〈式03\text{-}07〉$$

$$1110+0110=1110+\{(1111+1)-1010\} \quad \cdots\cdots〈式03\text{-}08〉$$

$$=1110+(10000-1010) \quad \cdots\cdots〈式03\text{-}09〉$$

$$=(1110-1010)+10000 \quad \cdots\cdots〈式03\text{-}10〉$$

なお、こうしたオーバーフローは引かれる数が引く数より大きい場合、つまり減算の結果が正の数の場合にのみ生じる。減算の結果が負の数になる場合は、次ページで説明する。

▶補数による2進数の減算(差が負の場合)

2進数の$X-Y$という**減算**を、**補数**を使って**加算**に置き換えた計算で、$X>Y$の場合、つまり計算結果が正の数になる場合は前ページで説明した。$X \leqq Y$の場合はどうなるだろうか。ここでは、4桁2進数の$1010_{(2)}-1110_{(2)}$という減算を、補数を使って加算に置き換えてみよう。この計算の答えは$-0100_{(2)}$になるはずだ(以降の説明では$_{(2)}$を省略)。

まず、1110の**2の補数**を求める。各桁を反転させた後、1を足せばいい(①)。この2の補数0010を1010に加える(②)。加算すると1100になる。1100は4桁だ。このようにオーバーフローしなかった場合は、1100の2の補数を求める(③)。求められた0100は計算結果の絶対値になるので、マイナス符号を加える(④)。これにより-0100という計算結果が得られる。

① 1110 → 各桁反転 → 0001 〈1の補数〉 → +1 → 0010 〈2の補数〉
② 1010+0010 = 1100 (オーバーフローなし)
③ 1100 → 各桁反転 → 0011 〈1の補数〉 → +1 → 0100 〈2の補数〉
④ 0100 → マイナス符号追加 → −0100

この計算手順の原理を考えてみよう。本来の減算は〈式03-11〉で示される。いっぽう、加算に置き換えた1010+0010の補数部分0010を、2の補数の定義式で示すと〈式03-12〉になり、この式を変形していくと〈式03-14〉になる。この式を〈式03-11〉と比較すると、本来の計算式に10000を加えたものであることがわかる。さらに、〈式03-14〉を2の補数の定義式に代入すると、〈式03-15〉のように本来の計算式にマイナス符号がついたものになる。そのため、補数を使った加算の結果の2の補数を求め、その数にマイナス符号を加えると、本来の計算結果が得られるわけだ。

$$1010-1110=-0100 \quad \cdots\cdots 〈式03\text{-}11〉$$

$$1010+0010=1010+\{(1111+1)-1110\} \quad \cdots\cdots 〈式03\text{-}12〉$$

$$=1010+(10000-1110) \quad \cdots\cdots 〈式03\text{-}13〉$$

$$=10000+(1010-1110) \quad \cdots\cdots 〈式03\text{-}14〉$$

$$(1111+1)-\{10000+(1010-1110)\}=-(1010-1110) \quad \cdots\cdots 〈式03\text{-}15〉$$

以上のように、2進数の$X-Y$という減算を、補数を使って加算に置き換えた計算では、事前にXとYの大きさの関係が不明でも、**オーバーフロー**が生じるかどうかで以降の手順を簡単に判断することができる。

2進数の正負表現

左ページでは**マイナス符号**を使って負の数を表現しているが、先に説明したようにデジタル回路の方形パルスによる2値信号ではマイナス符号を表わすことができない。しかし、**2の補数**を**加算**すると**減算**になるということは、2の補数で負の数を表現できることを意味しているといえる。

◆4桁2進数による正負の表現　〈表03-16〉

10進数	2進数	2進数	10進数
0	0000		
+1	0001	1111	−1
+2	0010	1110	−2
+3	0011	1101	−3
+4	0100	1100	−4
+5	0101	1011	−5
+6	0110	1010	−6
+7	0111	1001	−7
		1000	−8

たとえば、4桁の2進数をすべて10進数の**正の数**(0を含む)に対応させれば、0〜+15の16種類の数を表現することができる。しかし、補数を利用すれば、同じ4桁の2進数で10進数の−8〜+7の16種類の数を表わすことも可能だ。この考え方で2進数と10進数を対応させると〈表03-16〉のようになる。ここでは、$-1_{(10)}$に対応している$1111_{(2)}$は、$1_{(10)}$に対応している$0001_{(2)}$の2の補数、$-2_{(10)}$に対応している$1110_{(2)}$は、$2_{(10)}$に対応している$0010_{(2)}$の2の補数といった関係になっている。つまり、**負の数**を示している4桁の2進数は、最初から2の補数表現なので、単純に加算を行うことで加減算を実行できることになる。また、表を見ればわかるように、正の数を示している2進数は最上位桁が0、負の数を示している2進数は最上位桁が1なので、最上位桁だけでその2進数が正か負かがわかる。

以下ような加算や減算で、負の数の表現に矛盾がないことが確認できる。なお、こうした計算の場合も**オーバーフロー**が生じたら、あふれた桁は切り捨てればいい。また、減算で引ききれない場合はオーバーフローの位置(5桁目)に1があるとして**仮想の桁借り**を行う。

$$\begin{array}{r} +3 \\ +)\ -5 \\ \hline -2 \end{array} \Longleftrightarrow \begin{array}{r} 0011_{(2)} \\ +)\ 1011_{(2)} \\ \hline 1110_{(2)} \end{array}$$

$$\begin{array}{r} +3 \\ +)\ -2 \\ \hline +1 \end{array} \Longleftrightarrow \begin{array}{r} 0011_{(2)} \\ +)\ 1110_{(2)} \\ \hline 10001_{(2)} \end{array}$$

桁あふれ切り捨て

$$\begin{array}{r} -4 \\ +)\ -3 \\ \hline -7 \end{array} \Longleftrightarrow \begin{array}{r} 1100_{(2)} \\ +)\ 1101_{(2)} \\ \hline 11001_{(2)} \end{array}$$

桁あふれ切り捨て

$$\begin{array}{r} -3 \\ -)\ +4 \\ \hline -7 \end{array} \Longleftrightarrow \begin{array}{r} 1101_{(2)} \\ -)\ 0100_{(2)} \\ \hline 1001_{(2)} \end{array}$$

仮想の桁借り

$$\begin{array}{r} -4 \\ -)\ -3 \\ \hline -1 \end{array} \Longleftrightarrow \begin{array}{r} 11100_{(2)} \\ -)\ 1101_{(2)} \\ \hline 1111_{(2)} \end{array}$$

仮想の桁借り

$$\begin{array}{r} +5 \\ -)\ -2 \\ \hline +7 \end{array} \Longleftrightarrow \begin{array}{r} 10101_{(2)} \\ -)\ 1110_{(2)} \\ \hline 0111_{(2)} \end{array}$$

この方法で2進数の正負表現を行えば、8桁で−128〜+127まで$2^8=256$通りの数が表現でき、16桁で−32768〜+32767まで$2^{16}=65536$通りの数が表現できる。

16進数

2進数は大きさがイメージしにくく桁数も大きくなりやすく、なにより人間が扱うと間違いを犯しやすい。しかし、2進数を16進数に基数変換すると扱いやすくなる。

▶16進数

デジタル回路にとっては都合がよい**2進数**だが、人間にとっては数の大きさがイメージしにくいうえ、**10進数**に比べると桁が大きくなりやすく、使われているのが「0」と「1」だけなので、桁数を誤ったり、「0」と「1」を入れ違ったりしやすい。$111011111_{(2)}$という数字をぱっと見ただけで、何桁の数で、何桁目が0かがわかるだろうか。10進数で示せば479という3桁で表わすことができる。

◆16進数の表記法

〈表04-01〉

$10F1_{(16)}$

$(10F1)_{16}$

$10F1_{(H)}$

$(10F1)_{H}$

以上のように、2進数は人間には扱いにくいため、コンピュータなどの分野では**16進数**が使われている。16進数では1文字で整数の大きさを表わす数字(記号)が16種類必要だが、人間は0～9の10種類の数字しかもっていないため、$10_{(10)}$～$15_{(10)}$についてはA～F(またはa～f)のアルファベットを使用する。〈表04-01〉のような方法で16進数であることを明示することが多い。10進数の1～32を16進数と2進数に対応させると〈表04-02〉になる。16進数では場合によっては$CDF_{(16)}$といった具合にアルファベットだけで数が示されることもあるので、慣れないうちは違和感が生じるだろう。

人間には使い慣れた10進数があるのに、わざわざ16進数を使うのは、16進数と2進数は相性がよいからだ。16進数とは**2^4進数**と考えられるので、相互の**基数変換**を簡単に行える。2^4進数とは、**2進数の4桁が16進数の1桁になる**ということを意味しているわけだ。

◆16進数－2進数－10進数対応表

〈表04-02〉

16進数	0	1	2	3	4	5	6	7	8	9	A	B	C	D	E	F
2進数	0	1	10	11	100	101	110	111	1000	1001	1010	1011	1100	1101	1110	1111
10進数	0	1	2	3	4	5	6	7	8	9	10	11	12	13	14	15
16進数	10	11	12	13	14	15	16	17	18	19	1A	1B	1C	1D	1E	1F
2進数	10000	10001	10010	10011	10100	10101	10110	10111	11000	11001	11010	11011	11100	11101	11110	11111
10進数	16	17	18	19	20	21	22	23	24	25	26	27	28	29	30	31

16進数の基数変換

16進数と**2進数**で相互に行う**基数変換**は非常に簡単だ。たとえば、16進数の$47B_{(16)}$を2進数に基数変換するのであれば、16進数のそれぞれの桁を2進数に基数変換する。2桁目のように、2進数が4桁未満の場合は、先頭に0を補って4桁にする。ただし、3桁目のように16進数の最上位の桁の場合は4桁未満でもそのままでもいい。最後にそれぞれの2進数を順番に並べるだけだ。以上のように、簡単な手順で16進数を2進数に基数変換できる。

逆に2進数を$11011101001_{(2)}$を16進数に基数変換するのであれば、2進数を末尾から順に4桁ずつで区切っていく。4桁に区切った2進数をそれぞれ10進数に置き換える。4桁ならば、暗算で大丈夫だろう。ここで得られた0～15の10進数を16進数で使われる0～9とA～Fに置き換えれば基数変換は完了だ。

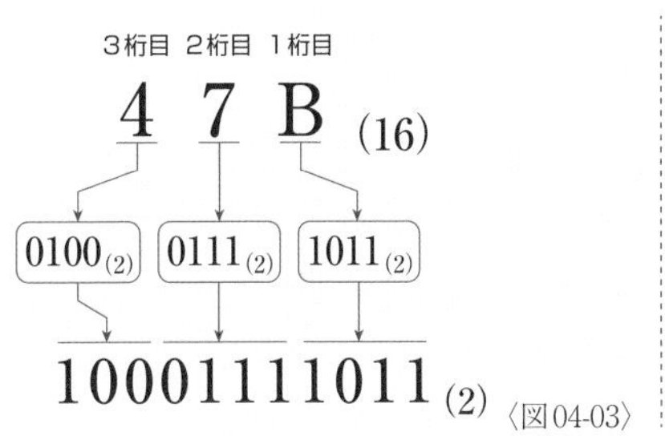

〈図04-03〉

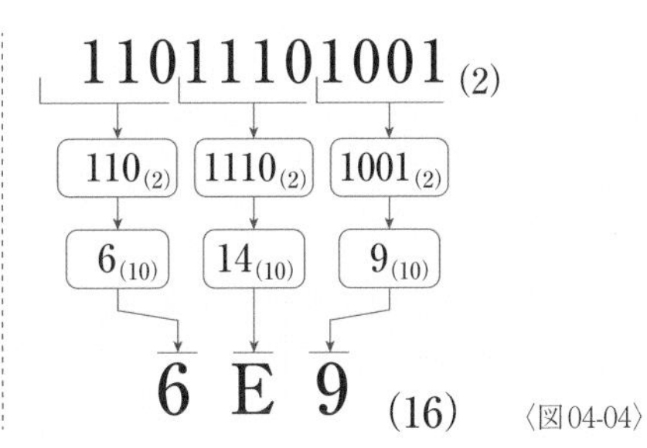

〈図04-04〉

16進数を**10進数**に基数変換する場合は、それぞれの桁の数に**桁の重み**を掛けて、その積を合計すればいい。**16進数の*n*桁目の重みは16^{n-1}になる**。実際の計算例は〈式04-05～08〉のようになるが、式を立てたうえで電卓を使って計算したほうが無難だ。

10進数を16進数に基数変換する場合は、10進数を16で割ることを繰り返し、その余りを16進数で使う数字と記号に置き換え、これを下から順に並べればいい。実際の計算例は〈図04-09〉のようになるが、この計算も暗算を併用した筆算で行うのはかなり面倒だ。電卓を使ったとしても手間がかかる。いったん2進数に変換してから16進数に変換したほうが簡単かもしれない。なお、関数電卓やパソコンなどの電卓には**基数変換機能**を備えたものもある。

$$47B_{(16)} = 4\times16^{3-1} + 7\times16^{2-1} + 11\times16^{1-1}$$ ·〈式04-05〉

$$= 4\times256 + 7\times16 + 11\times1$$ ·〈式04-06〉

$$= 1024 + 112 + 11$$ ····〈式04-07〉

$$= 1147$$ ·····················〈式04-08〉

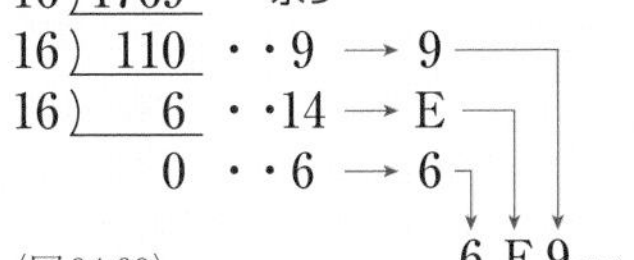

16) 1769　余り
16) 110 ··9 → 9
16) 6 ··14 → E
0 ··6 → 6
$6E9_{(16)}$
〈図04-09〉

Chapter 11 Section 05

論理演算

コンピュータを構成したり自動制御が行えたりするのは電子回路で論理演算を行っているからだ。こうした論理演算にはOR演算、AND演算、NOT演算の3種類しかない。

論理代数の論理演算

デジタル回路は論理回路によって構成されている。一般的に**論理回路とは、論理演算や記憶を行う電気回路や電子回路**と説明される。この論理演算という言葉の意味を簡単に説明するのはとても難しい。そもそも**論理**とは、筋道の通った考え方のことであり、物事の法則的なつながりを意味しているといえる。論理を考える学問が**論理学**であり、論理学では物事の状態を「**真**」と「**偽**」で考える。この2つの値を**真理値**や**真偽値**といい、2つの値で考えるので**2値論理**ともいう。この論理学上の関係を**論理式**という式で示し、それを数学的に解析するのが**論理代数**だ。考案者の名から**ブール代数**ともいう。論理代数の場合、2つの記号、つまり2値で表わせるものであれば何でも真理値として扱える。この真理値には「0」と「1」の2値を使うのが一般的で、真理値を使って行う演算を論理演算という。

演算とは簡単にいってしまえば計算することで、入力に何らかの加工を施して出力することだといえる。算数で扱う**加減乗除**も**四則演算**という演算だが、ほかにもさまざまな演算がある。論理演算とは、こうした演算の一種で、論理式によって入力と出力の関係が示される。なお、論理演算に対して、加減乗除を扱う四則演算は**算術演算**ともいう。

電子回路では方形パルスによる2値信号で2つの状態しか表わせないが、論理代数も「0」と「1」の2値だけで示されるものなので、電子回路で論理代数を扱えるわけだ。論理代数の理論が存在するからこそ、自動制御やコンピュータが実現できたともいえる。

概略を説明すると以上のようになるが、あくまでも概略だ。論理に関連する学問は非常に奥が深いので、これだけでは十分に理解できないかもしれないが、まずは論理演算を行う**論理回路とは入力と出力の関係に法則性のある回路**だということを覚えておこう。以降で説明する実際の回路を見ていけば、だんだんと論理演算が理解できていくはずだ。

論理代数の演算には、**OR演算**、**AND演算**、**NOT演算**の3種類しかない。この3種類の演算を組み合わせていくことで、さまざまな論理演算が行える。また、真理値を代入する変数を**論理変数**、論理変数に対する演算を論理演算といい、論理変数と論理演算によって定義される式を論理式という。

OR演算（論理和演算）

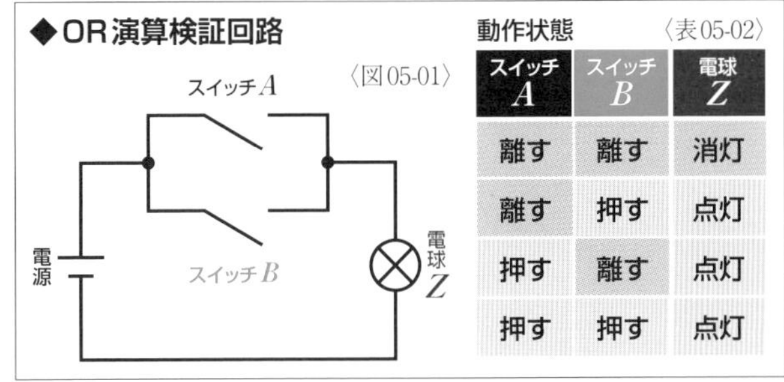

スイッチA	スイッチB	電球Z
離す	離す	消灯
離す	押す	点灯
押す	離す	点灯
押す	押す	点灯

OR演算をシンプルな電気回路で考えてみよう。〈図05-01〉の回路は2つのスイッチA、Bと電源、電球Zで構成されている。AとBはボタンを操作していない状態ではOFF、ボタンを押している間だけONになるスイッチとする。説明するまでもないが、両スイッチは並列なので、どちらかのスイッチを押せば電球Zが点灯するし、両方のスイッチを押しても点灯する。スイッチA、Bの状態と電球Zの状態を表にまとめると〈表05-02〉のようになる。

入力であるスイッチの状態は、それぞれ「離す」と「押す」の2値で表わせ、出力である電球Zの状態は「消灯」と「点灯」の2値で表わせるので、これを真理値に置き換えられる。スイッチの「離す」を「0」、「押す」を「1」とし、電球の「消灯」を「0」、「点灯」を「1」とすると、〈表05-03〉のようになる。このように演算内容を真理値で示した表を**真理値表**という。

〈表05-03〉の真理値表で表わされるのがOR演算だ。つまり、**OR演算では、論理変数A、Bのうち、どちらか一方が「1」ならば出力が「1」になる**。英語の“OR”には「〜か〜」や「どちらか」という意味があるので、OR演算というわけだ。OR演算は**論理和演算**ともいい、論理式では**演算記号**「+」で示す。入力の論理変数をAとB、出力をZとすると、OR演算の**論理式**の基本形は〈式05-04〉になる。この場合、ZはAとBの**論理和**になる。また、入出力の関係を**集合論**でも使われる**ベン図**で示すと視覚的に捉えやすい。A、Bそれぞれの円の内側が「1」、外側が「0」とすると、ピンク色の部分がZの領域を示していることになる。

◆OR演算

真理値表　〈表05-03〉

入力		出力
A	B	Z
0	0	0
0	1	1
1	0	1
1	1	1

論理式

$$Z = A + B$$ ・〈式05-04〉

$0+0=0$ ・・・・・・〈式05-05〉

$0+1=1$ ・・・・・・〈式05-06〉

$1+0=1$ ・・・・・・〈式05-07〉

$1+1=1$ ・・・・・・〈式05-08〉

ベン図　〈図05-09〉

A　B

▶AND演算（論理積演算）

AND演算の入出力の関係も〈図05-10〉のような簡単な電気回路で考えることができる。回路の構成要素は前ページのOR演算の回路と同じだが、両スイッチは直列だ。この場合、どちらかのスイッチを単独で押しても電球Zは点灯しない。電球が点灯するのは、両スイッチを同時に押したときだけだ。スイッチA、Bの状態と電球Zの状態をまとめると〈表05-11〉のようになる。

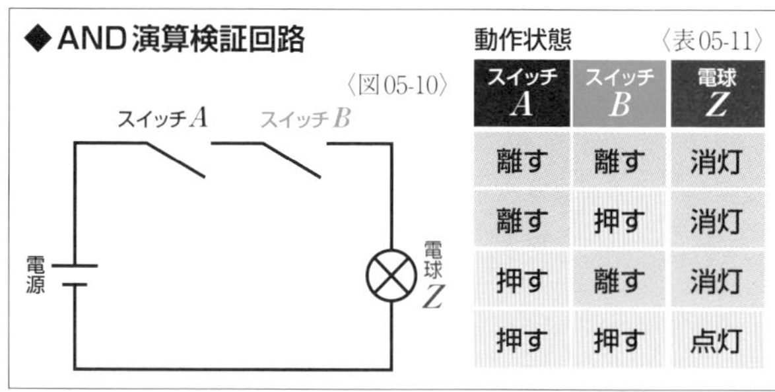

動作状態　〈表05-11〉

スイッチ A	スイッチ B	電球 Z
離す	離す	消灯
離す	押す	消灯
押す	離す	消灯
押す	押す	点灯

ここでも、スイッチの「離す」を「0」、「押す」を「1」とし、電球の「消灯」を「0」、「点灯」を「1」とすると、〈表05-12〉のような**真理値表**になる。このような真理値表で表わされるのがAND演算だ。つまり、**AND演算では、論理変数A、Bのうち、両方が「1」の場合にのみ出力が「1」になる**。英語の“AND”には「〜と〜」や「どちらも」という意味があるので、AND演算というわけだ。AND演算は**論理積演算**ともいい、**論理式**では**演算記号**「・」で示す。入力の論理変数をAとB、出力をZとすると、AND演算の論理式は〈式05-13〉になる。この場合、ZはAとBの**論理積**になる。また、入出力の関係を**ベン図**で示すと〈図05-18〉のようにピンク色の部分がZの領域を示していることになる。

◆AND演算

真理値表　〈表05-12〉

入力		出力
A	B	Z
0	0	0
0	1	0
1	0	0
1	1	1

論理式

$$Z = A \cdot B$$ ・〈式05-13〉

$0 \cdot 0 = 0$ ・・・・・・〈式05-14〉

$0 \cdot 1 = 0$ ・・・・・・〈式05-15〉

$1 \cdot 0 = 0$ ・・・・・・〈式05-16〉

$1 \cdot 1 = 1$ ・・・・・・〈式05-17〉

ベン図　〈図05-18〉

A　B

▶NOT演算（論理否定演算）

NOT演算の入出力の関係は、〈図05-19〉のような電気回路で考えることができる。ここで使われているスイッチの図記号を見たことがない人がいるかもしれないが、この図記号は**ブ**

レーク接点のスイッチのもので、何も操作しないとONの状態を保ち続け、操作するとOFFになるスイッチだ。ここでは、ボタンを押している間だけOFFになるスイッチと考える。この回路では、スイッチAを押さないと電球Zが点灯していて、スイッチAを押すと消灯する。スイッチAの状態と電球Zの状態を表にまとめると〈表05-20〉のようになる。

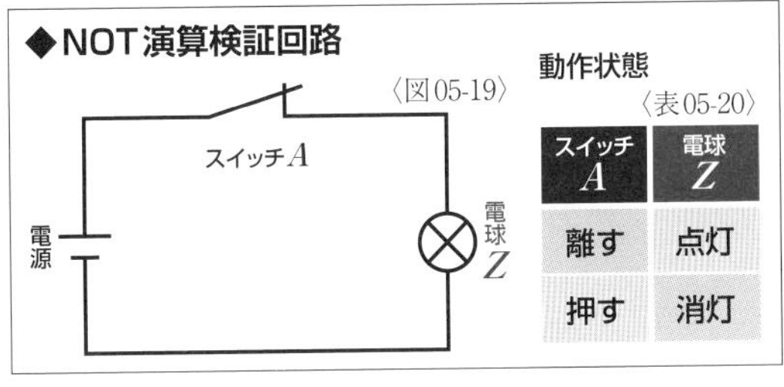

スイッチ A	電球 Z
離す	点灯
押す	消灯

ここでも、スイッチの「離す」を「0」、「押す」を「1」とし、電球の「消灯」を「0」、「点灯」を「1」とすると、〈表05-21〉のような**真理値表**になる。このような真理値表で表わされるのがNOT演算だ。つまり、**NOT演算では、入力が「0」ならば出力が「1」、入力が「1」ならば出力が「0」になる**。要するに、**NOT演算とは真理値を反転させる演算**だ。これは**入力変数の真理値を否定している**ともいえる。真理値は「0」と「1」の2値しかないので一方が否定されればもう一方になる。英語の"NOT"には「〜ではない」という意味があるので、NOT演算というわけだ。NOT演算は**論理否定演算**ともいい、**論理式**では**演算記号**「 ‾ 」で示す。この記号はバーと読むのが一般的で、たとえば、$\overline{A}$は「Aバー」と読む。入力の**論理変数**をA、出力をZとすると、NOT演算の論理式の基本形は〈式05-22〉だ。この場合、ZはAの**論理否定**になる。また、$Z=A$の**ベン図**が〈図05-25〉とすると、$Z=\overline{A}$のベン図が〈図05-26〉になる。

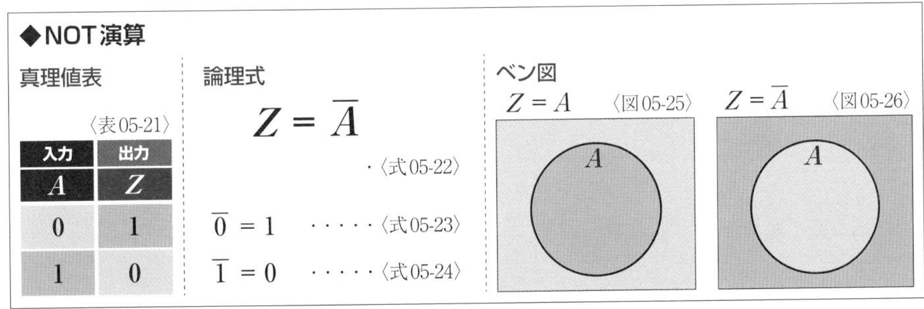

入力 A	出力 Z
0	1
1	0

$$Z=\overline{A}$$ ・〈式05-22〉

$$\overline{0}=1$$ ・・・・・〈式05-23〉

$$\overline{1}=0$$ ・・・・・〈式05-24〉

多入力の演算

OR演算と**AND演算**はどちらも基本形といえる2変数で説明したが、3変数以上の**論理式**も成立する。**論理変数**をA、B、Cの3変数とした場合、OR演算であれば$A+B+C=Z$、AND演算であれば$A\cdot B\cdot C=Z$となる。また、**NOT演算**の**演算記号**は、$\overline{A+B}$のように式に対して使われることもある(式はAとBの論理和を論理否定している)。

論理代数

算術演算は計算の順番のような基本的な決まりを守ったうえで定理などを使って計算を進めていくが、論理演算にも守るべき決まりや役に立つ定理がある。

論理式の計算の順番と桁

論理式の計算で、最初に覚えておきたいのが計算の順番だ。まずは、**四則演算**(**算術演算**)の計算の順番を確認しておこう。四則演算の**算術式**では、「+」、「−」、「×」、「÷」の4つの**演算記号**のほかに「=」と各種の括弧が使われ、「+」と「−」より、「×」と「÷」を優先し、括弧があれば、そのなかを最優先するのが計算の順番の基本ルールだ。複数の「×」や「÷」が存在する場合は、どの順番で計算してもよく、同じく複数の「+」や「−」が存在する場合は、どの順番で計算してもいい。いっぽう、**論理演算**の論理式では、「・」、「+」、「¯」の3つの演算記号のほかに「=」と各種の括弧が使われるが、**「+」より「・」を優先し、括弧があれば、そのなかを最優先するのが計算の順番**だ。**複数の「+」や「・」が存在する場合は、どの順番で計算してもいい**。たとえば、論理式$A+B \cdot C=Z$の場合、最初にBとCをAND演算し、その結果とAをOR演算することになるが、論理式$(A+B) \cdot C=Z$の場合は、最初にAとBをOR演算し、その結果とCをAND演算することになる。

もう1つ覚えておきたいのは、論理演算では桁が増えないことだ。2進数の四則演算は、論理演算と同じように「0」と「1」だけを使用するが、2進数の四則演算の場合、結果が「10」といった具合に桁数が増えていくことがある。しかし、**論理演算では計算結果は必ず「0」か「1」になり、桁数が増えることはない**。論理式で扱っているのは2進数ではなく**真理値**だ。

論理代数の諸定理

四則演算の**算術式**でも因数分解や展開のようにさまざまな**公式**や**定理**を使うことで式を変形していくと、簡単化できたり理解しやすいようにまとめられたりする。同じように**論理式**もさまざまな法則や定理によって式を変形していくことができる。しかも、論理式で扱う値は2値であるため、算術式より簡単化できることが多い。デジタル回路は**論理回路**で構成されるわけだが、求められる動作の論理式が簡単化できれば、回路も単純化できる。これにより小型軽量化や低コスト化が可能になるばかりか、処理速度の向上や消費電力の低減も可能だ。**論理代数**の演算で使われる諸定理には〈表06-01〉のようなものがある。

◆論理代数の諸定理

〈表06-01〉

法則	式	番号
公理	$A+1=1$	〈式06-02〉
	$A\cdot 0=0$	〈式06-03〉
恒等の法則	$A+0=A$	〈式06-04〉
	$A\cdot 1=A$	〈式06-05〉
同一の法則	$A+A=A$	〈式06-06〉
	$A\cdot A=A$	〈式06-07〉
補元の法則	$A+\overline{A}=1$	〈式06-08〉
	$A\cdot\overline{A}=0$	〈式06-09〉
復元の法則（二重否定）	$\overline{\overline{A}}=A$	〈式06-10〉
交換の法則	$A+B=B+A$	〈式06-11〉
	$A\cdot B=B\cdot A$	〈式06-12〉
結合の法則	$A+(B+C)=(A+B)+C$	〈式06-13〉
	$A\cdot(B\cdot C)=(A\cdot B)\cdot C$	〈式06-14〉
分配の法則	$A\cdot(B+C)=A\cdot B+A\cdot C$	〈式06-15〉
	$A+(B\cdot C)=(A+B)\cdot(A+C)$	〈式06-16〉
吸収の法則	$A+A\cdot B=A$	〈式06-17〉
	$A\cdot(A+B)=A$	〈式06-18〉
ド・モルガンの定理	$\overline{A+B}=\overline{A}\cdot\overline{B}$	〈式06-19〉
	$\overline{A\cdot B}=\overline{A}+\overline{B}$	〈式06-20〉

たくさんの定理があって覚えるのが大変だと思うかもしれないが、**公理**、**恒等の法則**、**同一の法則**、**補元の法則**の4つの定理は、実際に$A=1$と$A=0$を計算してみれば、すぐに確認できるものだ。2変数のOR演算の4式〈式06-21～24〉と2変数のAND演算の4式〈式06-25～28〉と比較してみればいい。

また、**交換の法則**や**結合の法則**は、四則演算の算術式とまった同じだ。論理演算の「+」を四則演算の「+」に、論理演算の「・」を四則演算の「×」に置き換えて考えてみればいい。

しかし、**復元の法則**、**分配の法則**、**吸収の法則**、**ド・モルガンの定理**は、四則演算とは異なるため、確実に覚える必要がある。これらについては次ページ以降で説明する。

◆2変数OR演算の4式

$0+0=0$ ……〈式06-21〉

$0+1=1$ ……〈式06-22〉

$1+0=1$ ……〈式06-23〉

$1+1=1$ ……〈式06-24〉

◆2変数AND演算の4式

$0\cdot 0=0$ ……〈式06-25〉

$0\cdot 1=0$ ……〈式06-26〉

$1\cdot 0=0$ ……〈式06-27〉

$1\cdot 1=1$ ……〈式06-28〉

復元の法則

◆復元の法則

$$\overline{\overline{A}} = A \quad \cdots\cdots〈式06\text{-}10〉$$

復元の法則は、**論理代数**ならではの定理だが、考えてみれば当然のことだ。論理代数の**真理値**は「0」と「1」の2値しかないので、**NOT演算**で反転を2回行えば元に戻る。**否定の否定は肯定だ**ともいえる。否定が重ねられるので**二重否定**ともいう。計算の過程では、$\overline{\overline{\overline{A}}}$のように三重に否定されることもある。

また、先に説明したように、NOT演算は$\overline{A+B}$のように式に対して行われることもあるが、場合によっては$\overline{\overline{A}+B}$のように**論理否定**された変数を含む式が論理否定されることもある。

分配の法則

◆分配の法則

$$A\cdot(B+C) = A\cdot B + A\cdot C \quad \cdots\cdot〈式06\text{-}15〉$$
$$A+(B\cdot C) = (A+B)\cdot(A+C) \quad \cdot〈式06\text{-}16〉$$

分配の法則のうち、〈式06-15〉で示した法則は、**四則演算**の**算術式**と同じように考えることができるが、〈式06-16〉で示した法則は**論理式**ならではのものだ。この法則を証明してみよう。

〈式06-16〉の右辺を〈式06-15〉の**分配の法則**で展開すると〈式06-29〉になる。この式の①に**同一の法則**、②に**交換の法則**を適用すると〈式06-30〉になり、③に**恒等の法則**、④に**分配の法則**を適用すると〈式06-31〉になり、⑤に**分配の法則**を適用すると〈式06-32〉になる。⑥は**公理**によって1になるので〈式06-33〉になり、⑦に**恒等の法則**を適用すると〈式06-34〉になる。この式は〈式06-16〉の左辺と同じなので、この法則が証明されたことになる。

$$(A+B)\cdot(A+C) = \underbrace{A\cdot A}_{\textcircled{1}} + A\cdot C + \underbrace{B\cdot A}_{\textcircled{2}} + B\cdot C \quad \cdots\cdots〈式06\text{-}29〉$$
$$= \underbrace{A}_{\textcircled{3}} + \underbrace{A\cdot C + A\cdot B}_{\textcircled{4}} + B\cdot C \quad \cdots\cdots〈式06\text{-}30〉$$
$$= \underbrace{A\cdot 1 + A\cdot(C+B)}_{\textcircled{5}} + B\cdot C \quad \cdots\cdots〈式06\text{-}31〉$$
$$= A\cdot\{\underbrace{1+(C+B)}_{\textcircled{6}}\} + B\cdot C \quad \cdots\cdots〈式06\text{-}32〉$$
$$= \underbrace{A\cdot 1}_{\textcircled{7}} + B\cdot C \quad \cdots\cdots〈式06\text{-}33〉$$
$$= A + B\cdot C \quad \cdots\cdots〈式06\text{-}34〉$$

〈式06-16〉の分配の法則を**ベン図**で考えてみると右上のようになる。左辺はAと$(B\cdot C)$の**OR演算**なので、〈図06-35〉のように示すことができる。いっぽう、右辺は$(A+B)$と$(A+C)$の**AND演算**なので、〈図06-36〉のように示すことができ、同じベン図が導かれる。

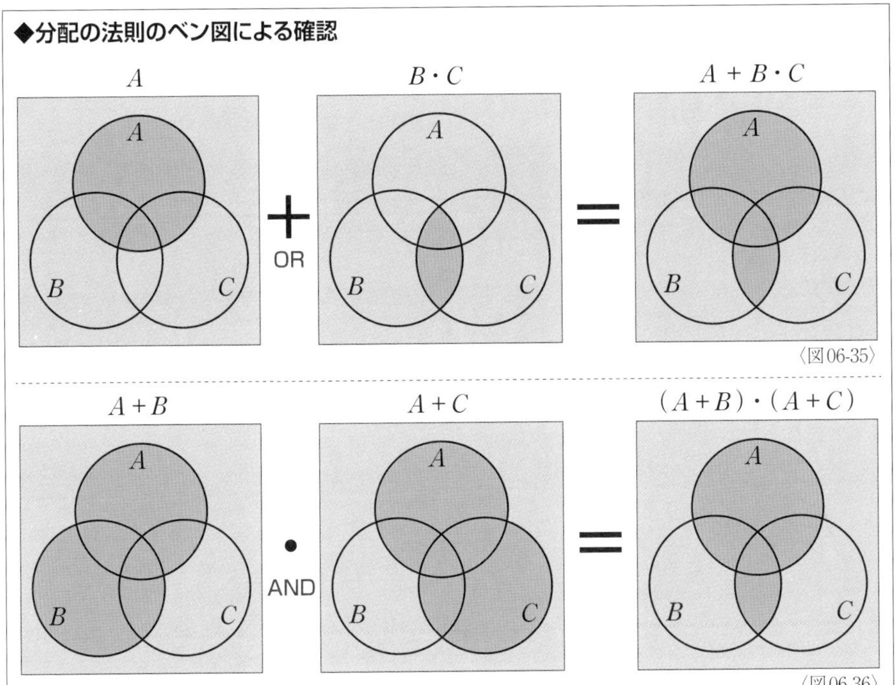

吸収の法則

◆吸収の法則

$A + A \cdot B = A$ ……〈式06-17〉

$A \cdot (A + B) = A$ ……〈式06-18〉

吸収の法則も**論理式**だけで成り立つ定理だ。〈式06-17〉の吸収の法則は、〈式06-37～40〉によって証明することができる。式の詳しい説明は省略するが、**恒等の法則**、**分配の法則**、**公理**、**恒等の法則**を順に使っている。いっぽう、〈式06-18〉の吸収の法則は〈式06-41～43〉によって証明できる。**分配の法則**と**同一の法則**によって〈式06-42〉が導かれるが、この式は〈式06-37〉の左辺と同じなので、以降は〈式06-37～40〉と同じようにしてAを導くことができる。

$A + A \cdot B = A \cdot 1 + A \cdot B$ ・〈式06-37〉

$= A \cdot (1 + B)$ ・〈式06-38〉

$= A \cdot 1$ ……〈式06-39〉

$= A$ ………〈式06-40〉

$A \cdot (A + B) = A \cdot A + A \cdot B$ ・〈式06-41〉

$= A + A \cdot B$ ・・〈式06-42〉

$= A$ ………〈式06-43〉

ド・モルガンの定理

◆ド・モルガンの定理

$\overline{A+B} = \overline{A} \cdot \overline{B}$ ……〈式06-19〉

$\overline{A \cdot B} = \overline{A} + \overline{B}$ ……〈式06-20〉

ド・モルガンの定理はOR演算をAND演算に、AND演算をOR演算に置き換えることができる定理だ。**論理回路**で非常によく使う定理なので、しっかりと理解しておく必要がある。〈式06-19〉の定理は文章にすると、**変数A、Bの論理和の否定は、否定された変数A、Bの論理積になる**と表わすことができる。〈式06-20〉の定理は、**変数A、Bの論理積の否定は、否定された変数A、Bの論理和になる**と表わすことができる。

OR演算では、変数A、Bのうち、どちらか一方が「1」ならば出力が「1」になると説明されるが、これは入出力の「1」に着目した表現だといえる。「0」に着目して表現すると、**変数A、Bのうち、両方が「0」の場合にのみ出力が「0」になる**ということができる。この説明における$A=0$、$B=0$とは、$\overline{A}=1$、$\overline{B}=1$の場合であり、この場合にのみ$Z=0$、つまり$\overline{Z}=1$になる。この$\overline{A}$、$\overline{B}$、$\overline{Z}$の関係はAND演算の関係であるため、〈式06-44〉で示すことができる。いっぽう、OR演算の基本式の両辺を否定すると、〈式06-45〉になる。この2式の関係から、〈式06-19〉が導かれ、OR演算をAND演算に変換するド・モルガンの定理が証明される。

$\overline{Z} = \overline{A} \cdot \overline{B}$ ……〈式06-44〉 | $\overline{Z} = \overline{A+B}$ ……〈式06-45〉

$\overline{A+B} = \overline{A} \cdot \overline{B}$ ……〈式06-19〉

真理値表で確認してみると、〈表06-46〉のように左辺と右辺が一致することが確認できる。また、**ベン図**でも〈図06-47〉と〈図06-48〉のように同様の結果になることが確認できる。

AND演算をOR演算に置き換えるド・モルガンの定理の場合も同じように考えることができる。**AND演算では、変数A、Bのうち、両方が「1」の場合にのみ出力が「1」になる**と説明されるが、「0」に着目して表現すると、**変数A、Bのうち、どちらか一方が「0」ならば出力が「0」になる**と説明できる。この$\overline{A}$、$\overline{B}$、$\overline{Z}$の関係はOR演算の関係であるため、〈式06-49〉で示すことができる。いっぽう、AND演算の基本式の両辺

◆ $\overline{A+B} = \overline{A} \cdot \overline{B}$ の真理値表

〈表06-46〉 左辺 ←一致→ 右辺

A	B	$A+B$	$\overline{A+B}$ (左辺)	$\overline{A}$	$\overline{B}$	$\overline{A} \cdot \overline{B}$ (右辺)
0	0	0	1	1	1	1
0	1	1	0	1	0	0
1	0	1	0	0	1	0
1	1	1	0	0	0	0

Chap. 11 デジタル回路の基礎知識

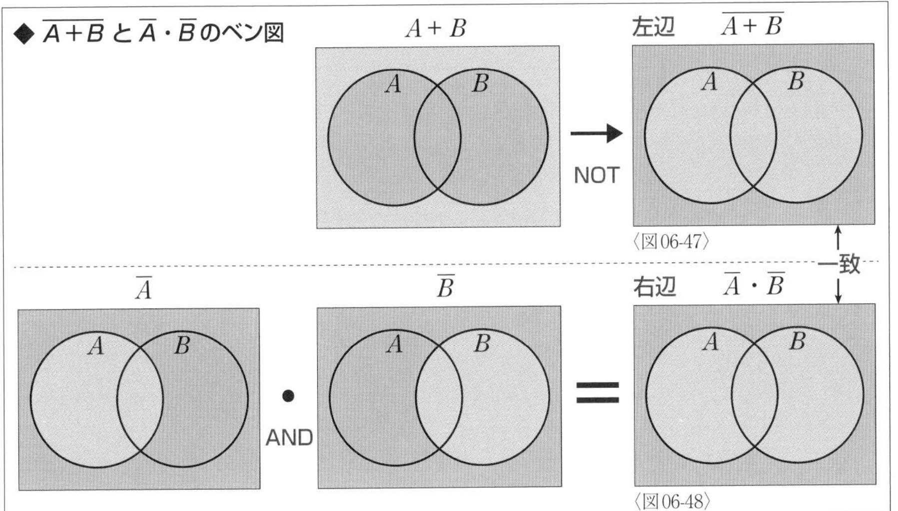

〈図06-47〉
〈図06-48〉

を否定すると〈式06-50〉になる。この2式の関係から、ド・モルガンの定理の式〈式06-20〉を導くことができる。

$\overline{Z} = \overline{A} + \overline{B}$ ……〈式06-49〉 | $\overline{Z} = \overline{A \cdot B}$ ……〈式06-50〉

$\overline{A \cdot B} = \overline{A} + \overline{B}$ ……〈式06-20〉

以上の関係も〈表06-51〉のように真理値表で確認することができる。ベン図は掲載していないが、自分で描いて確認してみてほしい。

◆ $\overline{A \cdot B} = \overline{A} + \overline{B}$ の真理値表

〈表06-51〉

A	B	$A \cdot B$	$\overline{A \cdot B}$（左辺）	$\overline{A}$	$\overline{B}$	$\overline{A}+\overline{B}$（右辺）
0	0	0	1	1	1	1
0	1	0	1	1	0	1
1	0	0	1	0	1	1
1	1	1	0	0	0	0

（左辺と右辺が一致）

ここまでの説明では、2変数でド・モルガンの定理を説明してきたが、この定理は変数が3以上でも〈式06-52〉と〈式06-53〉のように成立する。ド・モルガンの定理は論理式（ろんりしき）を簡単化したり変形したりする際に多用されるものなので、確実に使いこなせるようにしておきたい。

◆ド・モルガンの定理（3変数）

$\overline{A + B + C} = \overline{A} \cdot \overline{B} \cdot \overline{C}$ ……〈式06-52〉

$\overline{A \cdot B \cdot C} = \overline{A} + \overline{B} + \overline{C}$ ……〈式06-53〉

▶論理式の簡単化

論理式の簡単化は練習を繰り返すことで上手になっていくしかない。ここでは、右の4つの式を証明することで簡単化の過程の実例を説明する。以下の説明を読む前に、まずは課題の4つの式の簡単化に自分でチャレンジしてみてほしい。

◆論理式の実例

式① $(A+B)\cdot(A+C)+C\cdot(A+\overline{B}) = A+C$

式② $(A+B)\cdot(A+C) = A+B\cdot C$

式③ $\overline{A+B}+\overline{\overline{A}+B} = \overline{B}$

式④ $\overline{A\cdot B\cdot\overline{A+B}} = 1$

式①では、まずは**分配の法則**を応用して左辺を展開すると〈式06-55〉になる。この式の先頭の$A\cdot A$は**同一の法則**でAになるが、このAに**恒等の法則**を適用すれば$A\cdot 1$になる。$A\cdot 1$以降の式は**交換の法則**で一部の論理積の前後を並べ替えると〈式06-56〉になる。この式を**分配の法則**でまとめると〈式06-57〉になる。ここまでできれば、後は簡単だ。後ろの括弧内に**補元の法則**$B+\overline{B}=1$を適用すると〈式06-58〉になり、今度は前後の括弧内に**公理**を適用して〈式06-59〉にし、さらに**恒等の法則**を適用すると〈式06-60〉になり、証明の完了だ。ここでは説明のために、〈式06-58～59〉を示したが、慣れれば〈式06-57〉から〈式06-60〉へ一気に進められるはずだ。

$$(A+B)\cdot(A+C)+C\cdot(A+\overline{B}) \quad \cdots〈式06\text{-}54〉$$

$$= A\cdot A+A\cdot C+B\cdot A+B\cdot C+C\cdot A+C\cdot\overline{B} \quad \cdots〈式06\text{-}55〉$$

$$= A\cdot 1+A\cdot C+A\cdot B+C\cdot B+C\cdot A+C\cdot\overline{B} \quad \cdots〈式06\text{-}56〉$$

$$= A\cdot(1+C+B)+C\cdot(B+A+\overline{B}) \quad \cdots〈式06\text{-}57〉$$

$$= A\cdot(1+C+B)+C\cdot(1+A) \quad \cdots〈式06\text{-}58〉$$

$$= A\cdot 1+C\cdot 1 \quad \cdots〈式06\text{-}59〉$$

$$= A+C \quad \cdots〈式06\text{-}60〉$$

式②の場合もでもまずは**分配の法則**を応用して左辺を展開して〈式06-62〉にし、さらに先頭の$A\cdot A$に**同一の法則**を適用すると〈式06-63〉になる。この式の先頭にある$A+A\cdot C$には**吸収の法則**が適用できるので$A\cdot C$が消えて〈式06-64〉になる。この式の先頭にある$A+B\cdot A$は**交換の法則**で論理積の前後を入れ替えれば$A+A\cdot B$になるので、**吸収の法則**を適用すれば$A\cdot B$が消えて〈式06-65〉になり、証明の完了だ。

$$(A+B)\cdot(A+C) \quad \cdots\cdots \langle 式06\text{-}61\rangle$$
$$= A\cdot A + A\cdot C + B\cdot A + B\cdot C \quad \cdots\cdots \langle 式06\text{-}62\rangle$$
$$= A + A\cdot C + B\cdot A + B\cdot C \quad \cdots\cdots \langle 式06\text{-}63\rangle$$
$$= A + B\cdot A + B\cdot C \quad \cdots\cdots \langle 式06\text{-}64\rangle$$
$$= A + B\cdot C \quad \cdots\cdots \langle 式06\text{-}65\rangle$$

式③の左辺には**論理和**（ろんりわ）の**論理否定**（ろんりひてい）が2カ所あるので、それぞれを**ド・モルガンの定理**（ていり）で**論理積**に置き換えると〈式06-67〉になる。Aの**二重否定**（にじゅうひてい）$\overline{\overline{A}}$に**復元**（ふくげん）**の法則**（ほうそく）を適用すると〈式06-68〉になり、この式を**分配の法則**で$\overline{B}$についてまとめると〈式06-69〉になる。この式の括弧内には**補元の法則**を適用できるので〈式06-70〉になり、さらに**恒等の法則**を適用すると$\overline{B}$になって証明は完了だ。

$$\overline{A+B} + \overline{\overline{A}+B} \quad \cdots\cdots \langle 式06\text{-}66\rangle$$
$$= \overline{A}\cdot\overline{B} + \overline{\overline{A}}\cdot\overline{B} \quad \cdots\cdots \langle 式06\text{-}67\rangle$$
$$= \overline{A}\cdot\overline{B} + A\cdot\overline{B} \quad \cdots\cdots \langle 式06\text{-}68\rangle$$
$$= \overline{B}\cdot(\overline{A}+A) \quad \cdots\cdots \langle 式06\text{-}69\rangle$$
$$= \overline{B}\cdot 1 \quad \cdots\cdots \langle 式06\text{-}70\rangle$$
$$= \overline{B} \quad \cdots\cdots \langle 式06\text{-}71\rangle$$

式④の左辺では、まず**論理和**を**論理否定**している$\overline{A+B}$に**ド・モルガンの定理**を適用して**論理積**にする。適用された部分がわかりやすいように**結合**（けつごう）**の法則**（ほうそく）を応用して括弧でくくると〈式06-73〉になる。この式を**交換の法則**で順番を入れ替え、**結合の法則**を応用して括弧でくくると〈式06-74〉になる。それぞれの括弧内に**補元の法則**を適用すると〈式06-75〉になる。後は説明するまでもないが、**公理**（こうり）で0・0＝0になり、0の**論理否定**は1になる。これで証明は完了だ。

$$\overline{A\cdot B\cdot\overline{A+B}} \quad \cdots\cdots \langle 式06\text{-}72\rangle$$
$$= \overline{A\cdot B\cdot(\overline{A}\cdot\overline{B})} \quad \cdots\cdots \langle 式06\text{-}73\rangle$$
$$= \overline{(A\cdot\overline{A})\cdot(B\cdot\overline{B})} \quad \cdots\cdots \langle 式06\text{-}74\rangle$$
$$= \overline{0\cdot 0} \quad \cdots\cdots \langle 式06\text{-}75\rangle$$
$$= \overline{0} \quad \cdots\cdots \langle 式06\text{-}76\rangle$$
$$= 1 \quad \cdots\cdots \langle 式06\text{-}77\rangle$$

▶論理式の簡単化とカルノー図

論理式の簡単化の練習問題であれば、正解が用意されているので、自分の計算結果を確認できる。しかし、実務の世界には正解が用意されていない。計算の結果が本当にもっとも簡単な式になっているかどうかわからないこともある。また、実務では**真理値表**が先にあり、そこから論理式を求めることも多い。そのため、より確実に簡単化したり論理式を導き出したりする方法としてよく使われるのが**カルノー図**によって論理式を求める方法だ。この方法では視覚的にしかも機械的に論理式を導くことができる。本書では簡単な例だけを紹介するが、本格的に論理回路に取り組むのであれば、カルノー図による簡単化の習得は欠かせない。

カルノー図とは、入力変数の値の組み合わを行と列に設定した表に出力の値を示した表のことだ。真理値表の入力の配置を格子状にかえたものだといえる。この図に対して一定の手順で作業をしていくと、論理式を導き出すことができる。

たとえば、〈表06-78〉の真理値表をカルノー図にすると〈図06-79〉になる。まず最初に、カルノー図の同じ列、または同じ行に「1」があったら、長円などで囲む。次に、それぞれの囲みについて論理式を立てる。赤線で囲まれた部分であれば〈式06-80〉になる。つまり、1行2列目の領域は変数の**論理積**で示し、2行2列目の領域も変数の論理積で示し、これらの**論理和**が囲みの論理式になる。囲みの論理式が簡単化できる場合は、先に簡単化しておいてもいい。この囲みの場合、視覚的にもB=1であればAの状態によらないことがわかるので、計算しなくても簡単化できる。同じく、緑線で囲まれた部分であれば〈式06-81〉になる。最後に2つの囲みの論理式の論理和を求めれば、このカルノー図の論理式になる。

以上の例は、カルノー図を使うまでもない非常に簡単な2変数の例だが、3変数や4変数になったりすると作業も複雑になっていく。しかし、定められた手順に従って機械的に作業を進めることができるので、確実に論理式を導くことができる。

◆カルノー図から導かれる論理式

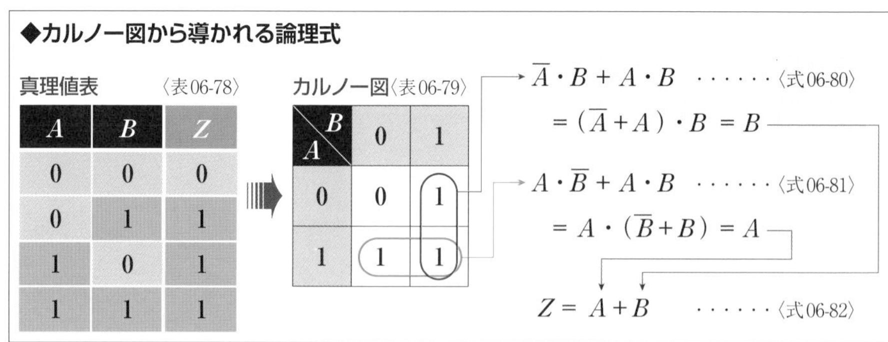

真理値表〈表06-78〉

A	B	Z
0	0	0
0	1	1
1	0	1
1	1	1

カルノー図〈表06-79〉

A \ B	0	1
0	0	1
1	1	1

$\overline{A}\cdot B + A\cdot B$ ……〈式06-80〉

$= (\overline{A}+A)\cdot B = B$

$A\cdot\overline{B} + A\cdot B$ ……〈式06-81〉

$= A\cdot(\overline{B}+B) = A$

$Z = A+B$ ……〈式06-82〉

デジタル回路

Chapter

12

Chapter 12 Section 01

基本論理ゲート

論理演算は論理ゲートで行う。論理演算の基本であるOR、AND、NOTの演算を実行するORゲート、ANDゲート、NOTゲートの3種類を基本論理ゲートという。

▶論理ゲート

実際の**論理回路**で、**論理演算を実行する基本要素を論理ゲートという**。論理ゲートが組み合わされることで、**デジタル回路**が構成されることになる。

論理演算には、**OR演算**、**AND演算**、**NOT演算**の3種類しかないので、論理ゲートでも基本になっているのは**ORゲート**、**ANDゲート**、**NOTゲート**の3種類だ。この3種類を**基本論理ゲート**という。この3種類を組み合わせればどんな論理演算も可能になるが、実際には、効率よく論理回路を構成したり、使用する論理ICの数を減らしたりするために、基本論理ゲート以外の論理ゲートも使われている(P360参照)。

論理ゲートで構成された論理回路を図示する際には、電気回路の場合と同じように専用の**図記号**を使用する。論理回路の図記号には、日本工業規格に定められた**JIS記号**とアメリカ軍規格に定められた**MIL記号**があるが、その形状によって役割がひと目でわかるので、MIL記号が一般的に使われている。本書でもMIL記号で説明を行う。

論理回路では、方形パルスの高い電圧(V_H)と低い電圧(V_L)で2値を表わしていて、V_Lには0Vが使われることが多い。論理演算や2進数では「0」と「1」の2値が使われるが、この2値を電圧の2値にどのように対応させても、論理回路を構成することができる。**V_Hを「1」に対応させ、V_Lを「0」に対応させることを正論理といい、V_Hを「0」に対応させ、V_Lを「1」に対応させることを負論理という**。以降の説明は基本的に正論理で行う。

◆基本論理ゲートの種類と図記号

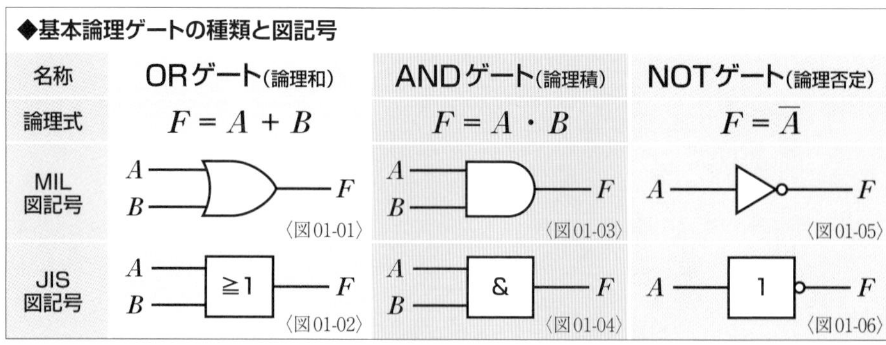

名称	ORゲート(論理和)	ANDゲート(論理積)	NOTゲート(論理否定)
論理式	$F = A + B$	$F = A \cdot B$	$F = \overline{A}$
MIL図記号	〈図01-01〉	〈図01-03〉	〈図01-05〉
JIS図記号	〈図01-02〉	〈図01-04〉	〈図01-06〉

ORゲート

OR演算を実行する**論理ゲート**をOR**ゲート**や**論理和ゲート**という。つまり、入力された値の**論理和**を出力する論理ゲートがORゲートだ。

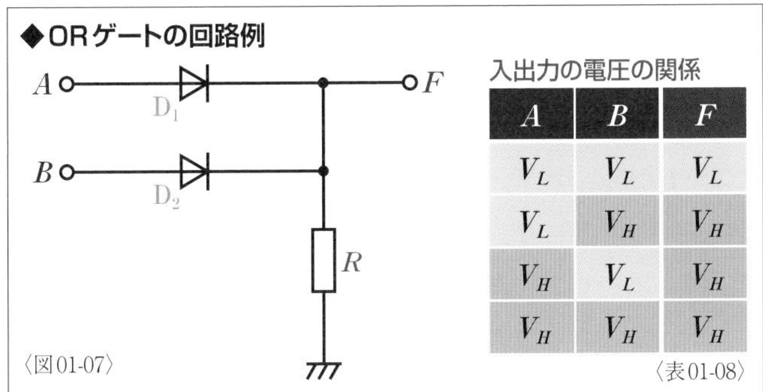

〈図01-07〉

入出力の電圧の関係

A	B	F
V_L	V_L	V_L
V_L	V_H	V_H
V_H	V_L	V_H
V_H	V_H	V_H

〈表01-08〉

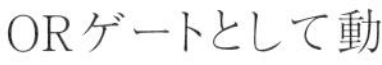

ORゲートとして動作する**OR回路**の基本形は、〈図01-07〉のような回路が考えられる。A、Bが入力端子、Fが出力端子になる。ここではV_L=グランド電位、V_H=電源電圧V_{CC}とする。入力Aの電圧がV_Hになると、ダイオードD_1に**順方向電圧**がかかるので、D_1がONの状態になり抵抗Rを電流が流れる。これにより、ダイオードを理想特性と考えれば、入力端子と出力端子が直接つながるので、AとFが同電位になり、$F=V_H$になる。入力Bの電圧がV_Hになった場合も、入力A、Bの双方が同時にV_Hになった場合も同じように$F=V_H$になる。

いっぽう、入力A、Bの双方がV_Lの場合は、どちらのダイオードもOFFの状態なので、抵抗Rを電流が流れない。これにより出力端子はグランドと同電位の$F=V_L$になる。

こうした入出力の電圧の関係を表にまとめると〈表01-08〉のようになる。この表を、**正論理**でV_Lを「0」、V_Hを「1」に対応させるとOR演算の**真理値表**〈表01-10〉になる。また、このORゲートの動作をまとめると〈図01-09〉になる。これは2入力の例だが、ORゲートには3つ以上の入力を備えるものもある。3入力の場合は〈図01-11〉のように表わされる。

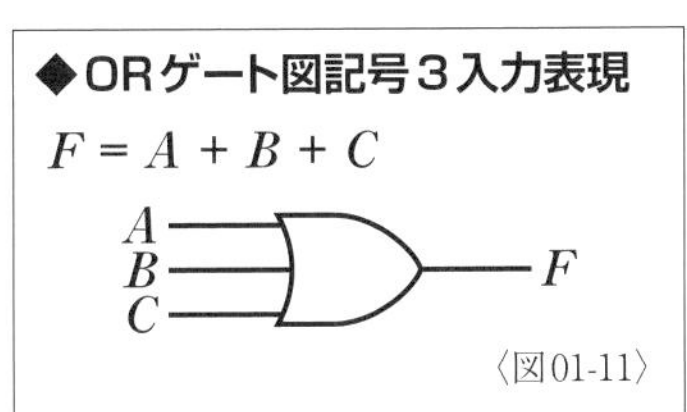

〈図01-11〉

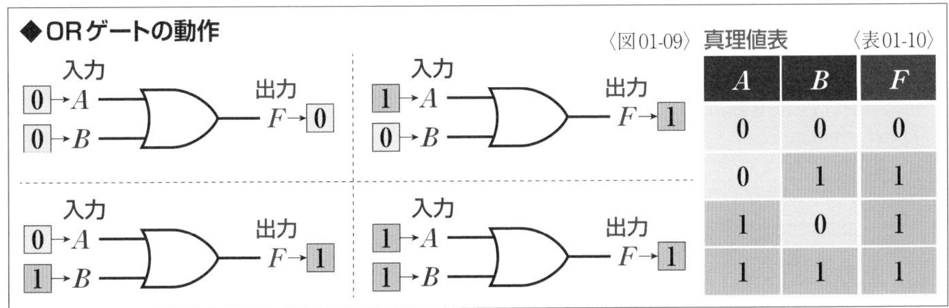

〈図01-09〉

真理値表 〈表01-10〉

A	B	F
0	0	0
0	1	1
1	0	1
1	1	1

▶ANDゲート

AND演算を実行する**論理ゲート**を、**ANDゲート**や**論理積ゲート**という。つまり、入力された値の**論理積**を出力する論理ゲートがANDゲートだ。

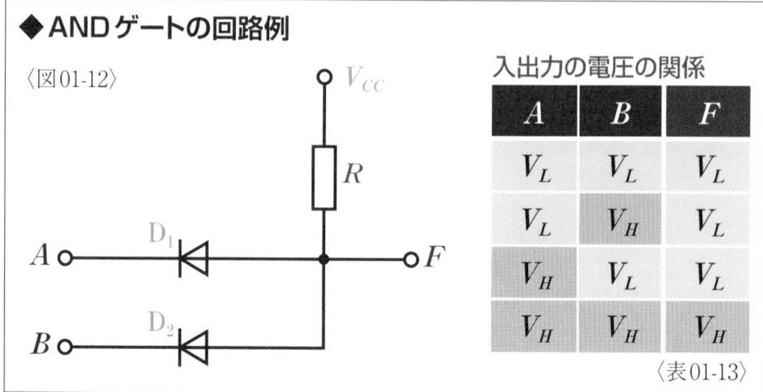

A	B	F
V_L	V_L	V_L
V_L	V_H	V_L
V_H	V_L	V_L
V_H	V_H	V_H

〈表01-13〉

ANDゲートとして動作する**AND回路**の基本形は、〈図01-12〉のような回路が考えられる。A、Bが入力端子、Fが出力端子で、V_L=グランド電位、V_H=電源電圧V_{CC}とする。入力Aの電圧がV_Lの場合は、ダイオードD_1に**順方向電圧**がかかるので、D_1がONの状態になり、電源V_{CC}から抵抗R、D_1を通してAへ電流が流れる。ダイオードを理想特性と考えれば、入力端子Aと出力端子Fが同電位になるので、出力端子はグランドと同電位の$F=V_L$になる。このとき、Bの電圧がV_Hであっても、ダイオードD_2に**逆方向電圧**がかかるだけで、電流は流れず、出力端子Fの電位に影響を与えない。入力Aと入力Bの電圧がともにV_Lの場合もやはり、抵抗Rを電流が流れ、出力端子はグランドと同電位の$F=V_L$になる。

しかし、入力Aと入力Bの電圧がともにV_Hの場合は、どちらのダイオードもONの状態にならないので、抵抗Rを電流が流れない。これにより出力端子は電源と同電位の$F=V_{CC}=V_H$になる。

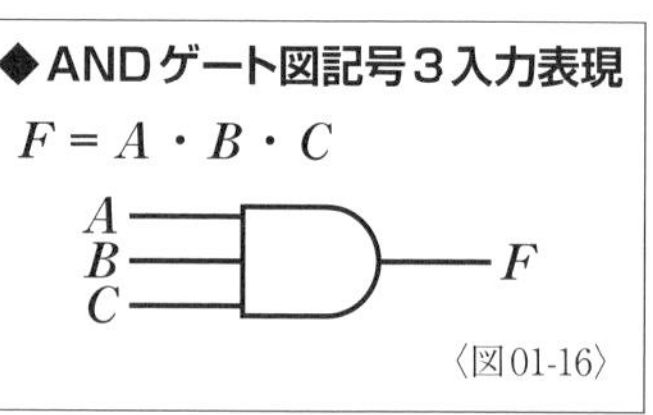

〈図01-16〉

こうした入出力の電圧の関係を表にまとめると〈表01-13〉のようになる。この表を、**正論理**でV_Lを「0」、V_Hを「1」に対応させると、AND演算の**真理値表**〈表

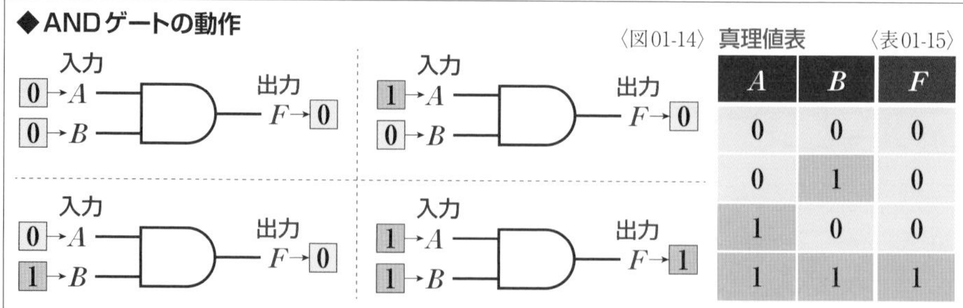

A	B	F
0	0	0
0	1	0
1	0	0
1	1	1

01-15〉になる。また、このANDゲートの動作をまとめると〈図01-14〉になる。これは2入力の例だが、ANDゲートには3つ以上の入力を備えるものもある。3入力の場合は〈図01-16〉のように表わされる。

NOTゲート

NOT演算(ノットえんざん)を実行する**論理ゲート**を**NOTゲート**(ノット)や**論理否定ゲート**(ろんりひてい)といい、単に**否定ゲート**(ひてい)ともいう。つまり、入力された値の**論理否定**(ろんりひてい)を出力する論理ゲートがNOTゲートだ。入力された値を**反転**して出力するともいえる。

◆NOTゲートの回路例

〈図01-17〉

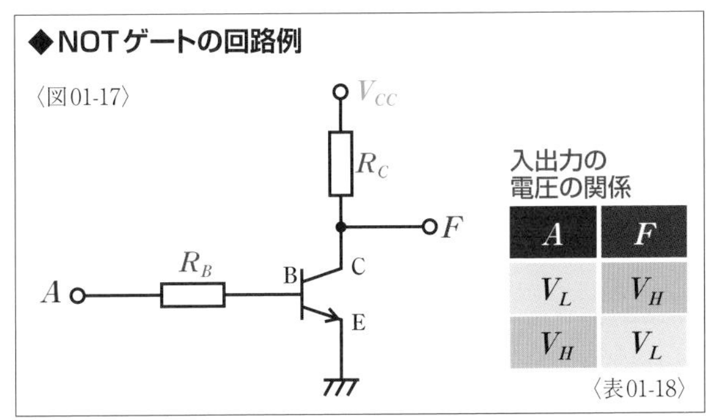

A	F
V_L	V_H
V_H	V_L

〈表01-18〉

NOTゲートとして動作する**NOT回路**(ノットかいろ)の基本形は、〈図01-17〉のような回路が考えられる。トランジスタの**スイッチング作用**を利用する回路で、Aが入力端子、Fが出力端子になる。ここではV_L=グランド電位、V_H=電源電圧V_{CC}とする。入力端子Aは抵抗R_Bを介(かい)してトランジスタのベースに接続されているため、入力Aの電圧がV_Lの場合、ベースとエミッタがグランド電位で同電位になり、ベース電流が流れない。これにより、トランジスタはOFFの状態なので、コレクタ電流が流れず、抵抗R_Cにも電流が流れない。この状態では、出力端子は電源と同電位になるので、$F=V_{CC}=V_H$になる。

いっぽう、入力Aの電圧がV_Hの場合、トランジスタのベース・エミッタ間にその電圧がかかり、ベース電流が流れる。これにより、トランジスタがONの状態になるので、抵抗R_Cを通してコレクタ電流が流れる。コレクタ電流が流れると、出力端子はグランド電位と同電位になるので、$F=V_L$になる。

この入出力の電圧の関係を表にまとめると〈表01-18〉のようになる。この表を、**正論理**でV_Lを「0」、V_Hを「1」に対応させるとNOT演算の**真理値表**〈表01-20〉になる。また、このNOTゲートの動作をまとめると〈図01-19〉になる。

◆NOTゲートの動作

〈図01-19〉

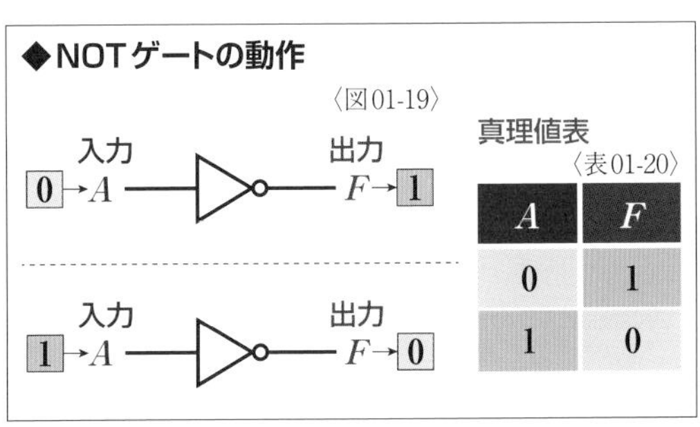

真理値表

〈表01-20〉

A	F
0	1
1	0

Sec. 01 基本論理ゲート

各種の論理ゲート

基本論理ゲートがあればどんな論理回路でも構成できるわけだが、利便性を高めるためにNAND、NOR、EXOR、バッファなど各種の論理ゲートも用意されている。

基本論理ゲート以外の論理ゲート

論理ゲートには前のSectionで説明した**ORゲート**、**ANDゲート**、**NOTゲート**の3種の**基本論理ゲート**のほかにもさまざまな論理ゲートがある。代表的なものには、**NORゲート**、**NANDゲート**、**バッファ**、**EXORゲート**、**EXNORゲート**などがある。

これらの論理ゲートを使わなくても、基本論理ゲートを組み合わせれば同じ論理演算を実現できるわけだが、これらの論理ゲートを使ったほうが効率よく論理回路を構成できたり、使用する論理ICの数を減らしたりすることができる。

NORゲート

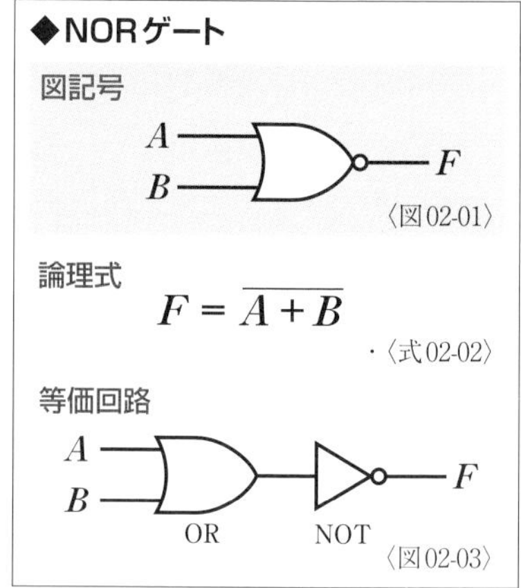

「**OR演算の結果をNOT演算する演算**」をまとめて**NOR演算という**。NORはNOT－ORを省略したものだ。**論理和**を**論理否定**するので**否定論理和演算**ともいい、**論理式**で示すと〈式02-02〉になる。このNOR演算を実行する論理ゲートが**NORゲート**で、**否定論理和ゲート**ともいう。基本論理ゲートを使った場合、〈図02-03〉のようにORゲートの出力をNOTゲートに入力することで等価回路を構成できる。

NORゲートの**図記号**は〈図02-01〉のようにORゲートの出力部分に“○”を加えたものになる。つまり、この“○”がNOT演算の意味を示していることになる。NORゲートの動作をまとめると〈図02-04〉になり、**真理値表**は〈表02-05〉になる。OR演算の真理値表〈図01-10〉(P357参照)と比較してみると、出力が反転していることがわかる。また、NOR演算の論理式は〈式02-02〉だが、**ド・モルガンの定理**を適用すれば$F = \overline{A} \cdot \overline{B}$のように**論理積**で示すことも可能だ。

NORゲートは非常に使い勝手のよい論理ゲートで、NORゲートだけを使うことでNOT、

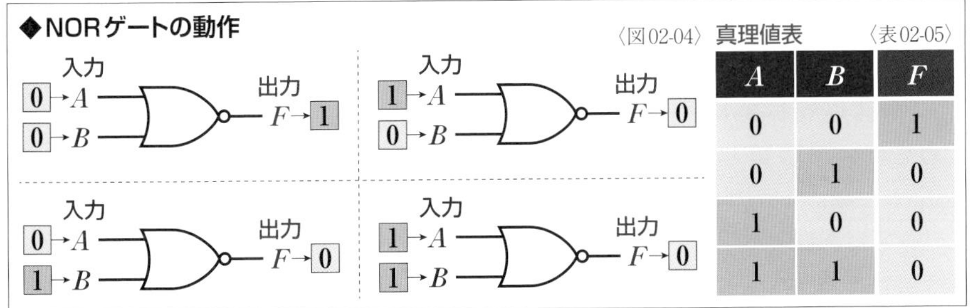

真理値表 〈表02-05〉

A	B	F
0	0	1
0	1	0
1	0	0
1	1	0

OR、ANDの基本論理ゲートの等価回路を構成することができる。

〈図02-06〉のように、2入力のNORゲートの入力同士を接続して1つの入力にすると、〈式02-07〉で入出力を示すことができる。**同一の法則**を適用すると$F=\overline{A}$になるので、この回路は**NOTゲート**の等価回路になる。

また、〈図02-09〉のようにNORゲートの出力に、NORゲートで構成したNOTゲートの等価回路を接続すれば、〈式02-10〉で入出力を示すことができる。この式に**復元の法則**を適用すると$F=A+B$になるので、この回路は**ORゲート**の等価回路になる。

さらに、〈図02-12〉のようにNORゲートの入力側それぞれにNORゲートで構成したNOTゲートの等価回路を接続すれば、〈式02-13〉で入出力を示すことができる。この式に**ド・モルガン定理**と**復元の法則**を適用すると$F=A\cdot B$になるので、この回路は**ANDゲート**の等価回路になる。

以上のように、NORゲートだけで基本論理ゲートの等価回路が構成できるということは、NORゲートだけでどんな論理式の回路も構成できることになる。

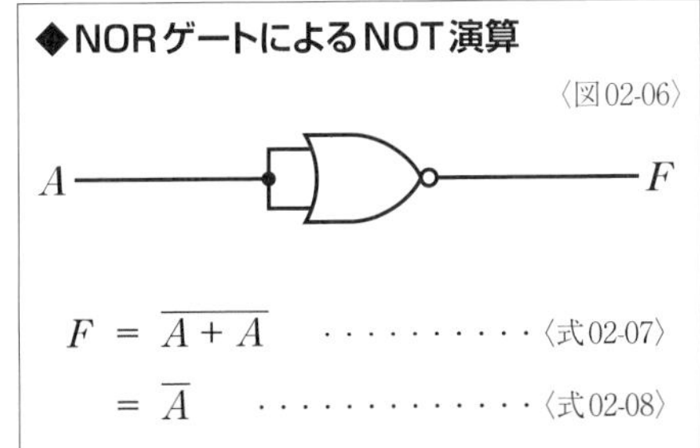

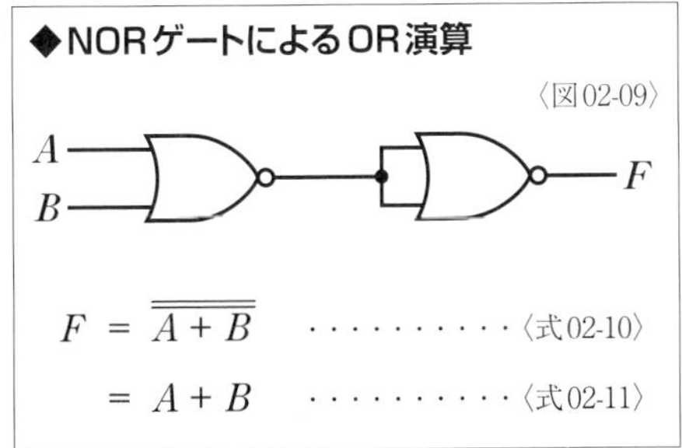

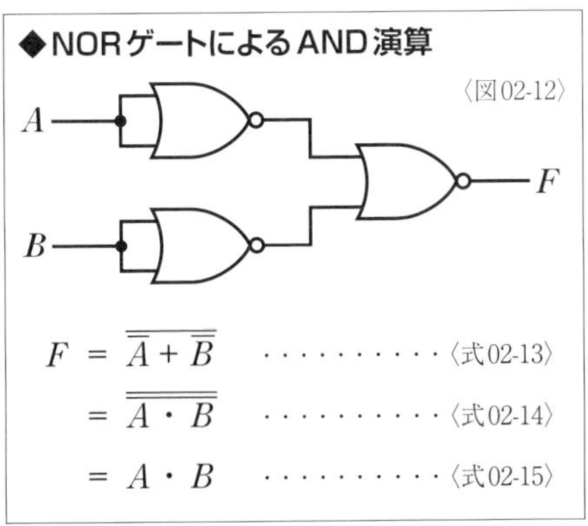

NANDゲート

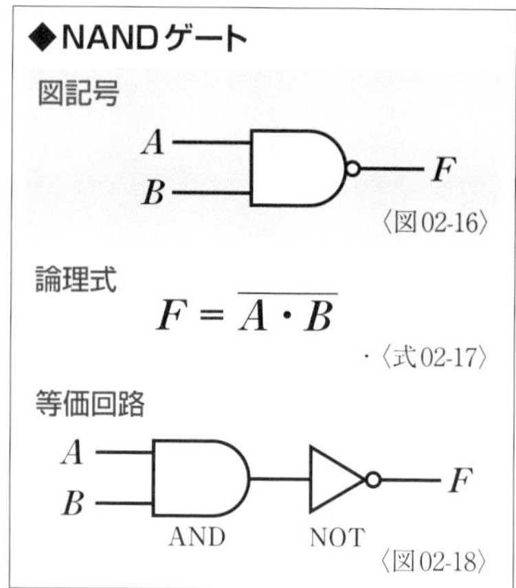

AND演算の結果をNOT演算する演算をまとめてNAND演算という。NANDは、NOT－ANDを省略したものだ。**論理積**を**論理否定**するので**否定論理積演算**ともいい、**論理式**で示すと〈式02-17〉になる。このNAND演算を実行する論理ゲートが**NANDゲート**で、**否定論理積ゲート**ともいう。基本論理ゲートでは、〈図02-18〉のようにANDゲートの出力をNOTゲートに入力することで等価回路を構成できる。

NANDゲートの**図記号**は〈図02-16〉のようにANDゲートの出力部分にNOT演算を意味する"○"を加えたものになる。NANDゲートの動作をまとめると〈図02-19〉になり、**真理値表**は〈表02-20〉になる。AND演算の真理値表〈図01-15〉(P358参照)と比較してみると、出力が反転していることがわかる。また、NAND演算の論理式は〈式02-17〉だが、**ド・モルガンの定理**を適用すれば$F=\overline{A}+\overline{B}$のように**論理和**で示すことも可能だ。

NANDゲートもNORゲート同様に使い勝手のよい論理ゲートで、NANDゲートだけを使うことでNOT、OR、ANDの基本論理ゲートの等価回路を構成することができる。そのため、NANDゲートだけでもどんな論理式の回路も構成できることになる。

〈図02-21〉のように、2入力のNANDゲートの入力同士を接続して1つの入力にすると、〈式02-22〉で入出力を示すことができる。この式に**同一の法則**を適用すると$F=\overline{A}$になるので、この回路は**NOTゲート**の等価回路になる。

また、〈図02-24〉のようにNANDゲートの出力に、NANDゲートで構成したNOTゲートの

◆NANDゲートの動作

入力 0→A 0→B 出力 F→1

入力 1→A 0→B 出力 F→1

入力 0→A 1→B 出力 F→1

入力 1→A 1→B 出力 F→0

〈図02-19〉

真理値表 〈表02-20〉

A	B	F
0	0	1
0	1	1
1	0	1
1	1	0

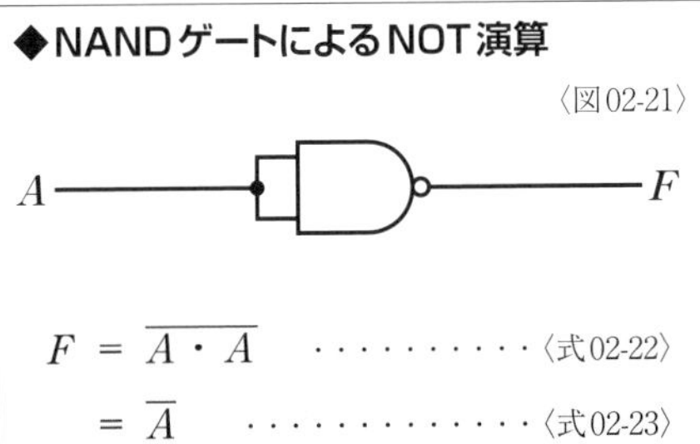

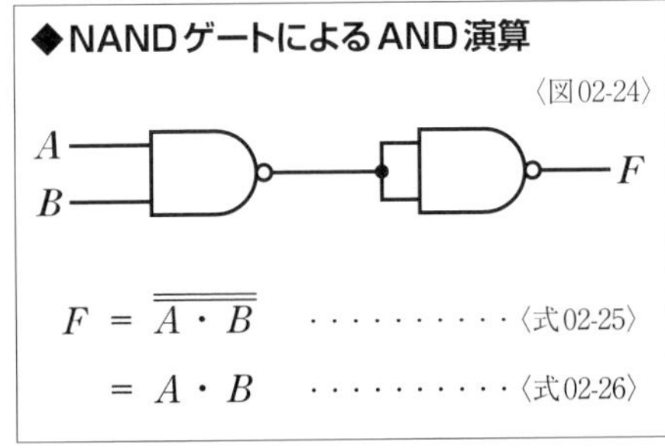

等価回路を接続すれば、〈式02-25〉で入出力を示すことができる。この式に**復元の法則**を適用すると$F=A \cdot B$になるので、この回路は**ANDゲート**の等価回路になる。

さらに、〈図02-27〉のようにNANDゲートの入力側それぞれにNANDゲートで構成したNOTゲートの等価回路を接続すれば、〈式02-28〉で入出力を示すことができる。この式に**ド・モルガン定理**と**復元の法則**を適用すると$F=A+B$になるので、この回路は**ORゲート**の等価回路になる。

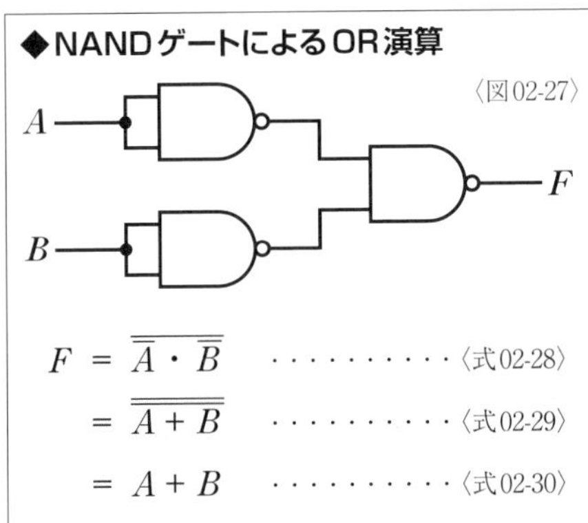

▶バッファ

バッファは**論理肯定ゲート**ともいい、**論理式**で表わすと〈式02-32〉になる。つまり、バッファは論理演算を何も実行しない論理ゲートだ。基本論理ゲートを使った場合、〈図02-33〉のように2つのNOTゲートを直列にすれば等価回路を構成できる。

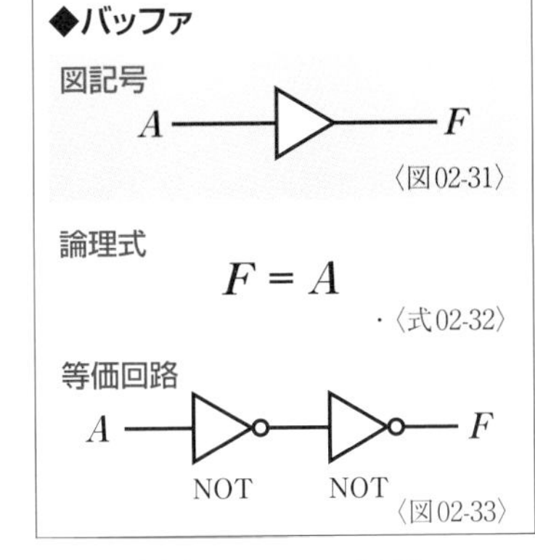

論理演算を実行しないのでは意味がないと思うかもしれないが、論理ゲートや配線では信号のV_Hの電圧がわずかずつだが低下する。多数の論理ゲートで回路を構成すると、電圧低下によってV_Hが**スレッショルド電圧**より低くなり、回路が誤動作することもある。しかし、途中にバッファを挿入すれば、V_Hを本来の電圧に戻すことができる。また、論理ゲートの出力を多数の論理ゲートに入力すると電流が不足することがあるが、こうした際にも間にバッファを入れれば電流不足を補える。

▶EXORゲート

EXOR演算を実行する論理ゲートがEXORゲートだ。EXORにはさまざまな読み方があるが、「イクスクルーシブ・オア」と読むことが多い。このEXOR演算は、言葉で説明しようとすると複雑で難解な文章になる。論理式〈式02-35〉でもピンとこないかもしれないが、〈図02-37〉の動作のまとめや、**真理値表**〈表02-38〉なら関係がわかりやすいだろう。入力が「$A=0$、$B=0$」または「$A=1$、$B=1$」のように$A=B$であると出力が「0」になり、入力が「$A=0$、$B=1$」または「$A=1$、$B=0$」のように$A \neq B$であると出力が「1」になる論理演算だ。EXORのEXは"exclusive"を略したもので、EXOR以外にも**EX-OR**、**XOR**、**EOR**と表記されることもある。また、"exclusive"を日本語にすると「排他的」になるので、日本語では**排他的論理和演算**という。EXORゲートは**排他的論理和ゲート**ともいう。

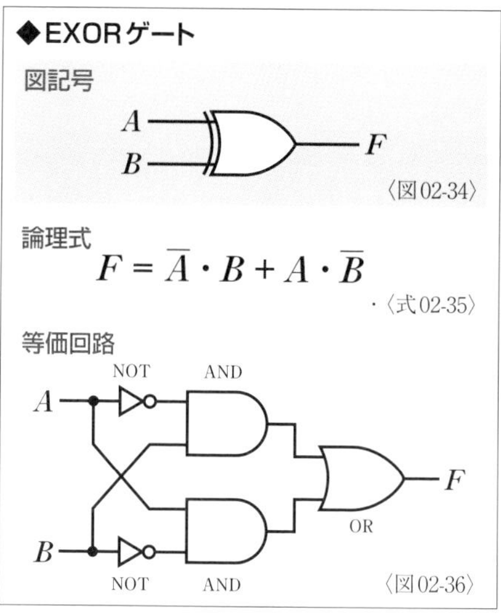

EXORゲートの**図記号**は〈図02-34〉のように、ORゲートの入力側に円弧の線を加えたものになる。基本論理ゲートを使った場合、〈図02-36〉のようにNOT、OR、ANDゲートを組み合わせることで等価回路を構成できる。

デジタル回路では入力が一致しているかどうかの比較や2進数計算時の繰り上がり操作などにEXOR演算はよく使われる。また、分野によっては用途がよくわかるようにするために、EXOR演算を行う回路を**不一致回路**ということもある。

なお、論理演算の**演算記号**は3種類だけと説明してきたが、EXOR演算は論理式の文

◆EXORゲートの動作

〈図02-37〉
入力 0→A、0→B 出力 F→0
入力 1→A、0→B 出力 F→1
入力 0→A、1→B 出力 F→1
入力 1→A、1→B 出力 F→0

真理値表 〈表02-38〉

A	B	F
0	0	0
0	1	1
1	0	1
1	1	0

字数が多く書くのが面倒なのに使われることは多いため、慣用的に「⊕」を演算記号として用いることがある。この演算記号を使うと、AとBのEXOR演算は〈式02-39〉のように示される。

$$F = A \oplus B \quad \cdots\cdots 〈式02\text{-}39〉$$

EXNORゲート

OR演算にはそれを反転したNOR演算、AND演算にはそれを反転したNAND演算があるように、**EXOR演算**にはそれを反転した**EXNOR演算**がある。EXNOR演算は、EXOR演算の結果をNOT演算する演算のことで、**排他的論理和**を**論理否定**するので**否定排他的論理和演算**といい、**論理式**は〈式02-41〉になる。EXNORは「イクスクルーシブ・ノア」と読むことが多い。また、EXNOR以外にも**EX-NOR**、**XNOR**、**ENOR**と表記されることもある。

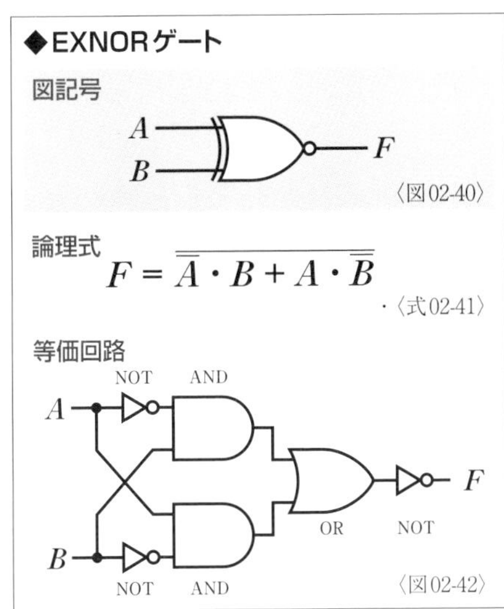

動作のまとめ〈図02-43〉や**真理値表**〈表02-44〉を見ればわかるように、EXNOR演算は、入力が「$A=0$、$B=1$」または「$A=1$、$B=0$」のように$A \neq B$であると出力が「0」になり、入力が「$A=0$、$B=0$」または「$A=1$、$B=1$」のように$A=B$であると出力が「1」になる論理演算だ。このEXNOR演算を実行する論理ゲートが**EXNORゲート**（**否定排他的論理和ゲート**）だ。図記号は〈図02-40〉のようにEXORゲートの出力部分に"○"を加えたものになる。基本論理ゲートで等価回路を構成すると〈図02-42〉になる。また、分野によってはEXNOR演算を行う回路を**一致回路**ということもある。

◆EXNORゲートの動作

入力 0→A、0→B　出力 F→1
入力 1→A、0→B　出力 F→0
入力 0→A、1→B　出力 F→0
入力 1→A、1→B　出力 F→1

〈図02-43〉

真理値表 〈表02-44〉

A	B	F
0	0	1
0	1	0
1	0	0
1	1	1

Chapter 12 Section 03

論理IC

論理回路は論理ICで構成するのが一般的だ。論理ICにはトランジスタを使用するTTLやMOSを使用するCMOSなどがあるが、現在の主流はCMOSになっている。

▶汎用論理IC

個別の半導体素子や抵抗などを組み合わせていくことで**論理回路**を構成できるが、設計が面倒で製造にも非常に手間がかかる。そのため、論理回路は**論理IC**で構成するのが一般的だ。論理ICは**ロジックIC**ともいい、大量生産される製品に使用される論理ICであれば専用のものが設計製造されるが、汎用の論理ICも市販されている。**汎用論理IC**には、以降で説明する加算器やフリップフロップなど多用される用途の論理回路を搭載したものもあれば、さらにシンプルに論理ゲートだけを搭載したものもある。論理ゲートだけの汎用論理ICの場合、〈図03-01〉のように同じ論理ゲートが複数搭載されているのが一般的だ。そのため、**NORゲート**や**NANDゲート**のように基本論理ゲートの等価回路を構成できる論理ゲートの論理ICのほうが、数少ないICで回路を構成しやすいので使い勝手がいい。

論理ICは、使われている半導体素子によって**バイポーラ形論理IC**と**ユニポーラ形論理IC**に大別される。バイポーラ形はバイポーラトランジスタをおもに使用するもので、代表的なものに**DTL**と**TTL**がある。DTLは“diode transistor logic”の頭文字をとったもので、入力部分にダイオードを使用しその後にバイポーラトランジスタで処理する。TTLは“transistor transistor logic”の頭文字をとったもので、すべての処理をバイポーラトランジスタで行う。いっぽう、ユニポーラ形はFETをおもに使用するもので、代表的なものが**CMOS-IC**だ。CMOSは**コンプリメンタリMOS**（complementary MOS）のことで、**相補形MOS**ともいう。nチャネルとpチャネルのMOSの**相補形接続**（P165参照）によって回路が構成されている。

◆汎用論理ICの端子配置例 〈図03-01〉

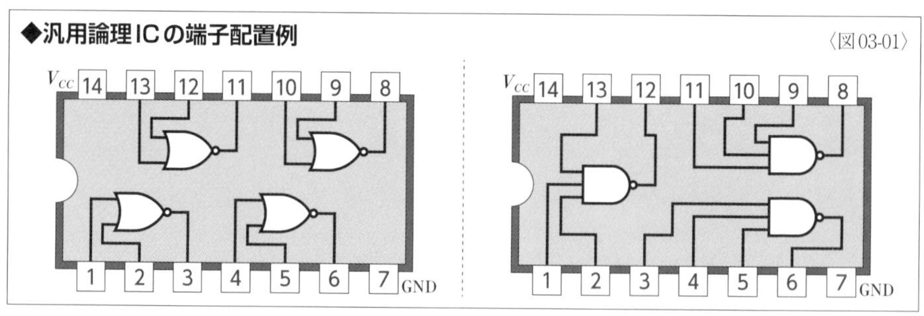

▶DTLとTTL

〈図03-02〉は、DTLによるNANDゲートの回路の基本形だ。すでに説明したダイオードによるAND回路とトランジスタによるNOT回路が接続されているNAND回路だ(P358～359参照)。この回路でNAND演算が行える。

◆DTLのNAND回路の基本形 〈図03-02〉

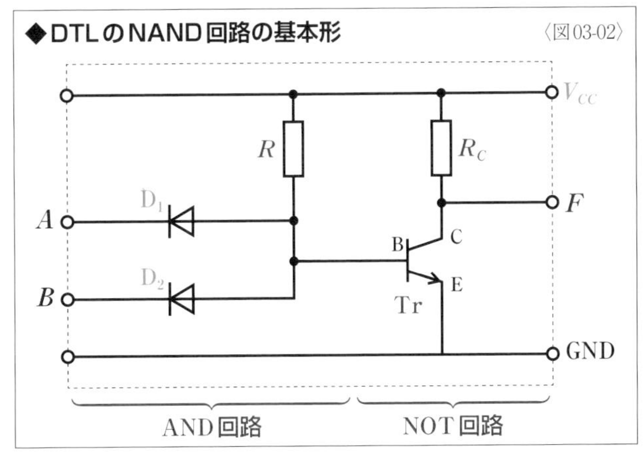

いっぽう、〈図03-03〉は、TTLのNANDゲートの回路の基本形だ。DTLではダイオードで構成されるAND回路が、TTLではトランジスタに置き換えられている。Tr_1は本書では初めて登場する図記号だが、これは**マルチエミッタトランジスタ**の図記号だ。その名の通り複数のエミッタ端子を備えている。AND回路のマルチエミッタトランジスタを、ダイオードによる等価回路で示すと〈図03-04〉のようになるので、先に説明したDTLのAND回路と同じように動作することがわかる。

◆TTLのNAND回路の基本形 〈図03-03〉

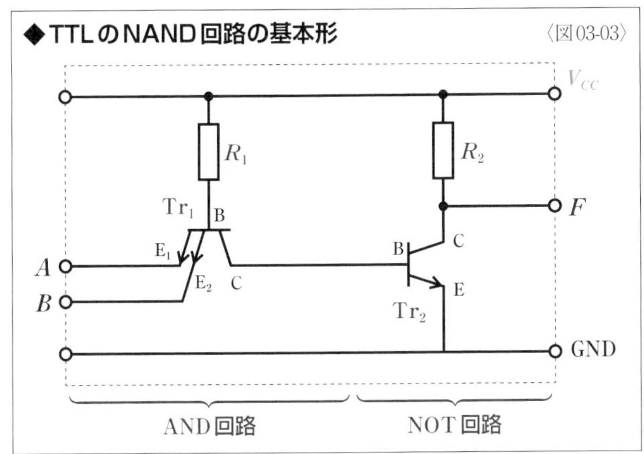

◆マルチエミッタトランジスタの等価回路 〈図03-04〉

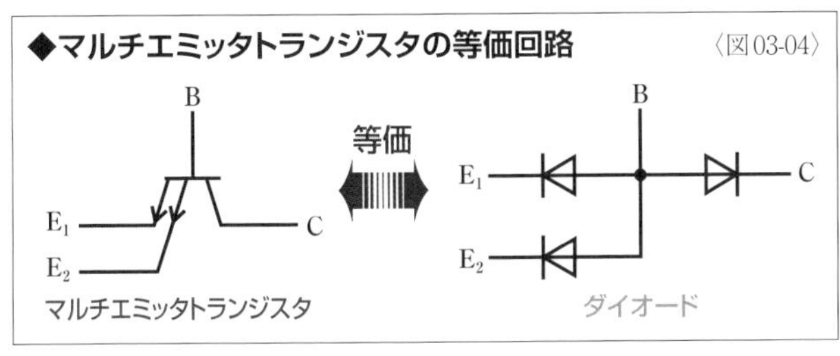

なお、DTLの例もTTLの例も回路はあくまでも基本形だ。実際の論理ICではAND回路とNOT回路の間に、特性を高めるためや誤動作を防ぐためにトランジスタやダイオードによる結合回路が追加されることがほとんどだ。

▶CMOS

nチャネルMOSとpチャネルMOSの**相補形接続**によるCMOSであれば、抵抗などを使わずMOS形FETだけで論理回路を構成できる。すでに説明したCMOSによる**NOT回路**(P190参照)はもちろん、その他の論理回路も同様だ。

◆CMOSのNAND回路の基本形 〈図03-05〉

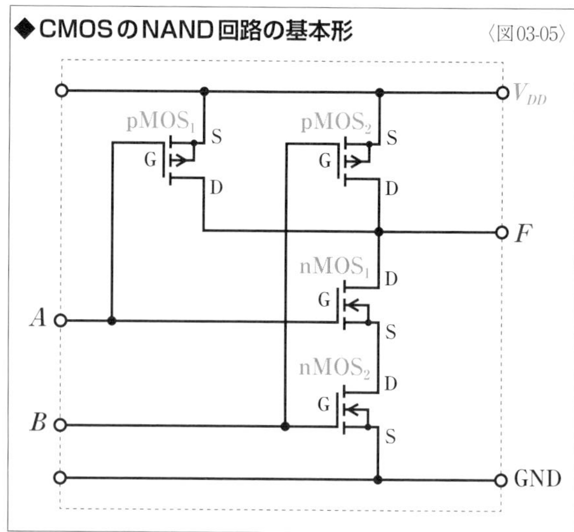

CMOSによる**NAND回路**の基本形は〈図03-05〉のようになる。ここではV_L=グランド電位、V_H=電源電圧V_{DD}とする。入力A、Bの電圧がともにV_Hのとき、$pMOS_1$と$pMOS_2$はゲートとソースが同電位になるのでOFF状態になる。$nMOS_2$はゲート・ソース間に電圧がかかってON状態になり、これにより$nMOS_1$のゲート・ソース間にも電圧がかかってON状態になる。すると、出力端子はグランドと同電位の$F=V_L$になる。

入力$A=V_L$、$B=V_H$のときは、$pMOS_1$はON状態、$nMOS_1$はOFF状態になり、逆に$pMOS_2$はOFF状態、$nMOS_2$はON状態になる。この$pMOS_1$のON状態より、出力端子と電源は同電位になり、$F=V_{DD}=V_H$になる。入力が反転して$A=V_H$、$B=V_L$のときは、$pMOS_2$はON状態、$nMOS_2$はOFF状態になり、$pMOS_1$はOFF状態、$nMOS_1$はOFF状態になる。この$pMOS_2$のON状態より、$F=V_{DD}=V_H$になる。入力A、Bの電圧がともにV_Lのときは、$pMOS_1$と$pMOS_2$はともにON状態、$nMOS_1$と$nMOS_2$はともにOFF状態になるので、$F=V_{DD}=V_H$になる。こうした入出力の関係から、NAND回路が実現されていることがわかる。

▶TTLとCMOSの比較

TTLとCMOSと比較すると、TTLは消費電力や電圧降下がデメリットになる。たとえば、トランジスタによる**NOT回路**の場合、〈図03-06〉のようにトランジスタのON状態を保つためにはベース電流を流し続ける必要があるので必ず抵抗R_Bで電力消費が生じる。また、ON状

◆TTLのNOT回路の動作

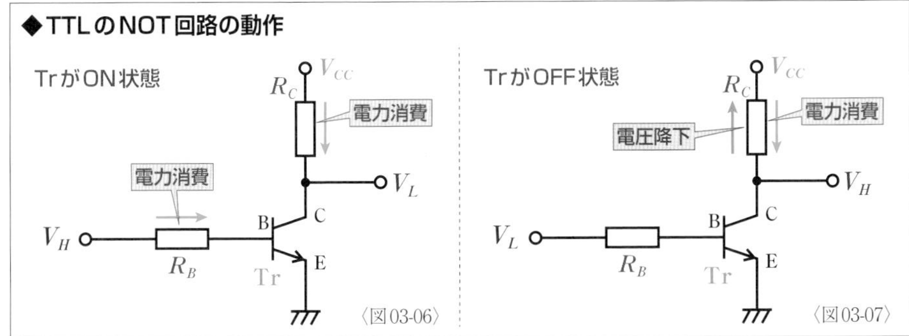

態では抵抗R_Cを電流が流れ続けるので、ここでも電力消費とそれによる発熱(はつねつ)が生じる。いっぽう、〈図03-07〉のようなトランジスタがOFF状態では出力がV_Hになるが、この出力が次のTTLゲートにつながれるとベース電流が抵抗R_Cに流れる。この電流によってR_Cに電力消費が生じ、さらにR_Cによる電圧降下で出力V_HがV_{CC}より低下することになる。ある一定のV_Hを維持(いじ)するには、接続する論理(ろんり)ゲートの数を制限(せいげん)する必要がある。

MOSのスイッチをON状態にするためにはゲートに電圧をかける必要があるが、電流は流れないので電力消費は生じない。CMOSの**NOT回路**の場合、〈図03-08〉のように出力がV_Lのときは、出力端子がグランドとつながるだけなので電力消費も電圧降下も生じない。〈図03-09〉のように出力がV_Hのときは、出力端子が電源V_{DD}と直接つながるのでやはり電力消費も電圧降下が生じない。電圧降下が生じないので、より多くの論理ゲートを出力に接続できる。なお、電圧がかかったMOSのゲートには**電荷**(でんか)が蓄(たくわ)えられるので、ゲート電圧がなくなった瞬間(しゅんかん)にスパイク状の電流が流れる。これにより、わずかな電力消費が生じる。

このほかにも、CMOSのほうが部品点数が少ないため、ICの集積度を高くすることができる。入力インピーダンスが高いのもCMOSのメリットだといえる。数少ないTTLのメリットとして処理速度の高さがあったが、CMOSの改良が進み現在では高速化も可能になっているので、論理(ろんり)ICの主流はCMOSになっている。

◆CMOSのNOT回路の動作

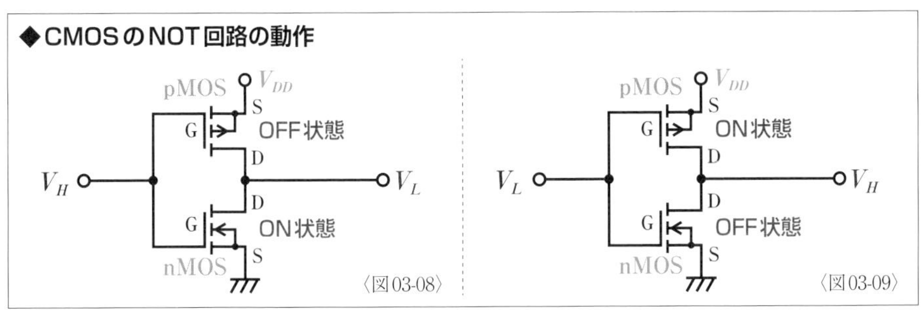

論理回路

論理回路は現在の入力状態のみで出力が決まる組み合わせ回路と、記憶された過去の入力状態と現在の入力状態で出力が決まる順序回路に大別される。

▶論理回路

デジタル回路で使われる**論理回路**とは入力と出力の関係に法則性のある回路だ。こうした論理回路は、**組み合わせ回路**と**順序回路**に大別され、いずれもさまざまな論理ゲートによって構成されている。

組み合わせ回路は現在の入力のみで出力が決まる回路だ。入力の変化は即座に出力に反映される。入力の組み合わせによって出力が決まるので、組み合わせ回路という。

順序回路は入力状態と回路の内部状態によって出力が決まる回路だ。出力が過去の履歴や順番に影響を受けることから順序回路という。入力状態と内部状態によって出力が決まるという動作を図示すると〈図04-02〉のようになるが、順序回路は以前の状態で決まった結果を記憶し、それを新たな入力の一部として使っているとも考えられる。つまり、順序回路を成立させるためには、過去の入力を記憶する機能が必要になる。これを図示すると〈図04-03〉のようになる。

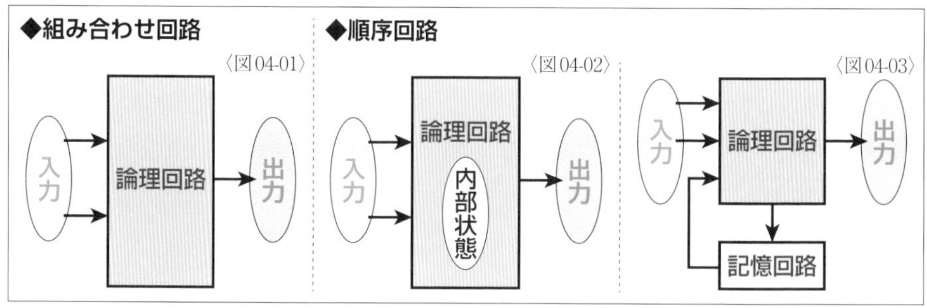

▶組み合わせ回路

組み合わせ回路には、**算術演算回路**、**エンコーダ**、**デコーダ**、**比較回路**、**一致回路**、**マルチプレクサ**、**デマルチプレクサ**などがある。2進数の算術演算回路の基本となるのは**加算回路**だ。加算回路を応用することで**減算回路**や**乗算回路**、**除算回路**を構成できる。本書では組み合わせ回路の代表例として次のSectionで加算回路を取り上げる。その他のおもな組み合わせ回路については、以下に概略をまとめておく。

●エンコーダ／デコーダ

エンコーダは一定のルールに基づいて入力信号を**符号化**する回路のことで、日本語では**符号器**という。デジタル回路でエンコーダといった場合、10進数を2進数に変換する回路をさすのが一般的だ。たとえば、10進数1桁を2進数4桁に変換するものを**BCDエンコーダ**という。いっぽう、**デコーダ**はエンコーダとは逆の機能を備えた回路で、符号化されたデータを元の記号に復元する回路だ。日本語では**復号器**という。

●比較回路／一致回路

比較回路は2つのデータの大小関係を判定する回路で、**比較器**や**コンパレータ**ともいう。比較回路を広義で捉えた場合には**一致回路**も含まれる。一致回路は、2つのデータが等しいかどうかを判断する回路で、EXORゲートで簡単に実現できる。

●マルチプレクサ／デマルチプレクサ

マルチプレクサは、複数のデータから1種類のデータを選択する回路で、**データ選択回路**や**セレクタ回路**という。マルチプレクサを使用すると、複数の信号から1つの信号を選択することができる。いっぽう、**デマルチプレクサ**は入力信号を複数の出力先のなかから選択して出力することができる。

▶順序回路

順序回路には過去の入力の状態を記憶する機能が必要になる。こうした記憶を行う回路を**記憶回路**や**記憶素子**といい、**フリップフロップ**という回路が使われることが多い。このフリップフロップと組み合わせ回路によって順序回路が構成される。本書では順序回路に必要不可欠な基本構成要素としてSection05（P378参照）でフリップフロップを取り上げる。その他のおもな順序回路については、以下に概略をまとめておく。

●レジスタ

2値信号を記憶しておく順序回路を**レジスタ**という。レジスタはコンピュータの一時記憶などに使われる。また、記憶されたデータを1桁右または左へ移動させるレジスタを**シフトレジスタ**という。シフトレジスタは2進数の乗除算演算などに使われる。

●カウンタ

入力されたパルスの個数を数えあげる回路を**カウンタ**または**計数回路**という。コンピュータでは命令を順番に実行させる制御などに使われる。2進数を数えるカウンタは**バイナリカウンタ**といい、算術演算や繰り返し回数の確認などに使われる。

Chapter 12 Section 05

加算回路

算術演算回路の基本となるのが加算回路だ。1桁の加算器を組み合わせることで多桁の加算も可能となる。また、加算回路を応用して減算や乗算、除算も行える。

▶半加算器

2進数の**算術演算回路**のうち**加算**を実行する**論理回路**を**加算回路**や**加算器**という。加算回路の基本構成要素には**半加算器**と**全加算器**の2種類がある。

1桁の2進数同士を加算する回路が半加算器だ。算術演算の$A+B$のような2入力の2進数1桁の加算は$0_{(2)}+0_{(2)}=0_{(2)}$、$0_{(2)}+1_{(2)}=1_{(2)}$、$1_{(2)}+0_{(2)}=1_{(2)}$、$1_{(2)}+1_{(2)}=10_{(2)}$の4通りしかない。このうち、$1_{(2)}+1_{(2)}$の場合は**桁上がり**が生じるので、そのための出力を用意する必要がある。入力をAとB、その桁の加算出力をS、桁上がりの出力をCとして**真理値表**にすると、〈表05-01〉のようになる。この真理値表から**論理式**を導くと〈式05-02〉と〈式05-03〉になる。

この2つの論理式を実行できる論理回路を基本論理ゲートで構成すると〈図05-04〉のような回路になる。6つの論理ゲートが必要だ。しかし、〈式05-02〉の論理式は**EXOR演算**を示している。そのため、**EXORゲート**を使用すれば、〈図05-05〉のように2つの論理ゲートのシンプルな回路で半加算器を構成することができる。

なお、半加算器を**図記号**で示す場合は〈図05-06〉が使われる。内部に記されている"HA"は半加算器を意味する英語"half adder"の頭文字だ。

◆半加算器の真理値表〈表05-01〉

A	B	S	C
0	0	0	0
0	1	1	0
1	0	1	0
1	1	0	1

◆半加算器の論理式

$$S = \overline{A} \cdot B + A \cdot \overline{B}$$ ・〈式05-02〉

$$C = A \cdot B$$ ・・・・・〈式05-03〉

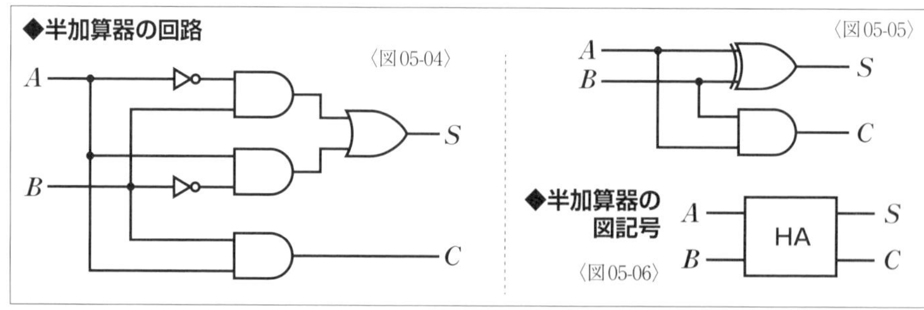

Chap. 12 デジタル回路

▶全加算器

2桁以上の2進数の加算では下の桁から**桁上がり**してくることがある。こうした**桁上がりの入力に対応した加算器が全加算器**だ。C_iは下の桁からの桁上がり、C_oは上の桁への桁上がりとすると、**真理値表**は〈表05-07〉になる。ここから**論理式**を導くと〈式05-08〉と〈式05-10〉になり、基本論理ゲートでは〈図05-13〉のような回路になる。

説明は省略(しょうりゃく)するが、〈式05-08〉と〈式05-10〉を変形すると〈式05-11〉と〈式05-12〉が導かれる(通常の演算記号(えんざんきごう)では式がわかりにくいので「⊕」を使用)。この論理式からは〈図05-14〉のような回路が構成できる。この回路は2つの**半加算器**とOR(オア)ゲートを組み合わせたものだといえる。まずはAとBを加算し、その結果にC_iを加算し、それぞれの桁上がりをORゲートでまとめている。

なお、全加算器の**図記号**には、〈図05-15〉が使われる。"FA"は全加算器を意味する英語"full(フル) adder(アダー)"の頭文字だ。

◆全加算器の真理値表 〈表05-07〉

A	B	C_i	S	C_o
0	0	0	0	0
0	0	1	1	0
0	1	0	1	0
0	1	1	0	1
1	0	0	1	0
1	0	1	0	1
1	1	0	0	1
1	1	1	1	1

◆全加算器の論理式

$$S = \overline{A}\cdot\overline{B}\cdot C_i + \overline{A}\cdot B\cdot\overline{C_i} + A\cdot\overline{B}\cdot\overline{C_i} + A\cdot B\cdot C_i \quad \text{〈式05-08〉}$$

$$C_o = \overline{A}\cdot B\cdot C_i + A\cdot\overline{B}\cdot C_i + A\cdot B\cdot\overline{C_i} + A\cdot B\cdot C_i \quad \text{〈式05-09〉}$$

$$= A\cdot B + A\cdot C_i + B\cdot C_i \quad \text{〈式05-10〉}$$

$$S = (A \oplus B) \oplus C_i \quad \text{〈式05-11〉}$$

$$C_o = A\cdot B + (A \oplus B)\cdot C_i \quad \text{〈式05-12〉}$$

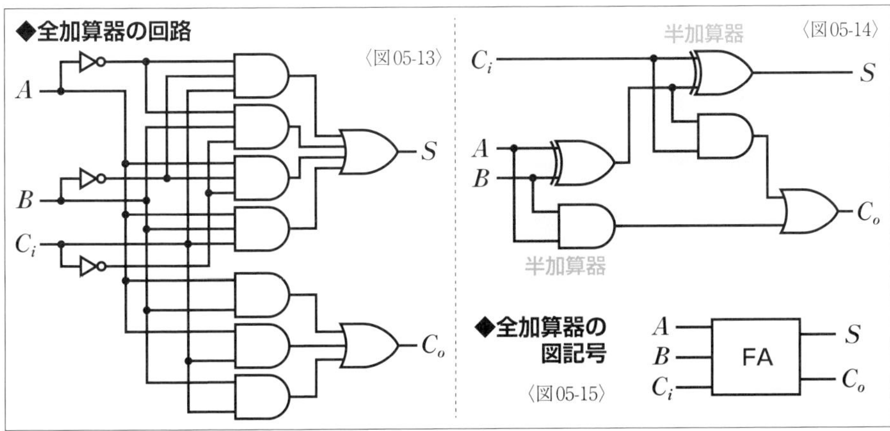

▶n桁の加算回路

必要な数の**半加算器**と**全加算器**を組み合わせれば、多数の桁の2進数の**加算**が実行できる**加算回路**が構成できる。たとえば、4桁の2進数同士であれば、〈図05-17〉のように、最下位の1桁目には半加算器を使用し、2桁目以上には全加算器を使用する。それぞれの加算器の桁上がり出力C_o(またはC)が、上位の桁の全加算器の桁上がり入力C_iに接続されているので、全桁の加算が同時に実行できる。計算例での入出力A_0 A_1 A_2 A_3、B_0 B_1 B_2 B_3、S_0 S_1 S_2 S_3 S_4は、それぞれの桁の値を示しているとする。入力が4桁であるため、出力は最大5桁になる。こうしたn桁の加算回路は、1個の半加算器と$n-1$個の全加算器で構成でき、出力は最大$n+1$桁になる。

また、〈図05-18〉のように全加算器のみで加算回路を構成することも可能だ。この場合、最下位桁の全加算器の桁上がり入力C_iは、強制的に「0」にしておく必要があるので、グランドに接続する。この場合、n桁の加算回路は、n個の全加算器で構成できる。

こうした加算回路は、すべての桁を同時に処理するので、**並列加算方式**という。桁の数に応じた全加算器が必要になるが、高速で算術演算を行うことができる。また、4桁など多用される桁数の加算回路は汎用論理ICとして市販されている。

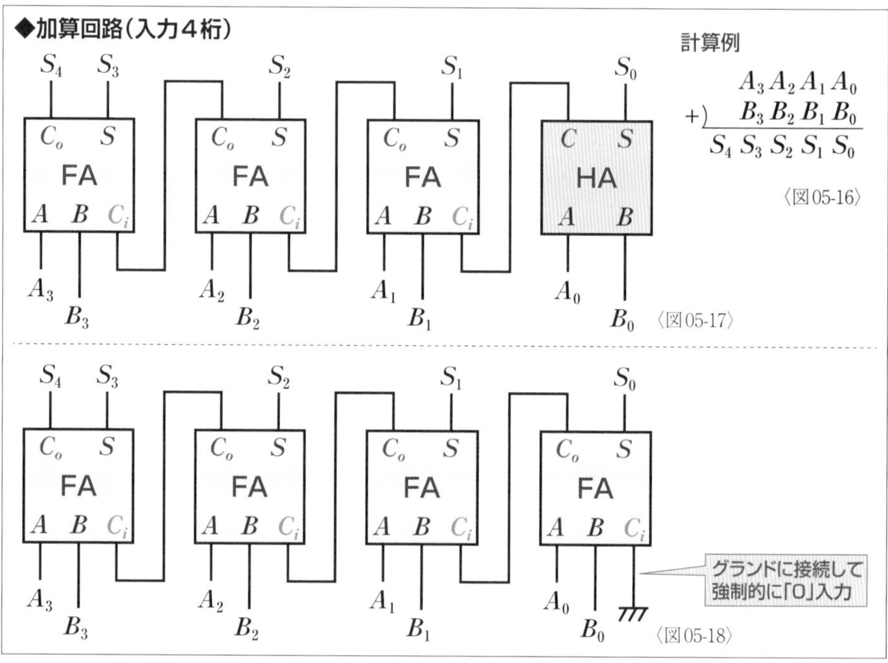

〈図05-16〉

〈図05-17〉

〈図05-18〉

加減算回路

1桁の2進数の**減算**を実行する**半減算器**や**全減算器**もあり、これらを組み合わせることで多数の桁の2進数の減算を実行できる**減算回路**が構成できる。しかし、Chapter11で説明したように、**補数を使えば減算を加算に置き換えられる**(P337参照)。ある数の**2の補数**を加算すると、その数を減算したことになる。2の補数は各桁を反転させて**1の補数**にした後に1を足せばいい。こうした処理は論理ゲートでは簡単に行える。

補数を利用すれば、加算と減算を1つの回路で実行できる**加減算回路**が構成できるわけだ。〈図05-19〉は4桁の加減算回路で、入力Bの各桁はそれぞれ**EXORゲート**を通して加算器に入力される。EXORゲートのもう1つの入力と1桁目の全加算器の桁上がり入力C_iには加算と減算を切り替える制御信号が入力される。加算の場合は制御信号「0」が入力される。EXORゲートの一方の入力が「0」なら、もう一方の入力がそのまま出力される。1桁目の全加算器のC_iにも「0」が入力されるので、通常の加算回路と同じように加算が実行される。

減算の場合は制御信号「1」が入力される。EXORゲートの一方の入力が「1」だと、もう一方の入力が反転されて出力される。つまり、EXORゲートが**1の補数回路**として機能する。同時に、1桁目の全加算器のC_iには「1」が入力されるので、計算結果に1が加えられたことになり、2の補数を加算したことになる。つまり、減算が実行されるわけだ。

また、4桁目のC_oから出力されたS_4は、**オーバーフロー**の判定に使われる。この出力が「1」ならばオーバーフローが生じたので計算結果は正の値だ。出力が「0」なら負の値(補数)ということになる。もし、負の値の絶対値が必要なら、計算結果の2の補数を求めればいい。

◆加減算回路(入力4桁) 〈図05-19〉

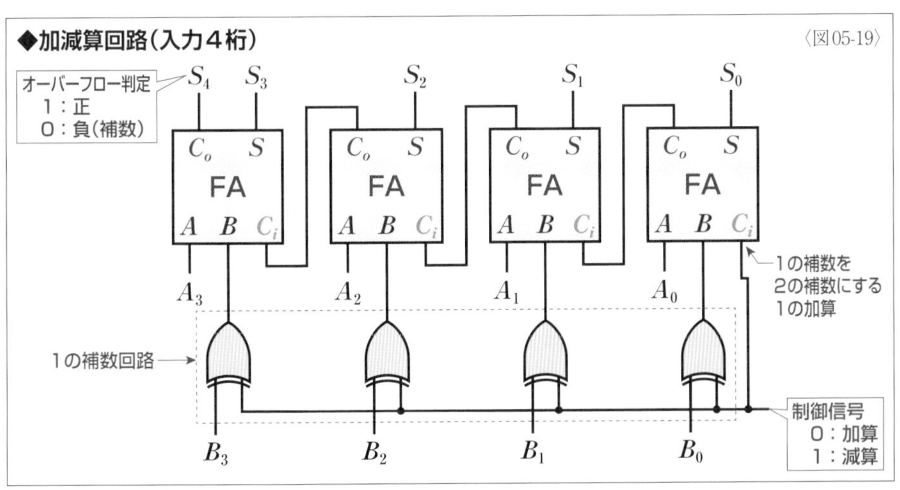

Sec. 05 加算回路

Chapter 12 Section 06

RSフリップフロップ

順序回路の基本構成要素である記憶回路にはフリップフロップという回路が使われる。フリップフロップにはさまざまな種類があるが、基本になるのはRS－FFだ。

論理回路による記憶のしくみ

順序回路は入力状態と回路の内部状態によって出力が決まる回路だ。内部状態を出力に反映させるためには、過去の入力の状態を記憶する機能が必要になる。

まずは、記憶ができる**論理回路**を考えてみよう。〈図06-01〉は**ORゲート**の出力を入力に**フィードバック**(**帰還**)させている回路だ。当初の時刻t_0では、入力A、Bがともに「0」であるとする。ORゲートの入力が「0＋0」であれば、出力Fも「0」だ。

時刻t_1でAに「1」を入力すると、ゲートはOR演算を実行するので、Fは「1」になる。この出力がフィードバックされたBも「1」になる。次に、時刻t_2でAに「0」を入力するとどうなるだろうか。Aは「0」だが、Bは「1」なので、Fは「1」の状態が続くことになる。こうしたA、B、Fの状態の変化を時間経過で示すと〈図06-02〉のようになる。こうしたグラフを**タイミングチャート**や**タイムチャート**という。

タイミングチャートを見れば明かなように、入力Aが「1」になれば出力Fは「1」になり、Aが「0」になってもFは「1」を保持している。これは、入力された「1」を記憶していることを意味しているといえる。このように、ORゲートをフィードバック接続すると、値の記憶が行えるわけだ。ただし、この回路は値の記憶はできるが、いったん記憶してしまうと、いつまでたっても出力は「1」のままだ。必要に応じて、記憶した値を消せなければ、実用的な**記憶回路**にはならない。

◆値を記憶する論理回路

〈図06-01〉

タイミングチャート 〈図06-02〉

時刻t_0

〈図06-03〉

時刻t_1の変化後

〈図06-04〉

時刻t_2の変化後

〈図06-05〉

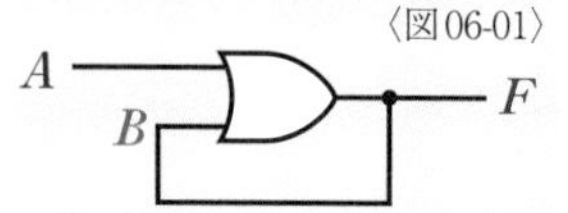

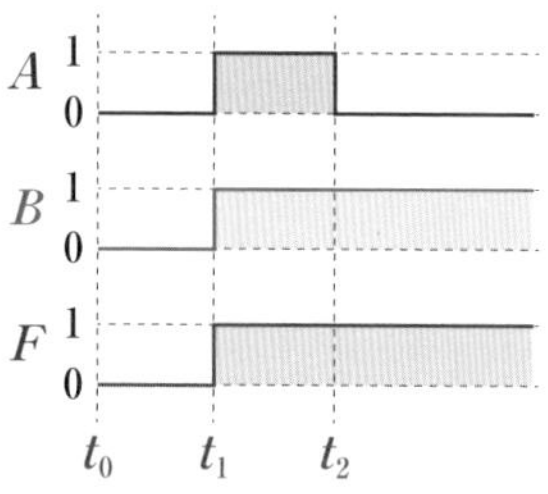

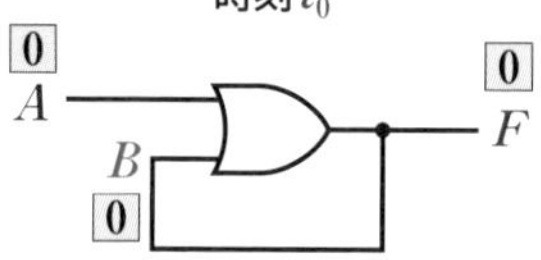

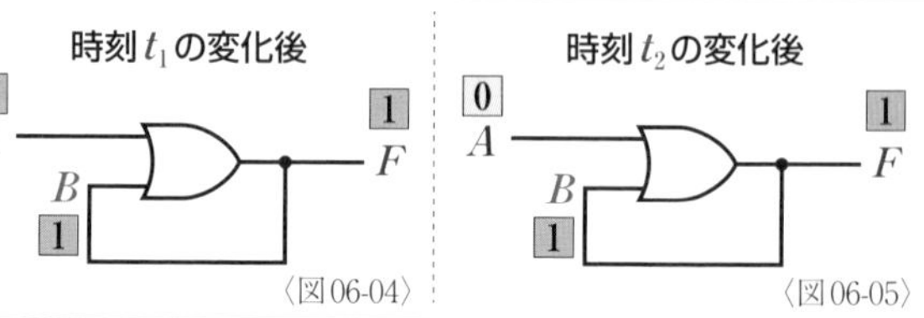

◆値の記憶と消去ができる論理回路

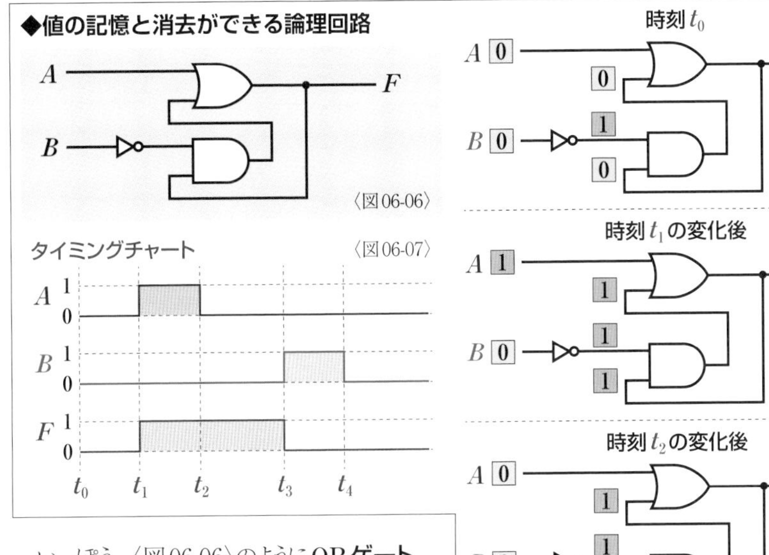

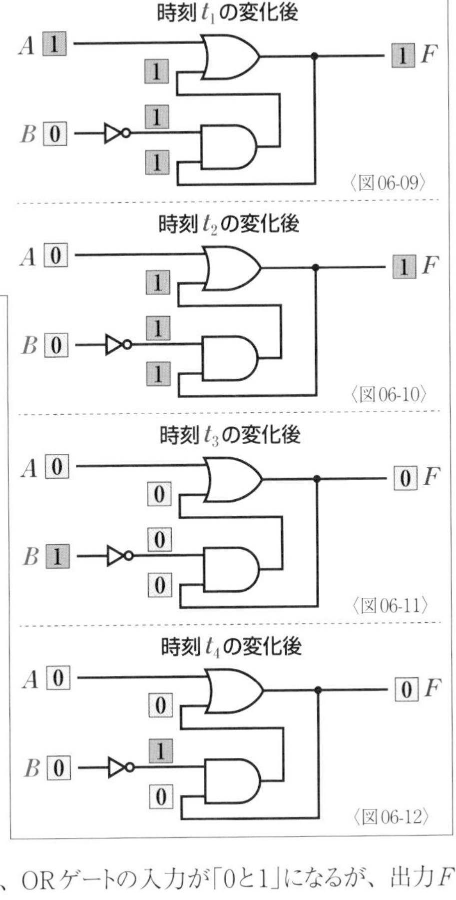

いっぽう、〈図06-06〉のように**ORゲート**、**AND**（アンド）**ゲート**、**NOT**（ノット）**ゲート**で構成された回路は、記憶とその消去が行える。当初の時刻t_0では、入力A、Bが「0」で、出力Fも「0」であるとする。タイミングチャート〈図06-07〉のように、時刻t_1でAに「1」を入力すると、ORゲートの出力Fは「1」になり、この信号はANDゲートにも送られる。Bは「0」だが、NOTゲートで反転された「1」がANDゲートに送られる。ANDゲートの入力は「1と1」なので、出力された「1」がORゲートにフィードバックされ、記憶が保持される。時刻t_2でAに「0」を入力すると、ORゲートの入力が「0と1」になるが、出力Fは「1」のまま記憶の保持が続く。

この記憶を消去するために、時刻t_3でBに「1」を入力すると、NOTゲートを介（かい）してANDゲートに「0」が入力される。これによりANDゲートの出力は「0」になる。すると、ORゲートの入力が「0と0」になり、出力Fが「0」になる。この時点でANDゲートの入力が「0と0」になる。これで当初の状態に戻る。時刻t_4で入力Bを「0」に戻しても、出力Fは「0」が維持（いじ）される。以上の動作によって、この回路は値の記憶と消去が可能な記憶回路であることがわかる。

RSフリップフロップ

記憶回路は**順序回路**には必要不可欠な基本構成要素だ。こうした記憶回路には**フリップフロップ**という回路が使われる。英語の“flip-flop”は、「宙返り」や「とんぼ返り」の意味があり、「パタン・パタン」といった擬音としても使われる。値が記憶された状態と消去された状態が宙返りするように瞬時に切り替わるので、フリップフロップと呼ばれるわけだ。FFと略されることも多い。

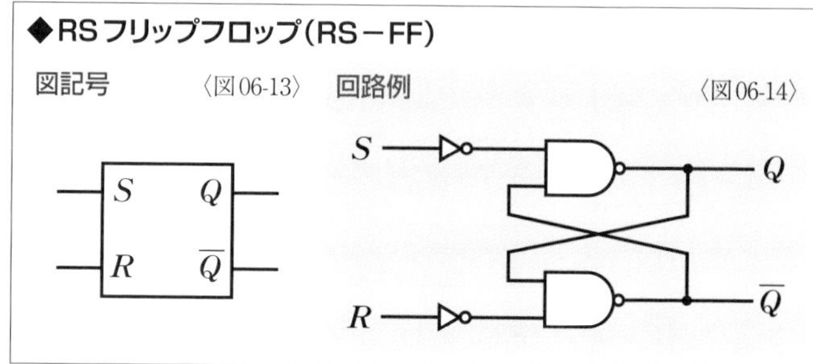

また、こうした記憶回路では、**値を記憶させることをセット動作**(set)、**その記憶された値を消去することをリセット動作**(reset)**という**。なお、ここまでの説明では、セットによって出力が「1」の状態を保持させ、リセットによって出力が「0」の状態を保持させるといった印象が強いかもしれないが、セットによって出力が「0」の状態を保持させ、リセットによって出力が「1」の状態を保持させることも、値の記憶だ。

フリップフロップにはさまざまな種類があるが、基本形といえるのが**RSフリップフロップ**で、RS－FFと略される。RとSはリセットとセットの頭文字だ。**図記号**には〈図06-13〉が使われ、代表的な内部の回路は〈図06-14〉のようになっている。実はこの回路は、前ページで説明した記憶と消去が行える論理回路を変形したものだ。〈図06-15〉の回路のORゲートO_1を

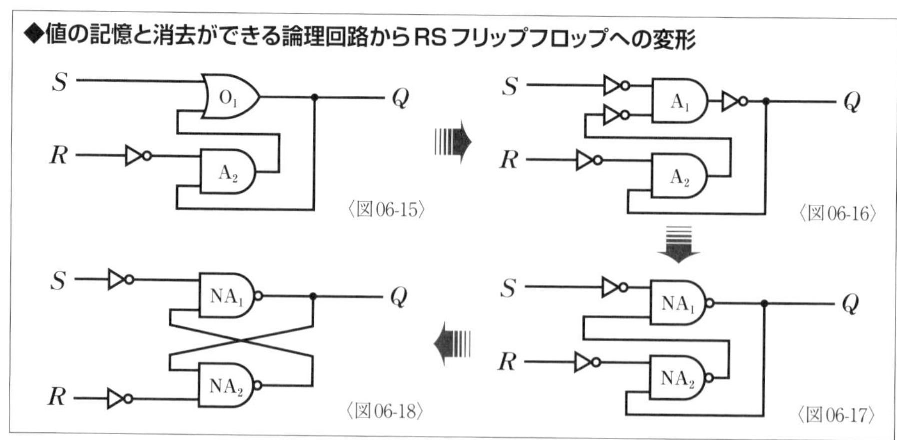

AND ゲートA_1に置き換える場合、〈図06-16〉のように**ド・モルガンの法則**によって入出力のそれぞれにNOTゲートを加える必要がある。この回路のANDゲートA_1と出力側のNOTゲートは組み合わてNANDゲートNA_1にでき、ANDゲートA_2と出力側のNOTゲートも組み合わてNANDゲートNA_2にできるので、〈図06-17〉のようになる。この回路を変形すれば、〈図06-18〉になる。ここにもう1つの出力端子$\overline{Q}$を加えれば〈図06-14〉の回路になる。

RS－FFの動作①

RSフリップフロップ(RS－FF)の端子は、Sが**セット入力**、Rが**リセット入力**、Qが**正出力**、$\overline{Q}$が**補出力**を示している。補出力は演算記号「‾」で示されていることからわかるように、正出力が**論理否定**されたものが出力される。

最初に、$S=0$、$R=0$の状態を考えてみよう。これまでに扱ってきた論理回路は組み合わせ回路なので、入力が決まれば出力が自動的に決まるが、実はRS－FFでは$S=0$、$R=0$の状態では出力が決まらない。ここでは説明しやすくするために、2つのNANDゲートをNA_1とNA_2と呼ぶ。

まず、$Q=0$と仮定してみると、〈図06-19〉のようにNA_2の入力は「0と1」になり、出力$\overline{Q}$は「1」になる。Qと$\overline{Q}$の関係に矛盾は生じない。念のためにNA_1を確認してみると、入力は「1と1」なので、出力Qは「0」になり、ここでも矛盾は生じない。

次に$Q=1$と仮定してみると、〈図06-20〉のようにNA_2の入力は「1と1」になり、出力$\overline{Q}$は「0」になる。Qと$\overline{Q}$の関係に矛盾は生じない。ここでも念のためにNA_1を確認してみると、入力は「0と1」なので、出力Qは「1」になり、ここでも矛盾は生じない。

以上ように、$S=0$、$R=0$のときは、$Q=0$でも$Q=1$でも成立する。$S=0$、$R=0$が**セット動作**が終了した状態だとすれば、$Q=1$(同時に$\overline{Q}=0$)を記憶していることを示し、**リセット動作**が終了した状態であるとすれば、$Q=0$(同時に$\overline{Q}=1$)を記憶していることを示しているわけだ。このように記憶回路では、回路内部の状態(過去の入力の状態)によって、出力が影響を受けるわけだ。

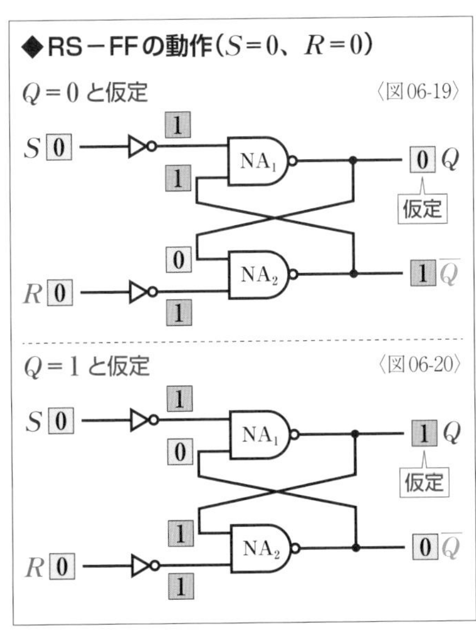

▶RS−FFの動作②

RSフリップフロップ(RS−FF)の**セット動作**を考えてみよう。セットする際には〈図06-21〉のように$S=1$、$R=0$にする。$S=1$はNOTゲートで反転されてNA_1に「0」が入力される。NANDゲートに「0」が入力されると、他方の入力に関係なく「1」を出力するので、$Q=1$になる。このとき、NA_2の入力は「1と1」になるので、$\overline{Q}=0$になる。これが、セットされた状態だ。$S=0$、$R=0$に戻すとセット動作が終了し、$Q=1$と$\overline{Q}=0$が保持される。

リセット動作の際には〈図06-22〉のように$S=0$、$R=1$にする。$R=1$はNOTゲートで反転されてNA_2に「0」が入力される。NANDゲートに「0」が入力されると、他方の入力に関係なく「1」を出力するので、$\overline{Q}=1$になる。このとき、NA_1の入力は「1と1」になるので、出力$Q=0$になる。これが、リセットされた状態だ。$S=0$、$R=0$に戻すとリセット動作が終了し、$Q=0$と$\overline{Q}=1$が保持される。

これでRS−FFで値の記憶と消去ができることがわかったが、入力にはもう1つの状

◆RS−FFの動作($S=1$、$R=0$)

〈図06-21〉

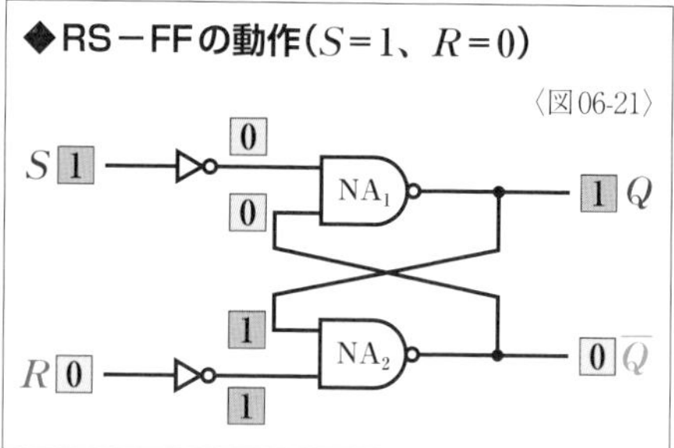

◆RS−FFの動作($S=0$、$R=1$)

〈図06-22〉

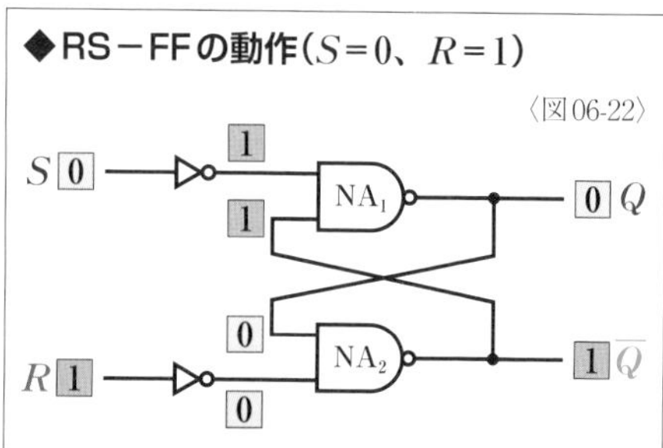

◆RS−FFの動作($S=1$、$R=1$)

〈図06-23〉

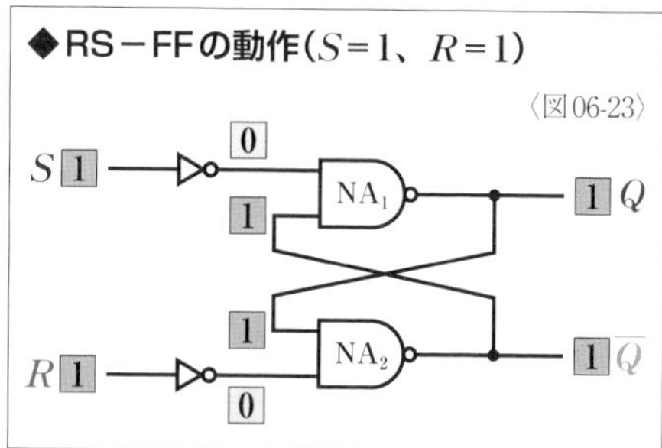

◆RS−FFの動作($S=1$、$R=1$)→($S=0$、$R=0$)

NA_1が先に動作 〈図06-24〉

NA_2が先に動作 〈図06-25〉

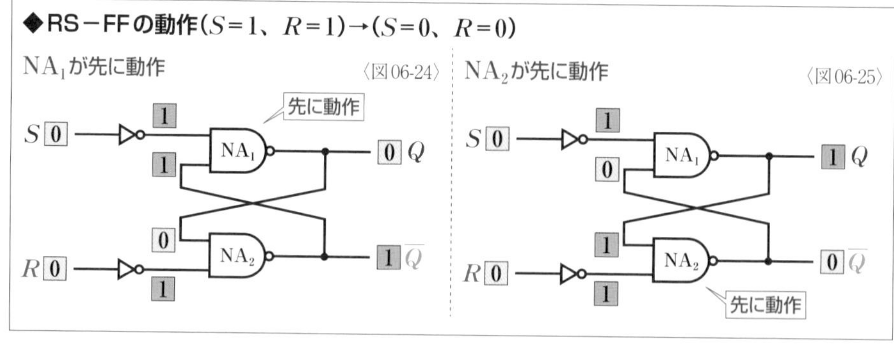

態$S=1$、$R=1$がある。〈図06-23〉のように$S=1$、$R=1$にする。NA_1にもNA_2にも「0」が入力されるので、出力は$Q=1$、$\overline{Q}=1$で安定する。論理ゲートの動作に問題はないが、この状態では$Q=\overline{Q}$になってしまい、RS−FFに設定した端子の機能に矛盾することになる。

この状態から$S=0$、$R=0$にするとどうなるだろうか。NA_1とNA_2は同じNANDゲートだが、完璧に同時に動作するわけではなく、入力にわずかな時間の差があることもある。もし、〈図06-24〉のようにNA_1が先に動作したとすると、出力$Q=0$になり、これを受けてNA_2が出力$\overline{Q}=1$になる。〈図06-25〉のようにNA_2が先に動作したとすると、出力$\overline{Q}=1$になり、これを受けてNA_1が出力$Q=1$になる。つまり、動作順によって出力の状態が逆になるが、どちらが先に動作するか予測できないため、出力が不定になってしまう。そのため、RS−FFでは出力が不定となる$S=1$、$R=1$を**入力禁止**としている。

S	R	Q	$\overline{Q}$	動作
0	0	Q_0	$\overline{Q_0}$	保持
0	1	0	1	リセット
1	0	1	0	セット
1	1	不定		入力禁止

以上をまとめるとRS−FFの動作を含めた**真理値表**は〈表06-27〉になる。$S=0$、$R=0$のときは状況によって出力が変化するので出力に真理値を示していないが、それまでの出力の値を保持するので、これを**保持動作**という。また、**タイミングチャート**は〈図06-28〉になる。時刻t_1〜t_2でセット動作を行うとセット状態になり、t_3〜t_4でリセット動作を行うとリセット状態になる。また、t_5〜t_6のようにリセット状態でリセット動作が繰り返されてもリセット状態は保持され、t_9〜t_{10}のようにセット状態でセット動作が繰り返されてもセット状態は保持される。

なお、ここではNANDゲートとNOTゲートを使ったRS−FFで説明したが、〈図06-29〉のようにNORゲートでもRS−FFを構成できる(Qと$\overline{Q}$の位置に注意)。**ド・モルガンの定理**を使えば置き換えられるはずだ。どのように動作するかは、自分で確認してみてほしい。

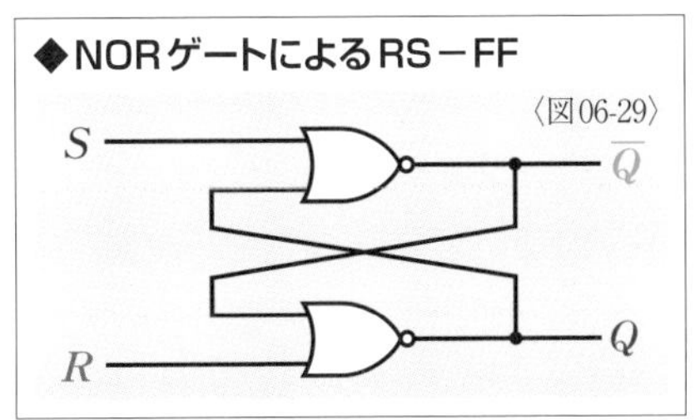

▶セット優先RS－FFとリセット優先RS－FF

RS－FFには**入力禁止**の入力の組み合わせがある。この不便さを解消したRS－FFの1つに、**セット優先RSフリップフロップ**がある。**セット優先**RS－FFでは〈図06-30〉のような回路が考えられる。この回路に$S=1$、$R=1$を入力した場合、〈図06-31〉のようにSの入力部に備えられたNOTゲートで論理否定された「0」が、Rの入力部に備えられたNANDゲートNA_3に入力される。NANDゲートに「0」が入力されると、他方の入力に関係なく「1」を出力する。これにより、NA_1とNA_2への入力は、$S=1$、$R=0$のときと同じになる。つまり、出力はセット状態になる。$S=1$、$R=1$以外の入力では、通常のRS－FFと同じように動作する。

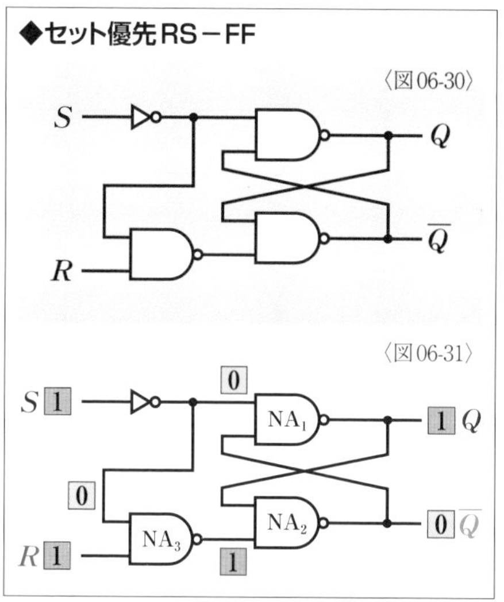

いっぽう、〈図06-32〉のような**リセット優先RSフリップフロップ**も考えることができる。セット優先とは入力部分の構成が反転しているので、**リセット優先**RS－FFでは$S=1$、$R=1$を入力するとリセット状態になる。

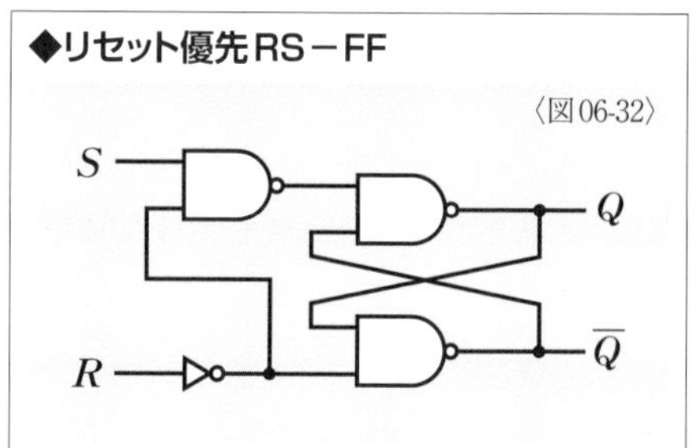

▶同期式RS－FF

RS－FFでは、入力の変化と同時に出力が変化するが、一定の周期で発せられる**クロック信号**に同期して出力が変化する**同期式RSフリップフロップ**もある。**同期式**RS－FFは**クロック入力付**RS－FFともいい、入力S、Rに加えてクロック信号CKを入力する。このように変化のきっかけを作る信号を**トリガ**ともいう。また、クロック信号の波形の立ち上がりを**ポジティブエッジ**といい、その瞬間に同期して出力が変化するものを**ポジティブエッジ形**RS－FFという。いっぽう、波形の立ち下がりは**ネガティブエッジ**といい、その瞬間に同期して出力が変化するものを**ネガティブエッジ形**RS－FFという。

ポジティブエッジ形の同期式RS－FFの**図記号**には〈図06-33〉が使われ、〈図06-34〉のような構成が考えられる。CK＝0の状態では、SとRの入力に関係なく、入力段の2つのNANDゲートの出力は「1」のままで変化しない。つまり、SとRの入力は無視され、出力はそれまでの状態が保持される。しかし、CK＝1であれば、SとRの入力が入力段の2つのNANDゲートの出力に反映される。

動作を**真理値表**にすると〈表06-35〉になる。一番下の段のSとRに記された「－」は任意の値を意味する。つまり、クロック信号が「0」の状態では、SとRの入力に関係なく記憶の保持が続くわけだ。なお、同期式の場合もS=1、R＝1は**入力禁止**だ。

〈図06-36〉の**タイミングチャート**ほうがさらに動作がわかりやすいだろう。時刻t_1のようにCK=0のときにS=1になっても出力は変化せず、t_2でCK=1になるポジティブエッジで出力が変化する。t_3とt_4のようにリセット動作も同様だ。ただし、t_5のようにCK=1のときにS=1になると、ポジティブエッジに同期しない出力変化が生じる。t_6も同様だ。こうした事態を避けるためにクロック信号には**パルス幅**の狭いものを使用する。

◆ポジティブエッジ形RS－FF

図記号 〈図06-33〉

回路例 〈図06-34〉

真理値表 〈図06-35〉

S	R	CK	Q	$\overline{Q}$	動作
0	0	1	Q_0	$\overline{Q_0}$	保持
0	1	1	0	1	リセット
1	0	1	1	0	セット
1	1	1	不定		入力禁止
－	－	0	Q_0	$\overline{Q_0}$	保持

タイミングチャート 〈図06-36〉

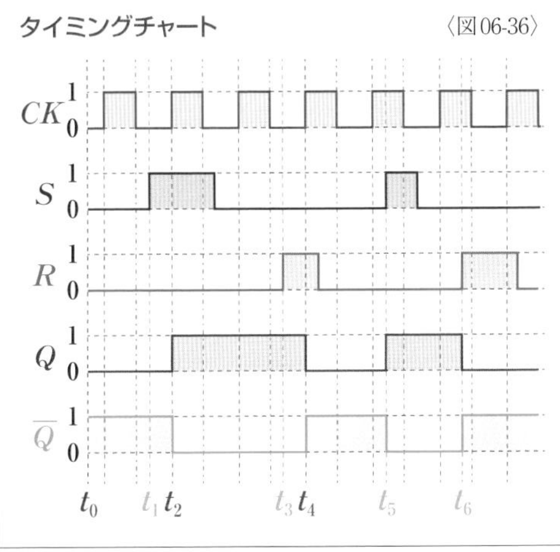

いっぽう、ネガティブエッジ形はクロック信号の波形が立ち下がる瞬間に同期して出力が変化するRS－FFで、図記号には〈図06-37〉が使われる。ポジティブエッジ形に比較すると、クロック信号の入力部分に“○”が加えられている。

◆ネガティブエッジ形RS－FF

図記号 〈図06-37〉

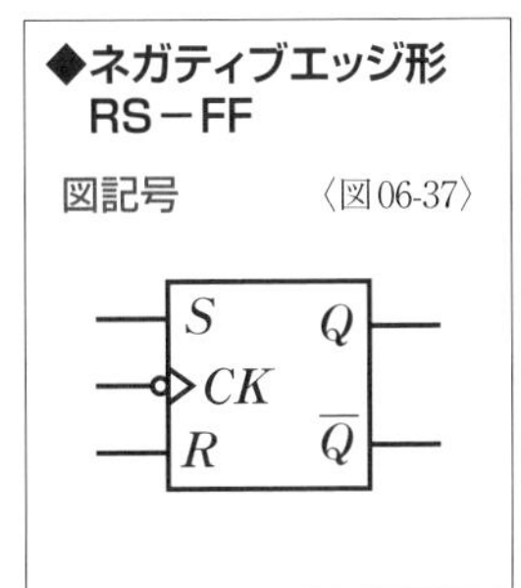

各種のフリップフロップ

RSフリップフロップが記憶回路の基本形といえるが、そのまま使われることは少なく、RS－FFを発展改良したJK－FFやT－FF、D－FFが順序回路で使われる。

JKフリップフロップ

禁止入力によるRS－FFの不便さを解消し、応用範囲を広げた**フリップフロップ**が**JKフリップフロップ**だ。JKの名称の由来には諸説あるが定説はない。JK－FFの**図記号**には〈図07-01〉が使われ、RS－FFを使って回路を構成すると〈図07-02〉のようになる。こうした構成のJK－FFは、出力を入力に**帰還**させているので**帰還形**JK－FFともいう。

◆JKフリップフロップ（JK－FF）

図記号 〈図07-01〉　回路例 〈図07-02〉

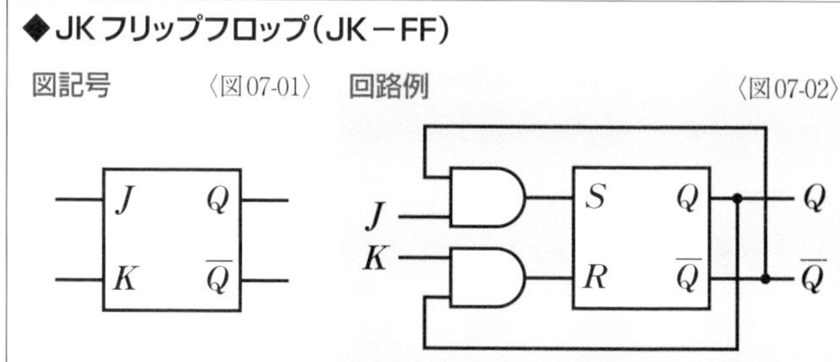

JK－FFの入力端子は、RS－FFのS端子をJ端子に、R端子をK端子に置き換えたものと考えればよく、動作を**真理値表**で示すと〈図07-03〉のようになる。**JK－FFでは$J=1$、$K=1$のときは、それまでとは出力が反転する**。こうした動作を**トグル動作**（toggle）という。$J=1$、$K=1$のとき以外はRS－FFと同じように動作する。

真理値表 〈図07-03〉

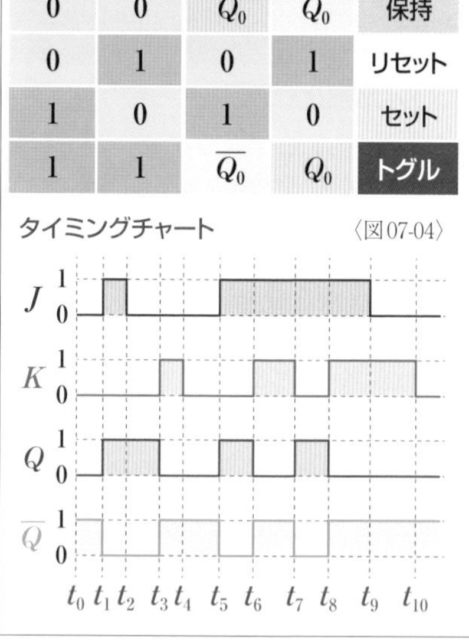

J	K	Q	$\overline{Q}$	動作
0	0	Q_0	$\overline{Q_0}$	保持
0	1	0	1	リセット
1	0	1	0	セット
1	1	$\overline{Q_0}$	Q_0	トグル

タイミングチャート 〈図07-04〉

〈図07-04〉の**タイミングチャート**を見ると動作がわかりやすいはずだ。時刻t_0～t_4までの動作は、RS－FFとまったく同じだ。しかし、t_5でセット動作を行い、そのまま$J=1$が続いていても、t_6で$K=1$が入力されると、出力が反転して$Q=0$になる。t_7で$K=0$に戻るとセット動作を行って、出力がまた反転して$Q=1$になる。t_8で$K=1$が入力されると、出力が再び反転して$Q=0$になるが、t_9で$J=0$になっても、出力は$Q=0$が続き、さらにt_{10}で$K=0$になっても、出力は$Q=0$が続くといった具合に動作する。

ただし、$K=J=1$の状態が長いと、出力変化が再び入力に帰還され、これがさらに出力変化を起こすことで、トグル動作が連続して繰り返され、**正帰還**による**発振**が生じる。これは論理回路にとっては不都合な状態だといえる。

同期式JK－FF

JK－FFにも**クロック信号**の入力を備えた**同期式JKフリップフロップ**があり、**クロック入力付JK－FF**ともいう。**同期式**JK－FFも出力を入力に**帰還**させているので**帰還形**JK－FFの一種だ。

同期式には**ポジティブエッジ形**や**ネガティブエッジ形**などがあるが、**ポジティブエッジ形**JK－FFの**図記号**には〈図07-05〉が使われ、RS－FFを使うと〈図07-06〉のように、同期式RS－FFを使うと〈図07-07〉のように回路を構成できる。この場合も、**真理値表**〈図07-08〉のように**$J=1$、$K=1$のときにクロック信号に同期してトグル動作をするが**、それ以外の動作は同期式RS－FFと同じだ。ただし、同期式JK－FFでも$K=J=1$の状態で$CK=1$の期間が長いと、トグル動作が連続して繰り返され、**正帰還**による**発振**が生じる。

なお、**ネガティブエッジ形**JK－FFもあり、〈図07-09〉の図記号が使われる。

◆ポジティブエッジ形JK－FF

図記号 〈図07-05〉

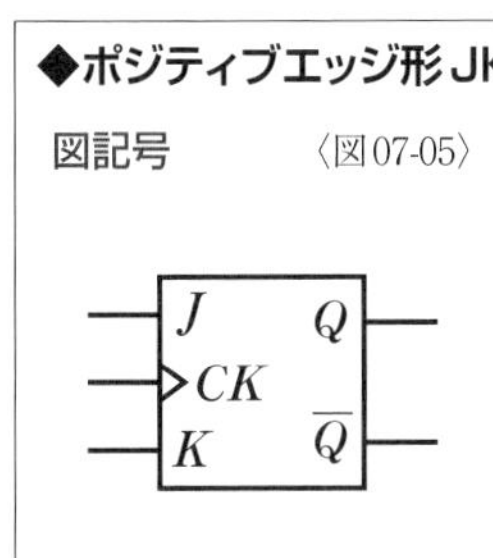

回路例 〈図07-06〉

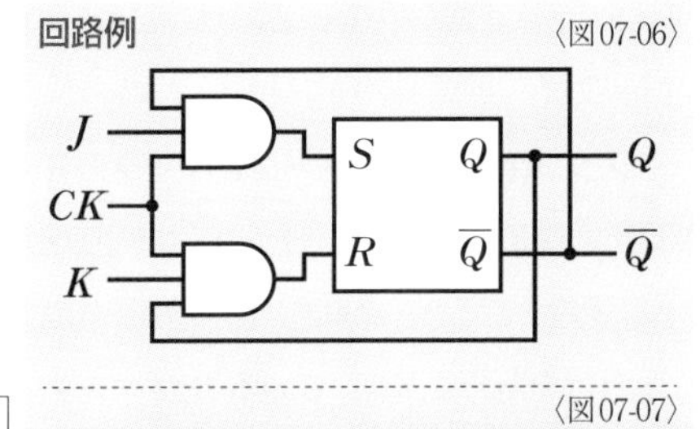

〈図07-07〉

真理値表 〈図07-08〉

J	K	CK	Q	$\overline{Q}$	動作
0	0	1	Q_0	$\overline{Q_0}$	保持
0	1	1	0	1	リセット
1	0	1	1	0	セット
1	1	1	$\overline{Q_0}$	Q_0	トグル
－	－	0	Q_0	$\overline{Q_0}$	保持

◆ネガティブエッジ形JK－FF

図記号 〈図07-09〉

マスタスレーブ形JK－FF

同期式ではないJK－FFには$J=K=1$の時間が長いと出力が**発振**する欠点がある。また、**トグル動作**から**保持動作**に切り替える際のJとKを変化させるタイミングのわずかなずれで、**セット**または**リセット**と認識されて誤動作することがある。トグル入力が使えないのであればRS－FFで十分なので、同期式ではないJK－FFが使われることはほとんどない。いっぽう、**同期式**JK－FFでも、クロック信号の変化に同期して出力が変化し、その出力が入力に**帰還**した時点で、まだ$CK=1$の状態だと、発振してしまうため、実用には向かない。実際にJK－FFとして使われているのは、これらの問題を解消した**マスタスレーブ形JKフリップフロップ**だ。単にJK－FFといった場合、マスタスレーブ形をさしていると考えてよい。

マスタスレーブ形JK－FFは2つのRS－FFで構成される。RS－FFでは〈図07-10〉、**ポジティブエッジ形**RS－FFでは〈図07-11〉のような回路になる。2つのFFの動作のタイミングをずらすことで、**クロック信号の1つの方形パルスでJK－FF回路全体としては1回の動作だけを行うようにしているのがマスタスレーブ形**だ。2つのRS－FFが主従関係のようなので、主人を意味する"master"と奴隷を意味する"slave"からマスタスレーブ形という。

回路図からわかるように、前段のRS－FFはクロック信号の**ポジティブエッジ**で動作し、後段のRS－FFは論理否定されたクロック信号が入力されているので**ネガティブエッジ**で動作する。ここでは〈図07-11〉の回路で考えてみる。クロック信号が$CK=CK_1=1$になると、前段のRS－FFがポジティブエッジで動作してQ_1と$\overline{Q_1}$が出力され、その信号が後段のRS－FFに送られるが、この時点では後段のRS－FFは$CK_2=0$なので動作せず、

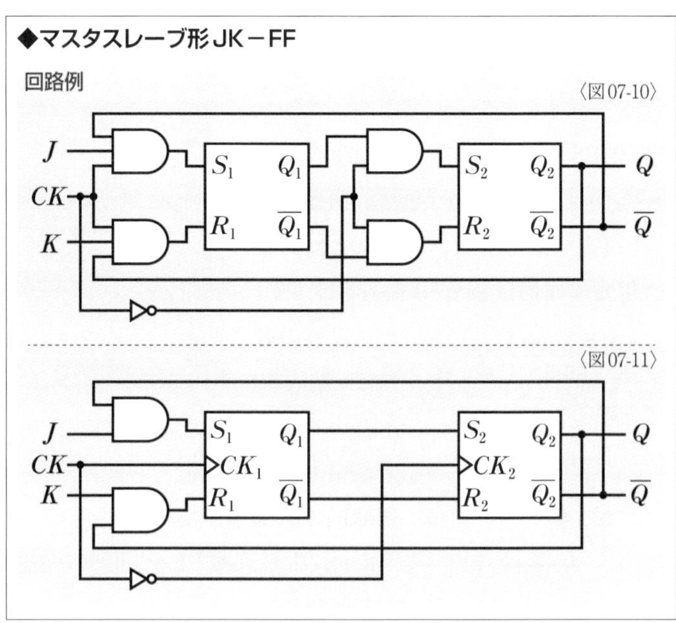

Q_2と$\overline{Q_2}$は変化しないので、出力Qと$\overline{Q}$は保持されている。これにより、$CK=1$の時間が長くても、それにより生じた出力の変化が入力に帰還しないので、発振することはない。

この状態から、クロック信号が$CK=CK_1=0$になると、前段のRS－FFは保持状態になる。この時点では後段のRS－FFは$CK_2=1$になるので、Q_1と$\overline{Q_1}$に応じてQ_2と$\overline{Q_2}$が変化し、出力Qと$\overline{Q}$が変化する。Q_2と$\overline{Q_2}$は入力に帰還されるが、前段のRS－FFは$CK_1=0$なので動作しない。帰還した信号が有効になるのは、次にクロック信号が$CK=1$になるときだ。

〈図07-11〉の回路例ではポジティブエッジ形RS－FFを2つ使用したが、〈図07-12〉のように前段をポジティブ形、後段を**ネガティブエッジ形**RS－FFにすれば、クロック信号をNOTゲートで論理否定せずに回路を構成することができる。

◆マスタスレーブ形JK－FF（別回路例）

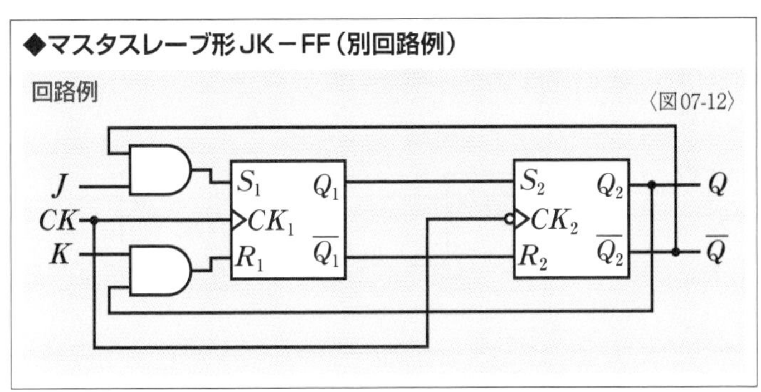

〈図07-12〉

JK－FFのバリエーション

JK－FFにはこれまでに説明したもの以外にもバリエーションがある。**クリア端子付JK－FF**は、**クリア端子**に「1」を入力すると強制的に出力Qを「0」にできる。この動作を**クリア動作**（clear）といい、CLRで略される。一般的にクリア動作は非同期で、クロック信号を無視して$CLR=1$の入力と同時にクリアが実行される。

また、クリア端子に加えて**プリセット端子**を備えた**プリセット・クリア端子付**JK－FFもある。プリセット端子に「1」を入力すると、強制的に出力Qを「1」にできる。この動作を**プリセット動作**（pre-set）といい、PRで略される。一般的には非同期で、クロック信号を無視して、プリセットやクリアが実行される。これらの動作はRS－FFのセットとリセットに相当するので、**セット・リセット端子付**JK－FFや**SR端子付**JK－FFと呼ばれることもある。

◆クリア端子付JK－FF（ポジティブエッジ形）

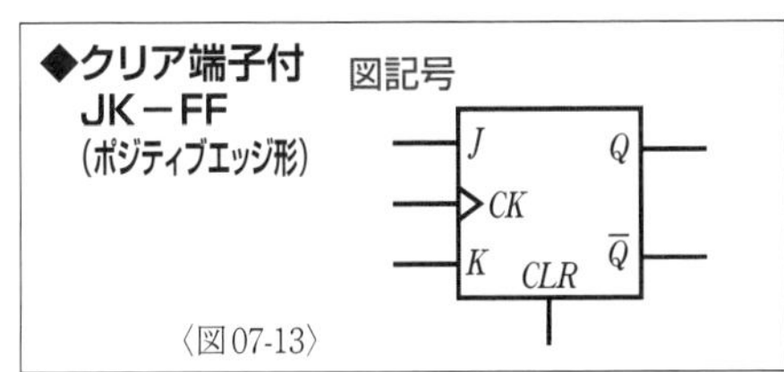

〈図07-13〉

◆プリセット・クリア端子付JK－FF（ポジティブエッジ形）

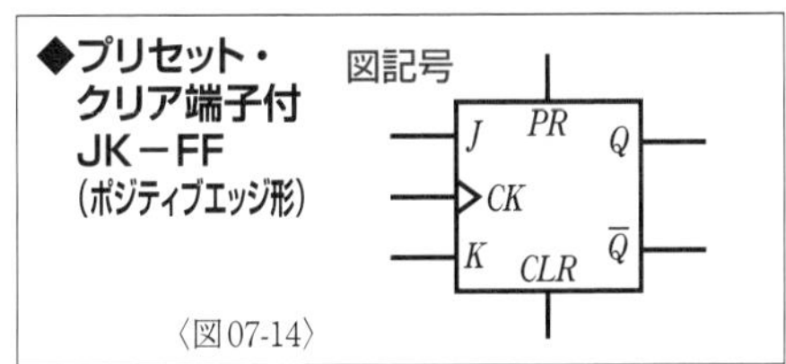

〈図07-14〉

▶Tフリップフロップ

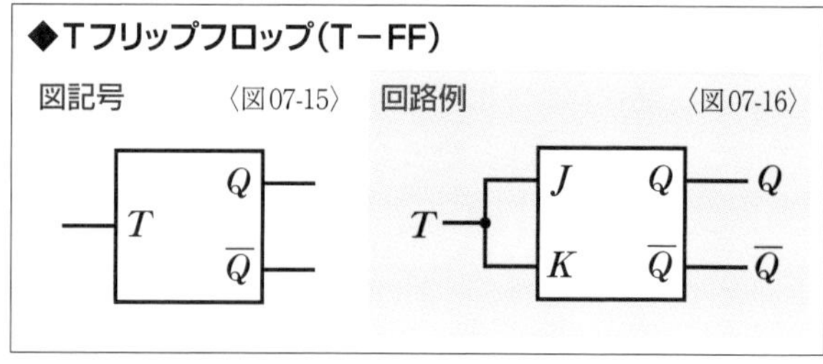

TフリップフロップのTは、“toggle”の頭文字で、T－FFは**トグルフリップフロップ**ともいう。T－FFは、**端子**T**に入力「1」があるたびに、トグル動作によって出力が反転するFF**だ。**図記号**は〈図07-15〉で、〈図07-16〉のようにJK－FFの入力JとKをまとめてT端子とすれば、T=1のたびにJ=1、K=1が入力されてトグル動作が実行される。

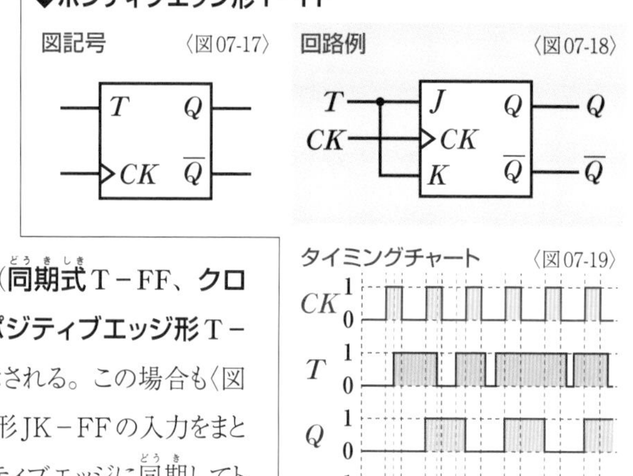

同期式Tフリップフロップ(**同期式T－FF**、**クロック入力付T－FF**)もあり、**ポジティブエッジ形T－FF**の図記号は〈図07-17〉で示される。この場合も〈図07-18〉のようにポジティブエッジ形JK－FFの入力をまとめれば、**クロック信号**のポジティブエッジに同期してトグル動作が実行される。動作例を**タイミングチャート**にすると〈図07-19〉のようになる。時刻t_1でTの状態が変化しても出力の状態は変化せず、次のクロック信号のポジティブエッジで出力が変化する。t_2でTが変化しても、次の変化t_3までにCKのポジティブエッジがなければ出力は変化しない。逆に、t_4のようにTが同じ状態を続けていても、CKのポジティブエッジでは出力が変化する。

図記号や回路例は省略するが、**ネガティブエッジ形T－FF**もある。また、強制的にセットとリセットが行える**プリセット端子**(**セット端子**)と**クリア端子**(**リセット端子**)を備えた**プリセット・クリア端子付T－FF**(**セット・リセット端子付T－FF**)もある。

T－FFは以上のように説明できるが、実際には〈図07-20〉の図記号で示されるT－FFが使われることも多い。この場合は、〈図07-21〉のように回路が構成され、JとKは強制的に「1」にされ、Tの入力に同期してトグル動作が行われるようにしてある。この回路にクロック信号を入力すると、タイミングチャート〈図07-22〉のように、出力Qの周期はクロック信号の周期の倍

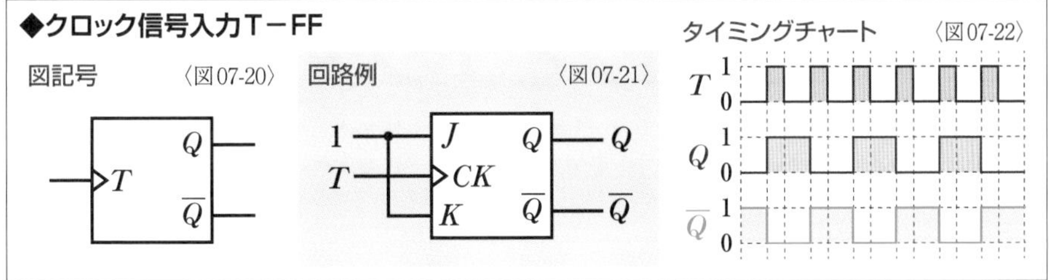

になる。つまり、T－FFは入力信号の周波数を$\frac{1}{2}$にすることができるわけだ。T－FFのこうした能力は**カウンタ**などの**順序回路**で活用されている。

▶Dフリップフロップ

◆Dフリップフロップ(D－FF)

図記号 〈図07-23〉

回路例 〈図07-24〉

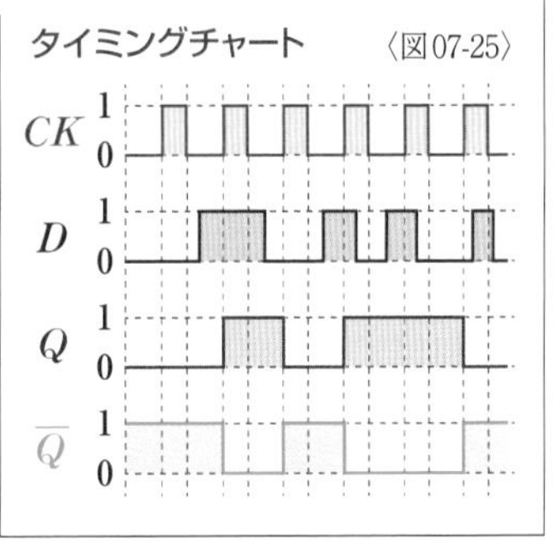

信号を遅延させることが目的のFFが**Dフリップフロップ**だ。Dは遅らせることを意味する"delay"の頭文字で、D－FFは**ディレイフリップフロップ**ともいう。

ポジティブエッジ形D－FFの**図記号**は〈図07-23〉で、JK－FFを使うと〈図07-24〉のような回路が考えられる。*D*端子への入力は、JK－FFの*J*端子にはそのまま、*K*端子には反転して入力されるので、**保持動作**と**トグル動作**が行えないようにされているわけだ。

D－FFでは、*D*端子に入力があっても、すぐには出力が変化せず、クロック信号のポジティブエッジを待って入力*D*が読み取られて出力が変化する。つまり、出力が遅延(ディレイ)するわけだ。動作例を**タイミングチャート**にすると〈図07-25〉のようになる。D－FFの動作は非常にシンプルなものだが、入力された値をそのまま保持する**記憶回路**として使うことができる。D－FFのこうした働きは乗除算などの算術演算で桁の位置をずらす**シフトレジスタ**などの**順序回路**で活用されている。

図記号や回路例は省略するが、D－FFには**ネガティブエッジ形D－FF**もある。また、強制的にセットとリセットが行える**プリセット端子**(**セット端子**)と**クリア端子**(**リセット端子**)を備えた**プリセット・クリア端子付D－FF**(**セット・リセット端子付D－FF**)もある。

Chapter 12 Section 08

アナログとデジタルの変換

アナログ信号のデジタル信号への変換は、標本化、量子化、符号化という３つの過程で行われる。こうした変換の際に生じる誤差は最小限に抑える必要がある。

アナログ信号とデジタル信号の変換

現実世界の情報は、ほとんどが**アナログ信号**だ。このアナログ信号をデジタル回路で扱うためには、**デジタル信号**に変換する必要がある。本書の最初で説明したように、アナログとは「**連続**」であり、デジタルとは「**離散**」である(P12参照)。つまり、連続した信号であるアナログ信号を、離散した信号であるデジタル信号に変換する必要がある。

アナログ信号のデジタル信号への変換は、**標本化**、**量子化**、**符号化**という3つの過程で行われる。こうしたアナログ信号のデジタル信号への変換は、**変調**の一種だとも考えることができ、この**変調方式**を**パルス符号変調**(PCM)という(P317参照)。

いっぽう、デジタル信号をアナログ信号に変換することを**復号化**という。符号化された信号を復元するので復号というわけだ。PCM**波**を**復調**する作業だと考えることもできる。

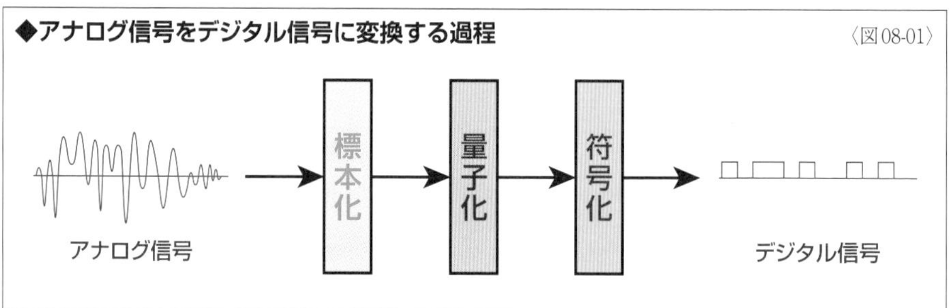

◆アナログ信号をデジタル信号に変換する過程 〈図08-01〉

標本化

標本化はサンプリング(sampling)**ともいい、時間方向に連続した値であるアナログ信号を、一定の時間ごとの間隔で区切って標本にすることだ**。つまり、**標本化とは時間の離散化**だ。**パルス振幅変調**(PAM)を行って、アナログ波形をPAM**波**に**変調**すると考えることもできる(P316参照)。

標本化によって取り出された時間的に不連続な信号を**標本化信号**といい、それぞれの標本の振幅を**標本値**という。また、標本化する際に区切る時間を**標本化間隔**や**サンプリング**

間隔といい、この間隔を周波数で示したものを**標本化周波数**や**サンプリング周波数**という。

たとえば、正弦波交流が重畳した直流で、正弦波交流波形の1周期を8分割して標本化すると〈図08-03〉のようになり、この標本からアナログ信号を復元すると〈図08-04〉になる。いっぽう、同じ波形を16分割して標本化すると〈図08-06〉のようになり、復元すると〈図08-07〉になる。〈図08-04〉と〈図08-07〉を見比べてみれば、違いは一目瞭然だ。細かく分割するほど、復元された波形が元の波形に近づく。

つまり、標本化周波数を高くするほど、一定の時間に存在する標本の数が多くなり、デジタル信号をアナログ信号に戻す際に忠実に波形を復元することができるが、標本化周波数を高くすればするほどデータ量が大きくなってしまう。必要以上にデータ量を大きくすることは無駄だ。

しかし、標本化周波数が信号に含まれる最高周波数の2倍以上であれば、元の信号を完全に復元できるとされている。これを**標本化定理**や**サンプリング定理**といい、発見者の名前から**染谷・シャノンの定理**ともいう。たとえば、アナログ信号に含まれる最高周波数が20kHzなら、標本化周波数を40kHz以上にすれば、復号の際にほぼ元のアナログ信号を復元できるわけだ。代表的なデジタル音源であるCDでは、人間の可聴周波数の上限が20kHzとされているので、標本化周波数に44.1kHzを採用している。また、固定電話は3.4kHz程度を音声信号の最高周波数にしていて、標本化周波数に8kHzを採用している。

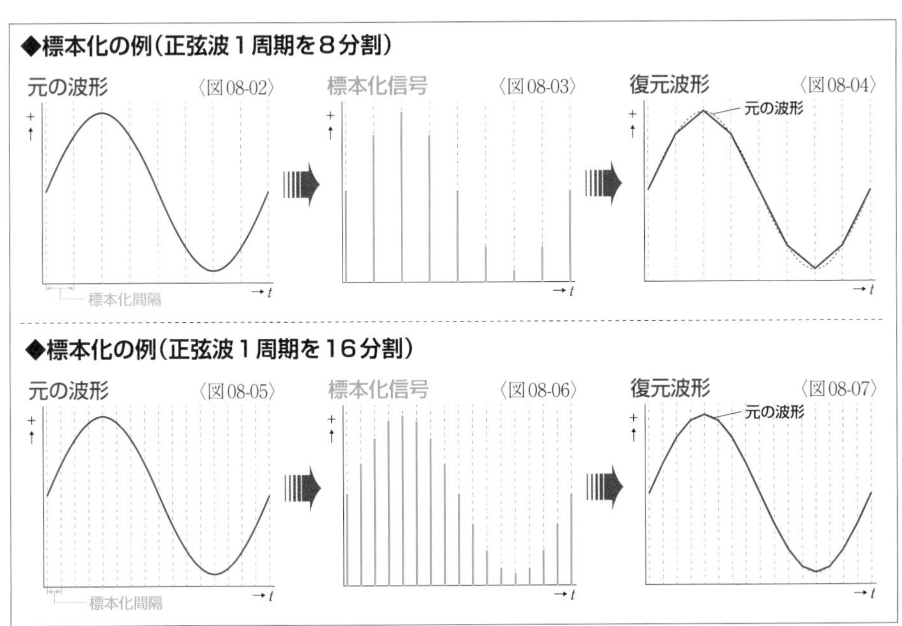

量子化

標本化した信号は時間軸に対しては**離散**した信号になっているが、振幅である**標本値**は**連続**した値のままだ。この**標本値を一定の間隔で置かれた値のうち、一番近い値にすること**を**量子化**や**クオンチゼーション**(quantization)**という**。つまり、**量子化は振幅の離散化**だ。これにより、各標本の振幅を数値に置き換えることができ、連続した値が離散した値になる。

量子化の際に最小から最大を分割する段階の数を**量子化の分解能**という。次の過程の符号化で2進数に変換するため、分解能は2進数の**ビット数**(桁数)で示すのが一般的で、**量子化ビット数**ともいう。4ビットなら$2^4 = 16$分割され、8ビットなら$2^8 = 256$分割される。

たとえば、前ページで標本化した〈図08-06〉の信号を、振幅を0～7の整数で8分割して量子化すると〈図08-09〉のようになり、この量子化された信号からアナログ信号を復元すると〈図08-10〉になる。いっぽう、同じ信号を振幅を0～15の整数で16分割して量子化すると〈図08-12〉のようになり、この量子化された信号からアナログ信号を復元すると〈図08-13〉になる。この違いも一目瞭然だ。16分割のほうが8分割より元の波形に近い。8分割のほうでは正弦波の山の頂点付近がすべて「7」になってしまうので、アナログ信号に復元すると頂点のない台形のような波形になってしまう。しかし、16分割のほうではちゃんと山の頂点がある。つまり、量子化の際に細かく分割するほど、復元された波形を元の波形に近づけられる。

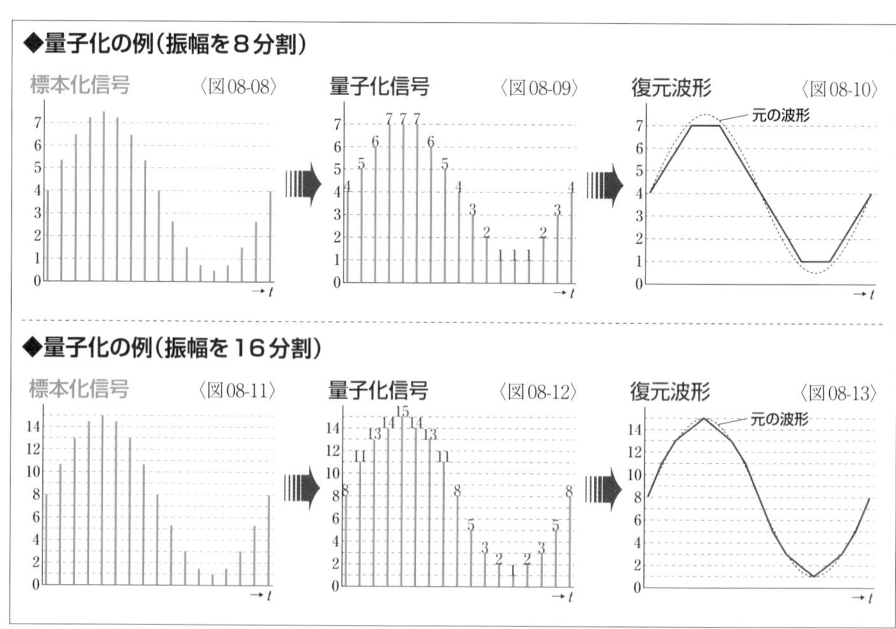

それでも数値に置き換える際には、一定の間隔で置かれた値のうち一番近い値にするため、どうしても誤差が生じる。この誤差を**量子化誤差**といい、この誤差によって生じるノイズを**量子化ノイズ**や**量子化雑音**という。分解能のビット数を大きくすればするほど、量子化誤差は小さくなるが、それだけデータ量が大きくなってしまう。そのため、扱われるアナログ信号の種類によって分解能が決められる。

高音質が求められるCDでは分解能に16ビットが採用され、量子化の際には2^{16}＝65536段階に分割しているのに対して、さほど音質は重視されない固定電話では分解能に8ビットが採用され、量子化の際には2^{8}＝256段階に分割している。

▶符号化

量子化によって得られた数値を、デジタル信号で使われる符号に変換することを符号化やコーディング(coding)**という**。デジタル信号では**2進数**による**2値信号**が使われるのが一般的なので、符号化では量子化で得られた数値を2進数に変換することになる。2進数に変換すれば、これを**方形パルス**で表わすことができ、デジタル信号として扱うことができる。

たとえば、前ページで量子化した〈図08-12〉の各数値は、16＝2^{4}分割しているので、4ビット(4桁)の2進数で表わすことができる。各数値を2進数にすると〈図08-15〉になり、これを方形パルスで表わすと〈図08-16〉になる。

標本化周波数に**量子化の分解能**を掛けると、1秒間の**ビット数**が求められる。この数値を**ビットレート**や**ビット速度**といい、単位には[bps]が使われる。bpsは“bit per second”の頭文字で**ビット毎秒**を意味する。CDの場合、標本化周波数が44.1kHzで、分解能が16ビットなので、ビットレートは16×44100＝705600bps＝705.6kbpsになるが、CDはステレオ音源であるため、実際にはこの2倍のビットレートになる。

◆符号化の例

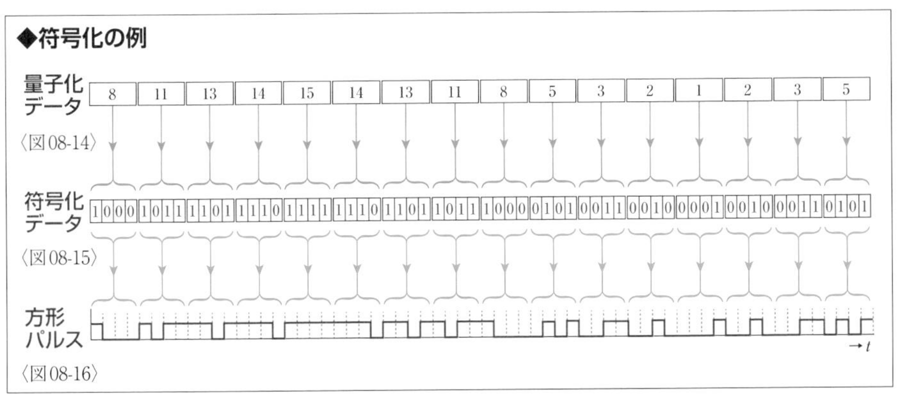

ADコンバータ

ADコンバータはアナログ信号をデジタル信号に変換する。おもなものには積分形と比較形があり、それぞれに変換の速度や変換の精度に違いがある。

▶ADコンバータ

アナログ信号をデジタル信号に変換する回路はADコンバータ(analog to digital converter)**といい、ADCと略されること**も多い。また、AD**変換回路**やAD**変換器**ということもある。ADの部分の表記については**A/D**や**A-D**が使われることもある。なお、以降の説明ではアナログ信号をデジタル信号に変換することをAD変換と表記する。

ADコンバータにはさまざまな回路があるが、おもなものは**積分形ADコンバータ**と**比較形ADコンバータ**に大別できる。積分形では**二重積分形ADコンバータ**が一般的で、比較形では**逐次比較形ADコンバータ**や**並列比較形ADコンバータ**がよく使われる。こうしたADコンバータは汎用ICも市販されている。また、安定した正確なAD変換を行うために、ADコンバータの前段には**ローパスフィルタ回路**(**LPF回路**)が配置され、コンバータの種類によっては**サンプルホールド回路**が必要になる。

▶ローパスフィルタ回路

AD変換を行う場合、**標本化定理**によってアナログ信号に含まれる最高周波数は、**標本化周波数**の$\frac{1}{2}$以下にする必要がある。しかし、実際の入力信号の周波数分布は未知なことも多いので、標本化の前に**ローパスフィルタ回路**(**LPF回路**)を用いて、入力信号の最高周波数を制限しておいたほうが無難だ。ローパスフィルタ回路の**遮断周波数**f_cは、減衰量が3dBになる周波数なので、ローパスフィルタ回路の性能などを

◆ローパスフィルタ回路

〈図09-01〉

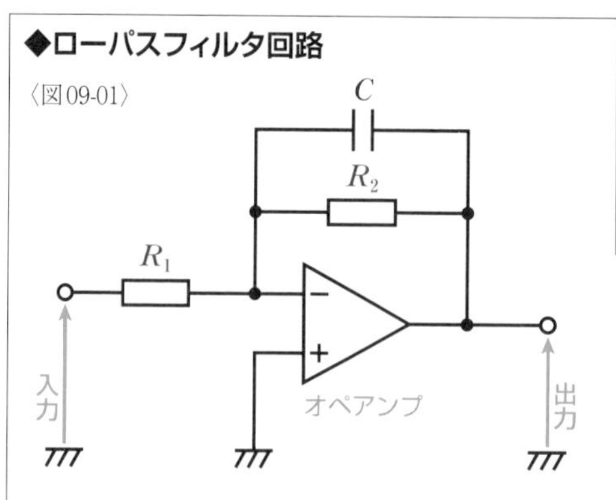

$$f_C = \frac{1}{2\pi CR_2}$$ ……〈式09-02〉

$$A_{vf} = \frac{R_2}{R_1}$$ ……〈式09-03〉

考慮して、標本化周波数の$\frac{1}{2}$を超える周波数成分が十分に小さくなるように決める必要がある。

ローパスフィルタ回路にはさまざまなものがあるが、たとえば**オペアンプ**を使った場合、〈図09-01〉のような回路が考えられる。オペアンプを使えば周波数の制限と同時に増幅を行うことができる。説明と計算式は省略するが、この回路の場合、遮断周波数f_cは〈式09-02〉のようにCR_2の大きさで決まり、**電圧増幅度**A_{vf}は〈式09-03〉のようにR_2とR_1の比によって決まる。

サンプルホールド回路

二重積分形や**逐次比較形**の**ADコンバータ**では、1つの標本を変換するのに一定の時間がかかる。その変換の途中で入力信号の振幅が変化すると、正確に変換することができなくなる。そのため、ADコンバータの前に**サンプルホールド回路**を配置して、変換処理中のアナログ信号の振幅を一定の値に保つようにしている。これを**サンプルホールド**という。サンプルホールド回路は**コンデンサ**の充電と放電を利用して一定の電圧を保つが、一般的には〈図09-04〉のような回路が使われる。この回路は、オペアンプによる**電圧フォロワ回路**（P230参照）2組とコンデンサが組み合わされている。電圧はそのまま出力するが、入力インピーダンスが非常に大きく、出力インピーダンスが小さいという電圧フォロワ回路の特徴を利用している。

1つの標本の変換に要する**変換時間**は、〈図09-05〉のように実際に標本を取り出す**サンプル時間**と、サンプルホールド回路の作用で電圧が保たれる**ホールド時間**で構成される。サンプル時間の開始時にスイッチSWをONにすると、コンデンサが瞬時に充電される。このとき、オペアンプの入力インピーダンスは非常に高いので、信号源V_iにほとんど影響を与えない。サンプル時間が終了したらSWをOFFにしてコンデンサを入力から切り離す。すると、コンデンサの放電電圧V_Cが後段のオペアンプから出力されるが、電圧フォロワ回路は入力インピーダンスが非常に大きいため、放電電流Iはほとんど流れず、ホールド時間の間は出力電圧V_oが一定の値に保たれることになる。

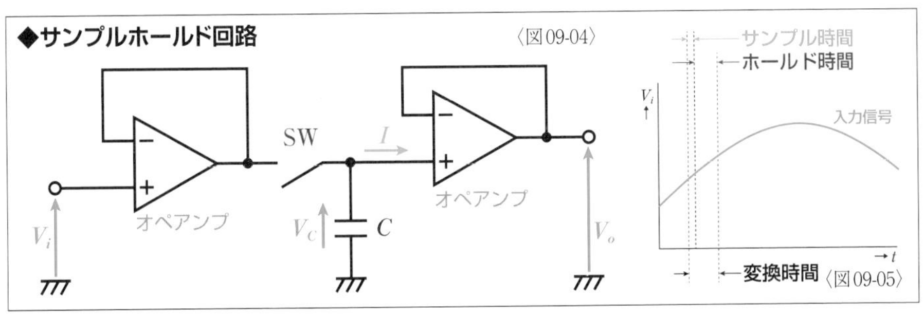

Sec. 09 ADコンバータ

▶二重積分形ADコンバータ

二重積分形ADコンバータは、入力電圧の大きさをまず時間の長さに置き換え、さらにその時間をパルスのカウント数に置き換えることで、アナログ信号をデジタル信号に変換する。その過程において、1つの標本に対して2度の積分を行うので、二重積分形という。

二重積分形は〈図09-06〉のように、**オペアンプ**による**積分回路**と**比較回路**、いくつかのスイッチや制御回路などで構成される。**クロックパルス**は**クロック信号**ともいい、一定の周期で発せられる方形パルスで、**カウンタ**は入力されたパルスの数を数えられる論理回路だ。また、入力電圧 V_i が正の電圧であれば、基準電圧 V_r には負の電圧を使用する。スイッチはどれか1つのスイッチがONになると、その他のスイッチはOFFになる。なお、ここでは便宜上、比較回路の図記号にオペアンプの図記号を使用している。回路の動作を順を追って説明すると以下のようになる。

①スイッチSW_3をONにしてコンデンサ C を放電し、積分回路をリセットする。これで新たな標本を取り込む準備が完了する。

②スイッチSW_3をOFFにし、スイッチSW_1をON、SW_2をOFFにすると、a 点の電位が V_i になり、**サンプルホールド**された入力電圧 V_i が積分回路に加えられる。積分回路の出力電圧は入力電圧 V_i の積分値になり、b 点の電位のグラフの傾きは $-\frac{V_i}{CR}$ になる。積分を行う時間は、カウンタによって一定に制御する。この時間を T_1、クロックパルスに換算すると

◆二重積分形ADコンバータの構成例　〈図09-06〉

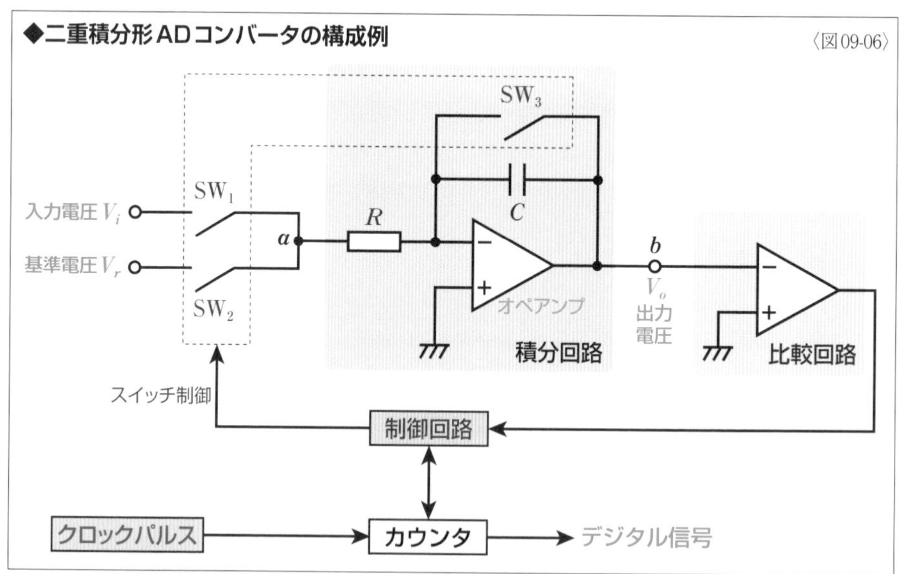

m個分だとする。また、T_1経過時のb点の電位をV_oとする。

③時間T_1が経過したら、スイッチSW_1をOFFにし、SW_2をONにする。これにより積分回路にマイナスの基準電圧V_rが加えられる。すると、積分回路の出力電圧はV_oから0になるまで一定の傾きで変化する。b点の電位のグラフの傾きは$\frac{V_r}{CR}$になる。この間、カウンタはクロックパルスをカウントする。比較回路がb点の電位0を検出すると、カウンタのカウントが停止される。それまでの時間がT_2で、数えられたカウント数がクロックパルスn個分だとする。

④カウンタが時間T_2の間にカウントしたカウント数nに応じた数値を出力することで、デジタル信号に変換されたことになる。

この動作において、入力電圧V_iを積分する時間T_1は常に一定であり、積分値が変化する傾きも一定なので、T_1経過時のV_oは入力電圧V_iに比例しているわけだ。いっぽう、このV_oが積分によって0になるまでの時間T_2の長さは、変化する傾きが一定なので、V_iに比例する。つまり、〈式09-08〉の関係が成立する。これにより、入力電圧の大きさが時間の長さに置き換えられたことになる。また、時間T_1とT_2をクロックパルスに置き換えれば、〈式09-09〉の関係も成立する。これにより時間の長さをパルスのカウント数に置き換えられたことになる。結果、アナログ信号の電圧の大きさが、クロックパルスのカウント数というデジタル信号に変換されたことになる。

以上のように二重積分形ADコンバータは動作する。実際の回路ではスイッチにスイッチング作用のある半導体素子を使うことになる。二重積分形は、精度が高く、回路が比較的簡単で安価に作ることができる。また、**時定数**であるCRが環境などで変化しても、出力結果に影響を与えないというメリットもある。ただし、2度積分を行うため、変換に時間がかかることがデメリットだ。そのため、一般的には低速用ADコンバータとして使用されることが多い。

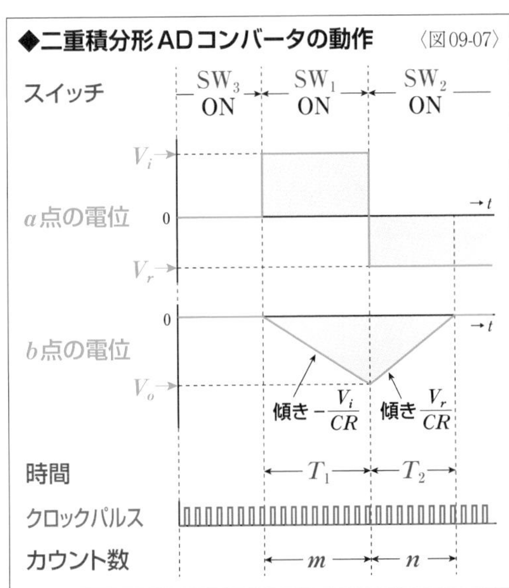

$$T_2 = \frac{V_i}{V_r} T_1 \quad \cdots\cdots〈式09\text{-}08〉$$

$$n = \frac{V_i}{V_r} m \quad \cdots\cdots〈式09\text{-}09〉$$

逐次比較形ADコンバータ

逐次比較形ADコンバータは**二分法**を活用してアナログ信号をデジタル信号に**変換**する。ここで用いられる二分法は、中間点より大きいか小さいか比較することを繰り返していき答えを求める探索方法だ。逐次には「順番に」という意味がある。

逐次比較形は〈図09-10〉のように**逐次比較レジスタ**、**比較回路**、**DAコンバータ**(P400参照)、制御回路などで構成される。逐次比較レジスタは2値信号を記憶できる論理回路だ。DAコンバータは与えられた2値データに応じた電圧を出力することができる。**クロックパルス**は**クロック信号**ともいい、一定の周期で発せられる方形パルスだ。

逐次比較形の動作は、実際の数値があったほうがわかりやすいので、ここでは以下のような例とする。AD変換するアナログ信号の振幅の最大値は1.5Vとし、**量子化の分解能**は4ビットとする。つまり電圧は0.1Vごとに区切ることになる。逐次比較レジスタの出力信号Q_3、Q_2、Q_1、Q_0は、それぞれ2進数4ビットの重み、2^3、2^2、2^1、2^0に対応している。使用するDAコンバータはQ_3、Q_2、Q_1、Q_0に対応して、0.8V、0.4V、0.2V、0.1Vの電圧を加算して電圧V_aを出力する。また、Q_3、Q_2、Q_1、Q_0を信号として表現する場合は、$Q_3=1$、$Q_2=1$、$Q_1=1$、$Q_0=0$であれば〔1110〕のように4桁の2進数で表現する。

この回路に**サンプルホールド**された電圧$V_i=1.06$Vが入力された際の動作は以下のようになる。まずレジスタがリセットされ、以降の動作はクロックパルスに同期して行われる。

①逐次比較レジスタはQ_3を決定するために、信号〔1000〕をDAコンバータに入力する。すると$V_a=0.8$Vが出力される。比較回路がV_iとV_aを比較して、$V_i \geqq V_a$ならば$Q_3=1$、$V_i<V_a$ならば$Q_3=0$と決定する。この例では$1.06 \geqq 0.8$なので、$Q_3=1$が決定し、レジスタに記憶される。このように、逐次比較形ADコンバータでは上位の桁から順に探索していく。

◆逐次比較形ADコンバータの構成例

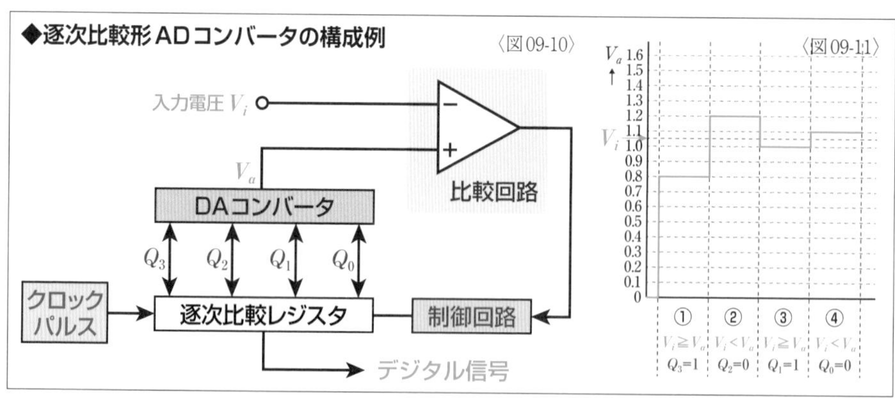

②桁を1つ下げ、Q_2を決定するために、信号〔1100〕を出力する。4桁目の〔1〕は記憶として残っている。この信号を受けたDAコンバータは$V_a = 0.8 + 0.4 = 1.2$Vを出力する。比較回路で判断が行われ、1.06<1.2、つまり$V_i < V_a$なので、$Q_2 = 0$と決定し、レジスタに記憶される。

③また桁を1つ下げ、Q_1を決定するために、信号〔1010〕を出力する。4桁目の〔1〕と3桁目の〔0〕は記憶として残っている。この信号を受けたDAコンバータは$V_a = 0.8 + 0.2 = 1.0$Vを出力する。1.06≧1.0、つまり$V_i \geqq V_a$なので、$Q_1 = 1$と決定し、レジスタに記憶される。

④さらに桁を1つ下げ、Q_0を決定するために、信号〔1011〕を出力する。上位3桁は記憶として残っている。この信号を受けたDAコンバータは$V_a = 0.8 + 0.2 + 0.1 = 1.1$Vを出力する。この場合、1.06<1.1、つまり$V_i < V_a$なので、$Q_0 = 0$と決定し、レジスタに記憶される。

⑤以上の動作によって4桁すべてが決まり、逐次比較レジスタが信号〔1010〕をデジタル信号として出力する。これにより、実際には1.06Vのアナログ信号が量子化により1.0Vのデジタル信号になったわけだ。

以上のように逐次変換形ADコンバータは動作する。量子化の分解能を高めるほど、1つの標本に対して比較を行う回数が増えていくが、二重積分形がアナログ回路で積分を行うより高速にAD変換を行うことができる。そのため、中高速のADコンバータとして使われているが、内部の構造は二重積分形より複雑になりやすくコストもかかる。また、二重積分形に比べると変換誤差が大きくなりやすいのが逐次変換形の大きなデメリットだ。この誤差の大きさは、内部で使われているDAコンバータの精度によって決まる。

並列比較形ADコンバータ

逐次比較形は**二重積分形**より高速でAD変換できるとはいえ、分解能を高めると比較の回数が増え変換速度が遅くなる。しかし、**並列比較形ADコンバータ**であれば多数の**比較回路**で同時に処理することで高速な変換が可能になる。たとえば、〈図09-12〉は分解能3ビットの構成例だ。8個の抵抗で基準電圧を分圧し、7個の比較回路で同時に比較を行い、その結果が**エンコーダ**によってまとめられデジタル信号が出される。このように、並列比較形では高速で変換が行えるが、分解能がnビットなら$2^n - 1$個の比較回路が必要になるので、回路が複雑になり消費電力も大きくなる。そのため、高速性が求められるが高い分解能は求められない用途に使われている。

◆並列比較形ADコンバータの構成例

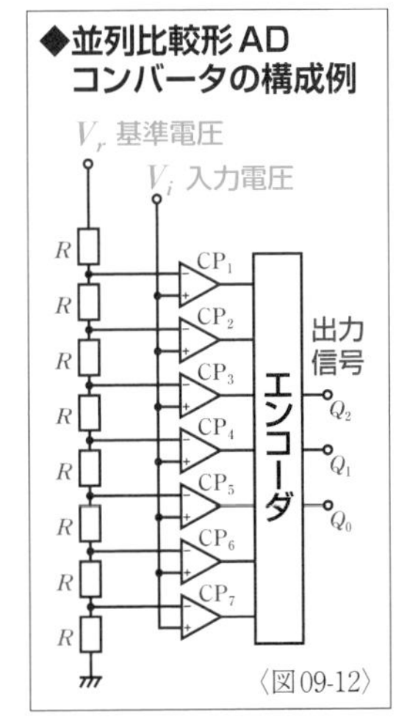

〈図09-12〉

DAコンバータ

DAコンバータはデジタル信号をアナログ信号に変換する。抵抗を使うものには重み抵抗形、ラダー抵抗形、抵抗分圧形などがあり、いずれも複数の抵抗を使用する。

▶DAコンバータ

デジタル信号をアナログ信号に変換する回路はDAコンバータ(digital to analog converter)**といい、DACと略されることも多い**。また、**DA変換回路**や**DA変換器**ということもある。DAの部分の表記については**D/A**や**D-A**が使われることもある。なお、以降の説明ではデジタル信号をアナログ信号に変換することをDA変換と表記する。

DAコンバータには、抵抗を使うもの、コンデンサを使うもの、電流源を使うもの、デルタシグマ変調(ΔΣ変調)を行うものなどさまざまな種類があるが、このSectionでは、もっとも基本的な回路である抵抗を使うDAコンバータを説明する。抵抗を使うものには、**重み抵抗形DAコンバータ**、**ラダー抵抗形DAコンバータ**、**抵抗分圧形DAコンバータ**などがある。

▶重み抵抗形DAコンバータ

デジタル信号のそれぞれの桁の重みに比例した電流を加算してDA変換を行う回路を電流加算形DAコンバータという。たとえば4ビットの場合、〈図10-01〉のような回路を考えることができる。スイッチSW_0～SW_3は、それぞれデジタル信号の各桁Q_0～Q_3に対応している。また、R_1はR_0の$\frac{1}{2}$、R_2はR_0の$\frac{1}{4}$、R_3はR_0の$\frac{1}{8}$の大きさにされている。

◆電流加算形DAコンバータの原理

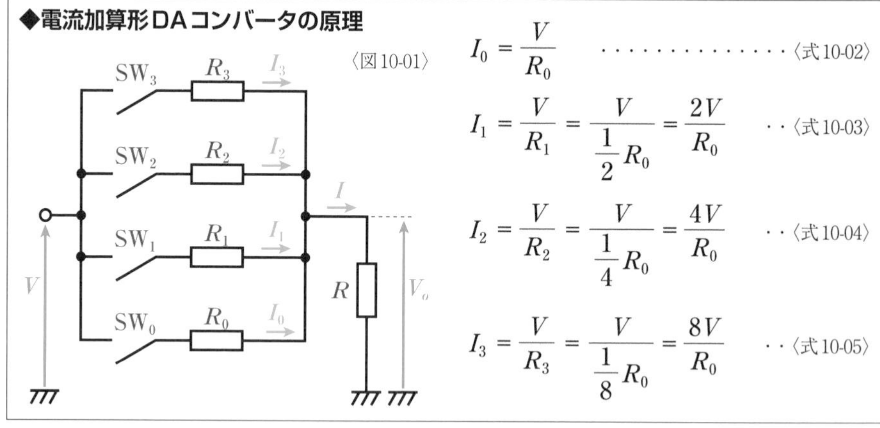

$$I_0 = \frac{V}{R_0} \quad \cdots〈式10\text{-}02〉$$

$$I_1 = \frac{V}{R_1} = \frac{V}{\frac{1}{2}R_0} = \frac{2V}{R_0} \quad \cdots〈式10\text{-}03〉$$

$$I_2 = \frac{V}{R_2} = \frac{V}{\frac{1}{4}R_0} = \frac{4V}{R_0} \quad \cdots〈式10\text{-}04〉$$

$$I_3 = \frac{V}{R_3} = \frac{V}{\frac{1}{8}R_0} = \frac{8V}{R_0} \quad \cdots〈式10\text{-}05〉$$

それぞれのスイッチをONにしたときに、抵抗R_0～R_3を流れる電流をI_0～I_3とすると、〈式10-02～05〉で示すことができる。この計算結果から、電流I_0～I_3の比は〈式10-06〉のようになり、各桁の重みに比例していることがわかる。ここで抵抗Rの値が非常に小さいとすると、各スイッチを単独でONにしたときのRの端子電圧V_oも各桁の重みに比例する。

$$I_0 : I_1 : I_2 : I_3 = \frac{V}{R_0} : \frac{2V}{R_0} : \frac{4V}{R_0} : \frac{8V}{R_0} = 1:2:4:8 \qquad \cdots\cdots\langle 式10\text{-}06\rangle$$

次に複数のスイッチが同時にONにされた場合を考えてみよう。並列合成抵抗を計算する必要はない。**キルヒホッフの電流則**によって電流Iは各枝の電流が加算されたものになるので、デジタル信号の各桁の重みに比例した電圧が加算される。これによりDA変換が行えるわけだ。実際の回路ではスイッチに**スイッチング作用**のある半導体素子を使うことになる。

この回路で電流の重みを決めるために使用する抵抗を**重み抵抗**や**加重抵抗**といい、こうしたDAコンバータを**重み抵抗形DAコンバータ**や**加重抵抗形DAコンバータ**という。重み抵抗形で変換精度を高めるためには出力電圧を取り出す抵抗Rが十分に小さい必要があるが、Rを小さくすると取り出せる電圧が小さくなる。そのため、〈図10-07〉のように抵抗のかわりに**オペアンプ**の**反転増幅回路**を応用した**電流ー電圧変換回路**を使うことも多い。

この反転増幅回路の出力電圧V_oは$-IR_F$で示される。SW_0～SW_3を単独でONにしたときの出力電圧をV_{o0}～V_{o3}とすると〈式10-08～11〉のようになり、〈式10-12〉のようにデジタル信号の各桁の重みに比例した電圧が出力される。また、複数のスイッチをONにすればそれぞれの電圧が加算されるので、この回路でDA変換が行える。また、この回路ではオペアンプの入力インピーダンスが非常に高いので、消費電力を抑えることが可能だ。

◆重み抵抗形DAコンバータの構成例

〈図10-07〉

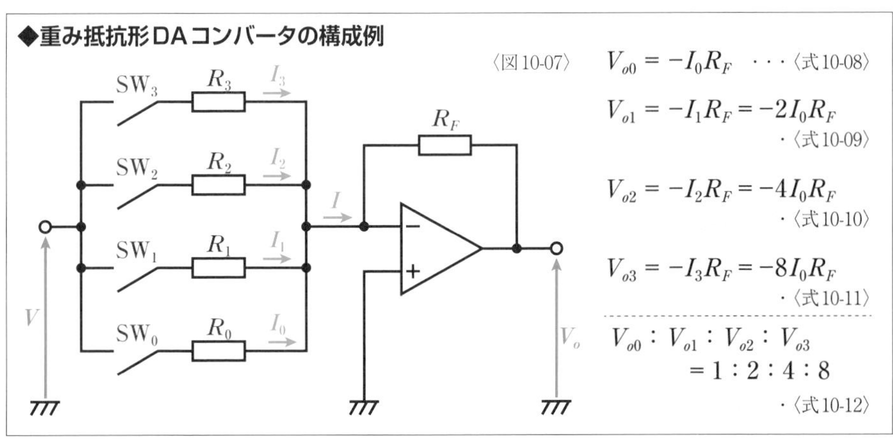

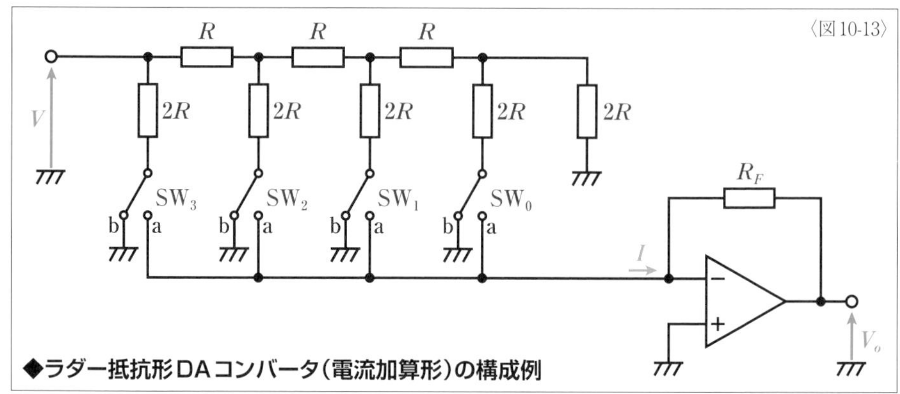

◆ラダー抵抗形DAコンバータ（電流加算形）の構成例

ラダー抵抗形DAコンバータ（電流加算形）

抵抗をはしご状に並べた回路を利用するDAコンバータを**はしご形DAコンバータ**や、はしごの英語“ladder”から**ラダー抵抗形DAコンバータ**、または単に**ラダー形DAコンバータ**という。使用する抵抗がRと$2R$の2種類なので、**R－2Rはしご形**や**R－2Rラダー形**ということもある。ラダー抵抗形には、**電流加算形DAコンバータ**と**電圧加算形DAコンバータ**の2種類がある。

〈図10-13〉は4ビットのデジタル信号をDA変換する電流加算形のラダー抵抗形DAコンバータの構成例だ。重み抵抗形の場合と同じように、抵抗の端子電圧を利用して出力電圧を取り出すことも可能だが、変換精度を高めようとすると取り出せる電圧が小さくなってしまうため、この回路でも**オペアンプ**の**反転増幅回路**を応用した**電流－電圧変換回路**によって加算された電流を電圧に変換して出力している。

複雑そうな回路に見えるが、**仮想短絡**していることを考慮に入れてオペアンプ部分を除いて等価回路を描くと〈図10-14〉のようになる。

〈図10-14〉

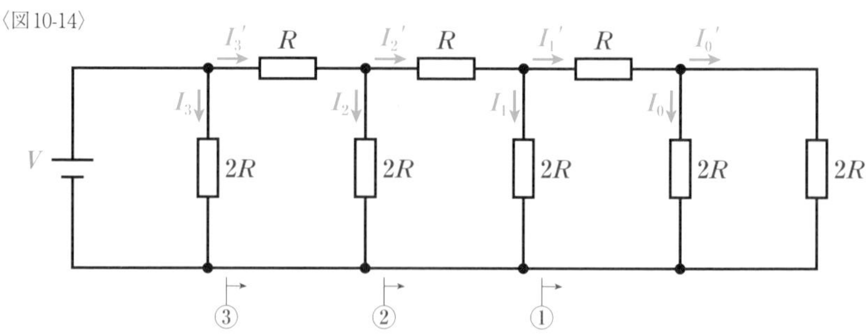

この回路を流れる電流を考えてみる。I_0とI_0'はどちらも抵抗$2R$を流れるので同じ大きさであり〈式10-15〉で示される。次にI_1'を求めるために①より右側の3つの抵抗の合成抵抗を計算すると$2R$になるので、I_1とI_1'は同じ大きさであり〈式10-16〉で示される。この大きさをI_0で示すと〈式10-18〉のように$2I_0$になる。以下同じように②より右側の5つの抵抗の合成抵抗を求めて計算するとやはり$2R$なので、I_2とI_2'は大きさが等しく、その大きさは$4I_0$になり、③より右側の7つの抵抗の合成抵抗を求めて計算するとやはり$2R$なので、I_3とI_3'は大きさが等しく、その大きさは$8I_0$になる。よって、電流I_0〜I_3の比は〈式10-27〉のようになり、デジタル信号のそれぞれの**桁の重み**に比例していることがわかる。なお、R−2Rラダー抵抗はどこで切っても抵抗値が$2R$になる。

$$I_0 = I_0' \quad \cdots\cdots〈式10\text{-}15〉$$

$$I_1 = I_1' \quad \cdots\cdots〈式10\text{-}16〉$$
$$= I_0 + I_0' \quad \cdot〈式10\text{-}17〉$$
$$= 2I_0 \quad \cdots\cdot〈式10\text{-}18〉$$

$$I_2 = I_2' \quad \cdots\cdots〈式10\text{-}19〉$$
$$= I_1 + I_1' \quad \cdot\cdot〈式10\text{-}20〉$$
$$= 2I_1 \quad \cdots\cdot〈式10\text{-}21〉$$
$$= 4I_0 \quad \cdots\cdot〈式10\text{-}22〉$$

$$I_3 = I_3' \quad \cdots\cdots〈式10\text{-}23〉$$
$$= I_2 + I_2' \quad \cdot〈式10\text{-}24〉$$
$$= 2I_2 \quad \cdots\cdot〈式10\text{-}25〉$$
$$= 8I_0 \quad \cdots\cdot〈式10\text{-}26〉$$

$$I_0 : I_1 : I_2 : I_3 = I_0 : 2I_0 : 4I_0 : 8I_0 = 1 : 2 : 4 : 8 \quad \cdots\cdots〈式10\text{-}27〉$$

〈図10-13〉の構成例では、それぞれのスイッチは切り替えスイッチで、SW_0〜SW_3はそれぞれ電流I_0〜I_3に対応している。スイッチがaの位置では電流はオペアンプの反転入力端子に入力され、bの位置ではグランドに流される。この反転増幅回路は出力電圧V_oが〈式10-28〉のように示される電流−電圧変換回路だ。電流I_0〜I_3の大きさはデジタル信号の各桁の重みに比例しているので、V_oも各桁の重みに比例して変化することになる。複数のスイッチがaの位置にされると、加算された電流Iが反転入力端子に入力されるので、DA変換された出力電圧V_oを得ることができる。

$$V_o = -IR_F \quad \cdots\cdots〈式10\text{-}28〉$$

重み抵抗形も同じように電流加算形だが、ラダー抵抗形のほうが回路が複雑になり、使用する抵抗の数も増える。しかし、重み抵抗形の場合、各種の大きさの抵抗が必要になり、その抵抗値をデジタル信号の各桁の重みに厳密に比例させないと変換精度が悪くなってしまう。いっぽう、ラダー形の場合は使用する抵抗の数は増えるが、変換精度に影響を与えるのはRと$2R$の2種類だ。しかも、出力電流はRと$2R$の1:2という抵抗比で決まるので抵抗値とは無関係になり、誤差の少ない抵抗を用意しやすくなる。

ラダー抵抗形DAコンバータ（電圧加算形）

〈図10-29〉は4ビットのデジタル信号をDA変換する**電圧加算形**の**ラダー抵抗形DAコンバータ**の構成例だ。この回路も、Rと$2R$の2種類の抵抗ではしご状の回路が構成されている。それぞれのスイッチSW_0～SW_3は切り替えスイッチで、aの位置ではラダー抵抗の回路が電源に接続され、bの位置ではグランドに接続される。抵抗とスイッチだけでも目的の電圧を出力することができ、**電圧加算形DAコンバータ**を構成することが可能だが、この回路では出力部にオペアンプによる**電圧フォロワ回路**を備えている。出力電圧が入力電圧に追従するので使うことに意味がなさそうだが、電圧フォロワ回路を使うことでラダー抵抗を流れる電流が負荷の影響を受けなくなる。

それぞれのスイッチを単独でaの位置にした際の出力電圧を考えてみよう。ここでは計算しやすくするためにV=16Eとする。SW_0だけをaの位置にした回路図を変形すると〈図10-30〉になる。直列接続と並列接続が混在した合成抵抗なので計算が面倒そうだが、抵抗はRと$2R$の2種類しかないので計算はそれほど難しくはない。SW_0をaの位置にすると分圧によって非反転入力端子に入力される電圧、つまり出力電圧$V_{o0}=E$になる。同じように回路図を変形して計算すると、SW_1だけをaの位置にすると$V_{o2}=2E$、SW_2だけをaの位置にすると$V_{o2}=4E$、SW_3だけをaの位置にすると$V_{o3}=8E$になる。よって、V_{o0}～V_{o3}の比は〈式10-34〉のようになり、デジタル信号のそれぞれの**桁の重み**に比例していることがわかる。複数のスイッチがaの位置にされると、加算された電圧が非反転入力端子に入力されるので、DA変換された出力電圧V_oを得ることができる。電圧を加算しているから、電圧加算形というわけだ。

電圧加算形のラダー抵抗形DAコンバータの場合も、使用する抵抗はRと$2R$の2種類だけなので、誤差の少ない抵抗を用意しやすくなるというメリットがある。

◆ラダー抵抗形DAコンバータ（電圧加算形）の構成例

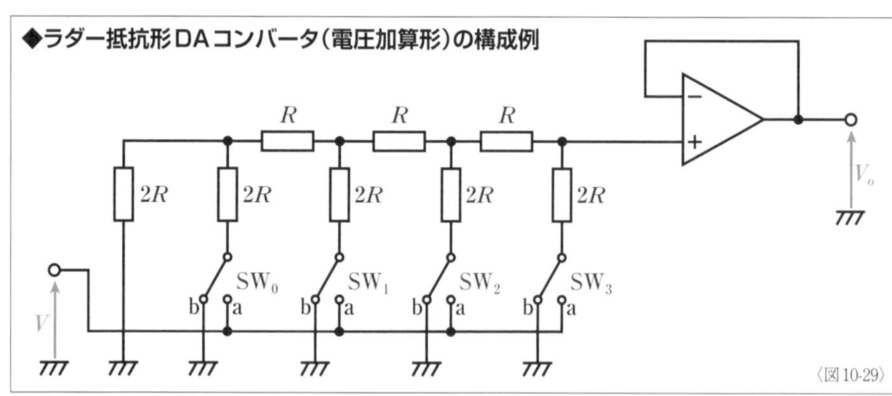

〈図10-29〉

◆ラダー抵抗形DAコンバータ(電圧加算形)の出力電圧

SW_0のみa位置 〈図10-30〉

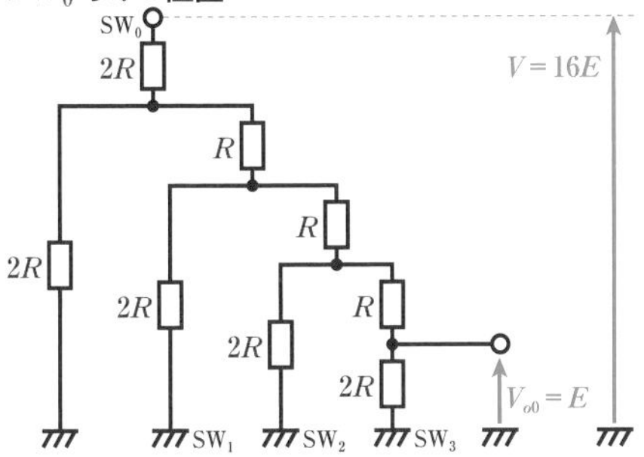

$V = 16E$, $V_{o0} = E$

SW_1のみa位置 〈図10-31〉

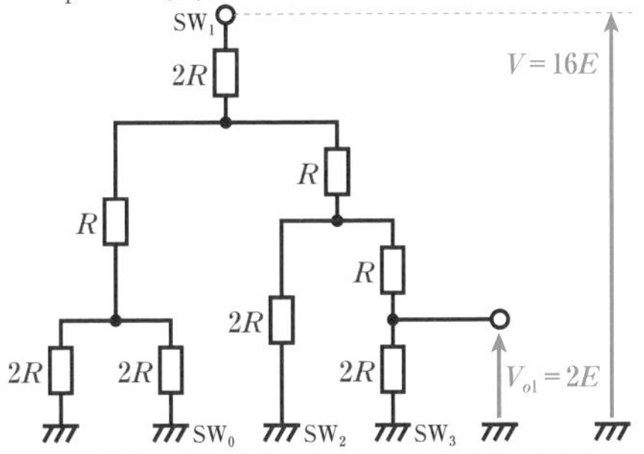

$V = 16E$, $V_{o1} = 2E$

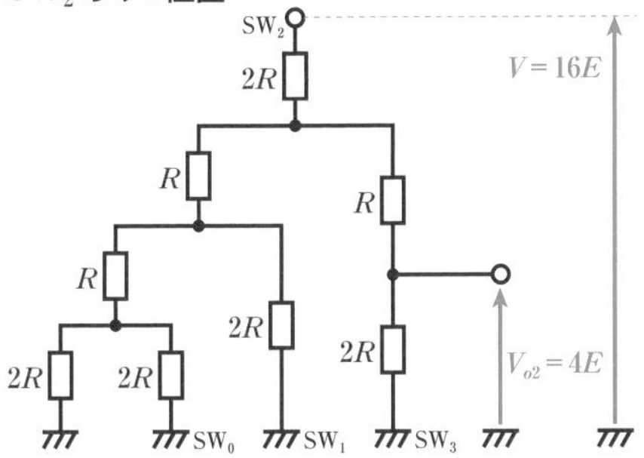

SW_2のみa位置 〈図10-32〉

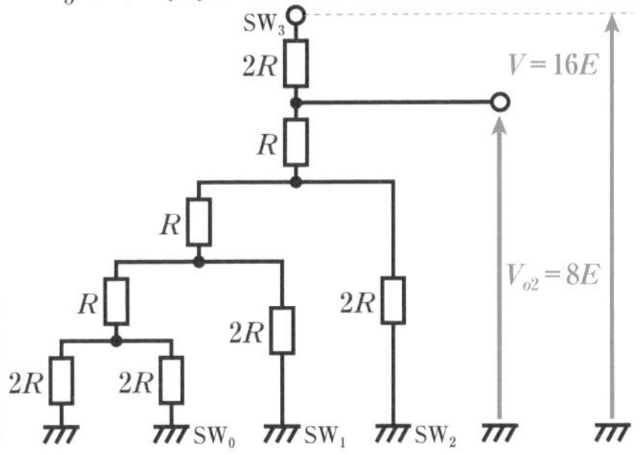

$V = 16E$, $V_{o2} = 4E$

SW_3のみa位置 〈図10-33〉

$V = 16E$, $V_{o2} = 8E$

$$V_{o0} : V_{o1} : V_{o2} : V_{o3} = E : 2E : 4E : 8E = 1 : 2 : 4 : 8 \quad \cdots\cdots\cdots \langle 式10\text{-}34 \rangle$$

▶抵抗分圧形DAコンバータ

抵抗分圧形(ていこうぶんあつがた)**DAコンバータ**は、抵抗による分圧を利用してDA変換を行う。〈図10-28〉は3ビットのDAコンバータの構成例だ。糸などでつなげられた一連のものを意味する英語"string"(ストリング)から**ストリング抵抗形**(ていこうがた)**DAコンバータ**ともいう。

$2^3 = 8$個の抵抗は同じ大きさなので、電圧Vを均等に分圧する。説明するまでもなく、入力信号が〔001〕ならSW_1がONになって$\frac{1}{8}V$が出力され、〔101〕ならSW_5がONになって$\frac{5}{8}V$が出力される。ONになるスイッチは常に1つで、その動作は入力された2ビットの信号を8ビットに変換する**デコーダ**で制御(せいぎょ)される。抵抗分圧形は精度(せいど)の高いDA変換が行えるが、回路は複雑になる。nビットのDA変換では、2^n個の抵抗とスイッチが必要だ。

◆抵抗分圧形DAコンバータの構成例

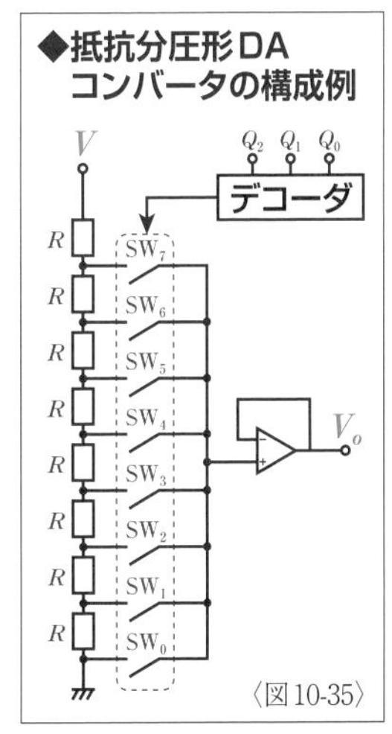

〈図10-35〉

索引

表示のページ数はおもに本文を対象とし、頻出用語は重要なページのみを抽出。左右ページに用語がある場合は左ページのみを記載。
並び順は、〈数字〉→〈英字アルファベット〉→〈ギリシャ文字〉→〈かな〉の順を採用。「−」、「-」、「/」、「・」などの記号はソートの際には無視。

量記号

数字

A

B

C

D

E

F

あ

い

う

え

お

か

き

く

け

こ

さ

し

す

せ

そ

た

ち

つ

て

と

な

に

ね

の

は

ひ

ふ

る・れ

ろ

わ

■参考文献（順不同、敬称略）

●絵とき アナログ電子回路の教室〔堀桂太郎 著〕オーム社
●絵とき ディジタル回路の教室〔堀桂太郎 著〕オーム社
●絵とき ディジタル回路入門早わかり(改訂2版)〔岩本洋 著〕オーム社
●絵ときでわかる トランジスタ回路〔飯高成男、田口英雄 著〕オーム社
●入門 電子回路(アナログ編)〔家村道雄 監修〕オーム社
●入門 電子回路(ディジタル編)〔家村道雄 監修〕オーム社
●【改訂新版】図解でわかるはじめての電子回路〔大熊康弘 著〕技術評論社
●読める描ける電子回路入門〔千葉憲昭 著〕技術評論社
●例題で学ぶ はじめての電子回路〔早川潔 著〕技術評論社
●基礎から学ぶ 電子回路 増補版〔坂本康正 著〕共立出版
●電子回路－基礎から応用まで－〔坂本康正 著〕共立出版
●世界一わかりやすい電気・電子回路 これ1冊で完全マスター!〔薮哲郎 著〕講談社サイエンティフィク
●電子回路基礎ノート〔末次正、堀尾喜彦 著〕コロナ社
●電子回路の基礎〔竹村裕夫 著〕コロナ社
●First Stageシリーズ 電子回路概論〔高木茂孝、鈴木憲次 監修〕実教出版
●基礎シリーズ 電子回路入門〔末松安晴ほか 著〕実教出版
●イチバンやさしい理工系「電子回路」のキホン〔木村誠聡 著〕ソフトバンク クリエイティブ
●これだけ! 電子回路〔石川洋平 著〕秀和システム
●図解入門 よ～わかる 最新電子回路の基本としくみ〔石川洋平 著〕秀和システム
●文系でもわかる電子回路"中学校の知識"ですいすい読める〔山下明 著〕翔泳社
●図解・電子回路の仕組みと基礎技術〔加銅鉄平 著〕総合電子出版社
●基礎マスターシリーズ 電子回路の基礎マスター〔堀桂太郎 著〕電気書院
●よくわかる電子回路の基礎〔堀桂太郎 著〕電気書院
●アナログ電子回路の基礎〔堀桂太郎 著〕東京電機大学出版局
●例解 電子回路入門〔太田正哉 著〕森北出版
●学びやすいアナログ電子回路〔二宮保、小浜輝彦 著〕森北出版
●図解 はじめて学ぶ電子回路〔谷本正幸 著〕ナツメ社

監修者略歴

高崎和之（たかさき かずゆき）

1984年東京生まれ。2009年電気通信大学大学院博士前期課程修了。2014年電気通信大学大学院博士後期課程修了。博士（工学）。2011年より東京都立産業技術高等専門学校教員。准教授として電子回路などの授業を担当。テスターやオシロスコープをテーマとした公開講座を複数開講。第二種電気工事士。

編集制作 ： 青山元男、オフィス・ゴゥ、大森隆
編集担当 ： 原 智宏（ナツメ出版企画）

本書に関するお問い合わせは、書名・発行日・該当ページを明記の上、下記のいずれかの方法にてお送りください。電話でのお問い合わせはお受けしておりません。

・ナツメ社 webサイトの問い合わせフォーム
https://www.natsume.co.jp/contact
・FAX（03-3291-1305）
・郵送（下記、ナツメ出版企画株式会社宛て）

なお、回答までに日にちをいただく場合があります。正誤のお問い合わせ以外の書籍内容に関する解説・個別の相談は行っておりません。あらかじめご了承ください。

ナツメ社 Webサイト
https://www.natsume.co.jp
書籍の最新情報（正誤情報を含む）はナツメ社Webサイトをご覧ください。

カラー徹底図解 基本からわかる電子回路

2021年7月1日初版発行

監修者	高崎和之	Takasaki Kazuyuki, 2021
発行者	田村正隆	

発行所　株式会社ナツメ社
東京都千代田区神田神保町1-52 ナツメ社ビル1F（〒101-0051）
電話　03（3291）1257（代表）　FAX　03（3291）5761
振替　00130-1-58661

制　作　ナツメ出版企画株式会社
東京都千代田区神田神保町1-52 ナツメ社ビル3F（〒101-0051）
電話　03（3295）3921（代表）

印刷所　ラン印刷社

ISBN978-4-8163-7046-5　Printed in Japan
＜定価はカバーに表示しています＞
＜落丁・乱丁本はお取り替えします＞